"十四五"职业教育国家规划教材

"十三五"职业教育国家规划教材

"十二五"职业教育国家规划教材

经全国职业教育教材审定委员会审定

 普通高等教育"十一五"国家级规划教材

教育部2007年度普通高等教育精品教材

工 程 制 图

（机械类用）

第 3 版

主　编　李俊武
副主编　叶贵清　张海霞　谭友香　黄健龙
参　编　严火松　刘军旭　黄向裕　郑任贤

机械工业出版社

本书是"十四五"职业教育国家规划教材。

本书是根据高等职业技术教育和先进制造技术发展的特点，在总结各高职院校多年教改成果的基础上编写而成的。内容编排上，本书将传统经典的工程图学内容与计算机绘图融为一体；采用最新国家标准；增强手工绘图、读图和计算机绘图的综合能力训练。它既能满足现代教学技术的应用需要，也适用于传统的教学手段与方法。

全书共13章，主要包括：工程制图的基本知识；计算机绘图的基本知识；投影基础；基本立体视图；计算机绘制二维视图；组合体；计算机绘制基本体、组合体的三维图形；机件的表达方法；零件图概述；标准件和常用件；零件图；装配图；展开图与焊接图。

本书配套资源丰富：针对重点、难点辅助设置了微课、动画演示，扫描相应二维码即可观看；配有内容丰富的多媒体助教课件；配套《工程制图习题集》同时出版发行，可供选用。上述资源可用于多媒体教学、课堂教学和学生自学、课后作业辅导。为突出重点，增强版面呈现效果，本书采用双色印刷。

本书可作为高等职业院校机械类和近机类专业工程制图教材，也可作为高等职业本科、应用型本科院校、各类独立学院机械类和近机类专业工程制图教材，也可供其他工科院校、电视大学、职工大学、函授大学相关专业使用，还可作为工程技术人员自学和参考用书。

本书配套多媒体课件、电子教案、教学视频等教学资源包，使用本书作为教材的老师，可以登录机械工业出版社教育服务网 www.cmpedu.com，注册后免费下载。咨询电话 010-88379375。本书基于超星泛雅平台建有在线课程"工程制图"，扫描下面的二维码即可登录学习。

图书在版编目（CIP）数据

工程制图：机械类用/李俊武主编. —3版. —北京：机械工业出版社，2017.6（2025.2重印）

"十二五"职业教育国家规划教材　经全国职业教育教材审定委员会审定　普通高等教育"十一五"国家级规划教材

ISBN 978-7-111-56891-9

Ⅰ.①工…　Ⅱ.①李…　Ⅲ.①工程制图-高等职业教育-教材　Ⅳ.①TB23

中国版本图书馆 CIP 数据核字（2017）第 109410 号

机械工业出版社（北京市百万庄大街22号　邮政编码100037）
策划编辑：赵志鹏　责任编辑：陈　宾　赵志鹏
责任印制：张　博　责任校对：任秀丽　胡艳萍
北京建宏印刷有限公司印刷
2025年2月第3版·第10次印刷
184mm×260mm·22.75印张·549千字
标准书号：ISBN 978-7-111-56891-9
定价：59.00元

电话服务　　　　　　　　　网络服务
客服电话：010-88361066　　机　工　官　网：www.cmpbook.com
　　　　　010-88379833　　机　工　官　博：weibo.com/cmp1952
　　　　　010-68326294　　金　书　网：www.golden-book.com
封底无防伪标均为盗版　　　机工教育服务网：www.cmpedu.com

关于"十四五"职业教育
国家规划教材的出版说明

为贯彻落实《中共中央关于认真学习宣传贯彻党的二十大精神的决定》《习近平新时代中国特色社会主义思想进课程教材指南》《职业院校教材管理办法》等文件精神，机械工业出版社与教材编写团队一道，认真执行思政内容进教材、进课堂、进头脑要求，尊重教育规律，遵循学科特点，对教材内容进行了更新，着力落实以下要求：

1. 提升教材铸魂育人功能，培育、践行社会主义核心价值观，教育引导学生树立共产主义远大理想和中国特色社会主义共同理想，坚定"四个自信"，厚植爱国主义情怀，把爱国情、强国志、报国行自觉融入建设社会主义现代化强国、实现中华民族伟大复兴的奋斗之中。同时，弘扬中华优秀传统文化，深入开展宪法法治教育。

2. 注重科学思维方法训练和科学伦理教育，培养学生探索未知、追求真理、勇攀科学高峰的责任感和使命感；强化学生工程伦理教育，培养学生精益求精的大国工匠精神，激发学生科技报国的家国情怀和使命担当。加快构建中国特色哲学社会科学学科体系、学术体系、话语体系。帮助学生了解相关专业和行业领域的国家战略、法律法规和相关政策，引导学生深入社会实践、关注现实问题，培育学生经世济民、诚信服务、德法兼修的职业素养。

3. 教育引导学生深刻理解并自觉实践各行业的职业精神、职业规范，增强职业责任感，培养遵纪守法、爱岗敬业、无私奉献、诚实守信、公道办事、开拓创新的职业品格和行为习惯。

在此基础上，及时更新教材知识内容，体现产业发展的新技术、新工艺、新规范、新标准。加强教材数字化建设，丰富配套资源，形成可听、可视、可练、可互动的融媒体教材。

教材建设需要各方的共同努力，也欢迎相关教材使用院校的师生及时反馈意见和建议，我们将认真组织力量进行研究，在后续重印及再版时吸纳改进，不断推动高质量教材出版。

机械工业出版社

第3版前言

本书是"十四五"职业教育国家规划教材。

本书自2000年第1版和2006年第2版出版以来，共印刷14次，发行了6.2万册，深受全国许多高职院校师生的欢迎。在国家大力发展职业教育的大背景下，职业教育改革不断深入，为适应高等职业教育的教学改革需要，新增素质目标与对应的素质养成点，落实立德树人根本任务。同时，为贯彻现行标准，适应社会经济发展和科学技术进步对人才培养的需要。编者在总结各院校多年"工程制图"教学改革经验和成果的基础上，重新组织了既有生产第一线上的实践经验，又有丰富课堂教学实践经验的双师型人员修订了本书，使本书内容满足职业岗位或岗位群（职业领域）的需求。

修订后，本书具有以下特点：

1) 本书贯彻了国家现行《机械制图》标准和《技术制图》标准，同时也采用了AutoCAD 2013计算机绘图软件。

2) 将制图教学内容与AutoCAD相应的内容有机地融合，构成完整的教学内容体系。两者是相辅相成的，符合教学相长的原则。而CAD内容为相对独立的章节，将CAD内容前后联系，能形成完整的教学内容，给不同的教学模式提供了条件。

3) 以培养职业技术能力为目标，着重提高学生的分析与应用能力。本书保留了必要的尺规绘图内容，增强了徒手绘图的内容，强化了CAD绘图的内容，以培养学生的综合绘图与识图能力。

4) 设置素质目标与对应的素质养成点，培养学生的家国情怀、工匠精神以及民族自信。

5) 采用双色印刷，使重点内容更加突出。

6) 增强了信息化资源配套。对书中重难点配置微课讲解或动画演示，扫描二维码即可查看；进一步完善了多媒体教学课件；同步修订了配套《工程制图习题集》。教师可利用上述资源进行多媒体教学和习题讲解、作业辅导。学生可利用相关资源进行自学。

本书编写团队包括高等职业技术学院教师和企业工程师，具体介绍如下：广东技术师范学院天河学院李俊武、黄健龙、郑任贤；武汉船舶职业技术学院张海霞；湖南娄底职业技术学院谭友香；山西机电职业技术学院黄向裕；陕西工业职业技术学院刘军旭；扬州工业职业技术学院叶贵清；广东富华工程机械制造有限公司高级工程师严火松。

具体分工为：郑任贤编写第1章，张海霞编写第2、7章，李俊武编写绪论、第3、5、8章、13.1节、附录，谭友香编写第4、11章，黄向裕编写第6章，黄健龙编写第9章，叶贵清编写第10章，严火松编写第12章，刘军旭编写13.2节。

全书由李俊武任主编，由叶贵清、张海霞、谭友香、黄健龙任副主编。

本书参考了一些国内同类著作，在此特向有关作者致谢！

由于编者水平所限，书中可能存在某些缺点或错误，敬请读者批评指正。

编　者

第 2 版前言

本书自 2000 年出版以来，共印刷 7 次，发行了 3.4 万册，深受全国许多高职院校师生的欢迎。为适应高职教育的教学内容和教学手段的改革需要，保证学生在制图课学时减少的情况下，短时间内掌握工程制图的教学内容，同时几年来国家《机械制图》标准、《技术制图》标准及有关机械标准和计算机绘图软件不断更新和升级，因此为构建工程制图课程的教学内容体系、贯彻新标准、提高教学质量，适应社会经济发展和科学技术进步对人才培养的需要，我们在总结各院校多年"工程制图"教学改革经验和成果的基础上，重新组织了 10 所高职院校有经验的教师对此书进行了全面修订。修订后的新书具有以下特点：

1) 本书贯彻了国家最新《机械制图》标准和《技术制图》标准，同时采用最新的 AutoCAD 2005 中文版计算机绘图软件。

2) 以培养职业技术能力为目标，着重提高学生的分析与应用能力，融传统的工程制图内容与计算机绘图内容于一体，融课堂教学与自学于一体。本书保留了必要的仪器绘图内容，增强了徒手绘图的内容，强化了计算机绘图的内容，以培养学生的综合绘图能力。

3) 遵循从三维立体到二维图形的认知规律，培养学生的创新能力。

4) 本书配有教学系统、习题指导系统、测试和工程制图相关资料的教学光盘。教师可利用该系统进行多媒体教学和习题讲解，学生可利用该系统进行自学、自我测试和作业辅导。

参加本书编写的有：武汉船舶职业技术学院李俊武、张海霞、徐杰、陈屋芳；金华职业技术学院龚永坚、吴文山；扬州工业职业技术学院叶贵清、马耘；无锡交通高等职业技术学校曹永明；洛阳大学的王雅红；山西机电职业技术学院黄向裕；陕西工业职业技术学院刘军旭；大连职业技术学院张荣、孙红；无锡商业职业技术学院王宝敏。具体分工如下：

李俊武编写绪论、第 1、3、8、12 章、7.1~7.5 节、附录，龚永坚编写 11.1 节，叶贵清编写 7.6、7.7 节，曹永明编写 2.1~2.3 节，张海霞编写 2.4~2.7 节，王雅红编写第 4 章，徐杰编写第 5 章，黄向裕编写第 6 章，刘军旭编写 9.1、9.2 节，张荣编写 9.3、9.4 节，孙红编写 9.5 节，马耘编写第 10 章，吴文山编写 11.2~11.5 节，王宝敏编写 13.1 节，陈屋芳编写 13.2 节。

本书由李俊武任主编，由龚永坚、叶贵清任副主编。

本书由包头职业技术学院樊忠和、蔡俊霞主审。

教学光盘制作的主创人：李俊武、徐杰。

制作群：李俊武、徐杰、李奉香（武汉船舶职业技术学院）、张海霞、龚永坚、叶贵清、马耘、曹永明、王雅红、黄向裕、刘军旭、张荣。

本书参考了一些国内同类著作，在此特向有关作者致谢！本教材编写得到机械工业出版社余茂祚教授的悉心指导与帮助，在此表示感谢！

由于编者水平所限，书中可能存在某些缺点或错误，敬请读者批评指正。

编　者

第1版前言

高等职业技术教育是高等教育的一个重要类型。它以培养高等技术应用性人才为目标。为适应社会经济发展和科学技术进步对人才的需要,我们以形成工程制图能力为重点,以培养空间思维能力和工程设计表达能力为核心,强化手工和计算机绘图的综合技能,构建工程制图课程的教学内容体系,并在总结各院校近几年"工程制图"教学改革经验的基础上编写了此书。作为适应21世纪高等职业技术教育的新教材,本书有以下特点:

1) 结构与内容是以形成职业能力为目标,着重提高学生的分析与应用能力,遵循"必需、够用"的原则,选择教学内容。

2) 遵循从三维立体到二维图形的认知规律。安排了计算机三维绘图内容,以增强学生对三维立体到二维投影图形的理解。利用计算机三维绘图与编辑功能,在教学中可以很直观地体现投影关系,在练习中学生按自己的创意对立体进行并、交、差、切割、拉伸等编辑,构思空间形体,培养创新能力。

3) 计算机绘图与经典的工程制图内容有机地融为一体,使教与学变得更直观、更容易。计算机绘图作为21世纪工程设计的主要手段与方法,是工程类高级技术应用型人才必备的基本素质之一。强化手工和计算机绘图综合能力是本书的特色之一。

4) 本书在内容编排上,1~4章安排了工程制图和计算机绘图的基本知识,使学生打下良好的基础;8~13章安排了工程制图的内容和计算机绘制方法,使学生达到高职教育要求的图示能力和计算机绘图应用水平。

5) 增强了徒手绘图的内容。徒手绘图是工程设计、工程技术应用、记录创新构思的重要技能。它是应用计算机进行工程设计时所必需的表达手段。本书从第1章开始到第12章,由浅入深地安排了徒手绘图的内容和相应的练习。为了教学的需要,本书保留了必要的手工仪器绘图的内容。

参加本书编写的有:武汉船舶职业技术学院刘义、李俊武、谭银元、易敏、罗红英、陈屋芳、季学毅;金华职业技术学院龚永坚;包头职业技术学院樊忠和;江苏大学顾寄南;湖北工学院黄丽丽;天津理工学院职业技术学院焦树均。具体编写分工如下:

绪论 李俊武,第1章 刘义、龚永坚,第2章 刘义、顾寄南,第3章 易敏、樊忠和,第4章 易敏、龚永坚,第5章 罗红英、季学毅,第6章 谭银元、樊忠和,第7章 易敏、李俊武 第8章 谭银元,第9章 李俊武,第10章 罗红英、黄丽丽,第11章 李俊武、易敏,第12章 李俊武、焦树均,第13章 陈屋芳。附录罗红英、李俊武、易敏。

全书由刘义、李俊武任主编,由龚永坚、谭银元、易敏、罗红英任副主编。由河北工业大学张顺心、天津大学曾维川任主审。

本书的编写工作,得到了各院校领导和许多教师的帮助。在此表示感谢;同时也参考了一些国内同类著作,在此特向有关作者致谢!

由于编者水平所限,书中可能存在某些缺点或错误,敬请读者批评指正。

编 者

二维码索引表

正文页码	二维码名称	二维码	正文页码	二维码名称	二维码
2	微课1.1 图样的一般规定		64	图3-11 点的三面投影	
7	图1-9 图线的应用示例		68	微课3.3.2 直线的投影	
14	图1-23c 圆弧与两圆弧外切		79	微课4.1.1 棱柱	
14	图1-23d 圆弧与两圆弧内切		82	微课4.1.2 圆柱	
58	微课3.1 投影法的基本知识		88	微课4.2.2 圆柱的截交线	
60	微课3.2 物体的三视图		95	图4-20 两圆柱垂直相交的相贯线投影分析	

(续)

正文页码	二维码名称	二维码	正文页码	二维码名称	二维码
97	图 4-24 圆柱与圆球正交的相贯线投影分析		213	微课 8.6 第三角投影视图的形成与配置	
131	微课 6.1.2 组合体的类型		249	微课 10.1 螺纹的基本知识	
190	微课 8.1.1 基本视图		259	图 10-21 齿轮的基本知识	
191	图 8-1 6 个基本视图及其配置		264	图 10-30 键联结	
191	图 8-2 向视图的画法		268	微课 10.4 滚动轴承	
203	微课 8.3 断面图的概念				

目 录

第 3 版前言
第 2 版前言
第 1 版前言
二维码索引表
绪论 ··· 1
第 1 章　工程制图的基本知识 ············· 2
1.1　国家标准《技术制图》
内容简介 ································ 2
1.2　绘图工具及作图方法 ············· 10
1.3　徒手画图 ······························ 16
第 2 章　计算机绘图的基本知识 ········ 19
2.1　计算机绘图概述 ···················· 19
2.2　计算机绘图设置与辅助工具 ··· 24
2.3　图层 ····································· 29
2.4　AutoCAD 基本绘图命令 ········ 32
2.5　常用图形编辑命令 ················· 39
2.6　其他实用命令 ······················· 52
2.7　计算机绘图举例 ···················· 54
第 3 章　投影基础 ······························ 58
3.1　投影法的基本知识 ················· 58
3.2　物体的三视图 ······················· 60
3.3　物体几何要素的投影 ············· 63
第 4 章　基本立体视图 ······················· 79
4.1　基本立体的三视图 ················· 79
4.2　平面与立体相交 ···················· 86
4.3　两曲面立体相交 ···················· 93
4.4　立体的尺寸标注 ···················· 99
4.5　基本立体在实际工程中的
应用 ······································ 101
第 5 章　计算机绘制二维视图 ············ 103
5.1　文字标注与编辑 ···················· 103
5.2　创建尺寸标注样式 ················ 109
5.3　尺寸标注命令 ······················· 117
5.4　尺寸标注的编辑 ···················· 124

5.5　AutoCAD 绘制二维视图 ········ 125
第 6 章　组合体 ································ 131
6.1　组合体的形体分析和组合
形式 ······································ 131
6.2　组合体视图的画法 ················ 133
6.3　组合体的尺寸标注 ················ 136
6.4　看组合体的视图 ···················· 140
6.5　组合体在工程实际中的应用 ··· 147
第 7 章　计算机绘制基本体、组合体
的三维图形 ···························· 150
7.1　概述 ····································· 150
7.2　建立用户坐标系（UCS）、观察
三维图形 ······························· 152
7.3　绘制基本体 ·························· 155
7.4　绘制组合体 ·························· 162
7.5　计算机三维绘图举例 ············· 169
7.6　轴测图 ································· 180
7.7　计算机绘制正等轴测图 ········· 188
第 8 章　机件的表达方法 ··················· 190
8.1　视图 ····································· 190
8.2　剖视图 ································· 193
8.3　断面图 ································· 203
8.4　局部放大图、简化画法及
其他表达方法 ······················· 205
8.5　综合应用举例 ······················· 208
8.6　第三角画法简介 ···················· 213
第 9 章　零件图概述 ························· 216
9.1　零件图的作用和内容 ············· 216
9.2　零件图上的技术要求 ············· 217
9.3　图块及其块属性 ···················· 236
9.4　计算机标注技术要求 ············· 241
9.5　零件的工艺结构 ···················· 245
第 10 章　标准件和常用件 ················· 249
10.1　螺纹和螺纹紧固件 ··············· 249

10.2	齿轮	259
10.3	键和销	264
10.4	滚动轴承	268
10.5	弹簧	270

第 11 章 零件图 ………………………… 274
- 11.1 零件表达方案的选择 …………… 274
- 11.2 零件尺寸的合理标注 …………… 280
- 11.3 零件测绘 ………………………… 285
- 11.4 读零件图 ………………………… 287
- 11.5 计算机绘制零件图 ……………… 290

第 12 章 装配图 ………………………… 294
- 12.1 装配图的内容 …………………… 294
- 12.2 装配体的表达方法 ……………… 296
- 12.3 装配图中的尺寸和技术要求的标注 …………………………… 299
- 12.4 装配图中零、部件的序号及明细栏 …………………………… 299
- 12.5 装配结构 ………………………… 301
- 12.6 装配体测绘和装配图画法 …… 302
- 12.7 读装配图和由装配图拆画零件图 …………………………… 310

第 13 章 展开图和焊接图 ……………… 317
- 13.1 立体表面的展开 ………………… 317
- 13.2 焊接图 …………………………… 323

附录 ………………………………………… 329
- 附录 A 螺纹 ………………………… 329
- 附录 B 常用的标准件 ……………… 333
- 附录 C 极限与配合 ………………… 344
- 附录 D 标准结构 …………………… 353

参考文献 …………………………………… 354

绪　　论

1. 本课程的研究对象

在工程界，根据投影原理、国家标准或有关规定，表示工程对象，并有必要的技术说明的图，称为图样。图样是人们表达设计思想、传递设计信息、交流创新构思的重要工具之一。图样与文字、数字一样，在工程设计、施工、检验、技术交流等方面有着极为重要的地位。图样信息的产生、加工、存贮和传递已成为"工程界的共同语言"，掌握并应用图样信息也就是工程技术人员学会了"工程技术语言"。随着信息时代的到来，图样信息的载体由原来的图纸发展成为计算机。而且，后者已基本取代前者。所以，每个高级工程技术应用型人才必须熟练地掌握工程图样的绘制、阅读和计算机在图形学中的应用。

本课程是一门研究设计、绘制和阅读工程图样的原理与方法的技术基础课程。它的目的就是培养学生掌握图学的基本原理，运用手工绘图和计算机绘图等手段，使之具备表达工程设计思想的能力与创造性地实施工程设计方案的表达能力。

2. 本课程的主要任务

（1）素质目标　培养学生的家国情怀、工匠精神以及民族自信。

（2）能力目标　培养学生的三维空间思维、设计构形能力、CAD 绘图、徒手绘图和尺规绘图能力、阅读工程图样的能力。

（3）知识目标　掌握和贯彻国家标准的有关规定，掌握正投影法和图示空间物体的基本理论与方法。

3. 本课程的学习方法

1）本课程是一门实践性较强的课程。在学习投影理论的同时，应当注意分析物体模型、零件、部件的形状与结构特点，积累对物体的感性认识，总结它们的投影规律。

2）除认真听讲、及时复习外，更重要的是多动手绘图、多读图、多想象、多自制物体的模型。利用 AutoCAD 三维绘图功能多绘制物体的三维图以及由三维立体转换为二维平面的投影图。理解从三维立体投影到二维平面投影的规律。掌握从二维工程图形想象三维立体的正确方法。

3）在 CAD 绘图的训练中，应注意掌握 AutoCAD 绘图设置、编辑和绘图的方法，不断提高应用 AutoCAD 各种命令绘图的技能。

4）加强尺规绘图和徒手绘制草图的练习，提高绘图的实际能力。

5）在学习过程中，有意识地培养自学能力，提高创新意识，养成认真工作的习惯。这是 21 世纪高级工程技术应用型人才必备的基本素质。

第1章　工程制图的基本知识

图样是现代工业生产的重要技术文件，是人们表达设计思想，进行技术交流，组织生产与施工的重要工具之一，是工程技术人员的"技术语言"。国家标准对工程图样有详细规定，绘图时必须严格遵守，以便生产部门科学地进行生产与管理。

1.1　国家标准《技术制图》内容简介

1.1.1　图纸幅面及格式

（1）图纸幅面　表1-1列出标准（GB/T 14689—2008）中规定的各种图纸幅面尺寸，绘图时应优先采用，必要时允许按规定加长幅面。加长幅面的尺寸是由基本幅面的短边成整数倍增加后得出，应符合本标准的规定。

表1-1　图纸幅面　　　　　　　　　　（单位：mm）

幅面代号	A0	A1	A2	A3	A4
$B \times L$	841×1189	594×841	420×594	297×420	210×297
a	25				
c	10			5	
e	20		10		

（2）图框格式　在图纸上必须用粗实线画出图框，其格式分为留装订边和不留装订边两种；留装订边的图纸，其图框格式如图1-1所示。不留装订边的图纸，其图框格式如图1-2所示。

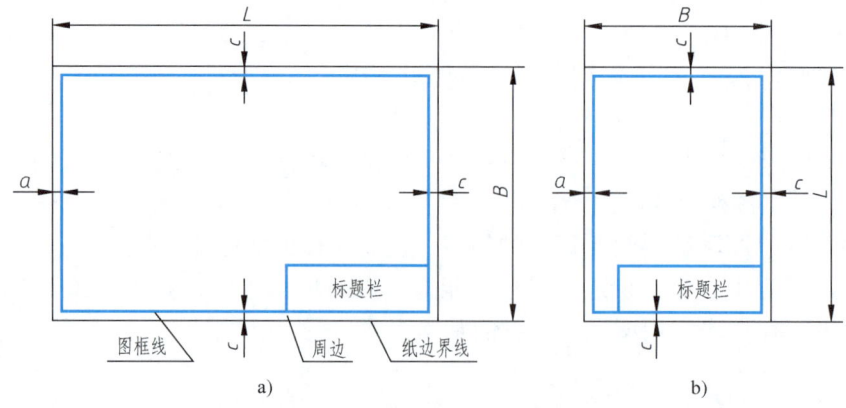

图1-1　留装订边的图框格式

（3）标题栏

1）每张图样必须画出标题栏，标题栏的格式和尺寸应符合GB/T 10609.1—2008中的规定。标题栏的格式如图1-3所示。在练习绘制零件图时，建议采用图1-4所示的标题栏格式。标题栏的位置位于图纸的右下角，如图1-1和图1-2所示。

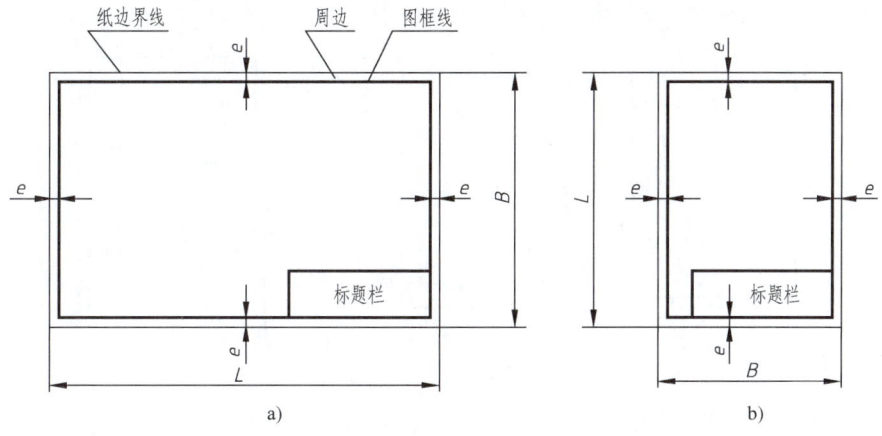

图1-2 不留装订边的图框格式

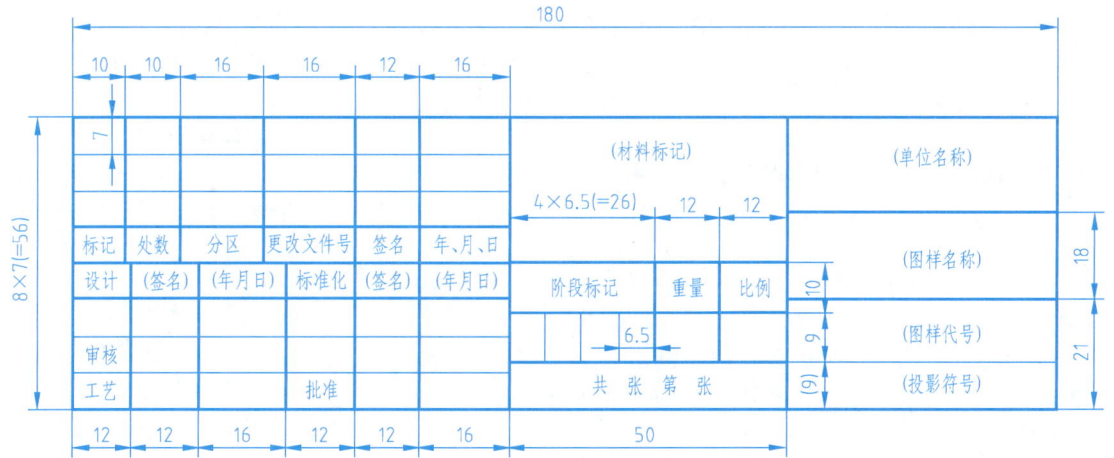

图1-3 标题栏的格式

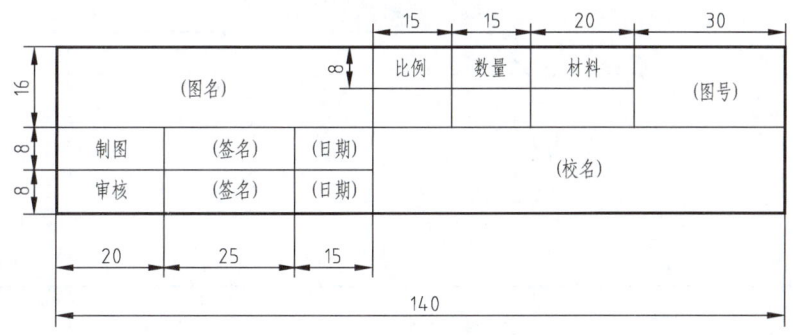

图1-4 教学用零件图的标题栏

2）标题栏的长边置于水平方向并与图纸的长边平行时，则构成X型图纸，如图1-1a和图1-2a所示。当标题栏的长边与图纸长边垂直时，则构成Y型图纸，如图1-1b和图1-2b所示。

3）看图方向与标题栏中的文字方向一致。

4）允许将 X 型图纸按图 1-5a 所示方位使用，将 Y 型图纸按图 1-5b 所示方位使用。但必须画出方向符号，指示看图方向。图 11-6 所示为方向符号（细实线的等边三角形）的画法。

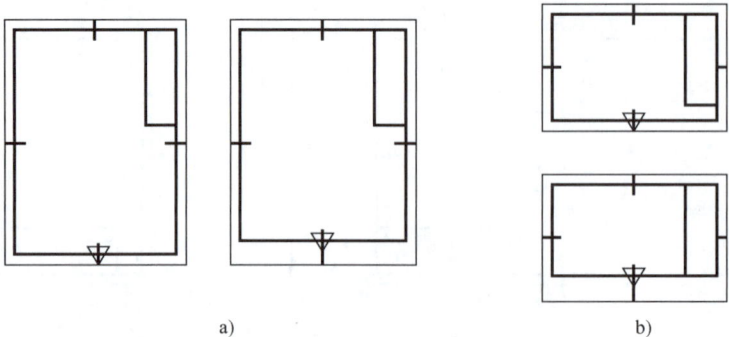

图 1-5　X 型、Y 型图纸的允许使用方向
a）X 型图纸竖放　b）Y 型图纸横放

（4）其他附加符号　为了阅读、管理图样的方便，图框线上还可以绘制一些附加符号，如对中符号（图 1-5 和图 1-6 所示与图框边垂直的粗实线）、剪切符号、图幅分区符号等。它们的画法及含义可查阅 GB/T 14689—2008 中的有关规定。

1.1.2　比例（GB/T 14690—1993）

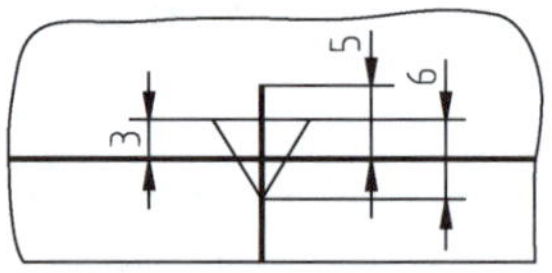

1. 术语

1）比例是图样中图形与其实物相应要素的线性尺寸之比。

2）原值比例是比值为 1 的比例，即 1:1。

3）放大比例是比值大于 1 的比例，如 2:1 等。

4）缩小比例是比值小于 1 的比例，如 1:2 等。

图 1-6　方向符号与对中符号的画法

2. 比例系列

1）需要按比例绘制图样时，应由表 1-2 规定的系列中选取适当的比例。

表 1-2　优先系列比例

种　类	比　例		
原值比例	1:1		
缩小比例	1:2 $1:2 \times 10^n$	1:5 $1:5 \times 10^n$	1:10 $1:1 \times 10^n$
放大比例	5:1 $5 \times 10^n:1$	2:1 $2 \times 10^n:1$	$1 \times 10^n:1$

注：n 为正整数。

2）绘制同一机件的各个视图尺寸应尽量采用相同的比例，并在标题栏中比例项内填写。当某个视图需要采用不同比例时，必须另行标注。

为了能从图样上得到实物大小的真实概念，应尽量采用 1:1 比例绘图。不论采用何种比例绘图，图中所标注的尺寸数值必须是实物的实际尺寸大小，与图形的比例无关，如图 1-7 所示。

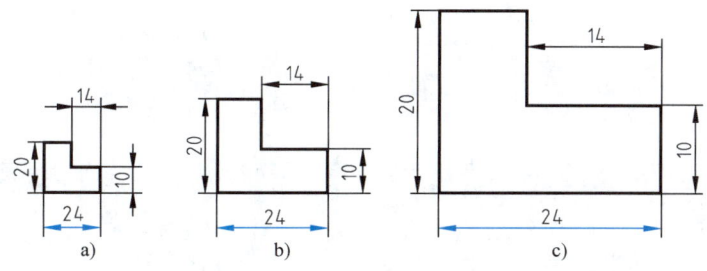

图 1-7 图形比例与尺寸数字
a) 1:2　b) 1:1　c) 2:1

1.1.3　字体（GB/T 14691—1993）

在图样中除了表示物体形状的图形外，还必须用文字、数字和字母表示物体的大小及技术要求等内容。国家标准对字体的大小和结构做了统一的规定。

1. 基本要求

1）在图样中书写的汉字、数字和字母，都必须做到：字体工整、笔画清楚、间隔均匀、排列整齐。

2）字体高度（用 h 表示）的公称尺寸系列为：1.8mm、2.5mm、3.5mm、5mm、7mm、10mm、14mm、20mm。如需要书写更大的字，其字体高度应按 $\sqrt{2}$ 的比率递增。字体高度代表字体的号数。

3）汉字应写成长仿宋体字，并应采用中华人民共和国国务院正式公布推行的《汉字简化方案》中规定的简化字。汉字的高度 h 不应小于 3.5mm，其字宽一般为 $h/\sqrt{2}$。

4）字母和数字分 A 型 B 型。A 型字体的笔画宽度（d）为字高（h）的 1/14；B 型字体的笔画宽度（d）为字高（h）的 1/10。在同一图样上，只允许选用一种形式的字体。

5）字母和数字可写成斜体和直体。斜体字字头向右倾斜，与水平基准线成 75°。

2. 书写示例

汉字、数字和字母书写示例，如图 1-8 所示。

1.1.4　图线（GB/T 17450—1998、GB/T 4457.4—2002）

1. 线型及应用

国家标准 GB/T 17450—1998 中规定了 15 种基本线型。绘制机械图样使用 8 种基本图线，其线型及其应用见表 1-3。

机械图样中，图线宽度 d 分为粗细两种，其比例为 2:1，按图样的大小和复杂程度，在下列数系中选择：0.13mm、0.18mm、0.25mm、0.35mm、0.5mm、0.7mm、1mm、1.4mm、2mm。粗实线宽度优先采用 0.5mm。图线的应用实例如图 1-9 所示。

2. 图线画法

1）同一图样中，同类图线的宽度应一致。虚线、细点画线及细双点画线的线段长度和间隔应各自大致相等。

2）两条平行线（包括剖面线）之间的距离应不小于粗实线的两倍宽度，其最小距离不得小于 0.7mm。

0123456789

a)

ⅠⅡⅢⅣⅤⅥⅦⅧⅨⅩ

b)

汉字应字体工整笔画清楚排列整齐间隔均匀

院校系专业班级姓名制图审核序号件数名称比例材料重量备注

螺栓螺母螺钉技术要求铸造圆倒角起模斜度深度均布旋转球销锥热处理精度等级淬火

c)

ABCDEFGHIJKLMN
OPQRSTUVWXYZ

abcdefghijklmn
opqrstuvwxyz

d)

$\phi 20^{+0.010}_{-0.023}$ $7°^{+1°}_{-2°}$ $\frac{3}{5}$

10JS5(±0.003)   M24-6h

$\phi 25 \frac{H6}{m5}$ $\frac{Ⅱ}{2:1}$ $\frac{A}{5:1}$

√Ra 6.3   R8   5%   3.500

e)

图 1-8 汉字、数字和字母书写示例

a) 阿拉伯数字 b) 罗马数字 c) 长仿宋体字 d) 字母 e) 字体综合举例

表 1-3 线型及应用

名 称	线 型	宽 度	一般应用
粗实线	——————	d(0.5mm)	可见轮廓线、可见棱边线、相贯线等
细实线	——————	d/2(0.25mm)	过渡线、尺寸线及尺寸界线、剖面线等

（续）

名 称	线 型	宽 度	一 般 应 用
波浪线	～～～～	$d/2$（0.25mm）	断裂处边界线、视图与剖视图的分界线
双折线	—\/—\/—	$d/2$（0.25mm）	断裂处边界线、视图与剖视图的分界线
细虚线	— — — — —	$d/2$（0.25mm）	不可见轮廓线、不可见棱边线
细点画线	— · — · — · —	$d/2$（0.25mm）	轴线、对称中心线、分度圆（线）、孔系分布的中心线、剖切线
粗点画线	— · — · —	d（0.5mm）	限定范围的表示线
细双点画线	— ·· — ·· —	$d/2$（0.25mm）	相邻辅助零件的轮廓线、可动零件的极限位置的轮廓线等

注：在一张图样上一般采用一种线型表示视图与剖视图的分界线或断裂处边界线，即采用波浪线或双折线。

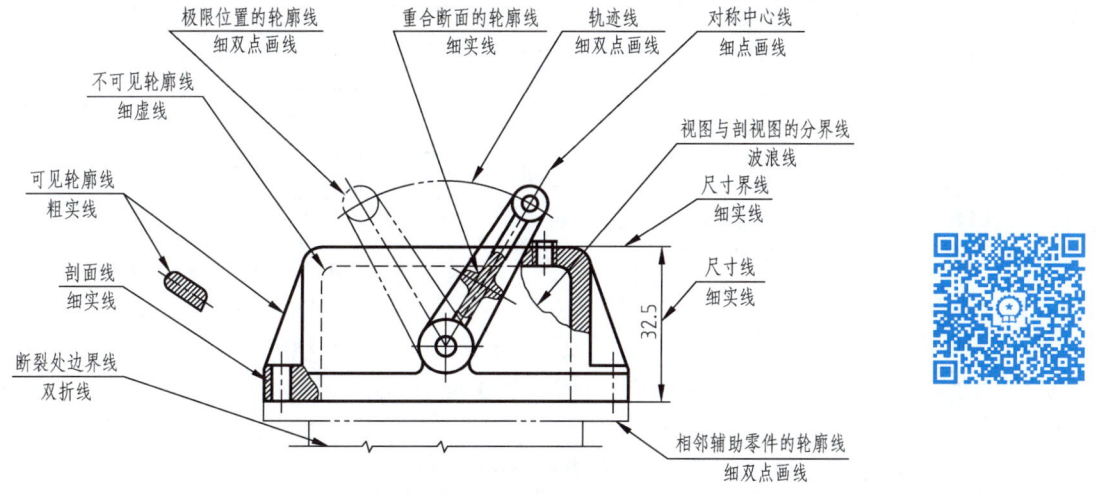

图1-9　图线的应用示例

3）绘制相交中心线时，应以线段相交，点画线的起始与终了应为线段。一般中心线应超出轮廓线3～5mm为宜，如图1-10a所示。绘制较小图形时，允许用细实线代替点画线，如图1-10c所示。图1-10b所示为画中心线常见的错误。

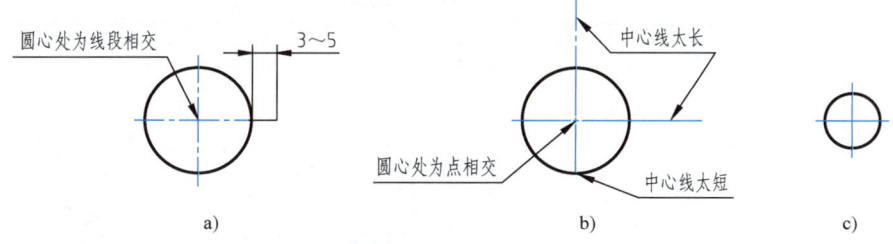

图1-10　中心线的画法
a）正确　b）错误　c）用细实线代替点画线

4）点画线、虚线与其他图线相交时都应为线段相交，不能交在空隙处。当虚线在粗实线延长线上时，应留空隙，再画虚线。

1.1.5 尺寸标注

物体的形状可用图形来表达，但其大小必须依据图样上标注的尺寸来确定。尺寸标注是绘制工程图样的一项重要内容。在绘制图样时必须按 GB/T 4458.4—2003《机械制图 尺寸注法》中的规定画法和简化画法（GB/T 16675.2—2012）的规定标注尺寸，否则会引起混乱，给生产带来损失。

1. 基本规则

1）机件的真实大小应以图样上所注的尺寸数值为依据，与图形的大小及绘图的准确度无关。

2）图样中的尺寸，以毫米（mm）为单位时，不需标注单位符号（或名称），如采用其他单位，则应注明相应的单位符号。

3）图样中所标注的尺寸，为该图样所示机件的最后完工尺寸，否则应另加说明。

4）机件的每一尺寸，一般只标注一次，并应标注在反映该结构最清晰的图形上。

2. 尺寸的组成

完整的尺寸应由尺寸界线、尺寸线和尺寸数字组成，如图 1-11a 所示。尺寸线终端可以有箭头、斜线两种形式。箭头的画法如图 1-11b 所示，适用于各种类型的图样；斜线用细实线绘制，其方向和画法如图 1-11c 所示。

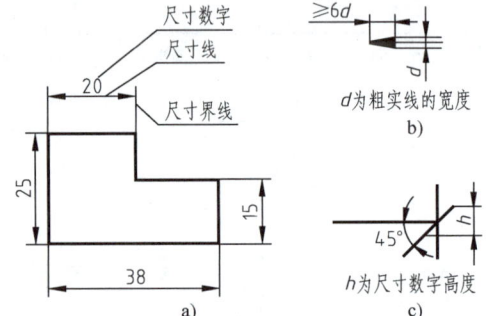

图 1-11 尺寸的组成和箭头、斜线的画法
a）尺寸的组成 b）箭头的画法
c）斜线的方向和画法

标注尺寸时，应尽可能使用符号和缩写词。常用的符号或缩写词见表 1-4。尺寸标注的基本方法见表 1-5。

表 1-4 常用的符号或缩写词

名 称	直径	半径	球直径	球半径	厚度	正方形
符号或缩写词	φ	R	Sφ	SR	t	□
名 称	45°倒角	深度	沉孔或锪平		埋头孔	均布
符号或缩写词	C	↓	⊔		∨	EQS

表 1-5 尺寸标注的基本方法

项目	说 明	图 例
尺寸界线	1. 尺寸界线用细实线绘制，也可以利用轮廓线（图 a）或中心线（图 b）作为尺寸界线；尺寸界线超出箭头约 2mm	（图 a）轮廓线作为尺寸界线；（图 b）中心线作为尺寸界线

（续）

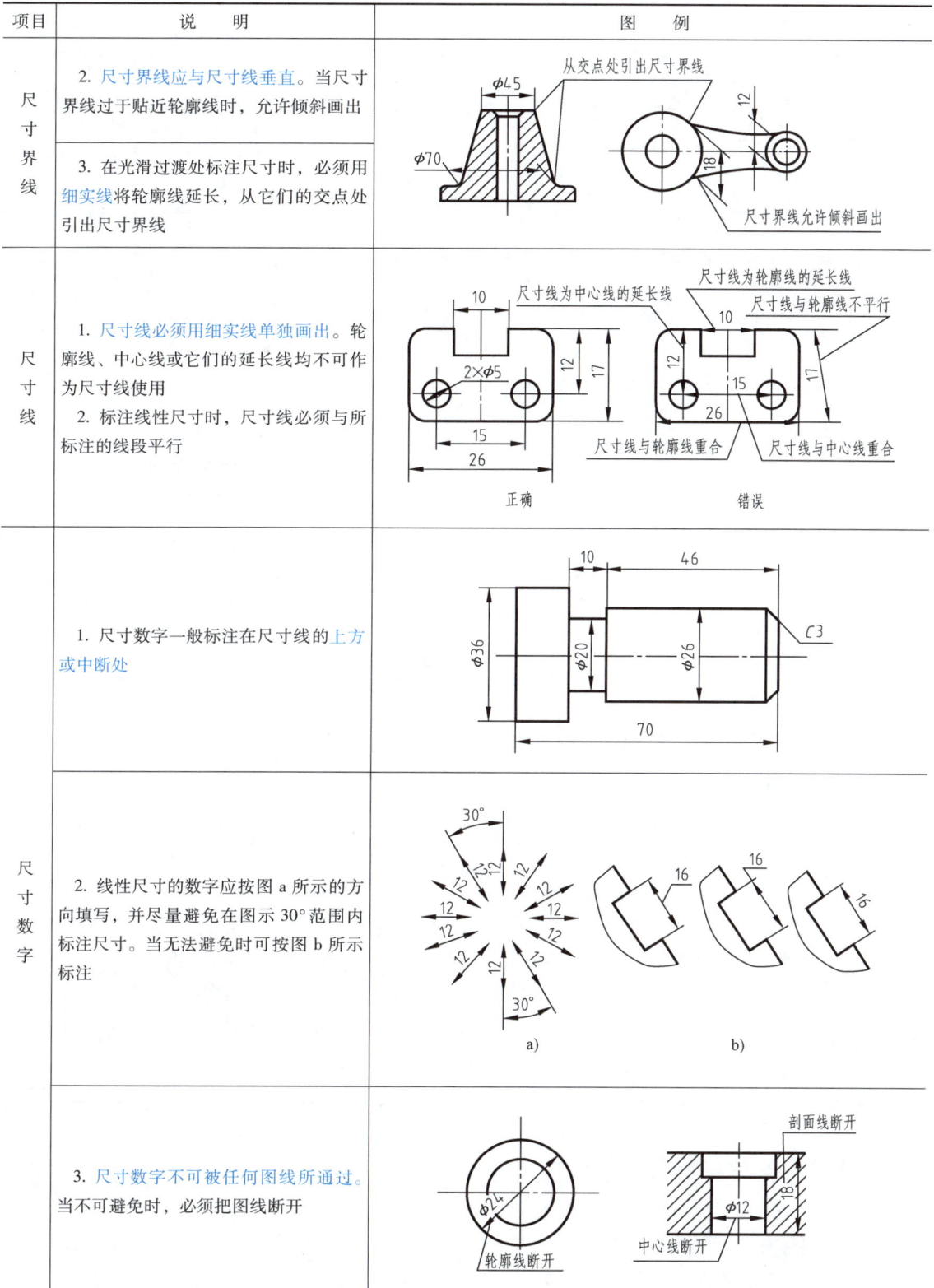

项目	说　　明	图　　例
尺寸界线	2. 尺寸界线应与尺寸线垂直。当尺寸界线过于贴近轮廓线时，允许倾斜画出 3. 在光滑过渡处标注尺寸时，必须用细实线将轮廓线延长，从它们的交点处引出尺寸界线	
尺寸线	1. 尺寸线必须用细实线单独画出。轮廓线、中心线或它们的延长线均不可作为尺寸线使用 2. 标注线性尺寸时，尺寸线必须与所标注的线段平行	
尺寸数字	1. 尺寸数字一般标注在尺寸线的上方或中断处 2. 线性尺寸的数字应按图 a 所示的方向填写，并尽量避免在图示 30°范围内标注尺寸。当无法避免时可按图 b 所示标注 3. 尺寸数字不可被任何图线所通过。当不可避免时，必须把图线断开	

项目	说 明	图 例
直径与半径	1. 标注直径尺寸时，应在尺寸数字前加注直径符号"ϕ"	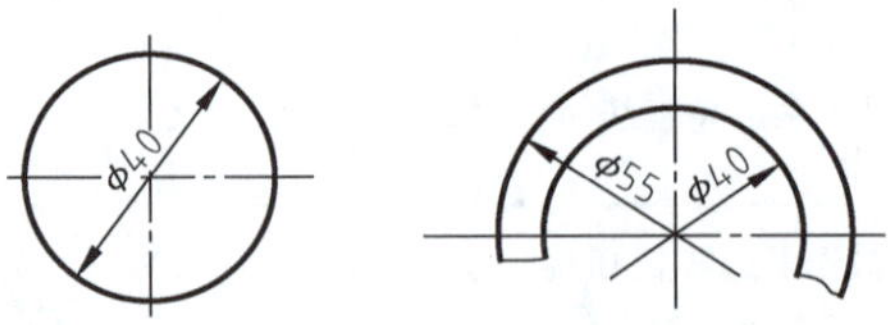
	2. 标注半径尺寸时，加注半径符号"R"，半径尺寸必须标注在投影为圆弧的图上，且尺寸线或其延长线应通过圆心	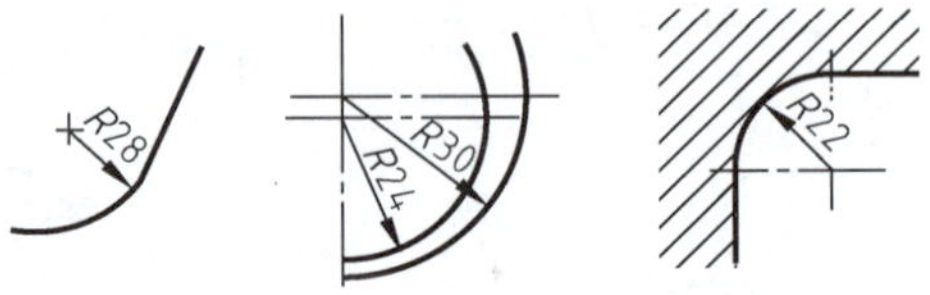
	3. 大圆及球半径的标注方法	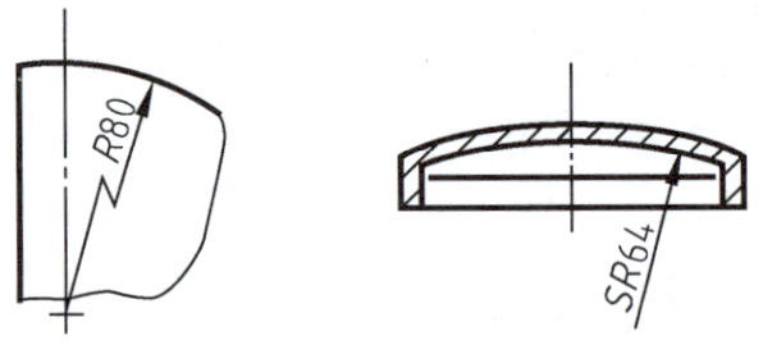
狭小位置尺寸标注	1. 当没有足够位置画箭头或写数字时，可将其中之一布置在外面 2. 位置更小时，箭头和数字可以都布置在外面 3. 标注一连串小尺寸时，可用小圆点或斜线代替箭头，但两端箭头仍应画出	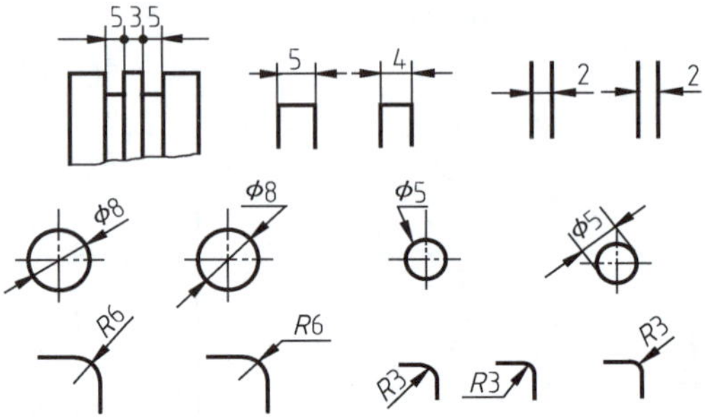
角度	1. 角度的尺寸界线必须沿径向引出 2. 角度的数字一律水平填写 3. 角度的数字应写在尺寸线的中断处，必要时允许写在外面，或引出标注	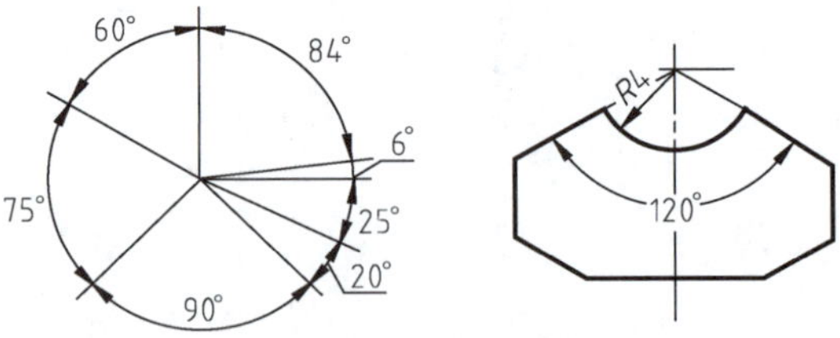

1.2 绘图工具及作图方法

1.2.1 绘图方法简介

一般用三种方法绘制图样。

（1）计算机绘图　应用计算机软件绘制图样。

（2）徒手绘图　以目测估计图形与实物比例，按一定画法，徒手（或部分使用绘图仪器）绘制图样的草图。具体画法见后续章节。

（3）仪器绘图　使用绘图仪器和工具绘制图样。

1.2.2　绘图工具及使用方法

正确使用绘图工具是提高绘图质量和速度的前提，几种常用绘图工具介绍如下：

（1）图板　铺贴图纸用，其表面应平滑光洁，图板的侧边为丁字尺的导边，应该平直光滑，其用法如图1-12所示。

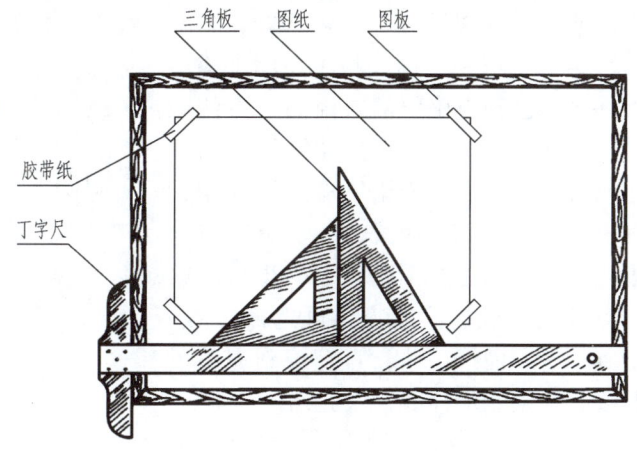

图1-12　图板的用法

（2）丁字尺和三角板　两者配合使用，可以画水平线、垂直线和特殊角度线，如图1-13和图1-14所示。

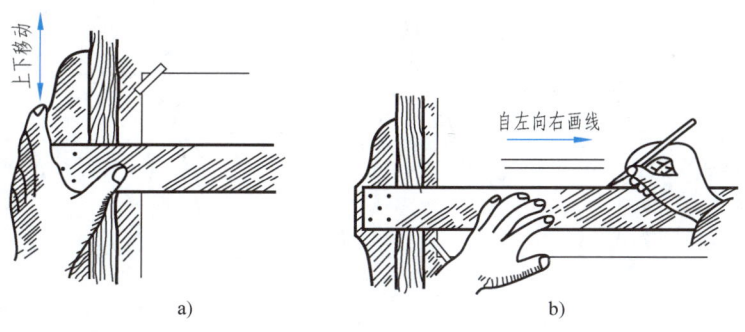

图1-13　丁字尺和三角板的用法（一）
a）上下移动丁字尺　b）自左向右画水平线

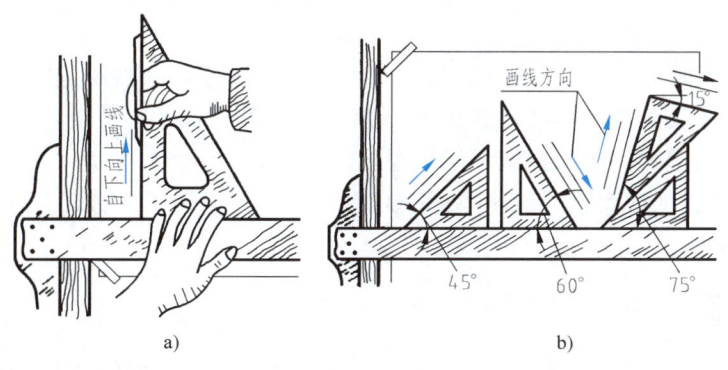

图1-14　丁字尺和三角板的用法（二）
a）自下向上画垂直线　b）画特殊角度线

（3）圆规与分规　圆规用来画圆和圆弧，画图时应尽量使钢针和铅芯都垂直于纸面，且钢针的台阶与铅芯尖平齐，其用法如图1-15所示。分规主要用来量取线段长度、等分线段，使用时分规的两个针尖应调整平齐，其用法如图1-16所示。

（4）曲线板　曲线板主要用来描绘由一系列已知点确定的自由曲线。使用时，从曲线一端开始选择曲线板与曲线相吻合的四个点，用铅笔沿曲线板轮廓画出前三点之间的曲线，留下第三点与第四点之间的曲线不画；下一步再从第三点开始，包括第四点，再选四个点，绘制第二段曲线……，直至绘制完整段曲线，使绘制的曲线比较光滑。

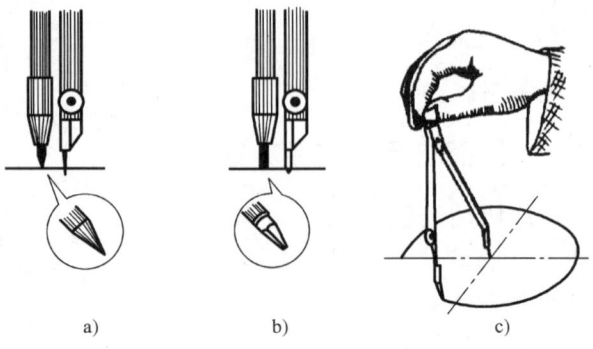

图1-15　圆规的用法
a）打底稿用铅芯　b）加深图线用铅芯　c）画圆的方法

（5）绘图铅笔　绘制工程图样应使用绘图铅笔。绘图铅笔依笔芯的软硬有2B、B、HB、H和2H等多种型号。B前面的数字越大，表示铅芯越软。H前面的数字越大，表示铅芯越硬。HB型号的铅芯硬软适中。绘图时建议按下列原则选用绘图铅笔。

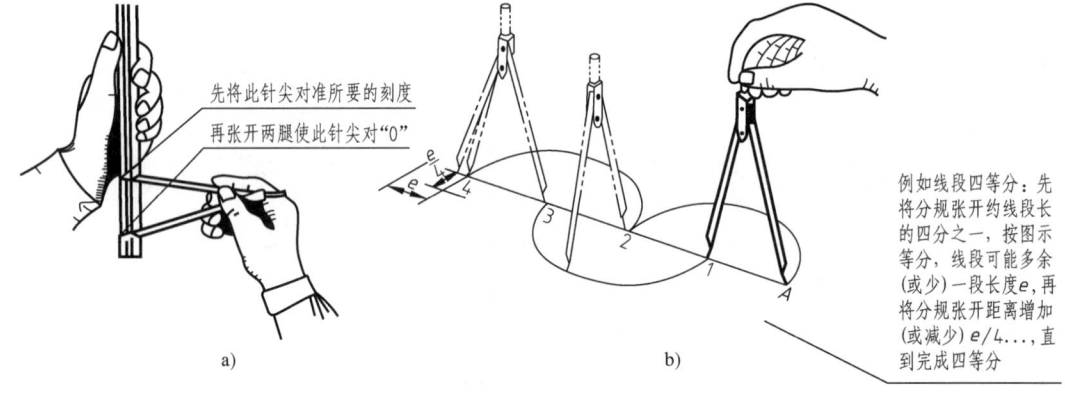

图1-16　分规的用法
a）截取长度　b）等分线段

1）画粗实线时选用HB或B型铅笔；画粗实线圆时选用2B型铅笔。
2）写字、画箭头、画细实线和各类细点画线时选用HB或H型铅笔。
3）打底稿时用H或2H型铅笔，轻轻绘出。

铅笔的铅芯可磨削成锥形或矩形两种形状，如图1-17所示。锥形用来写字和打底稿，矩形用来加粗和描深。

1.2.3　几何作图

（1）正六边形的画法　绘制正六边形时，一般利用正六边形的边长等于外接圆半径的原理，按如图1-18所示方法绘制。

（2）斜度与锥度

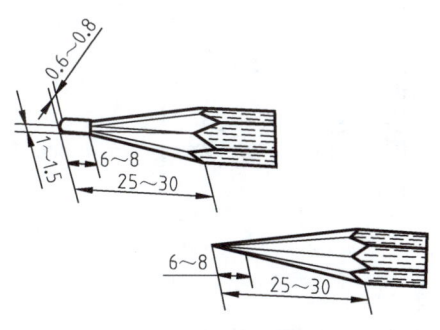

图1-17 铅芯的形状

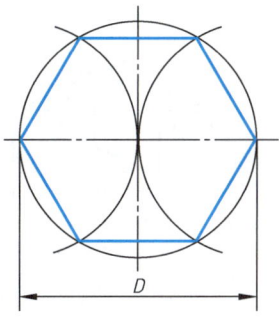

图1-18 正六边形画法

1）斜度。斜度是指直线或平面对另一直线或平面的倾斜程度。通常用两直线或两平面间夹角的正切来表示，并将此值化成1:n的形式，如图1-19a所示。标注斜度时，符号方向与斜度的方向一致，如图1-19b所示。斜度符号的画法如图1-19c所示。

过已知点作斜度的画图步骤如图1-20所示。

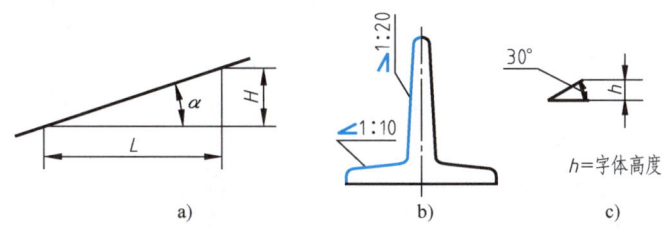

图1-19 斜度标注及其符号画法

a）斜度 $\tan\alpha = H/L = 1:n$　b）标注方法　c）斜度符号的画法

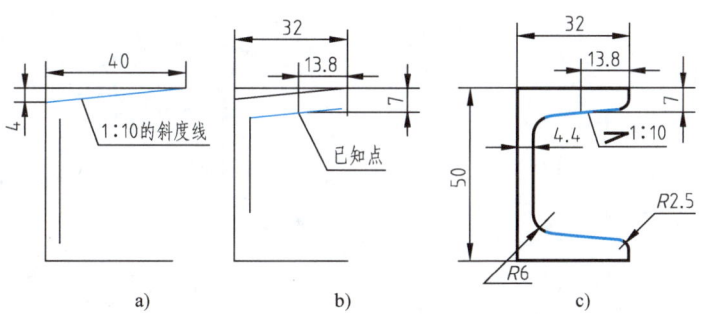

图1-20 斜度的画图步骤和尺寸标注

a）作1:10斜度线　b）过已知点作斜度线的平行线　c）上、下斜度相同，作图相同，完成全图并标注尺寸

2）锥度。锥度是指圆锥的底圆直径D与高度H之比，若为圆台，则为两底圆直径之差与台高之比。通常，锥度也要化成1:n的形式，如图1-21a所示。标注锥度时，符号的方向应与圆锥方向一致，如图1-21b所示。锥度符号的画法如图1-21c所示。

过已知点作锥度的画图步骤如图1-22所示。

（3）圆弧连接　圆弧与直线，圆弧与圆弧的光滑连接，关键在于正确找出连接圆弧的圆心以及切点的位置。当两圆弧以内切方式相连接时，连接圆弧的圆心要用$R - R_1$来确定。当两圆弧以外切方式相连接时，连接圆弧的圆心要用$R + R_1$来确定。用仪器绘图时，各种圆弧连接的画法如图1-23所示。

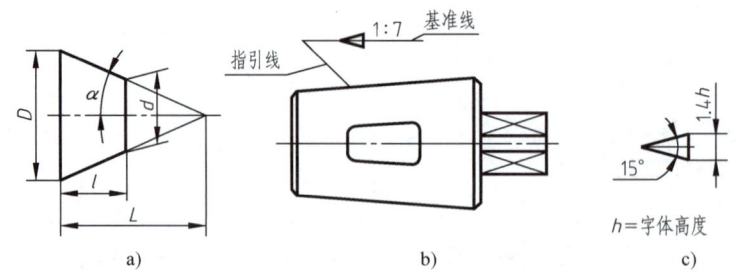

图 1-21 锥度标注及其符号画法

a）锥度 $= D/L = (D-d)/l = 2\tan\alpha = 1:n$　b）标注方法　c）锥度符号的画法

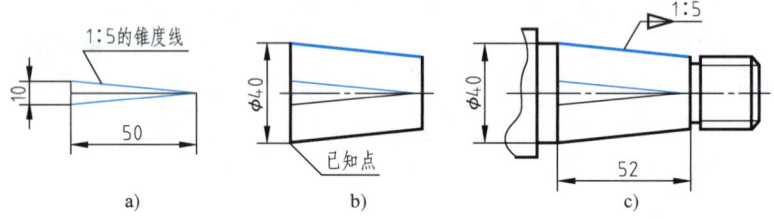

图 1-22 锥度的画图步骤和尺寸标注

a）作 1:5 的锥度线　b）过已知点作锥度线的平行线　c）锥度的尺寸标注

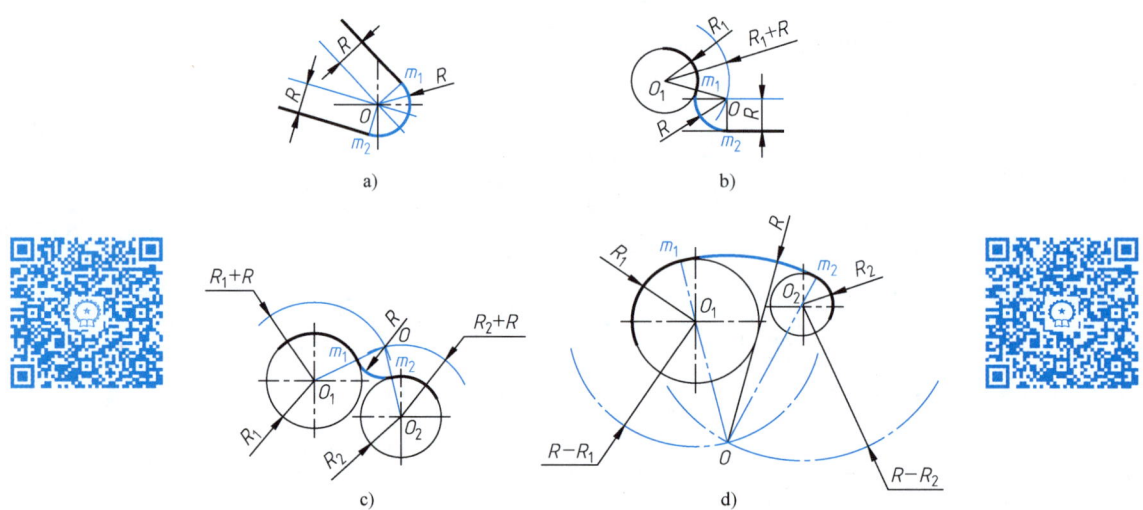

图 1-23 圆弧连接的画法

a）用圆弧连接已知两直线　b）用圆弧连接直线和圆弧
c）与两圆弧外切的画法　d）与两圆弧内切的画法

1.2.4 平面图形的分析与作图步骤

任何平面图形总是由若干线段（包括直线段、圆弧和曲线段）连接而成。每条线段又由相应的尺寸来决定其长短（或大小）和位置。一个平面图形能否正确绘制出来，要看图中所给尺寸是否齐全和正确。因此，绘制平面图形时应先进行尺寸分析和线段分析。

（1）尺寸分析　平面图形中的尺寸可以分为以下两大类：

1）定形尺寸。确定平面图形中几何元素大小的尺寸称为定形尺寸，例如直线段的长度，圆弧的半径等。

2）定位尺寸。确定几何元素位置的尺寸称为定位尺寸，例如圆心的位置尺寸，直线与中心线的距离尺寸等。

（2）线段分析 平面图形中的线段可分为以下三类：

1）已知线段。具有齐全的定形尺寸和定位尺寸的线段称为已知线段，作图时可以根据已知尺寸直接绘出。

2）中间线段。只给出定形尺寸和一个定位尺寸的线段称为中间线段，其另一个定位尺寸可依据与相邻已知线段的几何关系求出。

3）连接线段。只给出定形尺寸，定位尺寸可依据其两端相邻的已知线段求出的线段称为连接线段。

仔细分析上述三类线段的定义，不难得出线段连接的一般规律：在两条已知线段之间可以有任意条中间线段，但必须有而且只有一条连接线段。

以图1-24所示的吊钩为例，说明绘制平面图形的一般步骤。

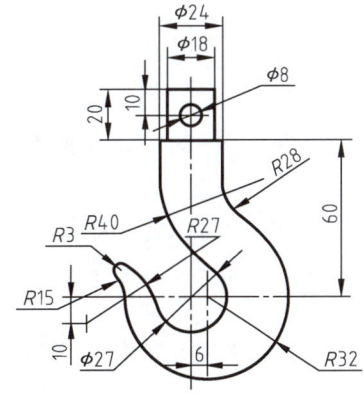

图1-24 吊钩

1）先画基准线和已知线段，如图1-25a、b所示。

2）再画中间线段，其中R27圆弧的圆心纵向坐标依据尺寸10确定，横向坐标则根据其与φ27圆弧相外切的几何条件求出（图1-25c）。

3）最后画连接线段R28、R40和R3，如图1-25d所示。

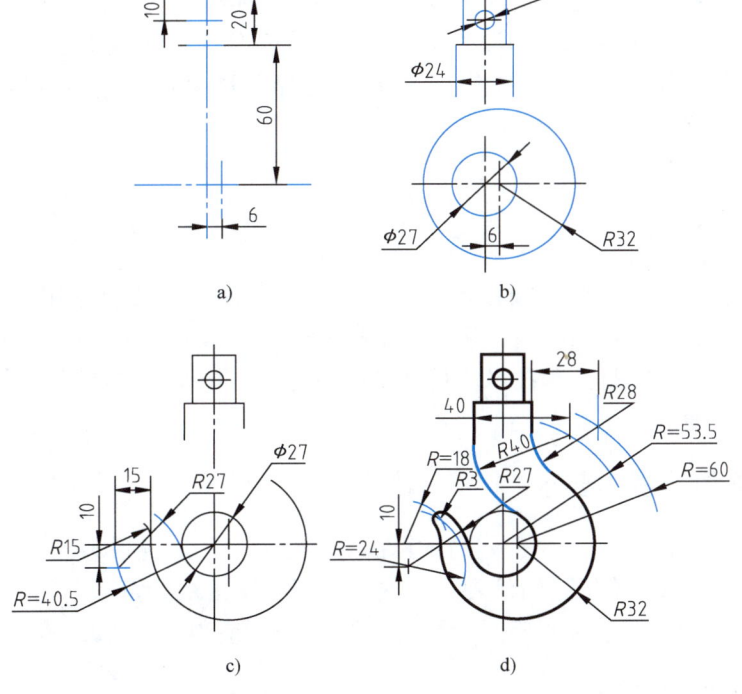

图1-25 几何作图示例

a）定出图形的基准线 b）画已知线段 c）画中间线段 d）画连接线段

4）检查整理，加粗并标注尺寸，完成全图，如图1-24所示。

1.2.5 仪器绘图的一般步骤

（1）认真做好绘图准备 应准备好图板、丁字尺、三角板、仪器及其他必备品，如橡皮、曲线板、胶带纸、铅笔和图纸等，并将图板、丁字尺和三角板擦拭干净，各种用具放在适当位置，不用的物品不要放在图板上。

（2）仔细分析所画对象 绘制平面图形时，要先分析图形线段及连接情况，确定哪些是已知线段，哪些是中间线段或连接线段，以确定绘制图形的先后顺序，而绘制立体模型或机器零件的视图时，要分析所画对象的各种特征，以确定表达方案。

（3）选择比例和图幅 根据以上分析，选择合理的且符合国家标准规定的比例和图纸幅面，并用胶带纸将选好的图纸固定在图板的左上方。

（4）绘制图框及标题栏 按GB/T 14689—2008规定的幅面大小及标题栏位置，将图框及标题栏用细线绘制出。

（5）布置图形的位置 基本准则是使图形匀称美观，避免出现疏密不匀的情况，同时要充分考虑到注写尺寸和文字说明所需的空间。

（6）轻画底稿 绘制底稿时应遵循"先主后次"的原则，即先画主要轮廓线，然后再画细节部分，如圆弧、倒角、孔和槽等。绘底稿时应使用H或2H等较硬的铅笔，轻画细线，以便于修改。

（7）描深图形 描深时应按如下的顺序："先粗后细"，即先画粗实线，后画细实线、点画线和虚线；"先曲后直"，即先画圆弧和圆，后画直线段；"先水平、后垂直"，即先画水平线段，后画垂直线段，最后画倾斜线段的顺序，以使线段均匀，光滑连接。

（8）标注尺寸 在完成图样描深之后，标注尺寸和其他文字说明。

（9）填写标题栏 在经检查确定无误之后，在标题栏中相应地方签名并填写日期，图样绘制工作便全部完成。

1.3 徒手画图

在工程设计、现场测绘机器和技术交流等活动中，往往需要直接用铅笔徒手绘制出草图，如零件草图、装配示意图等。在用计算机绘图前，常常要徒手画出构思草图，再用计算机绘制和修改。徒手画图是工程技术人员必备的一种画图技能，掌握了徒手画图的技能将给工作带来很大的方便。

1.3.1 徒手画图的基本要求

草图不是"潦草的图"，初学者应当认真按要求绘制草图。徒手画图一般用HB铅笔，铅芯削成锥形，一般采用方格纸进行练习，待熟练后便可用白纸绘草图。徒手画图的基本要求是："徒手目测、先画后量、横平竖直、曲线光滑"。草图应当比例协调一致，图面工整清晰。

1.3.2 徒手画图的方法

草图的图线应用及图的线型可参见表1-3，应做到线型正确、粗细分明、字体工整。

（1）直线的画法　徒手画图时，握笔的手离笔尖约 30～40mm。手腕、小手指靠着纸面。画直线时，要注意手指和手腕执笔的力度。画短直线时，以手腕运笔，画长直线时，整个手臂运动，眼睛要随时注视直线终点，保持运笔方向。图 1-26a 所示为徒手画直线的方法。

画斜线和画水平直线一样。也可以将纸旋转，将斜线转成水平后再画。画特殊角度的斜线时，可以根据斜率来画，如图 1-26b 所示。

（2）圆的画法　画圆时，应先画中心线以确定圆心。若画直径较小的圆，可先在中心线上按半径目测定出四个点，然后徒手将各点连接成圆；若画直径较大的圆，可过圆心加画一对十字线，按半径目测定出八个点，然后连接成圆，如图 1-26c 所示。

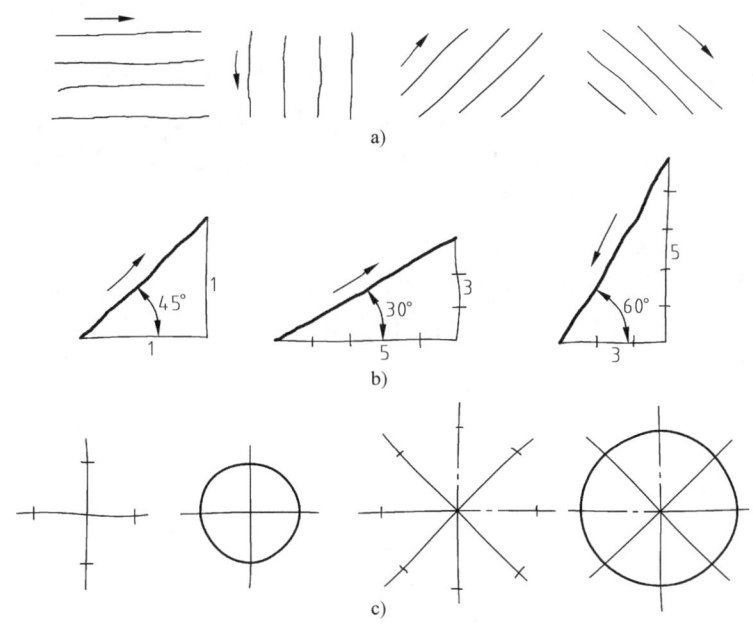

图 1-26　徒手画图
a）直线的徒手画法　b）角度线的徒手画法　c）圆的徒手画法

如果画直径很大的圆，可在长纸条上取两点（两点距离为半径），然后一点对准圆心，将长纸条旋转（此时，另一点随之旋转），每转一定角度就用铅笔定出圆上的一个点，取一系列圆上的点后，连接各点画圆。

如果画直径不是很大的圆，也可用小手指压住中心，手用适当力拿住铅笔，笔尖压在纸上，一只手将纸向上转动画圆。也可以用一只手拿两支铅笔，笔尖分开作圆规状，一支铅笔压住中心，另一支随转动图纸来画圆。

（3）圆角、曲线连接及椭圆的画法　画圆角、曲线连接及椭圆时，可以尽量利用与正方形、菱形相切的特点进行画圆，如图 1-27 所示。

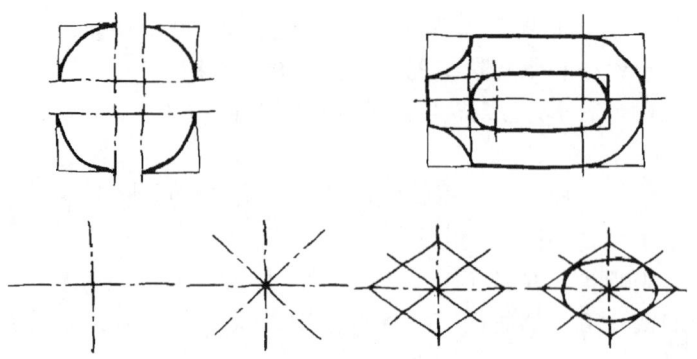

图 1-27 徒手画圆角、曲线连接及椭圆

素质养成点

2017年5月2日，身躯庞大的"振华30"起重船吊起重约6000t的海底隧道接头，沉放进位于海底的E29和E30沉管之间，完成了港珠澳大桥最后的接头安装工作。港珠澳大桥总长约55km，是连接香港、珠海和澳门的超大型跨海通道，被称为新的世界七大奇迹之一。承担约6000t（约为22架空客A380的重量）重接头的"振华30"起重船，排水量为26万t，船长297.55m，船宽58m，具备单臂固定起吊12000t、单臂全回转起吊7000t的能力，是中国设计建造并自营的世界最大起重船，被誉为"大国重器"。如今，中国正以前所未有之势推动自主创新，着力突破核心技术的瓶颈，为民族复兴汇聚前行之力，让国人骄傲，让世界惊叹！

第 2 章 计算机绘图的基本知识

2.1 计算机绘图概述

计算机绘图（简称 CG）是应用计算机及其图形输入、输出设备实现图形显示及辅助设计的一门新兴学科，其建立在图形学、应用数学及计算机辅助科学三者结合的基础上，是 CAD/CAM 的基础和主要组成部分之一。掌握计算机绘图技术是对现代工程技术人员的基本要求。

AutoCAD 即自动计算机辅助设计是美国 Autodesk 公司开发的。它是集二维绘图、三维设计、渲染及关联数据库管理和互联网通信功能为一体的计算机辅助设计与绘图软件包，被广泛用于机械、建筑以及电子等众多领域。本书介绍应用 AutoCAD 2013 中文版绘制二维和三维图样的设置、绘图及标注方法。

2.1.1 AutoCAD 2013 中文版的工作界面

启动 AutoCAD 2013 中文版后，进入如图 2-1 所示的界面，并自动创建名为 Drawing1.dwg 的图形文件。它的工作界面主要由标题栏、绘图窗口、光标、命令行窗口、状态栏等组成。

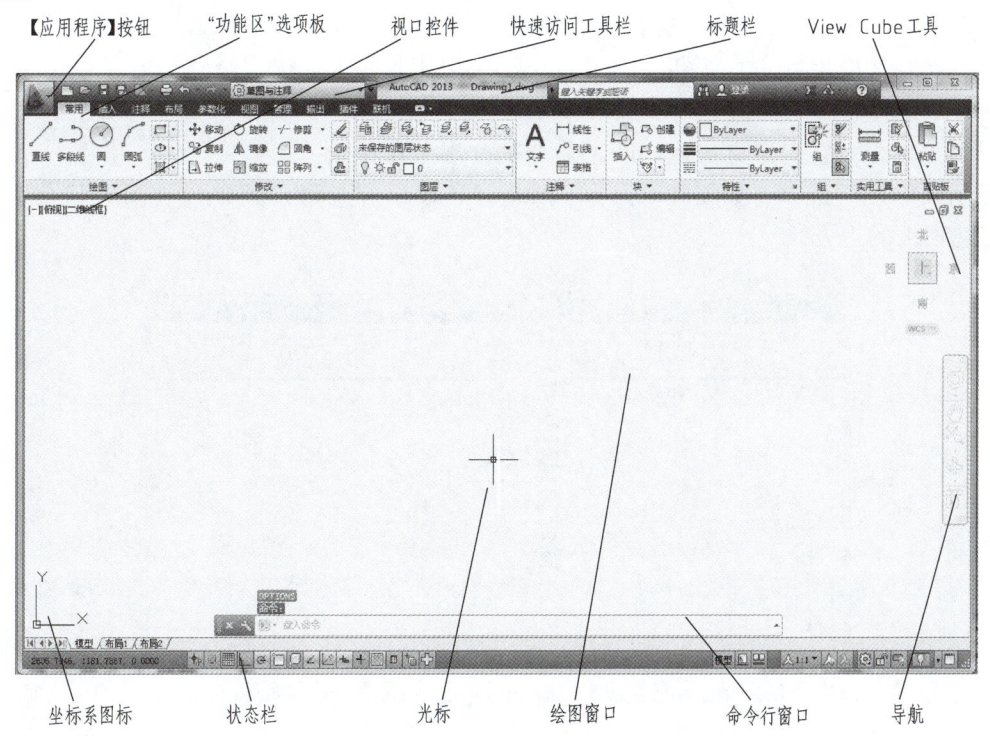

图 2-1 AutoCAD 2013 中文版的工作界面

（1）标题栏 该栏位于界面的顶部，用于显示当前应用程序的名称和当前图形的文件名，其最左边有一个按钮，最右侧有 3 个按钮，可以分别实现窗口的最小化、最大化、恢复、移动、关闭等操作。

（2）绘图窗口 用户绘图的工作区域。

（3）光标 作图区域中的光标为十字光标，用于绘制图形及选择图形对象，十字线的交点为光标的当前位置。

（4）命令行窗口 是用户与 AutoCAD 进行交互式对话的窗口，用于输入命令名和显示命令提示信息的区域，一般为 3~4 行。

（5）状态栏 如图 2-1 所示，状态栏左侧显示作图区域中十字光标点的坐标 X、Y、Z 的值；中间为【控制捕捉】、【栅格】、【正交】、【极轴】、【对象捕捉】、【对象追踪】和【模型/图纸】等 15 个辅助绘图工具按钮，单击任一按钮，即可打开或关闭绘图工具。也可用功能键控制绘图工具（表 2-1）。

（6）坐标系图标 在绘图窗口的左下角有一个坐标系图标，其反映了当前所使用的坐标系形式和坐标方向。

2.1.2 菜单栏和应用程序菜单

（1）【应用程序】按钮 位于程序窗口左上角，单击【应用程序】按钮可以快速访问应用程序菜单中的新建、打开、保存、打印或发布文件、在"图形实用工具"的下一级选项中可以进行检查、修复和清除文件。单击右下角的"选项"按钮，可以访问"选项"对话框，可以搜索命令。也可以通过双击【应用程序】按钮关闭 AutoCAD。应用程序菜单如图 2-2 所示。

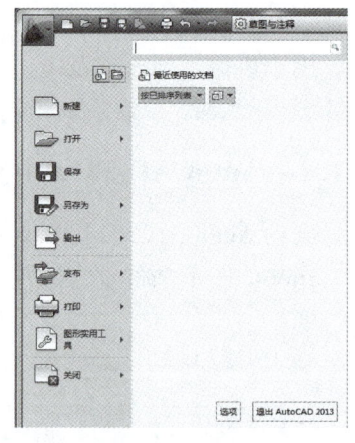

图 2-2 应用程序菜单

（2）菜单栏 在自定义快速访问工具栏的弹出菜单中选择"显示菜单栏"选项，如图 2-3 所示。AutoCAD 2013 中文版的菜单栏（图 2-4）就出现在功能区选项板的上方。

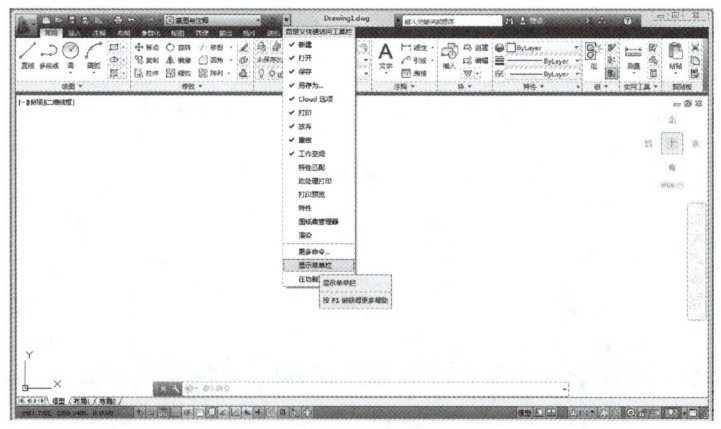

图 2-3 选择"显示菜单栏"选项

图 2-4 AutoCAD 2013 中文版的菜单栏

菜单栏包括了文件（F）、编辑（E）、视图（V）、插入（I）、格式（O）、工具（T）、绘图（D）、标注（N）、修改（M）、参数（P）、窗口（W）和帮助（H）共 12 个选项，这些选项包括了 AutoCAD 中的全部功能和命令。单击其中的任一选项，即可弹出该选项的下拉菜单，如图 2-5 所示。

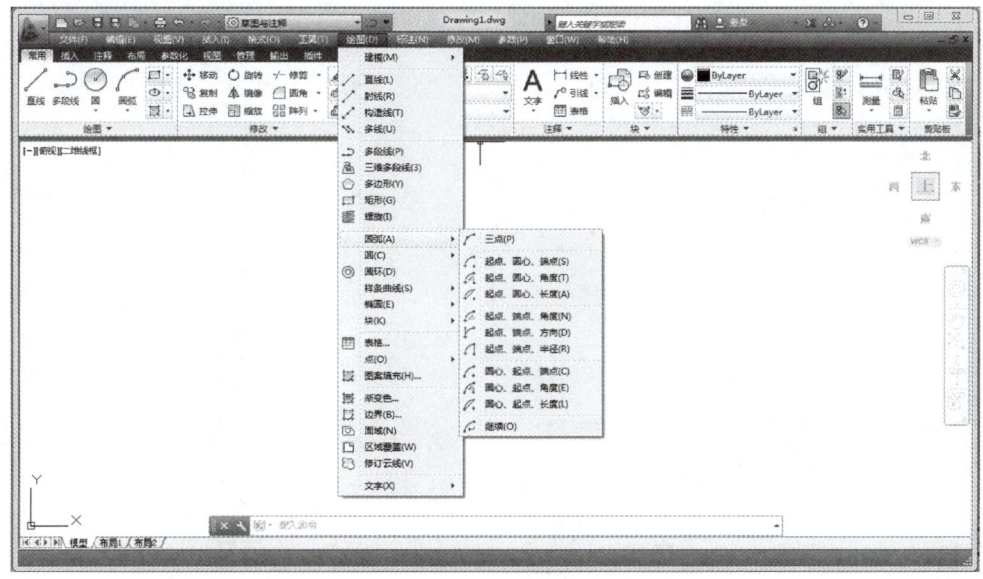

图 2-5 下拉菜单

下拉菜单有如下特点：

1）在下拉菜单中，带有"箭头"符号表示该命令下还有子命令。
2）在下拉菜单中，带有"..."，表示选择该命令时可打开某个对话框。
3）在下拉菜单中，带有组合键如【Ctrl +"×"】，表示直接按组合键即可执行该命令。

（3）快捷菜单 也称为上下文关联菜单。在绘图区域、工具栏、状态栏、模型与布局选项卡及一些对话框中单击右键都将弹出某个快捷菜单，菜单中显示的命令与右击的对象和 AutoCAD 当前的工作状态相关。使用它们可以在不弹出下拉菜单的情况下，快速、高效地完成某些操作，如图 2-6 所示。

2.1.3 对话框

在选择 AutoCAD 的某些命令后，系统会弹出对话框，在对话框中可以方便地进行输入参数、设定参数和选取选项等操作。例如，当选择"插入（I）"下拉菜单中的"块（B）..."命令时，系统弹出如图 2-7 所示的"插入"对话框。

2.1.4 工具栏

AutoCAD 把命令形象化为图标按钮，按形式分门别类地放在不同的工具栏上。单击工具栏中的图标按钮，AutoCAD 即可启用相应的命令。

在通常情况下，系统显示标准、对象特性、样式、图层、绘图和修改等工具栏。将鼠标移到某个图标按钮之上，并稍作停留，系统将显示该图标按钮的名称，同时在状态栏中显示该图标按钮的功能与相应命令的名称。

当光标移到任何工具栏上，单击右键，AutoCAD 会弹出工具栏快捷菜单，如图 2-8 所示。单击工具栏快捷菜单中的工具栏名，即可打开或关闭工具栏。

图 2-6 快捷菜单

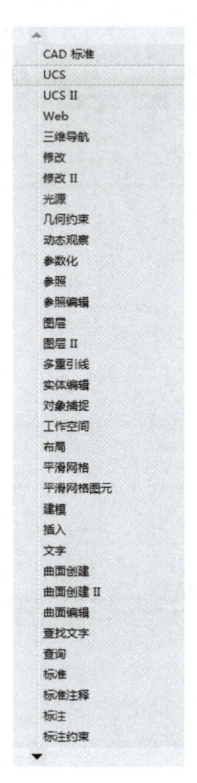

图 2-8 工具栏快捷菜单

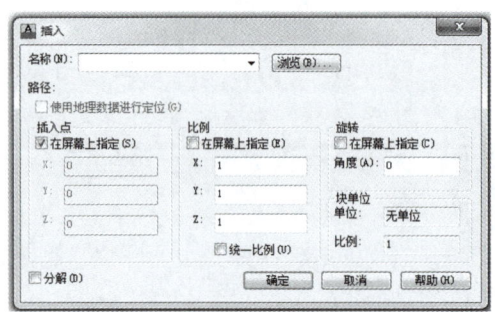

图 2-7 "插入"对话框

2.1.5 常用功能键

为了用户的操作方便，AutoCAD 2013 还提供了功能键，其功能见表 2-1。

表 2-1 常用功能键及功能

功能键	功　　能	功能键	功　　能
F1	打开 AutoCAD 帮助文档	F7	打开/关闭"栅格显示"
F2	打开/关闭 AutoCAD 文本窗口	F8	打开/关闭"正交模式"
F3	打开/关闭"对象捕捉"	F9	打开/关闭"捕捉模式"
F4	三维对象捕捉	F10	打开/关闭"极轴追踪"
F5	控制等轴测面的方位	F11	打开/关闭"对象捕捉追踪"
F6	允许/禁止"坐标系统"	F12	动态输入

2.1.6 AutoCAD 命令的执行方法

用户可以通过下拉菜单、工具栏按钮、快捷菜单和组合键来执行命令，也可以在命令行输入命令（在英文状态下输入，不分大小写）并按【Enter】键执行命令。本书用"↙"表示【Enter】（回车），以后不再说明。

用户要重复执行上一个命令，可以按【Enter】键或【Space】键，或在绘图区域中单击右键从弹出的快捷菜单中选择"重复"命令。按【Esc】键则会终止执行任何命令。

在命令行输入 AutoCAD 命令时，可以用命令的全称，也可以用命令的简写方式，见表 2-2。

表 2-2 常用命令的简写

命令名	简　写	命令名	简　写
画线	L	移动	M
画圆	C	删除	E
画圆弧	A	缩放	Z
画多段线	PL	插入块	I
画椭圆	EL	修剪	TR
重做	R	定义块	B
多行文本	MT	图案填充	H
单行文本	T	延伸	EX

2.1.7 图形文件管理

图形文件管理包括新建图形文件、打开图形文件、保存图形文件和关闭图形文件。以下分别进行介绍。

1. 新建图形文件（New）

调用方法　下拉菜单：文件→新建；工具栏：标准→新建；命令：new。

执行命令后，AutoCAD 弹出"选择样板"对话框，如图 2-9 所示。用户可在样板列表框中选中某一样板文件，单击【打开】按钮，创建新图形。图 2-10 所示为标准工具栏。

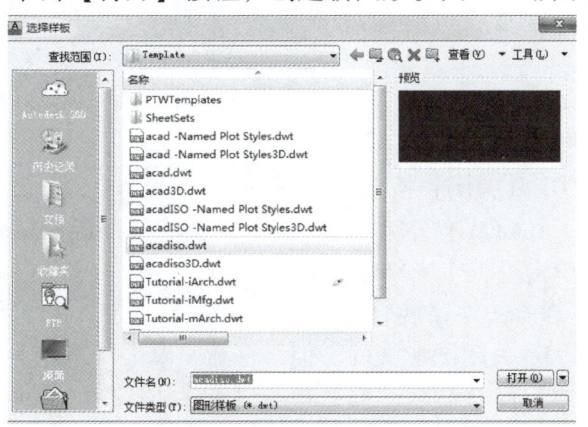

图 2-9 "选择样板"对话框

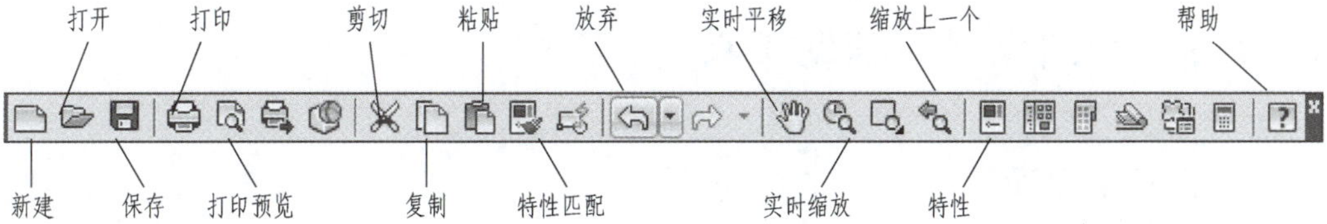

图 2-10 标准工具栏

2. 打开图形文件（Open）

调用方法　下拉菜单：文件→打开；工具栏：标准→打开；命令：open。

执行命令后，AutoCAD 弹出"选择文件"对话框，如图 2-11 所示。

在"选择文件"对话框的文件列表框中，选择需要打开的图形文件，然后单击【打开】按钮，即可打开图形文件。

3. 保存图形文件（Save、Save as）

（1）调用方法　下拉菜单：文件→保存或另存为；工具栏：标准→保存；命令：save 或 save as。

（2）执行结果　AutoCAD 将当前文件存盘。用户可以使用当前的文件名保存图形文件，也可以使用新的文件名另存图形文件。

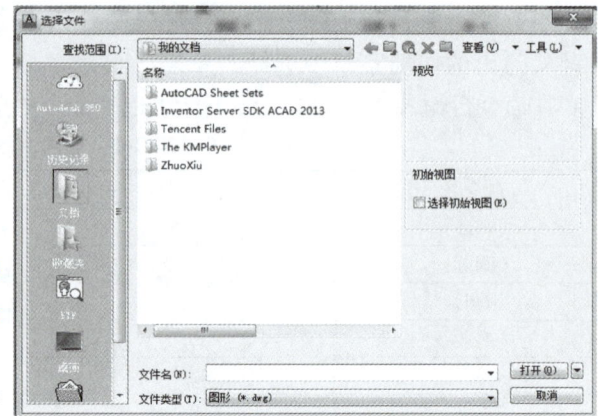

图 2-11　"选择文件"对话框

在第一次保存创建的图形时，系统将打开"图形另存为"对话框，如图 2-12 所示。默认情况下，文件以"AutoCAD 2013 图形（*.dwg）"格式保存，也可以在"文件类型"下拉列表框中选择其他格式，如 AutoCAD 2010、AutoCAD 2007（*.dwg）和 AutoCAD 图形标准（*.dwg）等格式。

用户在对话框中需要在"保存于"下拉列表框中选择"路径"；在"文件名"文本框中输入文件名；在"文件类型"下拉列表框中选择文件类型；最后单击【保存】按钮。

4. 关闭图形文件（Close）

调用方法　下拉菜单：文件→关闭；命令：close；单击标题栏中【关闭】按钮。

若文件没有存盘，AutoCAD 会弹出"存盘提示"对话框，单击【是】按钮或按【Enter】键，表示将当前文件存盘后关

图 2-12　"图形另存为"对话框

闭；单击【否】按钮则表示关闭图形文件，但不存盘。单击【取消】按钮表示取消此操作。

如果当前所编辑的图形没有命名，那么单击【是】按钮后，AutoCAD 将会打开"图形另存为"对话框，要求用户确定图形文件存放的位置和名称。

2.2　计算机绘图设置与辅助工具

2.2.1　计算机绘图设置

在绘图之前都要对图形单位和图形界限进行设置，以方便绘图。

1. 设置图形单位（Units）

主要用来设置长度和角度的类型、精度以及角度的起始方向等。

调用方法　下拉菜单：格式→单位；命令：units。

执行命令后，AutoCAD 将会打开"图形单位"对话框，如图 2-13 所示。

在对话框的长度选项组的"类型"下拉列表框中有分数、工程、建筑、科学和小数共 5 个选项，绘制机械图样应选择"小数"。"精度"下拉列表框中，一般选择 0.0000。

在对话框的角度选项组的"类型"下拉列表框中有百分数、度/分/秒、弧度、勘测单位和十进制度数共 5 个选项，绘制机械图样应选择"十进制度数"。"精度"下拉列表框中，一般选择 0。绘图时，默认角度正方向为逆时针，如果选择"顺时针"复选框，则角度正方向变为顺时针。

在对话框的插入时的缩放单位选项组中，"用于缩放插入内容的单位"下拉列表框中有 21 种单位，绘制机械图样一般选择"毫米"，即默认项。

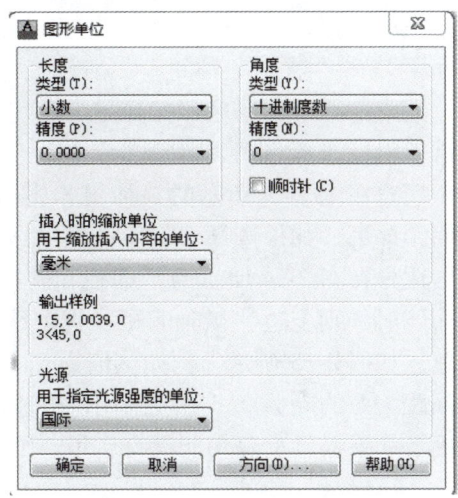

图 2-13　"图形单位"对话框

单击该对话框下方的【方向】按钮，可打开"方向控制"对话框。用户可以在对话框中设定基准角度方向，即将东、南、西、北 4 个方向以及"其他"角度的方向作为 0°方向。

2. 设置图形界限（Limits）

调用方法　下拉菜单：格式→图形界限；命令：limits。

执行该命令后，在命令行中将会出现如下提示信息：

命令：limits

重新设置模型空间界限：

指定左下角点或［开(ON)/关(OFF)］<0.0000,0.0000>：（指定界限的左下角点）

指定右上角点 <420.0000，297.0000>：（指定界限的右上角点）

设置图形界限就是标明用户的工作区域和图纸的边界。设置图形界限可以避免所绘制的图形超出该边界。

2.2.2　计算机绘图辅助工具

在利用 AutoCAD 绘图过程中，经常需要将光标快速精确地定位在某指定点的位置，系统提供了显示栅格、捕捉模式、正交模式、极轴、对象捕捉和对象追踪等绘图辅助工具来定位点（即状态栏中的辅助工具）。这些工具可以提高绘图精度，加快绘图速度。

1. 设置栅格（Grid）

栅格是由许多标定的小点来组成的，其位于图形界限之内，所起的作用就像坐标纸一样。默认状态下栅格是关闭的，栅格间距为 X = Y = 10。打开和关闭栅格的方法是单击状态栏【栅格】按钮或者在键盘上按功能键 F7。栅格可以通过"草图设置"对话框进行设置。

调用方法　下拉菜单：工具→绘图设置；将光标放在状态栏辅助绘图工具栅格按钮上，单击右键，在弹出的快捷菜单中选择"设置"命令。

执行该命令后，AutoCAD 弹出"草图设置"对话框，该对话框中有 7 个选项卡，图 2-14 所示为"捕捉和栅格"选项卡。用户可以在该选项卡中，设置栅格 X、Y 轴间距和样式等。

另外，在命令提示符下，输入"grid"并按【Enter】键也可以设置栅格。

2. 设置栅格捕捉（Snap）

栅格捕捉是 AutoCAD 约束光标移动的工具，即光标按图 2-14 所示的对话框中"捕捉 X 轴间距"和"捕捉 Y 轴间距"所设置的值，上下左右移动。十字光标被吸附在栅格点上。

通常情况下，栅格和捕捉是配合使用的，即捕捉和栅格的 X、Y 轴间隔分别相对应，这样就能保证光标移动到精确的位置。

用户在图 2-14 所示的"捕捉和栅格"选项卡的"栅格间距"选项组中设置栅格 X、Y 轴间距即可。如果选择"启用捕捉"或按功能键【F9】，都可以打开或关闭栅格捕捉功能。

用户在图 2-14 所示的"捕捉和栅格"选项卡中，选择"捕捉类型"选项组中的"Polar Snap"时，则上边"极轴间距"选项组中的"极轴距离"编辑框显亮，即可设置捕捉增量距离，如图 2-15 所示。例如该值为 5，在极轴追踪开启状态下，AutoCAD 会以极坐标方式捕捉间距为 5 的光标点。一般采用"极轴距离"设置、极轴追踪和对象捕捉追踪相结合的方式使用。如果极轴追踪功能没有启用，则"极轴距离"设置无效。

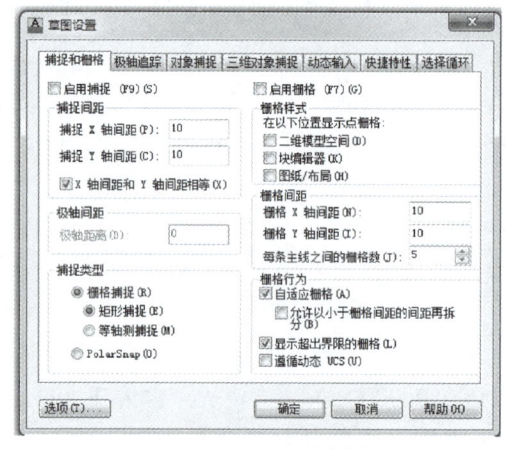 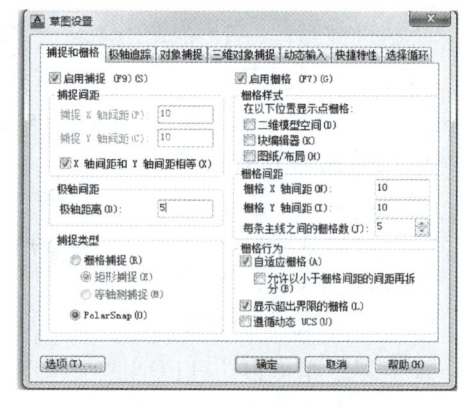

图 2-14　"草图设置"对话框——"捕捉和栅格"选项卡　　　　图 2-15　极轴距离设置

3. 设置极轴追踪

极轴追踪是按事先给定的角度增量来追踪特征点。它的功能是在系统要求指定一个点时，按预先设置的角度增量显示一条无限延伸的辅助虚线，这时用户可以沿辅助虚线追踪得到光标点，如图 2-16 所示。

用户可以利用"草图设置"对话框中的"极轴追踪"选项卡对其进行设置，如图 2-17 所示。

（1）"极轴角设置"选项组　用于设置极轴角度。其中，在"增量角"下拉列表框中显示系统预设的角度，如果不能满足需要，可选择"附加角"复选

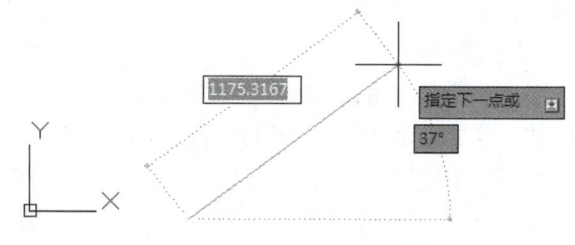

图 2-16　极轴追踪示意图

框,然后单击【新建】按钮,在"附加角"列表中增加新角度。

(2)"极轴角测量"选项组　用于设置极轴追踪对齐角度的测量基准。单击【绝对】按钮,极轴的基准为当前坐标系 X 轴的正方向;单击【相对上一段】按钮,极轴的基准为最后绘制的线段角度。

(3)"启动极轴追踪"复选框:用于确定打开或关闭极轴追踪,用户也可以按【F10】键打开或关闭极轴追踪。

4. 设置对象捕捉

对象捕捉功能是可以迅速、准确地定位于图形对象的端点、交点、中点、切点、象限点和圆心等特殊点,提高了绘图精度和速度。对象捕捉命令在使用时必须配合相关的绘图命令才能够起作用,单独激活这些命令是没有效果的。

用户在"草图设置"对话框中,选择"对象捕捉"选项卡,如图 2-18 所示。在"对象捕捉模式"选项组中选择相应的复选框。

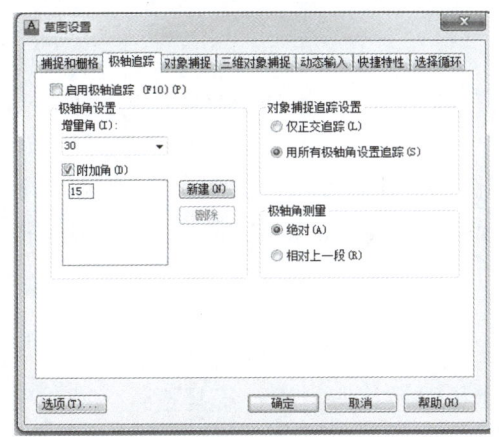 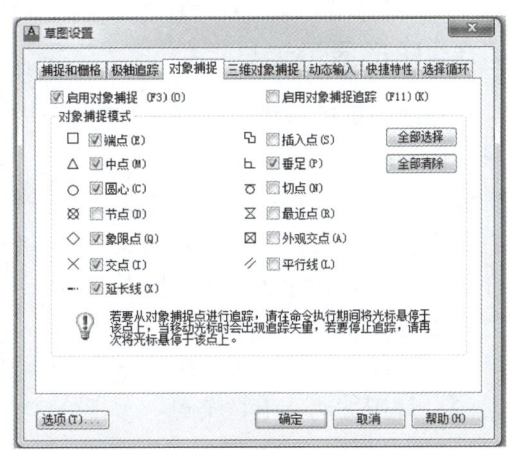

图 2-17 "草图设置"对话框——　　　　图 2-18 "草图设置"对话框——
　　　"极轴追踪"选项卡　　　　　　　　　　　"对象捕捉"选项卡

用户可以在图 2-8 所示的工具栏快捷菜单中,调出"对象捕捉"工具栏,如图 2-19 所示。在绘图过程中,当要求用户指定点时,单击该工具栏中相应的特征点按钮,再把光标移到要捕捉的对象上的特征点附近,即可捕捉到相应的对象特征点。

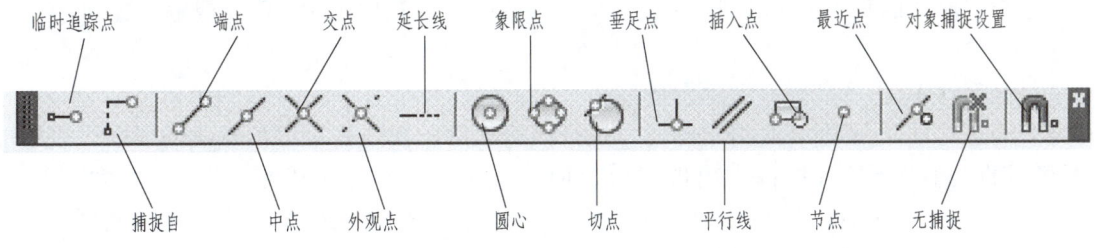

图 2-19 "对象捕捉"工具栏

在不进行任何操作的情况下,按住【Shift】键的同时在绘图窗口中单击右键,弹出对象捕捉快捷菜单。用户可以在该菜单中选择捕捉功能。

用左键单击状态栏中的"对象捕捉"或按功能键【F3】,可以打开或关闭对象捕捉功能。

另外，在图 2-18 所示的对话框中，选择"启用对象捕捉追踪"复选框或按功能键【F11】，可以打开或关闭对象捕捉追踪功能。对象捕捉追踪是指按与对象的某种特定关系来追踪，即事先不知道具体的追踪方向（角度），但知道与其他对象的某种关系（如相交），则用对象捕捉追踪，如图 2-20 所示。

对象捕捉追踪必须与对象捕捉同时使用。

5. 正交模式

在绘图过程中，有时需要只允许光标在当前的水平或者竖直方向上移动，以便快速、准确地绘制图形中水平线和竖直线。在这种情况下可以使用正交模式。在正交模式下只能绘制水平和竖直方向的直线。

图 2-20　对象捕捉追踪

单击状态栏中的"正交"或按功能键【F8】，可以打开对象正交绘图功能。

应当注意，正交模式与极轴追踪功能不能同时打开。

2.2.3　图形显示工具

在绘制图形过程中，经常需要对图形进行放大、缩小和移动以便观察图形的局部、浏览图形整体和观察图形不同部分。

AutoCAD 图形显示命令为透明命令。所谓透明命令，就是在执行某命令时，可插入执行透明命令，执行完后，AutoCAD 又返回，继续执行原命令。AutoCAD 提供了图形显示控制的许多功能，本节将有选择地加以介绍。

1. 图形缩放（Zoom）

（1）功能　放大或缩小屏幕上对象的视觉尺寸，但它的实际尺寸保持不变。

（2）调用方法　下拉菜单：视图→缩放→选择其中的某一选项；工具栏：标准→实时平移、实时缩放、窗口缩放、缩放上一个共 4 个缩放图标按钮；命令：Z。

执行该命令后，在命令行中将会出现如下提示信息：

指定窗口的角点，输入比例因子（nX 或 nXP），或者

［全部(A)/中心(C)/动态(D)/范围(E)/上一个(P)/比例(S)/窗口(W)/对象(O)］<实时>：（要求选择其中一项）

下面介绍部分实用选项。

1）指定窗口的角点，输入比例因子（nX 或 nXP）：利用窗口的角点或输入比例因子实现图形的缩放。

2）全部（A）：显示当前全部图形。

3）动态（D）：动态缩放指定图形。执行该选项后，视口显示绿色点线的线框代表当前图形显示的大小范围。在线框中出现"×"时，直接移动鼠标可以平移图形；单击鼠标后再拖动线框的大小，最后单击右键选择【确认】，可以实现图形缩放。

4）范围（E）：将当前图形尽可能大地显示在窗口内。

5）上一个（P）：恢复上一次显示的图形。

6）窗口（W）：窗口缩放指定图形。该选项对应于"标准"工具栏中的【窗口缩放】图标按钮。执行该选项后，系统要求用户指定需要缩放区域的两个角点，然后按照该指定区域进行缩放。

7)＜实时＞：实时缩放指定图形。该选项对应于"标准"工具栏中的【实时缩放】图标按钮，是默认选项。执行该命令后，按住左键向上移动光标为放大图形，向下移动光标为缩小图形，按【Enter】键结束命令。

2. 图形平移（Pan）

（1）功能　移动全图，使图纸的特定部分位于当前的显示屏幕中。

（2）调用方法　下拉菜单：视图→平移→实时平移；工具栏：标准→实时平移；命令：pan。

执行命令后，屏幕上出现一个小手，用户可以按住左键并拖动实施平移。如果按【ESC】键或【Enter】键，则结束命令。

下拉菜单：视图→平移→其他选项，用户可以根据提示操作即可。

2.3　图层

2.3.1　图层的概述

图层（Layer）是 AutoCAD 中非常重要的一个图形管理工具。AutoCAD 图形对象必须绘制在某一图层上。图层可以看成没有厚度的透明纸，各层之间的坐标基点完全对齐。

用户可以给每一图层指定线型、颜色和状态。绘图时，可以将不同的图形对象绘制在不同的图层上，这样在绘制或修改图形对象时，只需修改所在图层的参数即可，从而节省了绘图工作量。图形中的所有图层叠放在一起，就可组成一个 AutoCAD 的完整图形。

2.3.2　图层的特性

1）系统对图层数没有限制，对每一图层上的对象数也没有任何限制。但只能在当前图层上绘图。

2）每一图层对应一个图层名，系统默认设置的图层为 0（零）层，其他图层由用户根据绘图需要创建并命名。

3）用户可以为每个图层指定不同的颜色和线型，使该图层上的所有对象使用所设置的颜色和线型，也可以为每个对象单独设置不同的颜色和线型。系统默认为白色、实线。

4）每个图层具有相同的坐标系统、图形界限和缩放比例，用户可以对每个图层上的所有对象同时进行编辑操作。

5）在所有的图层中，一个图层上的图形对象可以转换到另一个图层上。

6）用户可以利用"图层特性管理器"或"图层"工具栏，对图层进行"打开/关闭""冻结/解冻"和"锁定/解锁"等操作，以确定该图层的可见性和可操作性。图层的特性及操作见表 2-3。

表 2-3　图层的特性及操作

选项	功能	区别
关闭	隐藏图层的画面，使其不可见	关闭与冻结的区别在于执行速度的快慢，后者比前者快。当不需要观看图层上的图形时，要采用冻结方式，以加快 Zoom、Pan 等命令的执行速度
冻结	冻结指定的图层，使其不可见，冻结的图层不能在绘图仪上输出，当前图层不能冻结	

选　　项	功　　能	区　　别
锁定	锁定图层。在锁定图层上，可以绘图，但无法编辑	锁定图层上的实体是可见的，但无法编辑，其执行Zoom、Pan等命令的速度与关闭相同
打开	恢复关闭的图层，图层上的图形将重新显示出来	打开是针对关闭而言，而解冻是针对冻结而言，解锁是针对锁定而言
解冻	解冻冻结的图层，使图层上的图形重新显示出来并可继续绘图	
解锁	将锁定图层解锁，以便继续编辑图形	

注：在图2-21所示的"图层特性管理器"对话框中或图2-61所示的图层工具栏下拉列表中，单击【打开/关闭】【冻结/解冻】【锁定/锁定】图标，可以在两种状态中切换。

2.3.3 图层的操作

图层的操作是通过"图层特性管理器"对话框来进行的。AutoCAD提供了如下3种打开"图层特性管理器"对话框的方法。

下拉菜单：格式→图层；工具栏：图层→图层特性管理器；命令：layer。执行命令后，AutoCAD弹出"图层特性管理器"对话框，如图2-21所示。

（1）创建、删除、恢复图层 在开始绘制一张新的图形时，系统创建一个名为"0"的图层，如图2-21所示。对图层"0"不可以进行删除和重命名操作。

在"图层特性管理器"对话框中，单击【新建图层】按钮，在图层列表框中可创建一个名为"图层1"的新图层。用户可以给图层重命名，如"虚线"等。

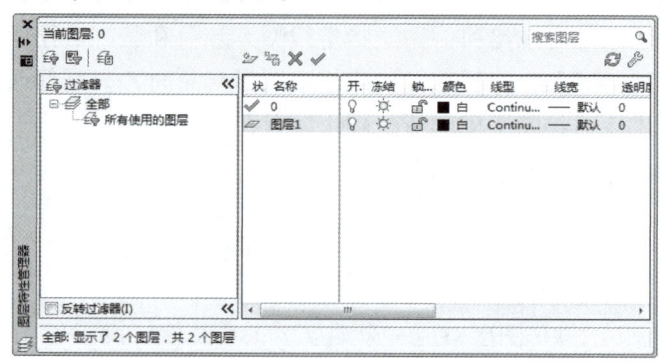

图2-21　"图层特性管理器"对话框

如果用户要删除某一图层，需要先选择该图层，然后单击【删除图层】按钮。但是被删除的图层仍然显示在图层列表框中，只是在图层名前面做了删除标记。

如果要恢复已经删除的图层，先要选择该图层，然后再次单击【删除图层】按钮即可。此时删除标记消失。

（2）设置图层颜色 在图层列表框的"颜色"列表中，单击对应图层颜色标记，打开"选择颜色"对话框，如图2-22所示。在"选择颜色"对话框中，用户可以使用"索引颜色""真彩色"和"配色系统"3个选项卡之一为图层选择颜色。图层的颜色是指在该图层上绘制图形对象时所采用的颜色，每个图层都可以设置各自的颜色，不同的图层也可以设置相同或不同的颜色。

另外，颜色还有标准颜色和灰度颜色之分，AutoCAD中提供了最常用的7个标准颜色，即红色（Red）、黄色（Yellow）、绿色（Green）、青色（Cyan）、蓝色（Blue）、品红（Magenta）、黑色/白色（Black/White）。图层默认的颜色为黑色/白色。一般情况下都将图层颜色设置为标准颜色中的一种以清晰的区别。

(3) 设置图层线型　在 AutoCAD 中既有简单线型，也有由一些特殊符号组成的复杂线型，利用这些线型基本可以满足不同国家和不同行业的标准要求。

在"图层特性管理器"对话框中，单击图层列表框中对应的图层线型标记"Continuous"，打开"选择线型"对话框，如图 2-23 所示。

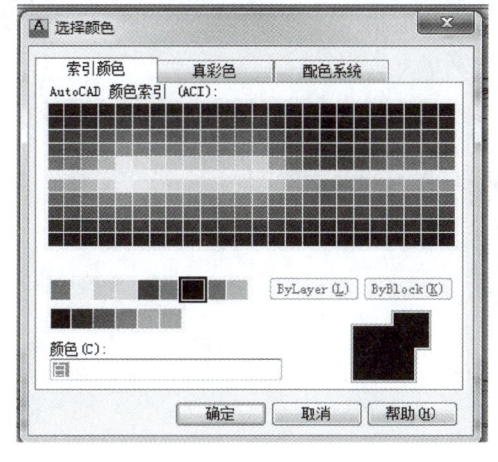

图 2-22　"选择颜色"对话框

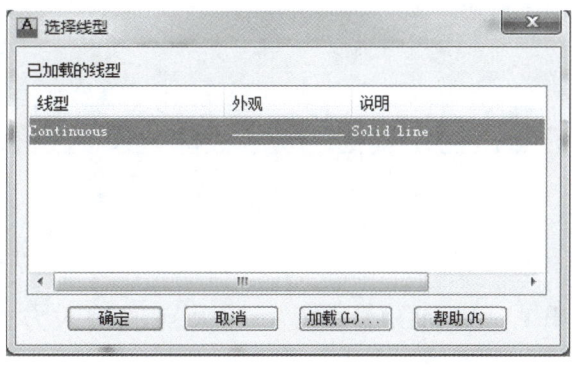

图 2-23　"选择线型"对话框

在"选择线型"对话框的"已加载的线型"列表框中选择一种线型，然后单击【确定】按钮即可改变图层的线型。

如果在"选择线型"对话框中单击【加载（L）...】，则打开"加载或重载线型"对话框，如图 2-24 所示。用户可以从该对话框中选择需要加载的线型，如 ACAD_ISO02W100（虚线）等。

(4) 设置图层的线宽　单击"图层特性管理器"对话框中对应的线宽标记"——默认"，打开"线宽"对话框，如图 2-25 所示。在该对话框中选择所需要的线宽值，单击【确定】按钮即可。

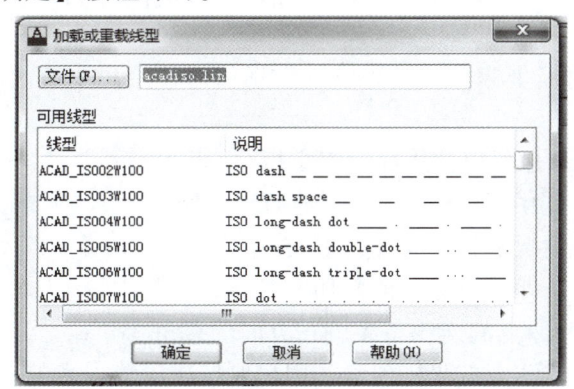

图 2-24　"加载或重载线型"对话框

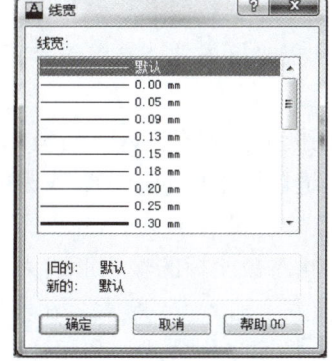

图 2-25　"线宽"对话框

(5) 打印样式和打印　在"图层特性管理器"对话框的图层列表框中，用户可以通过"打印样式"确定图层的打印样式，但如果使用彩色绘图仪，则不能改变这些打印样式。单击"打印"中的打印标记，可以设置图层是否打印。打印功能只对可见的图层起作用，即只对打开和解冻的图层起作用。

2.4 AutoCAD 基本绘图命令

AutoCAD 提供了丰富的绘图命令，利用这些命令可以绘制出各种基本图形对象，也可以利用工具栏绘图，如图 2-26 所示。

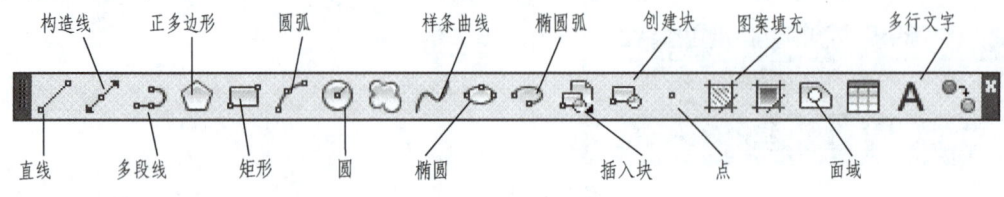

图 2-26　绘图工具栏

2.4.1 AutoCAD 的坐标系及点的输入方式

1. 世界坐标系

AutoCAD 的默认坐标系为世界坐标系（WCS）。世界坐标系的 X 轴为水平方向，Y 轴为垂直方向，Z 轴为垂直于 XOY 平面。图形中的任何一点都可以用相对于其原点的距离和方向来表示。

在世界坐标系中，AutoCAD 为用户提供了多种坐标输入方式。

（1）直角坐标方式　利用直角坐标方式输入点的坐标值时，用户应输入点的 X，Y，Z 坐标值；在二维空间中，其 Z 坐标值将由 AutoCAD 自动分配为 0。输入点的直角坐标值的方式有：

1）绝对坐标值方式为"X，Y，Z"，它们分别是输入点相对于原点的 X，Y，Z 的坐标值。

2）相对坐标方式为"@X，Y，Z"，即在相对坐标值前面加上符号"@"。例如"@5，5，10"表示距离当前点沿 X 轴正方向 5 个单位、沿 Y 轴正方向 5 个单位、沿 Z 轴正方向 10 个单位的新点。

（2）极坐标方式　在二维空间中，利用极坐标方式输入点的坐标值时，用户要按次序输入点的 r、θ。

利用极坐标方式输入点的坐标值时，用户也可以使用绝对值或相对值形式。

1）绝对极坐标的输入形式为"$r<\theta$"。其中，r 表示输入点与原点的距离；θ 表示输入点和原点的连线与 X 轴正方向的夹角，默认情况下，逆时针为正。

2）相对极坐标的输入形式为"@$r<\theta$"，即在坐标值前面加上符号@。其中，r 表示输入点与前一个输入点的距离；θ 表示输入点和原点的连线与 X 轴正方向的夹角。

（3）柱面坐标方式　利用柱面坐标方式输入点的坐标值时，用户要按次序输入点的 $r<\theta$，h，即距离值<角度值，高度值。利用柱面坐标方式输入点的坐标值时，用户也可以使用绝对值或相对值形式。

1）绝对柱面坐标的输入形式为"$r<\theta$，h"。其中，r 表示输入点与原点的距离；θ 表示输入点和原点的连线与 X 轴正方向的夹角，默认情况下，逆时针为正；h 表示点到 XOY 平面的距离。

2）相对柱面坐标的输入形式为"@$r<\theta,h$"，即在坐标值前面加上符号@。其中，r 表示输入点与前一个输入点的距离，θ 表示输入点与前一个输入点的连线与 X 轴正方向的夹角，h 表示点到 XOY 平面的距离。

2. 用户坐标系

AutoCAD 的用户坐标系（UCS）是由用户自己相对于世界坐标系（WCS）而建立的，因此用户坐标系（UCS）可以移动和旋转。用户可以设定屏幕上的任意一点是坐标原点，也可以指定任何方向为 X 轴的正方向。

在用户坐标系（UCS）中，坐标的输入方式与世界坐标系的相同，也有直角坐标、极坐标和柱面坐标三种输入方式，但其坐标值不是相对于世界坐标系，而是相对于用户坐标系。

3. 点的输入方式

绘图时，当 AutoCAD 提示输入点时，可以用以下方式拾取点：

（1）用鼠标在绘图屏幕上拾取点　将光标移到所需位置，单击左键即可。

（2）用绘图捕捉工具捕捉特殊点　如利用"对象捕捉"和"极轴追踪"等功能捕捉图形对象的特殊点，如端点、中点、圆心点和切点等。

（3）在指定方向上，输入给定距离确定点　用鼠标将光标移到某一位置，指定下一点的方向，然后再输入一个距离值，其结果是在指定的方向上，按给定距离输入了一个点。

（4）输入点的坐标确定点　可以通过键盘输入点的坐标来确定点。

1）绝对坐标有直角坐标、极坐标和柱面坐标方式。图 2-27a 所示为用直角坐标方式输入点的 X，Y，Z（8，6，5）坐标值；图 2-27b 所示为用极坐标方式输入点的距离值 < 角度值（15 < 30）；图 2-27c 所示为用柱面坐标方式输入点的距离值 < 角度值，高度值（10 < 45，15）。

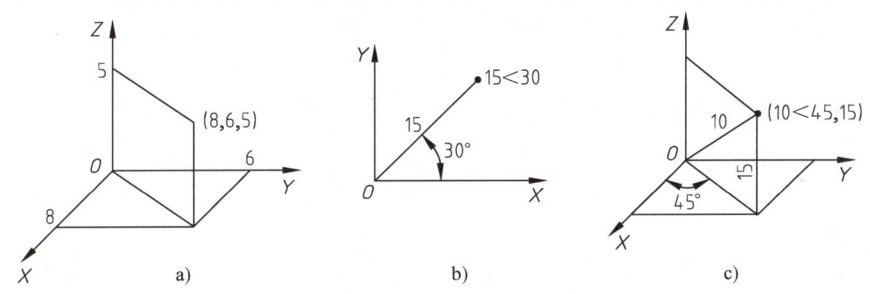

图 2-27　点的坐标形式
a）直角坐标　b）极坐标　c）柱面坐标

2）相对坐标是指相对于前一个点的坐标。它也有直角坐标、极坐标和柱面坐标方式。输入的形式与绝对坐标相同，只是在前面加上"@"，如@20 < 30。

2.4.2　画直线（Line）

1. 调用方法

下拉菜单：绘图→直线；工具栏：绘图→直线；命令：L。

2. 操作方法

以绘制 A3 图幅界线为例进行说明。

命令：line（单击工具栏：绘图→直线）

指定第一点：0，0↙（用绝对坐标指定 A 点）

指定下一点或 ［放弃(U)］：420，0↙（用绝对方式输入 B 点，画 AB 线）

指定下一点或 ［放弃(U)］：297↙（打开正交功能，将光标移至 B 点上方，输入 297 后按【Enter】键，画 BC 线）

指定下一点或 ［闭合(C)/放弃(U)］：@420 < 180↙（用相对极坐标输入 D 点，画 CD 线）

指定下一点或 ［闭合(C)/放弃(U)］：C↙（由 D 点画线至起始点 A，封闭线框，结束命令）

执行结果如图 2-28 所示。

3. 说明

（1）闭合（C）选项　将一个直线序列绘成一个多边形，并退出 line 命令。

（2）放弃（U）选项　擦去最后一条线段并从前一线段的末端开始继续画线。

4. 不同直线的绘制

（1）绘制任意直线　输入直线命令，用光标在屏幕中单击拾取点，按【Enter】键结束。如图 2-29a 所示。

（2）绘制水平线和垂直线　打开"正交"模式，输入直线命令，移动光标，在屏幕中单击拾取点，按【Enter】键结束，如图 2-29b 所示。

（3）绘制垂线　利用"对象捕捉"的捕捉"垂足"的功能，输入直线命令，用光标在屏幕中单击拾取第一点，再移动光标到垂足点附近，出现"垂足"标记后单击，如图 2-29c 所示。

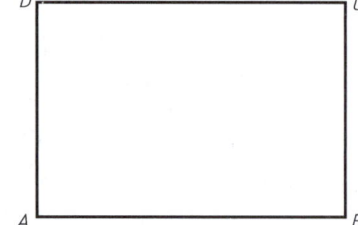

图 2-28　绘制 A3 图幅界线

（4）特殊点之间连线　如图 2-29d 所示，中点和中点的连线。

（5）绘制圆的切线　利用"对象捕捉"的捕捉"切点"的功能，输入直线命令，用光标在屏幕中单击拾取圆外的一点，移动光标到切点附近，出现"切点"标记后单击，按【Enter】键结束，如图 2-29e 所示。

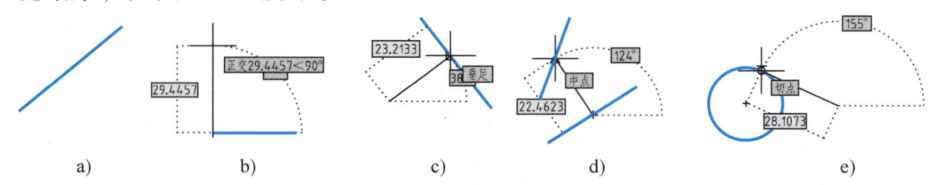

图 2-29　不同直线的绘制

a）任意直线　b）水平线和垂直线　c）垂线　d）特殊点之间连线　e）圆的切线

在绘制的图形对象要求指定下一点时，AutoCAD 会自动显示当前光标位置与上一点之间的相对距离和与 OX 轴的夹角，如图 2-29 所示。

2.4.3　画二维多段线（Pline）

多段线即由多条直线段和（或）圆弧段相连成的一个单一整体对象。多段线命令同直线命令功能相似。多段线命令还可以画有不同宽度和线型的直线和圆弧。

1. 调用方法

下拉菜单：绘图→多段线；工具栏：绘图→多段线；命令：Pl。

2. 操作方法

命令：pline（单击工具栏：绘图→多段线）

指定起点：（按【F9】键打开栅格捕捉功能，用鼠标单击一点）

当前线宽为 0.0000

指定下一个点或［圆弧（A）/半宽（H）/长度（L）/放弃（U）/宽度（W）］：＜正交开＞ 28↙（按【F8】打开正交功能，将光标移至右方，输入 28 后按【Enter】键，向右画出长 28mm 的线段）

各选项说明：圆弧（A）是画弧方式，宽度（W）是改变线宽，半宽（H）是改变线宽，长度（L）是画直线方式。具体操作如下：

指定下一个点或［圆弧（A）/半宽（H）/长度（L）/放弃（U）/宽度（W）］：A↙（由画直线转为画弧方式，直线的终点为圆弧的起点）

指定圆弧的端点或［角度（A）/圆心（CE）/闭合（CL）/方向（D）/半宽（H）/直线（L）/半径（R）/第二个点（S）/放弃（U）/宽度（W）］：@8＜90↙（指定圆弧的端点，向上画半径为 4mm 的半圆弧）

以上各选项为画圆弧的方式：角度（A）是按给定的圆心角画弧；圆心（CE）是给定圆中心画弧；方向（D）是按给定距离画弧；半径（R）是按给定半径画弧；第二个点（S）是给定圆弧上的第二点，再给定圆弧上端点画弧；闭合（CL）和放弃（U）与直线命令相同。

指定圆弧的端点或［角度（A）/圆心（CE）/闭合（CL）/方向（D）/半宽（H）/直线（L）/半径（R）/第二个点（S）/放弃（U）/宽度（W）］：L↙（由画圆弧转为画直线方式，圆弧的终点为直线的起点）

指定下一点或［圆弧（A）/闭合（C）/半宽（H）/长度（L）/放弃（U）/宽度（W）］：28↙（在正交功能下，将光标移至左方，输入 28 后按【Enter】键，向左画出长 28mm 的线段）

指定下一点或［圆弧（A）/闭合（C）/半宽（H）/长度（L）/放弃（U）/宽度（W）］：A↙（由画直线转为画弧方式，直线的终点为圆弧的起点）

指定圆弧的端点或［角度（A）/圆心（CE）/闭合（CL）/方向（D）/半宽（H）/直线（L）/半径（R）/第二个点（S）/放弃（U）/宽度（W）］：CL（圆弧终点为多段线的起点，同时结束画多段线命令）

执行结果如图 2-30a 所示。

命令：pl（输入 pl 后按【Enter】键）

指定起点：（按【F9】键打开栅格捕捉功能，用鼠标单击一点）

图 2-30 画多段线示例
a）线宽为 0　b）线宽为 0.5

当前线宽为 0.0000

指定下一个点或［圆弧（A）/半宽（H）/长度（L）/放弃（U）/宽度（W）］：W↙（改变线宽）

指定起点宽度＜0.0000＞：0.5↙（指定起点线宽为 0.5mm）

指定端点宽度＜0.5000＞：↙（默认终点线宽为 0.5mm）

指定下一点或［圆弧(A)/闭合(C)/半宽(H)/长度(L)/放弃(U)/宽度(W)］：L↵
……（以下操作过程与上述相同，从略）

执行结果如图 2-30b 所示。

2.4.4　画正多边形（Polygon）

1. 调用方法

下拉菜单：绘图→正多边形；工具栏：绘图→正多边形；命令：Polygon。

2. 操作方法

命令：polygon（单击工具栏：绘图→正多边形）

输入边的数目 <4>：6↵（输入正多边形的边数）

指定正多边形的中心点或［边(E)］：<捕捉开>（按【F9】键打开栅格捕捉功能，用鼠标单击正多边形的中心点）

输入选项［内接于圆(I)/外切于圆(C)］<I>：↵（按【Enter】键，选择默认项<I>，即以外接圆方式画正多边形）

指定圆的半径：20↵（输入外接圆半径 20）

执行结果如图 2-31a 所示。

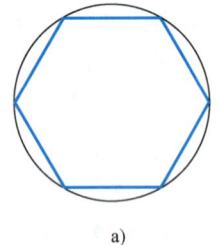 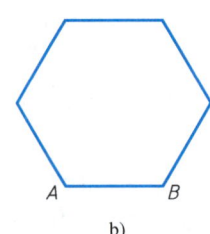 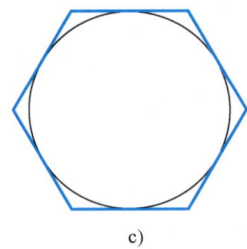

a)　　　　　　　　　b)　　　　　　　　　c)

图 2-31　画正多边形示例

a）外接圆方式　b）确定边长方式　c）内切圆方式

如果选择外切于圆（C）选项，则以内切圆方式画正多边形，绘图结果如图 2-31c 所示。

命令：↵（直接按【Enter】键，表示继续执行刚执行过的命令）

输入边的数目 <6>：↵（画正六边形）

指定正多边形的中心点或［边(E)］：E↵（选择"边"方式画正多边形）

指定边的第一个端点：（指定边的第一点 A）

指定边的第二个端点：（指定边的第二点 B）

执行结果如图 2-31b 所示。

2.4.5　画圆（Circle）

1. 调用方法

下拉菜单：绘图→圆；工具栏：绘图→圆；命令：C。

2. 操作方法

命令：circle（单击工具栏：绘图→圆）

指定圆的圆心或［三点(3P)/两点(2P)/相切、相切、半径(T)］：（拾取圆的中心点）
指定圆的半径或［直径(D)］：20↙（输入半径为 20）
执行画圆命令后，AutoCAD 提示有 6 种画圆方式选项。

（1）圆心、半径选项　画圆命令的默认选择，选择圆心和半径画圆，执行结果如图 2-32a 所示。

（2）圆心、直径选项　选择圆心和直径来画圆，执行结果如图 2-32b 所示。

（3）三点（3P）选项　根据在圆周上的 3 个点来画一个圆。按【F3】键打开捕捉功能，选择三角形的 3 个顶点作为圆周上的点画圆，执行结果如图 2-32c 所示。

（4）两点（2P）选项　根据圆直径的两个端点来画圆。捕捉直线的两端点画圆，执行结果如图 2-32d 所示。

（5）相切、相切、半径（T）选项　通过选择 2 个对象和指定半径来画圆，该圆与这两个对象相切。选择两条直线，输入半径 10mm，执行结果如图 2-32e 所示。

（6）下拉菜单：绘图→画圆→切点、切点、切点选项　选择 3 个对象与圆相切画圆。选择三角形的 3 条边，CAD 能自动绘制与三边相切的圆，如图 2-32f 所示。

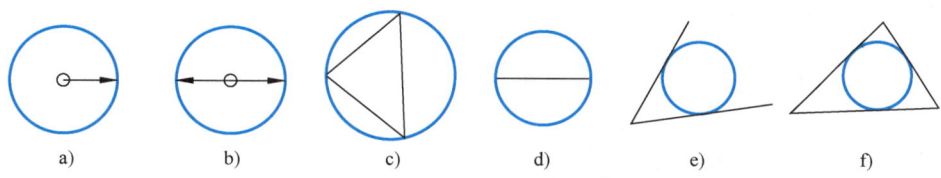

图 2-32　画圆示例

2.4.6　画圆弧（Arc）

1. 调用方法

下拉菜单：绘图→圆弧；工具栏：绘图→圆弧；命令：arc。

2. 操作方法

按指定要求画圆弧。画圆弧命令提供了 11 种方式画圆弧选项。图 2-33 所示的菜单中列出了所有的方式，绘图时可以根据已知条件选择相应的方式。圆弧的绘制具有方向性，逆时针旋转的角度为正，顺时针旋转的角度为负。

部分选项操作举例如下：

命令：arc（单击工具栏：绘图→圆弧）

指定圆弧的起点或［圆心(C)］：<捕捉开>（栅格捕捉圆弧上的起点 1）

指定圆弧的第二个点或［圆心(C)/端点(E)］：（单击圆弧上的点 2）

指定圆弧的端点：（指定圆弧上的端点 3）

执行结果如图 2-34a 所示。

命令：↙（继续执行圆弧命令）

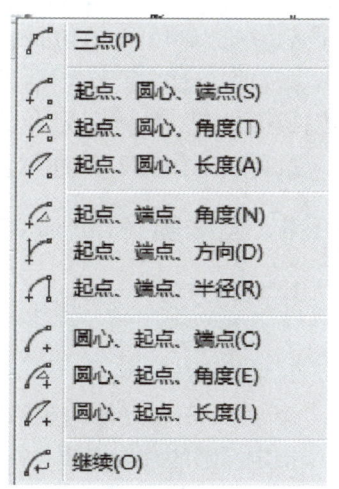

图 2-33　绘制圆弧方式

指定圆弧的起点或［圆心（C）］：C↙（选择圆心-起点-端点方式画圆弧）

指定圆弧的圆心：（指定圆弧的圆心1）

指定圆弧的起点：（指定圆弧的起点2）

指定圆弧的端点或［角度（A）/弦长（L）］：（指定圆弧的端点3）

执行结果如图 2-34b 所示。其他选项从略。

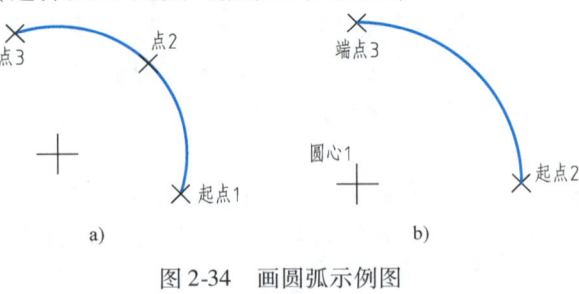

图 2-34　画圆弧示例图
a）三点方式　b）圆心-起点-端点方式

2.4.7　画样条曲线（Spline）

样条曲线是通过或接近给定点的拟合曲线。

1. 调用方法

下拉菜单：绘图→样条曲线；工具栏：绘图→样条曲线；命令：spline。

2. 操作方法

命令：spline（单击工具栏：绘图→样条曲线）

指定第一个点或［对象(O)］：（指定第一个点）

指定下一点：（指定第二个点）

输入第二点后，会出现一橡皮筋线，然后提示：

指定下一点或［闭合(C)/拟合公差(F)］<起点切向>：（指定下一点）

……

Auto CAD 要求指定样条曲线的下一点。如果再指定了一点，则下一段加入到样条曲线中。以后每拾取一个点都会重复出现这种情况，直到用 Close 选项或按【Enter】键。

指定下一点或［闭合(C)/拟合公差(F)］<起点切向>：（按【Enter】键结束线段控制点的选择）

指定起点切向：（如果按【Enter】键，表示从第一点到第二点的方向为初始点的切向）

指定端点切向：（如果按【Enter】键，表示从最后一个点到倒数第二个点的方向为终点切向，同时结束样条曲线命令）

执行结果如图 2-35 所示。

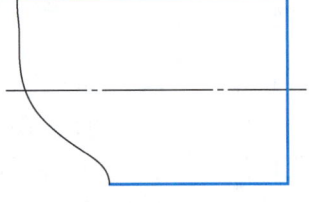

图 2-35　画样条曲线示例

2.4.8　画椭圆（Ellipse）

1. 调用方法

下拉菜单：绘图→椭圆；工具栏：绘图→椭圆；命令：ellipse。

2. 操作方法

命令：ellipse（单击工具栏：绘图→椭圆）

指定椭圆的轴端点或［圆弧(A)/中心点(C)］：50，60↙（指定椭圆某一轴上的端点 A）

指定轴的另一个端点：@30<0↙（指定椭圆同一轴的另一个端点 B）

指定另一条半轴长度或［旋转(R)］：@10<90↙（指定椭圆另一轴的端点，C 到 AB 的

距离）

执行结果如图 2-36a 所示。

命令：ellipse（单击工具栏椭圆图标）

指定椭圆的轴端点或［圆弧(A)/中心点(C)］：C✓（选择中心点画椭圆）

指定椭圆的中心点：130，60✓（指定椭圆的中心点 D）

指定轴的端点：@30<0✓（指定椭圆某一轴的任一端点 E，椭圆在 X 轴上的半轴长度为 30）

指定另一条半轴长度或［旋转(R)］：@10<90✓（指定另一轴的任一端点 F，椭圆在 Y 轴上的半轴长度为 10）

执行结果如图 2-36b 所示。

命令：ellipse✓（输入命令后按【Enter】键）

指定椭圆的轴端点或［圆弧(A)/中心点(C)］：A✓（绘制椭圆弧）

指定椭圆弧的轴端点或［中心点(C)］：200，70✓（指定椭圆某一轴上的一个端点 G）

指定轴的另一个端点：@20<90✓（指定椭圆同一轴的另一个端点 K）

指定另一条半轴长度或［旋转(R)］：@20<180✓（指定椭圆另一轴的端点，H 到 GK 的距离）

指定起始角度或［参数(P)］：0✓（指定椭圆弧的起始角度）

指定终止角度或［参数(P)/包含角度(I)］：90✓（指定椭圆弧的终止角度）

执行结果如图 2-36c 所示。画椭圆命令的其他选项从略。

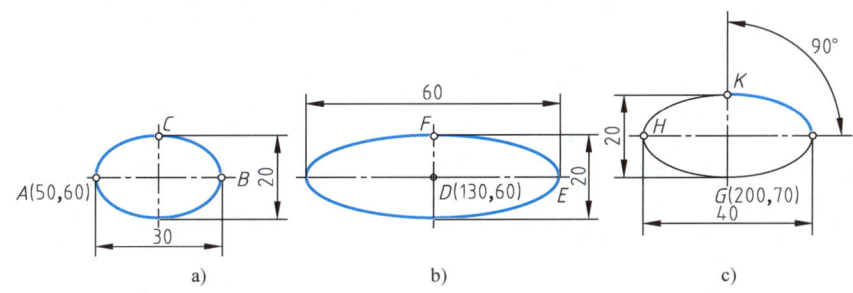

图 2-36　画椭圆及椭圆弧示例

2.5　常用图形编辑命令

图形编辑是指对已有的图形对象进行移动、旋转、缩放、复制、删除、参数修改及其他操作。可以通过下拉菜单、输入命令和选取修改工具栏中的相应工具图标进行图形编辑操作，如图 2-37 所示。

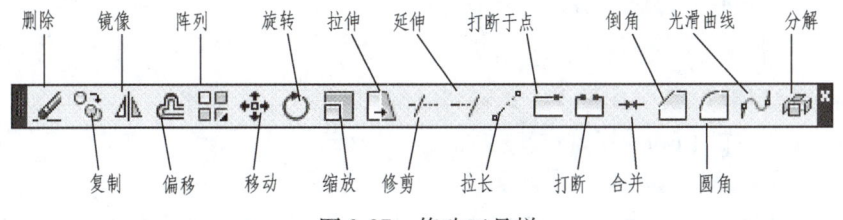

图 2-37　修改工具栏

2.5.1 选择编辑对象（Select）

AutoCAD 的许多编辑命令要求选择一个或多个对象进行编辑。当选择对象之后，AutoCAD 用虚线显示它们以示加亮。选择编辑对象的常用方式有以下几种：

（1）直接拾取方式（默认方式） 在选择状态下，AutoCAD 将用一个拾取框（小方框）代替屏幕十字光标。用鼠标将"拾取框"点取选择对象，对象会呈虚线变亮，表示已被选中。

（2）全部选择方式 在"选择对象"提示下输入 All 并按【Enter】键，AutoCAD 自动选中图面的所有对象。

（3）默认窗口方式 在"选择对象"提示下，将拾取框移到图中空白处按左键，AutoCAD 提示：

指定对角点：要求指定对角点，可将鼠标移到另一位置后按左键。AutoCAD 会以两个角点确定一个矩形拾取窗口。

1）如果矩形窗口是从左向右定义，如图 2-38 所示，位于选择窗内的对象（如圆、长方形和椭圆）被选中，而位于窗口外部或与窗口边界相交的对象没有被选中。

2）如果矩形窗口是从右向左定义，如图 2-39 所示，凡处在窗口内部的对象（如圆、长方形、椭圆）和与窗口相交的对象（如三角形、腰圆形）均被选中。

当用户指定对角点后，选择窗口消失，选中的对象呈虚线显亮。

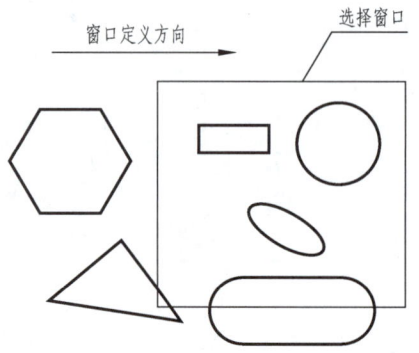 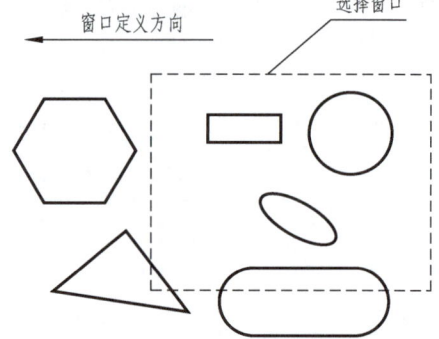

图 2-38 拾取窗口从左向右定义　　　　图 2-39 拾取窗口从右向左定义

2.5.2 删除对象（Erase）

1. 调用方法

下拉菜单：修改→删除；工具栏：修改→删除；命令：erase。

2. 操作方法

命令：erase（单击工具栏：修改→删除）

选择对象：找到 1 个（选择 1 个对象）

选择对象：指定对角点：找到 2 个，总计 3 个（窗选 2 个对象）

选择对象：↙（按【Enter】键结束选择）

执行结果，AutoCAD 删除选中的对象。

运用 AutoCAD 删除命令时，可以按上述方法先启动命令后选择对象，也可以先选择对象再启动命令,即先选择对象,再单击"删除",同样可以执行删除;在执行命令后,系统提示"选择对象",输入"ALL✓",可快速清理屏幕。

2.5.3 复制对象(Copy)

1. 调用方法

下拉菜单:修改→复制;工具栏:修改→复制;命令:copy。

2. 操作方法

命令:copy(单击工具栏:修改→复制)

选择对象:找到1个(选择图2-40a中的小圆)

当前设置:复制模式=多个

指定基点或[位移(D)/模式(O)]<位移>:(指定基点)

指定第二个点或[阵列(A)]<使用第一个点作为位移>:(指定第二点)

指定第二个点或[阵列(A)/退出(E)/放弃(U)]<退出>:✓(按【Enter】键结束命令)

执行结果,AutoCAD将所选择的对象小圆及两个中心按复制基点和交点确定的位移矢量进行复制,如图2-40所示。

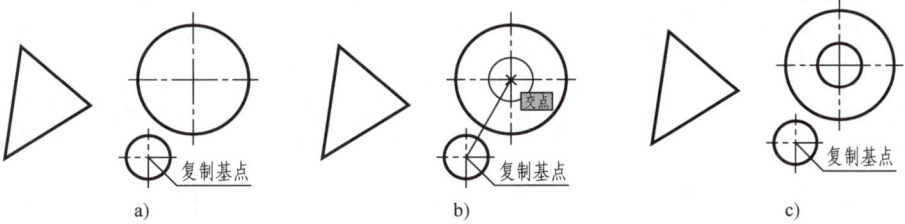

图2-40 复制示例
a)复制前 b)复制过程 c)复制后

2.5.4 镜像复制对象(Mirror)

1. 调用方法

下拉菜单:修改→镜像复制;工具栏:修改→镜像复制;命令:mirror。

2. 操作方法

命令:mirror(单击工具栏:修改→镜像复制)

选择对象:指定对角点:找到15个(选择镜像复制轴的上半部图形)

选择对象:✓(按【Enter】键结束,还可继续选择)

指定镜像线的第一点:(指定图2-41a中镜像线的第一点A)

指定镜像线的第二点:(指定图2-41a中镜像线的第二点B)

要删除源对象⊖吗?[是(Y)/否(N)]<N>:✓(不删除源对象)

执行结果:将轴的上半部图形镜像复制完成轴的图形,如图2-41b所示。

⊖ 在AutoCAD命令执行过程中系统提示使用"源对象","原对象"为习惯用法,两者所指相同。本章中使用"源对象"一词。

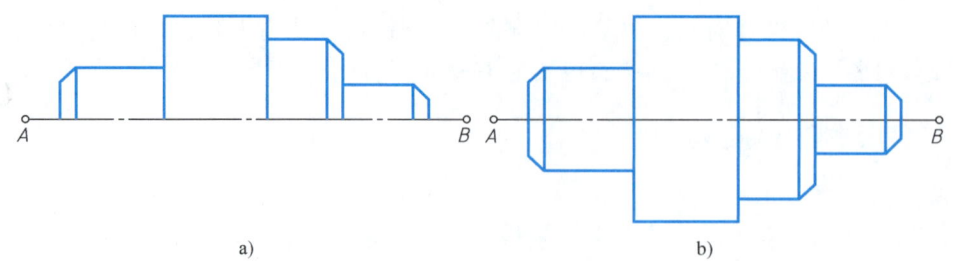

图 2-41 镜像复制示例
a) 镜像复制前 b) 镜像复制后

2.5.5 偏移复制对象（Offset）

1. 调用方法

下拉菜单：修改→偏移复制；工具栏：修改→偏移复制；命令：offset。

2. 操作方法

命令：offset（单击工具栏：修改→偏移复制）

当前设置：删除源 = 否　图层 = 源　OFFSETGAPTYPE = 0

指定偏移距离或［通过(T)/删除(E)/图层(L)］<5.0000>：6↙（指定偏移距离为6）

选择要偏移的对象，或［退出(E)/放弃(U)］<退出>：（选择偏移复制对象 AA 线，按【Enter】键）

指定要偏移的那一侧上的点，或［退出(E)/多个(M)/放弃(U)］<退出>：（在 AA 线的左上侧任意确定一点）

选择要偏移的对象，或［退出(E)/放弃(U)］<退出>：（按【Enter】键结束，也可以继续复制对象）

命令：offset（单击工具栏：修改→偏移复制）

当前设置：删除源 = 否　图层 = 源　OFFSETGAPTYPE = 0

指定偏移距离或［通过(T)/删除(E)/图层(L)］<通过>：10↙

选择要偏移的对象，或［退出(E)/放弃(U)］<退出>：（选择偏移复制对象 BB 线）

指定要偏移的那一侧上的点，或［退出(E)/多个(M)/放弃(U)］<退出>：（在 BB 线的左上侧任意确定一点）

图 2-42a 所示为偏移复制前的直线图形，图 2-42b 所示为偏移复制后的直线图形。

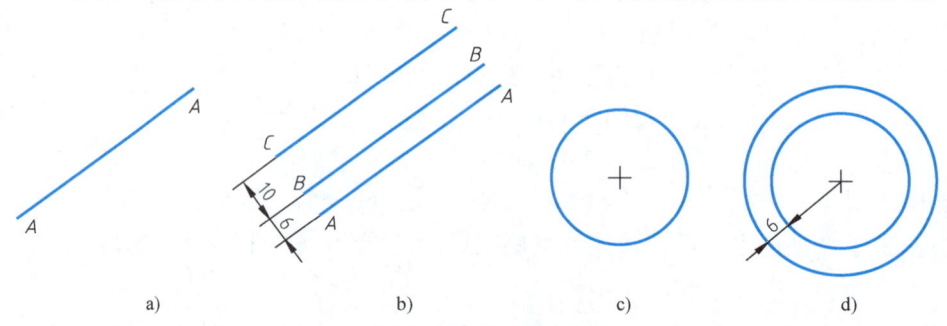

图 2-42 偏移复制示例
a) 偏移复制前的直线图形　b) 偏移复制后的直线图形　c) 偏移复制前的圆图形　d) 偏移复制后的圆图形

命令：offset（单击工具栏偏移复制图标）

当前设置：删除源=否　图层=源　OFFSETGAPTYPE=0

指定偏移距离或［通过(T)/删除(E)/图层(L)］<10.0000>：6↙

选择要偏移的对象，或［退出(E)/放弃(U)］<退出>：（选择圆，按【Enter】键）

指定要偏移的那一侧上的点，或［退出(E)/多个(M)/放弃(U)］<退出>：（在圆外指定一点）

选择要偏移的对象，或［退出(E)/放弃(U)］<退出>：↙（按【Enter】键结束，也可以继续复制对象）

图2-42c所示为偏移复制前的圆图形，图2-42d所示为偏移复制后的圆图形。

2.5.6　阵列复制对象

阵列命令可以将阵列的源对象按一定的规则复制多个并进行阵列排列。阵列后可以对其中的一个或多个图形对象分别进行编辑而不影响其他对象。

1. 矩形阵列

（1）调用方法

下拉菜单：修改→阵列下拉菜单→矩形阵列；工具栏：修改→矩形阵列；命令：arrayrect。

（2）操作方法　命令：arrayrect（单击工具栏：修改→矩形阵列）

选择对象：指定对角点：找到3个（选择图2-43a中圆A以及两条点画线）

选择对象：↙

类型=矩形　关联=是

选择夹点以编辑阵列或［关联(AS)/基点(B)/计数(COU)/间距(S)/列数(COL)/行数(R)/层数(L)/退出(X)］<退出>：COU↙（输入计数）

输入列数或［表达式(E)］<4>：3↙

输入行数或［表达式(E)］<3>：2↙

选择夹点以编辑阵列或［关联(AS)/基点(B)/计数(COU)/间距(S)/列数(COL)/行数(R)/层数(L)/退出(X)］<退出>：S↙（输入间距）

指定列之间的距离或［单位单元(U)］<16.1193>：40↙

指定行之间的距离<16.083>：40↙

选择夹点以编辑阵列或［关联(AS)/基点(B)/计数(COU)/间距(S)/列数(COL)/行数(R)/层数(L)/退出(X)］<退出>：↙

阵列复制结果如图2-43a所示。

其含义解释如下：

关联（AS）：指定在阵列创建项目中是否作为关联阵列对象，或作为独立对象存在。执行阵列命令时，如果在关联选项中选择【是】，则阵列后的对象是关联对象，用户可以通过编辑阵列的特性和源对象，对阵列对象进行修改和编辑；如果选择【否】，则创建的阵列项目作为独立对象存在，更改其中一个项目不影响其他项目。

基点（B）：指定阵列的基点。

计数（COU）：分别指定行和列的值。

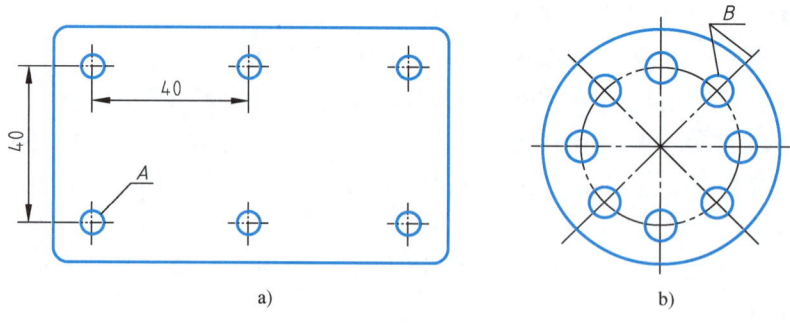

图 2-43 阵列复制示例
a）矩形阵列　b）环形阵列

列数（COL）：重新指定阵列的列数。
行数（R）：重新指定阵列的行数。
层数（L）：指定阵列图形的空间层数。
退出（X）：退出阵列命令。

如果在矩形阵列命令中选择了【关联】选项，则阵列对象可以作为整体进行编辑和修改，其方法是将工作空间切换为草图与注释、三维基础和三维建模三种模式中的某一种，然后在绘图区单击阵列对象，会显示阵列选项卡，如图 2-44 所示，用户可以修改行和列的数量以及行和列的间距等特性。

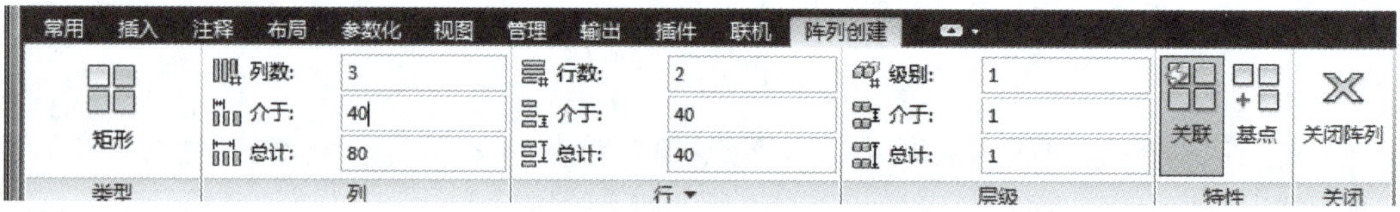

图 2-44 阵列选项卡—矩形阵列

在矩形阵列中，行偏移和列偏移有正负之分，默认情况优先，若行偏移为正值，则行添加在上面；若列偏移为正值，则列添加在右侧。

2. 环形阵列

（1）调用方法　　下拉菜单：修改→阵列下拉菜单→环形阵列；命令：arraypolar。
（2）操作方法　　命令：arraypolar
选择对象：找到 1 个
选择对象：找到 1 个，总计 2 个（选择图 2-43b 中圆 B 以及点画线）
选择对象：↙
类型 = 极轴　关联 = 是
指定阵列的中心点或［基点（B）/旋转轴（A）］：（指定图 2-43b 中大圆圆心）
选择夹点以编辑阵列或［关联（AS）/基点（B）/项目（I）/项目间角度（A）/填充角度（F）/行（ROW）/层（L）/旋转项目（ROT）/退出（X）］＜退出＞：I↙
输入阵列中的项目数或［表达式（E）］＜6＞：8↙
选择夹点以编辑阵列或［关联（AS）/基点（B）/项目（I）/项目间角度（A）/填充角度（F）/

行(ROW)/层(L)/旋转项目(ROT)/退出(X)]<退出>：✓

阵列复制结果如图2-43b所示。

如果在环形阵列命令中选择了【关联】选项，则阵列对象可以作为整体进行编辑和修改，其方法是将工作空间切换为草图与注释、三维基础和三维建模三种模式中的某一种，然后在绘图区单击阵列对象，会显示阵列选项卡，如图2-45所示，用户可以修改项目数量以及填充角度等特性。

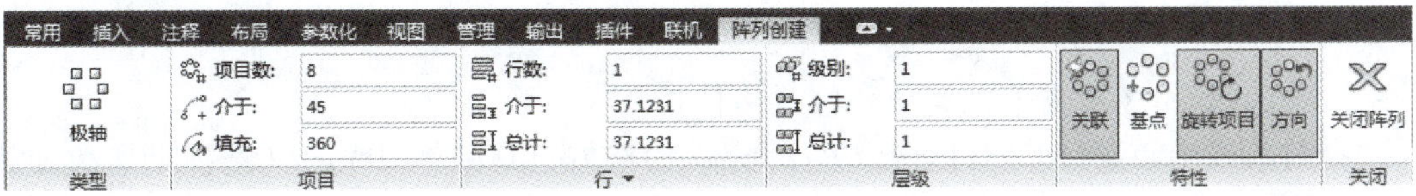

图2-45 阵列选项卡—环形阵列

在图2-45所示阵列选项卡中，"项目数"表示环形阵列复制对象的总个数；"填充"表示环形阵列复制对象覆盖的角度；"介于"表示相邻两对象之间的夹角。

用户可以在"项目数（输入8）、填充（输入360）、介于（输入1）"3个文本框中输入相应的数据。

"旋转项目"是确定设置环形阵列时，对象本身是否绕基点旋转。

2.5.7 旋转对象（Rotate）

1. 调用方法

下拉菜单：修改→旋转；工具栏：修改→旋转；命令：Rotate。

2. 操作方法

命令：rotate（单击工具栏：修改→旋转）

UCS当前的正角方向：ANGDIR=逆时针 ANGBASE=0

选择对象：指定对角点：找到3个（选择图2-46a中的三角形）

选择对象：✓

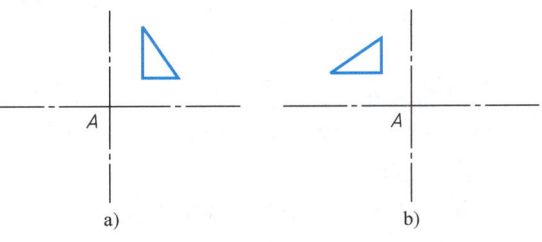

图2-46 旋转对象示例
a) 旋转前 b) 旋转后

指定基点：<对象捕捉 开><对象捕捉追踪 开>（捕捉十字线交点A为旋转基点）

指定旋转角度，或[复制(C)/参照(R)]<0>：90（指定旋转角度）

执行结果如图2-46b所示。

2.5.8 改变直线或圆弧长度（Lengthen）

1. 调用方法

下拉菜单：修改→拉长；命令：lengthen。

2. 操作方法

以图2-47为例进行说明：图2-47a、c所示为改变长度前的图形；图2-47b、d所示为改变长度后的图形。

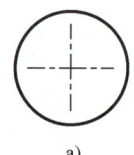 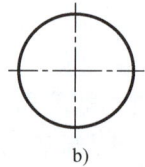 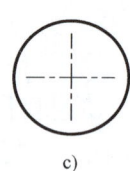 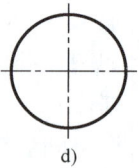

图 2-47 改变对象长度示例
a)、c) 改变长度前　b)、d) 改变长度后

命令：lengthen（单击下拉菜单：修改→拉长）
选择对象或［增量(DE)/百分数(P)/全部(T)/动态(DY)］：DY↙（选择动态改变线或弧的长度方式）
选择要修改的对象或［放弃(U)］：（选择图 2-47a 中的水平点画线左端）
指定新端点：（鼠标向左，在圆外 3～5mm 处拾取点）
采用上述方法，用鼠标对水平及垂直中心线进行修改即可。执行结果如图 2-47b 所示。
命令：lengthen（单击下拉菜单：修改→拉长）
选择对象或［增量(DE)/百分数(P)/全部(T)/动态(DY)］：DE↙（选择"按给定值"改变线或弧的长度方式）
输入长度增量或［角度(A)］<0.0000>：20↙（输入给定值，若输入正值，则加长线段；若输入负值，则缩短线段）
采用上述方法，用鼠标对水平及垂直中心线进行修改即可。执行结果如图 2-47d 所示。
改变圆弧长度的操作方法与上述相同。

2.5.9　缩放对象（Scale）

1. 调用方法

下拉菜单：修改→缩放；工具栏：修改→缩放；命令：scale。

2. 操作方法

以图 2-48 所示图形说明缩放操作。
命令：scale（单击工具栏"修改→缩放)
选择对象：指定对角点：找到 3 个（选择图 2-48a 中的圆和两条中心线）
选择对象：↙
指定基点：（捕捉图 2-48a 中圆的圆心点）
指定比例因子或［复制(C)/参照(R)］：1.5↙
执行结果如图 2-48b 所示。

2.5.10　修剪对象（Trim）

1. 调用方法

下拉菜单：修改→修剪；工具栏：修改→修剪；命令：trim。

2. 操作方法

以图 2-49 所示图形说明修剪操作。

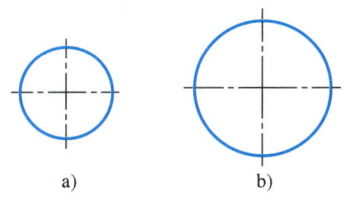

图 2-48 缩放示例

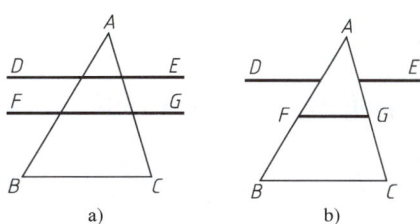

图 2-49 修剪示例（一）
a）修剪前 b）修剪后

命令：trim（单击工具栏：修改→修剪）
当前设置：投影 = UCS，边 = 无
选择修剪边…
选择对象：找到 1 个（选择 AB 为修剪边）
选择对象：找到 1 个，总计 2 个（选择 AC 为修剪边）
选择对象：↙
选择要修剪的对象，或按住【Shift】键选择要延伸的对象，或［栏选（F）/窗交（C）/投影（P）/边（E）/删除（R）/放弃（U）］：（选择要修剪的对象 DE 的中间段）
选择要修剪的对象，或按住【Shift】键选择要延伸的对象，或［栏选（F）/窗交（C）/投影（P）/边（E）/删除（R）/放弃（U）］：（选择要修剪的对象 FG 的左段）
选择要修剪的对象，或按住【Shift】键选择要延伸的对象，或［栏选（F）/窗交（C）/投影（P）/边（E）/删除（R）/放弃（U）］：（选择要修剪的对象 FG 的右段）
选择要修剪的对象，或按住【Shift】键选择要延伸的对象，或［栏选（F）/窗交（C）/投影（P）/边（E）/删除（R）/放弃（U）］：↙
执行结果如图 2-49b 所示。
下面以图 2-50 所示图形说明修剪命令的"按延伸边方式修剪对象"选项操作。

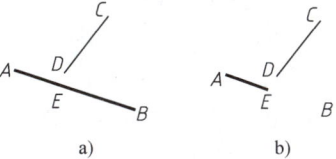

图 2-50 修剪示例（二）
a）修剪前 b）修剪后

命令：trim（单击工具栏：修改→修剪）
当前设置：投影 = UCS，边 = 无
选择修剪边…
选择对象或 <全部选择>：找到 1 个（选择 CD 为修剪边）
选择对象：↙
选择要修剪的对象，或按住【Shift】键选择要延伸的对象，或［栏选（F）/窗交（C）/投影（P）/边（E）/删除（R）/放弃（U）］：E↙
输入隐含边延伸模式［延伸（E）/不延伸（N）］<不延伸>：E↙（按延伸边方式修剪对象）
选择要修剪的对象，或按住【Shift】键选择要延伸的对象，或［栏选（F）/窗交（C）/投影（P）/边（E）/删除（R）/放弃（U）］：（选择要修剪对象：AB 的 BE 段）
选择要修剪的对象，或按住【Shift】键选择要延伸的对象，或［栏选（F）/窗交（C）/投影（P）/边（E）/删除（R）/放弃（U）］：↙
执行结果如图 2-50b 所示。

2.5.11 延伸对象（Extend）

1. 调用方法

下拉菜单：修改→延伸；工具栏：修改→延伸；命令：extend。

2. 操作方法

以图2-51所示图形说明延伸命令的操作。

命令：extend（单击工具栏：修改→延伸）

当前设置：投影=UCS，边=无

选择边界的边…

选择对象或＜全部选择＞：找到1个（选择CD为边界边）

选择对象：↙

选择要延伸的对象，或按住【Shift】键选择要修剪的对象，或［栏选(F)/窗交(C)/投影(P)/边(E)/放弃(U)］：（选择要延伸的边AB）

选择要延伸的对象，或按住【Shift】键选择要修剪的对象，或［栏选(F)/窗交(C)/投影(P)/边(E)/放弃(U)］：（选择要延伸的圆弧）

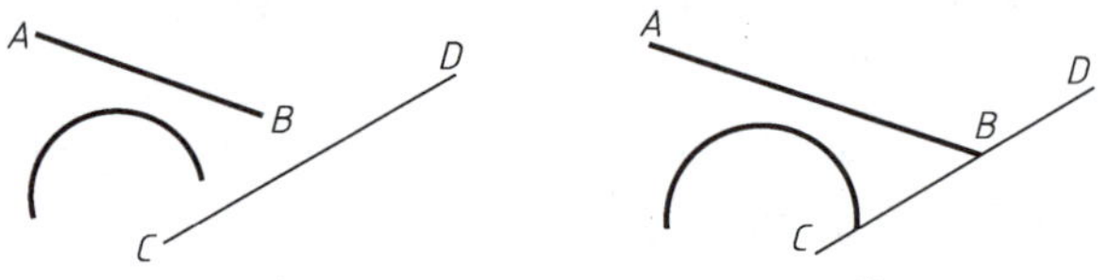

选择要延伸的对象，或按住【Shift】键选择要修剪的对象，或［栏选(F)/窗交(C)/投影(P)/边(E)/放弃(U)］：↙

执行结果如图2-51b所示。

图 2-51 延伸示例（一）
a）延伸前　b）延伸后

下面以图2-52所示图形说明延伸命令的"选择延伸边界边方式"选项操作。

命令：extend（单击工具栏：修改→延伸）

当前设置：投影=UCS，边=无

选择边界的边…

选择对象或＜全部选择＞：找到1个（选择AB为边界边）

选择对象：↙

选择要延伸的对象，或按住【Shift】键选择要修剪的对象，或［栏选(F)/窗交(C)/投影(P)/边(E)/放弃(U)］：E↙

输入隐含边延伸模式［延伸(E)/不延伸(N)］＜不延伸＞：E↙（按延伸边界边方式延伸对象）

选择要延伸的对象，或按住【Shift】键选择要修剪的对象，或［栏选(F)/窗交(C)/投影(P)/边(E)/放弃(U)］：（选择要延伸的CD边）

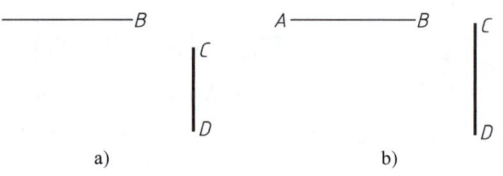

图 2-52 延伸示例（二）
a）延伸前　b）延伸后

选择要延伸的对象，或按住【Shift】键选择要修剪的对象，或［栏选(F)/窗交(C)/投影(P)/边(E)/放弃(U)］：↙

执行结果，如图2-52b所示。

2.5.12 打断对象（Break）

1. 调用方法

下拉菜单：修改→打断；工具栏：修改→打断；命令：break。

2. 操作方法

以图 2-53 所示图形说明打断操作。

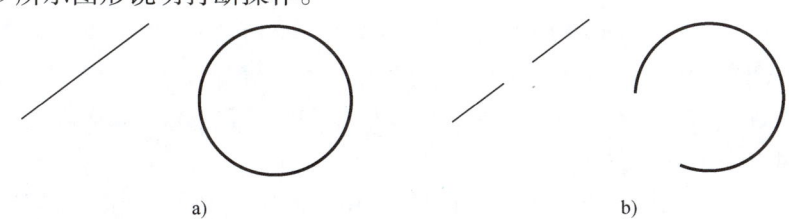

图 2-53 打断对象示例

a）打断前　b）打断后

命令：break（单击工具栏：修改→打断）

选择对象：拾取打断对象：直线

指定第二个打断点或［第一点(F)］：（指定直线上的第二点）

命令：break（单击工具栏：修改→打断）

选择对象：拾取打断对象：圆

指定第二个打断点或［第一点(F)］：（指定圆上的第二点）

执行结果如图 2-53b 所示。

2.5.13 合并（Join）

命令：join

选择源对象或要一次合并的多个对象：找到 1 个（指定直线 a，如图 2-54a 所示）

选择要合并的对象：找到 1 个，总计 2 个（指定直线 b，如图 2-54a 所示）

选择要合并的对象：↙

两条直线已合并为一条直线。

执行结果如图 2-54b 所示。

命令：join

选择源对象或要一次合并的多个对象：找到 1 个（指定圆弧 c，如图 2-54a 所示）

选择要合并的对象：找到 1 个，总计 2 个（指定圆弧 d，如图 2-54a 所示）

选择要合并的对象：↙

两条圆弧已合并为一条圆弧。

执行结果如图 2-54b 所示。

2.5.14 倒角（Chamfer）

1. 调用方法

下拉菜单：修改→倒角；工具栏：修改→倒角；命令：chamfer。

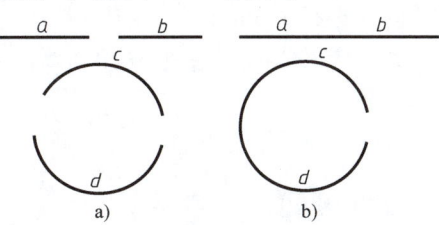

图 2-54 合并示例

a）合并前　b）合并后

2. 操作方法

以图 2-55 所示图形说明倒角命令的操作。

命令：chamfer（单击工具栏：修改→倒角）

（"修剪"模式）当前倒角距离 1 = 0.0000，距离 2 = 0.0000

选择第一条直线或［放弃（U）/多段线（P）/距离（D）/角度（A）/修剪（T）/方式（E）/多个（M）］：D✓（重新确定倒角距离）

指定第一个倒角距离 < 0.0000 > ：5✓（指定第一个倒角距离为 5）

指定第二个倒角距离 < 5.0000 > ：✓（指定第二个倒角距离为 5）

选择第一条直线或［放弃（U）/多段线（P）/距离（D）/角度（A）/修剪（T）/方式（E）/多个（M）］：（选择 A 角的第一条边）

选择第二条直线，或按住【Shift】键选择直线以应用角点或［距离（D）/角度（A）/方法（M）］：（选择 A 角的第二条边）

执行结果如图 2-55b 中 A 角所示。

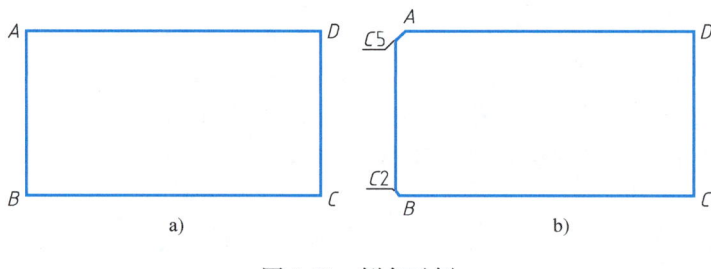

图 2-55 倒角示例
a）倒角前 b）倒角后

命令：chamfer（单击工具栏：修改→倒角）

（"修剪"模式）当前倒角距离 1 = 5.0000，距离 2 = 5.0000

选择第一条直线或［放弃（U）/多段线（P）/距离（D）/角度（A）/修剪（T）/方式（E）/多个（M）］：D✓（重新确定倒角距离）

指定第一个倒角距离 < 5.0000 > ：2✓（指定第一个倒角距离为 2）

指定第二个倒角距离 < 2.0000 > ：✓（指定第二个倒角距离为 2）

选择第一条直线或［放弃（U）/多段线（P）/距离（D）/角度（A）/修剪（T）/方式（E）/多个（M）］：（选择 B 角的第一条边）

选择第二条直线，或按住【Shift】键选择直线以应用角点或［距离（D）/角度（A）/方法（M）］：（选择 B 角的第二条边）

执行结果如图 2-55 中 B 角所示。

3. 说明

在倒角时，若设置不当（如距离太大或为零）或两平行线，AutoCAD 则提示不能倒角。

2.5.15 倒圆角（Fillet）

1. 调用方法

下拉菜单：修改→圆角；工具栏：修改→圆角；命令：fillet。

2. 操作方法

以图 2-56 所示图形为例说明倒圆角命令的操作。

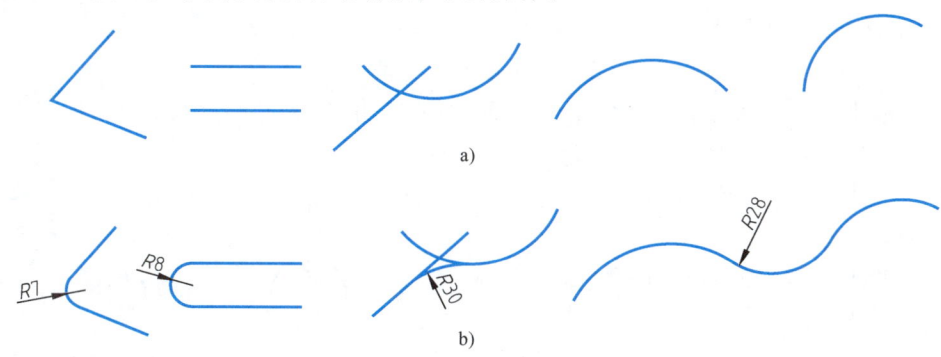

图 2-56 倒圆角示例
a）倒圆角前 b）几种倒圆角形式

命令：fillet（单击工具栏：修改→圆角）

当前设置：模式＝修剪，半径＝15.0000

选择第一个对象或［放弃(U)/多段线(P)/半径(R)/修剪(T)/多个(M)］：R↙（重新设置圆角半径）

指定圆角半径＜15.0000＞：7↙（指定圆角半径）

选择第一个对象或［放弃(U)/多段线(P)/半径(R)/修剪(T)/多个(M)］：（选择两相交直线的第一条边）

选择第二个对象，或按住【Shift】键选择对象以应用角点或［半径(R)］：（选择两相交直线的第二条边）

执行结果如图 2-56b 左一图所示。

图 2-56b 左二图中两平行线倒角，AutoCAD 将会以两平行线之间的距离为直径倒出圆角。

命令：fillet（单击工具栏：修改→圆角）

当前设置：模式＝修剪，半径＝7.0000

选择第一个对象或［放弃(U)/多段线(P)/半径(R)/修剪(T)/多个(M)］：R↙（重新设置圆角半径）

指定圆角半径＜7.0000＞：30↙（指定圆角半径）

选择第一个对象或［放弃(U)/多段线(P)/半径(R)/修剪(T)/多个(M)］：T↙（选择倒圆角时是否修剪边）

输入修剪模式选项［修剪(T)/不修剪(N)］＜修剪＞：N↙（选择不修剪模式）

选择第一个对象或［放弃(U)/多段线(P)/半径(R)/修剪(T)/多个(M)］：（选择直线）

选择第二个对象，或按住【Shift】键选择对象以应用角点或［半径(R)］：（选择圆弧）

执行结果如图 2-56b 中的直线与圆弧之间的圆角。图中其他圆角操作方式同上述。

2.5.16 特性匹配（Matchprop）

1. 调用方法

下拉菜单：修改→特性匹配；工具栏：标准→特性匹配；命令：matchprop。

2. 操作方法

以图 2-57 所示图形为例说明特性匹配命令的操作。

命令：matchprop（单击工具栏：标准→特性匹配）

选择源对象：（选择源对象：图 2-57a 中的粗实线圆）

当前活动设置：颜色 图层 线型 线型比例 线宽 透明度 厚度 打印样式 标注 文字 图案填充 多段线 视口 表格材质 阴影显示 多重引线

选择目标对象或［设置(S)］：（选择目标对象虚线小圆）

选择目标对象或［设置(S)］：（选择目标对象点画线大圆）

选择目标对象或［设置(S)］：↙（结束命令）

执行结果如图 2-57b 所示。

选择目标对象时，还可以用窗口选择多个对象。

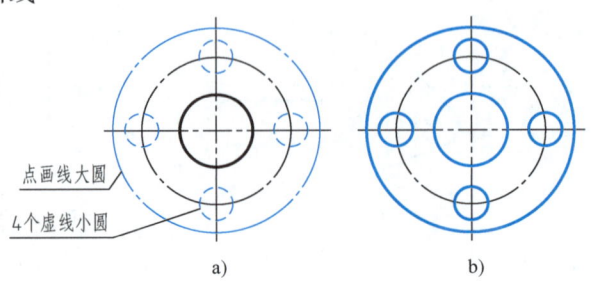

图 2-57 特性匹配命令示例

2.6 其他实用命令

2.6.1 查询距离（Di）

1. 调用方法

下拉菜单：工具→查询→距离；工具栏：查询→距离；命令：di。

2. 操作方法

命令：di

输入选项［距离(D)/半径(R)/角度(A)/面积(AR)/体积(V)］<距离>：distance（点取下拉菜单：工具→查询→距离）

指定第一点：指定第二个点或［多个点(M)］：（捕捉第一点和第二点，AutoCAD 给出下列数据）

距离 =67.7047，XY 平面中的倾角 =0，与 XY 平面的夹角 =0

X 增量 =67.7047，Y 增量 =0.0000，Z 增量 =0.0000

2.6.2 显示点的坐标（Id）

1. 调用方法

下拉菜单：工具→查询→点坐标；工具栏：查询→坐标；命令：id。

2. 操作方法

命令：id

指定点：X =247.9540　　Y =61.2272　　Z =0.0000

当用户指定一个点时，AutoCAD 给出该点的坐标。

2.6.3 放弃操作（Undo）

1. 调用方法

下拉菜单：编辑→放弃；工具栏：标准→放弃；命令：undo。

2. 操作方法

命令：undo

执行结果是放弃最后一次所进行的操作。

2.6.4 重做操作命令（Redo）

1. 调用方法

下拉菜单：编辑→重做；工具栏：标准→重做；命令：redo。

2. 操作方法

命令：redo↙

执行结果是恢复刚刚用 Undo 取消的操作。

2.6.5 图案填充（Hatch）

1. 调用方法

下拉菜单：绘图→图案填充；工具栏：绘图→图案填充；命令：hatch。

2. 操作方法

命令：hatch（单击工具栏：绘图→图案填充）

AutoCAD 弹出"图案填充编辑"对话框。该对话框中有 2 个选项卡，选择"图案填充"选项卡时，对话框如图 2-58 所示。

对话框操作方法介绍如下：

1）在"图案"下拉列表框中，选择图案名称（如 ANSI31）。也可以拾取"图案"下拉列表框右边按钮，AutoCAD 弹出图 2-59 所示的"填充图案选项板"对话框，从中选择所需图案，确定后，AutoCAD 返回图 2-58 所示的对话框。

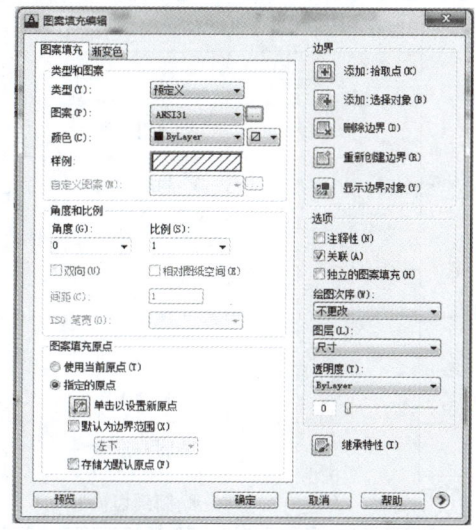

图 2-58 "图案填充编辑"对话框—"图案填充"选项卡

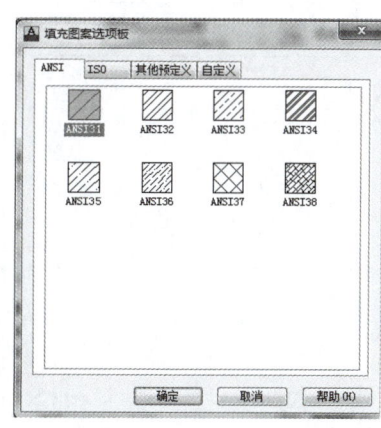

图 2-59 "填充图案选项板"对话框

2）在"角度"下拉列表框中，选择图案填充时的旋转角度。

3）在"比例"下拉列表框中，选择图案填充时的比例。

4）单击【添加：拾取点】按钮，AutoCAD 返回绘图界面，在填充的区域内用鼠标单击图 2-60 中三角形和圆构成的封闭区域，被选中的区域边界呈虚线显示。按【Enter】键后，AutoCAD 返回图 2-58 所示的对话框。单击【确定】按钮后，完成图案填充。

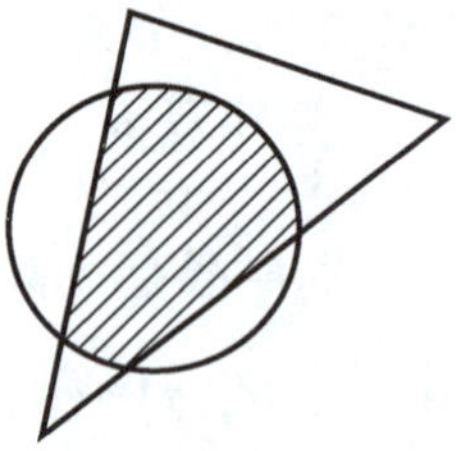

3. 说明

1）图 2-58 所示对话框的其他操作，可以为默认值，一般不必选择。

2）若填充区域内有图形对象，AutoCAD 将该对象作为"孤岛"处理；填充图案时能自动绕开"孤岛"进行填充。

图 2-60　图案填充示例

3）若填充区域不相交成封闭状态，则 AutoCAD 不能建立有效边界，故弹出"边界定义错误"提示框，用户按提示操作即可。

2.7　计算机绘图举例

2.7.1　绘图的设置

1. 绘图环境的设置

开机→进入 AutoCAD 2013 界面→单击"标准"工具栏上的【新建】按钮，则出现图 2-9 所示的对话框，选择 acadiso.dwt 无样板图文件。AutoCAD 进入绘图初始状态。

必要时，用户还可以进行"绘图单位和图限"的设置，设置方法见前述。

2. 图层设置

包括线型、线宽、颜色等的设置。设置过程可按 2.3.3 图层的操作进行设置，具体参数见表 2-4。

表 2-4　图 层 设 置

图层名	颜　色	线　型	线　宽	应　用
0 层	黑白色	Continuous	默认	备用
粗实线	绿色		0.5	绘制粗实线
细实线	黑白色		0.25	绘制细实线
尺寸与技术要求	黑白色		0.25	标注尺寸与技术要求
文字				标注文字
点画线	红色	Acad04w100		绘制点画线
细虚线	黄色	Acad02w100		绘制细虚线
双点画线	粉红色	Acad05w100	0.6	绘制双点画线
剖切符号	粉红色	Continuous	0.6	绘制剖切符号

注：颜色可根据用户需要进行选择。

2.7.2 绘图举例

AutoCAD 绘图、编辑命令很多，也就是说相同的图形可以选择多种绘制和编辑方法；应当采用最佳绘图和编辑方法，以提高绘图效率。绘图前应当先画出草图，标注好尺寸或坐标，然后再上机绘图。下面以绘制实例说明绘制工程图的方法和步骤。

1. 图层和对象特性工具栏

计算机绘制工程图样应当符合国家标准，如线型和线宽等。所以，绘图前，应当按表 2-4 中的参数进行图层的设置；绘图中，通过图层工具栏可以更换当前图层，对图层状态进行控制；单击图层工具栏中的下拉列表框箭头，再单击某一图层名将该图层设置为当前层；单击某层的状态图标即可对它进行打开或关闭、冻结或解冻、锁定或解锁等切换操作。如要绘制粗实线，应先在图层工具栏下拉列表框中将粗实线置为当前层，然后画线。利用对象特性工具栏可以改变图元对象的特性，如线宽、颜色和线型等。

图层工具栏可以用图 2-8 所示的快捷菜单调出，如图 2-61 所示。

2. 举例

绘图前，应当进行设置，绘图的各种设置方法如上所述，如绘图单位、图限及图层等的设置。下面以实例说明绘图的步骤。

例 2-1 绘制图 2-62 所示的 A3 图框及标题栏。

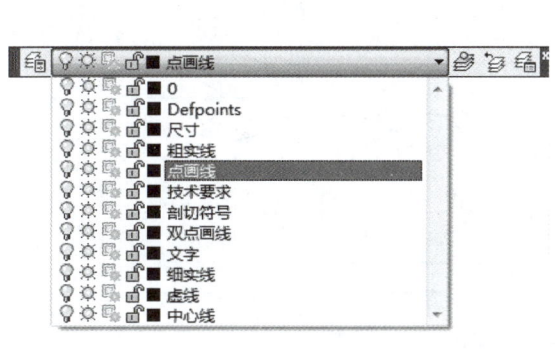

图 2-61　图层工具栏

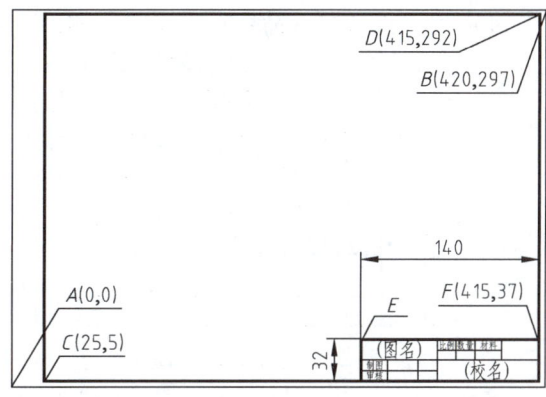

图 2-62　绘制 A3 图框及标题栏

1) 画出 A3 图的纸边界线和图框线（尺寸见表 1-1）。

命令：rectang（先将细实线层置为当前层，单击工具栏：绘图→矩形）

应当注意：先将某层置为当前层后，再画图，画出对象的特性与图层的特性是一致的。

指定第一个角点或 [倒角(C)/标高(E)/圆角(F)/厚度(T)/宽度(W)]：0，0↙（指定矩形的第一个角点 A 点）

指定另一个角点或 [尺寸(D)]：420，297↙（指定矩形的另一个角点 B 点）

命令：rectang（将粗实线层置为当前，单击工具栏：绘图→矩形）

指定第一个角点或 [倒角(C)/标高(E)/圆角(F)/厚度(T)/宽度(W)]：25，5↙（指定矩形的第一个角点 C 点）

指定另一个角点或 [尺寸(D)]：415，292↙（指定矩形的另一个角点 D 点）

2）画标题栏（尺寸如图 1-4 所示）。

命令：line 指定第一点：315，37↙（指定 F 点）

指定下一点或［放弃(U)］：140↙（打开正交功能，将光标移至左方后按【Enter】键，画 FE 线）

指定下一点或［放弃(U)］：＜正交 开＞ 32↙（将光标移至下方后按【Enter】键，画垂直线）

标题栏中的其他直线可以用直线、复制、偏移、修剪等命令绘制和编辑。填写标题栏中文字的方法见第 5 章。

3）按上述方法以".dwg"的格式保存文件，如将文件保存到 U 盘。

例 2-2 绘制图 2-63a 所示的图形。

1）用直线命令画出底部已知线段；用偏移命令绘制 φ14 的圆心；用画圆命令画出圆 φ14；用偏移命令绘制 φ18 的圆心；用画圆命令画出圆 φ18；如图 2-63b 所示。

2）用画圆命令画出圆 R12 和圆 R18，如图 2-63c 所示。

3）用户在"草图设置"对话框中，选择"对象捕捉"选项卡，如图 2-18 所示。在"对象捕捉模式"选项组中选择相应的"切点"、"端点"复选框，用直线命令画出左部已知线段，用直线命令画出圆 R12 和圆 R18 的切线，用直线命令画出圆 R18 右部的切线，如图 2-63d 所示。

4）用拉长和修剪命令对图形进行修改，完成全图，如图 2-63a 所示。

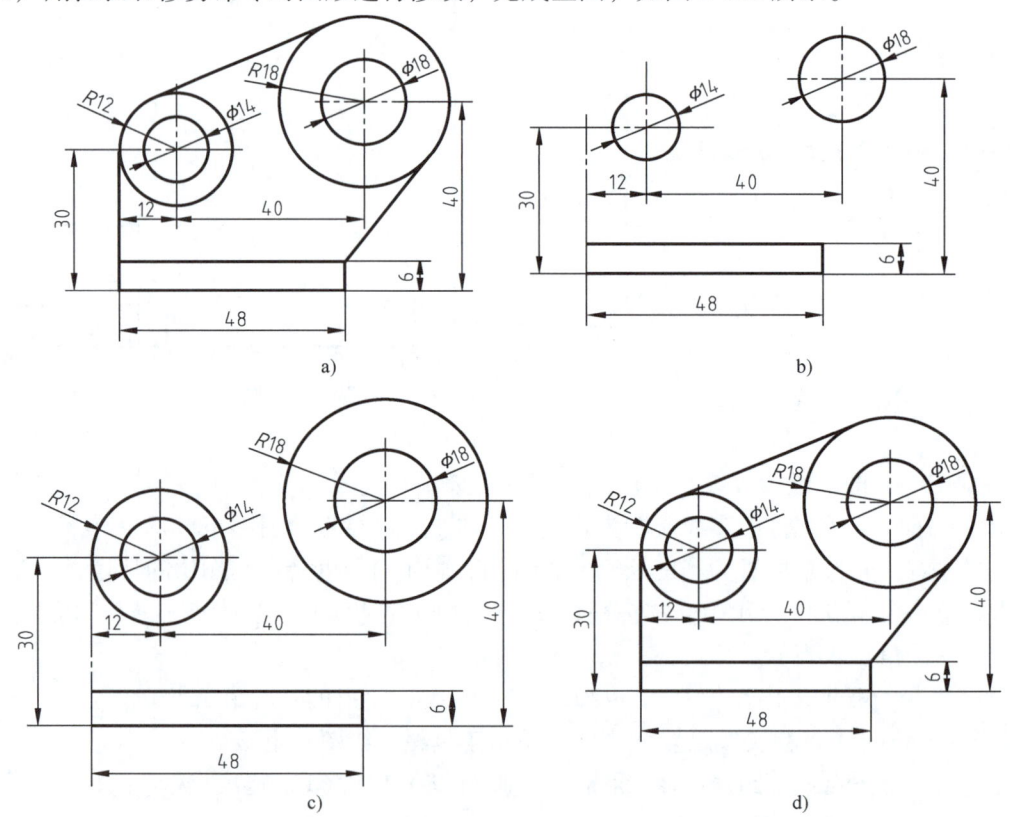

图 2-63　平面图形的绘制过程

例 2-3 绘制图 2-64a 所示的图形。

1）用直线命令画上部中心线，用偏移命令向下复制距离为 80 的中心线，用画圆命令画圆 R62，用画椭圆命令绘制椭圆，如图 2-64b 所示。

2）用偏移命令复制距离为 60 的中心线；用画圆命令画两个圆 R12；用直线命令画出两个圆 R12 的切线；用修剪命令对圆 R12 进行修剪，如图 2-64c 所示。

3）用环形阵列命令绘制圆 4×φ24，用倒圆角命令绘制 R40，如图 2-64d 所示。

4）用删除、修剪、拉长命令删除辅助线、调整中心线，完成全图，如图 2-64a 所示。

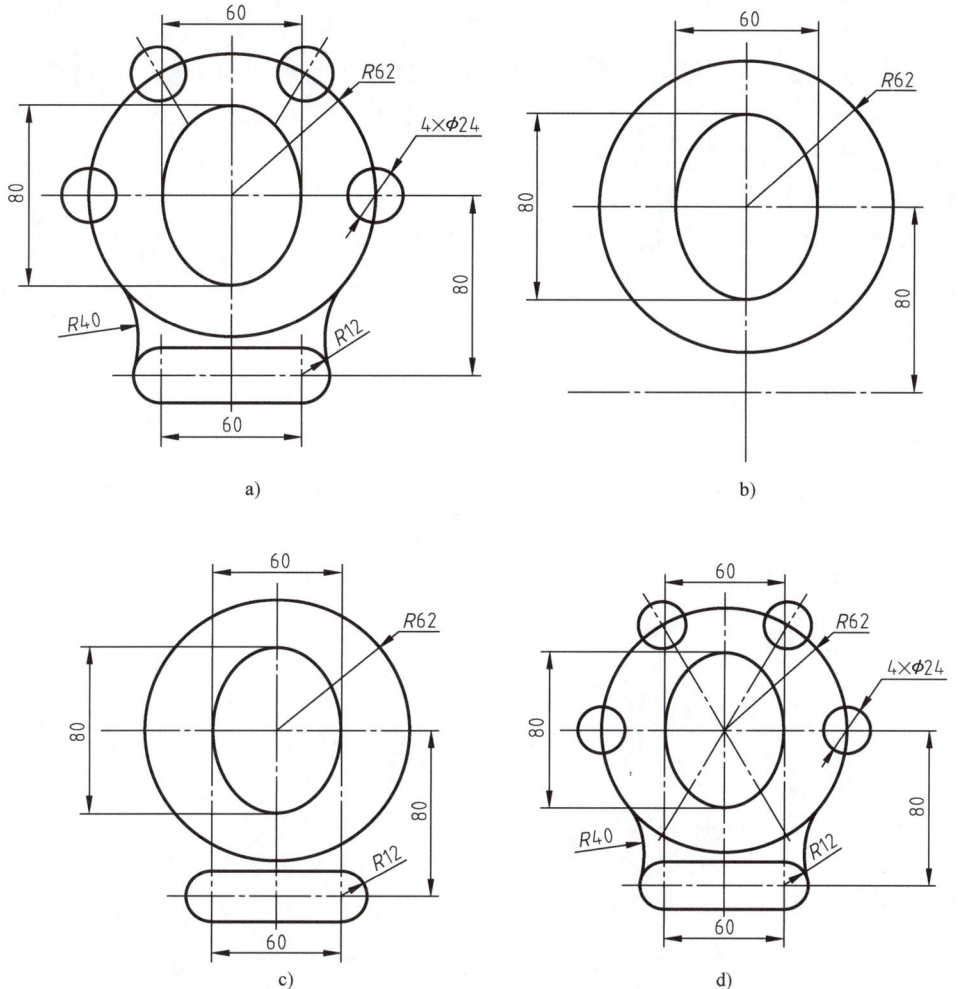

图 2-64 图形的绘制过程

第 3 章 投 影 基 础

3.1 投影法的基本知识

如何才能在一张平面图纸上,准确而全面地表达物体的形状和大小呢?用投影来表示。在生活中,投影现象随处可见,如灯光下的物影,阳光下的人影等。人们将影子与物体之间的关系经过几何抽象形成了"投影法"。

投影法就是投射线通过物体,向选定的面投射,并在该面上得到图形的方法。根据光源、投射线和投影面三要素的相对位置,投影法可分为中心投影法和平行投影法。

3.1.1 中心投影法

如图 3-1 所示,光源 S 叫做投射中心,所选定的平面 P 叫做投影面,光线 SA、SB 和 SC 叫做投射线,投射线与投影面的交点 a(b 或 c)叫做点 A(B 或 C)在 P 面上的投影。图 3-1 中△abc 就是△ABC 在 P 面上的投影。这种投射线都交于一点(投射中心)的投影方法叫做中心投影法。

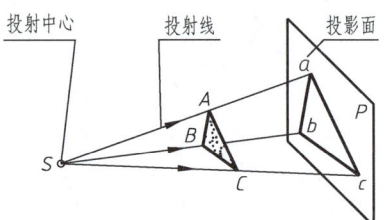

图 3-1 中心投影法

3.1.2 平行投影法

若将图 3-1 中的投射中心 S 移到离投影面无穷远处,则所有的投射线都相互平行,这种投射线相互平行的投影方法,叫做平行投影法,如图 3-2 所示。

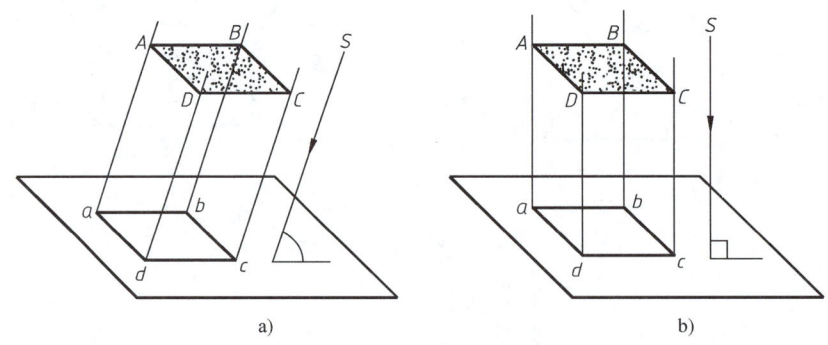

图 3-2 平行投影法
a) 斜投影法 b) 正投影法

投射线与投影面相倾斜的平行投影法称为斜投影法,如图 3-2a 所示。投射线垂直于投影面的投影法称为正投影法,如图 3-2b 所示。

3.1.3 工程上常用的几种投影图

各种投影法有各自的特点，适用于不同的工程图样。工程上常用的投影图有以下几种：

（1）透视图　利用中心投影法绘制的图样。透视图具有立体感和真实感，符合人的视觉习惯，因而在建筑、桥梁的外形设计中使用。但它度量性差，手工作图费时而且难度大，故在机械图样中很少应用。图 3-3a 所示为透视图。

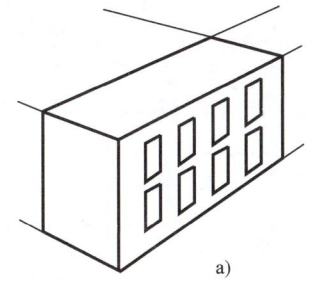 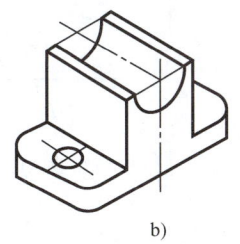 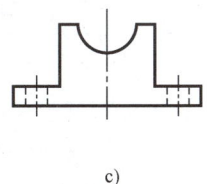

图 3-3　几种常用的工程图样（一）
a）透视图　b）轴测图　c）单面正投影图

（2）轴测图　用平行投影法绘制的图样。该图样具有一定的立体感，但度量性不理想，如图 3-3b 所示。它适用于产品外观图。

（3）多面正投影图　用正投影法绘制的图样。设置一个投影面，应用正投影法得到的投影图为单面正投影图，如图 3-3c 所示。采用几个相互垂直的投影面，按正投影法从几个不同方向分别向各个投影面投射，所得到的一组正投影图，称为多面正投影图，如图 3-4a 所示。这种图虽然立体感差，但能完整地表达物体的形状，度量性好，便于指导加工和装配。因此多面投影图被广泛应用于工程的设计和制造中。

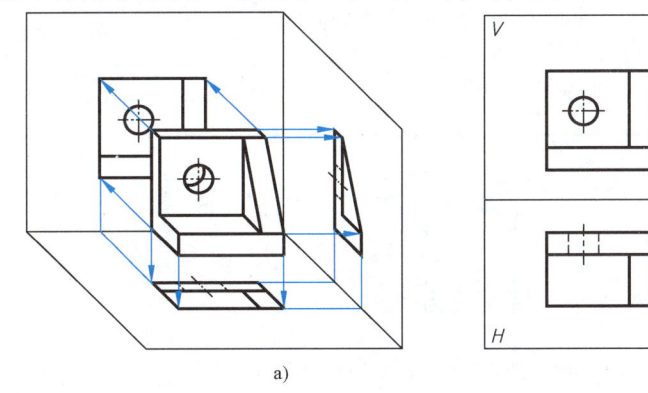 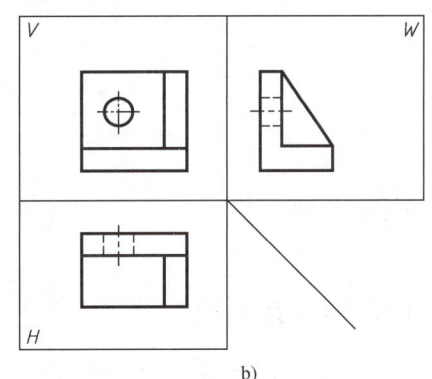

图 3-4　几种常用的工程图样（二）

经过几何抽象的物体称为立体。后续章节将重点介绍多面正投影图。正投影简称投影，用正投影法所绘制出物体的图形称为视图（图 3-4b），后面章节不再特别说明。

3.1.4 正投影的基本特征

正投影图度量性好，作图简便，这是由正投影的基本特性所决定的。正投影的基本特性见表 3-1。

表 3-1　正投影的基本特性

投影性质	从属性	平行性	定比性
图例	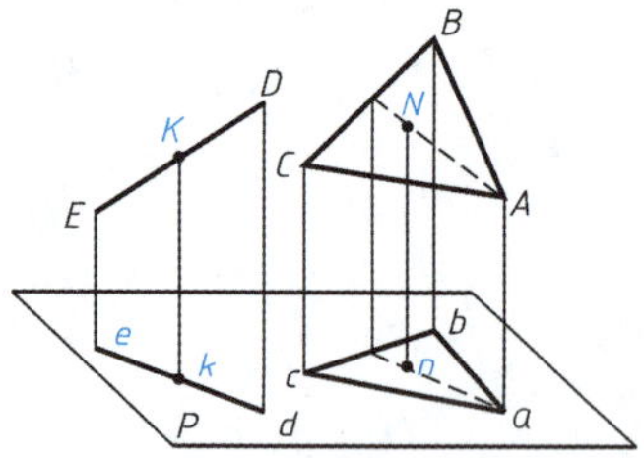	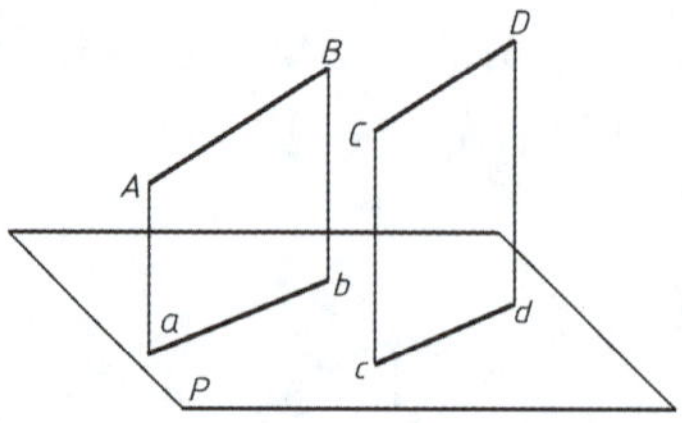	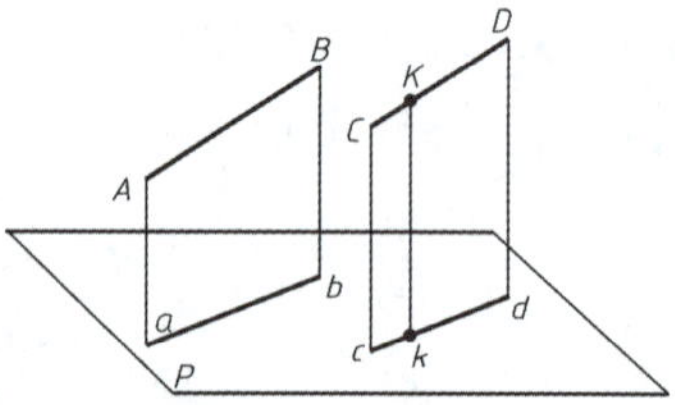
说明	点在直线（或平面）上，则该点的投影一定在直线（或平面）的同面投影上	空间平行的两直线，在同一投影面上的投影一定相互平行	点分线段之比，投影后该比例保持不变；空间平行两线段长度之比，投影后该比例不变

投影性质	实形性	积聚性	类似性
图例	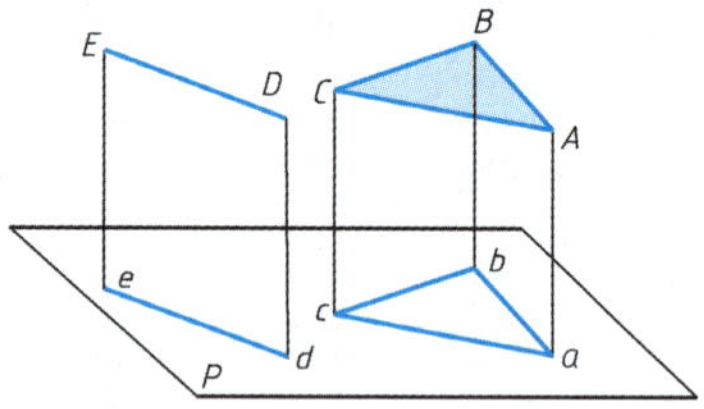	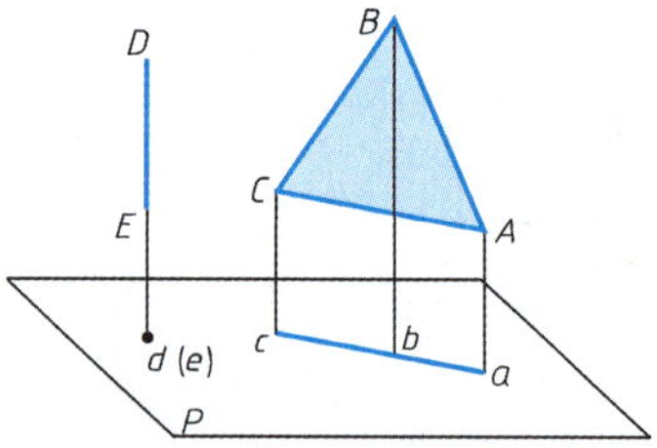	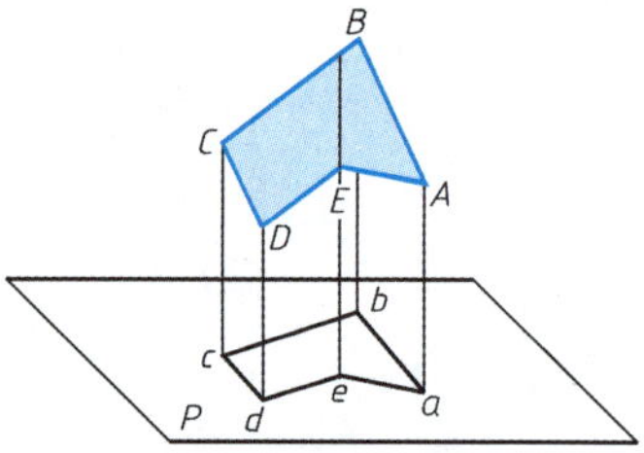
说明	空间直线、平面平行于投影面时，在该投影面上的投影反映直线的实长或平面的实形	空间直线、平面垂直于投影面时，直线在该投影面上的投影积聚成一点而平面的投影积聚成一直线	空间平面倾斜于投影面时，则平面在该投影面上的投影形状与原形状类似，表现为边数、平行关系、凹凸、直或曲线边均保持不变

3.2　物体的三视图

3.2.1　三投影面体系的建立

三投影面是由 3 个相互垂直的投影面所组成的，如图 3-5 所示。3 个投影面分别是：正立投影面，简称正面，用 V 表示；水平投影面，简称水平面，用 H 表示；侧立投影面，简称侧面，用 W 表示。若将 V、H、W 面看成无限大的平面，则它们把空间分为 8 个分角。图 3-5 所示为第一分角。相互垂直的投影面之间的交线称为投影轴，它们分别是：

OX 轴（简称 X 轴）是 V 面与 H 面的交线，它代表长度方向。

OY 轴（简称 Y 轴）是 H 面与 W 面的交线，它代表宽度方向。

OZ 轴（简称 Z 轴）是 V 面与 W 面的交线，它代表高度方向。

OX、OY、OZ 相互垂直，交点 O 称为原点。

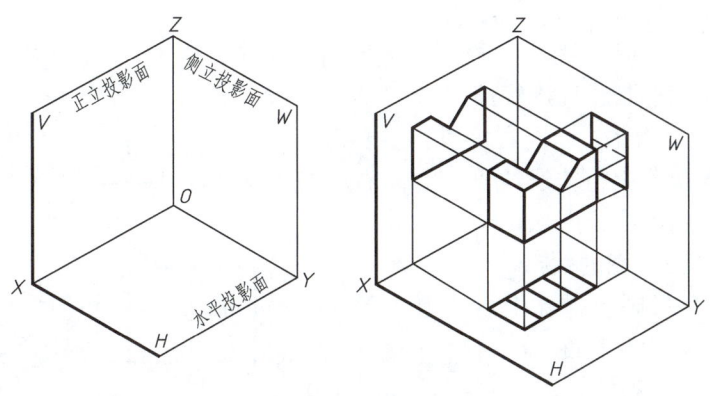

图 3-5 三投影面体系

3.2.2 物体的三视图

将物体放在三投影面体系的第一分角中,按正投影法分别向各投影面投射。由前向后投射所得到的视图称为主视图,由上向下投射所得到的视图称为俯视图,由左向右投射所得到的视图称为左视图。然后正面不动,将水平面绕 OX 轴向下旋转 90°,将侧面绕 OZ 轴向右旋转 90°,如图 3-6a 所示,旋转完成后,H、W 面重合到 V 面上,OY 轴也分成两处,在 H 面上的用 OY_H 表示,在 W 面上的用 OY_W 表示,如图 3-6b 所示。最后,去掉面框和投影轴,得到物体的三视图,如图 3-6c 所示。

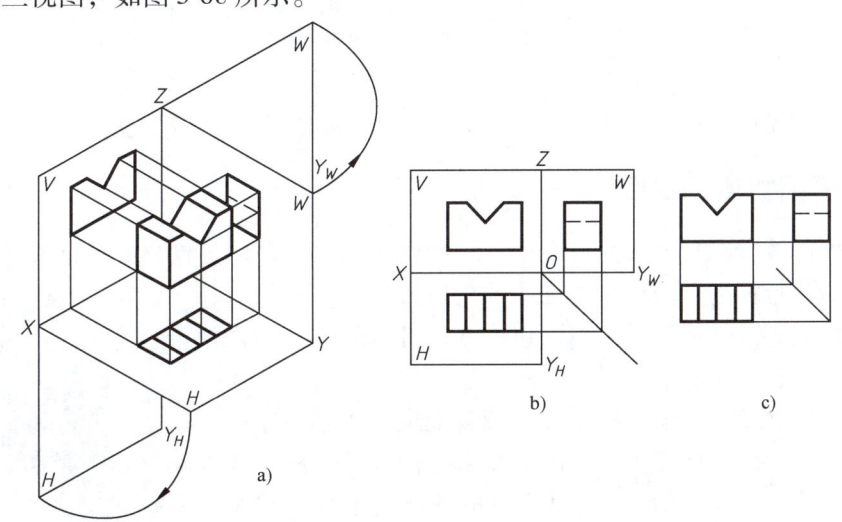

图 3-6 物体三视图的形成
a) 三投影面展开 b) 展开后的投影图 c) 物体三视图

3.2.3 物体与三视图的对应关系

物体的一个视图是不能反映物体的形状和大小的。一般采用 3 个视图来表示物体的形状,如图 3-7 所示。

1. 物体的形状与三视图之间的对应关系

(1) 主视图 从物体前面向后投射,主要得到物体前面的轮廓形状,用粗实线绘出。

而后面被遮挡的轮廓形状，用虚线绘出。

（2）俯视图　从物体上面向下投射，主要得到上面的轮廓形状，用粗实线绘出。而物体下面被遮挡的轮廓形状，用虚线绘出。

（3）左视图　从物体左面向右投射，主要得到物体左面的轮廓形状，用粗实线绘出。物体右面被遮挡的轮廓形状，用虚线绘出。

2. 物体方位与三视图的关系

1）主视图——反映物体左、右、上、下4个方位，同时反映其高度和长度。

2）俯视图——反映物体左、右、前、后4个方位，同时反映其长度和宽度。

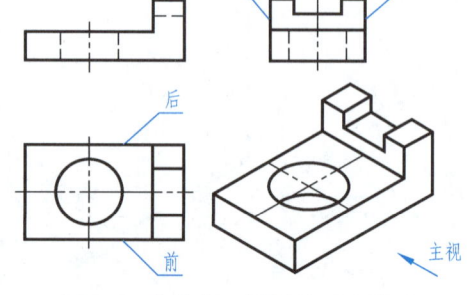

图3-7　物体与三视图的对应关系

3）左视图——反映物体上、下、前、后4个方位，同时反映其高度和宽度。

应当注意：物体的上、下与主、左视图的上、下是一致的，物体的左、右与主、俯视图的左、右也是一致的，而物体的前、后方位只在俯、左视图上反映。由图3-7可知，俯、左视图中远离主视图的要素表示物体的前面，即"里后外前"。

3. 三视图之间的关系

1）以主视图为准，俯视图在主视图的正下方，左视图在主视图的正右方。

2）视图间的"三等"关系。由以上分析可知，三视图之间的投影规律是：主、俯视图共同反映物体的长度方向的尺寸，简称"长对正"；主、左视图共同反映物体的高度方向的尺寸，简称"高平齐"；俯、左视图共同反映物体宽度方向的尺寸，简称"宽相等"。简言之："长对正、高平齐、宽相等"。

应当指出，无论是整个物体，还是它的局部，都应符合"三等"关系。

3.2.4　徒手画物体三视图

首先将物体放置在三投影面体系中，使物体表面尽量多地与投影面平行或垂直。取较多地反映物体形状特征的方向作为主视图的投射方向。然后画有特征的视图，最后再画其他视图。下面以图3-8所示的物体为例说明作图步骤。

（1）分析　图3-8中箭头所指方向较多地反映了轴承座的形状特征。所以，将该方向作为主视图的投射方向较好。将物体底面放置成水平位置（平行H面），使上部的孔轴线垂直于V面。

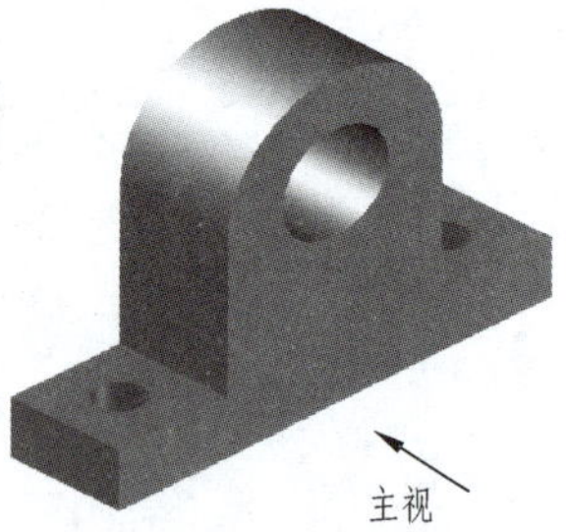

（2）选择比例　比例应协调，确定好图幅。

（3）布图　绘图前应粗略计算一下主、俯、左视图的大小，

图3-8　轴承座立体图

根据图幅比例，三视图与图纸边框应留有适当的距离。3个视图之间也应留有适当的距离。

（4）绘图步骤　如图3-9所示。

（5）注意事项

1）画图的先后顺序为，先画有形状特征的视图，后画其他视图。本例应先画主视图，后画俯、左视图。先画中心线（对称形状均要画中心线）和主要轮廓线，以确定图形位置。中心线超出轮廓线3~5mm。先画圆或圆弧，后画直线。先画可见的粗实线，再画其他部分。

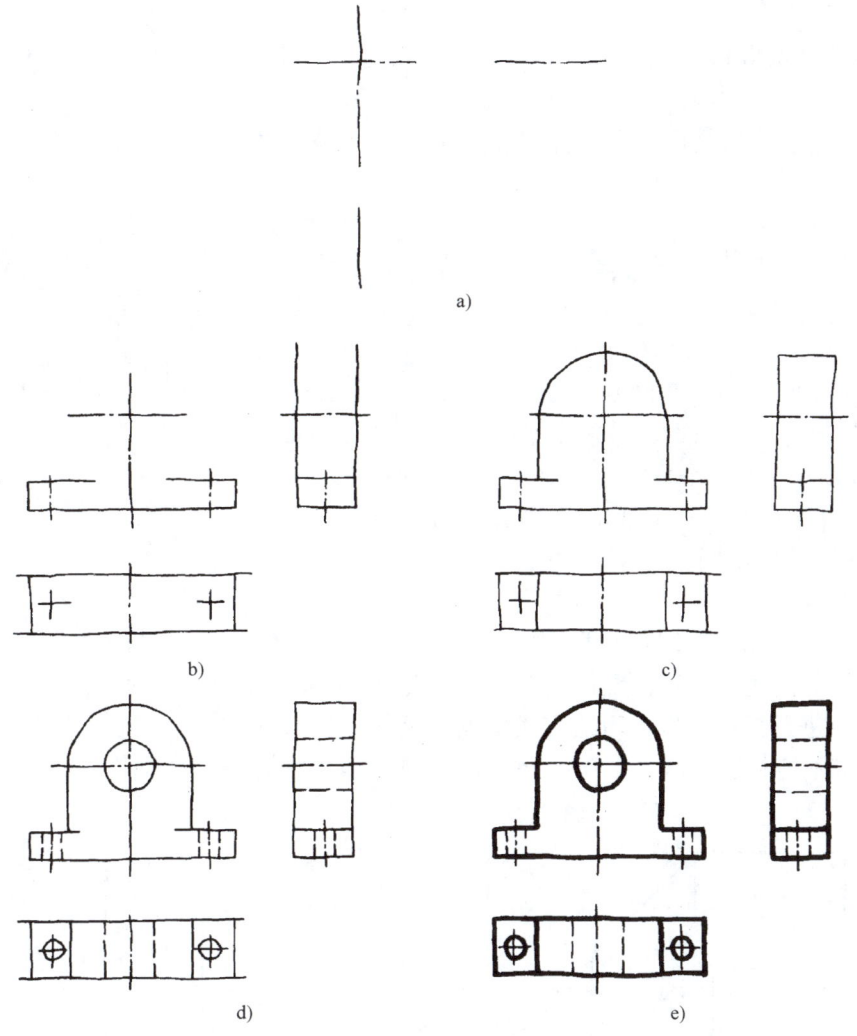

图 3-9 轴承座三视图草图的绘图步骤

2）画图时，物体的每一组成部分都要符合长对正、高平齐、宽相等的关系。最好 3 个视图的对应部分配合一起画出。例如画上部孔时，先画主视图上的相交中心线定圆心，同时将俯、左视图的中心线也一起画出。

3）全图底稿完成后应仔细检查，纠正错误，然后再擦去多余的线，按国家标准对线型的要求加深线条，使其粗细分明。

3.3 物体几何要素的投影

点、线、面是构成物体形状的基本几何元素，为了快速而准确地绘制物体的视图，就有必要进一步分析点、线、面的投影规律和投影特性。

3.3.1 点的投影

1. 点的空间位置和直角坐标

空间点的位置，由其直角坐标来确定。一般采用下列书写形式：$A(X,Y,Z)$，$A(25,20,30)$，$A(X_A,Y_A,Z_A)$ 等，其中 X、Y、Z 或相应的数字，均为该空间点到相应坐标面的距离，如图 3-10 所示。

若将三投影面体系当作直角坐标系，则各个投影面就是坐标面，各投影轴就是坐标轴。点到各投影面的距离，就是相应的坐标数值。

2. 点的三面投影及投影特征

如图 3-11a 所示，将空间点 A 置于三投影面体系中，自 A 点分别向三个投影面作垂线（即投射线），3 个垂足 a、a'、a'' 即为点 A 的水平投影、正面投影和侧面投影。

约定：空间点用大写字母 A、B、C…标记；空间点在 H 面上的投影用相应的小写字母 a、b、c…标记；在 V 面上的投影用小写字母 a'、b'、c'…标记；在 W 面上的投影用小写字母 a''、b''、c''…标记。

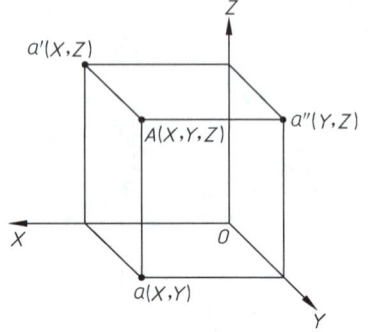

图 3-10 空间点和直角坐标

将图 3-11a 所示的投影面展开，如图 3-11b 所示，使 H 面、W 面与 V 面处于同一图纸平面上并将投影面的边框去掉，便得到点的三面投影图，如图 3-11c 所示。

为了便于进行投影分析，用细实线将点的相邻两投影连起来，如 aa'、$a'a''$，称为投影连线。a 与 a'' 不能相连，需要借助 45°斜线或圆弧来实现这个联系，如图 3-11c 所示。

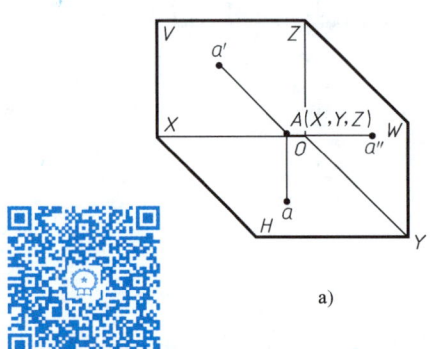
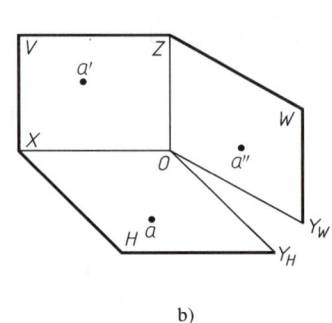
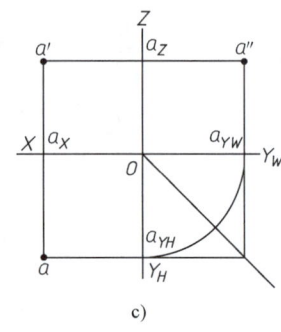

a)   b)   c)

图 3-11 点的三面投影

从图 3-11 中可以看出，空间点 $A(X,Y,Z)$ 在三投影面体系中有唯一确定的一组投影（a、a'、a''）；反之，如已知点 A 的三面投影即可确定点 A 的坐标值，也就确定了其空间位置。因此可以得出点的投影规律：

1）点的两面投影的连线，必定垂直于相应的投影轴。即：$aa' \perp OX$，$a'a'' \perp OZ$，$aa_{YH} \perp OY_H$，$a''a_{YW} \perp OY_W$。

2）点的投影到投影轴的距离分别等于点到三投影面的距离，而且两两相等。即：$X = aa_{YH} = a'a_Z$；$Y = aa_X = a''a_Z$；$Z = a'a_X = a''a_{YW}$。

由此可见，点的投影与其坐标值是一一对应的，即 $a(X,Y)$，$a'(X,Z)$，$a''(Y,$

Z)。根据点的投影规律，可由点 A 的 3 个坐标值（X，Y，Z）画出三面投影，也可以根据点的两面投影求作第三面投影。

例 3-1　如图 3-12a 所示，已知点 A（20，10，18），求作它的三面投影图。

（1）作法一　作图步骤如图 3-12b、c 所示。

1）画出投影轴，定出原点 O。

2）按坐标值 $X=20$，$Y=10$，$Z=18$，分别在 X，Y，Z 轴上定出 a_X，a_{YH}，a_{YW}，a_Z，如图 3-12b 所示。

3）过 a_X，a_{YH}，a_{YW}，a_Z 分别作投影连线垂直于投影轴，得交点 a，a'，a'' 即为所求，如图 3-12c 所示。

（2）作法二　作图步骤如图 3-12d~f 所示。

1）在 X 轴上按 $X=20$ 得点 a_X，如图 3-12d 所示。

2）过 a_X 作投影连线垂直于 X 轴，由 a_X 向上截取 $Z=18$ 得投影 a'，由 a_X 向下截取 $Y=10$ 得投影 a，如图 3-12e 所示。

3）根据两面投影 a，a' 求得第三面投影 a''，如图 3-12f 所示。

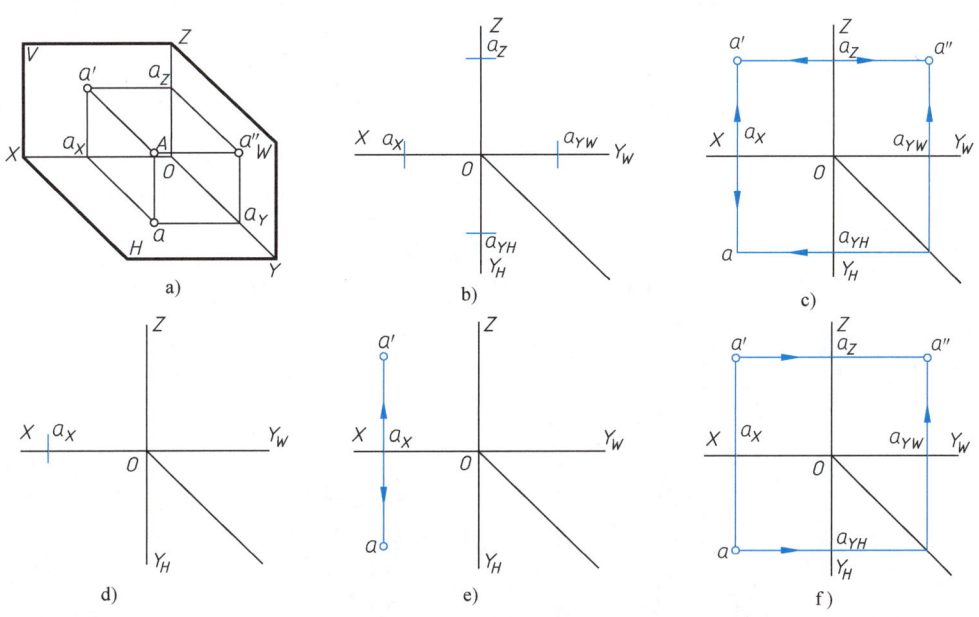

图 3-12　根据点的坐标求作点的三面投影图

例 3-2　已知点的两面投影，求作第三面投影。

给出点的两面投影，则点的 3 个坐标就完全确定了，因而点的第三投影必能唯一求出；或者根据点的投影规律，按照第三投影与已知两投影的关系，也能唯一求出，如图 3-13 所示。

3. 点的相对位置

两点在空间的相对位置，可以由两点的坐标关系来确定，如图 3-14 所示。

两点的左，右相对位置由 X 坐标确定，<u>X 坐标值大者在左</u>。故点 A 在点 B 左方。

两点的前、后相对位置由 Y 坐标确定，Y 坐标值大者在前。故点 A 在点 B 后方。
两点的上、下相对位置由 Z 坐标确定，Z 坐标值大者在上。故点 A 在点 B 下方。

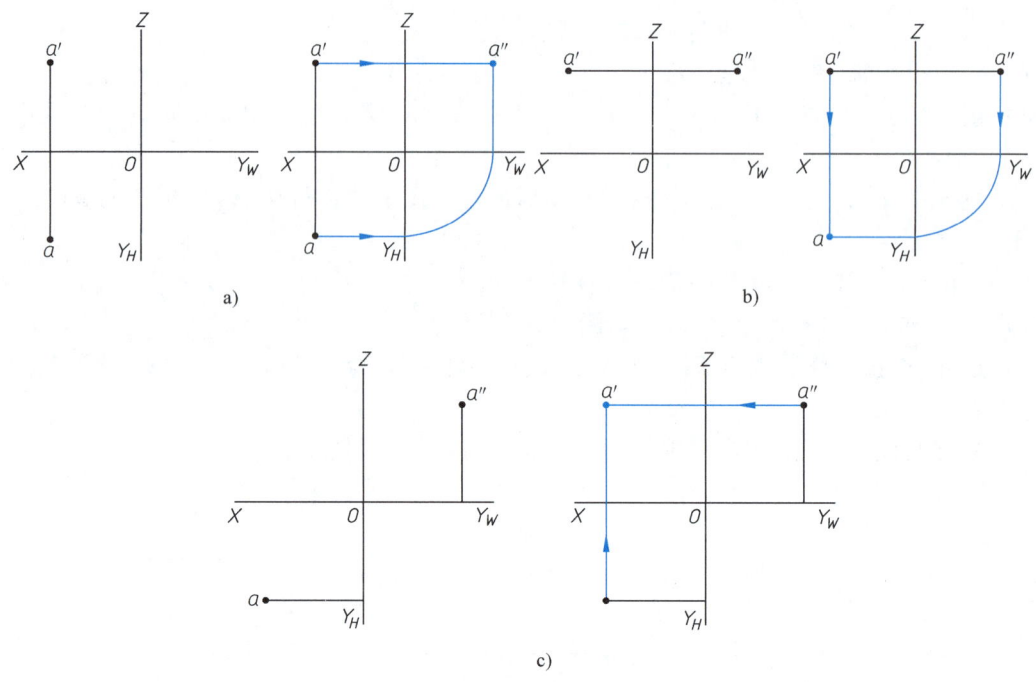

图 3-13 由点的两投影求其第三投影
a) 已知 a、a' 求 a''　b) 已知 a'、a''，求 a　c) 已知 a、a'' 求 a'

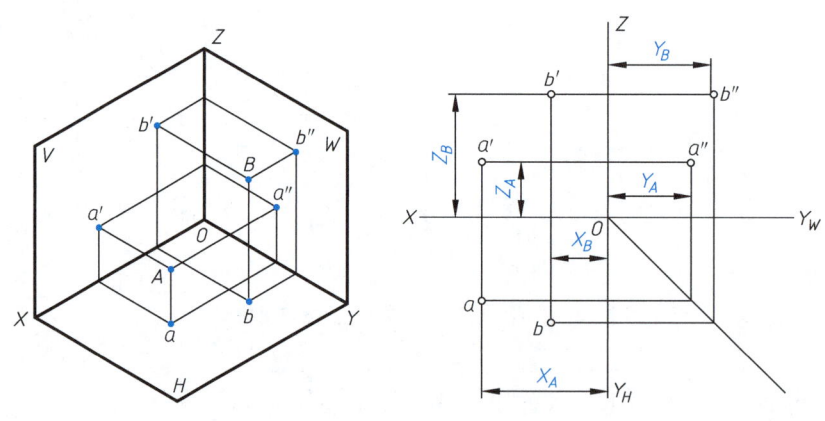

图 3-14 两点的相对位置

4. 各种位置点的投影

点的位置有在空间、在投影面上、在投影轴上以及在原点上 4 种情况，各有不同的投影特征。表 3-2 列举出了位置点的几种投影图例。

表 3-2 各种位置点的投影图例

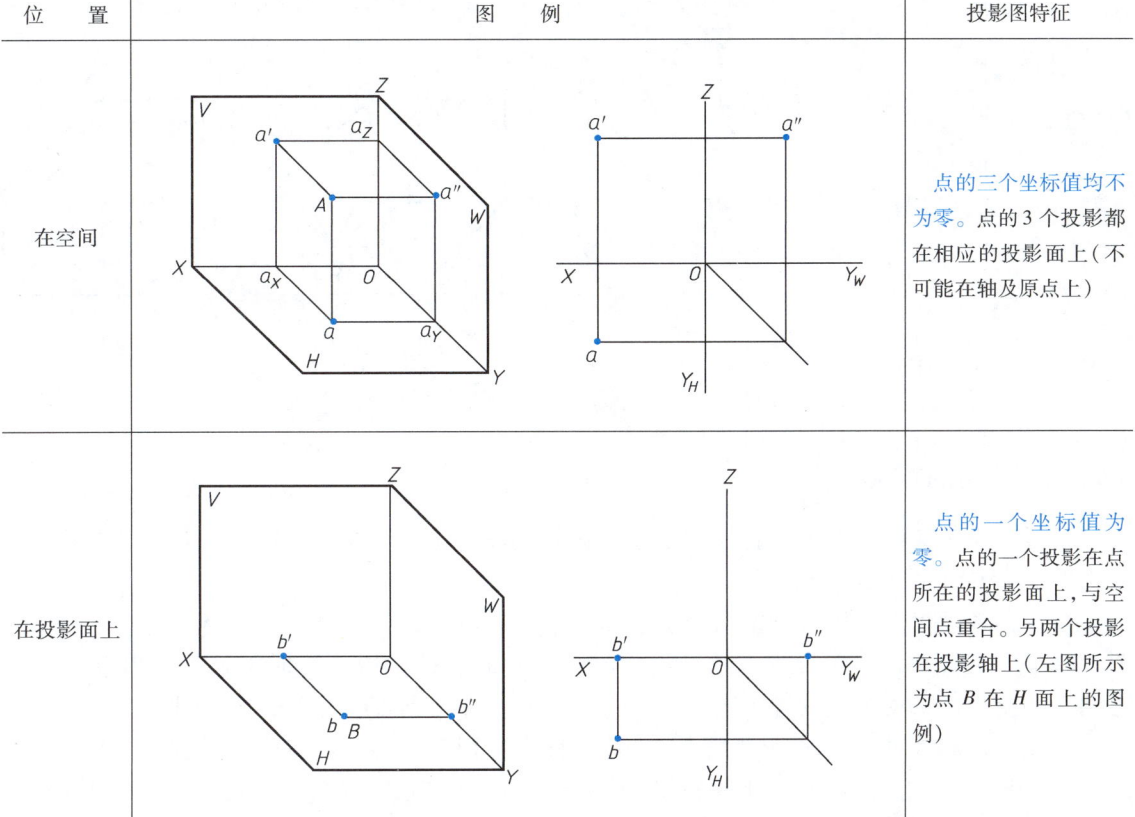

位置	图例	投影图特征
在空间		点的三个坐标值均不为零。点的3个投影都在相应的投影面上（不可能在轴及原点上）
在投影面上		点的一个坐标值为零。点的一个投影在点所在的投影面上，与空间点重合。另两个投影在投影轴上（左图所示为点 B 在 H 面上的图例）
在投影轴上		点的两个坐标值为零。点的两个投影在投影轴上，与空间点重合。另一个投影与原点重合（左图所示为点 D 在 Z 轴上的图例）

在原点上的点，三个坐标值都为零。点的三个投影与空间点都重合在原点上。

例 3-3 如图 3-15a 所示，根据点 B 的三面投影图画出其空间位置直观图。

作图：

1）先画出投影轴的直观图，将 OX 轴画成水平位置，OZ 轴与 OX 轴垂直，OY 轴与 OX 轴成 45°。投影面的边框线与相应投影轴平行，如图 3-15b、c 所示。

2）在 OX 轴上截取 $Ob_X = X_B$，由 b_X 作 OY 轴的平行线，使 $b_X b = Y_B$；再由 b 作 OZ 轴的平行线，向上截取 $bB = Z_B$ 得空间点 B，如图 3-15c 所示。

另外，点的空间位置还可根据三面投影图按投影的逆过程求得，作法如图 3-15d 所示。先作出三面投影 b、b'、b''，再由三投影点分别作投影面的垂直线在空间汇于一点 B。

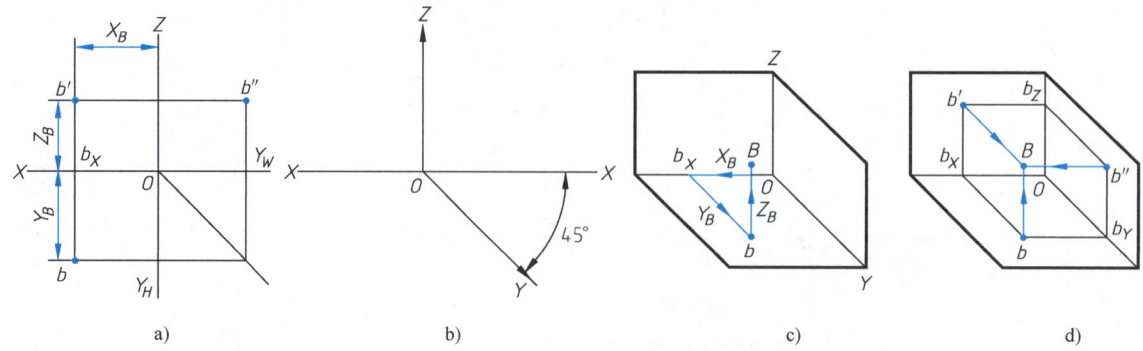

图 3-15 点的空间位置直观图画法

3.3.2 直线的投影

直线的投影应包括无限长直线的投影和直线线段的投影，本节所研究的直线仅指后者。

1. 直线的三面投影形成

直线的各面投影可由直线上两个点的同面投影来确定。

根据"两点决定一条直线"的几何定理，在绘制直线的投影图时，只要作出直线上任意两点的投影，再将两点的各个同面投影连接起来，即得到直线的三面投影图。

如图 3-16a、b 所示，直线上两点 A、B 的投影分别为 a、a'、a'' 及 b、b'、b''。将水平投影 a、b 相连，便得直线 AB 的水平投影 ab。同样可以得到直线的正面投影 $a'b'$ 和直线的侧面投影 $a''b''$，如图 3-16c 所示。

2. 直线上点的投影

点在直线上，由正投影的基本性质可知，应有下列投影特征：

1）点的投影必在该直线的同面投影上。如图 3-16c 所示，在直线 AB 上有一点 C，点 C 的三面投影 c、c'、c'' 分别在直线 AB 的同面投影 ab、$a'b'$、$a''b''$ 上，而且符合同一个点的投影规律。

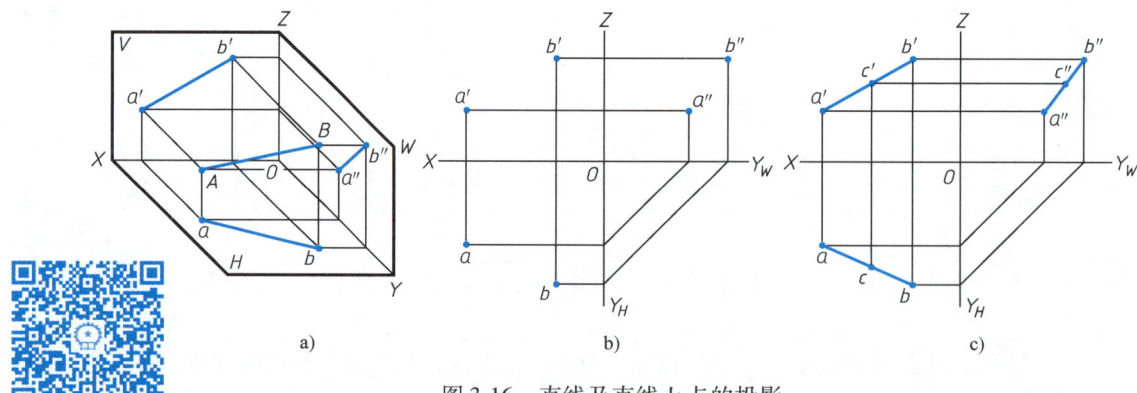

图 3-16 直线及直线上点的投影

反之，如果点 C 的三面投影中只要有一面投影不在直线 AB 的同面投影上，则该点就一定不在这条直线上。

2) 点分割线段之比等于其投影之比。如图 3-16c 所示，点 C 将线段 AB 分割成 AC 和 CB，则 $AC:CB = ac:cb = a'c':c'b' = a''c'':c''b''$。

例 3-4 已知直线 EF 的两面投影及 EF 上一点 C 的正面投影，求点 C 的水平投影，如图 3-17a 所示。

因为点 C 在直线 EF 上，因此必定符合定比 $e'c':c'f' = ec:cf$。所以过点 e 作一辅助线，取 $ec_0 = e'c'$，$c_0f_0 = c'f'$；连接 ff_0，过 c_0 作 $cc_0 /\!/ ff_0$ 交 ef 于 c 点，c 点即为所求。图 3-17b 所示为已知点 E 分 AB 为 $AE:EB = 3:2$，求点 E 投影的过程。

3. 直线对投影面的各种相对位置

空间直线相对于投影面的位置，有 3 种情况：一般位置直线、投影面平行线、投影面垂直线。后两类统称为特殊位置直线。

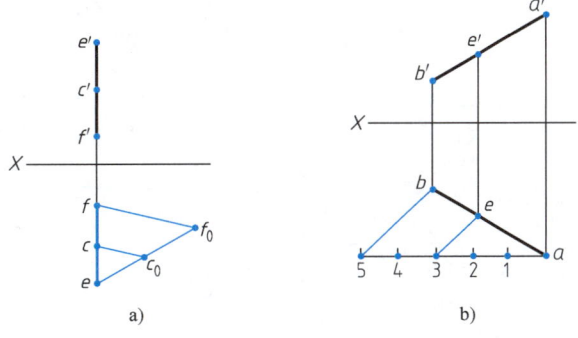

图 3-17 求点的水平投影

（1）一般位置直线　与 3 个投影面都倾斜的直线称为一般位置直线。如图 3-16 所示，直线 AB 即为一般位置直线。其投影特性为

1）一般位置直线在 3 个投影面上的投影均是倾斜直线。
2）一般位置直线在 3 个投影面上的投影长度均小于实长。

（2）投影面平行线　平行于一个投影面而与另外两个投影面倾斜的直线称为投影面平行线，线上任何点到所平行的投影面的距离是相等的。它在三投影面体系中，有 3 种位置：正平线——平行于 V 面，与 H、W 面倾斜的直线；水平线——平行于 H 面，与 V、W 面倾斜的直线；侧平线——平行于 W 面，与 H、V 面倾斜的直线。

投影面平行线的投影特性及图例见表 3-3。

（3）投影面垂直线　垂直于一个投影面的直线称为投影面垂直线。该直线必与另外两个投影面平行。它在三投影面体系中，也有 3 种位置：正垂线——垂直于 V 面的直线；铅垂线——垂直于 H 面的直线；侧垂线——垂直于 W 面的直线。

表 3-3 投影面平行线的投影特性及图例

名称	水 平 线	正 平 线	侧 平 线
立体图			

（续）

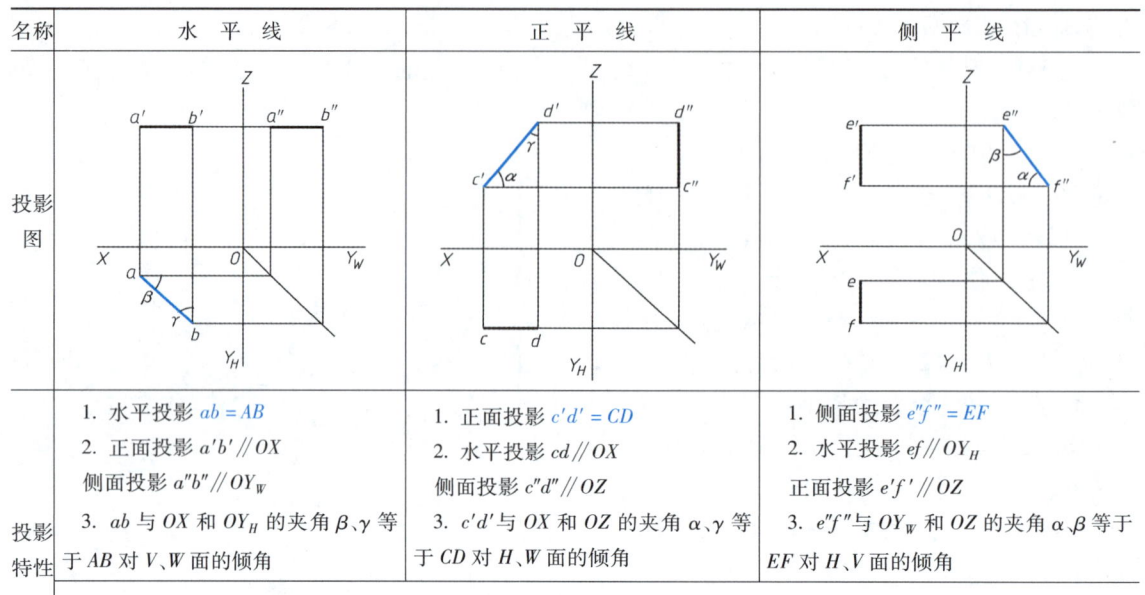

名称	水 平 线	正 平 线	侧 平 线
投影图			

投影特性	1. 水平投影 $ab = AB$
	2. 正面投影 $a'b'$ // OX
	   侧面投影 $a''b''$ // OY_W
	3. ab 与 OX 和 OY_H 的夹角 β、γ 等于 AB 对 V、W 面的倾角
		1. 正面投影 $c'd' = CD$
		2. 水平投影 cd // OX
		   侧面投影 $c''d''$ // OZ
		3. $c'd'$ 与 OX 和 OZ 的夹角 α、γ 等于 CD 对 H、W 面的倾角
			1. 侧面投影 $e''f'' = EF$
			2. 水平投影 ef // OY_H
			   正面投影 $e'f'$ // OZ
			3. $e''f''$ 与 OY_W 和 OZ 的夹角 α、β 等于 EF 对 H、V 面的倾角

	小结：1. 直线在所平行的投影面上的投影反映线段的实长 　　　2. 其他投影平行于相应的投影轴 　　　3. 反映实长的投影与投影轴所夹角度等于空间直线对相应投影面的倾角		

注：α、β、γ 为直线与 H、V、W 面的倾角。

投影面垂直线的投影特性及图例见表3-4。

表 3-4　投影面垂直线的投影特性及图例

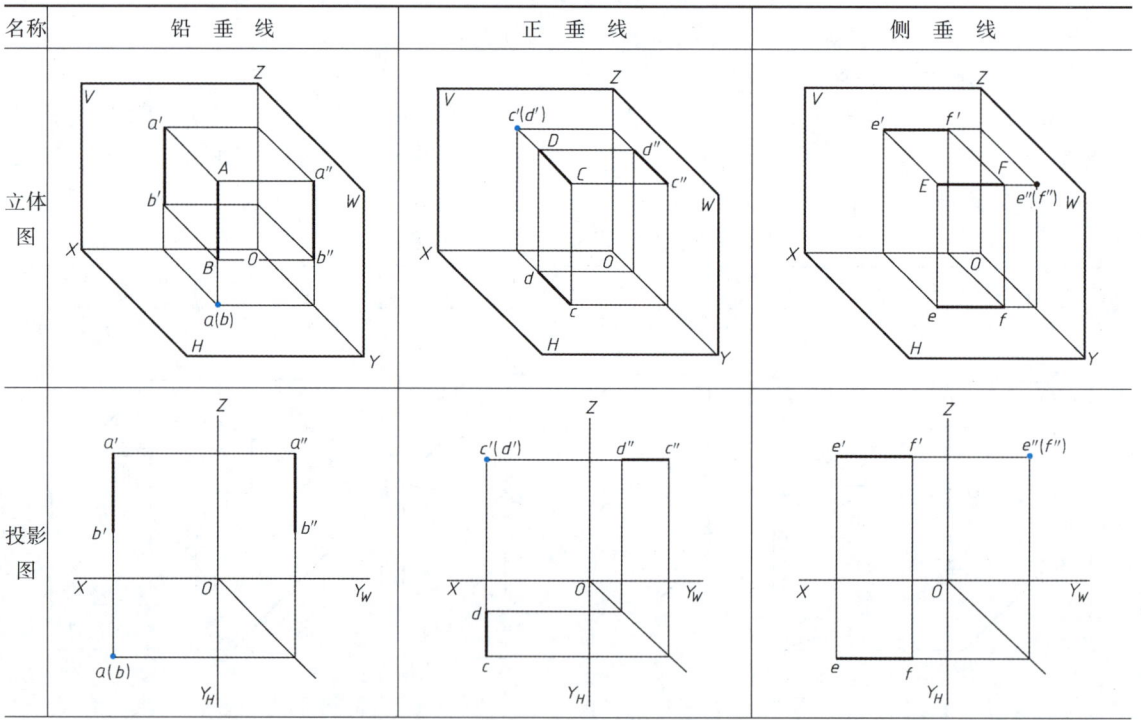

名称	铅 垂 线	正 垂 线	侧 垂 线
立体图			
投影图			

(续)

名称	铅垂线	正垂线	侧垂线
投影特性	1. 水平投影 $a(b)$ 成为一点，有积聚性 2. $a'b' = a''b'' = AB$ $a'b' \perp OX, a''b'' \perp OY_W$	1. 正面投影 $c'(d')$ 成为一点，有积聚性 2. $cd = c''d'' = CD$ $cd \perp OX, c''d'' \perp OZ$	1. 侧面投影 $e''(f'')$ 成为一点，有积聚性 2. $ef = e'f' = EF$ $ef \perp OY_H, e'f' \perp OZ$
	小结：1. 直线在所垂直的投影面上的投影成为一点，有积聚性 　　　2. 其他两投影都反映线段实长，且垂直于相应投影轴		

例 3-5 判断图 3-18 所示正三棱锥上各条棱线对投影面的位置。

根据各直线的投影特性可以判断出：一般位置直线：SA、SC；水平线：AB、BC；侧平线：SB；侧垂线：AC。

4. 两直线的相对位置

两直线的相对位置有平行、相交、交叉三种情况。前两种位置的直线称为共面直线，后一种位置的直线称为异面直线。

（1）平行两直线　平行两直线的各组同面投影必定互相平行；反之，如果两直线的三组同面投影都互相平行，则两直线在空间一定互相平行，如图 3-19 所示。

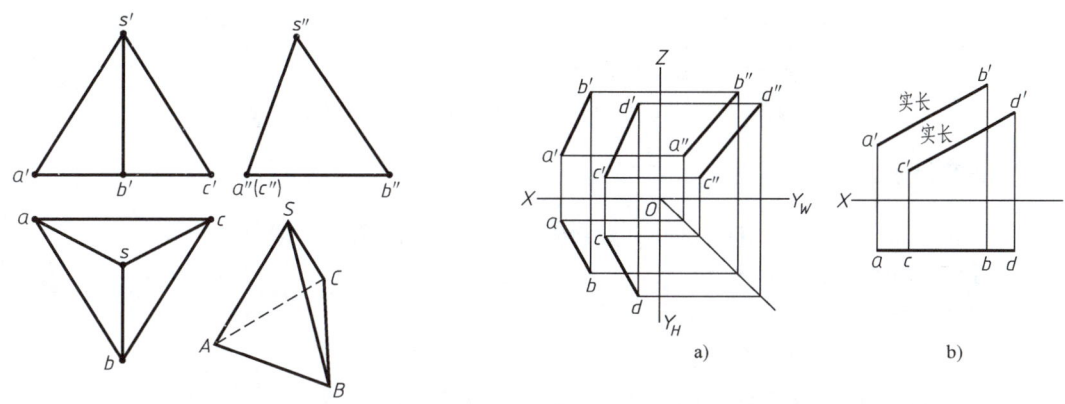

图 3-18　正三棱锥上直线的投影　　　图 3-19　平行两直线的投影

对于一般位置直线，只要两组投影就足以判断它们是否平行。对于投影面平行线，则需要判断它们反映实长的投影是否互相平行。如图 3-19b 所示的一对正平线是平行线。

在图 3-20 中，虽然直线 AB 与直线 CD 在 V 面和 H 面上的同面投影都互相平行，但不反映实长，故不能就此判定为平行两直线。检查第三面投影可以看出，这是不相互平行的两条侧平线。

（2）相交两直线　相交两直线的各组同面投影也必定相交，而且交点的投影符合空间点的投影规律。

反言之，若投影图中两直线在三个投影面上的同面投影都相交，且交点的投影符合空间点的投影规律，则此两

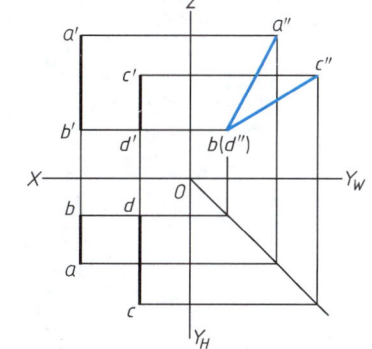

图 3-20　直线 AB 与直线 CD 不平行

直线在空间必定相交。

如图 3-21a 所示，直线 AB 与直线 CD 的三组同面投影都相交，且交点符合同一点的投影规律，所以直线 AB 与直线 CD 相交，交点为 E 点。

如图 3-21b 所示，直线 AB 与直线 CD 三组同面投影虽都相交，但交点不符合同一点的投影规律，所以直线 AB 与直线 CD 不相交。

（3）交叉两直线　两条既不平行又不相交的直线称为交叉两直线。

交叉两直线的各面投影既不符合平行两直线的投影又不符合相交两直线的投影。

如图 3-20 所示直线 AB 与直线 CD，如图 3-21b 所示直线 AB 与直线 CD 均为交叉两直线。

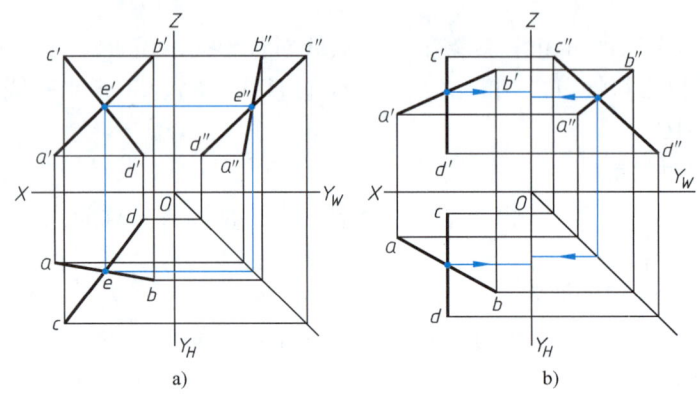

图 3-21　相交两直线的投影
a）直线 AB 与直线 CD 相交　b）直线 AB 与直线 CD 不相交

3.3.3　平面的投影

平面一般都是指无限的平面。平面的有限部分称为平面图形，简称平面形。

1. 平面的表示法

（1）用几何要素表示平面

1）不在同一直线上的三个点，如图 3-22a 所示。

2）一条直线和不在该直线上的一点，如图 3-22b 所示。

3）相交两直线，如图 3-22c 所示。

4）平行两直线，如图 3-22d 所示。

5）任意平面形，如图 3-22e 所示。

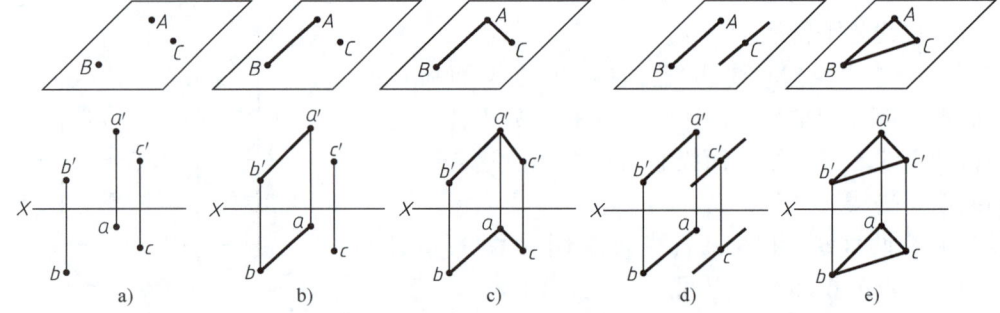

图 3-22　用几何要素表示平面

（2）用迹线表示平面　空间平面与投影面的交线称为平面的迹线。如图 3-23 所示，空间平面 P 与各投影面相交：

P_V——正面迹线，为 P 与 V 面交线。

P_H——水平迹线，为 P 与 H 面交线。

P_W——侧面迹线，为 P 与 W 面交线。

平面 P 与投影轴的交点就是两条迹线的交点，称为迹线集合点，分别用 P_X，P_Y，P_Z 表示。

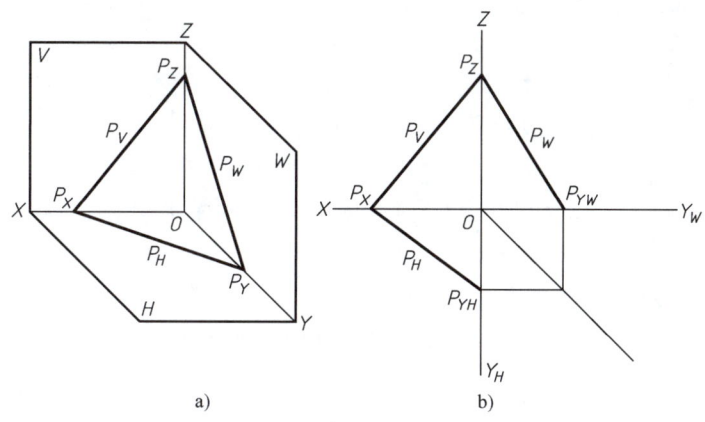

图 3-23　用迹线表示平面

对特殊位置的平面，用两段短的粗实线表示有积聚性的迹线的位置，中间用细实线相连，并在两端标以符号，其画法如图 3-24 所示。

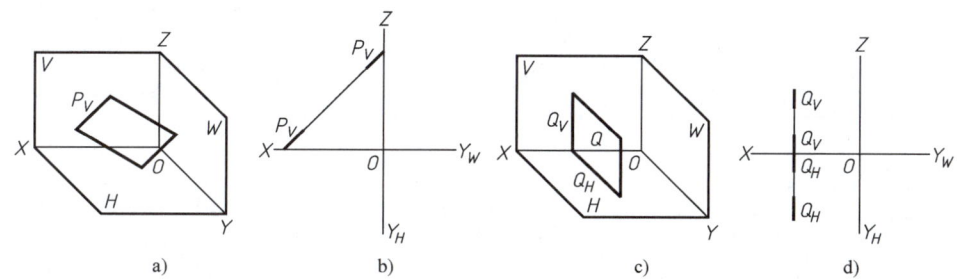

图 3-24　特殊位置平面的迹线

a)、c) 迹线在三投影面体系中的位置　b) 正垂面的迹线表示法　d) 侧平面的迹线表示法

2. 平面对投影面的各种相对位置

空间平面对于 3 个投影面有 3 类不同的位置，即一般位置平面，投影面平行面和投影面垂直面。后两类称为特殊位置平面。

（1）一般位置平面　对 3 个投影面都倾斜的平面称为一般位置平面。如图 3-25 所示的平面 $\triangle ABC$，其三面投影 abc，$a'b'c'$，$a''b''c''$ 均为 $\triangle ABC$ 的类似形，不反映 $\triangle ABC$ 的实形。

一般位置平面的投影特性为：在 3 个投影面上的投影，均为原平面形的类似形，都不反映真实形状。

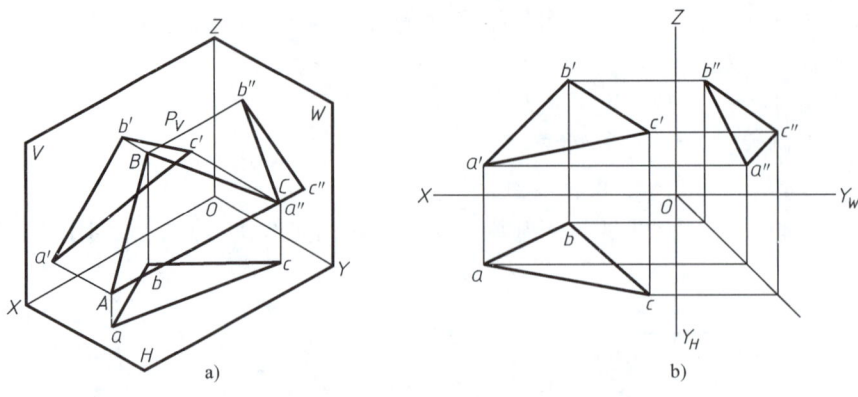

图 3-25 一般位置平面的投影特性

（2）投影面平行面　平行于一个投影面的平面称为投影面平行面。投影面平行面必与另两个投影面垂直。平行面有三种情况：水平面——平行于 H 投影面；正平面——平行于 V 投影面；侧平面——平行于 W 投影面。

投影面平行面的投影特性见表 3-5。

表 3-5　投影面平行面的投影特性

名称	水 平 面	正 平 面	侧 平 面
立体图	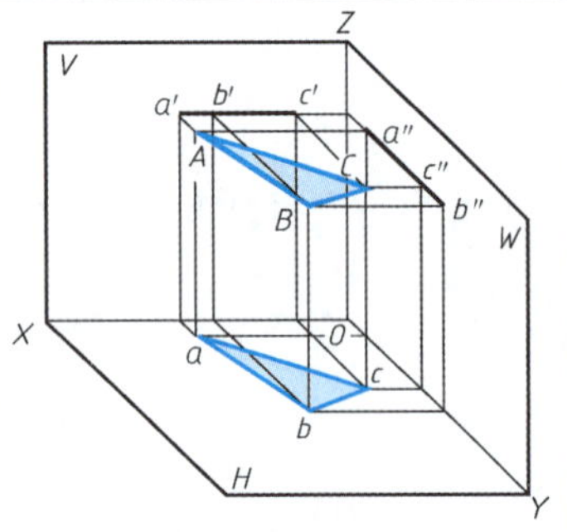 {width=0}	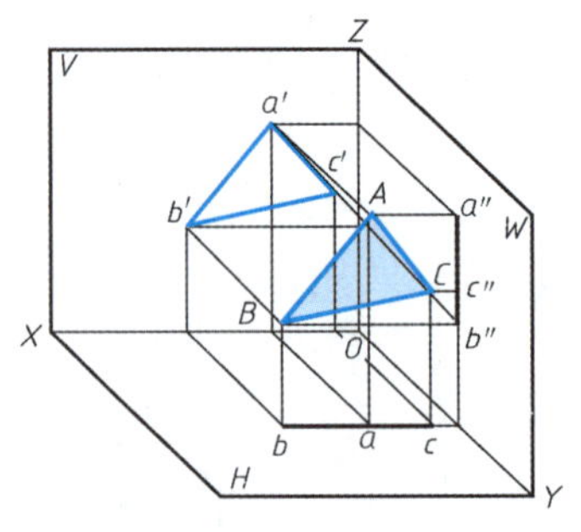	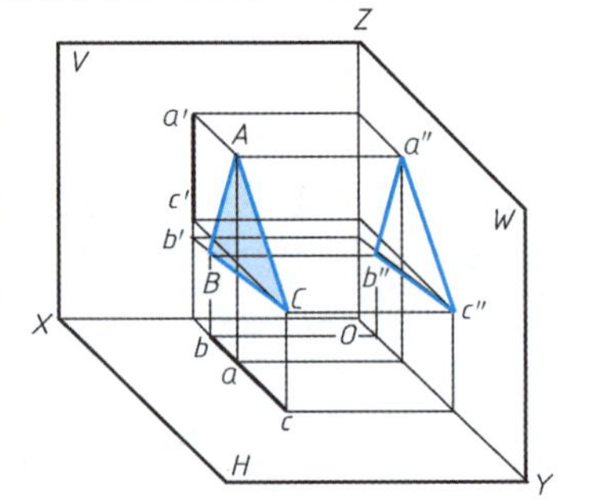
投影图	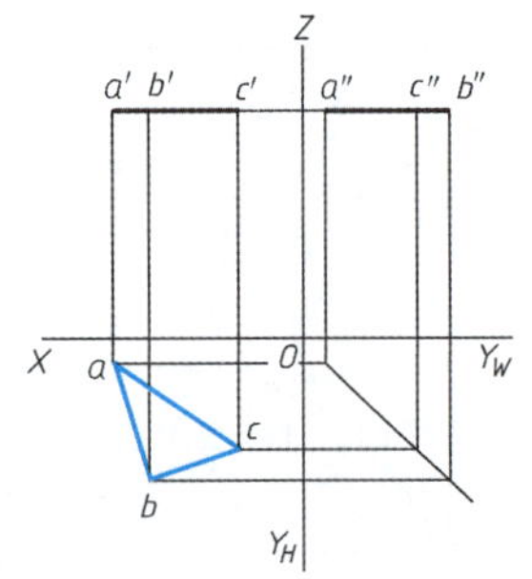	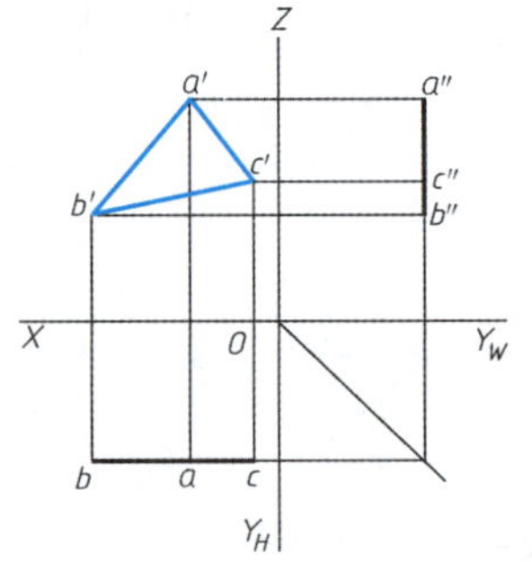	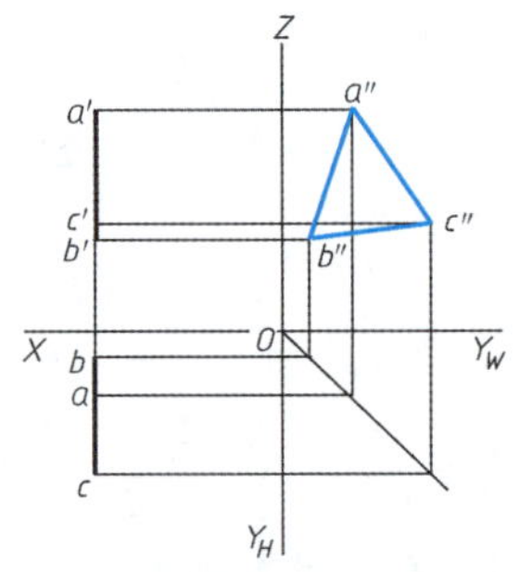
投影特性	1. 水平投影反映实形 2. 正面投影为直线段，有积聚性，且平行于 OX 轴 3. 侧面投影为直线段，有积聚性，且平行于 OY_W 轴	1. 正面投影反映实形 2. 水平投影为直线段，有积聚性，且平行于 OX 轴 3. 侧面投影为直线段，有积聚性，且平行于 OZ 轴	1. 侧面投影反映实形 2. 水平投影为直线段，有积聚性，且平行于 OY_H 轴 3. 正面投影为直线段，有积聚性，且平行于 OZ 轴
小结	1. 投影面平行面在所平行的投影面上的投影反映实形 2. 其他两面投影都积聚为直线段，并平行于相应的投影轴		

（3）投影面垂直面　垂直于一个投影面，与另两投影面倾斜的平面称为投影面垂直面。可分为三种情况：铅垂面——垂直于 H 投影面，与另两个投影面倾斜；正垂面——垂直于 V 投影面，与另两个投影面倾斜；侧垂面——垂直于 W 投影面，与另两个投影面倾斜。

投影面垂直面的投影特性见表 3-6。

表 3-6　投影面垂直面的投影特性

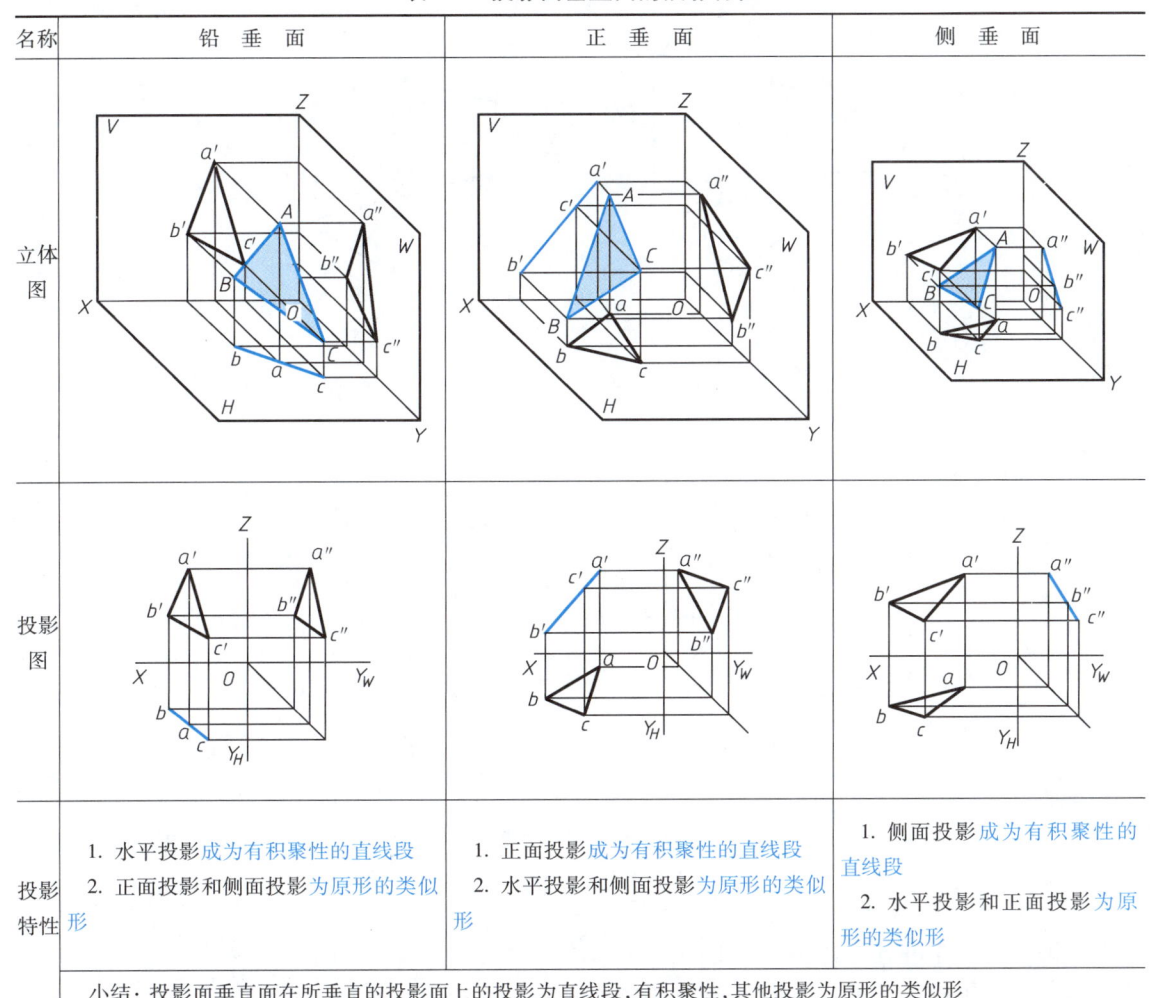

小结：投影面垂直面在所垂直的投影面上的投影为直线段，有积聚性，其他投影为原形的类似形

3. 平面内的直线和点

（1）直线在平面内的几何条件　满足下列条件之一的直线在该平面内。

1）通过平面内的已知两点。

2）含平面内的一已知点而又平行于平面内的一已知直线。

平面内有关直线的作图题，都是以上述两条几何条件为依据的。

（2）平面内的一般位置直线　只要在平面内两已知直线上各取一点，连接成直线即是平面内的直线。若无特殊投影特性，即是一般位置直线。

例 3-6　如图 3-26 所示，在已知平面 $\triangle ABC$ 内作一任意直线。

分析：根据直线在平面内的几何条件，可以用两种方法来求出此直线。

作法一　在△ABC内任两边上各取一点Ⅰ、Ⅱ，连接Ⅰ、Ⅱ的同面投影12，1′2′即得一解，如图3-26a所示。

作法二　在△ABC内任一边上取一点D，过点D作直线DE平行于另一边AB，交AC于E点，即d′e′∥a′b′，de∥ab，则DE即为一解，如图3-26b所示。本例有无穷解。

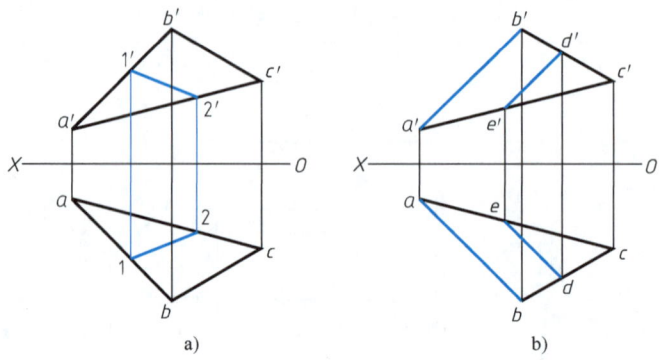

图3-26　平面内取直线

例3-7　如图3-27所示，判断ⅠⅡ是否在平面P(ABC)内。

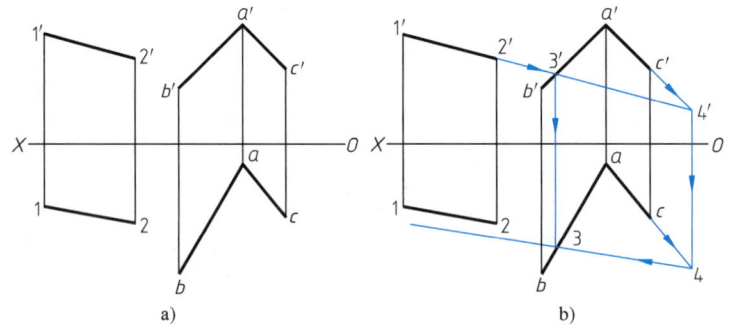

图3-27　判断直线是否在给定平面内
a) 已知　b) 作图求解

分析：假如ⅠⅡ在平面P内，则ⅠⅡ与AB、AC或者都相交；或者与其中一条相交而与另一条平行。否则，ⅠⅡ就不在平面P内而与AB、AC为交叉直线。

作图：

1）延长1′2′与a′b′、a′c′交于3′、4′。

2）在ab、ac上分别求出3、4，并连接之。现34和12不在一条线上。故ⅠⅡ不在P面内。

（3）平面内的投影面平行线　它的投影应符合投影面平行线的投影特性和满足直线在平面内的条件。

平面内的投影面平行线，其中一个投影反映其实长和对投影面的倾角，另一个投影反映其到投影面的真实距离，且满足直线从属于平面的几何条件。为了方便作图，常用它作为辅助线来解题。

例3-8　如图3-28所示，在已知平面△ABC中任意作一条正平线。

分析：因为正平线的水平投影平行于 OX 轴，所以先作出正平线的水平投影，再求正面投影。

作图：

1）在△ABC 的水平投影△abc 上，经过任一点，如点 c，作 cd∥OX 轴交 ab 于 d 点。

2）作出 d 点的正面投影 d′，连接 c′d′，则 CD 即为所求，如图 3-28 所示。此题有无穷解。

同一平面内可以有无数条投影面平行线，而且都互相平行。如果规定必须通过平面内一个点，或者距某个投影面的距离为给定值，则只有一解。

例 3-9 已知平面平行四边形 ABCD，求作平面内距 H 面为 20mm 的水平线，如图 3-29 所示。

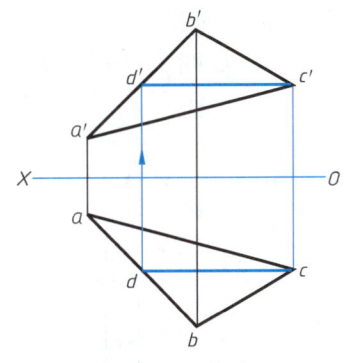

图 3-28 平面内的正平线

分析：水平线的正面投影平行于 OX 轴，到 OX 轴的距离反映空间直线到水平面的距离。因此，先作出正面投影，再作出水平投影。

作图：

1）在 V 面上距 OX 轴 20mm 处作一条直线平行于 OX 轴，与 a′d′、b′c′相交，得交点 1′、2′。

2）在 ad、bc 上作出点 1、2，连接 12，则直线ⅠⅡ即为所求的水平线。

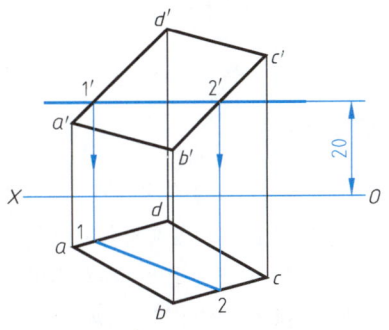

图 3-29 平面内的水平线

（4）平面内的点　如果点在平面内任一条直线上，则此点一定在该平面内。如图 3-30 所示，点 N 在平面 P 内的直线 MN 上，则点 N 在平面 P 内。

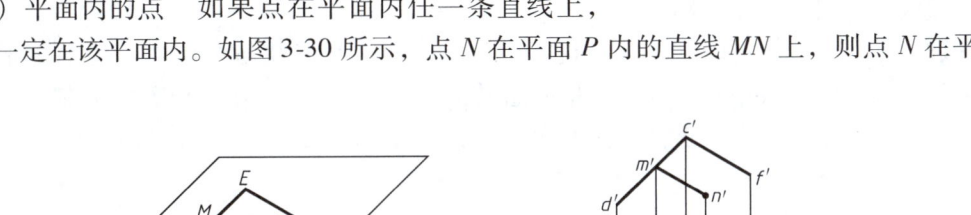

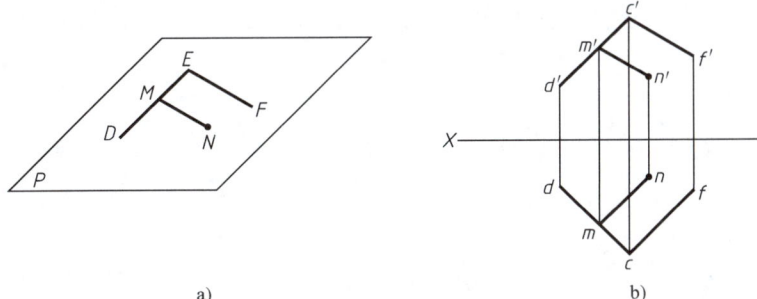

a)　　　　　　　　　　b)

图 3-30 平面内的点

例 3-10 已知平面△ABC 内一点 K 的正面投影 k′，求作它的水平投影 k，如图 3-31a 所示。

分析：已知点 K 在平面△ABC 内，那么点 K 的各面投影必在该平面内的某条直线的同面投影上。因此，需过点 k′作一辅助线，再在辅助线的水平投影上求出点 K 的水平投影 k。

作法一　如图 3-31b 所示，过点 k′作辅助线交 a′b′于点 m′，交 a′c′于点 n′；再求出点 m，n 并连接 mn；最后由点 k′作投影连线，在 mn 上求得点 k。

作法二　如图3-31c所示，连接$a'k'$并延长交$b'c'$于点d'，再作出点d并连接ad；最后由点k'在ad上求得点k。

作法三　如图3-31d所示，过点k'作一辅助线平行于$a'b'$，交$a'c'$、$b'c'$于d'、e'两点；再作出点d，并过点d作直线平行于ab，必交bc于点e；最后由点k'在de上求得点k。

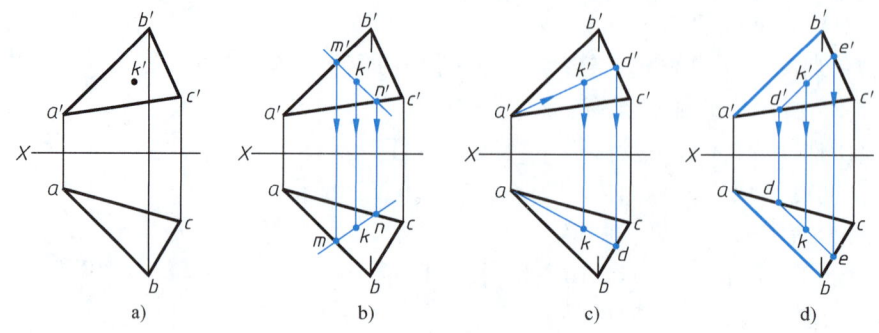

图3-31　在平面内作辅助线取点

素质养成点

王长海，1993年毕业于武汉船舶职业技术学院，现任大连船舶重工集团有限公司军工生产党委书记。自2008年以来，他带领团队承担了中国海军首艘航母研制任务，该项目是我国海军有史以来最重要的装备型号研制项目之一，承载了全国亿万人民的期望，在我国尚属首次研制，将实现我国海军由近海防御向深蓝海军转型，是一项标志性的国防工程。2013年，他又带领建造团队继续前行，承担了中国国产航母研制建造工作，科学组织、精心策划，使重大型号研制工作顺利进行。

谈起这些业绩的取得时，王长海说："我取得的这些成绩与在校学习的知识是分不开的，与学校养成的刻苦钻研、精益求精的品质也是分不开的"。在学校养成的刻苦钻研、精益求精的品质，严谨认真、求真务实的职业素养，最终成就了大国工匠与大国利器。

第 4 章　基本立体视图

机器零件不论其结构形状多么复杂，一般都可以看作是由一些棱柱、棱锥、圆柱、圆锥和圆球等基本几何形体（简称基本立体）经叠加、切割和相交而形成的。

4.1　基本立体的三视图

基本立体根据其表面的几何性质可分为平面立体和曲面立体两类。

4.1.1　平面立体的三视图

平面立体是由平面围成的实体，其表面都是平面，如棱柱和棱锥等。平面立体的各表面都是平面图形，面与面的交线是棱线，棱线与棱线的交点为顶点。

1. 棱柱

（1）棱柱的三视图　棱柱的表面是棱面、顶面和底面，各棱线相互平行。当棱线与底面（顶面）垂直时，称为直棱柱；倾斜时称为斜棱柱；当直棱柱的顶面、底面为正多边形时，称为正棱柱。

为了便于画图和看图，常使棱柱的主要表面处于与投影面平行或垂直的位置。如图 4-1a 所示，其顶面和底面平行于 H 面，在俯视图上反映实形，前后棱面是正平面，在主视图上反映实形，另外 4 个棱面为铅垂面，6 个棱面在俯视图上积聚成直线并与正六边形的边重合。

正六棱柱的 6 条棱线为铅垂线，其水平投影积聚在正六边形的 6 个顶点上，正面投影和侧面投影都是垂直线。

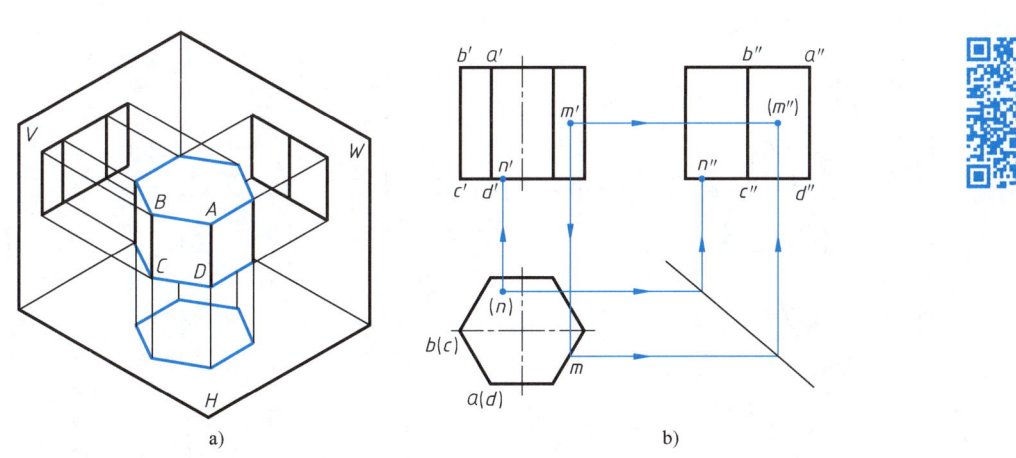

图 4-1　正六棱柱的三视图与表面上的点
a) 轴测图　b) 三视图

画棱柱的三视图时，一般先画反映实形的底面（顶面）的投影，然后再画棱面的投影，并判断可见性。正六棱柱的画图步骤如下：

1）画对称中心线。

2）画出反映顶面、底面实形（正六边形）的水平投影。

3）根据棱柱的高度按三视图的投影关系画出其余两视图，如图4-1b所示。

（2）棱柱表面上的点　平面立体表面上取点与平面上取点的方法相同。首先要根据点的投影位置和可见性确定点在哪个面上。对于特殊位置平面上点的投影，可以利用平面的积聚性求出。对于一般位置平面上的点，则用辅助线的方法求出。

例4-1　如图4-1b所示，已知正六棱柱表面上点 M 的正面投影和点 N 的水平投影，求其另两个投影并判断可见性。

分析：由图4-1可知，由于点 M 的正面投影 m' 可见，则点 M 在右前棱面上，该棱面为铅垂面，水平投影有积聚性，点 M 的水平投影 m 可直接求出，再由 m 和 m' 即可求出 m''，点 M 在左视图上不可见。由于点 N 的水平投影 n 不可见，因此判断点 N 在底面上，该底面的正面投影和侧面投影均积聚成直线段，因此可利用积聚性求出 n' 和 n''。

作图：

1）由 m' 作投影连线求得 m，由 m' 和 m 求得 m''。

2）由 n 作投影连线求得 n'，由 n 和 n' 求得 n''。

3）判断可见性。可见性判断原则是：如果点所在面的投影可见（或者有积聚性），则点的投影也可见。由此可知 m 可见，m'' 不可见，写成（m''）；n' 和 n'' 均可见。

2. 棱锥

（1）棱锥的三视图　棱锥的表面有底面和棱面，各条棱线汇交于一点（锥顶），各棱面都是三角形，底面为多边形。正棱锥的底面是正多边形，侧面为等腰三角形。图4-2a所示为一正三棱锥，其底面为一正三角形△ABC，3个棱面是等腰三角形△SBC、△SAB 和 △SAC。底面是水平面，在俯视图上反映实形，正面和侧面投影均积聚为直线段；棱面△SBC 为侧垂面，左视图上积聚成直线；其余两棱面为一般位置平面，三面投影都是类似形。

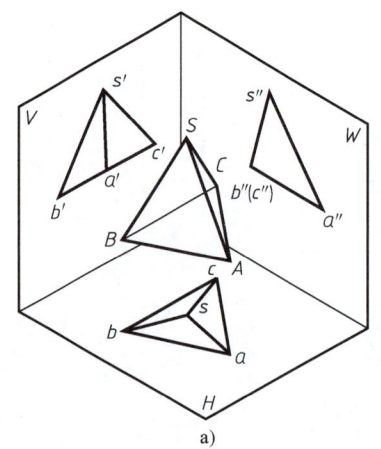
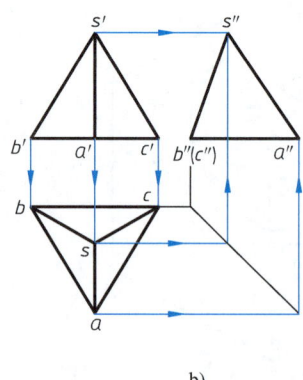

图4-2　正三棱锥的三视图

a）轴测图　b）三视图

画棱锥的三视图时，先画底面和顶点的投影，然后再画出各棱线的投影，并判断可见性。画图步骤如下：

1）画出反映底面实形的水平投影及有积聚性的其他两面投影，并确定顶点 S 的三面投影。

2）画出三条棱线并加深，如图 4-2b 所示。

（2）棱锥表面上的点

例 4-2　如图 4-3 所示，已知正三棱锥表面上点 M 和点 N 的正面投影，求作点 M 和点 N 的其余两投影。

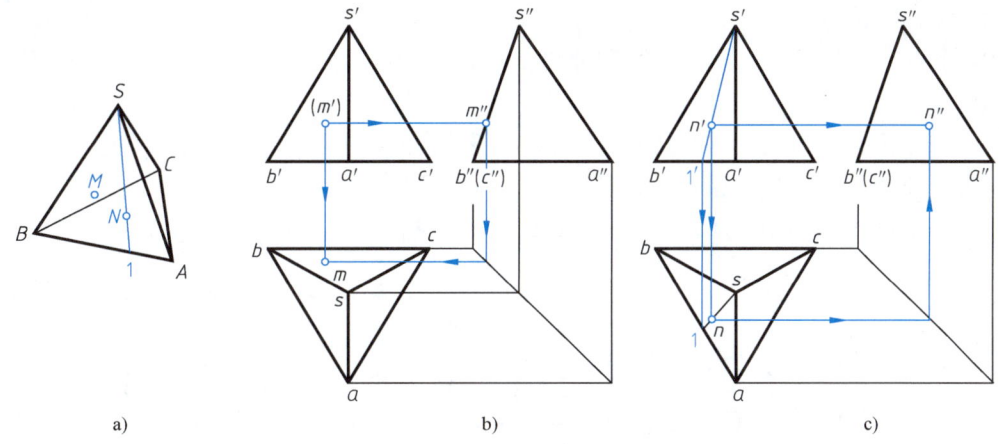

图 4-3　正三棱锥表面上的点

分析：由于 m' 不可见，可知点 M 在棱面 △SBC 上，且平面 △SBC 的侧面投影有积聚性，可利用积聚性求 m"，再由 m' 和 m" 求出 m。点 N 处在棱面 △SAB 上，为一般位置平面，需要通过在平面上作辅助线的方法，求出点 N 的其余两投影。

作图：

1）过 m' 作投影连线求得 m"，由 m' 和 m" 求得 m。

2）过点 N 作辅助线 S1，即连 s'n' 交于底边 b'a' 于 1'，并求得 s1，由 n' 作投影连线交 s1 上得 n，由 n' 和 n 求得 n"。

3）判断可见性。△SBC 水平投影可见，侧面投影有积聚性，所以 m 和 m" 均可见。棱面 △SAB 三面投影均可见，因此点 N 的三面投影也都可见。

4.1.2　常见回转体的三视图

曲面立体是由曲面或曲面和平面围成的实体。物体中常见的曲面立体是回转体。回转体由回转面或回转面与平面组成。回转面是由一根动线（曲线或直线）绕一条固定的轴线旋转一周形成的曲面。该动线称为母线。母线在回转面上的任意位置称为素线。母线上任一点的运动轨迹都是圆，称为纬圆。纬圆平面垂直于回转轴线。常见回转体有圆柱、圆锥、圆球和圆环等。

画回转体的投影，通常要画出轴线的投影和回转面转向线的投影。所谓转向线，即投射线与回转面切点的集合，是可见与不可见表面的分界线。

1. 圆柱

（1）圆柱的形成及三视图　圆柱由上下底面及圆柱面组成。圆柱面可看成是一直线 AA_1（即母线）绕与其平行的轴线 OO_1 旋转而成。圆柱面上任意平行于轴线的直线都称为素线，如图 4-4a 所示。

当圆柱的轴线垂直于 H 面时，圆柱面上所有素线也都垂直于水平投影面，即圆柱面为铅垂面。圆柱面的俯视图积聚在圆周上，主视图中的轮廓线是圆柱面上最左和最右两素线的投影，左视图中的轮廓线是圆柱面上最前和最后两素线的投影；圆柱的上下底面为水平面，俯视图为圆（实形），主、左视图积聚为直线。由此可见，圆柱的主、左视图为大小相同的矩形，如图 4-4b 所示。

画圆柱的三视图时，先画中心线和轴线，再画积聚性投影圆，最后画其余两视图。画图步骤如下：

1）画俯视图的中心线及轴线的正面和侧面投影。

2）画出投影为圆的俯视图。

3）根据圆柱的高画出另两个视图，如图 4-4b 所示。

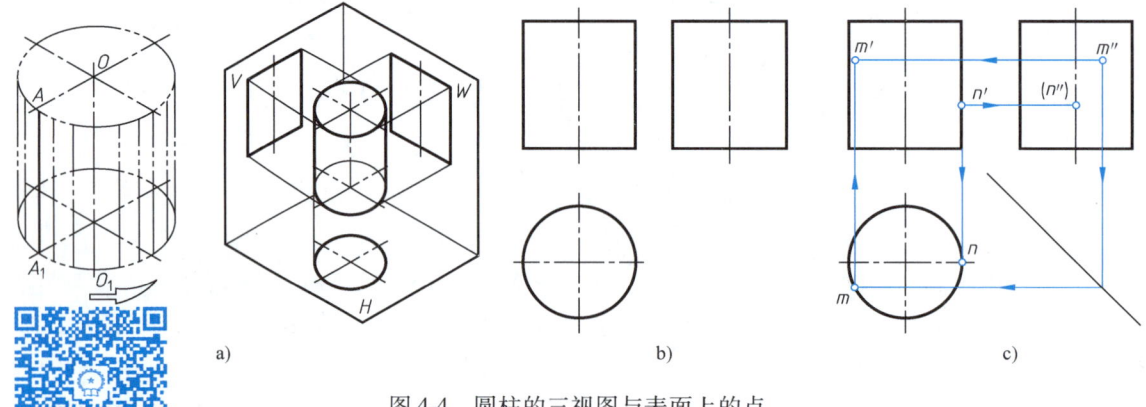

图 4-4　圆柱的三视图与表面上的点

（2）圆柱表面上的点　由于圆柱面投影有积聚性，可利用积聚性作图。

例 4-3　如图 4-4c 所示，已知圆柱面上点 M 的侧面投影 m'' 和点 N 的正面投影 n'，求点 M 和点 N 的其他两面投影。

分析：由于圆柱面的水平投影有积聚性，所以圆柱面上点 M 和点 N 的水平投影也在该圆上，可直接求出 m、n，由 m''、m 求出 m'，由 n'、n 可求出 n''。

作图：

1）从 m''、n' 作投射线与圆周相交，求出 m、n（由 m'' 可见可知，点 M 在前左半圆柱面上；由 n' 可知点 N 在最右素线上）。

2）由 M、N 的两面投影可求出投影 m'、n''，如图 4-4c 所示。

3）可见性判断。点 M 在前左半圆柱面上，所以 m' 可见。点 N 在右半圆柱面上，所以 n'' 不可见，如图 4-4c 所示。

2. 圆锥

（1）圆锥的形成及三视图　圆锥由圆锥面与底平面组成。圆锥面可看成是由一条母线

SA 绕与它相交的轴线回转而成。圆锥面上过锥顶 S 的任一直线称为素线，如图 4-5a 所示。

如图 4-5b 所示，当圆锥的轴线垂直于水平投影面时，圆锥的俯视图是圆，该圆既是圆锥面的投影，又是底平面圆的实形投影；主视图为一等腰三角形，三角形的底边是圆锥底平面的积聚投影，两腰是圆锥面上最左和最右两素线的投影；左视图也是一等腰三角形，三角形的底边是圆锥底平面的积聚投影，两腰是圆锥面上最前和最后两素线的投影。

画圆锥三视图时，应先画中心线和轴线，再画投影为圆的视图，最后画锥顶和轮廓线的投影。画图步骤如下：

1) 画俯视图的中心线及轴线的正面和侧面投影。

2) 画投影为圆的俯视图。

3) 根据圆锥的高画出另两个视图，如图 4-5b 所示。

（2）圆锥表面上的点 由于圆锥面投影无积聚性，所以求圆锥表面上的点可采用素线法或纬线圆法。

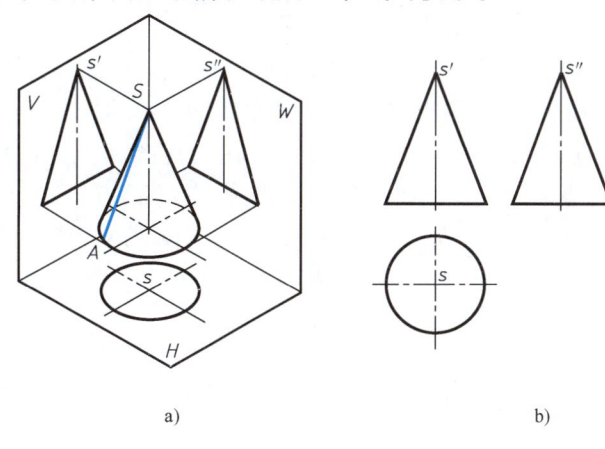

图 4-5 圆锥的三视图

例 4-4 如图 4-6a 所示，已知点 M 的正面投影 m′和点 N 的水平投影 n，求点 M 和点 N 的其余两投影。

分析：由于圆锥的三面视图均无积聚性，所以圆锥面上求点方法必须采用素线法或纬线圆法，过 M、N 点作圆锥的素线或纬圆，求出素线或纬圆的两面投影，然后在素线或纬圆的投影上确定点的投影，最后根据点的两面投影，求出点的第三面投影。作图步骤如下。

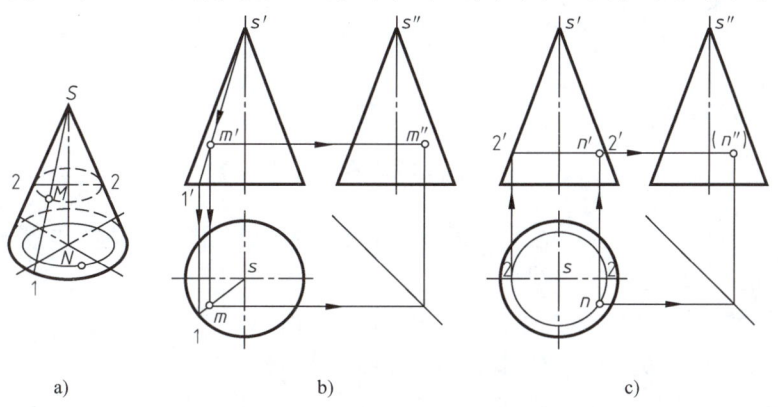

图 4-6 圆锥表面上的点

方法一 用素线法求解。

先过 m′与锥顶 s′作一辅助素线 s′1′，求出 s1，再利用直线上点的从属性求出 m，由 m′、m 可求出 m″（见图 4-6b）。

方法二 用纬线圆法求解。

过 n 作纬线圆的水平投影，此水平圆与圆锥底平面圆同心。其正面投影为垂直于轴线的直线 2′2′，其长度为纬圆的直径，n′ 在此线上，现根据 n、n′ 可求出 n″（见图 4-6c）。

可见性判断：由于点 M 在左前圆锥面上，三面投影均可见；点 N 在右前圆锥面上，所以 n″ 不可见。

3. 圆球

（1）圆球的形成及三视图　圆球是球面围成的实体。球面可以看成是由一个圆母线绕其自身的直径即轴线旋转而成，如图 4-7a 所示。

圆球从任意方向投影都是圆，因此其三面投影都是直径相同的圆。3 个圆分别是球面在 3 个投影方向上转向轮廓素线圆 A、B、C 的投影，如图 4-7 所示。A 在主视图中是 a′，是前后半球可见与不可见的分界圆，在俯视图和左视图中都积聚成直线 a 和 a″，并与中心线重合，不必画出；同理，B 在俯视图上反映为 b，是上下半球可见和不可见的分界圆，其余两个视图为 b′ 和 b″，与中心线重合，不必画出；C 在左视图上反映为 c″，是左右半球可见与不可见的分界圆，其余两个视图为 c 和 c′，与中心线重合，不必画出。

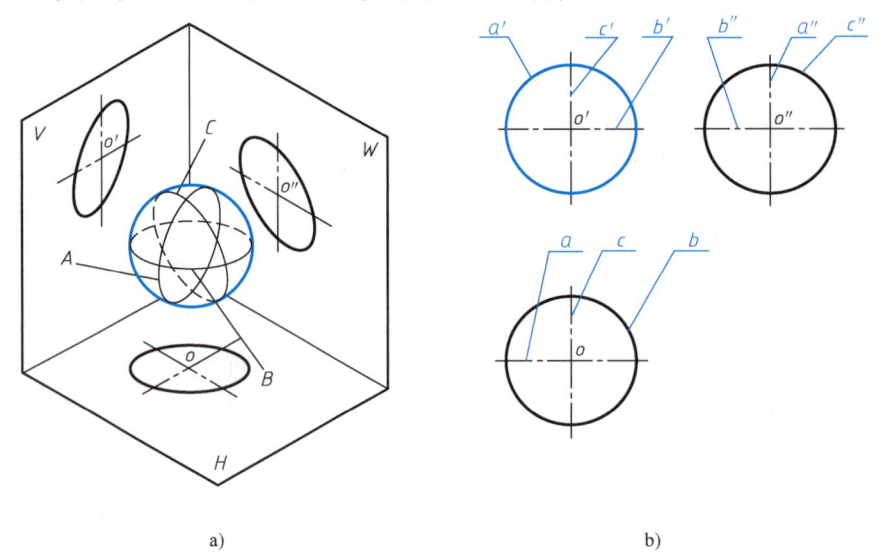

图 4-7　圆球的三视图

画圆球的三视图时，先画中心线，再画圆球的轮廓线并加深。画图步骤如下：

1）画三个视图的中心线。

2）画出三个直径等于圆球直径的圆，如图 4-7b 所示。

（2）圆球表面上的点　可以用纬线圆法来确定圆球面上的点的投影。圆球面的纬线圆可以是平行于 V 面，H 面或 W 面的圆。当点处于圆球的最大圆上时，可以直接求出点的投影。

例 4-5　如图 4-8 所示，已知圆球面上点 M 的正面投影 m′，求点 M 的其他两面投影。

分析：由于圆球面在三个投影面上均没有积聚性，要求点的另两面投影必须在圆球面上作辅助纬线圆。纬线圆为平行于 V 面、H 面或 W 面的圆。图 4-8 所示为平行于 V 面的纬线圆。根据 M 点的位置，可知点 M 位于圆球的前、右、下部分。

作图：

1）过 m′ 作辅助纬线圆的正面投影。

2) 求出辅助纬线圆的水平投影为一条直线,点 M 在此直线上,由 m′可求出 m。
3) 根据点的投影规律,由 m′和 m 可求出 m″。
4) 判断可见性。由于点 M 在圆的前、右、下部分,所以 m 和 m″为不可见。

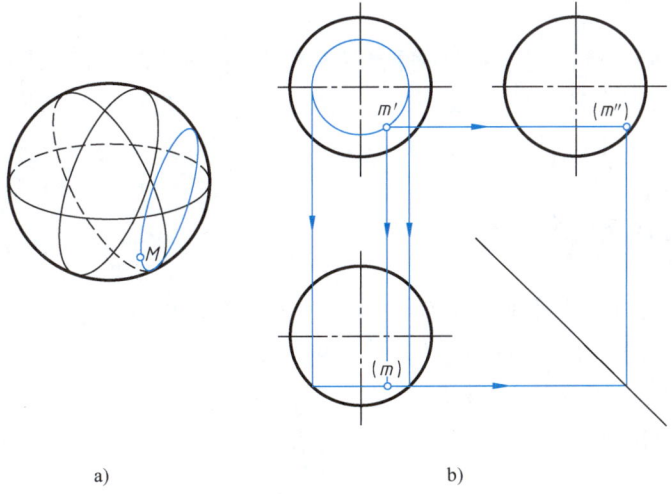

图 4-8 圆球表面上的点

4. 圆环

(1) 圆环形成及三视图　圆环面可看成是以一圆为母线,绕与圆在同一平面但位于圆周之外的轴线旋转而成。

图 4-9a 所示为轴线是铅垂线时圆环的三视图。俯视图为两个实线同心圆,其是圆环对 H 面的转向轮廓线的投影。点画线圆为母线圆圆心的运动轨迹,其正面投影重合在水平中心线上。

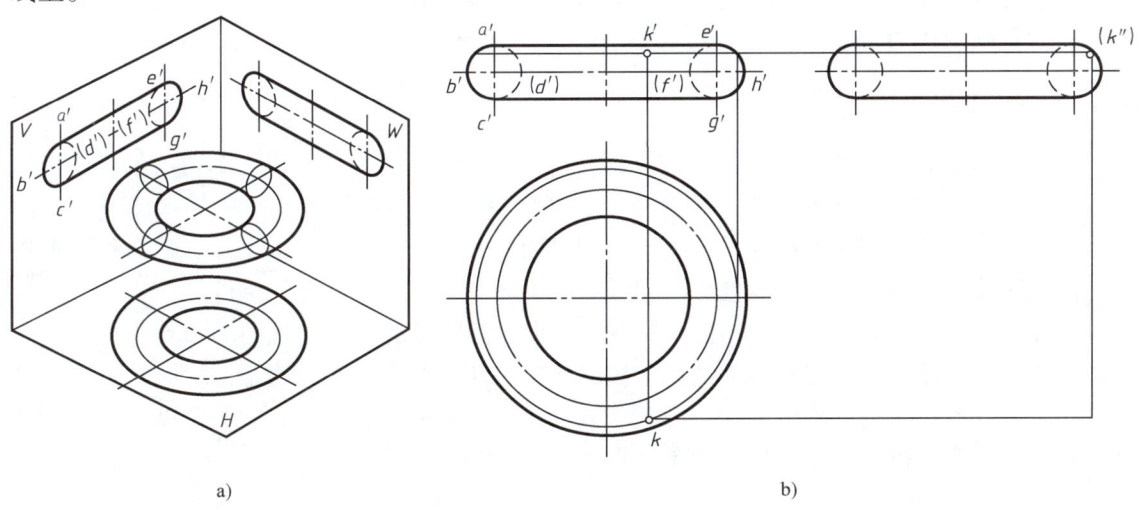

图 4-9 圆环三视图及表面上的点

主视图由圆环的最左、最右素线圆以及最上、最下纬线圆的积聚投影组成。内环面看不见,画虚线。

左视图与主视图类似，由圆环的最前、最后素线圆与最上、最下纬线圆的积聚投影组成。

（2）圆环表面上的点　由于圆环面三面投影无积聚性，也应用纬线圆法来求表面上的点。

例 4-6　如图 4-9b 所示，已知圆环面上点 K 的正面投影 k'，求作其另两面投影。

可用纬线圆法求解。过 k' 作纬线圆，其水平投影是纬线圆 P，点 K 在外环面上的上半部，所以 k 在纬线圆 P 上，且 k 可见，再由 k、k' 求出 k''。

4.2　平面与立体相交

如图 4-10 所示，当立体被平面 P 所截时，该平面 P 称为截平面。它与立体表面的交线称为截交线，由截交线所围成的平面图形称为截断面。

截交线的形状取决于立体的形状及截平面与立体的相对位置。截交线具有下列性质。

（1）封闭性　由于立体有一定的范围，所以截交线一般是由直线或曲线或直线和曲线围成的封闭的平面图形。

（2）共有性　截交线一般是截平面和立体表面的共有线，是截平面和立体表面共有点的集合。

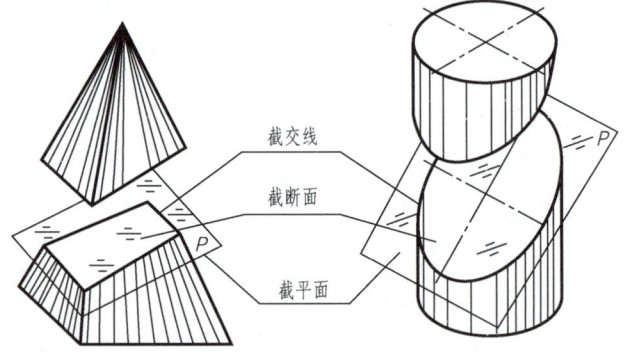

图 4-10　截交的基本概念

由截交线的性质可知，求截交线实质上是求截平面与立体表面上的一系列交点，并顺次相连，即得截交线的投影。

4.2.1　平面与平面立体相交

平面与平面立体相交，其截交线是由直线组成的封闭的平面多边形。多边形的各条边是截平面与平面立体各表面的交线。多边形的顶点是平面立体的各棱线与截平面的交点。因此，作平面立体的截交线的投影，就是求出截平面与平面立体各棱线的交点，然后依次连接各点的同面投影，并判断其可见性。

例 4-7　如图 4-11 所示，已知正六棱柱被正垂面截切后的主、俯视图，求其左视图。

分析：由于截平面与正六棱柱的 6 个棱面相交，所以截交线是六边形。六边形的顶点是正六棱柱的 6 条棱线与截平面的交点。截交线的正面投影积聚在 P_V 上，水平投影与正六棱柱投影重合，侧面投影为正六边形的类似形。

作图：

1）先画出没有截切的正六棱柱的左视图。

2）求出截平面与各条棱线交点的侧面投影 $1''$、$2''$、$3''$、$4''$、$5''$、$6''$。

3）依次连接各交点的侧面投影即得截交线的侧面投影。

4）擦去多余的线，完成左视图，如图 4-11b 所示。

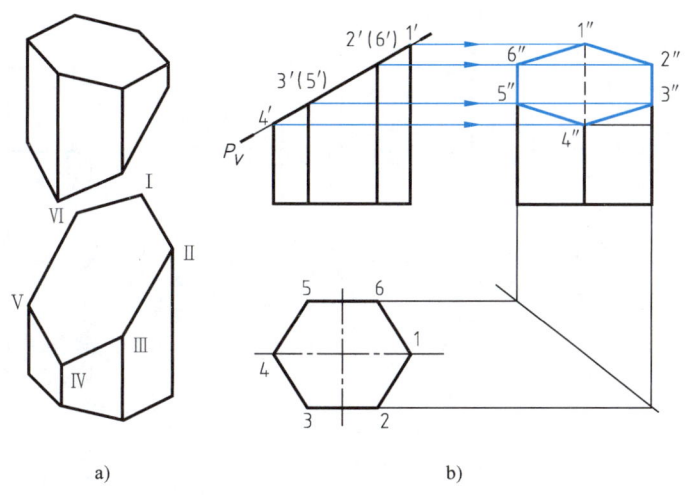

a) b)

图 4-11 平面截切正六棱柱

例 4-8 如图 4-12a 所示,已知正六棱柱切口,试完成俯视图,补画左视图。

分析:正六棱柱上方的矩形通槽是 3 个特殊位置的平面切割而成。槽底面 P 是水平面,其正面投影和侧面投影都积聚成水平方向的线段,水平投影反映实形(六边形)。左右对称的两侧面 R 是侧平面,其正面投影和水平投影都积聚成竖直方向的线段,两侧面的左视投影反映实形(矩形)且重合在一起。可利用平面的积聚性和实形性作图。

作图:

1)作完整正六棱柱的左视图,如图 4-12b 所示。

2)根据通槽的主视投影 R',先在俯视图中作两侧平面的积聚性投影 R;侧面投影应为一矩形,按"高平齐,宽相等"的投影规律,作通槽的侧面投影 R'',如图 4-12c 所示。

3)根据通槽的主视投影 P',作槽底面反映实形的六边形 P,再作通槽的左视投影的 P'',如图 4-12d 所示。

4)擦去作图线,完成切割后的图形轮廓,加深描粗,如图 4-12e 所示。

4.2.2 平面与回转立体相交

平面与回转立体相交,截交线是一条封闭的平面曲线,或由平面曲线和直线或完全由直线所组成的平面图形。

求平面与回转立体截交线的作图步骤是:

1)根据平面与回转面的相对位置,分析截交线的形状及其在投影面上的投影特点。

2)求共有点。先求出特殊点(即确定截交线范围的最高、最低、最前、最后、最左和最右点),再求一般点(前面介绍的立体表面上取点方法)。

3)判断可见性,依次光滑连接各点的同面投影,并补全回转面轮廓线的投影。

下面分别介绍平面与圆柱、圆锥、圆球回转体表面相交的截交线的画法。

1. 平面与圆柱相交

由于截平面与圆柱轴线的相对位置不同,所以圆柱的截交线有 3 种形状,见表 4-1。

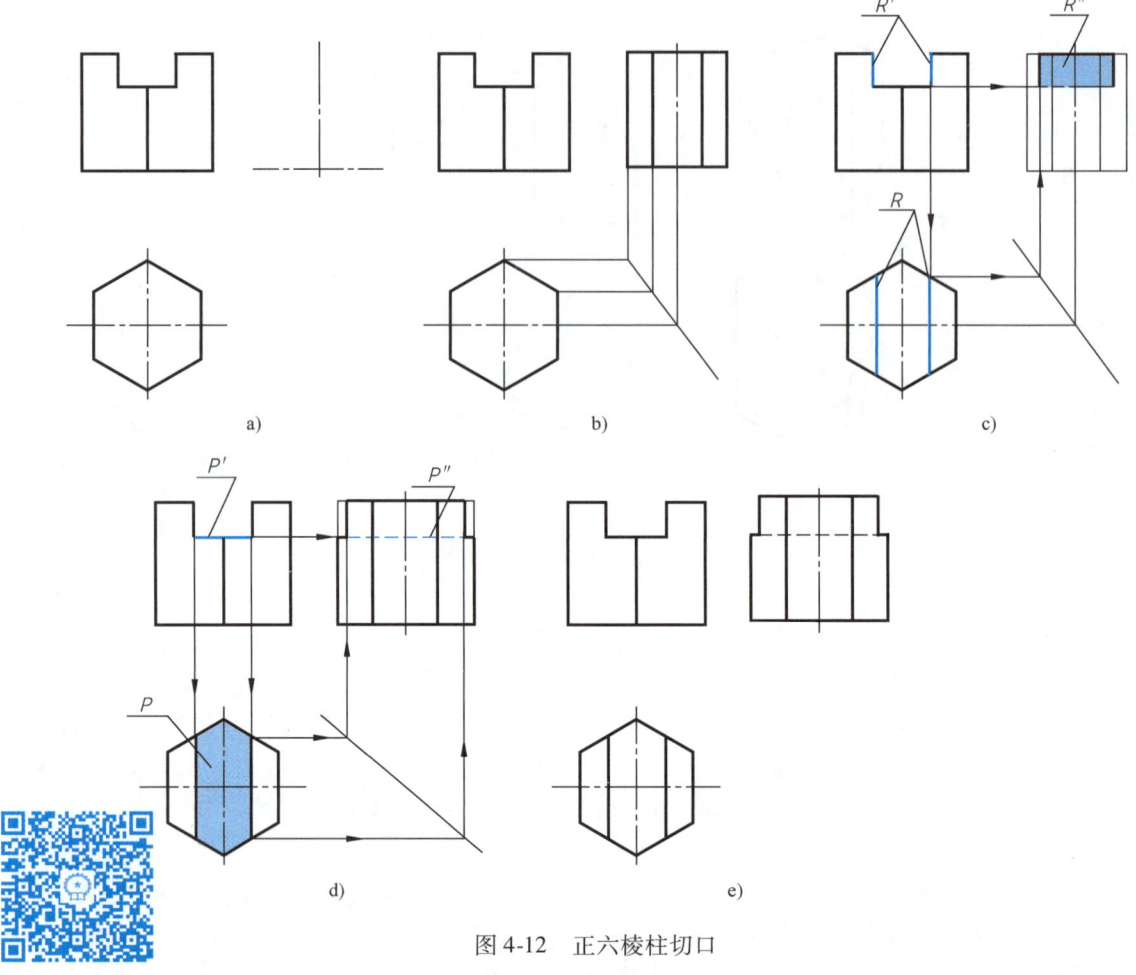

图 4-12 正六棱柱切口

表 4-1 圆柱的截交线

截平面位置	与轴线平行	与轴线垂直	与轴线倾斜
截交线形状	矩形	圆	椭圆
立体图			
投影图			

圆柱的截交线求法：圆柱的投影有积聚性，可利用积聚性求出截交线的投影。表4-1中前2种的情况，直接按截平面的位置找好投影关系即可得到截交线。第3种情况的截交线是椭圆，椭圆的形状和大小随截平面对圆柱轴线的倾斜程度不同而变化，但长短轴中总有一轴与圆柱的直径相等。因此，需先找出一系列的特殊点，即截交线上极限位置点、截交线的特征点和回转轮廓线上的点等，再找出一般点，最后光滑连接这些点即得到截交线。

例4-9 如图4-13a、b所示，求圆柱被正垂面截切的截交线。

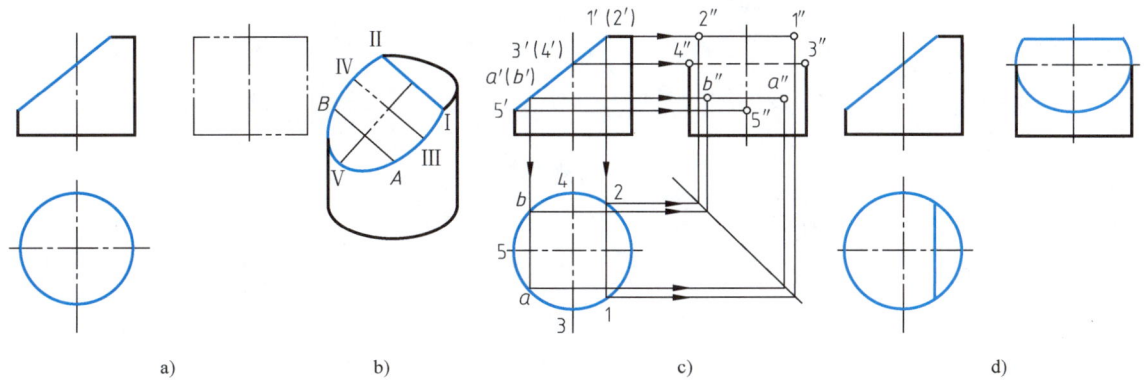

图4-13 圆柱被正垂面截切

分析：截平面为正垂面截切圆柱，因此截交线是椭圆的一部分与一直线段ⅠⅡ（正垂线）组成。截交线的正面投影有积聚性，截交线为椭圆的水平投影与圆柱面的投影重合，截交线ⅠⅡ的水平投影为反映实长的线段；截交线的侧面投影为椭圆的一部分和反映实长的线段组成。根据投影规律，可由正面投影，完成水平投影求出侧面投影。

作图：

1）求出截交线上的特殊位置点，即点Ⅰ、Ⅱ是椭圆与圆柱顶面的两交点；点Ⅲ、Ⅳ是截交线上最前点和最后点，也是椭圆短轴上的两个端点，点Ⅴ是截交线上的最低点，也是椭圆长轴上的点；Ⅲ、Ⅳ、Ⅴ点也在圆柱的最前、最后和最左素线上。根据水平投影1、2、3、4、5和正面投影1′、2′、3′、4′、5′，可求出侧面投影1″、2″、3″、4″、5″，如图4-13b、c所示。

2）求截交线上的一般位置点。在截交线上任取A、B点，根据水平投影a、b和正面投影a′、b′，可求出侧面投影a″、b″，如图4-13b、c所示。

3）去掉作图线：连接12线，完成截交线的水平投影；连接1″2″线，依次光滑连接各点，即可得到截交线的侧面投影，如图4-13d所示。

例4-10 如图4-14a所示，已知开槽圆柱的主视图，求其俯视图和左视图。

分析：通槽可看作是圆柱被两平行且对称于圆柱轴线的侧平面及一个垂直于圆柱轴线的水平面所截切。两侧平面截切圆柱的截交线各由三段截交线所组成，水平面截切圆柱为前后各一段圆弧，如图4-14b所示。

作图：根据主视图，先画出俯视图，再画出左视图。绘图过程如图4-14c、d所示。

2. 平面与圆锥相交

由于截平面与圆锥轴线的相对位置不同，其截交线有5种不同的形状，见表4-2。

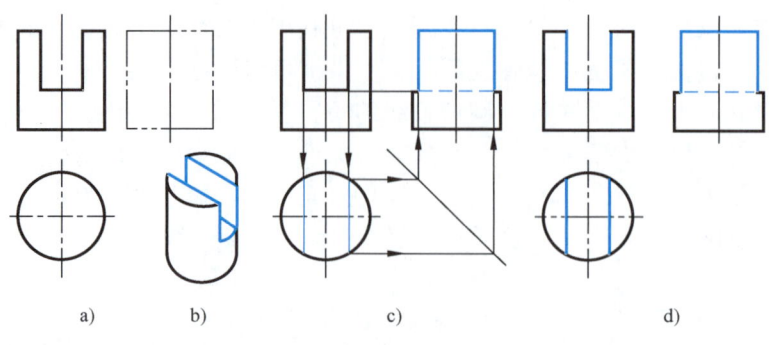

图 4-14 圆柱开通槽

表 4-2 圆锥的截交线

截平面的位置	过锥顶	垂直于轴线 $\alpha=90°$	倾斜于轴线 且 $\alpha>\beta$	倾斜于轴线 且 $\alpha=\beta$	平行于轴线 或 $\alpha=0°$ 或 $180°$
立体图					
投影图					
截交线的形状	三角形	圆	椭圆	抛物线及直线段	双曲线及直线段
截交线求法要点	一点为锥顶,另两点在纬线圆上	求圆心及半径	求特殊点,即最高、低、前、后、左、右等极限位置点、转向轮廓线上的点及椭圆的长、短轴上的点;求一般点,采用纬线圆法可得		

例 4-11 如图 4-15a、b 所示,圆锥被平行于其轴线的平面截切,试补全圆锥的主视图。

分析:截平面为正平面 P,由 P 面截切圆锥产生的截交线形状应为双曲线及直线段,水平投影和侧面投影均积聚为直线段,正面投影需求出。

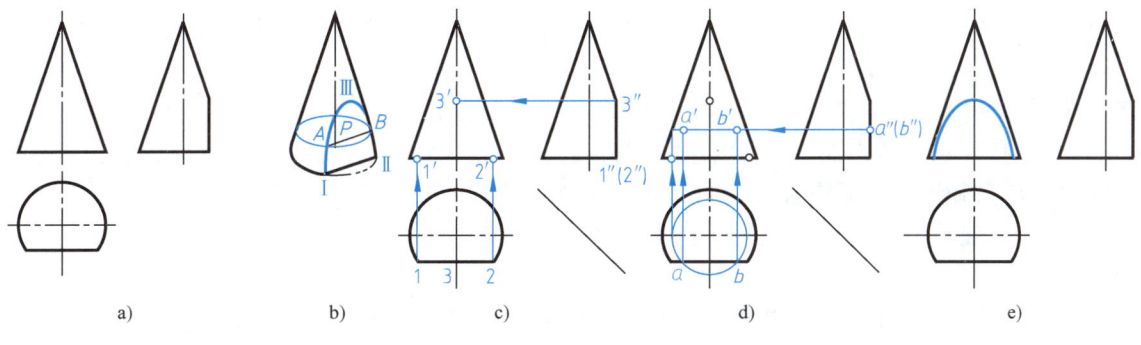

图 4-15 圆锥与平面相交

作图：

1）求特殊点。截交线上的最高点Ⅲ位于圆锥的最前素线上，最左点Ⅰ和最右点Ⅱ在底圆上，1、2、3 与 1″、2″、3″均可直接求得，再求出 1′、2′、3′，如图 4-15c 所示。

2）求一般点。截交线上的点 A 和点 B 的正面投影可用纬线圆法求出，如图 4-15d 所示。

3）依次光滑连接各点的正面投影即得截交线的正面投影，如图 4-15e 所示。

例 4-12 如图 4-16a、b 所示，已知主视图，完成俯视图并补画左视图。

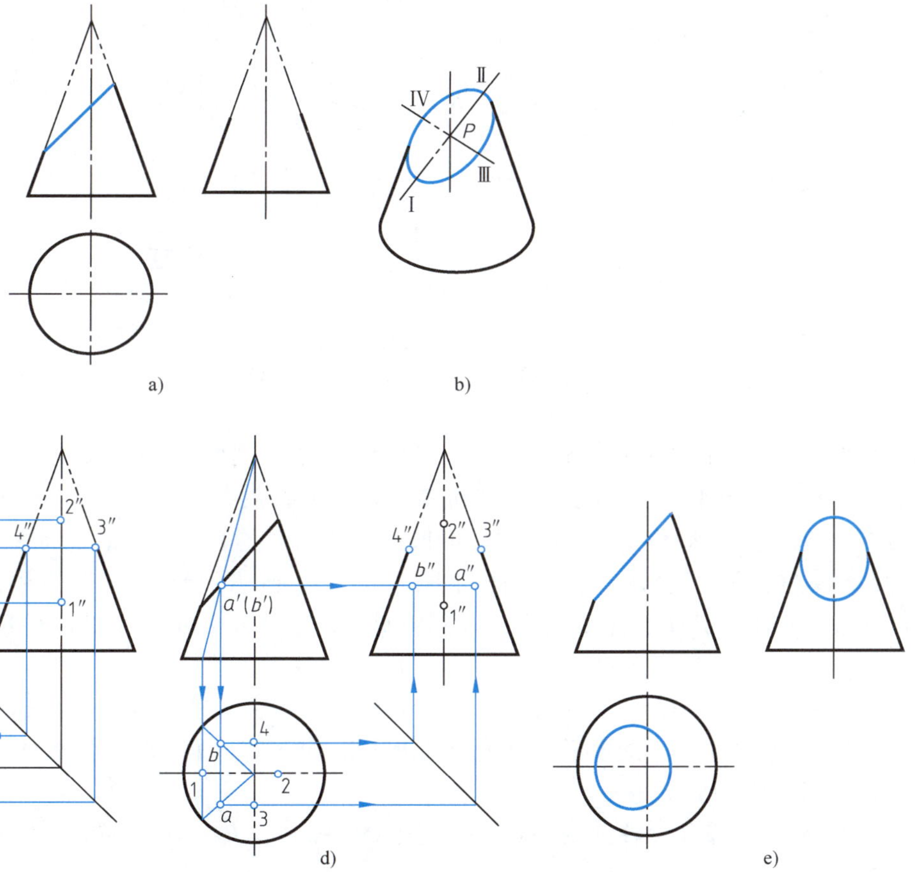

图 4-16 求圆锥的截交线

分析：截平面是正垂面 P，由 P 面截切圆锥产生的截交线形状应为椭圆，水平投影和侧面投影均为椭圆的类似形。

作图：

1）求特殊点。截平面 P 与圆锥面最左、最右素线的交点 Ⅰ 和 Ⅱ，与圆锥面最前、最后素线的交点 Ⅲ 和 Ⅳ 的三面投影均可直接求得，如图 4-16c 所示。

2）求一般点。截交线（椭圆）上的点 A 和点 B 的投影可用素线法求出，如图 4-16d 所示。

3）依次光滑连接各点即得截交线的另两个投影，如图 4-16e 所示。

3. 平面与圆球相交

圆球被任意平面截切，得到的截交线都是圆。当截平面是投影面平行面时，截交线在所平行的投影面上的投影是一个圆，其他两面的投影均为直线；当截平面是投影面垂直面时，截交线在所垂直的投影面上积聚为直线，其他两面的投影为椭圆。当截平面是一般位置平面时，截交线的三面投影均为椭圆。图 4-17 所示为圆球被水平面、侧平面和正垂面截切的求解过程。

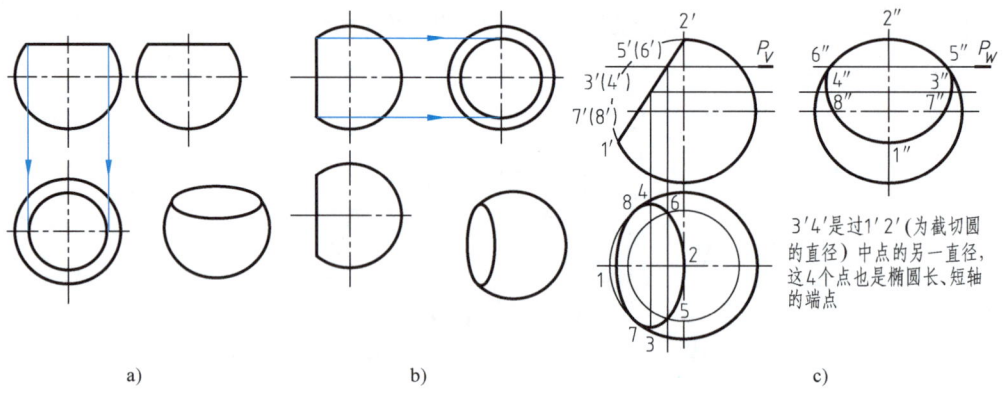

图 4-17 圆球截交线求解过程
a）圆球被水平面截切 b）圆球被侧平面截切 c）圆球被正垂面截切

例 4-13 如图 4-18a 所示，已知一开槽半圆球的主视图，求其俯视图和左视图。

分析：如图 4-18a 所示，由于半圆球被两侧平面和一水平面截切，侧平面与球面的截交线在左视图上投影为一段平行于侧面的圆弧，在俯视图上的投影积聚为直线；水平面与球面的截交线在俯视图上投影为两段水平圆弧，在左视图上的投影积聚为直线；水平面与侧平面的交线是正垂线，在左视图上有一段不可见。注意：左视图中半球的轮廓线在开槽处被截切。

作图：

1）过槽底作一辅助水平面，确定辅助圆弧半径 R_1，画出辅助圆弧的水平投影和侧面投影，如图 4-18b 所示。

2）过槽侧壁作一辅助侧平面，确定辅助圆弧半径 R_2，画出辅助圆弧的侧面投影和水平投影，如图 4-18c 所示。

3）去掉多余的图线再描深，完成作图，如图 4-18d 所示。

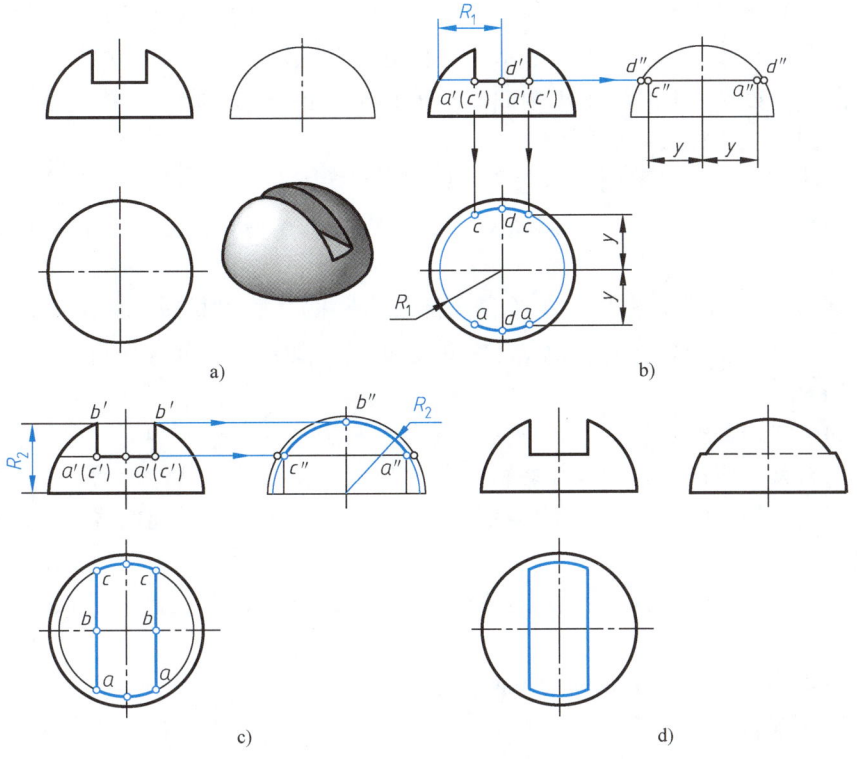

图 4-18 半球开槽

a) 题目 b) 求水平面截交线 c) 求侧平面截交线 d) 整理、完成全图

4.3 两曲面立体相交

4.3.1 相贯线的概念、性质及其求法

1. 相贯线的概念、性质

物体上常有立体表面彼此相交的情况，称为立体相贯。两立体相交时，在两立体表面所产生的交线称为相贯线，如图 4-19 所示。

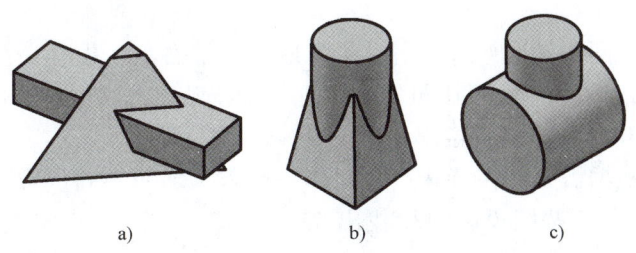

图 4-19 两立体表面的交线

a) 两平面立体相贯 b) 平面立体与曲面立体相贯 c) 两曲面立体相贯

由于两相交立体的形状、大小和相对位置不同，相贯线的形状比较复杂。两平面立体相贯，相贯线为空间折线，如图 4-19a 所示；平面立体与曲面立体相贯，相贯线为由平面曲线组成的空间曲线，如图 4-19b 所示；两曲面立体相贯，相贯线为空间曲线，如图 4-19c 所示。本节只讨论两曲面立体相贯线的问题。

两曲面立体的相贯线有下列基本性质：

（1）共有性　相贯线为相交两曲面立体表面所共有，相贯线上的点是两曲面立体表面的共有点。

（2）封闭性　因为相贯两曲面立体表面都是有限的，所以相贯线一般是闭合的空间曲线，特殊情况下是平面曲线或直线或不闭合的相贯线（如两立体部分相贯）。

2. 相贯线的求法

相贯线的求法通常有两种，即积聚法和辅助平面法。

求相贯线时首先应进行空间及投影分析，分析两相交立体的几何形状、相对位置和相对大小，弄清相贯线是空间曲线还是平面曲线或直线。当相贯线为空间曲线时，一般按如下步骤求相贯线：

（1）求特殊点　包括曲面转向线上的点和极限位置点，即最高、最低、最前、最后、最左、最右的点。

（2）求一般点　用积聚法和辅助平面法求一般点。

（3）判断可见性，光滑连接　当相贯线上的点同时处于两立体表面的可见部分时，这些点可见，否则为不可见点。然后，用粗实线或虚线依次光滑连接。

4.3.2　利用积聚性求相贯线

当两相贯立体表面在两个投影面上分别具有积聚性时，相贯线上的点可利用积聚性，在立体表面取点求得。

例 4-14　图 4-20a 所示为两圆柱正贯，求其相贯线。

分析：两圆柱轴线垂直相交，相贯线为前后、左右对称的一条闭合空间曲线。由于小圆柱的轴线为铅垂线，因此小圆柱的水平投影积聚为圆。由相贯线的共有性可知，相贯线水平投影也在该圆上。同样，大圆柱的轴线为侧垂线，因此大圆柱的侧面投影积聚为圆，相贯线的侧面投影是大圆柱与小圆柱共有部分的侧面投影，即一段圆弧。只需求出相贯线的正面投影。

作图：

1）求特殊点。如图 4-20b 所示，Ⅰ、Ⅱ 为最左及最右点，也是最高点；Ⅲ、Ⅳ 是最前及最后点，也是最低点。从侧面投影可知，以上 4 个特殊点均在回转体的转向轮廓线上，由 1、2、3、4 和 1″、2″、3″、4″可直接求得 1′、2′、3′、4′。

2）求一般点。根据需要，在特殊点之间作一般点 Ⅴ、Ⅵ、Ⅶ、Ⅷ。首先在相贯线的水平投影上取 5、6、7、8，按照投影规律找出 5″、6″、7″、8″，再求出 5′、6′、7′、8′，如图 4-20c 所示。

3）判断相贯线的可见性并光滑连线。相贯线 1′5′3′6′2′可见。由于相贯线前后对称，所以相贯线不可见部分与可见部分投影完全重合，因此用粗实线光滑连接各点即可，如图 4-20d 所示。

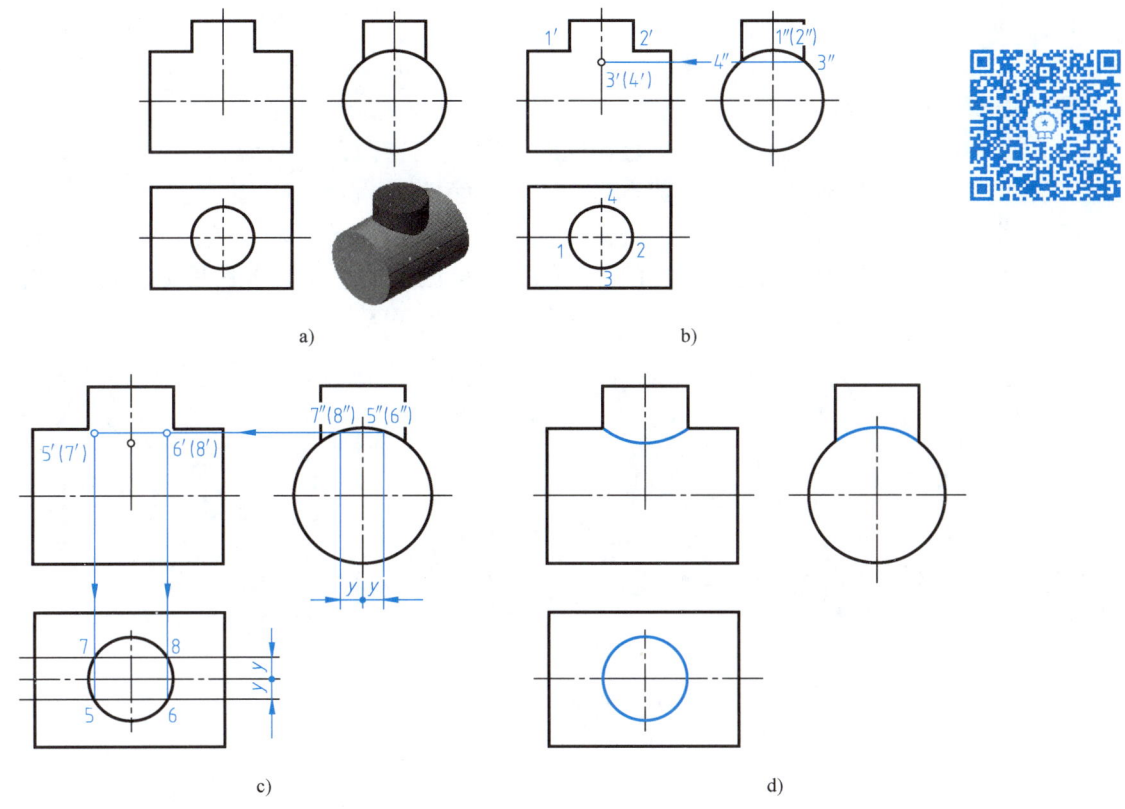

图 4-20 两正交圆柱的相贯线
a）题目 b）求特殊点 c）求一般点 d）判断相贯线的可见性并光滑连线

必须指出：不仅两实体相贯时有相贯线，实体上开有孔或槽等也有相贯线。图 4-21 所示为相贯线的示例，作图方法与上述相同。

4.3.3 利用辅助平面求相贯线

利用辅助平面求相贯线的原理是三面共点，即作一辅助平面分别与两相贯体表面相交，得两条截交线，它们的交点是两相贯体表面的共有点，即相贯线上的点。采用辅助平面求相贯线时，应使辅助平面与两相贯体表面的截交线的投影是圆或直线，以便于作图。一般选择特殊位置平面作为辅助平面。

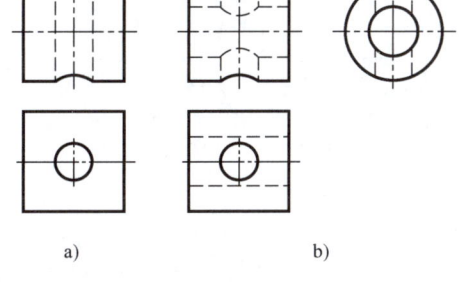

图 4-21 相贯线示例
a）圆柱上开孔 b）圆筒上开孔

例 4-15 求作图 4-22a 所示的圆柱与圆锥相贯的相贯线。

分析：由图 4-22 可知，两立体轴线正交，相贯线是一前后对称的闭合空间曲线，而且圆柱轴线是侧垂线，所以相贯线的侧面投影与圆柱的侧面投影重合，即为圆，因此只需求出相贯线的水平投影和正面投影。

作图：

1）求特殊点。最高点 Ⅰ 和最低点 Ⅱ 可直接求得，最前点 Ⅲ 和最后点 Ⅳ，可过圆柱轴线作水平面 R 求得，如图 4-22c 所示；Ⅴ、Ⅵ是相贯线最右点，具体作法是：在左视图上，过圆锥顶点 s'' 作圆的切线 $s''5''$，得切点 $5''$，过 $5''$ 作水平纬圆 P，这样可用纬圆法求出 5、6 及 $5'$、$6'$，如图 4-22d 所示。

2）求一般点。作水平面 Q，它截切圆柱时的截交线为两条直素线（平行圆柱轴线），截切圆锥时的截交线为圆。可求出一般点Ⅶ、Ⅷ的三面投影，如图 4-22d 所示。

3）判断可见性，光滑连接。由于相贯线前后对称，正面的投影为前后重合的一段曲线；水平投影中Ⅲ、Ⅳ为可见与不可见的分界点，将可见点及不可点分别用粗实线及虚线顺次光滑连接，如图 4-22e 所示。

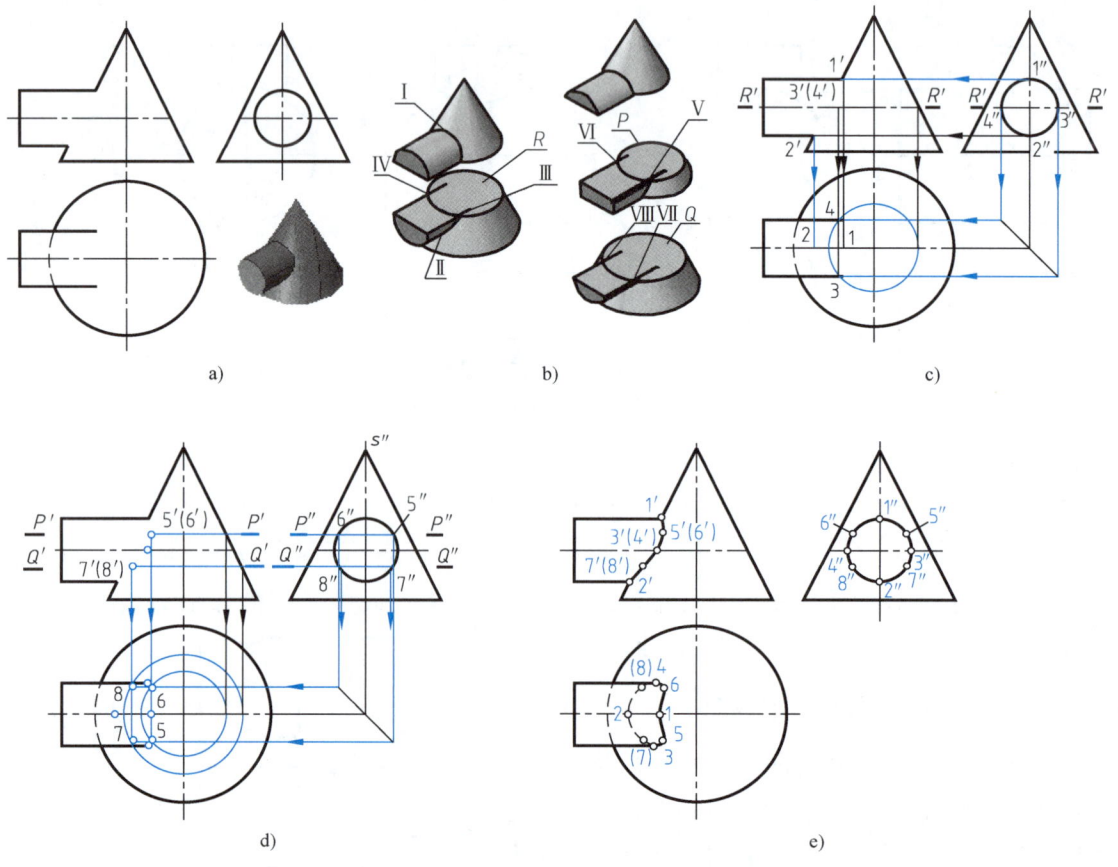

图 4-22 圆柱与圆锥的相贯线
a）题目 b）三维图及分析 c）求特殊点 d）求一般点 e）判断可见性并光滑连接

4.3.4 相贯线的特殊情况

一般情况下，相贯线是一条封闭的空间曲线，但在特殊情况下，可成为直线或平面曲线。

1）两圆柱轴线平行或两圆锥共顶时，相贯线为直线，如图 4-23 所示。

2）两回转体具有公共轴线时，相贯线为垂直于轴线的圆；当回转体的轴线平行于某投影面时，相贯线在该投影面上的投影积聚成一直线段，如图 4-24 所示。

3）两回转体公切于一个球时，相贯线是平面曲线——椭圆。当它们的轴线都平行于某投影面时，相贯线在该投影面上的投影积聚成一直线段，如图 4-25 所示。

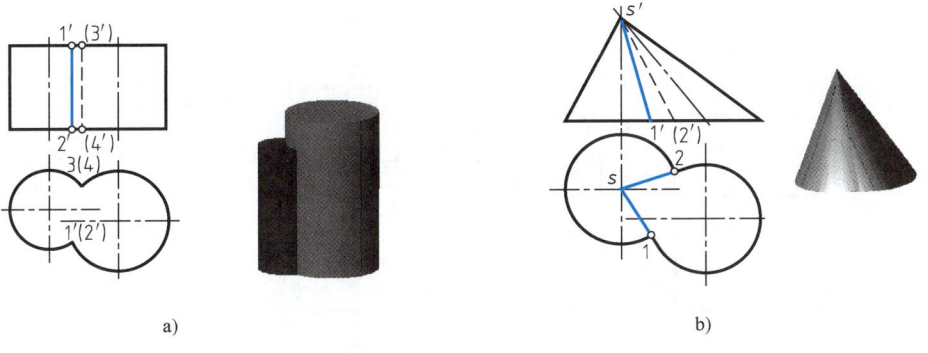

图 4-23 相贯线为直线

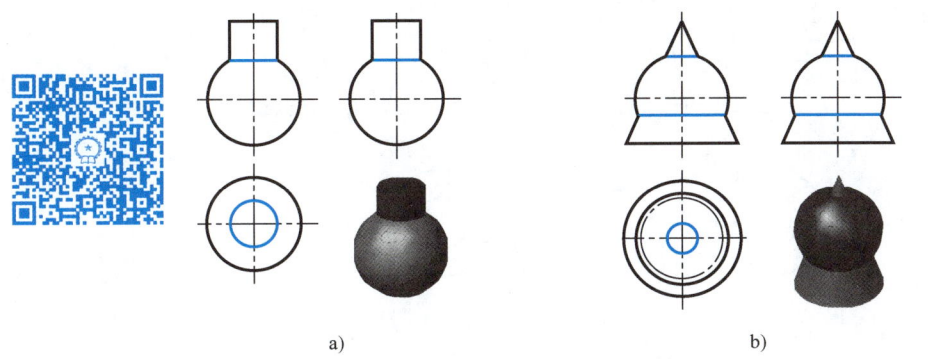

图 4-24 两同轴回转体的相贯线
a）圆柱与圆球相贯 b）圆球与圆锥相贯

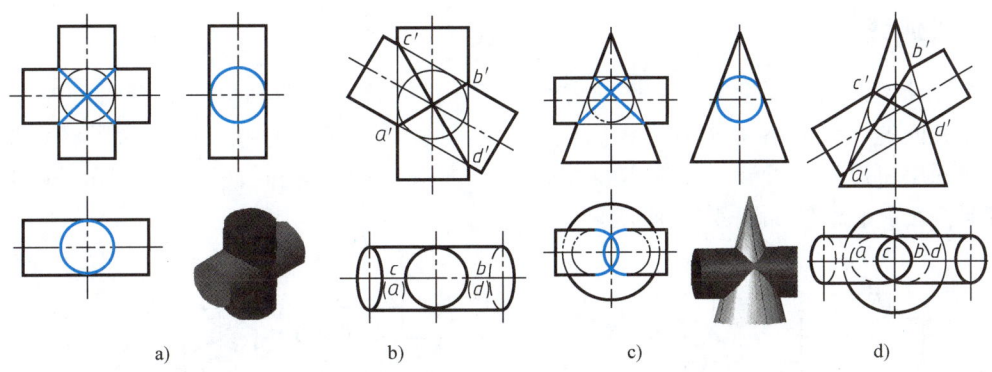

图 4-25 外切于同一球体的两回转体的相贯线
a）、b）两圆柱相贯 c）、d）圆柱与圆锥相贯

4.3.5 相贯线的近似画法

两圆柱正贯的相贯线在机器零件中最常见，可以采用近似画法。当两圆柱正贯且直径不相等时，其相贯线可以用圆弧代替，圆弧的半径为大圆柱的半径，圆心在小圆柱的轴线上，如图 4-26a 所示；当小圆柱的直径与大圆柱的直径相差很大时，相贯线的正面投影可用直线来代替，如图 4-26b 所示。也可采用模糊画法表示相贯线，如图 4-26c 所示。

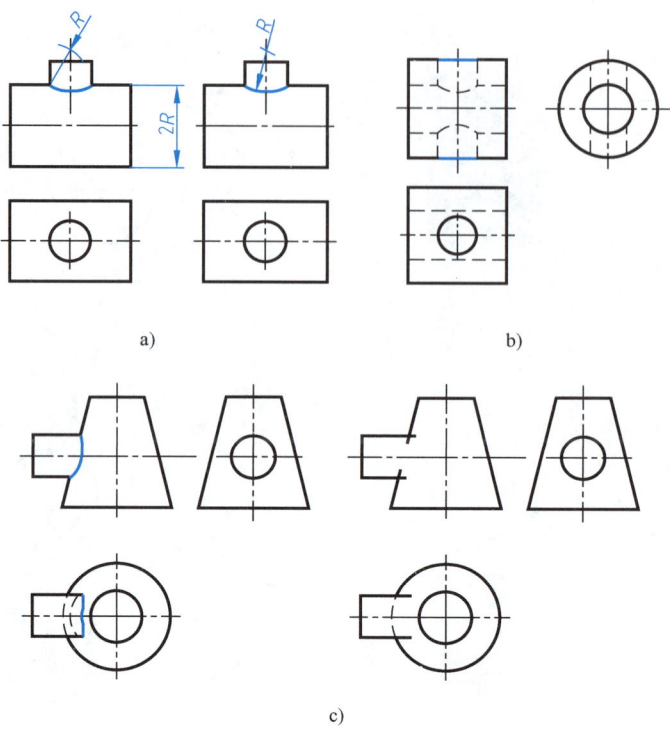

图 4-26 相贯线的近似画法
a) 用圆弧代替相贯线　b) 用直线代替相贯线　c) 相贯线的模糊画法

4.3.6 过渡线

由于设计工艺上的要求，在机件的表面相交处，常常用铸造圆角或锻造圆角进行过渡，而使物体表面的交线变得不明显，我们把这种不明显的交线称为过渡线。为了区别相邻表面，需要画出过渡线。过渡线用细实线画出。它与相贯线形状相同，只是在圆角处断开。常见的过渡线及其画法，如图 4-27 所示。

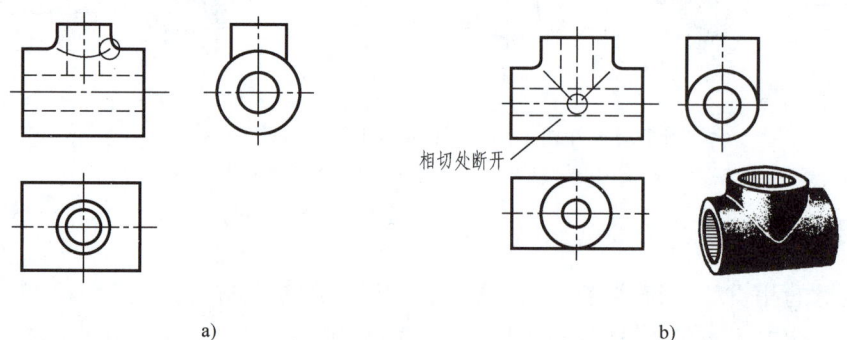

图 4-27 常见的过渡线及其画法

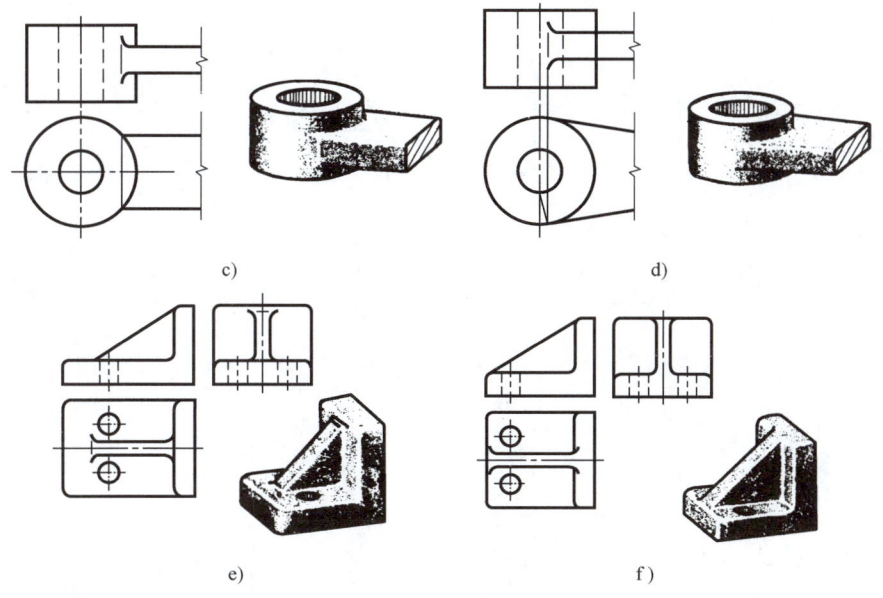

图 4-27 常见的过渡线及其画法（续）

4.4 立体的尺寸标注

无论绘制的图样多么准确，都不能用它的大小作为加工的尺寸依据，只有标注在图样上的尺寸才是可靠的依据。对形体的尺寸标注，应遵守第 1 章所述尺寸标注的基本规则，并注意以下几点：

1）形体的尺寸应标注在反映形体特征最明显的视图中，半径尺寸一定要标注在反映圆弧的视图中。

2）直径尺寸可以标注在非圆视图中，标注时在尺寸数字前加字符"ϕ"。

3）标注尺寸不能重复。

4.4.1 基本立体的尺寸标注

图 4-28 和图 4-29 所示为常见基本立体的尺寸注法。根据形体特征，有时标注形式可能有所改变。

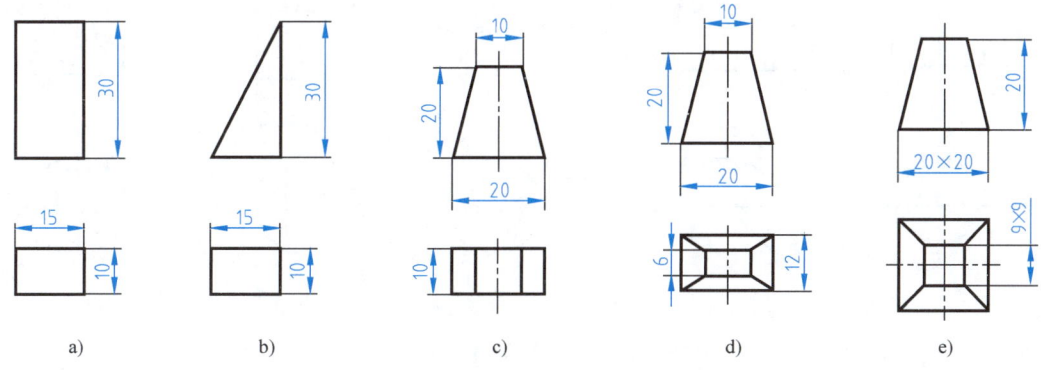

图 4-28 常见平面立体的尺寸注法

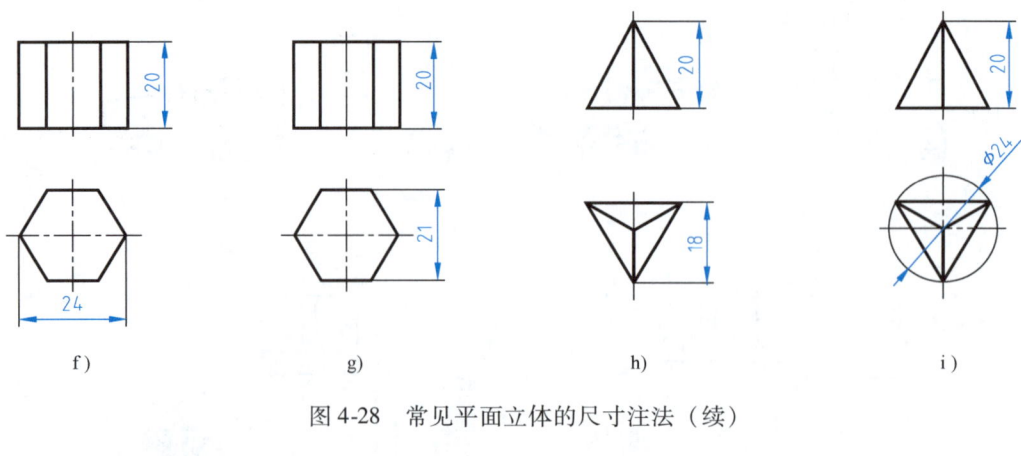

图 4-28 常见平面立体的尺寸注法（续）

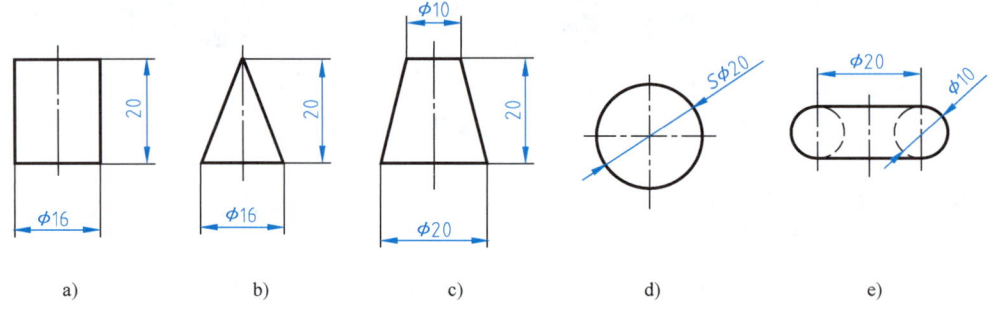

图 4-29 常见回转立体的尺寸注法

4.4.2 带切口基本立体的尺寸标注

被截切的基本立体除了要标注基本立体的尺寸外，还要标注切口（截切）的定位尺寸。因为截平面与立体的相对位置确定后，截交线已完全确定，所以不需标注截交线形状尺寸。常见切割体尺寸注法如图 4-30 所示。图中打"×"的尺寸为错误的注法，应当避免。

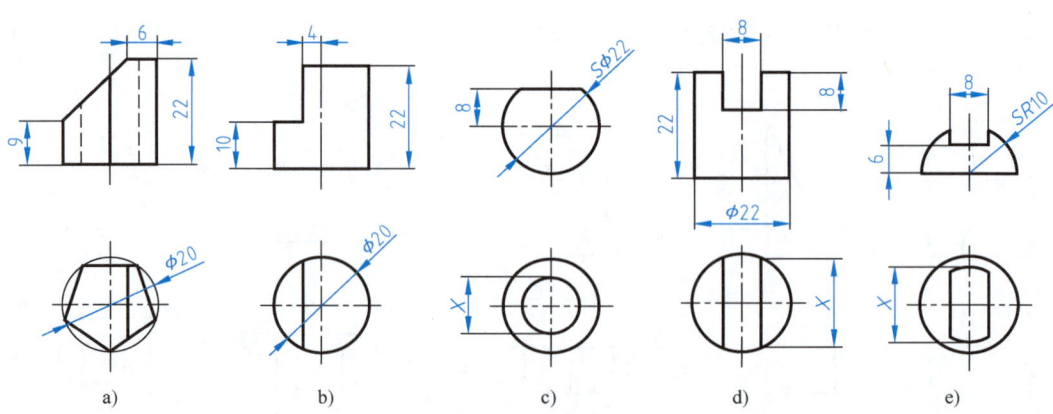

图 4-30 常见切割体的尺寸注法

4.5 基本立体在实际工程中的应用

1. 三棱柱在工程实际中的应用

在房屋建筑中，常以坡屋面作为屋顶的形式，其中常见的为同坡屋面（或称为同坡屋顶），即屋顶各檐口同高，且各屋面对地面的倾角都相等。

同坡屋顶分为二坡顶和四坡顶，它们都可看成横置的三棱柱。同坡屋面相交，可看作三棱柱之间的相贯，其相贯线即为同坡屋面间的交线。此交线可根据同坡屋面的特性求出，如图 4-31 所示。

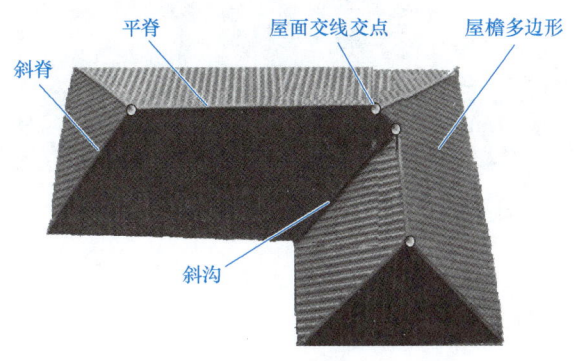

图 4-31 三棱柱在工程实际中的应用——同坡屋面

2. 圆锥在工程实际中的应用

古根海姆博物馆是纽约市著名的地标建筑，位于美国纽约市曼哈顿区，由美国 20 世纪著名的建筑师弗兰克·劳埃德·赖特设计，1959 年建成。古根海姆博物馆的外观设计独特，造型美观，与其他任何建筑物都迥然不同，其外观像一只茶杯，或者像一根巨大的白色弹簧，大部分结构是圆锥，如图 4-32 所示。

图 4-32 圆锥在工程实际中的应用——古根海姆博物馆

3. 圆台在工程实际中的应用

天坛，位于北京市南部，东城区永定门内大街东侧，是世界文化遗产，全国重点文物保护单位。天坛始建于明永乐十八年（1420 年），是明、清两代皇帝"祭天""祈谷"的场所，位于正阳门外东侧。坛域北呈圆形，南为方形，寓意"天圆地方"。坛内主要建筑有祈年殿、皇乾殿、圜丘坛、祈谷坛、皇穹宇、斋宫、无梁殿、长廊、双环万寿亭等，还有回音壁、三音石、七星石等名胜古迹。天坛部分建筑的结构是圆台，如图4-33所示。

图4-33　圆台在工程实际中的应用——天坛

第 5 章 计算机绘制二维视图

在物体的二维视图中,不仅有图形,而且还需要标注文字与尺寸。AutoCAD 不仅提供了强大的绘图与图形编辑功能,而且还具有文字输入与编辑功能,尺寸标注与编辑功能。掌握标注文字及尺寸,绘制出符合国家标准的图样,对于工程技术人员来说是非常必要的。

5.1 文字标注与编辑

利用 AutoCAD 标注图样上的文字,首先需要根据国家标准的要求,设置"文字样式",再应用"文字样式"标注图样上的文字,这既能使文字符合国家标准,也能使操作简单明了。

5.1.1 创建文字样式

文字的字体、字高、字宽与字高之比和放置方式等信息的组合称为文字样式。AutoCAD 2013 默认的样式为 Standard。仅用 Standard 文字样式不能满足国家标准有关文字的要求,需要根据国家标准对文字的规定,创建文字样式。创建文字样式可以按表 5-1 参数进行设置。

表 5-1 文 字 样 式

样式名	字体(X)	大字体(B)	高度(T)	宽度因子(W)	倾斜角度(O)	应用说明
斜体工程字	isocp.shx 选择"使用大字体"	gbcbig.shx	0.0000（使用时指定）	0.7	15	标注各种字号的工程字(如字母、数字等)
直体工程字					0	标注尺寸和公差中的汉字 标注几何公差
汉字	仿宋或仿宋GB2312	—			0	标注标题栏和明细栏中的文字、用文字书写的技术要求

注:工程字包括数字、字母、符号和尺寸数字。

文字样式设置（Style）具体方法如下:
（1）调用方法　下拉菜单:格式→文字样式;工具栏:文字→文字样式;命令:Style ↙;执行该命令后,AutoCAD 弹出图 5-1 所示的"文字样式"对话框。
（2）对话框操作方法

1）新建文字样式。在对话框中,单击【新建】按钮,AutoCAD 会弹出图 5-2 所示的"新建文字样式"对话框,在文本框中输入新文字样式名,见表 5-1。

按表 5-1 对字体、大字体、高度、宽度因子和倾斜角度进行选择或输入参数即可。其他参数或选项为默认。

完成选择或输入参数后,单击【应用】按钮即可新建一个文字样式。

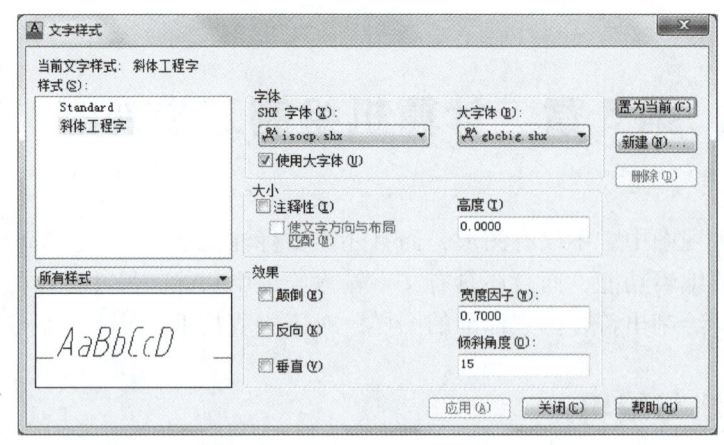

图 5-1 "文字样式"对话框

在样式列表框中，右击样式名，AutoCAD 弹出快捷菜单，其上有"置为当前"、"重命名"和"删除"3 个选项，用户可根据需要选择；也可以选择样式名后，单击右边的【删除】按钮删除文字样式。

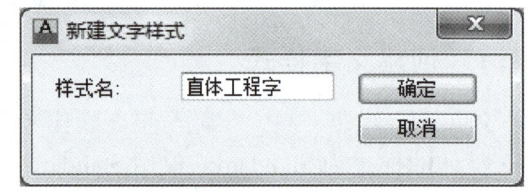

图 5-2 "新建文字样式"对话框

2) 字体。

①字体。在 SHX 字体（X）下拉列表框中可以选择字体或字体文件。

在工程图样上标注标题栏、明细栏和用文字表达的技术要求时，应选择"仿宋或仿宋 GB2312"字体。

标注数字、符号、字母、尺寸数字及尺寸中的汉字时，应选择"isocp.shx"字体，同时也要选择"使用大字体"项，见表 5-1。

②大字体（B）下拉列表框。当选择"使用大字体"项时，该下拉列表框才能显亮，选择"gbcbig.shx"字体。

③在高度（T）文本框中，不输入文字高度，即为"0.0000"。在标注文字时，根据图样上的需要和国家标准的要求，输入 3.5（3.5 号字）、5（5 号字）……。

3) 效果。确定字体特征效果，一般为默认。

①颠倒（E）：确定是否将文字颠倒标注。

②反向（K）：确定是否将文字反向标注。

③垂直（V）：确定是否将文字垂直标注。

4) 宽度因子（W）。确定文字字符的宽高比。当比例小于 1 时字会变窄，反之变宽，根据国家标准的要求，一般输入"0.7"，见表 5-1。

5) 倾斜角度（O）。确定文字的倾斜角度。角度为 0 时文字垂直，角度为正值时文字向右倾斜。根据国家标准的要求，输入"0"时为直体字，输入"15"时为斜体字，见表 5-1。

6) 预览区。在对话框的左下角，可以预览所确定的文字样式的效果。

7)【应用（A）】按钮。确认对文字样式的设置。选择以上参数后单击该按钮。

(3) 举例

1）标注直体 5 号汉字的设置：文字样式名为"汉字"，字体为"仿宋或仿宋 GB2312"，效果为默认，宽度因子为 0.7，倾斜角度为 0。标注汉字效果，如图 5-3a 所示。

2）标注斜体 5 号工程字（如数字、字母和特殊符号）的设置：文字样式名为"斜体工程字"，字体为"isocp.shx"，选择"使用大字体"项，在大字体下拉列表框中选择"gbcbig.shx"，效果项为默认，宽度因子为 0.7，倾斜角度为 15。标注文字效果，如图 5-3b 所示。

技术要求字体工整笔画清楚排列整齐间隔均匀 1234567890ABCDEFGHIJK60°Ø30±0.5

a)   b)

图 5-3　文字样式设置示例
a）直体 5 号汉字　b）斜体 5 号工程字

5.1.2　标注多行文字

标注文本有两种命令：Text 是标注单行文字命令；MText 是标注多行文字命令。两种命令操作方法类似。绘制工程图样时，一般使用"MT"标注多行文字较为适宜。

1. 调用方法

下拉菜单：绘图→文字→多行文字；工具栏：文字→多行文字；命令：mt↙。

2. 操作方法

执行 mt 命令，在绘图屏幕上指定第一角点和第二角点后，AutoCAD 将以两个点为对角点形成的矩形区域的宽度作为文字宽度，弹出图 5-4 所示的对话框。该对话框分为文字格式工具栏和文字输入窗口两部分。

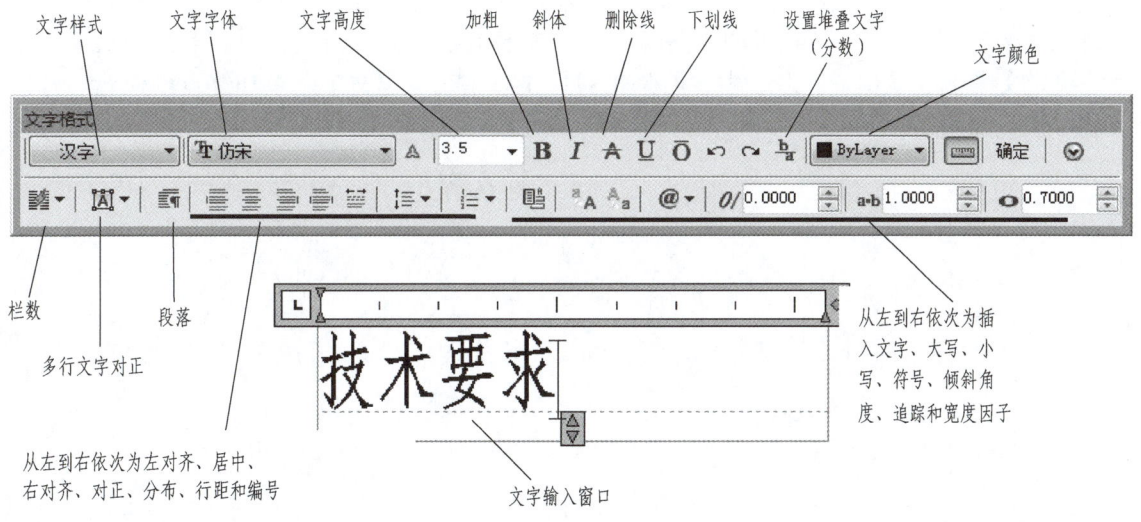

图 5-4　文字格式工具栏和文字输入窗口

1）文字样式下拉列表框。在文字格式工具栏中，文字样式下拉列表框显示已经设置的文字样式，如"汉字""斜体工程字"等，用户可进行选择。

2）文字字体下拉列表框。用户可以从文字字体下拉列表框中选择需要的字体。

3）文字高度下拉列表框。可以根据需要输入文字高度参数。

4）文字的【加粗】、【斜体】、【下划线】、【上划线】、【放弃】、【重做】、【左对齐】、【居中】、【右对齐】、【对正】、【分布】、【行距】、【编号】、【大写】【小写】等按钮与 Word 文件的定义与操作相似，不再赘述。

5）【堆叠/非堆叠】按钮。可以创建文字堆叠（堆叠文字是一种垂直对齐的文字或分数）。在使用时，需要分别输入分子和分母，其间使用【/】、【#】或【^】分隔，然后选择这部分文字，单击该按钮即可。例如，要创建分数"$\frac{1}{2}$"，则可先输入 1/2，然后选中该文字并单击此按钮。

要创建"垂直对齐的文字"，分子与分母之间用【^】分隔，后面的操作与上述相同。其结果是分子文字与分母文字之间无"分数线"，关于此选项的应用，详见第 9 章。

6）栏数下拉列表框。在下拉列表框中有不分栏、动态栏、静态栏、插入分栏符和分栏设置等选项。如果选择"分栏设置"选项，则会弹出"分栏设置"对话框，如图 5-5 所示。所有分栏的设置和参数的输入用户根据需要在该对话框中自行选择与输入即可。

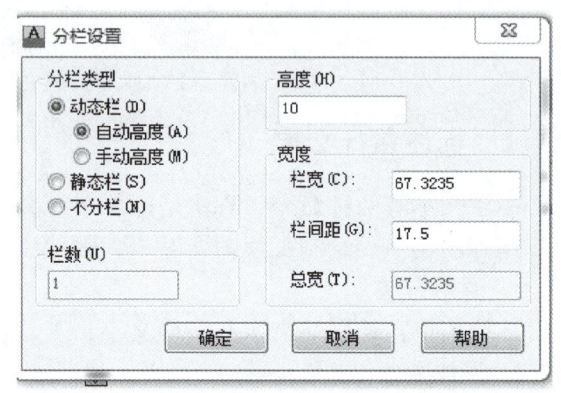

图 5-5 "分栏设置"对话框

7）多行文字对正下拉列表框。AutoCAD 为文字行定义了顶线、中线、基线和底线，用于确定文字行的位置。图 5-6 说明 4 条线与文字串的关系。文字的上、中、下是相对这 4 条基线决定文字上、下位置；左、中、右是相对这 4 条基线决定文字起点和终点的位置。标注后文字位置如图 5-7 所示。

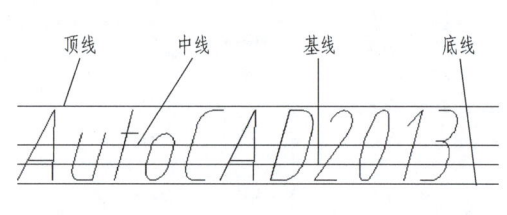

图 5-6 文字标注参考线定义

图 5-7 文字位置

多行文字对正的形式有 9 种位置，可以单击图 5-8 所示"多行文字对正"下拉列表框，从中选择需要的文字位置；如果在标题栏或明细栏中书写文字，可选择"正中（MC）"选项，如果是在图样空白处书写技术要求，可选择"左上（TL）"选项。

8）【段落】按钮。单击【段落】按钮，会弹出"段落"对话框，如图 5-9 所示。通过对话框可以对制表位置、文字的左缩进和右缩进、段落对齐、段落间距、段落行距等进行设置。

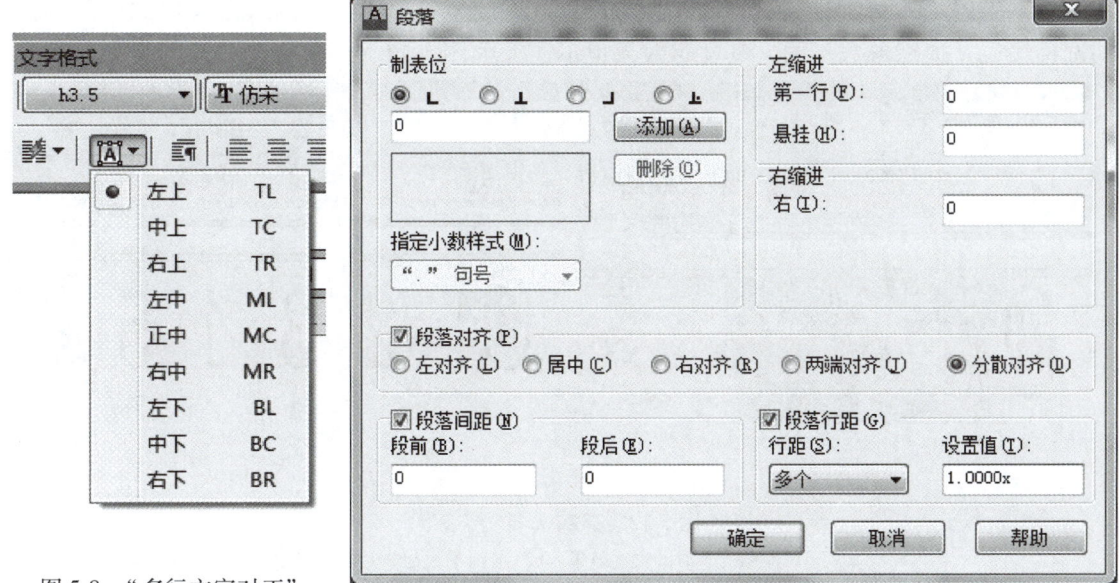

图 5-8 "多行文字对正"
下拉列表框

图 5-9 "段落"对话框

9)【符号】按钮。单击【符号】按钮，会弹出字符输入的下拉列表框，如图 5-10 所示。用户单击选项即可输入相应的字符，如单击"直径"选项便可输入"φ"。

如果选择"其他"选项，则会弹出字符映射表，如图 5-11 所示。用户可以从映射表中选择所需要的字符，然后单击【选择】按钮，再单击【复制】按钮，最后在"文字输入窗口"中粘贴，便可输入所选择的字符。

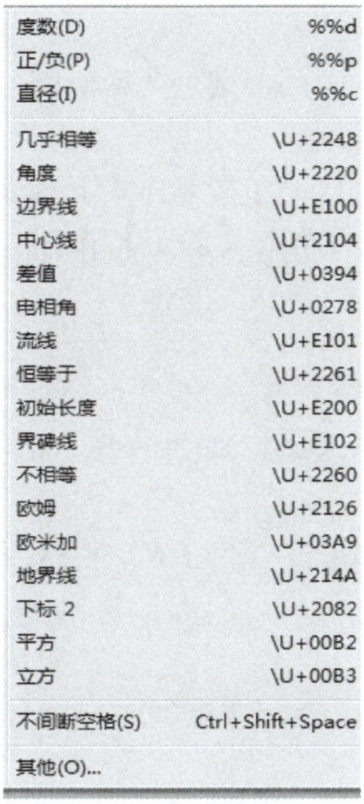

图 5-10 "符号"下拉列表框

图 5-11 字符映射表

10）追踪文本框。控制文字间距，直接输入参数进行控制，参数要求在 0.75～4.00 之间选择输入。追踪参数不同，其文字效果也不同，如图 5-12 所示。

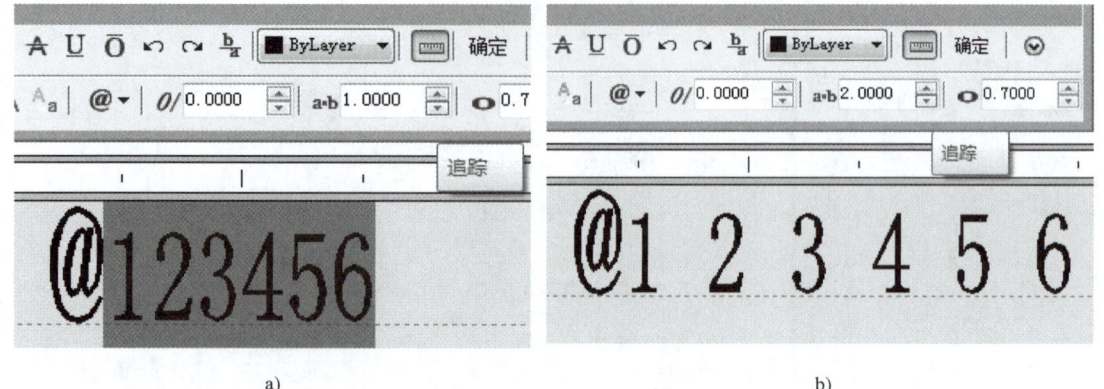

图 5-12 追踪选项文字效果
a）追踪参数为 1 时的文字效果 b）追踪参数为 2 时的文字效果

11）倾斜角度、宽度因子文本框。该项与文字样式中的概念及效果相同，不再赘述。

在图 5-4 中的文字格式工具栏中，根据需要选择好选项或输入参数后，在文字输入窗口中输入文字，完成后单击【确定】按钮即可完成文字的标注。

3. 应用 MT 命令标注文字

执行 MT 命令后，AutoCAD 执行过程如下：

（1）命令：mtext（单击文字工具栏→多行文字）

当前文字样式："文字" 文字高度：0.0000　注释性：否

指定第一角点：（在绘图屏幕上指定文字的第一角点）

指定对角点或［高度（H）/对正（J）/行距（L）/旋转（R）/样式（S）/宽度（W）/栏（C）］：（在绘图屏幕上指定文字的第二角点）

AutoCAD 会弹出图 5-4 所示的文字格式工具栏和文字输入窗口，在文字样式下拉表中选择用户设置的文字样式，然后在文字输入窗口中输入文字，最后单击【确定】按钮，即可完成多行文字的输入。

（2）命令：mtext

当前文字样式："汉字" 文字高度：0.0000　注释性：否

指定第一角点：（指定第一角点，但不要输入或指定第二角点，才能进行如下的操作；操作完成后，再指定第二角点）

指定对角点或［高度（H）/对正（J）/行距（L）/旋转（R）/样式（S）/宽度（W）/栏（C）］：H↙（选择设置字体高度选项）

指定高度 <3.5>：5↙（设置文字高度为 5）

指定对角点或［高度（H）/对正（J）/行距（L）/旋转（R）/样式（S）/宽度（W）/栏（C）］：J↙（选择设置文字对正选项）

输入对正方式［左上（TL）/中上（TC）/右上（TR）/左中（ML）/正中（MC）/右中（MR）/左下（BL）/中下（BC）/右下（BR）］<左上（TL）>：mc↙（选择文字对正方式为"正中"）

指定对角点或［高度(H)/对正(J)/行距(L)/旋转(R)/样式(S)/宽度(W)/栏(C)］：R↙（选择文字旋转角度选项）

指定旋转角度 <0>：45↙（输入文字与 OX 轴呈 45°方向标注）

指定对角点或［高度(H)/对正(J)/行距(L)/旋转(R)/样式(S)/宽度(W)/栏(C)］：S↙（选择文字样式选项）

输入样式名或［?］<汉字>：直体工程字↙（输入已设置的文字样式：直体工程字）

指定对角点或［高度(H)/对正(J)/行距(L)/旋转(R)/样式(S)/宽度(W)/栏(C)］：W↙（选择文字宽度选项）

指定宽度：20↙（指定文字的宽度）

完成上述选择后，在绘图屏幕上再指定第二角点，CAD 会弹出图 5-4 所示的文字格式工具栏和文字输入窗口，然后标注文字，输入完成后，单击【确定】按钮。

5.1.3 编辑文字

1. 调用方法

下拉菜单：修改→对象→文字→编辑（E）；工具栏：文字→编辑文字；命令：ddedit。

2. 操作方法

执行 ddedit 命令后，AutoCAD 提示：

选择注释对象或［放弃(U)］：

用户可以在该提示下选择要编辑的文字。如果选择的文字是多行文字，AutoCAD 会弹出图 5-4 所示的文字格式工具栏和文字输入窗口，并在文字输入窗口中显示所选择的文字，供用户进行编辑和修改。如果所选择的是单行文字，在所选择的文本框内显示出对应的文字内容，用户可通过文本框修改文字。

5.2 创建尺寸标注样式

5.2.1 尺寸标注的一般步骤

在 AutoCAD 中对图形进行尺寸标注时，通常应遵循以下步骤：

（1）创建"尺寸"层 选择下拉菜单：格式→图层；使用打开的"图层特性管理器"对话框，创建一个独立的"尺寸"图层，用于尺寸标注。

（2）设置文字样式 如前所述，选择下拉菜单：格式→文字样式；使用打开的"文字样式"对话框，创建"斜体工程字"和"直体工程字"文字样式，用于尺寸标注。

（3）创建标注样式 选择下拉菜单：格式→标注样式；使用打开的"标注样式管理器"对话框，设置标注样式。

（4）标注尺寸 应用标注工具栏，使用对象捕捉等功能，对图形中的元素进行尺寸标注。

5.2.2 创建与设置标注样式

在尺寸标注时，尺寸标注样式用于控制尺寸线、标注文字、尺寸界线、箭头的外观形式和方式。标注样式是一组尺寸变量设置的集合,可以用对话框的方式直观地设置这些变量。

AutoCAD 提供的 ISO-25 标注样式不能满足我国关于尺寸注法的标准,必须对它进行修改,以建立符合我国国家标准"尺寸注法"(GB/T 16675.2—2012、GB/T 4458.4—2003)的样式。使用标注样式标注尺寸,便于对尺寸进行修改。

1. 新建标注样式

选择下拉菜单:格式→标注样式;可以打开"标注样式管理器"对话框,如图 5-13 所示。(在下面新建标准样式的各种设置中,文中没有说明的各选项,均为 AutoCAD 的默认选项。)

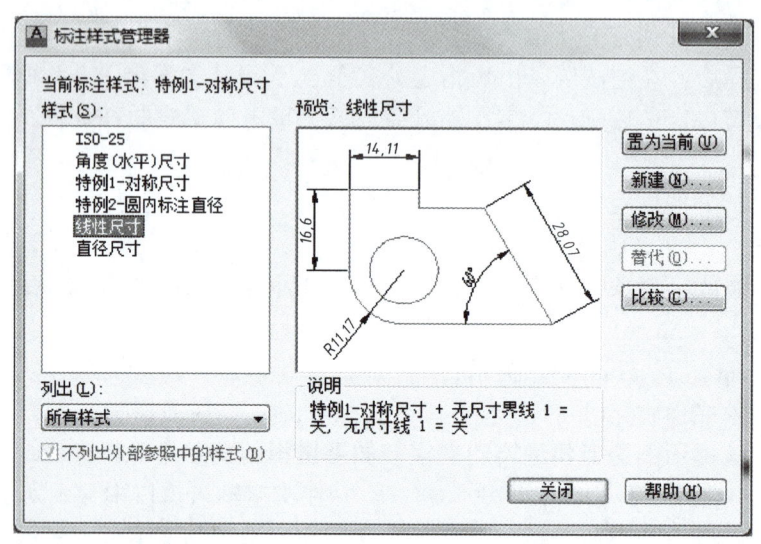

图 5-13 "标注样式管理器"对话框

在"标注样式管理器"对话框中,单击【新建】按钮,AutoCAD 会打开"创建新标注样式"对话框,如图 5-14 所示。在该对话框中的"新样式名"文本框中,输入标注样式的名字,如"线性尺寸""水平(角度)尺寸""直径尺寸"等有特征的名字。其余两个下拉列表框,选择默认项即可。单击【继续】按钮,AutoCAD 弹出"新建标注样式"对话框,如图 5-15 所示。利用该对话框用户可以对新建的标注样式进行具体的设置。

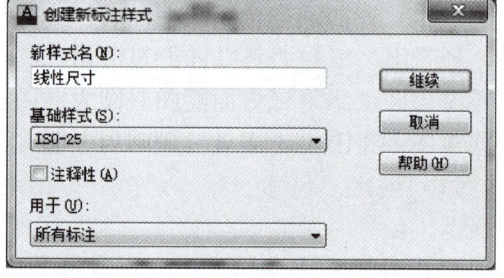

图 5-14 "创建新标注样式"对话框

2. 设置尺寸线和尺寸界线

在"新建标注样式"对话框中,选择"线"选项卡(图 5-15),可以设置尺寸线和尺寸界线的格式和位置。

(1)设置尺寸线 在尺寸线选项组中,可以设置尺寸线的颜色、线型、线宽、超出标记以及基线间距等属性。

1)在颜色下拉列表框中,可选择随层(Bylayer)。

2)在线型下拉列表框中,可选择随层(Bylayer)。

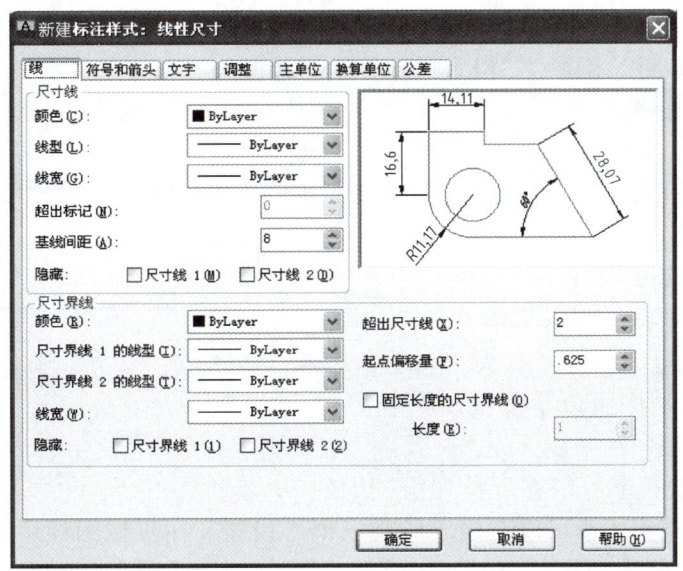

图 5-15 "新建标注样式"对话框——"线"选项卡

3) 在线宽下拉列表框中，可选择随层（Bylayer）。

4) 在超出标记文本框中，当尺寸线的箭头采用倾斜、建筑标记等样式时，使用该文本框可以设置尺寸线超出尺寸界线的长度；但在机械图样中，选择默认值，即为"0"。

5) 在基线间距文本框中，进行基线尺寸标注时，可以设置各尺寸线之间的距离。在机械图样中，可以设置为"7~10"，如图 5-16a 所示。

6) 在隐藏选项区域中，通过选择"尺寸线 1"或"尺寸线 2"复选框，可以隐藏第 1 段或第 2 段尺寸线及其相应的箭头，如图 5-16b 所示。

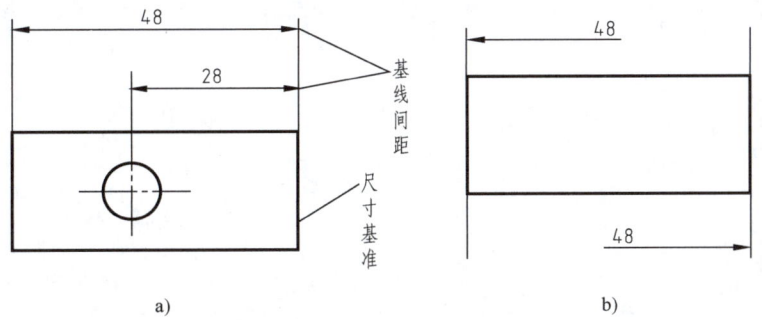

图 5-16 基线间距与隐藏尺寸线
a) 基线间距 b) 隐藏尺寸线

（2）设置尺寸界线 在尺寸界线选项组中，可以设置尺寸界线的颜色、线宽、超出尺寸线的长度、起点偏移量和隐藏等属性。

1) 在颜色下拉列表框中，可选择随层（Bylayer）。

2) 在线宽下拉列表框中，可选择随层（Bylayer）。

3) 在超出尺寸线文本框中，输入尺寸界线超出尺寸线的距离。在机械图样中，根据国家标准规定，可以设置为"2"，如图 5-17 所示。

4）在起点偏移量文本框中，设置尺寸界线的起点与被标注图素定义点之间的距离。在机械图样中，可以设置为"0"。

5）在隐藏选项区域中，通过选择"尺寸界线 1"或"尺寸界线 2"复选框，可以隐藏第 1 条或第 2 条尺寸线，如图 5-17 所示。

3. 设置符号和箭头

在"新建标注样式"对话框中，选择"符号和箭头"选项卡，CAD 会弹出"符号和箭头"选项卡区域，如图 5-18 所示。在该区域中可以设置箭头的类型及大小等。通常情况下，尺寸线的两个箭头应当一致。

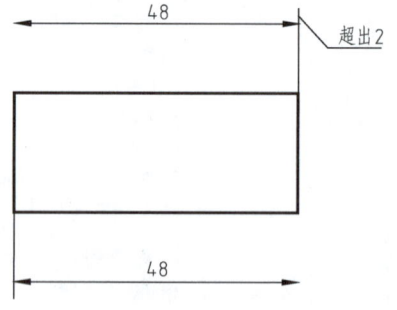

图 5-17　尺寸界线超出尺寸线与隐藏尺寸界线

1）尺寸箭头的类型可以在下拉列表框中的 20 多个箭头样式中选择。箭头大小可以在相应的文本框中设置。在机械图样中，选择默认的"实心闭合"，箭头大小设置为"3"较为合适。

2）设置圆心标记。在圆心标记选项组中，用户可以设置圆心标记的类型和大小。

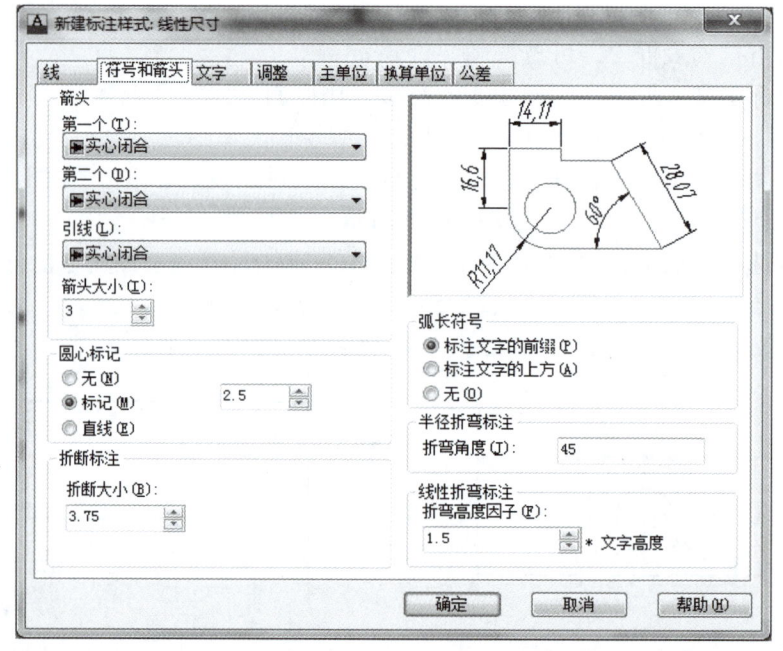

图 5-18　"新建标注样式"对话框——"符号和箭头"选项卡

其中有"无""标记""直线"三种选项。在机械图样中，一般选择"无"选项，则对圆或圆弧不做任何标记。必要时，可选择"标记"，则对圆或圆弧的圆心处做"＋"标记，标记的大小可以选择默认。

对于其他选项组中的选项，可以选择默认。

4. 设置文字

在"新建标注样式"对话框中，选择"文字"选项卡，可以设置标注文字的外观、位置和对齐方式，如图 5-19 所示。

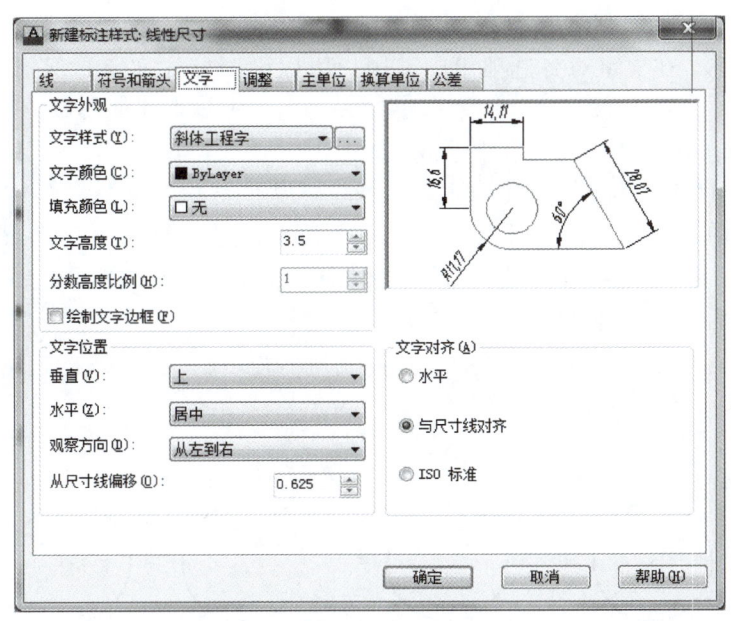

图 5-19 "新建标注样式"对话框——"文字"选项卡

(1) 文字外观　在文字外观选项组中，用户可以设置文字的样式、颜色、高度、分数高度比例和是否绘制文字边框。

1）在文字样式下拉列表框中，可选择标注的文字样式。也可以单击其右边的按钮，打开"文字样式"对话框（图 5-1），选择或新建文字样式，完成后，关闭对话框，返回主对话框。

2）在文字颜色下拉列表框中，可选择随层（Bylayer）。

3）在文字高度文本框中，可设置标注文字的高度（在前述中，文字样式高度为"0.000"，标注尺寸数字的高度在此处设置）。

4）在分数高度比例文本框中，可设置标注文字中的分数相对其他标注文字的比例，AutoCAD 将该比例值与标注文字高度的乘积作为分数的高度。

5）在绘制文字边框复选框中，可设置是否给标注文字加边框。常用于工程图样中的理论尺寸的标注，如图 5-20 所示。

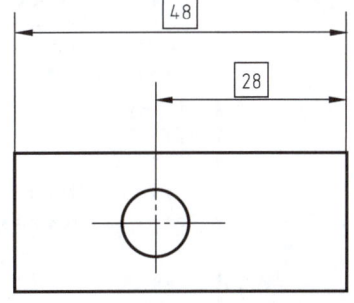

图 5-20　给标注文字加边框

(2) 文字位置　在文字位置选项组中，用户可以设置文字的垂直、水平位置和从尺寸线偏移量。

1）在垂直下拉列表框中，可设置标注文字相对于尺寸线在垂直方向的位置。在工程图样中，一般选择"上"（默认）较为合适，如图 5-21 所示。

2）在水平下拉列表框中，可设置标注文字相对于尺寸线和尺寸界线在水平方向的位置。在工程图样中，一般选择"居中"（默认）较为合适，如图 5-21 所示。

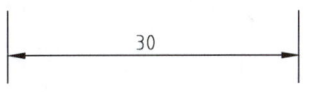

图 5-21　文字垂直和水平位置

3）在从尺寸线偏移文本框中，可设置标注文字与尺寸线之间的距离，一般为默认值。

（3）文字对齐　在文字对齐选项组中，用户可以设置标注文字是保持水平还是与尺寸线对齐。

1）水平单选按钮，使标注文字水平放置。

2）与尺寸线对齐单选按钮，使标注文字方向与尺寸线方向一致。

3）ISO 标准单选按钮，使标注文字按 ISO 标准放置。当标注文字在尺寸界线之内时，它的方向与尺寸线方向一致，而在尺寸界线之外时，将文字水平放置。

图 5-22 所示为上述 3 种文字对齐方式。

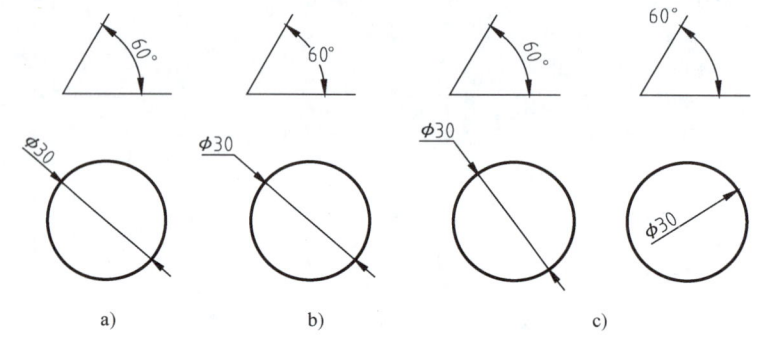

图 5-22　文字对齐方式

a）与尺寸线对齐　b）水平　c）ISO 标准

5. 设置调整

在图 5-15 所示"新建标注样式"对话框中，选择"调整"选项卡，可以设置标注文字、尺寸线、尺寸箭头的位置，如图 5-23 所示。

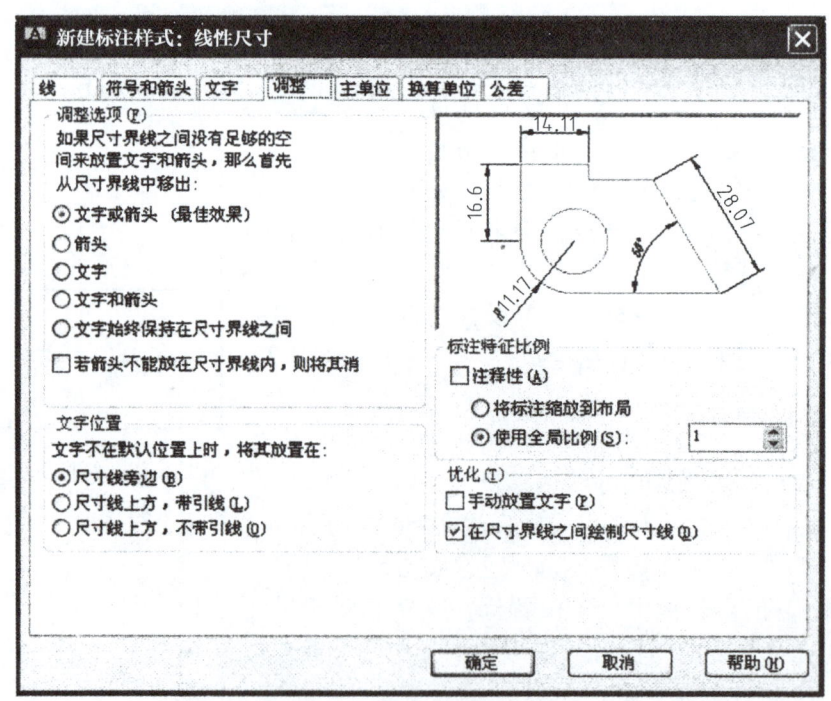

图 5-23　"新建标注样式"对话框——"调整"选项卡

(1) 调整选项 在调整选项组中，用户可以确定当前尺寸界线之间没有足够的空间来同时放置标注文字和箭头时，应首先从尺寸界线之间移出的对象。该选项组中各选项的意义如下：

1) 文字或箭头，取最佳效果单选按钮，由 AutoCAD 按最佳效果自动移出文本或箭头。
2) 箭头单选按钮，首先将箭头移出。
3) 文字单选按钮，首先将文字移出。
4) 文字和箭头单选按钮，首先将文字和箭头都移出。
5) 文字始终保持在尺寸界线之间单选按钮，将文本始终保持在尺寸界线之间。
6) 若不能放在尺寸界线内，则消除箭头复选按钮，可以抑制箭头。

在工程图样上，一般选择默认项，即文字或箭头，取最佳效果单选按钮。

(2) 文字位置 在文字位置选项组中，当文字不在默认位置时，用户可以设置其位置，其中各选项的意义如下：

1) 尺寸线旁边单选按钮，将文字放在尺寸线旁边。
2) 尺寸线上方，加引线单选按钮，将文字放在尺寸线的上方，并加上引线。
3) 尺寸线上方，不加引线单选按钮，将文字放在尺寸线的上方，但不加引线。

在工程图样上，一般选择默认项，即尺寸线旁边单选按钮。

(3) 标注特征比例 在标注特征比例选项组中，用户可以设置标注尺寸特征比例，以便通过设置全局比例因子来增加或减少各标注的大小，其中各选项的意义如下：

1) 使用全局比例单选按钮，对全部尺寸标注设置缩放比例，该比例不改变尺寸的测量值。
2) 按布局（图纸空间）缩放标注单选按钮，根据当前模型空间视口与图纸空间之间的缩放关系设置比例。

在工程图样上，一般选择默认项，即使用全局比例单选按钮。

(4) 调整 在调整选项组中，用户可以对标注文字和尺寸线进行细微调整。该选项组包括以下两个复选框。

1) 标注时手动放置文字复选框。选中该复选框，则忽略标注文字的水平设置，在标注时将标注文字放置在用户指定的位置。
2) 始终在尺寸界线之间绘制尺寸线复选框。选中该复选框，当尺寸箭头放置在尺寸界线之外时，也在尺寸界线之内绘制出尺寸线。

在工程图样上，一般选择第 2 项，即始终在尺寸界线之间绘制尺寸线复选框。

6. 设置主单位

在图 5-15 所示"新建标注样式"对话框中，选择"主单位"选项卡，可以设置主单位的格式和精度等属性，如图 5-24 所示。

(1) 线性标注 在线性标注选项组中，用户可以设置线性标注的单位格式、精度等。该选项组中各选项的意义如下：

1) 单位格式下拉列表框，用于设置除角度标注之外，其余各标注类型的尺寸单位。它包括科学、小数、工程、建筑、分数及 Windows 桌面等选项。在绘制机械图样时，一般选择"小数"选项即可。

2) 精度下拉列表框，用于设置除角度标注之外，其余各标注类型的尺寸精度。在机械图样中，一般根据图样的尺寸精度而定，如设置为"0.0"。

3）分数格式下拉列表框。当单位格式为分数时，可设置分数的格式，包括水平、对角和非堆叠 3 种方式。

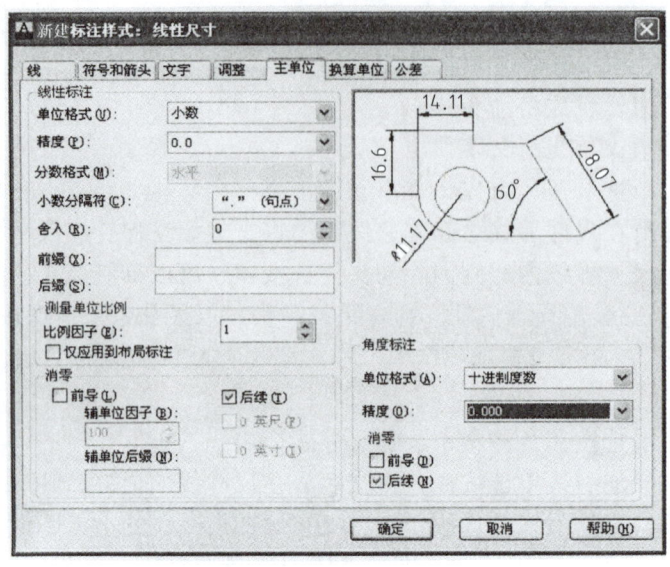

图 5-24 "新建标注样式"对话框——"主单位"选项卡

4）小数分隔符下拉列表框，用于设置小数的分隔符，包括逗点、句号和空格 3 种方式。在机械图样中，一般设置为"句号"。

5）舍入文本框，用于设置除角度标注之外的尺寸测量值的舍入值。

6）前缀和后缀文本框，用于设置标注文字的前缀和后缀，用户在相应的文本框中输入字符即可。在机械图样中，一般根据图样具体要求进行设置，如在前缀文本框中输入"％％c"，在标注时，尺寸前自动加注"φ"。

7）测量单位比例选项。使用比例因子文本框，可以设置测量尺寸的缩放比例。AutoCAD 的实际标注值为测量值与该比例的积。选择"仅应用到布局标注"复选框，可以设置该比例关系是否仅适用于布局。

在机械图样中，一般根据图样具体要求进行设置，若绘图比例为 1∶1，则在比例因子文本框中输入 1；若绘图比例为 1∶2，则在比例因子文本框中输入 2。若绘图比例为 2∶1，则在比例因子文本框中输入 0.5。这样，在标注时，尺寸数值为实际尺寸的值。

8）消零选项，可以设置是否显示尺寸标注中的前导和后续的零。一般选择后续选项。

（2）角度标注 在角度标注选项组中，用户可以使用单位格式下拉列表框设置标注角度时的单位；使用精度下拉列表框设置标注角度的尺寸精度；使用消零选项设置是否消除角度尺寸的前导和后续的零。

7. 设置换算单位

在图 5-15 所示"新建标注样式"对话框中，选择"换算单位"选项卡，可以设置换算单位的格式，如图 5-25 所示。

在 AutoCAD 2013 中，通过换算标注单位，可以转换使用不同测量单位制的标注，通常是显示英制标注的等效公制标注或公制标注的等效英制标注。在标注文字中，如果在位置区域中，选择"主值后（A）"，换算标注单位显示在主单位旁边的方括号中。如果在位置区域中,选择"主值下(B)",换算标注单位显示在主单位下边的方括号中。

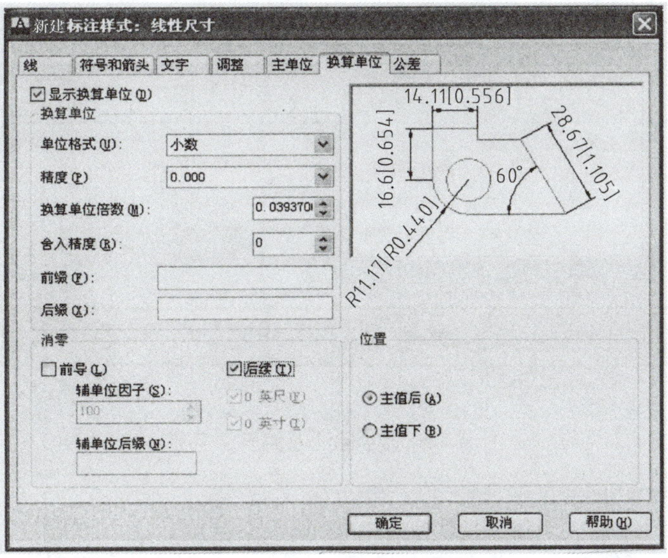

图 5-25 "新建标注样式"对话框——"换算单位"选项卡

在换算单位选项卡中,选择显示换算单位复选框后,用户可以在换算单位选项组中,设置换算单位的单位格式、精度、换算单位倍数、舍入精度、前缀及后缀、消零等,方法与设置主单位的方法相同。

现在以创建样式名为"线性尺寸"的标注样式为例说明设置过程。"线性尺寸"样式主要标注图样上的线性尺寸,如物体的长度等。用户可按表 5-2 进行设置。

表 5-2 "线性尺寸"标注样式设置表

线 选 项 卡				文字选项卡		
尺寸线设置				文字外观设置		
颜色	线宽	基线间距	—	文字样式	文字颜色	文字高度
Bylayer	Bylayer	7~10	—	斜体工程字	Bylayer	3.5
尺寸界线				主单位选项卡		
颜色	线宽	超出尺寸线	起点偏移量	单位格式	精度	小数分隔符
Bylayer	Bylayer	2	0	小数	0.0	句号
符号和箭头选项卡				—		
箭头大小	—	—	—	—	—	—
3	—	—	—	—	—	—

注:1. 调整选项卡、换算单位选项卡、公差选项卡和表中没有涉及的选项均为默认值,即不进行设置。
2. 公差选项卡的设置方法将在第 9 章中讲述。

5.3 尺寸标注命令

AutoCAD 2013 的标注命令可以通过 3 种方式输入:标注下拉菜单,标注工具栏和命令行输入命令。图 5-26 所示为尺寸标注及编辑工具栏。当用户将光标在工具栏的按钮上停留时,CAD 会自动弹出快捷菜单,用文字和图提示该按钮的用法。下面介绍尺寸标注的主要命令。

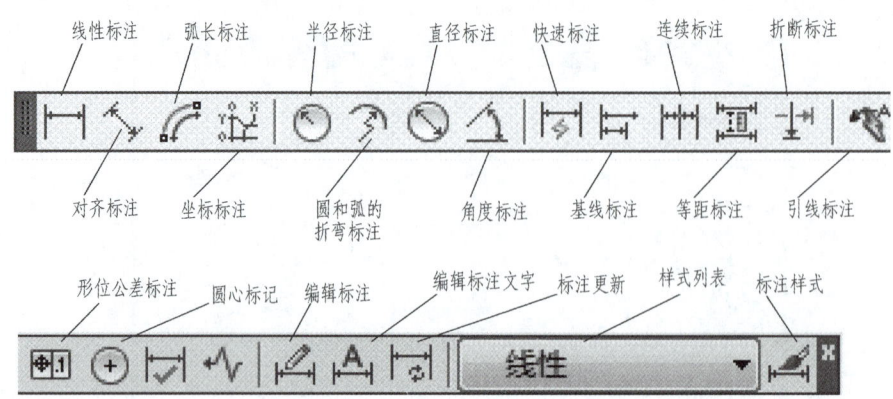

图 5-26　尺寸标注及编辑工具栏

5.3.1　线性尺寸标注

线性尺寸标注是指标注在水平方向或垂直方向的尺寸，如图 5-27 所示的尺寸"25、35"。

1. 调用方法

工具栏：标注→引线；命令：dimlinear。

注意：AutoCAD2013 版本中，标注工具栏中没有"引线"；用户可自行调出，其方法如下：

选择下拉菜单→视图（V）→工具栏（O）…→弹出"自定义用户"界面→将用户需要的命令（如标注引线）从"命令列表"窗格用鼠标拖动到工具栏或工具选项板中即可。

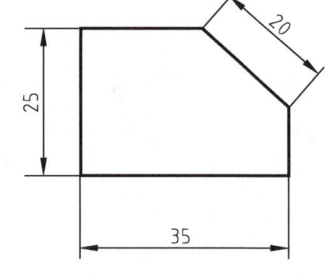

图 5-27　线性与对齐尺寸标注示例

2. 操作方法

以标注图 5-27 所示垂直方向的尺寸为例说明。

命令：dimlinear↙

指定第一条尺寸界线原点或 <选择对象>：(捕捉图 5-27 中的尺寸 25 的第一条尺寸界线的原点)

如果用户在上述提示下直接按【Enter】键，即执行 <选择对象> 选项，AutoCAD 提示：

选择标注对象：

此提示要求用户选择要标注尺寸的对象。选择对象后，AutoCAD 将该对象的两端点作为两条尺寸界线的原点进行标注。

指定第二条尺寸界线原点：(捕捉图 5-27 中的尺寸 25 的第二条尺寸界线的原点)

指定尺寸线位置或

[多行文字(M)/文字(T)/角度(A)/水平(H)/垂直(V)/旋转(R)]：(指定尺寸线位置)

标注文字 = 25

执行结果如图 5-27 所示。

以上提示多次出现，其中各选项意义如下：

（1）多行文字（M）　执行该选项，将进入多行文字编辑模式。用户可以使用文字格式工具栏和文字输入窗口输入文字，也可以重新选择文字的标注样式和文字高度等，完成后单击【确定】按钮。

（2）文字（T） 用于输入标注文字。执行该选项后，用户输入标注文字，完成后按【Enter】键。例如标注图 5-27 中尺寸 25。

命令：dimlinear（工具栏：标注→线性标注）
指定第一条尺寸界线原点或 <选择对象>：（捕捉尺寸 25 的第一条尺寸界线的原点）
指定第二条尺寸界线原点：（捕捉尺寸 25 的第二条尺寸界线的原点）
指定尺寸线位置或
[多行文字(M)/文字(T)/角度(A)/水平(H)/垂直(V)/旋转(R)]：T↙（输入尺寸文字）
输入标注文字 <25>：25h7↙ （以输入值标注文字，则图 5-27 中的 25 会以 25h7 标出）
指定尺寸线位置或
[多行文字(M)/文字(T)/角度(A)/水平(H)/垂直(V)/旋转(R)]：（指定尺寸线位置）

（3）角度（A） 用于确定标注文字的旋转角度。执行该选项后，用户输入标注文字的角度后按【Enter】键，所标注的文字将旋转该角度。

（4）水平（H） 用于标注水平尺寸，用户在此提示下直接确定尺寸线的位置。

（5）垂直（V） 用于标注垂直尺寸，用户在此提示下直接确定尺寸线的位置。

（6）旋转（R） 用于旋转标注，即标注沿指定方向的尺寸。执行该选项后，用户输入尺寸线的角度后按【Enter】键。

此外，当两尺寸界线的起始点不在同一水平线和同一垂直线上时，可通过拖动鼠标的方式确定是水平标注还是垂直标注。

5.3.2 对齐尺寸标注

对齐尺寸标注是指其尺寸线与图形的轮廓线相平行，如图 5-27 所示尺寸"20"。可以看出，水平标注和垂直标注是对齐标注的特殊形式。

1. 调用方法

下拉菜单：标注→对齐；工具栏：标注→对齐标注；命令：dimaligned

2. 操作方法

操作方法与执行线性标注命令相同。

5.3.3 角度尺寸标注

角度尺寸标注用来标注角度尺寸，可标注圆弧的包含角（图 5-28a）、圆上某一段圆弧的包含角（图 5-28b）、两条不平行直线之间的夹角（图 5-28c）或根据给定的三点标注角度（图 5-28d）。

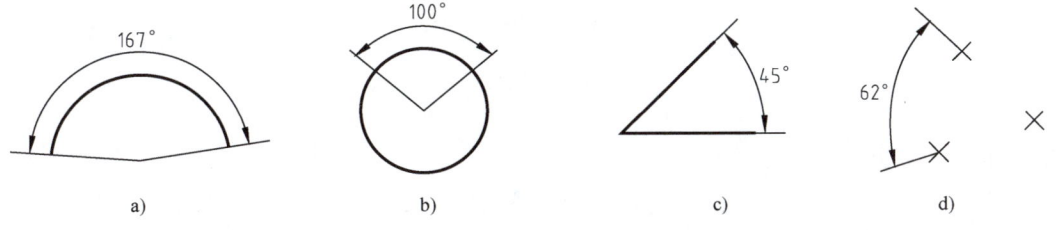

图 5-28 角度尺寸标注示例

1. 调用方法

下拉菜单：标注→角度；工具栏：标注→角度标注；命令：dimangular。

2. 操作方法

以标注图 5-28c 所示两条不平行直线之间的夹角为例说明。

命令：dimangular

选择圆弧、圆、直线或＜指定顶点＞：（选择第一条直线）

选择第二条直线：（选择第二条直线）

指定标注弧线位置或［多行文字(M)/文字(T)/角度(A)］：T↙（输入尺寸文字）

输入标注文字＜135＞：45↙

指定标注弧线位置或［多行文字(M)/文字(T)/角度(A)］：（确定标注弧线的位置）

5.3.4 基线标注

基线标注是指各尺寸线从同一条尺寸界线处引出，如图 5-29 所示。

1. 调用方法

下拉菜单：标注→基线；工具栏：标注→基线标注；命令：dimbaseline。

2. 操作方法

以标注图 5-29a 所示图形中孔距为例说明。在执行基线标注命令之前，先要标注图 5-29a 中的尺寸 10。

命令：dimbaseline（单击工具栏：标注→基线标注）

选择基准标注：（选择图 5-29a 中的尺寸 10）

指定第二条尺寸界线原点或［放弃(U)/选择(S)］＜选择＞：（捕捉图 5-29a 中的中间孔圆心）

标注文字 = 25

指定第二条尺寸界线原点或［放弃(U)/选择(S)］＜选择＞：（捕捉图 5-29a 中的右边孔圆心）

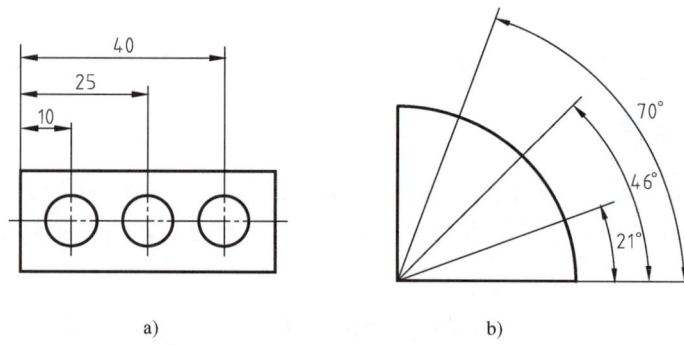

a)　　　　　　　　　　b)

图 5-29　基线标注示例

标注文字 = 40

指定第二条尺寸界线原点或［放弃(U)/选择(S)］＜选择＞：↙（按【Enter】键结束）

执行结果如图 5-29a 所示。基线标注也可以用来标注角度尺寸（图 5-29b）。

5.3.5 连续标注

连续标注是指相邻两尺寸线或标注弧线共用同一尺寸界线,如图 5-30 所示。

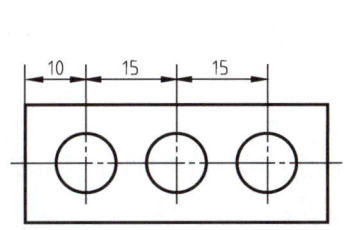
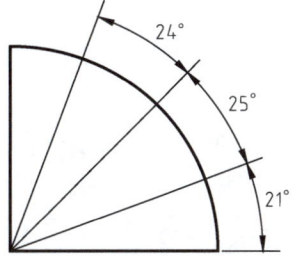

图 5-30 连续标注示例

1. 调用方法

下拉菜单:标注→连续;工具栏:标注→连续标注;命令:dimcontinue。

2. 操作方法

标出一个尺寸后,再执行该命令,操作方法与执行基线标注命令相同。

5.3.6 半径尺寸标注

半径尺寸标注用来标注圆或圆弧的半径,如图 5-31a 所示。

1. 调用方法

下拉菜单:标注→半径;工具栏:标注→半径标注;命令:dimradius。

2. 操作方法

命令:dimradius

选择圆弧或圆:(选择圆弧或圆)

标注文字 = 10

指定尺寸线位置或 [多行文字(M)/文字(T)/角度(A)]:

在该提示下直接确定尺寸线的位置。AutoCAD 按实际测量值标注出圆或圆弧的半径。另外,可以通过"多行文字(M)"、"文字(T)"以及"角度(A)"选项确定尺寸文字和尺寸文字的旋转角度。

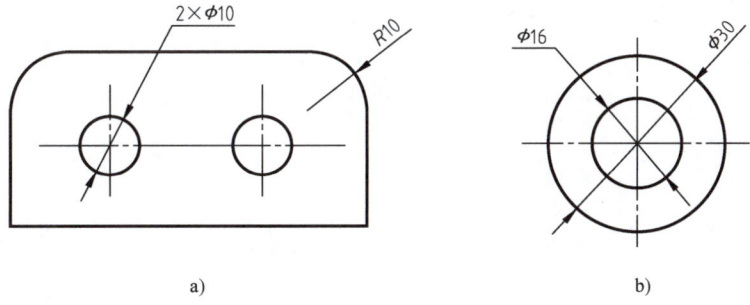

图 5-31 半径、直径尺寸标注示例

5.3.7 直径尺寸标注

直径尺寸标注用来标注圆或圆弧的直径,如图 5-31b 所示。

1. 调用方法

下拉菜单：标注→直径；工具栏：标注→直径标注；命令：dimdiameter。

2. 操作方法

命令：dimdiameter

选择圆弧或圆：（选择圆弧或圆）

标注文字 = 30

指定尺寸线位置或 [多行文字(M)/文字(T)/角度(A)]：

在该提示下直接确定尺寸线的位置。AutoCAD 按实际测量值标注出圆或圆弧的直径。另外，可以通过"多行文字（M）"、"文字（T）"以及"角度（A）"选项确定尺寸文字和尺寸文字的旋转角度。

5.3.8 快速引线标注

利用快速引线标注，用户可以标注一些注释、说明，如图 5-32 所示。

1. 调用方法

下拉菜单：标注→引线；工具栏：标注→快速引线；命令：qleader。

2. 操作方法

命令：qleader↙

指定第一个引线点或 [设置(S)] <设置>：↙（直接按【Enter】键，CAD 会弹出图 5-33 所示对话框）

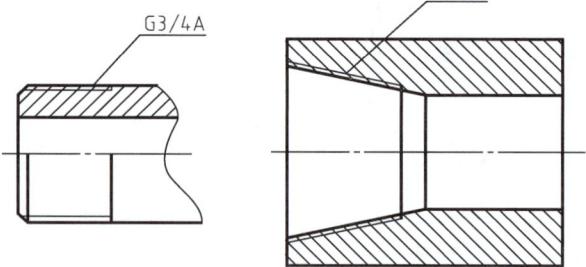

图 5-32 快速引线标注示例

用户可以通过执行该提示的相应选项，来设置引线格式及创建引线标注。

该对话框（图 5-33）中有"注释""引线和箭头""附着"3 个选项卡，各选项卡的功能如下：

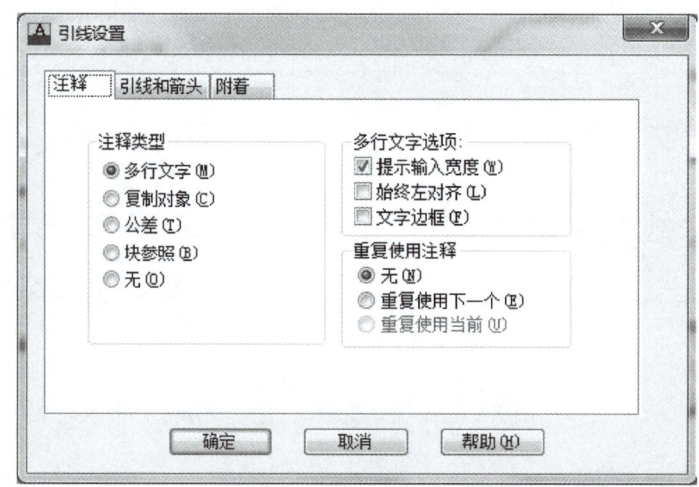

图 5-33 "引线设置"对话框——"注释"选项卡

(1)"注释" 用来设置引线标注的注释类型、多行文字选项和确定是否重复使用注释。

1)注释类型。用于设置引线标注的注释类型。注释类型不同,输入注释前给出的提示也不同。

①多行文字。可使注释是多行文字。

②复制对象。由复制多行文字、文字、块或公差这样的对象而得到。

③公差。可使注释是几何公差。

④块参照。可使注释是插入的块。

⑤无。表示没有注释。

2)多行文字选项。设置多行文字的格式。只有当注释类型为"多行文字"时,才能设置"多行文字选项"。

①提示输入宽度复选框。用于确定是否显示要求用户确定多行文字注释宽度提示。

②始终左对齐复选框。用于确定多行文字注释是否始终为左对齐。

③文字边框复选框。用于确定是否给多行文字注释加边框。

3)重复使用注释。确定是否重复使用注释。

(2)"引线和箭头" 设置引线和箭头的格式,如图 5-34 所示。

1)引线。确定引线是直线还是样条曲线,用户可以根据需要选择。

2)点数。设置引线端点数的最大值。可以通过"最大值"微调框确定具体数据,也可以选中"无限制"复选框。

3)箭头。设置引线起始点处的箭头样式。

4)角度约束。对第一和第二段引线设置角度约束,从相应的下拉列表框中选择即可。

(3)"附着" 确定多行文字注释相对于引线终点的位置,如图 5-35 所示。可根据文字在引线的左边或右边分别进行设置。

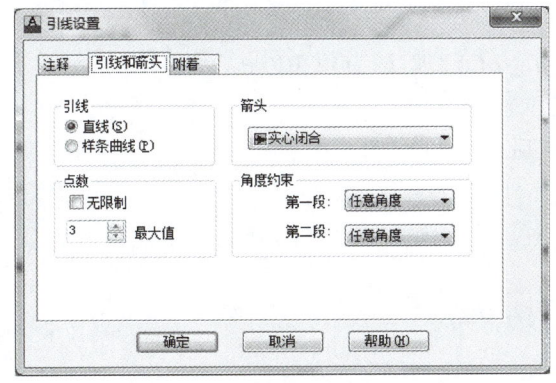

图 5-34 "引线设置"对话框——
"引线和箭头"选项卡

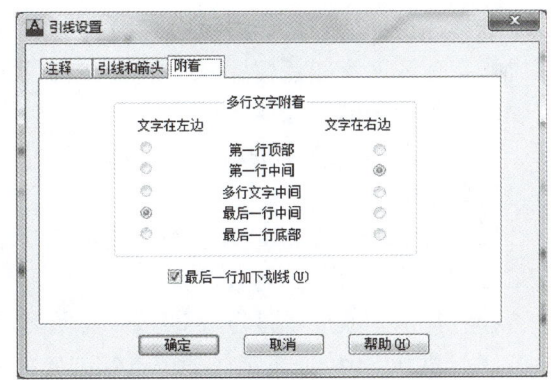

图 5-35 "引线设置"对话框——
"附着"选项卡

1)多行文字附着。用于设置文字在引线的左边或右边,多行文字注释与引线终点的对齐方式。

2)最后一行加下划线。确定是否给多行文字注释的最后一行加下划线。

设置完成后,单击【确定】按钮,AutoCAD 返回绘图屏幕,用户按下面步骤继续操作:
指定第一个引线点或 [设置(S)] <设置>:(指定第一个引线点)

指定下一点：（指定下一个引线点）
指定下一点：（指定下一个引线点）
指定文字宽度＜0＞：（输入文字宽度）
输入注释文字的第一行＜多行文字(M)＞：（输入文字内容）
输入注释文字的下一行：（输入下一行文字内容）
输入注释文字的下一行：↙（按【Enter】键结束）

确定引线的各端点后，根据"注释"选项卡中确定的注释类型不同，AutoCAD 给出的提示也不同。响应后，按【Enter】键即可。

图 5-32 所示的设置为："注释"选择"多行文字"选项，其余为默认选项；箭头下拉列表框选择"无"，其余为默认选项；"附着"选择"最后一行加下划线"。输入文字为"G3/4A"、"Rc1/2"。

5.4 尺寸标注的编辑

在 AutoCAD 2013 中，用户可以对尺寸标注的文字、位置及样式等进行修改，使之符合实际需要。

5.4.1 修改尺寸标注文字的位置

1. 调用方法

工具栏：标注→编辑标注文字；命令：dimtedit。

2. 操作方法

命令：dimtedit（从命令行中输入此命令）
选择标注：（选择尺寸标注对象）
指定标注文字的新位置或［左(L)/右(R)/中心(C)/默认(H)/角度(A)］：
上述各选项的意义如下：

（1）指定标注文字的新位置　选择尺寸标注后，通过拖动光标将尺寸标注文字移至新位置后单击即可。

（2）左（L）/右（R）　这两个选项仅对非角度标注起作用。它们分别决定尺寸标注文字是沿尺寸线左对齐还是右对齐。

（3）中心（C）　将尺寸标注文字放在尺寸线的中间。

（4）默认（H）　按默认的位置和方向放置尺寸标注文字。

（5）角度（A）　使尺寸标注文字旋转某一角度。执行该选项后，输入角度值后按【Enter】键即可。

5.4.2 用 Dimedit 命令编辑尺寸标注

1. 调用方法

工具栏：标注→编辑标注；命令：dimedit。

2. 操作方法

命令：dimedit（注意与上面命令 dimtedit 的差别）

输入标注编辑类型［默认（H）/新建（N）/旋转（R）/倾斜（O）］<默认>：

该提示中的各选项意义如下：

（1）默认（H） 按默认的位置和方向放置尺寸标注文字。执行该选项后，选择尺寸标注对象后按【Enter】即可。

（2）新建（N） 重新输入尺寸标注文字。执行该选项后，AutoCAD 会弹出图 5-4 所示的文字格式工具栏和文字输入窗口。在文字输入窗口中输入尺寸标注文字后，单击【确定】按钮后，AutoCAD 提示：

选择对象：

在此提示下选择尺寸标注对象，并按【Enter】键即可。

（3）旋转（R） 将尺寸标注文字旋转指定的角度。执行该选项后，输入角度值；在"选择对象"提示下，选择尺寸标注对象即可。

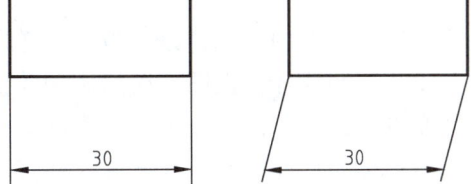

图 5-36 尺寸界线倾斜

（4）倾斜（O） 使非角度标注的尺寸界线旋转指定的角度。执行该选项后，选择尺寸标注对象，输入倾斜角度值按【Enter】键即可。

执行结果如图 5-36 所示。

5.4.3 修改尺寸标注文字的内容

1. 调用方法

工具栏：文字→编辑文字；命令：ddedit。

2. 操作方法

命令：ddedit

选择注释对象或［放弃(U)］：（选择尺寸中的标注文字对象）

执行该选项后，AutoCAD 会弹出图 5-4 所示的文字格式工具栏和文字输入窗口。在该窗口中显示原尺寸文字。用户可以编辑修改原文字，完成修改后，单击【确定】按钮即可。

5.4.4 标注更新

1. 调用方法

工具栏：标注→标注更新；命令：dimstyle。

2. 操作方法

欲将一尺寸的标注样式更新为另一标注样式，先用光标选取该尺寸；然后，在标注工具栏中将新的尺寸样式置为当前尺寸样式；最后，单击工具栏中的"标注更新"图标即可。

例如，某一尺寸的标注样式为"线性尺寸"，欲将其更新为标注样式为"水平尺寸"。其操作方法是：用光标选取该尺寸，在标注工具栏中将"水平尺寸"的尺寸样式置为当前尺寸样式，再单击标注工具栏中的"标注更新"图标即可；执行结果是将这一尺寸由"线性尺寸"变更为"水平尺寸"。

5.5 AutoCAD 绘制二维视图

利用 AutoCAD 绘制物体的视图是计算机绘图的基础。熟练掌握并灵活运用第 2 章中讲述的基本绘图命令和常用图形编辑命令、捕捉功能以及缩放等工具是绘图的前提。绘制符合国家标准规定的物体视图，必须掌握设置样式方法。为了提高绘图效率，还要遵循计算机绘图步骤。下面介绍绘制物体视图的方法与步骤。

5.5.1 绘制物体视图的一般方法与步骤

（1）创建样板图　设置图层、文字样式和标注样式，绘制图框与标题栏，然后将文件保存为样板图文件。

（2）建立新图　创建以样板图为样本的新图，或插入样板图文件。

（3）绘制物体的视图　在新图中绘制物体的视图图形，保持视图之间的投影关系。利用设置的图层，绘制符合国家标准的线型。

（4）标注尺寸　利用尺寸标注样式标注尺寸。

（5）标注文字　利用文字样式标注文字。

5.5.2 创建样板图

启动 AutoCAD 2013 后，AutoCAD 自动生成"drawing1.dwg"文件，在此基础上创建样板图。以创建 A3 样板图为例进行说明。

1. 三大设置

设置图层、文字样式和标注样式。

（1）设置图层　按第 2 章中表 2-4 进行图层设置。图层名一般用中文名，便于应用，如粗实线、细实线、细虚线、点画线、尺寸与技术要求和双点画线等。如果采用黑白打印，图层颜色选择黑白色。绘图时，在对象特性工具栏中的颜色、线型和线宽下拉列表框中，选择默认即"Bylayer"较好。

（2）设置文字样式　见本章 5.1 节阐述。应用"斜体工程字"文字样式标注数字、尺寸数字、字母及特殊字符，如"ϕ20"等。应用"汉字"文字样式标注汉字，如"技术要求"等。"直体工程字"文字样式，则用于尺寸标注中的汉字和标注几何公差。

（3）设置标注样式　见本章 5.2 节阐述。一般应设置常用的 3 种标注样式。

1）创建"线性尺寸"标注样式。在图 5-13 所示的"标注样式管理器"对话框中，单击【新建】按钮，会弹出图 5-14 所示的"创建新标注样式"对话框，在"新样式名"文本框中，输入"线性尺寸"，单击【继续】按钮。然后，按表 5-2 中的参数，设置样式名为"线性尺寸"的标注样式。

2）创建"水平（角度）尺寸"标注样式。在"标注样式管理器"对话框中，单击【新建】按钮，会弹出图 5-14 所示的"创建新标注样式"对话框，在"新样式名"文本框中，输入"水平（角度）尺寸"，在"基础样式"下拉列表框中，选择"线性尺寸"，单击【继续】按钮。然后，在"文字"选项卡的文字对齐选项组中，选择"水平"即可。

3）创建"直径尺寸"标注样式。在"标注样式管理器"对话框中，单击【新建】按钮，会弹出图 5-14 所示的"创建新标注样式"对话框，在"新样式名"文本框中，输入"直径尺寸"，在"基础样式"下拉列表框中，选择"线性尺寸"，单击【继续】按钮。然后，在"主单位"选项卡的线性标注选项组的前缀文本框中，输入"%%c"即文字前总是添加"ϕ"。

"线性尺寸"标注样式，用于标注图形中的线性尺寸；"水平（角度）尺寸"标注样式，用于标注图形中文字水平放置的尺寸及角度尺寸。"直径尺寸"标注样式，用于标注图形中非圆投影的直径尺寸。

2. 绘制图框及标题栏

根据第 1 章中，表 1-1、图 1-1 和图 1-3 的参数及规定，画出图框及标题栏。图中的纸边界线用细实线画出，其左下角为"0，0"点。填写标题栏中有关内容。

3. 保存样板图

完成三大设置和绘制图框、标题栏后，保存文件。该文件的文件名为"A3"，其扩展名为". dwt"，则 AutoCAD 将"A3"文件作为样板图保存在库存文件中。如果用户没有自己的计算机，也可以选择该文件的扩展名为". dwg"，保存在自己的 U 盘中。

用户可以用同样的方法，创建 A4、A2、A1 和 A0 样板图。

5.5.3　绘制物体视图

1. 建立新图

选择下拉菜单：文件→新建；工具栏：标准→新建；命令：new（三种方法选择一种）；打开"选择样板"对话框。在此对话框中，选择"A3.dwt"，单击【打开】按钮。建立了一幅与"A3"样板图一样的新图。即新图中有与"A3"样板图一样的设置、图框和标题栏。

如果用户将样板图保存为"A3.dwg"文件，用户可以用以下方法建立新图。

1）启动 AutoCAD 后，在系统自动生成的"drawing1.dwg"文件中选择下拉菜单：插入→块；AutoCAD 会弹出"插入"对话框，如图 5-37 所示。

在该对话框中选择【浏览】按钮，打开"选择图形文件"对话框。在该对话框中，用户选择路径和"A3.dwg"文件后，单击【打开】按钮，AutoCAD 返回"插入"对话框。在"插入点"选项组中的 X、Y、Z 文本框中输入"0"；在"缩放比例"选项组中的 X、Y、Z 文本框中输入"1"；在"旋转"选项组中的"角度"文本框中输入"0"。最后，单击【确定】按钮。

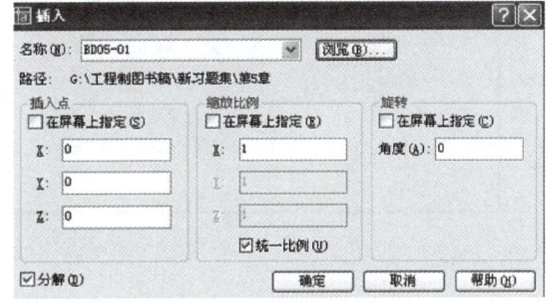

图 5-37　"插入"对话框

2）启动 AutoCAD 后，打开"A3.dwg"文件，单击文件下拉菜单中的"另存为"命令，用户在弹出的"另存为"对话框中，另取文件名保存即可。

2. 绘制物体视图

绘图步骤与仪器绘图步骤大致相同，其步骤如下：

（1）绘制基准线　应用 AutoCAD 的绘图、图形编辑命令和捕捉等功能，绘制基准线，基准线应当保持"长对正、高平齐和宽相等"的投影关系。绘图时，若要绘制点画线，则先将"点画线"图层置为当前层，再应用命令画出点画线。其他线型与此相同。

（2）绘制三个视图主要轮廓线　应用绘图与图形编辑命令，绘制视图的主要粗实线、细实线及虚线等。

（3）完成三视图　绘制视图的其他图线。

（4）标注尺寸　将"尺寸与技术要求层"置为当前层，应用已设置的标注样式标注所有尺寸。如果已设置的标注样式不能满足需要时，可再设置新的标注样式。

（5）标注文字　将"文字层"置为当前层，标注如技术要求等的文字。填写标题栏，完成全图。

（6）图形排版　应用移动命令，将图形及尺寸等布置在图框中合适的位置但要保持"三等"关系。

5.5.4　绘制物体视图举例

以绘制端盖的零件图为例说明绘图方法与步骤。图 5-38 所示为端盖的零件图。

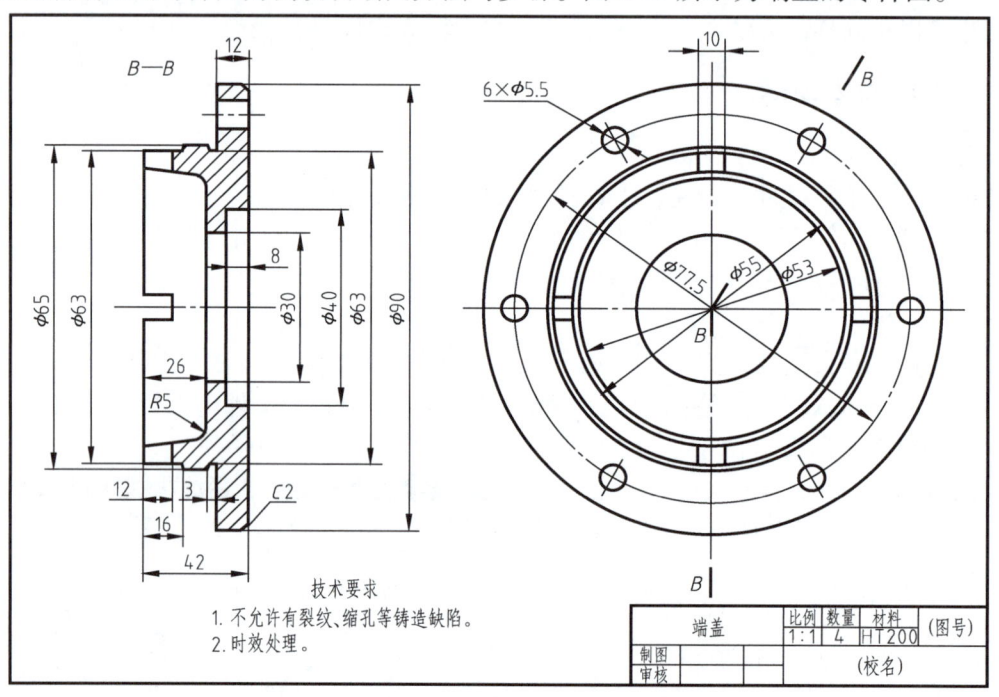

图 5-38　端盖的零件图

在绘图前，按上述方法，创建一个 A3 样板图文件。

（1）调用 A3 样板图　单击下拉菜单：文件→新建；打开"选择样板"对话框，选择"A3.dwt"文件，单击打开。

（2）绘制基准线　画出圆心的中心线、主视图的中心线及右端面线，如图 5-39a 所示。

（3）绘制主要轮廓线　绘制主视图和左视图的主要轮廓线，如图 5-39a 所示。

（4）完成全图　绘制其他图线如孔、剖面线等，完成全图，如图 5-39b 所示。

（5）标注尺寸　将"尺寸与技术要求层"置为当前层。在标注工具栏中，将"线性尺寸"置为当前样式，标注图形中的线性尺寸，如 42、16 等。将"水平（角度）尺寸"置为当前样式，标注图形中的水平尺寸，如 6×φ5.5、R5 等。将"直径尺寸"置为当前样式，标注图形中的直径尺寸，如 φ30、φ40、φ90 等。此时标注工具栏应当水平放置，以便于操作。

(6) 标注文字 将"文字层"置为当前层，标注"技术要求"等文字。填写标题栏，完成全视图，如图5-38所示。

(7) 应用"移动命令"将端盖的主、左视图及尺寸等布置在图框中合适的位置，但要保持"三等"关系。

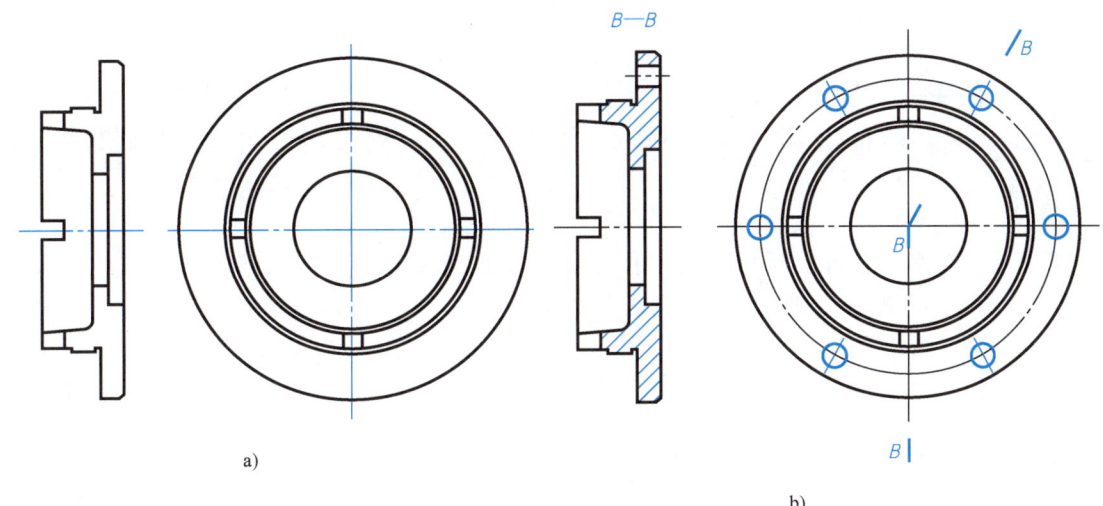

图 5-39 端盖绘图步骤
a) 绘制基准线和视图的主要轮廓线 b) 绘制其他图线，完成全图

5.5.5 物体视图修改

绘制视图过程中或审校时，需要对图中元素如图线、尺寸和文字等进行修改。掌握视图修改技术是工程技术人员绘图基本功之一。

1. 增加与修改"三大设置"

在绘制一般工程图样的情况下，上述"三大设置"可以满足绘图要求。但对于某些图样，"三大设置"显然不够用，需要增加一些设置。其设置方法与上述相同。也可以对原样式进行修改。

2. 修改视图中元素

对于视图的图线、尺寸和文字等，可以用下拉菜单：修改→特性；调出"特性"对话框，如图5-40所示。

1) 对话框的左上方有一左右方向的箭头，用鼠标单击，可以使对话框左右缩放。

2) 对话框的上方有一下拉列表框，显示所选择的对象名称。

3) 对话框右上方有3个按钮，用途如下：

① 【切换系统变量的值】按钮（右上、左边位置）：用鼠标单击，可改变所选对象的系统变量值。

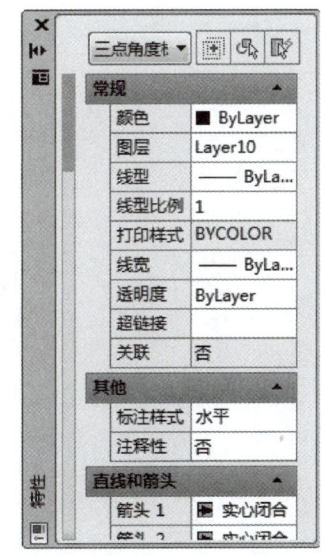

图 5-40 "特性"对话框

②【选择对象】按钮（右上、中间位置）：单击后，可以选择视图中的对象。

③【快速选择】按钮（最右上位置）：可以快速选择图元对象。

4）显示区域。该区域中，有常规和其他等弹出式分区。"弹出式"是指能收放的窗口。所选择的对象不同，在分区中显示的内容也不相同。如果选择的对象为"粗实线圆"，则常规分区中的项目有颜色、图层、线型、线宽、打印样式和线型比例等下拉列表框或文本框。用户可以用鼠标单击某一选项选择或输入参数，则该对象会随着参数的改变而变化。如将对象"粗实线圆"改变成"细实线圆"，则在常规分区中选择图层下拉列表框中的细实线层即可。修改其他特性与此类似。

另外，用户可以应用修改下拉菜单或修改工具栏中的各项命令，对图形的元素进行修改。

素质养成点

榫卯是在两个木构件上所采用的一种凹凸结合的连接方式。凸出部分叫榫（或榫头）；凹进部分叫卯（或榫眼、榫槽），这是古代中国建筑、家具及其他木制器械的主要结构方式。中国古代工匠在遥远的 7000 年前，不用一颗钉子，不用一瓶胶水，利用榫卯结构完成了复杂而庞大的木质古建筑连接设计，有效保证了建筑物的坚固性。榫卯在现代产品中的应用也受到了全世界的肯定，如世博会中国馆的建筑结构设计、获得红点设计大奖的 NUDE 衣帽架都利用了卯榫结构。此外，飞机发动机为了保证可持续使用性，其叶片也使用了卯榫结构。这些产品都传承了中国技艺，有独特的中国文化价值。

第 6 章 组 合 体

由两个或两个以上的基本体组成的类似机件的形体称为组合体。本章着重研究组合体视图的画法、看图方法和尺寸注法，为今后学习零件图奠定基础。

6.1 组合体的形体分析和组合形式

6.1.1 组合体的形体分析

任何复杂的物体都可以看成是由若干个基本几何体组合而成的。这些基本体可以是完整的，也可以是经过钻孔、切槽等加工的。图 6-1a 所示的支座，可看成由圆筒、底板、肋板、耳板和凸台组合而成，如图 6-1b 所示。在绘制组合体视图时，应首先将组合体分解成若干简单的基本体，并按各部分的位置关系和组合形式画出各基本几何体的投影，综合起来，即得到整个组合体视图。这种假想把复杂的组合体分解成若干个基本形体，

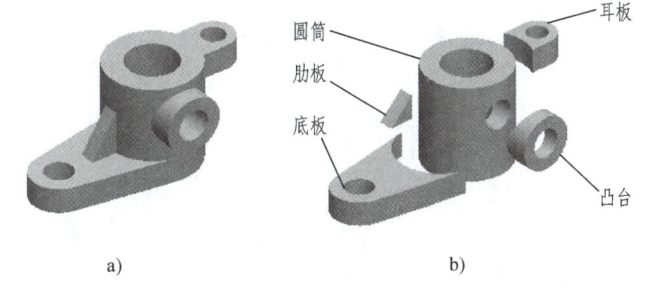

图 6-1 支座的形体分析
a）轴测图 b）分解图

分析它们的形状、组合形式、相对位置和表面连接关系，使复杂问题简单化的思维方法称为形体分析法。它是组合体的画图、尺寸标注和看图的基本方法。

6.1.2 组合体的组合形式及表面连接关系

1. 组合体的组合形式

组合体可分为叠加和切割两种基本组合形式，或者是两种组合形式的综合。叠加型组合体是将各基本体以平面接触相互堆积、叠加后形成的组合体，如图 6-2a 所示。切割型组合体是在基本体上进行切块、挖槽、穿孔等切割后形成的组合体，如图 6-2b 所示。

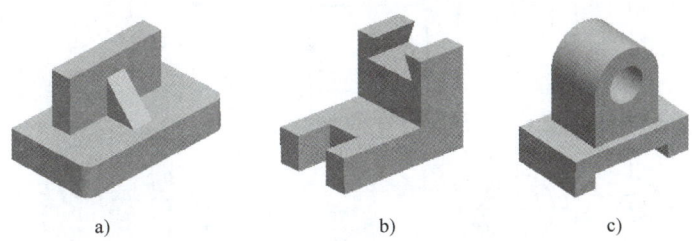

图 6-2 组合体的组合形式
a）叠加型组合体 b）切割型组合体 c）综合型组合体

图6-2c 所示的组合体则是叠加和切割两种形式的综合。

2. 组合体的表面连接关系

组合体的表面连接关系有平齐、相交和相切3种形式。弄清组合体表面连接关系，对画图和看图都很重要。

1）当组合体中两基本体的表面平齐（共面）时，在视图中不应画出分界线，如图6-3所示。

2）当组合体中两基本体的表面相交时，在视图中的相交处应画出交线，如图6-4、图6-5和图6-6所示。

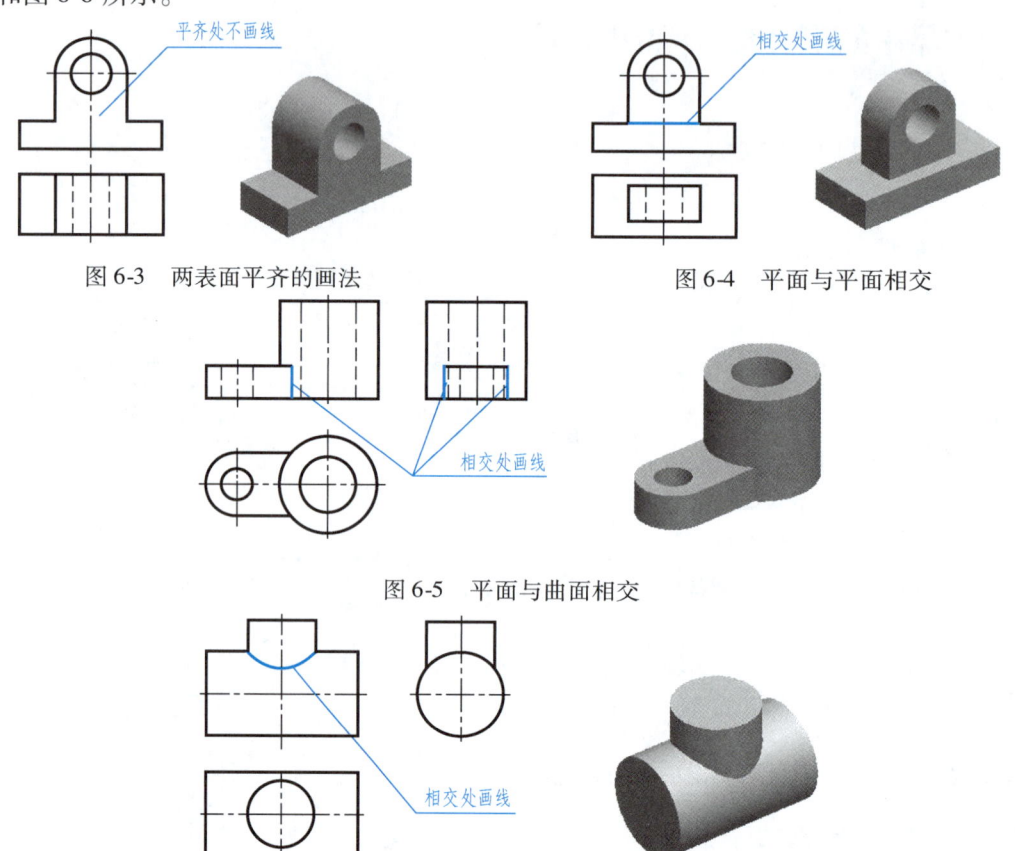

图6-3 两表面平齐的画法　　　　　图6-4 平面与平面相交

图6-5 平面与曲面相交

图6-6 曲面与曲面相交

3）当组合体中两基本体的表面相切时，在视图中的相切处不应画线，如图6-7所示。

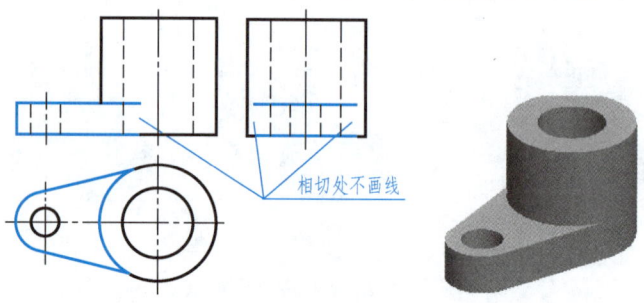

图6-7 两表面相切的画法

6.2 组合体视图的画法

画组合体的视图时，首先要运用形体分析法将组合体合理地分解为若干个基本形体，并按照各基本形体的形状、组合形式、形体间的相对位置和表面连接关系，逐步地进行作图。下面结合实例，介绍组合体视图的画法。

6.2.1 叠加型组合体视图的画法

以图 6-8a 所示的机座为例，介绍叠加型组合体视图的画图方法和步骤。

（1）分析形体　如图 6-8b 所示，机座可分解为底板、圆筒、支承板和肋板 4 个部分。底板上有直径相等的 2 个圆孔和 1/4 圆角，圆筒、支承板和肋板由上而下依次叠加在底板上面。支承板与底板的后面平齐，圆筒与支承板的后面不平齐，支承板的左右侧面与圆筒的外表面相切，肋板位于圆筒的正下方并与支承板垂直相交，其左右侧面、前面与圆筒的外表面相交。

（2）选择视图　选择视图包括确定主视图的投射方向和采用的视图数量。

1）选择主视图。主视图是表达组合体的一组视图中最主要的视图。选择主视图时应将组合体放正，使其主要平面平行或垂直于投影面，以便在投影时得到实形。一般应选择形状特征最明显、位置特征最多的方向作为主视图的投射方向，同时应考虑投影作图时避免在其他视图上出现较多的虚线，影响图形的清晰性和标注尺寸。

如图 6-9 所示，分别从机座的 A、B、C、D 4 个方向作为主视图的投射方向，比照后才能确定主视图。如图 6-10 所示，可以看出，A 向作为主视图投射方向能反映机座各组成部分的主要形状特征和较多的位置特征，符合主视图的要求。

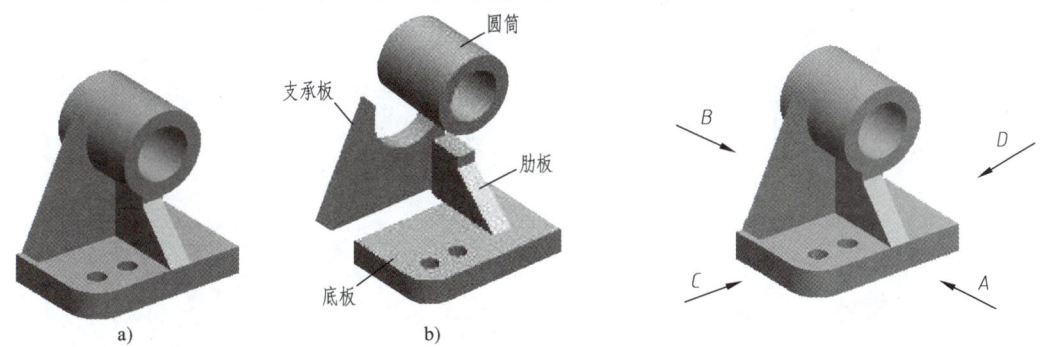

图 6-8　机座的形体分析图　　　　　　图 6-9　主视图投射方向
a）轴测图　b）分解图

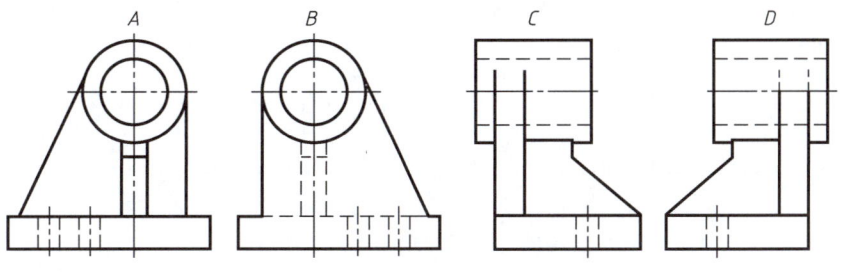

图 6-10　主视图投射方向的选择

2）确定视图数量。确定其他视图数量的原则是：用最少的视图最清楚地表达组合体各组成部分的形状结构、相对位置和表面连接关系。

因此，主视图投射方向选定后，根据机座的表达需要，确定画出俯视图来表达底板的形状和两孔的相对位置，画出左视图来表达肋板的形状以及支承板和圆筒的宽度。所以，机座需要用主、俯、左3个视图才能表达清楚。

（3）选比例、定图幅　选定视图后，要根据组合体的实际大小，按国家标准规定选择比例和图幅。一般情况下，应采用1∶1的比例作图。选择图幅时，应留有足够的空间标注尺寸。

（4）布置视图　根据组合体的总长，总宽和总高确定各视图在图框内的具体位置，使视图分布均匀。因此，画图时应首先画出各视图两个方向的基准线。常用的基准线是视图的对称线，大圆柱体的轴线以及大的底面或端面。

（5）画底稿　底稿中的图线应分出线型，线要画得细而轻，以便修改和保持图面整洁。

（6）检查、描深　底稿完成后，要仔细检查全图，改正错误。准确无误后，按国家标准规定的线型加粗、描深。描深时应先画圆或圆弧，后画直线；先画虚线、点画线、细实线，后画粗实线，最后标注尺寸。

机座的画图方法和步骤，如图6-11所示。

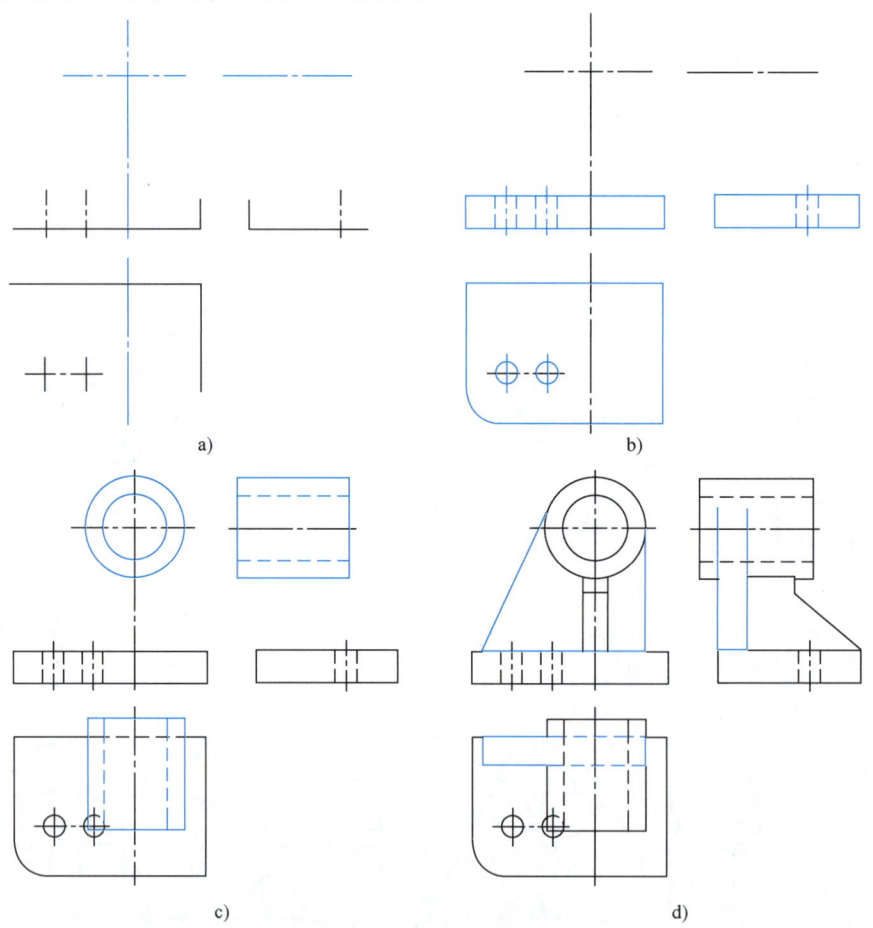

图6-11　机座的画图方法和步骤

a）布图：画各视图的作图基准线　b）画底板：先画俯视图　c）画圆筒：先画主视图　d）画支承板：先画主视图

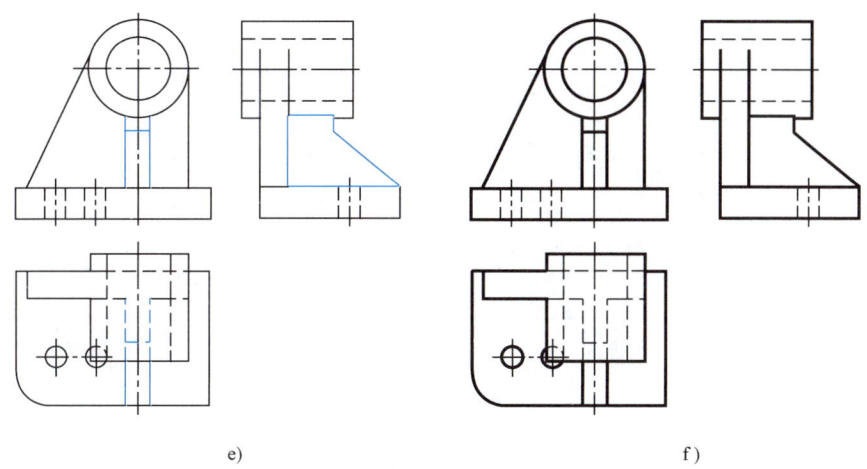

图 6-11 机座的画图方法和步骤（续）
e）画肋板：先画左视图 f）检查、描深

画图时应注意以下几点：

1）画图时，应运用形体分析法，将组合体的各组成部分从主要部分到次要部分、从大形体到小形体，逐个画出它们的三视图。绘图时，应先画出反映形状特征的视图，再画其他视图，3 个视图配合着画出，各视图应注意保持"长对正、高平齐、宽相等"的尺寸关系，如图 6-11b～e 所示。

2）在作图过程中，每增加一个组成部分，要特别注意分析该部分与其他部分之间的相对位置关系和表面连接关系，同时注意被遮挡部分应随手改为虚线，避免画图时出错。

6.2.2 切割型组合体视图的画法

以图 6-12 所示的组合体为例，介绍切割型组合体视图的画图方法和步骤。

（1）形体分析 该组合体的原始形体是四棱柱，在此基础上用不同位置的截平面分别切去形体 1（四棱柱）、形体 2（三棱柱）和形体 3（四棱柱），最后形成切割型组合体，如图 6-12 所示。

（2）画原始形体的三视图 先画基准线，布好图，再画出其原始形体的三视图，如图 6-13a、b 所示。

（3）画截平面的三视图 画各截平面的三视图时，应从各截平面具有积聚性和反映其形状特征的视图开始画起，如图 6-13c～e 所示。

（4）检查、描深 各截平面的投影完成后，仔细检查投影是否正确，是否有缺漏和多余的图线，准确无误后，按国家标准规定的线型加粗、描深，如图 6-13f 所示。

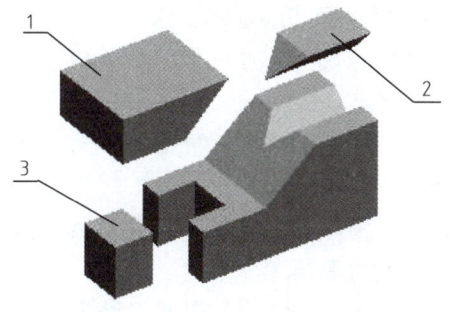

图 6-12 切割型组合体的形体分析

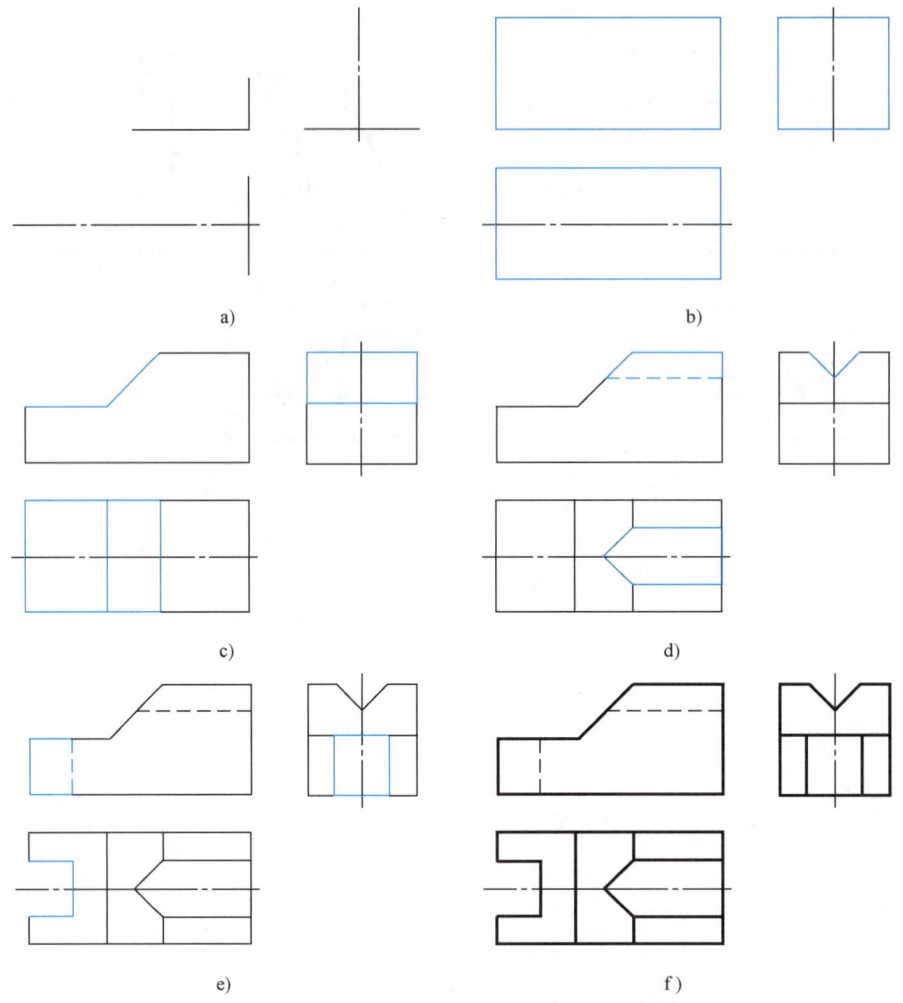

图 6-13 切割型组合体视图的画图方法和步骤
a) 画基准线 b) 画原始形体的三视图 c) 画切去形体 1 的三视图
d) 画切去形体 2 的三视图 e) 画切去形体 3 的三视图 f) 加粗、描深

6.3 组合体的尺寸标注

1. 尺寸标注的基本要求

（1）正确 标注的尺寸数值应准确无误，标注方法要符合国家标准中有关尺寸注法的基本规定。

（2）完整 标注尺寸必须能唯一确定组合体及各基本形体的大小和相对位置，做到无遗漏，不重复。

（3）清晰 尺寸的布局要整齐、清晰，便于查找和看图。

2. 尺寸基准

确定尺寸位置的几何元素称为尺寸基准。对于组合体，常选用其底面、重要的端面、对称平面、回转体的轴线以及圆的中心线等作为尺寸基准。

在组合体的长、宽、高3个方向中，每个方向至少要有一个主要尺寸基准。当形体复杂时，允许有一个或几个辅助尺寸基准。如图6-14a所示，以通过圆柱体轴线的侧平面作为长度方向的尺寸基准，以通过圆柱体轴线的正平面作为宽度方向的尺寸基准，以底板的底面作为高度方向的尺寸基准。

3. 组合体的尺寸种类

（1）定形尺寸　确定组合体中各基本体的形状和大小的尺寸称为定形尺寸。图6-14b所示的 $R14$、$2×\phi10$、$\phi16$ 等尺寸均属于定形尺寸。

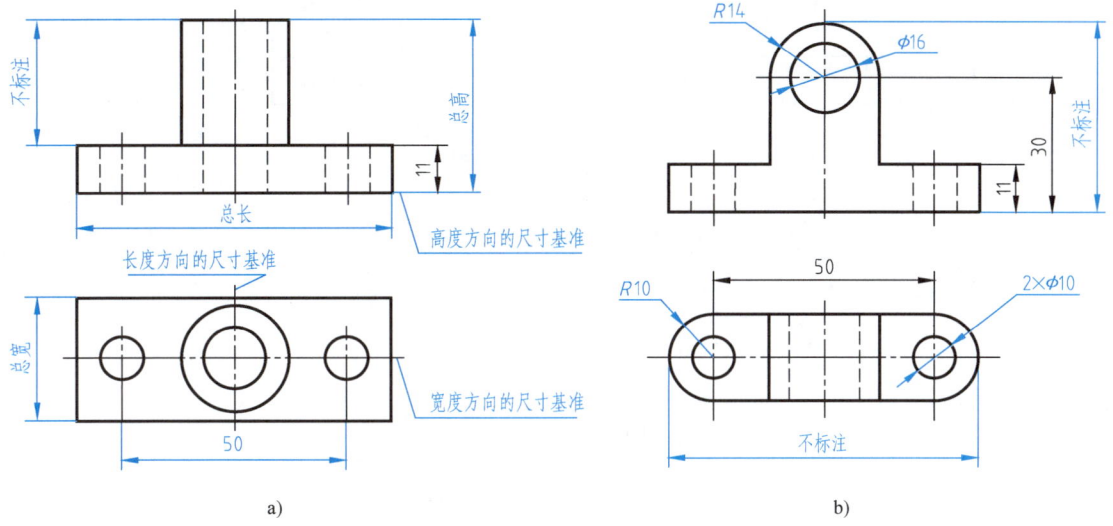

图6-14　尺寸基准及尺寸

（2）定位尺寸　确定组合体中各组成部分相对位置的尺寸称为定位尺寸。基本体的定位尺寸最多有3个。若基本体在某方向上处于叠加、平齐、对称、同轴之一者，则应省略该方向上的一个定位尺寸。如图6-14a所示，圆筒长度、宽度方向的定位尺寸均省略。

（3）总体尺寸　确定组合体外形的总长、总宽和总高的尺寸称为总体尺寸。若定形、定位尺寸已标注完整，在加注总体尺寸时，应对相关的尺寸做适当调整，避免出现封闭尺寸。如图6-14a所示，删除小圆柱的高度尺寸，标注总高。另外，当组合体的一端为有同心孔的回转体时，该方向上一般不注总体尺寸，如图6-14b所示。

4. 标注组合体尺寸的步骤

标注组合体的尺寸时，首先应运用形体分析法分析形体，找出该组合体长、宽、高3个方向的尺寸基准，分别注出各基本形体之间的定位尺寸和各基本形体的定形尺寸，再标注总体尺寸并进行调整，最后校对全部尺寸。

现以支座为例，说明标注组合体尺寸的具体步骤。

（1）对组合体进行形体分析，确定尺寸基准　如图6-1和图6-15所示，依次确定支座长、宽、高3个方向的主要尺寸基准：以通过圆筒轴线的侧平面作为长度方向的主要尺寸基准，以通过圆筒轴线的正平面作为宽度方向的主要尺寸基准，以底板的底面作为高度方向的主要尺寸基准，耳板和圆筒顶面作为高度方向的辅助尺寸基准。

（2）标注定位尺寸　从组合体长、宽、高3个方向的主要尺寸基准和辅助尺寸基准出发依次注出各基本形体的定位尺寸。如图 6-15 所示，标注出尺寸 80、56、52，确定底板、肋板和耳板相对于圆筒的左右位置；在宽度和高度方向上标注出尺寸 48、28，确定凸台相对于圆筒的前后和上下位置。

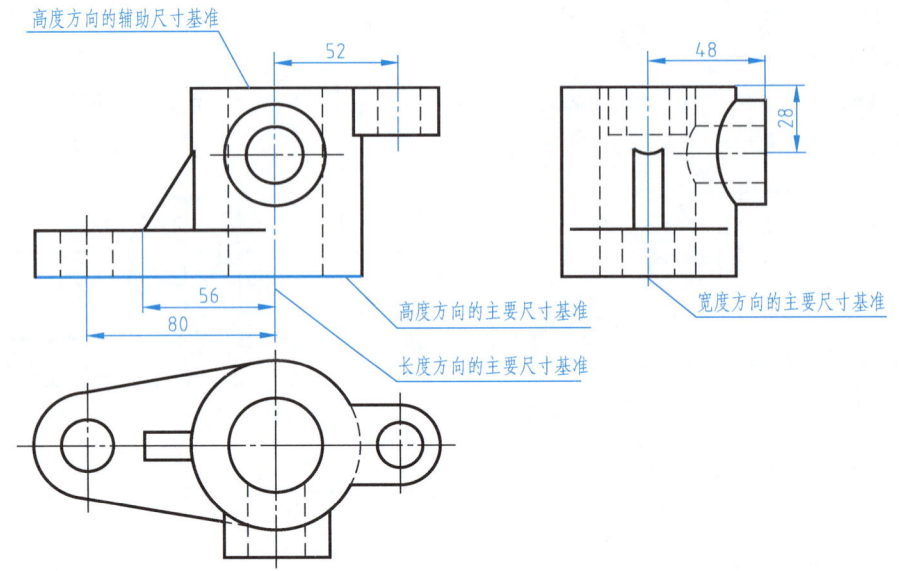

图 6-15　支座的尺寸基准和定位尺寸

（3）标注定形尺寸　依次标注支座各组成部分的定形尺寸，如图 6-16 所示。

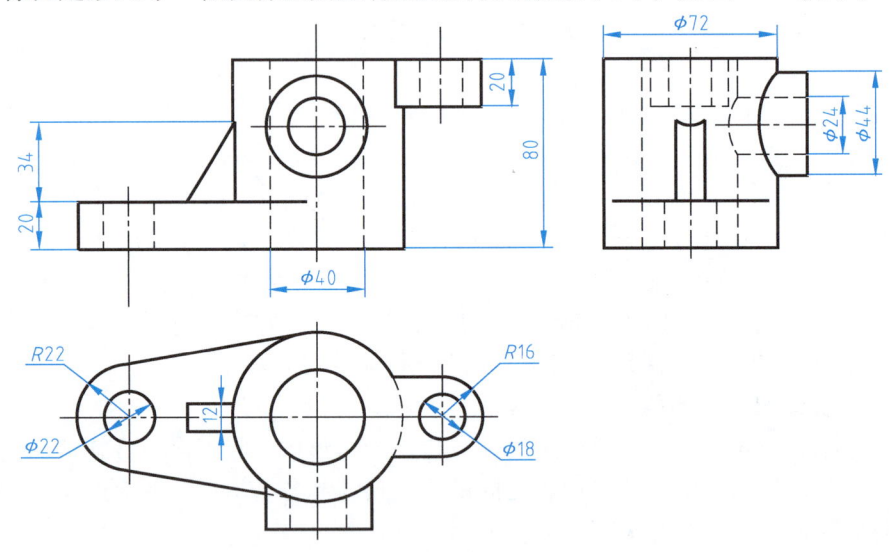

图 6-16　支座的定形尺寸

（4）标注总体尺寸　为了表示组合体外形的总长、总宽和总高，应标注相应的总体尺寸。如图 6-17 所示，支座的总高尺寸为 80，其也是圆筒的高度尺寸；因为已标注了定位尺寸 80、两圆孔距 52 和 R22、R16 后，不再标注总长（80 + 52 + 22 + 16 = 170），左视图上标注了定位尺寸 48 后，不再标注总宽（48 + 72/2 = 84）。

5. 标注尺寸需要注意的几个问题

标注尺寸除了要求正确、完整以外，为了便于看图，还要求所注尺寸清晰。为此，必须注意以下几点：

1) 尺寸应尽量标注在视图外面，与两个视图有关的尺寸最好布置在两个视图之间。

2) 定形、定位尺寸尽量标注在反映形状和位置特征的视图上。如图 6-17 所示，底板和耳板的高度 20 标注在主视图上比标注在左视图上要好；底板、耳板的直径和半径尺寸 $R22$、$\phi 22$、$R16$、$\phi 18$ 标注在俯视图上比标注在主、左视图上更能表示形状特征；在左视图上标注尺寸 48 和 28 比标注在主、俯视图上能明显反映位置特征。

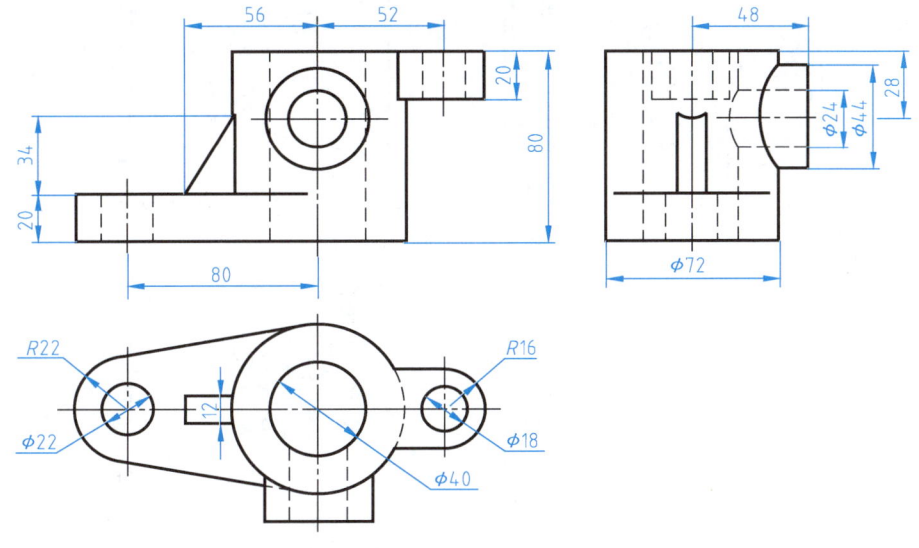

图 6-17 支座的尺寸标注

3) 同一基本形体的定形、定位尺寸应尽量集中标注。如图 6-17 所示，主视图上的定位尺寸 56、52、80，左视图上的定位尺寸 48、28，俯视图上的定形尺寸 $R22$、$\phi 22$、$R16$、$\phi 18$ 就相对集中。

4) 直径尺寸尽量标注在投影为非圆的视图上。如图 6-17 所示，$\phi 44$ 和 $\phi 24$ 就标注在左视图上。而圆弧的半径尺寸则应标注在投影为圆的视图上，如图 6-17 所示俯视图上的 $R22$ 和 $R16$。

5) 尺寸尽量不标注在虚线上。但为了布局需要和尺寸清晰，有时也可标注在虚线上，如图 6-17 所示左视图上的 $\phi 24$。

6) 尺寸线、尺寸界线与轮廓线尽量不要相交。同方向的并联尺寸，应使小尺寸注在里边（靠近视图），大尺寸注在外边。同方向的串联尺寸，箭头应互相对齐并排列在一条线上。

以上各点，并非标注尺寸的固定模式。在实际标注尺寸时，有时会出现不能完全兼顾的情况，应在保证尺寸标注正确、完整、清晰的基础上，根据尺寸布置的需要灵活运用和进行适当调整。如图 6-17 所示，主视图上的 56，左视图上的 $\phi 24$、28、48，俯视图上的 $\phi 40$ 等尺寸，均为调整后重新标注的尺寸。

图 6-18 所示为一些常见组合体结构的尺寸标注，供标注尺寸时参考。

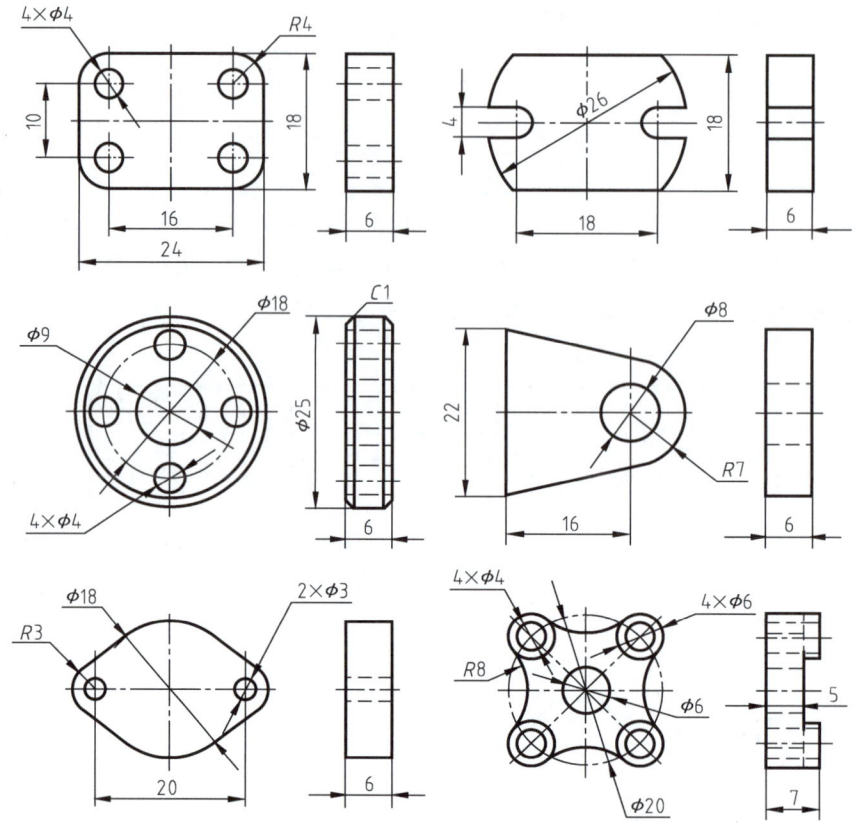

图 6-18 常见组合体结构的尺寸标注

6.4 看组合体的视图

画组合体的视图是将三维形体用正投影的方法表示成二维图形，而看组合体的视图则是将多个二维图形依据它们之间的投影关系，想象出三维的形状。可以说，看图是画图的逆过程。所以，看图同样也要运用形体分析法。但对于复杂的形体，还要对局部结构进行线面分析，想象出局部结构的形状，从而想象出组合体的空间形状。

6.4.1 看图要点

（1）弄清视图中线条与线框的含义

1）视图中的每一条线。表示具有积聚性的面（平面或柱面）的投影，表示表面与表面（两平面、两曲面或一平面和一曲面）交线的投影，表示曲面转向轮廓线在某方向上的投影，如图 6-19a 所示的线条 a、b、c。

2）视图中的封闭线框。表示凹坑或通孔积聚的投影，表示一个面（平面或曲面）的投影，表示曲面及其相切的组合面（平面或曲面）的投影，如图 6-19a 所示的 d、e、f。

3）视图中相邻封闭线框。表示不共面、不相切的两不同位置的表面，如图 6-20a 所示；线框里有另一线框，可以表示凸起或凹下的表面，如图 6-20b 所示。线框边上有开口线框和闭口线框，分别表示通槽和不通槽，如图 6-20c 所示。

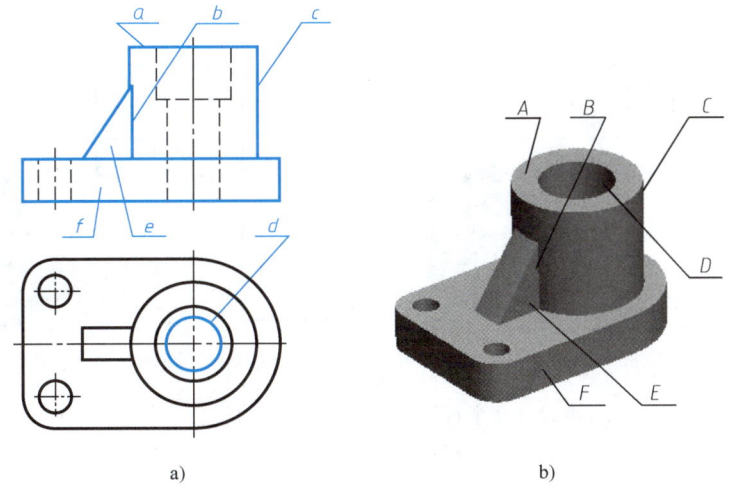

图 6-19 视图中线条和线框的含义

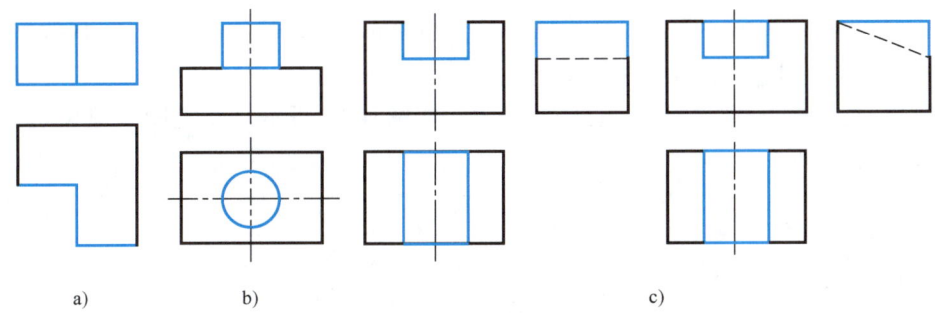

图 6-20 相邻封闭线框的含义

（2）要把几个视图联系起来进行分析　在一般情况下，一个视图不能完全确定组合体的形状，如图 6-21 所示的两组视图中，主视图相同，但两组视图表达的组合体却完全不相同；有时，两个视图也不能完全确定组合体的形状，如图 6-22 所示的两组三视图中，俯、左视图相同，但两组三视图表达的组合体形状也不相同。由此可见，表达组合体必须要有反映形状特征的视图，看图时，要把几个视图联系起来进行分析，才能想象出组合体的形状。

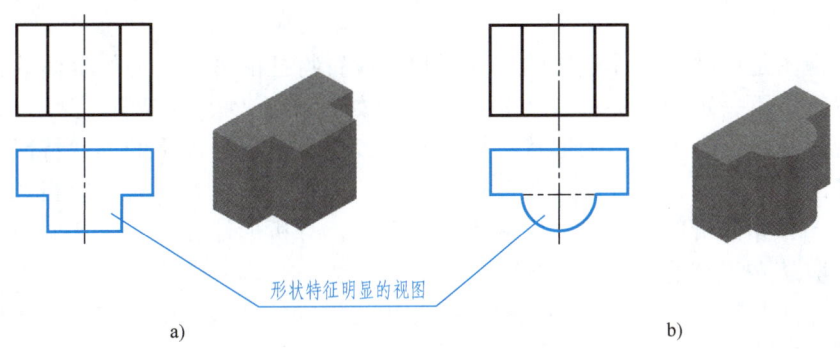

形状特征明显的视图

图 6-21 几个视图联系起来进行分析（一）

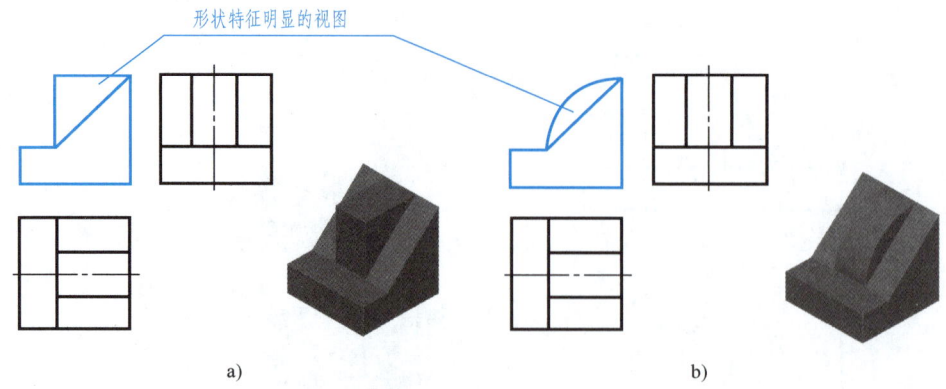

图 6-22 几个视图联系起来进行分析（二）
a）组合体 1　b）组合体 2

（3）从最能反映组合体形状和位置特征的视图看起　首先要分清反映形状和位置特征的视图。

看图时，应当从反映形状特征的视图看起，如图 6-21 所示的视图中，要从俯视图看起；如图 6-22 所示的视图中，要从主视图看起。

看图时，应当从反映位置特征的视图看起，如图 6-23 所示，左视图明显反映了形体的位置特征，要从左视图看起。

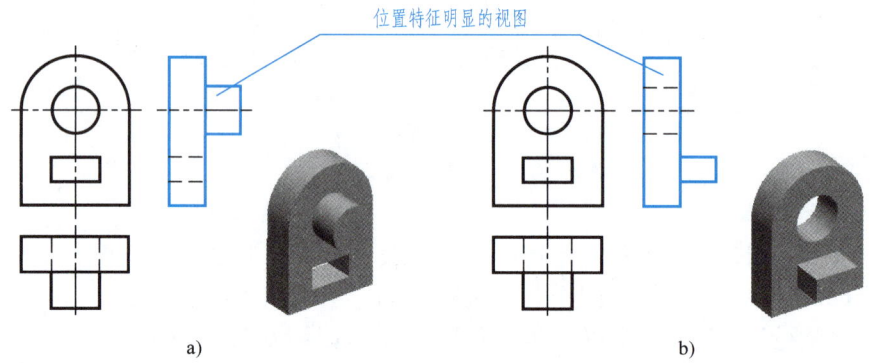

图 6-23 从反映位置特征的视图看起
a）组合体 1　b）组合体 2

通常，主视图是反映组合体整体的主要形状和位置特征的视图。但组合体的各组成部分的形状和位置特征不一定全部集中在主视图上。例如，图 6-24 所示支架是由 3 个基本体叠加而成，主视图反映了该组合体的形状特征，同时，也反映了形体Ⅰ的形状特征；俯视图主要反映形体Ⅱ的形状特征；左视图主要反映形体Ⅲ的形状特征。看图时，应当抓住有形状和位置特征的视图，如分析形体Ⅰ时，应从主视图看起；分析形体Ⅱ时，应从俯视图看起；分析形体Ⅲ时，应从左视图看起。

看图时要善于抓住反映组合体各组成部分形状与位置特征较多的视图，并从它入手，就能较快地将其分解成若干个基本体，再根据投影关系，找到各基本体所对应的其他视图，并经分析、判断后，想象出组合体各基本体的形状，最后达到看懂组合体视图的目的。

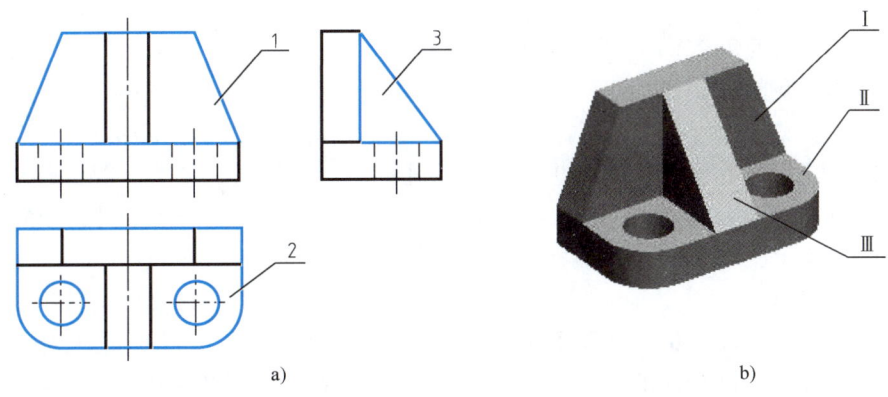

图 6-24 从反映形状特征的视图看起

6.4.2 看图方法和步骤

1. 形体分析法

看叠加型组合体的视图时，根据投影规律，分析基本形体的三视图，从图上逐个识别出基本形体的形状和相互位置，再确定它们的组合形式及其表面连接关系，综合想象出组合体的形状。

应用形体分析法看图的特点是：从体出发，在视图上分线框。

下面以图 6-25 所示的支承架为例，介绍应用形体分析法看图的方法和步骤。

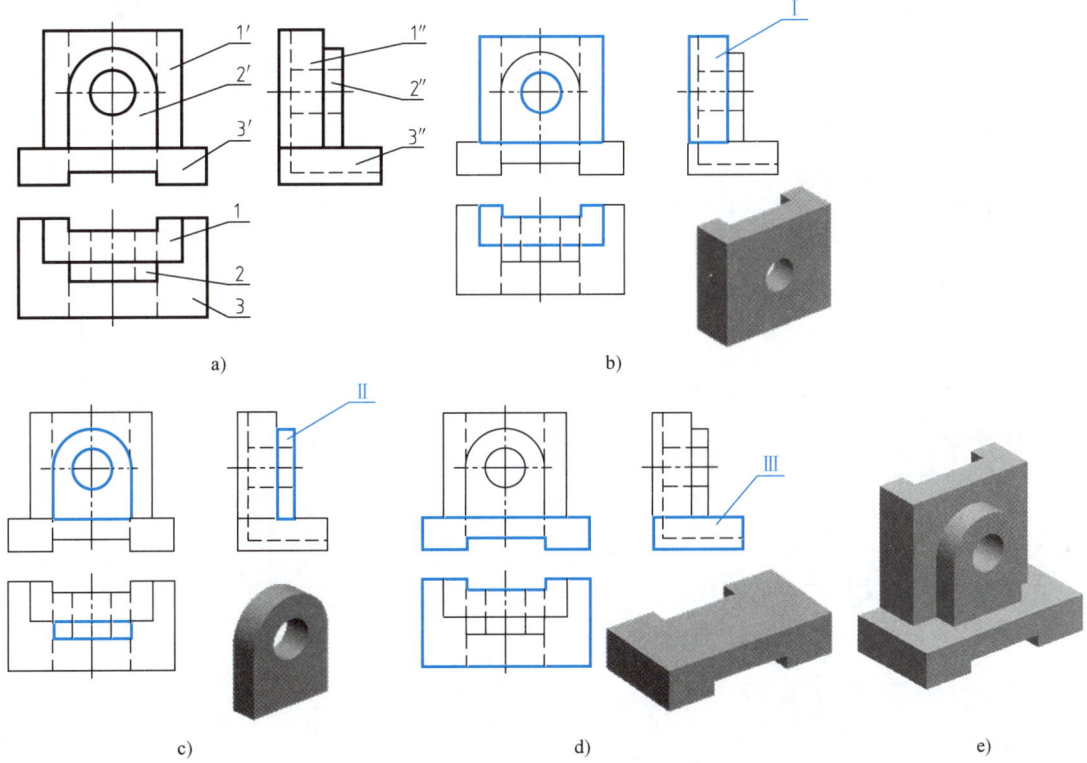

图 6-25 用形体分析法看图（支承架）的方法和步骤
a) 划线框分形体 b) 想立板Ⅰ的形状 c) 想凸台Ⅱ的形状 d) 想底板Ⅲ的形状 e) 综合想象支架的整体形状

（1）**划线框，分形体** 从主视图看起，将主视图按线框划分为 1′、2′、3′，并在俯视图和左视图上找出其对应的线框 1、2、3 和 1″、2″、3″，将该组合体分为立板 Ⅰ、凸台 Ⅱ 和底板 Ⅲ 三部分，如图 6-25a 所示。

（2）**对投影，想形状** 按照长对正、高平齐、宽相等的投影关系，从每一基本形体的特征视图开始，找出另外两个投影，想象出每一基本形体的形状，如图 6-25b~d 所示。

（3）**合起来，想整体** 根据各基本形体所在的方位，确定各部分之间的相互位置及组合形式，从而想象出支承架的整体形状，如图 6-25e 所示。

2. 线面分析法

看图时，在应用形体分析法的基础上，对一些较难看懂的部分，特别是对切割型组合体的被切割部位，还要根据线面的投影特性，分析视图中线和线框的含义，弄清组合体表面的形状和相对位置，综合起来想象出组合体的形状，这种看图方法称为线面分析法。

线面分析法的看图特点是：从面出发，在视图上分线框。

从某一视图上划分线框，并根据投影关系，在另外两个视图上找出与其对应的线框或图线，确定线框所表示的面空间形状和对投影面的相对位置，进而弄清组合体的整体形状。

下面以图 6-26 所示的压块为例，介绍用线面分析法看图的方法和步骤。

先分析整体形状。压块三个视图的轮廓基本上都是矩形，所以它的原始形体是个长方体。再分析细节部分，压块的右上方有一阶梯孔，其左上方和前后面分别被切掉一角。

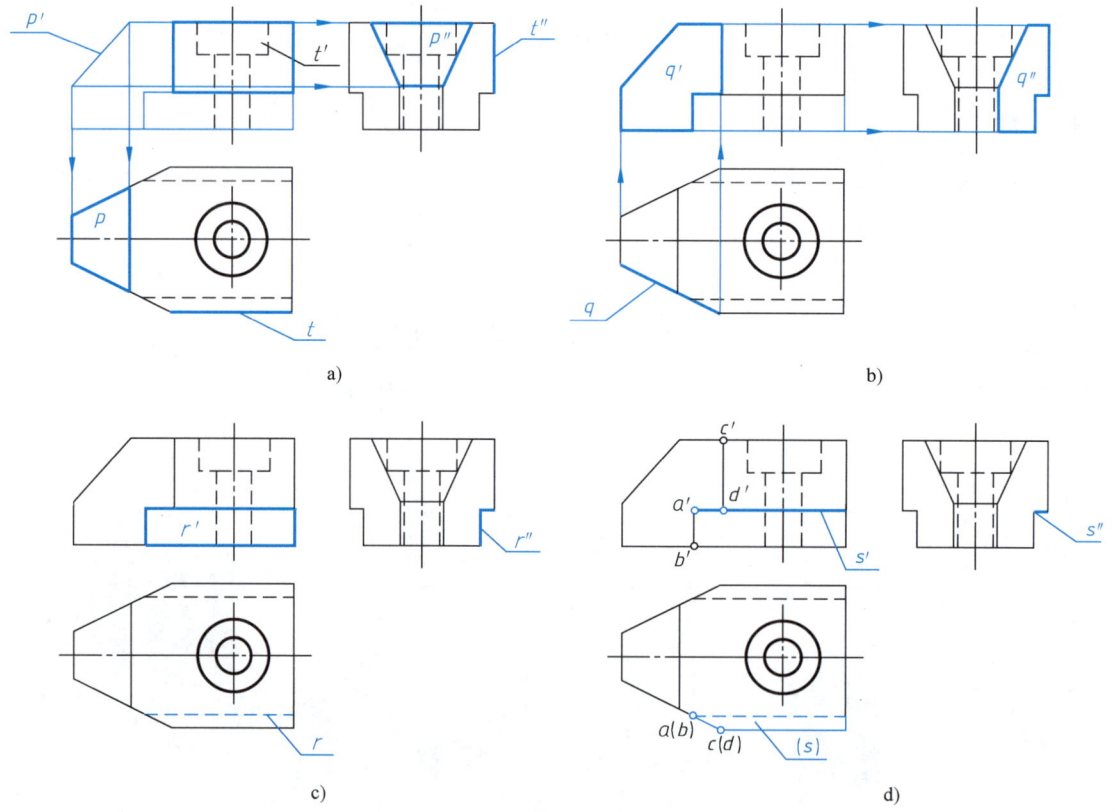

图 6-26 用线面分析法看图（压块）的方法和步骤
a）分析正垂面 P b）分析铅垂面 Q c）分析正平面 R d）分析水平面 S 和各面交线

（1）压块左上方的缺角　如图 6-26a 所示，俯、左视图上相对应的等腰梯形线框 p 和 p″，在主视图上与其对应的投影是一倾斜的直线 p′。由正垂面的投影特性可知，P 平面是梯形的正垂面。

（2）压块左方前、后对称的缺角　如图 6-26b 所示，主、左视图上所对应的投影为七边形线框 q′ 和 q″，在俯视图上与其对应的投影为一倾斜直线 q。由铅垂面的投影特性可知，Q 平面是七边形的铅垂面。同理，处于后方与之对称的位置也是七边形的铅垂面。

（3）压块下方前、后对称的缺块　如图 6-26c、d 所示，它们是由两个平面切割而成，其中一个平面 R 在主视图上为一可见的矩形线框 r′，在俯视图上的对应投影为水平线 r（虚线），在左视图上的对应投影为垂直线 r″。另一个平面 S 在俯视图上是有一边为虚线的直角梯形 s，在主、左视图上的对应投影分别为水平线 s′ 和 s″。由投影面平行面的投影特性可知，R 平面是长方形的正平面，S 平面是直角梯形的水平面。压块下方后面的缺块与前面的缺块对称，不再赘述。

在图 6-26d 中，a′b′ 不是平面的投影，而是 R 面和 Q 面的交线，同理，c′d′ 是长方体前端面 T 和 Q 面的交线，其余线框及其投影读者自行分析。这样，

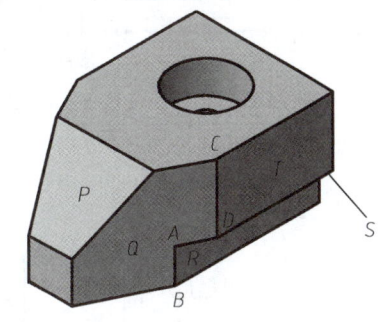

图 6-27　压块

既从形体上，又从线面的投影上，弄清了压块的三视图，综合起来，便可想象出压块的整体形状，如图 6-27 所示。

6.4.3　已知组合体两视图补画第三视图

根据已知组合体的两视图补画第三视图，是看图和画图的综合训练，一般的方法和步骤为：根据已知视图，用形体分析法和必要的线面分析法弄清组合体的形状，在此基础上，按投影关系补画出所缺的视图。

补画视图时，应根据各组成部分逐步进行。对叠加型组合体，先画局部后画整体。对切割型组合体，先画整体后画切割。并按先实后虚，先外后内的顺序进行。

例 6-1　如图 6-28a 所示，已知机座的主、俯视图，想象该组合体的形状并补画左视图。

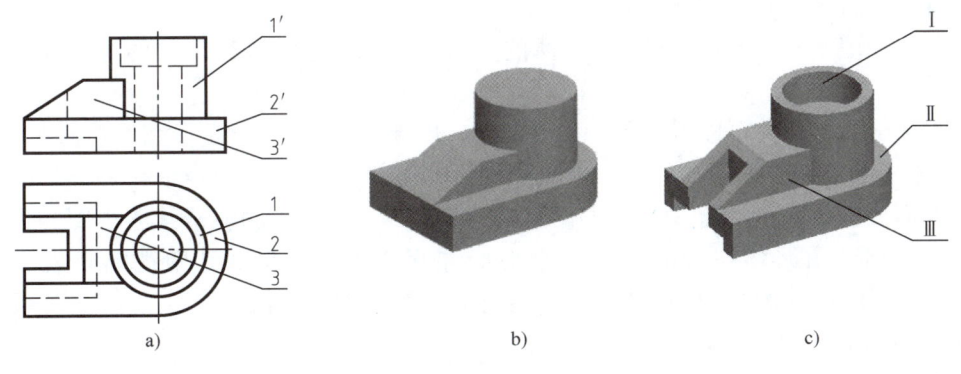

图 6-28　机座
a）将机座分解成三部分，找出对应的投影　b）想象三部分形体的形状
c）想象出机座左端的长方形凹槽、矩形通槽和阶梯圆柱孔位置和形状

1)分析。按主视图上的封闭线框,将机座分为圆柱体Ⅰ、底板Ⅱ和右端与圆柱面相交的厚肋板Ⅲ,再分别找出各部分在俯视图上对应的投影,想象出它们各自的形状,如图 6-28b 所示。再进一步分析细节,如主视图右边的虚线表示阶梯圆柱孔,主、俯视图左边的虚线表示长方形凹槽和矩形通槽。综合起来想象出机座的整体形状,如图 6-28c 所示。

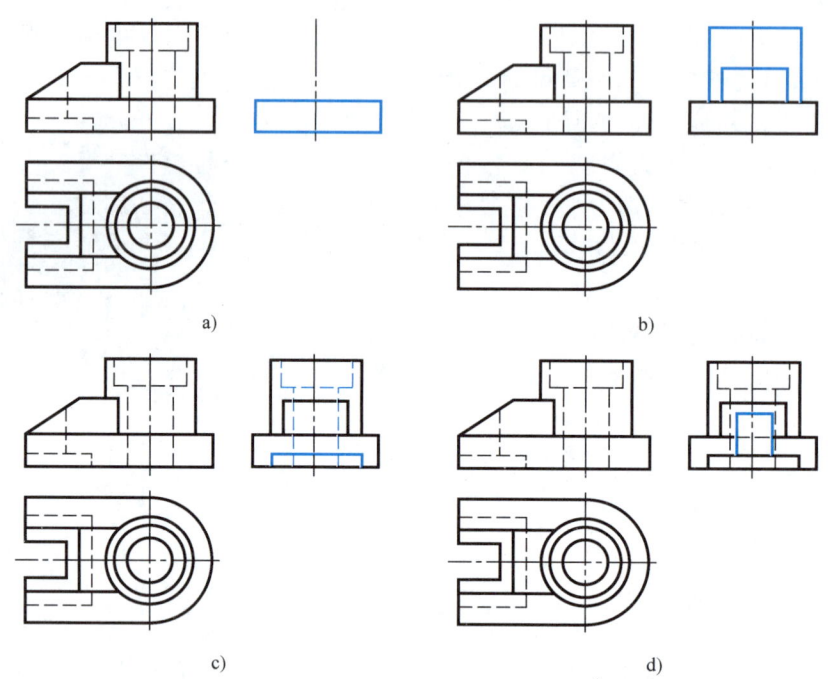

图 6-29 由两已知视图补画第三视图
a)补画底板Ⅱ的左视图 b)补画圆柱体Ⅰ和厚肋板Ⅲ的左视图
c)补画长方形凹槽和阶梯圆柱孔的左视图 d)最后补画矩形通槽的左视图

2)补画左视图,其过程如图 6-29 所示。

例 6-2 如图 6-30a 所示,已知组合体的主、左视图,想象该组合体的形状并补画俯视图。

1)形体分析。形体可以看成是一个正四棱柱,被对称的两个侧垂面 S、正垂面 P、侧平面 K 及水平面 R 截切而成,如图 6-30a、b 所示。

2)线面分析。两侧垂面 S 对应主视图中的封闭线框(六边形),其俯视图必为前后对称的两个类似形。在形体左端的正垂面 P 对应左视图中的梯形,其俯视图必为类似的梯形。水平面 R 和 Q 在俯视图反映实形,具体的形状大小由"长对正、宽相等"可得,如图 6-30a、b 所示。

3)补画俯视图。先画出前后对称的侧垂面 S 的俯视图,如图 6-30c 所示。

4)画出正垂面 P 的俯视图,再画出水平面 R 和 Q 的俯视图,如图 6-30d 所示。

5)最后,检查、加深、完成全图,如图 6-30e 所示。

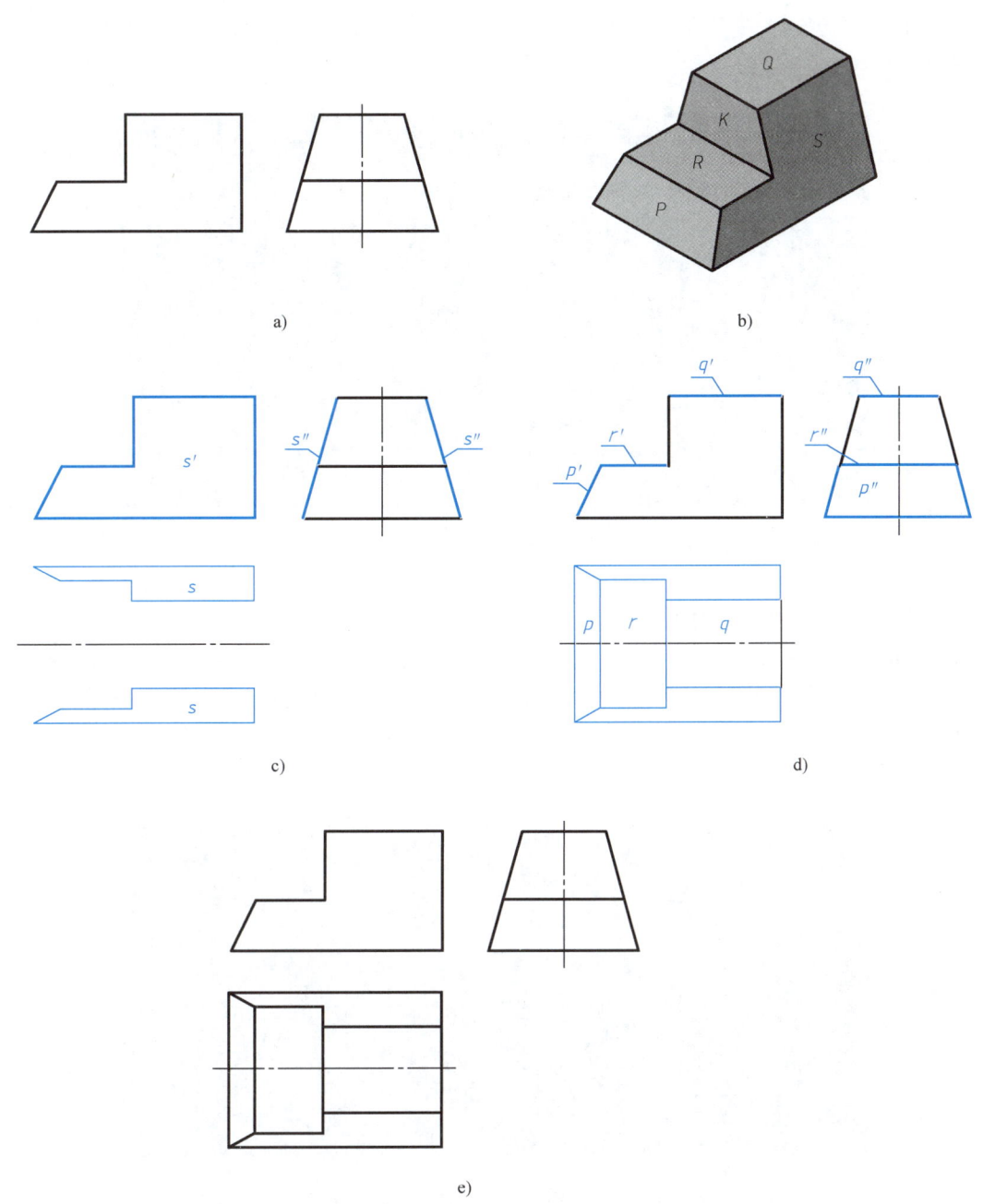

图 6-30 用线面分析法补画俯视图
a）题目 b）形体分析 c）画侧垂面 S d）画正垂面 P 和水平面 R、Q e）检查、加深

6.5 组合体在工程实际中的应用

1. 组合体在工程实际中的应用（一）

坐落在香港的中银大厦，是中国银行在香港的总部，位于香港中西区中环花园道 1 号。

中银大厦自 1982 年底开始规划设计，在 1989 年竣工。大厦基地面积约 8400m²，是一块四周被高架道路"绑缚"着的局促土地。中银大厦的主体结构由三棱柱和正方体组合而成，如图 6-31 所示。

图 6-31　组合体在工程实际中的应用——中银大厦

2. 组合体在工程实际中的应用（二）

东方明珠广播电视塔是上海的标志性文化景观之一，位于浦东新区陆家嘴，塔高约 468m。该建筑始建于 1991 年 7 月，1995 年 5 月投入使用，承担上海 6 套无线电视发射业务，地区覆盖半径为 80km。东方明珠广播电视塔的主体结构由球体、圆台和圆柱组合而成，如图 6-32 所示。

图 6-32　组合体在工程实际中的应用——东方明珠广播电视塔

3. 组合体在工程实际中的应用（三）

长城是我国古代劳动人民创造的奇迹。自秦朝开始，修筑长城一直是一项大工程。据记载，秦始皇使用了近百万劳动力修筑长城，占全国人口的 1/20，当时没有任何机械，全部劳动都得靠人力，而工作环境又是崇山峻岭、峭壁深壑。可以想象，没有大量的人群进行艰苦的劳动，是无法完成这项巨大工程的。长城主体结构由四棱柱组合而成，如图 6-33 所示。

图6-33 组合体在工程实际中的应用——长城

第 7 章　计算机绘制基本体、组合体的三维图形

7.1　概述

AutoCAD 2013 中文版可以绘制基本体和组合体的三维图形，还可以实现实体的剖切、渲染、消隐和着色等操作。掌握绘制三维图形的过程，对建立空间概念，学好工程制图有很大的帮助。

7.1.1　三维实体模型的概念

AutoCAD 可以建立以下 3 种三维模型：

（1）线框模型　线框模型是用物体的轮廓线表示一个三维物体，即用 Line、Pline 或 3Dpoly 命令输入各顶点的三维坐标所构成的图形。线框模型通常适用于基本体为平面体的机件，不能进行布尔运算、消隐和渲染等操作。

（2）表面模型　把立体的轮廓线所包围的部分定义成面进行建模就是表面模型。表面模型具有表面特征，可以进行消隐、渲染和计算面积等操作。AutoCAD 提供了立方体面、锥面、圆环面等基本图形，对这些形体进行组合和编辑可构成复杂的形体。

（3）实体模型　实体模型具有体的特征，可以对它进行挖孔、挖槽、切割和倒角等操作。AutoCAD 提供了绘制球体、圆柱体、圆锥体、长方体、楔形体和圆环体等基本体的功能，通过布尔运算和切割，可以构成比较复杂的形体。同时，也可以将二维对象进行拉伸、旋转，构成复杂形体。

本节着重介绍实体模型功能。

7.1.2　绘制三维实体的一般方法与步骤

（1）调出绘制三维实体工具栏　建模、实体编辑、UCS、视图、视觉样式和动态观察等是绘制三维实体常用的工具栏。为了绘图方便，首先调出它们。

（2）建立新图　调出样板图，如"A3"图。

（3）绘制三维基本体　按图样要求调整 UCS 坐标原点的位置及 X、Y、Z 的方向，绘制三维基本体。也可以利用二维对象进行拉伸、旋转，构成基本体。

（4）绘制三维组合体　对基本体进行布尔运算或切割，构成比较复杂的组合体。

绘制三维基本体与组合体，可以穿插进行和灵活运用；可以分别绘制复杂形体的某一部分，然后组装；也可以绘制回转体的二维平面图形，创建面域，然后进行拉伸或旋转，形成复杂的组合体。

7.1.3 绘制三维实体工具栏

绘制三维实体主要应用 6 个工具栏中的实用命令。图 7-1～图 7-6 分别所示为 UCS、建模、实体编辑、视图、视觉样式和动态观察工具栏。

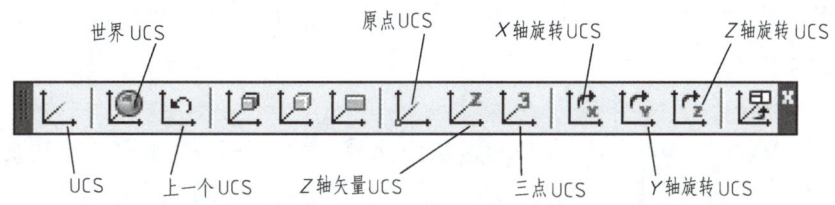

图 7-1　UCS 工具栏

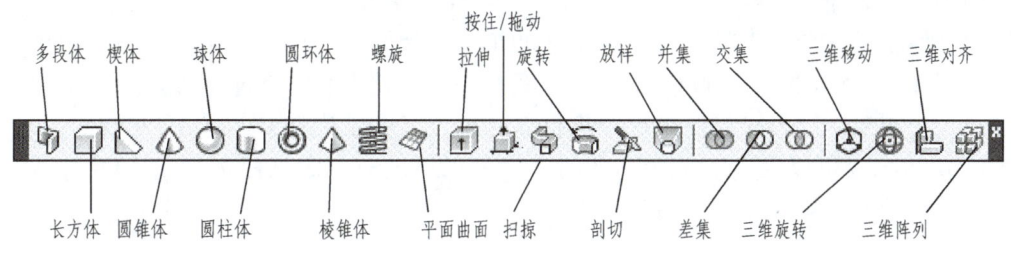

图 7-2　建模工具栏

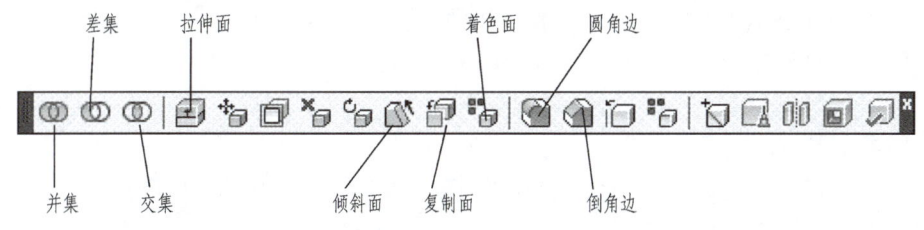

图 7-3　实体编辑工具栏

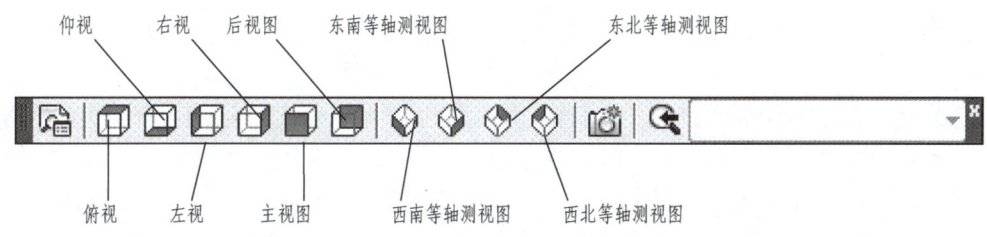

图 7-4　视图工具栏

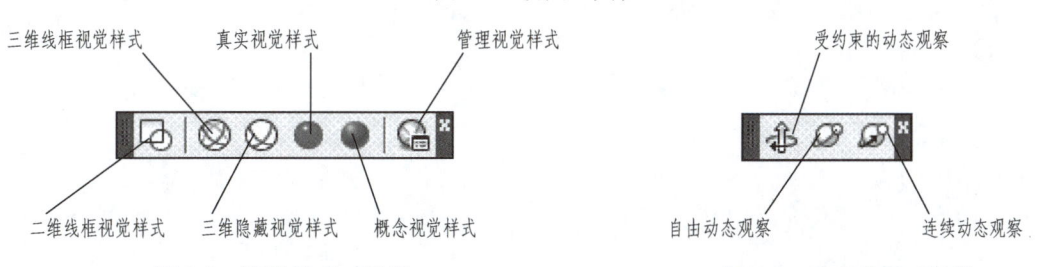

图 7-5　视觉样式工具栏　　　　　　图 7-6　动态观察工具栏

7.2 建立用户坐标系（UCS）、观察三维图形

7.2.1 坐标系的概念

AutoCAD 的坐标系有世界坐标系（World Coordinate System）和用户坐标系（User Coordinate System）两种。

世界坐标系 WCS 是 AutoCAD 定义的默认坐标系。AutoCAD 中虚拟的空间是由笛卡尔坐标系所定义的空间，称为世界坐标系，其 X、Y 坐标就是作图平面。AutoCAD 以屏幕的左下角为坐标原点 0（0，0，0），以水平向右为 X 轴正方向，以竖直向上为 Y 轴正方向，以垂直屏幕指向用户为 Z 轴正方向（用右手定则确定 Z 轴正方向）。

用户坐标系是一个可以随意移动和旋转的笛卡尔坐标系。在三维绘图中不可能将所有的图形都绘制在一个平面上，AutoCAD 解决方案是根据当前绘制的不同部分，设定不同的二维构造平面，使得绘制总是在当前坐标中进行。这种方案就是建立 UCS（用户坐标）。

通过 UCS 命令可以定义三维绘制平面，如可以通过三点定义所需要的 UCS，可以移动坐标原点，可以通过旋转坐标轴得到不同的 UCS 等。

7.2.2 建立 UCS 坐标系的方法

建立 UCS 坐标系的方法较多，下面介绍使用图 7-1 所示的 UCS 工具栏建立的方法。

单击 UCS 工具栏中 "UCS" 命令后，AutoCAD 提示：

命令：ucs

当前 UCS 名称：＊没有名称＊

指定 UCS 的原点或 ［面(F)/命名(NA)/对象(OB)/上一个(P)/视图(V)/世界(W)/X/Y/Z/Z 轴(ZA)］<世界>：

主要选项说明如下：

（1）指定 UCS 的原点　此选项为默认选项，直接输入新 UCS 坐标原点，AutoCAD 提示：

指定 X 轴上的点或 <接受>：（若指定 X 轴上的点，AutoCAD 会有下面的提示；若回车则为选择 <接受> 即保持原来坐标的 X、Y 轴方向不变，结束命令）

指定 XY 平面上的点或 <接受>：（指定 XY 平面上的点，即决定 Y 轴的方向，若回车则为选择 <接受> 即保持原来坐标的 Y 轴方向不变）

移动坐标原点，保持其 X，Y 和 Z 轴的方向不变，从而定义新的 UCS，如图 7-7 所示。

移动 UCS 原点可使复杂的三维造型变成简单的二维绘图。

在用户坐标系 UCS 中，绘图操作

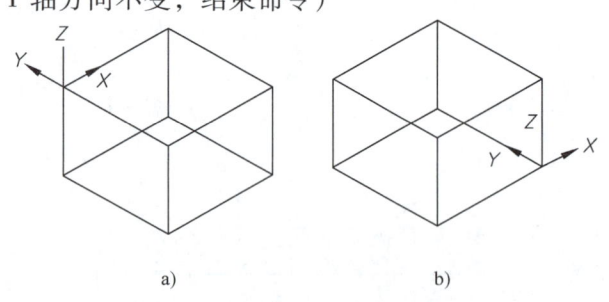

图 7-7　指定 UCS 原点、移动 UCS 和工具栏原点 UCS 示例

a) 原点移动前　b) 原点移动后

与在世界坐标系 WCS 中是相同的，不同的只是原点发生了改变。

在图 7-1 所示 UCS 工具栏中的"原点 UCS"命令与"指定新 UCS 的原点"选项的操作方法和执行结果相同。

（2）Z 轴（ZA）选项 指定 UCS 坐标的原点及 Z 轴正方向上一点，然后按右手定则确定当前坐标系。这是一个应用非常频繁的 UCS 坐标系，可以用于拉伸（Extrude）命令，因为拉伸的方向总是沿着 Z 轴正方向进行的。执行该项后，AutoCAD 提示：

指定新原点 <0，0，0>：30，-40，0↙（指定新原点即图 7-8 中的点 B）

在正 Z 轴范围上指定点 <30.0000，0.0000，0.0000>：↙（指定新建 Z 轴正半轴上的点即图 7-8 中的点 C）

在图 7-1 所示 UCS 工具栏中的"Z 轴矢量 UCS"命令与"Z 轴（ZA）"选项的操作方法和执行结果相同。图 7-8 所示为 Z 轴（ZA）和工具栏中 Z 轴矢量 UCS 示例。

（3）三点（3）选项 指定新 UCS 原点及其 X、Y 轴正方向的点。新的 UCS 坐标 Z 轴方向由右手定则确定。执行该项后，AutoCAD 提示：

指定新原点 <0，0，0>：（指定新原点后按【Enter】键）

在正 X 轴范围上指定点 <0.0000，0.0000，-1.0000>（在 X 轴正半轴上指定一点）

在 UCS XY 平面的正 Y 轴范围上指定点 <0.0000，1.0000，0.0000>：（在 Y 轴正半轴上指定一点）

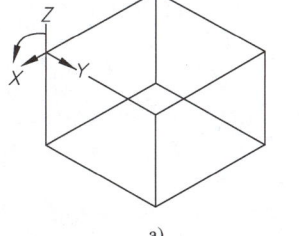

图 7-8 Z 轴（ZA）和工具栏中 Z 轴矢量 UCS 示例
a）原 UCS 坐标 b）新建 UCS 坐标

在图 7-1 所示 UCS 工具栏中的"三点 UCS"命令与"三点（3）"选项的操作方法和执行结果相同。

（4）X/Y/Z 选项 这三个选项表示分别绕当前坐标的 X、Y、Z 轴旋转。图 7-9 所示为绕 Y 轴旋转 90°后的 UCS。选择 Y 选项后，AutoCAD 提示：

指定绕 Y 轴的旋转角度 <90>：90↙（输入要旋转的角度后按【Enter】键）

可以输入正或负角度以旋转 UCS，AutoCAD 用右手定则来确定绕该轴旋转的正方向。

X 和 Z 选项操作方法与 Y 选项相同，执行结果也与此相类似。

在图 7-1 所示 UCS 工具栏中的"X、Y 和 Z 轴旋转 UCS"3 个命令与"X/Y/Z"选项的操作方法和执行结果相同。

对于已定义的 UCS 可以进行保存，已备日后编辑时使用。

UCS 与将要讲述的"视图"既有联系又有区别，首先它们都是三维设计制图中不可缺少的手段，其中 UCS 应用于绘图，"视图"应用于观测。比如改变 UCS 坐标系，绘图将会在另一个 UCS 坐标系中进行；而改变视图，

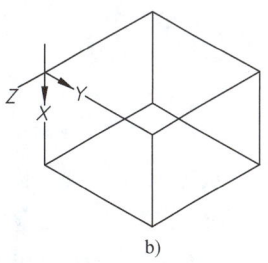

图 7-9 将 UCS 绕 Y 轴旋转 90°
a）旋转前 b）旋转后

则会转换到另一个角度来观看对象。

7.2.3 查看三维图形

启动 AutoCAD 后，如果不改变视图方向，观看的总是俯视图，不便于观测三维图形，需要改变观察角度。查看三维实体一般使用如下两种方法。

1. 使用动态观察旋转查看

（1）调用方法　下拉菜单：视图→动态观察；命令：3dorbit（或 3do）。

（2）操作方法　命令：_3dorbit（单击下拉菜单：视图→动态观察）

启动动态观察后，将显示一个转盘。用户可以按住鼠标左键拖动，观察三维实体。查看完成后，单击图 7-4 所示视图工具栏中的"俯视"命令，视图又回到俯视图。

2. 利用标准视图查看

使用标准视图来观察三维实体，已经能够满足大部分需求。AutoCAD 中的标准视图有正交视图与等轴测视图两种，其中正交视图有 6 个，等轴测视图有 4 个。单击图 7-4 所示视图工具栏中的各个相应按钮来转换标准视图，或者执行下拉菜单：视图→三维视图命令中的各项视图，其名称与工具栏上相同。

7.2.4 视觉样式

为了更好地观察三维模型，可以对绘制的三维图形设置视觉样式。AutoCAD 提供了二维线框（二维线

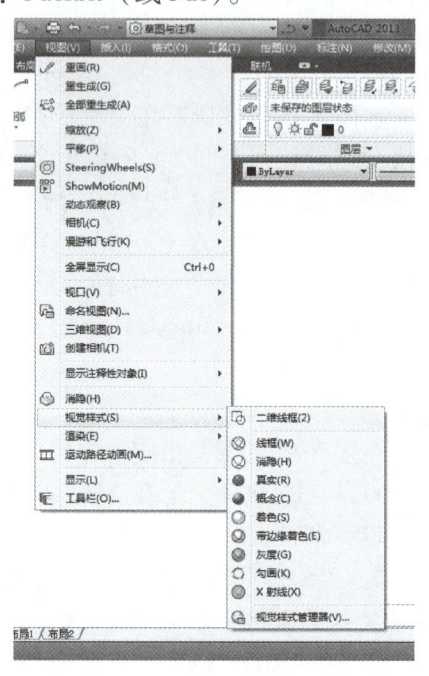

图 7-10　视觉样式

框）、线框（三维线框）、消隐（三维隐藏）、真实（真实视觉样式）、概念（概念视觉样式）、着色、带边缘着色、灰度、勾画、X 射线和视觉样式管理器等 10 种视觉样式，如图 7-10 所示，其中圆括号内的命令是同一命令，在图 7-5 工具栏所列出。在绘图过程中，常会使用这些命令。

1. 调用方法

下拉菜单：视图→视觉样式→（选择 10 种样式中的一种）；工具栏：视觉样式→（选择样式中的一种）；命令：vscurrent。

2. 操作方法

命令：vscurrent↙

输入选项［二维线框(2)/线框(W)/隐藏(H)/真实(R)/概念(C)/着色(S)/带边缘着色(E)/灰度(G)/勾画(K)/X 射线(X)/其他(O)］＜线框＞：_H（三维隐藏）

AutoCAD 执行视觉样式命令，三维实体外观较平滑和真实地显示。单击工具栏中的命令，三维实体外观会在 10 种不同的着色模式下显示。

7.3 绘制基本体

7.3.1 绘制长方体（Box）

1. 调用方法

下拉菜单：绘图→建模→长方体；工具栏：建模→长方体；命令：box。

2. 操作方法

命令：box

指定第一个角点或 [中心(C)]：0, 0, 0↙（指定长方体的一个角点坐标）

指定其他角点或 [立方体(C)/长度(L)]：@50, 50, 0↙（指定长方体的另一个角点坐标）

指定高度或 [两点(2P)]：30↙（输入高度值）

执行结果如图7-11所示。

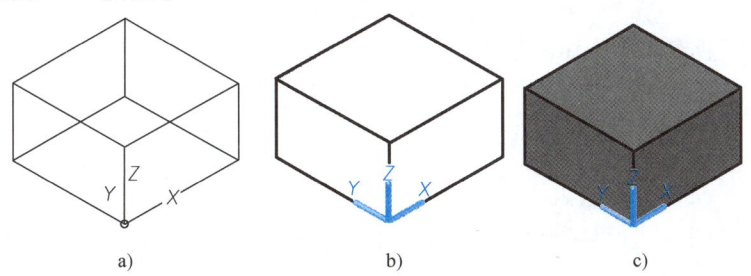

图7-11 绘制长方体
a) 线框显示 b) 消隐显示 c) 灰度显示

各选项含义介绍如下：

中心（C）选项。选择该项，AutoCAD提示：

指定中心：25, 25↙（输入长方体中心点坐标）

指定角点或 [立方体(C)/长度(L)]：@25, 25↙（指定长方体的一个角点坐标）

指定高度或 [两点(2P)] <30.0000>：30↙（输入高度值）

1) 立方体（C）选项。在输入第一个角点或中心点后，可以选择此项。选择此选项后，AutoCAD提示：

指定长度：50↙（指定立方体的长度）

2) 长度（L）选项。选择输入长、宽、高绘制长方体。选择该项后，AutoCAD提示：

指定长度：50↙（输入长方体的长度值）

指定宽度：50↙（输入长方体的宽度值）

指定高度或 [两点(2P)] <50.0000>：30↙（输入长方体的高度值）

7.3.2 绘制球体（Sphere）

1. 调用方法

下拉菜单：绘图→建模→球体；工具栏：建模→球体；命令：sphere。

2. 操作方法

命令：sphere↙

指定球体球心<0，0，0>：↙（输入球体球心坐标）

指定球体半径或［直径(D)］:50↙（指定球体半径，如果选择"直径（D）"选项，则输入直径）

执行结果如图 7-12 所示。

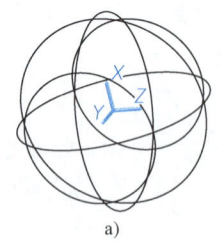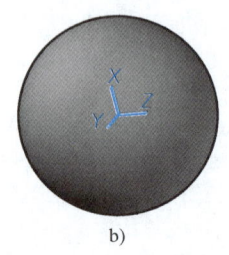

a)　　　　　　　　　b)　　　　　　　　　c)

图 7-12　绘制球体
a）线框显示　b）灰度显示　c）勾画显示

7.3.3　绘制圆柱体（Cylinder）

1. 功能

生成圆柱体或椭圆柱体。

2. 调用方法

下拉菜单：绘图→建模→圆柱体；工具栏：建模→圆柱体；命令：cylinder。

3. 操作方法

命令：cylinder↙

指定底面的中心点或［三点(3P)/两点(2P)/切点、切点、半径(T)/椭圆(E)］：0，0，0↙（指定圆柱体底面的中心点，如选择"椭圆（E）"选项，则生成椭圆柱体）

指定底面半径或［直径(D)］<50.0000>：20↙（指定圆柱体底面的半径；如选择"直径（D）"，则要求指定底面的直径）

指定高度或［两点(2P)/轴端点（A）］<20.0000>：50↙（指定圆柱体高度；如选择"轴端点（A）"选项，则指定圆柱体另一个圆心，确定圆柱体高度）

执行结果如图 7-13 所示。

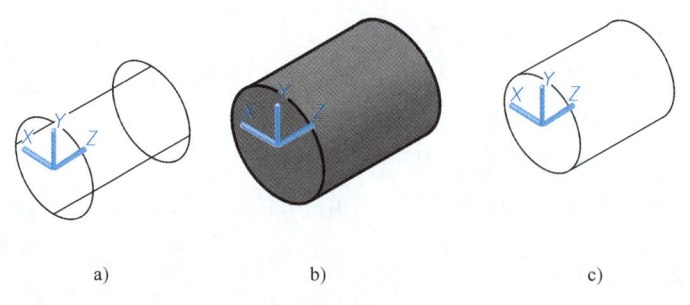

a)　　　　　　　　　b)　　　　　　　　　c)

图 7-13　绘制圆柱体
a）线框显示　b）灰度显示　c）消隐显示

7.3.4 绘制圆锥体（Cone）

1. 功能

绘制圆锥体或椭圆锥体。

2. 调用方法

下拉菜单：绘图→建模→圆锥体；工具栏：建模→圆锥体；命令：cone。

3. 操作方法

命令：cone

指定底面的中心点或［三点(3P)/两点(2P)/切点、切点、半径(T)/椭圆(E)］：0，0，0↙（指定圆锥体底面的中心点；如选择"椭圆（E）"选项，则生成椭圆锥体）

指定底面半径或［直径(D)］<20.0000>：20↙（指定圆锥体底面半径；如果选择"直径（D）"，则指定直径）

指定高度或［两点(2P)/轴端点(A)/顶面半径(T)］<50.0000>：50↙

执行结果如图7-14所示。

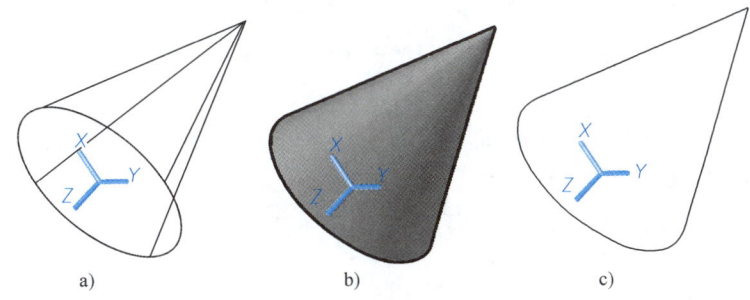

图7-14 绘制圆锥体
a）线框显示 b）灰度显示 c）消隐显示

7.3.5 绘制楔体（Wedge）

1. 功能

生成楔体。

2. 调用方法

下拉菜单：绘图→建模→楔体；工具栏：建模→楔体；命令：wedge。

3. 操作方法

命令：wedge↙

指定第一个角点或［中心(C)］：0，0，0↙（指定楔体的第一个角点；如果选择"中心点（C）"选项，则指定楔体的中心点）

指定其他角点或［立方体(C)/长度(L)］：@40，20↙（指定楔体的另一角点；如选择"立方体（C）/长度（L）"，其操作与长方体相同）

指定高度或［两点(2P)］<-50.0000>：30↙（输入高度值）

说明：楔体的长、宽、高分别沿当前UCS的X、Y、Z轴方向。输入长、宽、高值时，若为正值则沿相应坐标轴的正方向生成楔体；若输入负值，则沿轴相反的方向生成楔体。

执行结果如图7-15所示。

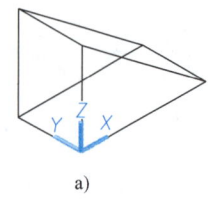 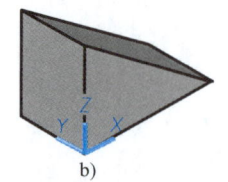 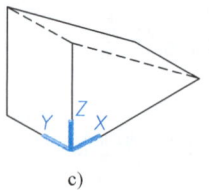

图 7-15 绘制楔体

a）线框显示 b）灰度显示 c）消隐显示

7.3.6 绘制圆环体（Torus）

1. 功能

生成圆环体。

2. 调用方法

下拉菜单：绘图→建模→圆环体；工具栏：建模→圆环体；命令：torus。

3. 操作方法

命令：torus

指定中心点或 [三点(3P)/两点(2P)/切点、切点、半径(T)]：0，0，0↙（指定圆环体中心点）

指定半径或 [直径(D)] <20.0000>：30↙（指定圆环体半径；如选择"直径（D）"选项，则指定圆环体直径）

指定圆管半径或 [两点(2P)/直径(D)]：5↙（指定圆管半径；如选择"直径（D）"选项，则指定圆管直径）

执行结果如图 7-16 所示。

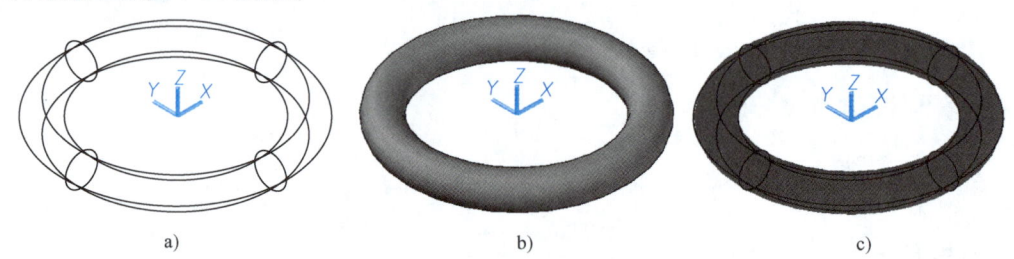

图 7-16 绘制圆环体

a）线框显示 b）灰度显示 c）X 射线显示

7.3.7 绘制棱锥体（Pyramid）

1. 功能

生成棱锥体。

2. 调用方法

下拉菜单：绘图→建模→棱锥体；工具栏：建模→棱锥体；命令：pyramid。

3. 操作方法

命令：pyramid

4 个侧面 外切

指定底面的中心点或 [边(E)/侧面(S)]：0，0，0↙（指定底面的中心点）
指定底面半径或 [内接(I)] <30.0000>：I↙（内接）
指定底面半径或 [外切(C)] <30.0000>：30↙（指定底面半径）
指定高度或 [两点(2P)/轴端点(A)/顶面半径(T)] <-30.0000>：80↙（指定高度）
执行结果如图 7-17 所示。

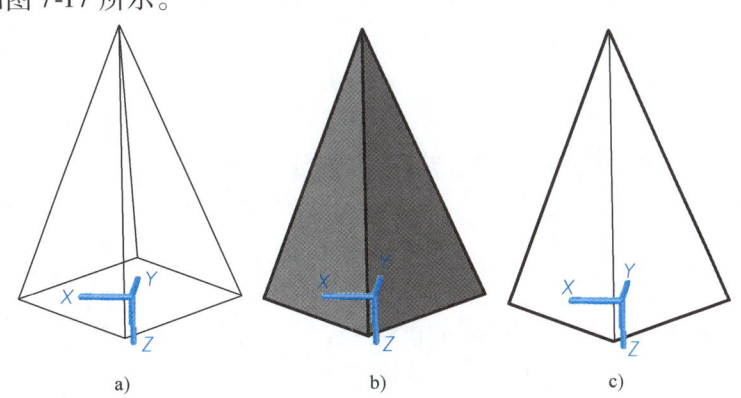

图 7-17　绘制棱锥体
a）线框显示　b）灰度显示　c）消隐显示

7.3.8　使用拉伸命令建模

1. 功能

将二维平面封闭图形进行拉伸而形成三维实体。

2. 调用方法

下拉菜单：绘图→建模→拉伸；工具栏：建模→拉伸；命令：extrude。

3. 操作方法

命令：extrude

当前线框密度：ISOLINES = 4，闭合轮廓创建模式 = 实体

选择要拉伸的对象或 [模式(MO)]：_MO 闭合轮廓创建模式 [实体(SO)/曲面(SU)] <实体>：_SO

选择要拉伸的对象或 [模式(MO)]：指定对角点：找到 4 个（点取图 7-18a 图形）

选择要拉伸的对象或 [模式(MO)]：↙

指定拉伸的高度或 [方向(D)/路径(P)/倾斜角(T)/表达式(E)] <-66.4134>：80↙（指定高度）

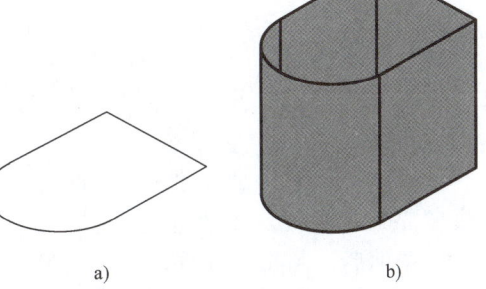

图 7-18　绘制拉伸实体
a）平面图形　b）拉伸实体

执行结果如图 7-18b 所示。

说明：执行拉伸功能时，用于拉伸的二维实体有封闭的多段线（Pline）、多边形（Polygon）、圆（Circle）、椭圆（Ellipse）、样条曲线（Spline）、圆环（Donut）及面域（Region）、块；自相交的图元或被切分的多段线不能被拉伸。

7.3.9 使用旋转命令建模

1. 功能

将某些二维对象绕指定的轴线旋转，建立三维实体。

2. 调用方法

下拉菜单：绘图→建模→旋转；工具栏：建模→旋转；命令：revolve。

3. 操作方法

命令：revolve

当前线框密度：ISOLINES＝4，闭合轮廓创建模式＝实体

选择要旋转的对象或［模式（MO）］：_MO 闭合轮廓创建模式［实体（SO）/曲面（SU）］＜实体＞：_SO

选择要旋转的对象或［模式（MO）］：找到1个

选择要旋转的对象或［模式（MO）］：找到1个，总计2个

选择要旋转的对象或［模式（MO）］：找到1个，总计3个

选择要旋转的对象或［模式（MO）］：找到1个，总计4个

选择要旋转的对象或［模式（MO）］：找到1个，总计5个（选取图7-19a 中的五边形）

选择要旋转的对象或［模式（MO）］：✓（按【Enter】键结束选择）

指定轴起点或根据以下选项之一定义轴［对象（O）/X/Y/Z］＜对象＞：O✓

选择对象：（捕捉旋转轴）

指定旋转角度或［起点角度（ST）/反转（R）/表达式（EX）］＜360＞：270✓（指定旋转角度）

各选项含义介绍如下：

1）对象（O）选项是绕指定对象旋转形成三维实体。此选项所允许的<u>作为旋转轴的对象只能是用 Line 或 Pline 绘出的直线</u>。选择该项后，AutoCAD 提示：

选择对象：（选择对象作为旋转轴）

指定旋转角度＜360＞：270✓（输入旋转角度）

2）X/Y/Z 选项是分别绕 X 轴、Y 轴或 Z 轴旋转形成三维实体。选择 X、Y 或 Z 选项后，AutoCAD 提示：

指定旋转角度＜360＞：270✓（输入旋转角度）

执行结果如图7-19 所示。

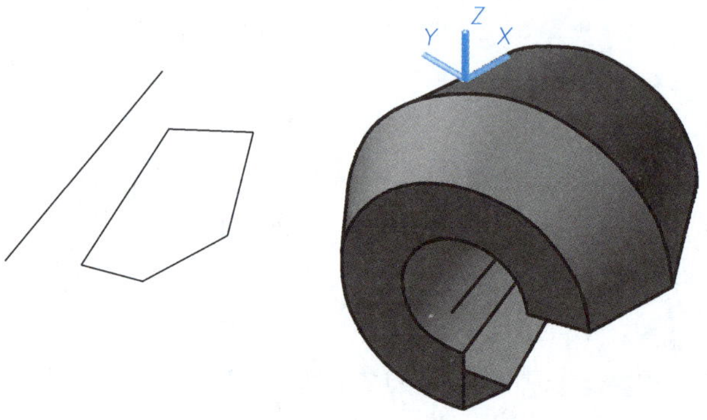

a) b)

图7-19 将二维图形旋转生成三维实体
a) 旋转前二维图形及旋转轴　b) 旋转后的三维实体

7.3.10 使用扫掠命令建模

1. 功能

将某些二维对象按某一路径扫掠生成实体。<u>扫掠的二维对象必须是闭合的。</u>

2. 调用方法

下拉菜单：绘图→建模→扫掠；工具栏：建模→扫掠；命令：sweep。

3. 操作方法

命令：sweep

当前线框密度：ISOLINES＝4，闭合轮廓创建模式 ＝ 实体

选择要扫掠的对象或［模式（MO）］：＿MO 闭合轮廓创建模式［实体（SO）/曲面（SU）］＜实体＞：＿SO

选择要扫掠的对象或［模式（MO）］：找到 4 个（点取图 7-20a 中的梯形）

选择要扫掠的对象或［模式（MO）］：✓

选择扫掠路径或［对齐（A）/基点（B）/比例（S）/扭曲（T）］✓（点取图 7-20a 中的直线）

执行结果如图 7-20b 所示。

命令：sweep

当前线框密度：ISOLINES＝4，闭合轮廓创建模式＝实体

选择要扫掠的对象或［模式（MO）］：＿MO 闭合轮廓创建模式［实体（SO）/曲面（SU）］＜实体＞：＿SO

选择要扫掠的对象或［模式（MO）］：找到 1 个（点取图 7-20c 中的圆）

选择要扫掠的对象或［模式（MO）］：✓

选择扫掠路径或［对齐（A）/基点（B）/比例（S）/扭曲（T）］✓（点取图 7-20c 中的曲线）

执行结果如图 7-20d 所示。

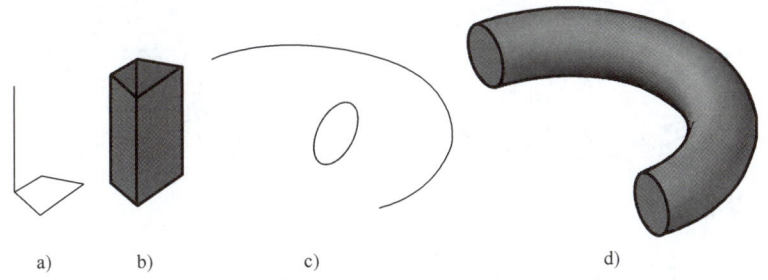

图 7-20　将二维图形扫掠生成三维实体

a）绘制的二维封闭梯形和直线　b）扫掠生成三维实体

c）绘制的二维封闭圆形和曲线　d）扫掠生成三维实体

执行扫掠功能时，用于扫掠的路径可以是圆（Circle）和椭圆（Ellipse）、也可以是由圆弧（Arc）、椭圆弧（Elliptic Arc）、二维多段线（Pline）、三维多段线（3Dpline）和二维样条线（Spline）等组成。扫掠路径不应与扫掠轮廓在同一平面内。

7.3.11 使用放样命令建模

1. 功能

放样命令可以创建实体或曲面。如果放样横截面是开放的，创建的就是曲面；如果放样横截面是闭合的，创建的就是实体。放样就是对包含两条或两条以上横截面曲线的一组曲线进行放样来创建三维实体或曲面。

2. 调用方法

下拉菜单：绘图→建模→放样；工具栏：建模→放样；命令：loft。

3. 操作方法

命令：loft

当前线框密度：ISOLINES = 4，闭合轮廓创建模式 = 实体

按放样次序选择横截面或［点(PO)/合并多条边(J)/模式(MO)］：_ MO 闭合轮廓创建模式［实体(SO)/曲面(SU)］<实体>：_ SO

按放样次序选择横截面或［点(PO)/合并多条边(J)/模式(MO)］：找到 1 个（点取图 7-21a 中圆 3）

按放样次序选择横截面或［点(PO)/合并多条边(J)/模式(MO)］：找到 1 个，总计 2 个（点取图 7-21a 中圆 2）

按放样次序选择横截面或［点(PO)/合并多条边(J)/模式(MO)］：找到 1 个，总计 3 个（点取图 7-21a 中圆 1）

按放样次序选择横截面或［点(PO)/合并多条边(J)/模式(MO)］：选中了 3 个横截面
输入选项［导向(G)/路径(P)/仅横截面(C)/设置(S)］<仅横截面>：✓

执行结果如图 7-21b 所示。

值得注意的是，图 7-21 中的 3 个圆是不同平面上的 3 个圆。

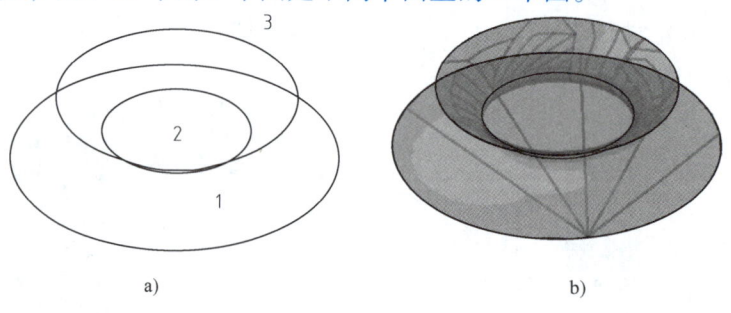

图 7-21 将二维图形放样生成三维实体
a) 绘制的二维封闭图形 b) 放样生成三维实体

7.4 绘制组合体

AutoCAD 提供实体编辑命令对基本体进行组合，如通过布尔运算，可完成叠加、相交、相切和切割等组合方式，绘制组合体。通过三维旋转、三维镜像和三维阵列等操作，可快速绘制结构复杂的组合体。

7.4.1 对三维实体进行布尔运算

AutoCAD 允许对三维实体进行布尔运算。布尔运算有三种操作方式：求和（并集 union）、求差（差集 subtract）、求交（交集 intersect）。下面以图 7-22 为例，分述如下。

1. 对三维实体求和命令（并集 union）

（1）功能 绘制叠加而成的组合体。
（2）调用方法：下拉菜单：修改→实体编辑→并集；工具栏：实体编辑→并集；命令：

union。

（3）操作方法

命令：union（单击工具栏：实体编辑→并集）

选择对象：找到 1 个（选择图 7-22a 中的正四棱锥）

选择对象：找到 1 个，总计 2 个（选择图 7-22a 中的圆柱）

选择对象：✓（按【Enter】键结束选择）

执行结果如图 7-22b 所示。

2. 对三维实体求差命令（差集 subtract）

（1）功能　绘制切割而成的穿孔、挖槽的组合体。

（2）调用方法　下拉菜单：修改→实体编辑→差集；工具栏：实体编辑→差集；命令：subtract。

（3）操作方法

命令：subtract 选择要从中减去的实体、曲面和面域...（单击工具栏：实体编辑→差集）

选择对象：找到 1 个（选择图 7-22a 中的正四棱锥）

选择对象：✓（按【Enter】键结束选择，也可继续选取）

选择要减去的实体、曲面和面域...

选择对象：找到 1 个（选择图 7-22a 中的圆柱）

选择对象：✓（按【Enter】键结束选择，也可继续选取）

执行结果如图 7-22c 所示。

3. 对三维实体求交命令（交集 intersect）

（1）功能　对所选择到的实体进行求交运算，保留实体的公共部分，得到新的实体。

（2）调用方法　下拉菜单：修改→实体编辑→交集；工具栏：实体编辑→交集；命令：intersect。

（3）操作方法

命令：intersect（单击工具栏：实体编辑→交集）

选择对象：找到 1 个（选择图 7-22a 中的正四棱锥）

选择对象：找到 1 个，总计 2 个（选择图 7-22a 中的圆柱）

选择对象：✓（按【Enter】键结束选择，也可继续选取）

执行结果如图 7-22d 所示。

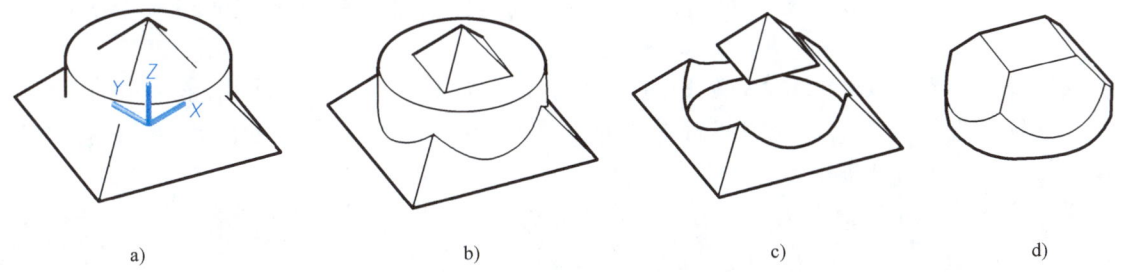

a)　　　　　　　　b)　　　　　　　　c)　　　　　　　　d)

图 7-22　对三维实体进行布尔运算

a）正四棱锥与圆柱　b）求和　c）求差　d）求交

7.4.2 剖切三维实体

1. 功能

将实体进行剖切，而获得一个或两个部分实体。

2. 调用方法

下拉菜单：修改→三维操作→剖切；工具栏：建模→剖切；命令：slice。

3. 操作方法

命令：slice（单击工具栏：建模→剖切）

选择要剖切的对象：找到 1 个（选择图 7-23a 中的带孔长方体）

选择要剖切的对象：✓（按【Enter】键结束选择，也可继续选取）

指定切面的起点或 [平面对象(O)/曲面(S)/Z 轴(Z)/视图(V)/XY(XY)/YZ(YZ)/ZX(ZX)/三点(3)] <三点>：

主要选项含义介绍如下：

（1）<三点> 此选项为默认选项。如选择该项，直接捕捉第一个点之后，AutoCAD 提示：

指定平面上的第二个点：（捕捉第二个点）

指定平面上的第三个点：（捕捉第三个点）

在所需的侧面上指定点或 [保留两个侧面(B)] <保留两个侧面>：

在需要保留的一侧用鼠标拾取一点，而另一半则被删除，如图 7-23b 所示。如果选择"保留两个侧面（B）"，则将实体剖开，两侧均保留，如图 7-23c 所示。

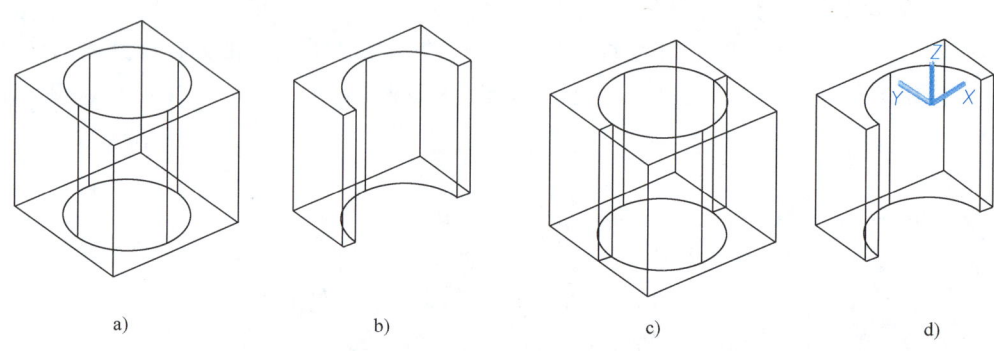

图 7-23 剖切实体

a) 剖切前的实体 b) 保留一部分 c) 保留两部分 d) 用坐标面 ZX 剖切

（2）XY(XY)/YZ(YZ)/ZX(ZX) 它共有 3 个选项，其操作方法相同。下面以"ZX(ZX)"选项进行说明。首先将坐标原点移至图 7-23 中上面圆柱孔中心点，再选择"ZX(ZX)"项，AutoCAD 提示：

指定 ZX 平面上的点 <0, 0, 0>：✓（指定 ZX 平面上的点，只要是该平面上的点均可，所以直接按【Enter】键，即指定 0, 0, 0 点）

在所需的侧面上指定点或 [保留两个侧面(B)] <保留两个侧面>：（选择保留方式）

执行结果如图 7-23d 所示。

7.4.3 三维实体编辑

1. 倒角边（chamferedge）

(1) 调用方法　下拉菜单：修改→实体编辑→倒角边；工具栏：实体编辑→倒角边；命令：chamferedge。

(2) 操作方法

命令：chamferedge（单击工具栏：实体编辑→倒角边）

（"修剪"模式）距离 1 = 1.0000，距离 2 = 1.0000

选择一条边或 [环(L)/距离(D)]：↙（选择图 7-24a 中小圆柱上边圆周）

选择同一个面上的其他边或 [环(L)/距离(D)]：↙（按【Enter】键结束选择）

按 Enter 键接受倒角或 [距离(D)]：D↙

指定基面倒角距离或 [表达式(E)] <1.0000>：5↙（指定倒角距离）

指定其他曲面倒角距离或 [表达式(E)] <1.0000>：5↙（指定倒角距离）

按 Enter 键接受倒角或 [距离(D)]：↙（按【Enter】键结束选择）

该命令可以执行多条边同时倒角。执行结果如图 7-24b 所示。

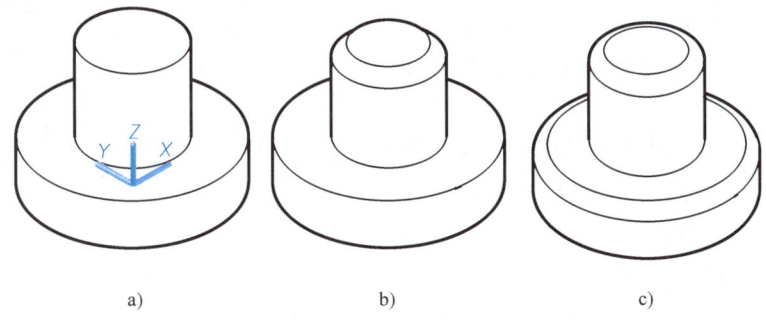

图 7-24　对实体倒角

a) 倒角前实体　b) 倒角后实体　c) 倒圆角后实体

2. 倒圆角（filletedge）

(1) 调用方法　下拉菜单：修改→实体编辑→圆角边；工具栏：实体编辑→圆角边；命令：filletedge。

(2) 操作方法

命令：filletedge（单击工具栏：实体编辑→圆角边）

半径 = 1.0000

选择边或 [链(C)/环(L)/半径(R)]：（选择图 7-24a 中小圆柱上边圆周）

选择边或 [链(C)/环(L)/半径(R)]：（选择图 7-24a 中大圆柱上边圆周）

选择边或 [链(C)/环(L)/半径(R)]：↙

已选定两条边用于圆角。

按 Enter 键接受圆角或 [半径(R)]：R↙

指定半径或 [表达式(E)] <1.0000>：5↙（输入圆角半径）

按 Enter 键接受圆角或 [半径(R)]：↙（按【Enter】键结束选择）

该命令可以执行多条边同时倒圆角。执行结果如图 7-24c 所示。

3. 三维旋转（3drotate）

（1）调用方法　下拉菜单：修改→三维操作 →三维旋转；命令：3drotate✓。

（2）操作方法　命令：3drotate（单击下拉菜单：修改→三维操作 →三维旋转）

UCS 当前的正角方向：ANGDIR = 逆时针　ANGBASE = 0（系统提示当前逆时针为正向角度）

选择对象：找到 1 个（选择图 7-25a 中需要旋转的三维实体圆锥）

选择对象：✓（按【Enter】键结束选择）

指定基点：（用鼠标捕捉图 7-25 中的点 A）

拾取旋转轴：（用鼠标追踪 AB 方向线，也就是 Y 轴线并点取）

指定角的起点或键入角度：90✓（输入旋转角度）

执行结果如图 7-25b 所示。

应当注意，旋转轴从第一点（图 7-25 中点 A）指向第二点（图 7-25 中点 B），即为旋转轴的正方向。用户正对准旋转轴的正方向看，判断逆（顺）时针方向。根据系统提示当前正向角度方向为逆时针。也就是当用户输入角度值为正时，实体应绕旋转轴向逆时针方向旋转；当用户输入角度为负时，实体应绕旋转轴向顺时针方向旋转。

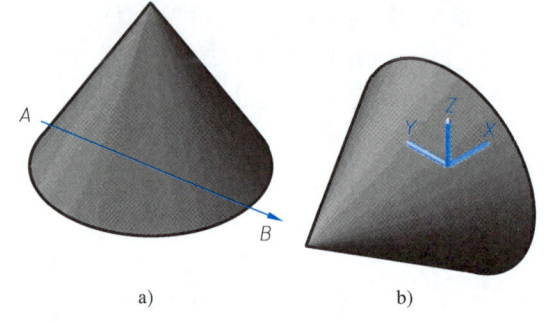

图 7-25　三维旋转

a）三维旋转前的实体　b）绕 AB 旋转后的实体

用户也可以选择"X 轴（X）/Y 轴（Y）/Z 轴（Z）"为旋转轴，此时坐标轴的正方向为旋转轴的正方向。然后判断逆（顺）时针方向。

4. 三维镜像（Mirror3d）

（1）调用方法　下拉菜单：修改→三维操作→三维镜像；命令：mirror3d。

（2）操作方法

命令：mirror3d（单击下拉菜单：修改→三维操作→三维镜像）

选择对象：指定对角点：找到 12 个（选择图 7-26a 中的立体）

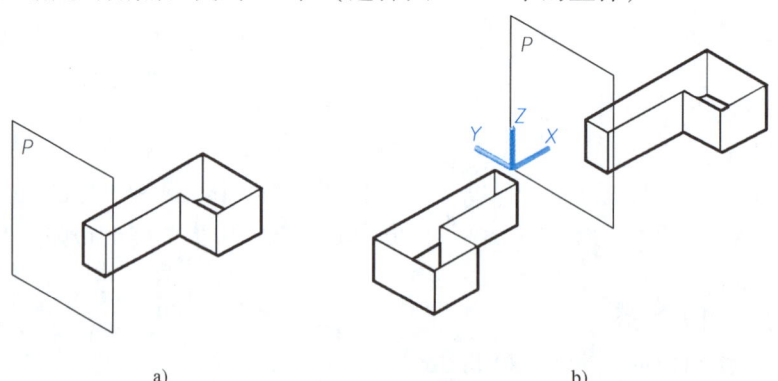

图 7-26　三维镜像

a）三维镜像前　b）三维镜像后

选择对象：↙（按【Enter】键结束选择）

指定镜像平面（三点）的第一个点或［对象(O)/最近的(L)/Z 轴(Z)/视图(V)/XY 平面(XY)/YZ 平面(YZ)/ZX 平面(ZX)/三点(3)］＜三点＞：在镜像平面上指定第一点：在镜像平面上指定第二点：在镜像平面上指定第三点：（捕捉 P 面上的 3 个点）

是否删除源对象[⊖]？［是(Y)/否(N)］＜否＞：↙（不删除原图）

执行结果如图 7-26b 所示。

上述提示要求确定镜像平面的形式，XY 平面(XY)/YZ 平面(YZ)/ZX 平面(ZX)选项说明如下：

这 3 个选项将分别用与 UCS 的 XOY，YOZ，ZOX 平面平行的平面作为镜像平面。选择 3 个选项中的 1 个后，AutoCAD 提示：

指定 XY（或 YZ、XZ）平面上的点＜0，0，0＞：（确定镜像平面上的一点）

是否删除源对象？［是(Y)/否(N)］＜否＞：↙（确定是否删除源对象）

5. 三维阵列（3darray）

（1）调用方法　下拉菜单：修改→ 三维操作→三维阵列；命令：3darray。

（2）操作方法

命令：3darray（单击下拉菜单：修改→ 三维操作→三维阵列）

选择对象：找到 1 个（选择图 7-27a 中长方体中的小圆柱）

选择对象：↙（按【Enter】键结束选择）

输入阵列类型［矩形(R)/环形(P)］＜矩形＞：R↙（选择矩形阵列类型）

输入行数（---）＜1＞：2↙（输入行数）

输入列数（|||）＜1＞：2↙（输入列数）

输入层数（…）＜1＞：1↙（输入层数）

指定行间距（---）：160↙（输入行间距）

指定列间距（|||）：260↙（输入列间距）

执行结果如图 7-27b 所示。

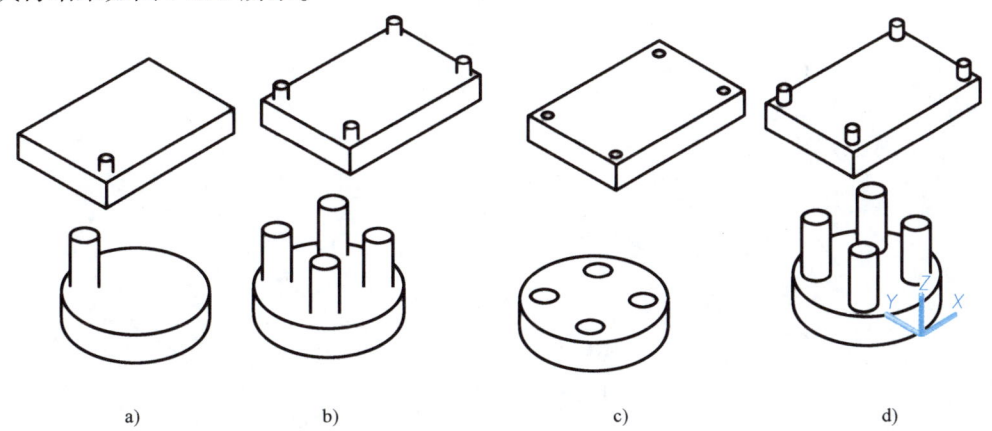

图 7-27　三维阵列

a）三维阵列前　b）三维阵列后　c）求差后　d）求和后

⊖　在 AutoCAD 命令执行过程中系统提示使用"源对象"，"原对象"为习惯用法，本章中使用"源对象"一词。

用户如果在上述选项中,选择"环形(P)"则操作如下:

命令:3darray(单击下拉菜单:修改→ 三维操作→三维阵列)

选择对象:找到1个(选择图7-27a中大圆柱中的小圆柱)

选择对象:↙(按【Enter】键结束选择)

输入阵列类型[矩形(R)/环形(P)]<矩形>:P↙(选择环形阵列类型)

输入阵列中的项目数目:4↙

指定要填充的角度(+=逆时针,-=顺时针)<360>:↙(选择360°)

旋转阵列对象?[是(Y)/否(N)]<Y>:N↙(否,即不旋转阵列对象)

指定阵列的中心点:(捕捉大圆柱底面的圆心点)

指定旋转轴上的第二点:(捕捉大圆柱顶面的圆心点)

执行结果如图7-27b所示。图7-27c所示为长方体和大圆柱与小圆柱的求差结果。图7-27d所示为长方体和大圆柱与小圆柱的求和结果。

矩形阵列,用户可以输入任何组合的行、列、层数。AutoCAD将源对象包含在用户的数目之中。一个阵列至少包括两列、两行或两层。如果阵列中包括一行,那么应该包括多列,反之也是如此。如果阵列中只包括一层,则为二维阵列。行、列、层间距可以互不相同。用户可在提示下分别输入,也可在屏幕上指定两个点,由AutoCAD测量间距。如果间距值输入的是一个正值,阵列将沿着X、Y、Z轴的正方向进行;如果输入的是负值,阵列将沿着X、Y、Z轴负方向进行。

6. 对齐(Align)

(1)调用方法 下拉菜单:修改→三维操作→对齐;命令:align。

(2)操作方法

命令:align(单击下拉菜单:修改→三维操作→对齐)

选择对象:找到1个(选择图7-28a中的小长方体)

选择对象:↙(按【Enter】键结束选择)

指定第一个源点:1

指定第一个目标点:1′

指定第二个源点:2

指定第二个目标点:2′

指定第三个源点或<继续>:3

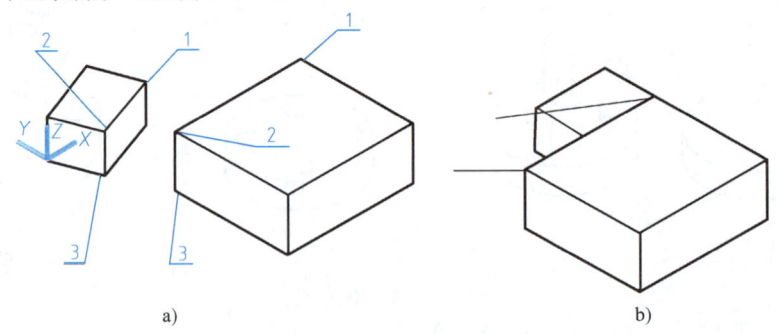

图7-28 对齐

a)对齐前 b)对齐后

指定第三个目标点：3′

执行结果如图 7-28b 所示。

7.5 计算机三维绘图举例

7.5.1 绘制三维立体图的一般方法

1) 创建新图，调用样板图，如 A3 样板图。
2) 调出有关的工具栏，如上述的 6 个工具栏。
3) 绘图方法之一是绘制不同的基本体，对基本体进行布尔运算形成组合体。
4) 绘图方法之二是绘制基本体，对基本体切割形成组合体。
5) 绘图方法之三是绘出组合体的二维平面图，创建面域，利用拉伸、旋转等命令形成实体，对实体进行布尔运算形成组合体。

绘图方法不是固定不变的，可能是上述某一种方法，也可能是几种方法的综合，应当灵活应用。绘图时，应根据绘图要求，建立新的 UCS 坐标，以便于绘图。

7.5.2 绘制组合体的三维立体图举例

例 7-1 绘制图 7-29 所示组合体的三维立体图。

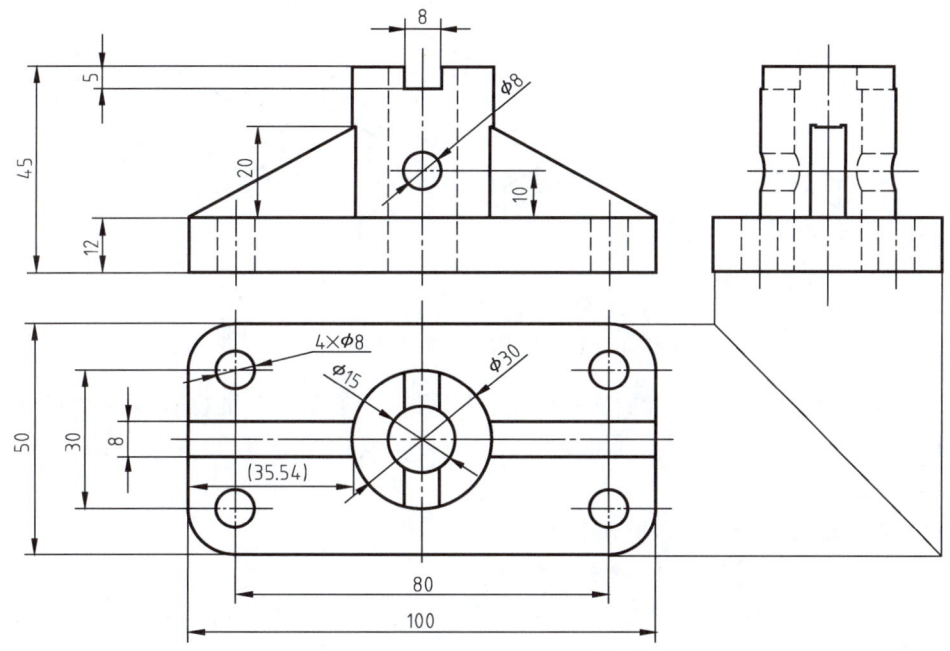

图 7-29 组合体的三视图

调出样板图，如 A3 样板图。为了绘图方便、快捷，调出图 7-1～图 7-6 所示的 6 个工具栏。将实线置为当前层。

1. 绘制组合体底板

(1) 绘制长方体 首先将二维坐标显示改变成三维显示,单击工具栏:视觉样式→(选择样式中的一种);命令:vscurrent。

选择后,CAD 显示三维坐标。

命令:vscurrent(单击工具栏:建模→长方体)

指定第一个角点或 [中心(C)]:0,0,0✓(指定长方体的一个角点坐标0,0,0)

指定其他角点或 [立方体(C)/长度(L)]:@100,50,0✓(指定长方体的另一角点坐标)

指定高度或 [两点(2P)] <12.0000>:12✓(指定长方体的高度)

绘制出长方体。

执行结果如图 7-30a 所示。

(2) 挖出长方体4个角上的孔 改变视图观察角度,单击工具栏:视图→西南等轴测视图。将长方体实时缩放,以便观察。

1) 画出一个孔圆柱。单击工具栏:建模→圆柱体。AutoCAD 提示:

命令:cylinder

指定底面的中心点或 [三点(3P)/两点(2P)/切点、切点、半径(T)/椭圆(E)]:10,10,0✓(指定孔圆柱的中心点)

指定底面半径或 [直径(D)] <4.0000>:4✓(指定孔圆柱半径)

指定高度或 [两点(2P)/轴端点(A)] <-20.0000>:30✓(指定孔圆柱高度)

执行结果如图 7-30b 所示。

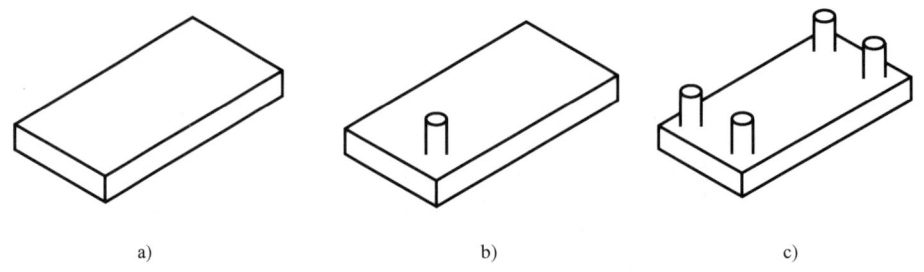

图 7-30 绘制组合体底板(一)
a) 创建长方体 b) 创建孔圆柱 c) 三维阵列复制另3个孔圆柱

2) 三维阵列复制另3个孔圆柱。单击下拉菜单:修改→三维操作→三维阵列。AutoCAD 提示:

命令:3darray

选择对象:找到1个(选取孔圆柱)

选择对象:✓(按【Enter】键结束选择)

输入阵列类型 [矩形(R)/环形(P)] <矩形>:✓(选取矩形阵列复制方式)

输入行数(---)<1>:2✓(输入行数)

输入列数(|||)<1>:2✓(输入列数)

输入层数(…)<1>:1✓(输入层数)

指定行间距(---):30✓(输入行间距)

指定列间距(|||):80✓(输入列间距)

执行结果如图 7-30c 所示。

3) 在长方体中挖 4 个孔，就是将长方体和 4 个孔圆柱作求差（差集）的布尔运算。操作如下：

命令：subtract 选择要从中减去的实体、曲面和面域…（单击工具栏：实体编辑→差集）
选择对象：找到 1 个（选择长方体）
选择对象：✓（按【Enter】键结束选择）
选择要减去的实体、曲面和面域…（选择 4 个孔圆柱）
选择对象：找到 1 个
选择对象：找到 1 个，总计 2 个
选择对象：找到 1 个，总计 3 个
选择对象：找到 1 个，总计 4 个
选择对象：✓（按【Enter】键结束选择）
执行结果，挖出长方体上的 4 个孔，如图 7-31a 所示。

(3) 将长方体 4 个角倒圆角　先确定圆角半径，后倒圆角。操作方法如下：
单击工具栏：视觉样式→三维线框，AutoCAD 提示：
命令：vscurrent
输入选项 [二维线框(2)/线框(W)/隐藏(H)/真实(R)/概念(C)/着色(S)/带边缘着色(E)/灰度(G)/勾画(SK)/X 射线(X)/其他(O)] <隐藏>：W✓（按【Enter】键结束选择）
长方体 4 个角全部显示出来，便于使用圆角命令。
命令：filletedge（点取工具栏：实体编辑→圆角边）
当前设置：模式 = 不修剪，半径 = 0.0000
选择第一个对象或 [放弃(U)/多段线(P)/半径(R)/修剪(T)/多个(M)]：R✓
指定圆角半径 <0.0000>：10✓（指定圆角半径）
选择第一个对象或 [放弃(U)/多段线(P)/半径(R)/修剪(T)/多个(M)]：（选择长方体的第一条边）
输入圆角半径或 [表达式(E)] <10.0000>：✓
选择边或 [链(C)/环(L)/半径(R)]：（选择长方体的另 3 条边）
选择边或 [链(C)/环(L)/半径(R)]：✓（按【Enter】键结束选择）
已选定 4 条边用于圆角。
执行结果如图 7-31b 所示。

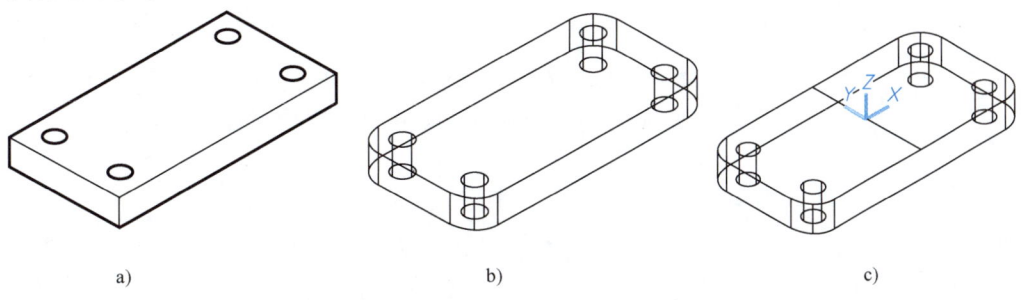

图 7-31　绘制组合体底板（二）
a) 长方体中挖 4 个孔　b) 将长方体 4 个角倒圆角　c) UCS 坐标变换

2. 绘制组合体的中间圆柱体以及中间圆柱体上的孔和切槽

命令：ucs

当前 UCS 名称：＊俯视＊

指定 UCS 的原点或［面(F)/命名(NA)/对象(OB)/上一个(P)/视图(V)/世界(W)/X/Y/Z/Z 轴(ZA)］＜世界＞：O

指定新原点＜0，0，0＞：（指定长方体上表面的中心点为 UCS 的新原点）

执行结果如图 7-31c 所示。

1）绘制中间 φ30 圆柱体。如图 7-31c 所示的坐标原点，φ30 圆柱体底面的圆心坐标为 (0，0，0)，高度为 33。

命令：cylinder（单击工具栏：建模→圆柱体）

指定底面的中心点或［三点(3P)/两点(2P)/切点、切点、半径(T)/椭圆(E)］：↙（追踪到坐标原点，指定圆柱体底面的中心点）

指定底面半径或［直径(D)］：15↙（指定圆柱体底面半径）

指定高度或［两点(2P)/轴端点(A)］：33↙（指定圆柱体高度）

执行结果如图 7-32a 所示。

2）绘制 φ15 孔圆柱。如图 7-32a 所示的坐标原点，φ15 孔圆柱的圆心坐标为 (0，0，-12)，高度为 45。

命令：cylinder（单击工具栏：建模→圆柱体）

指定底面的中心点或［三点(3P)/两点(2P)/切点、切点、半径(T)/椭圆(E)］：0，0，-12（指定孔圆柱的底面中心点）

指定底面半径或［直径(D)］＜7.5000＞：7.5↙（指定孔圆柱半径）

指定高度或［两点(2P)/轴端点(A)］＜-45.0000＞：45↙（指定孔圆柱高度）

执行结果如图 7-32b 所示。

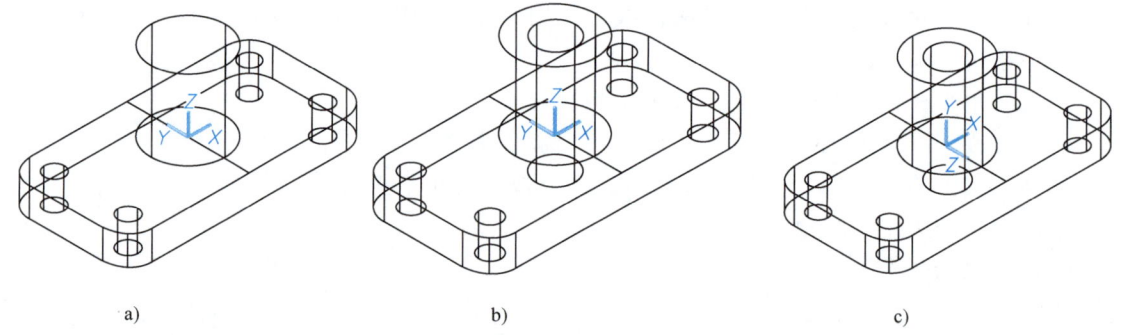

a)　　　　　　　　　　b)　　　　　　　　　　c)

图 7-32　绘制组合体中间圆柱及 φ15 孔圆柱

a）绘制中间 φ30 圆柱体　b）绘制 φ15 孔圆柱　c）调整 Z 轴方向

3）调整 Z 轴方向，画前后方向的 φ8 孔圆柱。

命令：ucs

当前 UCS 名称：＊没有名称＊

指定 UCS 的原点或［面(F)/命名(NA)/对象(OB)/上一个(P)/视图(V)/世界(W)/X/Y/Z/Z 轴(ZA)］＜世界＞：X↙（绕 X 轴旋转）

指定绕 X 轴的旋转角度 <0> : 90↙（输入旋转角度）

执行结果如图 7-32c 所示。

画前后方向的 φ8 孔圆柱。如图 7-32c 所示的坐标原点，φ8 孔圆柱的圆心坐标为（0，10，-50），高度为 100，以便于作差集运算。

命令：cylinder（单击工具栏：建模→圆柱体）

指定底面的中心点或［三点(3P)/两点(2P)/切点、切点、半径(T)/椭圆(E)］：0，10，-50（指定孔圆柱的底面中心点）↙

指定底面半径或［直径(D)］<4.0000> : 4↙（指定孔圆柱半径）

指定高度或［两点(2P)/轴端点(A)］<200.0000> : 100↙（指定孔圆柱高度）

执行结果如图 7-33a 所示。

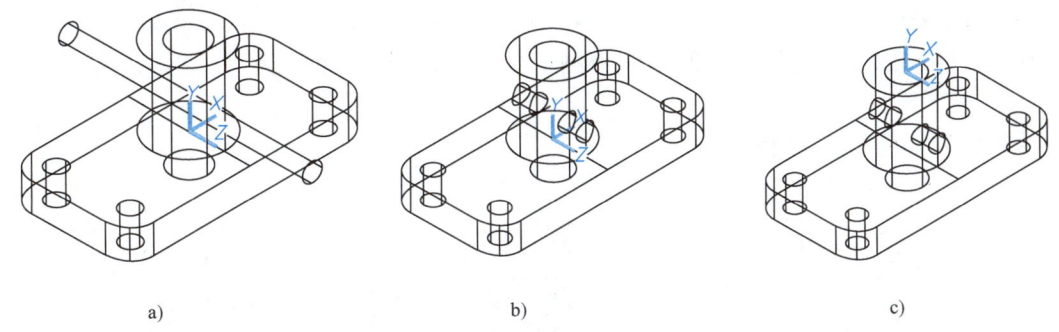

图 7-33　绘制组合体前后圆孔和上下圆孔
a）绘制前后方向的 φ8 孔圆柱　b）挖 φ8 和 φ15 圆柱孔　c）变换 UCS

从图 7-33a 中可以看出，前后方向的孔圆柱画得比实际尺寸长，这有利于下面进行差集运算时选取它。

4）作布尔运算。具体操作如下：

命令：union（单击工具栏：实体编辑→并集）

选择对象：找到 1 个

选择对象：找到 1 个，总计 2 个（选取长方体和中间 φ30 圆柱体）

选择对象：↙（按【Enter】键结束选择）

命令：subtract 选择要从中减去的实体、曲面和面域…（单击工具栏：实体编辑→差集）

选择对象：找到 1 个（选取长方体）

选择对象：↙（按【Enter】键结束选择）

选择要减去的实体、曲面和面域…

选择对象：找到 1 个（选择 φ15 孔圆柱）

选择对象：找到 1 个，总计 2 个（选择 φ8 孔圆柱）

选择对象：↙（按【Enter】键结束选择）

执行结果如图 7-33b 所示。

5）切宽为 8，深为 5 的通槽。

命令：ucs（点取图 7-1 UCS 工具栏→原点 UCS）

当前 UCS 名称：＊没有名称＊

指定 UCS 的原点或 [面(F)/命名(NA)/对象(OB)/上一个(P)/视图(V)/世界(W)/X/Y/Z/Z 轴(ZA)] <世界>：O

指定新原点 <0，0，0>：（指定 φ30 圆柱体上表面的圆心为新原点）

执行结果如图 7-33c 所示。

命令：slice（单击工具栏：建模→剖切）

选择要剖切的对象：找到 1 个↙（选择长方体）

选择要剖切的对象：↙（按【Enter】键结束选择对象）

指定切面的起点或 [平面对象(O)/曲面(S)/Z 轴(Z)/视图(V)/XY(XY)/YZ(YZ)/ZX(ZX)/三点(3)] <三点>：YZ↙（选择 YZ 面）

指定 YZ 平面上的点 <0，0，0>：-4，0，0↙（输入 YZ 面的点）

在所需的侧面上指定点或 [保留两个侧面(B)] <保留两个侧面>：B↙（保留两个侧面）

执行结果如图 7-34a 所示。

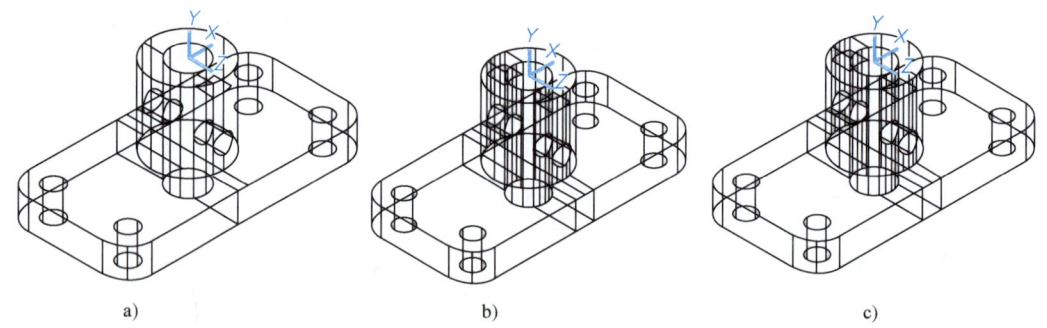

图 7-34　绘制组合体前后槽

a) 在 YZ 面 (-4，0，0) 处剖切　b) 在 YZ 面 (4，0，0) 处剖切　c) 在 ZX 面 (0，-5，0) 处剖切

命令：slice（单击工具栏：建模→剖切）

选择要剖切的对象：找到 1 个↙（选择长方体的右边，因为长方体已经切割成两部分）

选择要剖切的对象：↙（按【Enter】键结束选择对象）

指定切面的起点或 [平面对象(O)/曲面(S)/Z 轴(Z)/视图(V)/XY(XY)/YZ(YZ)/ZX(ZX)/三点(3)] <三点>：YZ↙（选择 YZ 面）

指定 YZ 平面上的点 <0，0，0>：4，0，0↙（输入 YZ 面的点）

在所需的侧面上指定点或 [保留两个侧面(B)] <保留两个侧面>：B↙（保留两个侧面）

执行结果如图 7-34b 所示。

命令：slice（单击工具栏：建模→剖切）

选择要剖切的对象：找到 1 个（φ30 圆柱体已经切割成左中右 3 部分，选择中间部分）

选择要剖切的对象：↙（按【Enter】键结束选择对象）

指定切面的起点或 [平面对象(O)/曲面(S)/Z 轴(Z)/视图 V)/XY(XY)/YZ(YZ)/ZX(ZX)/三点(3)] <三点>：ZX↙（选择 ZX 面）

指定 ZX 平面上的点 <0，0，0>：0，-5，0✓（输入 ZX 面的点）

在所需的侧面上指定点或［保留两个侧面（B）］<保留两个侧面>：B✓（保留两个侧面）

执行结果如图 7-34c 所示。

删除多余部分。

命令：erase 选择对象：找到 1 个（φ30 圆柱体中间部分已经切割成上下两部分，选择上部分）。

执行结果如图 7-35a 所示。

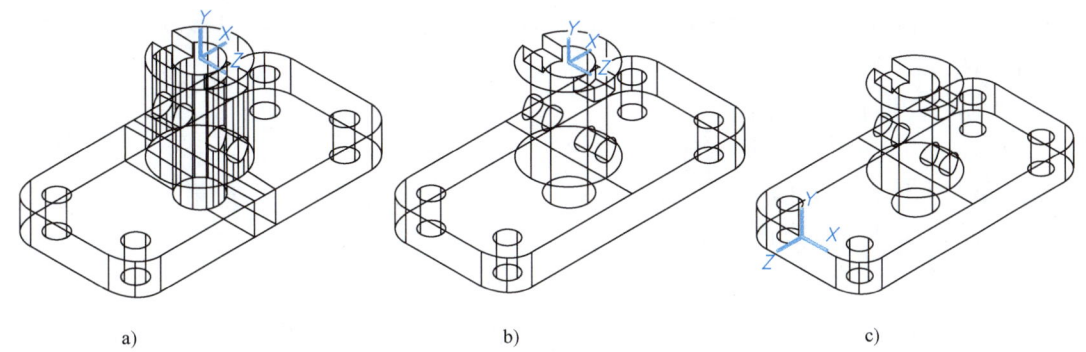

图 7-35　删除、并集运算、完成全图
a) 删除多余部分　b) 并集运算　c) UCS 变换坐标原点

作布尔运算。具体操作如下：

命令：union（单击工具栏：实体编辑→并集）

选择对象：指定对角点：找到 4 个（选取图 7-35a 中所有的三维实体）

选择对象：✓（按【Enter】键结束选择对象）

执行结果如图 7-35b 所示。

3. 绘制左右三角肋板

1）调整坐标系原点及方向。具体操作如下：

命令：ucs（点取图 7-1 UCS 工具栏→原点 UCS）

当前 UCS 名称：*没有名称*

指定 UCS 的原点或［面(F)/命名(NA)/对象(OB)/上一个(P)/视图(V)/世界(W)/X/Y/Z/Z 轴(ZA)］<世界>：O

指定新原点 <0，0，0>：（捕捉长方体上表面左边中点为新坐标原点）

命令：ucs

当前 UCS 名称：*没有名称*

指定 UCS 的原点或［面(F)/命名(NA)/对象(OB)/上一个(P)/视图(V)/世界(W)/X/Y/Z/Z 轴(ZA)］<世界>：Y（绕 Y 轴旋转）

指定绕 Y 轴的旋转角度 <0>：90（旋转角度为 90）

执行结果如图 7-35c 所示。

命令：ucs

当前 UCS 名称：*没有名称*

指定 UCS 的原点或［面(F)/命名(NA)/对象(OB)/上一个(P)/视图(V)/世界(W)/X/Y/Z/Z 轴(ZA)］<世界>：Z↙（绕 Z 轴旋转）

指定绕 Z 轴的旋转角度 <0>：90↙（输入旋转角度）

命令：ucs

当前 UCS 名称：*没有名称*

指定 UCS 的原点或［面(F)/命名(NA)/对象(OB)/上一个(P)/视图(V)/世界(W)/X/Y/Z/Z 轴(ZA)］<世界>：Y↙（绕 Y 轴旋转）

指定绕 Y 轴的旋转角度 <0>：90↙（输入旋转角度）

执行结果如图 7-36a 所示。

2）绘制三角肋板。具体操作如下：

命令：wedge（单击工具栏：建模→楔体）

指定第一个角点或［中心(C)］：35.54，-4，0↙（指定三角肋板的第一个角点）

指定其他角点或［立方体(C)/长度(L)］：@ -35.54，8，0↙（指定三角肋板的另一个角点，8 为宽度，沿 Y 轴正向，取正值）

指定高度或［两点(2P)］<20.0000>：20↙（指定三角肋板的高度）

注意，两个角点的次序不能错，第一个角点应当在楔形体生成高度的边上。

执行结果如图 7-36b 所示。

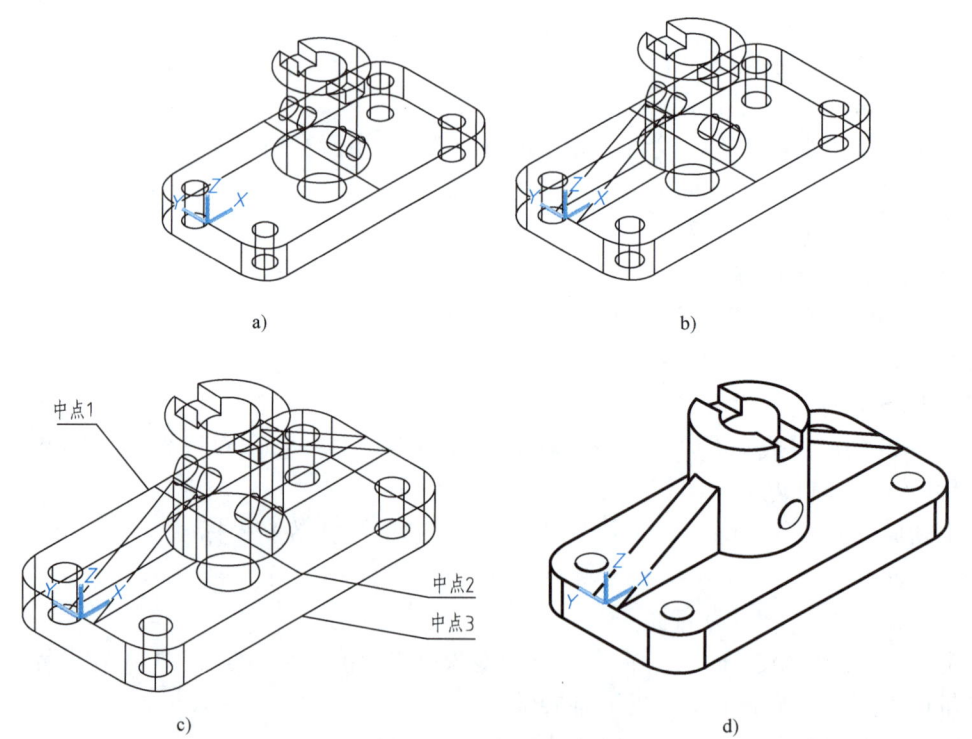

图 7-36 绘制左右三角肋板

a）UCS 绕 Z、Y 轴各旋转 90° b）绘制左边三角肋板 c）三维镜像生成右边三角肋板 d）组合体三维立体图

3）三维镜像生成另一边的三角肋板。具体操作如下：

命令：mirror3d（单击下拉菜单：修改→三维操作→三维镜像）

选择对象：找到 1 个（选择三角肋板）

选择对象：✓（按【Enter】键结束选择）

指定镜像平面（三点）的第一个点或 [对象(O)/最近的(L)/Z 轴(Z)/视图(V)/XY 平面(XY)/YZ 平面(YZ)/ZX 平面(ZX)/三点(3)] <三点>：（捕捉镜像平面上第一个点，图 7-36c 中边上中点 1）

在镜像平面上指定第二点：（捕捉镜像平面上第二个点，图 7-36c 中边上中点 2）

在镜像平面上指定第三点：（捕捉镜像平面上第三个点，图 7-36c 中边上中点 3）

是否删除源对象？[是(Y)/否(N)] <否>：✓（不删除源对象——三角肋板）

最后将底板、中间圆柱体和两个三角肋板作并集布尔相加运算，完成组合体的三维立体图。执行结果如图 7-36d 所示。

例 7-2 绘制图 7-37 所示组合体的三维立体图。

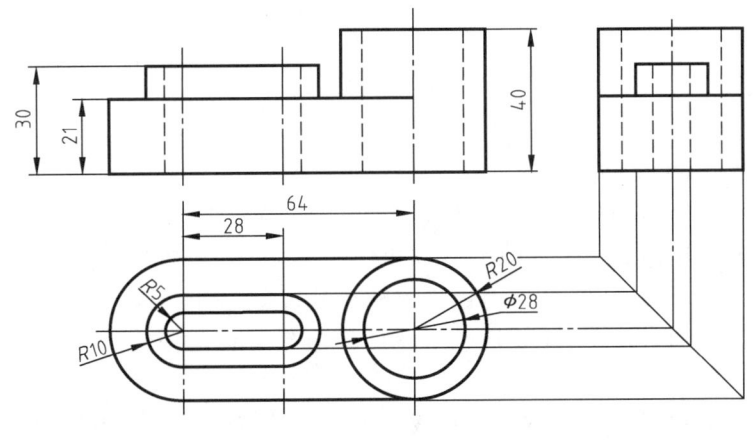

图 7-37 组合体三视图

针对物体形状，底座、左边的凸台和凸台内孔可以创建 3 个面域，利用"拉伸"命令绘制出 3 个基本立体；右部分是圆柱筒可以直接利用"圆柱体"命令绘制；最后，将 5 个基本立体进行布尔运算，可以形成物体的三维立体图。此方法介绍如下。

（1）创建面域 为了快速绘图，复制俯视的底座、左边的凸台和凸台内孔的框线，它是封闭的线框，如图 7-38a 所示。再创建面域，具体操作如下：

命令：region（单击工具栏：绘图→面域）

选择对象：指定对角点：找到 3 个（窗选 3 个线框）

选择对象：✓（按【Enter】键结束选择）

已提取 3 个环。

已创建 3 个面域。

执行结果如图 7-38b 所示。为了说明，图 7-38c 是将 3 个面域着色后分开展示。

（2）绘制基本立体——底座、凸台以及内孔

1）拉伸底座。具体操作如下：

命令：extrude（单击工具栏：建模→拉伸）

当前线框密度：ISOLINES = 4，闭合轮廓创建模式 = 实体

选择要拉伸的对象或［模式（MO）］：_ MO 闭合轮廓创建模式［实体（SO）/曲面（SU）］＜实体＞：_ SO

选择要拉伸的对象或［模式（MO）］：找到 1 个（选取图 7-38c 中的底座面域）

选择要拉伸的对象或［模式（MO）］：✓（按【Enter】键结束选择）

指定拉伸的高度或［方向（D）/路径（P）/倾斜角（T）/表达式（E）］＜30.0000＞：21✓（指定拉伸的高度）

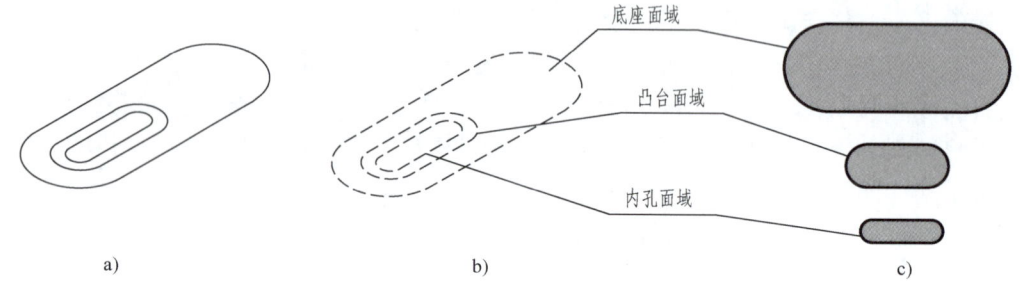

图 7-38 创建面域
a）底座，凸台和凸台内孔外形线框　b）创建了 3 个面域　c）3 个面域着色后的分开表示图

执行结果如图 7-39a 所示。

2）拉伸底座上凸台。具体操作如下：

命令：extrude（单击工具栏：建模→拉伸）

当前线框密度：ISOLINES = 4，闭合轮廓创建模式 = 实体

选择要拉伸的对象或［模式（MO）］：_ MO 闭合轮廓创建模式［实体（SO）/曲面（SU）］＜实体＞：_ SO

选择要拉伸的对象或［模式（MO）］：找到 1 个（选取图 7-38c 中凸台面域）

选择要拉伸的对象或［模式（MO）］：✓（按【Enter】键结束选择）

指定拉伸的高度或［方向（D）/路径（P）/倾斜角（T）/表达式（E）］＜30.0000＞：30✓（指定拉伸的高度）

执行结果如图 7-39b 所示。

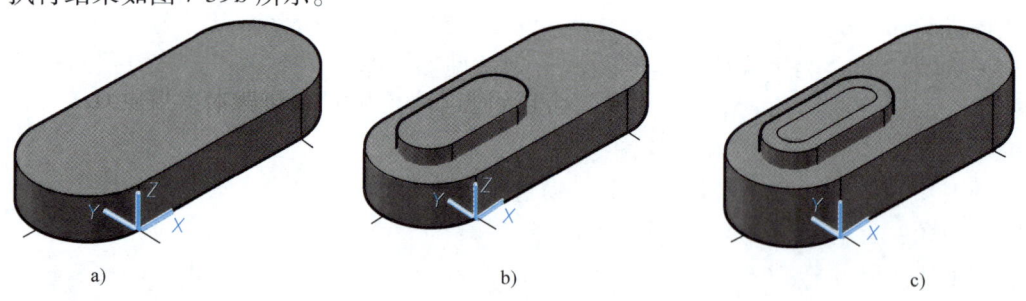

图 7-39 拉伸实体
a）拉伸底座　b）拉伸底座上凸台　c）拉伸凸台内孔

3）拉伸底座上凸台内孔。具体操作如下：

命令：extrude（单击工具栏：建模→拉伸）

当前线框密度：ISOLINES = 4，闭合轮廓创建模式 = 实体

选择要拉伸的对象或 [模式(MO)]:_MO 闭合轮廓创建模式 [实体(SO)/曲面(SU)] <实体>:_SO

选择要拉伸的对象或 [模式(MO)]: 找到 1 个（选取图 7-38c 中内孔面域）

选择要拉伸的对象或 [模式(MO)]:↙（按【Enter】键结束选择）

指定拉伸的高度或 [方向(D)/路径(P)/倾斜角(T)/表达式(E)] <30.0000>: 30↙（指定拉伸的高度）

执行结果如图 7-39c 所示。

(3) 绘制基本立体——圆柱以及圆柱孔

1) 绘制右侧圆柱体。具体操作如下：

命令：cylinder（单击工具栏：建模→圆柱体）

指定底面的中心点或 [三点(3P)/两点(2P)/切点、切点、半径(T)/椭圆(E)]: 64, 20, 0↙（指定底面的中心点）

指定底面半径或 [直径(D)] <20.0000>: 20↙（指定底面半径）

指定高度或 [两点(2P)/轴端点(A)] < -40.0000>: 40↙（指定高度）

执行结果如图 7-40a 所示。

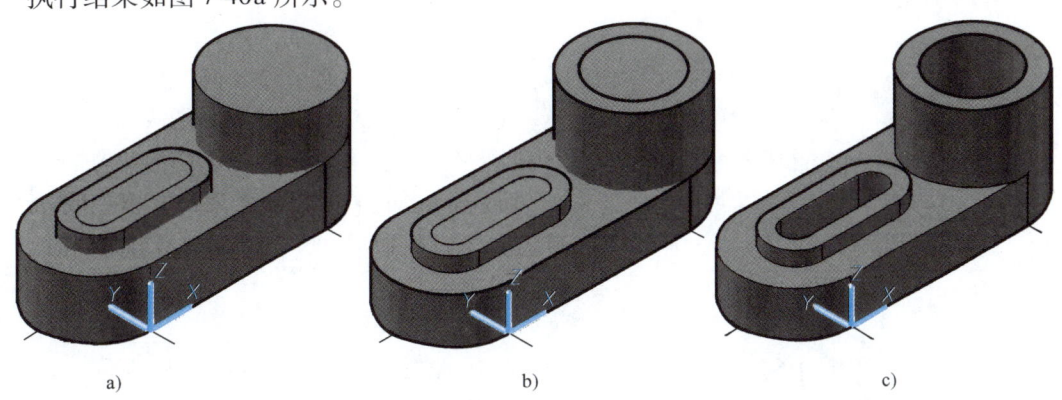

图 7-40 绘制右侧圆柱体及其内孔
a) 绘制右侧圆柱体 b) 绘制右侧圆柱体内孔 c) 布尔运算后的立体图

2) 绘制右侧圆柱体内孔。

命令：cylinder（单击工具栏：建模→圆柱体）

指定底面的中心点或 [三点(3P)/两点(2P)/切点、切点、半径(T)/椭圆(E)]: 64, 20, 0↙（指定底面的中心点）

指定底面半径或 [直径(D)] <20.0000>: 14↙（指定底面半径）

指定高度或 [两点(2P)/轴端点(A)] < -40.0000>: 40↙（指定高度）

执行结果如图 7-40b 所示。

(4) 绘制三维立体图 对基本立体进行布尔运算，形成三维立体图。

1) 应用捕捉功能，对底座、凸台、右侧圆柱体三个基本立体进行并集运算。具体操作如下：

命令：union（单击工具栏：实体编辑→并集）

选择对象：找到 1 个↙（选取底座）
选择对象：找到 1 个↙（选取凸台）
选择对象：找到 1 个↙（选取右侧圆柱体）
总计 3 个
选择对象：↙（按【Enter】键结束选择）
2）应用捕捉功能，对底座上的凸台内孔、右侧圆柱体内孔进行差集运算。
命令：subtract（单击工具栏：实体编辑→差集）
选择要从中减去的实体、曲面和面域...（选取底座）
选择对象：找到 1 个↙
选择要减去的实体、曲面和面域...
选择对象：找到 1 个↙（选取底座上的凸台内孔）
选择对象：找到 1 个，总计 2 个↙（选取右侧圆柱体内孔）
选择对象：↙（按【Enter】键结束选择）
执行结果如图 7-40c 所示。

7.6 轴测图

7.6.1 轴测图概述

轴测图是将物体连同其参考直角坐标系，沿不平行于任一坐标面的方向，用平行投影法将其投射在单一投影面上所得到的具有立体感的图形，如图 7-41 所示。投影面称为轴测投影面。

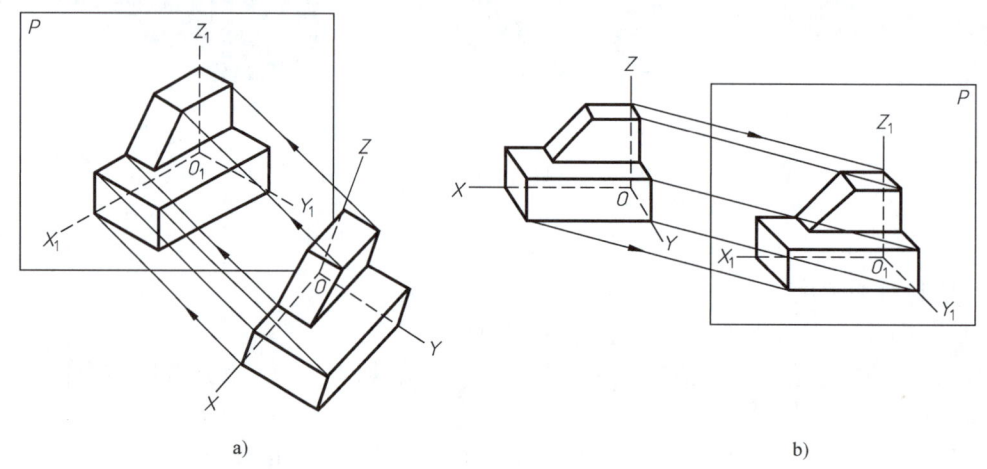

图 7-41 轴测图的形成
a）正轴测图 b）斜轴测图

绘制轴测图时，应当将直角坐标系的三根轴均与投影面倾斜，这样的投影才会有立体感。当投射方向垂直于轴测投影面时，所得到的轴测图，称为正轴测图，如图 7-41a 所示；当投射方向倾斜于轴测投影面时，所得到的轴测图，称为斜轴测图。如图 7-41b 所示。

(1) 轴测轴 直角坐标轴（OX、OY、OZ）在轴测投影面上的投影 O_1X_1、O_1Y_1、O_1Z_1 称为轴测轴。

(2) 轴间角 轴测投影中，任意两根轴测轴之间的夹角称为轴间角，如 $\angle X_1O_1Y_1$、$\angle Y_1O_1Z_1$、$\angle X_1O_1Z_1$。

(3) 轴向伸缩系数 轴测轴上的单位长度与相应直角坐标轴上的单位长度的比值，称为轴向伸缩系数。X、Y、Z 轴的轴向伸缩系数，分别用 p（$p = O_1X_1/OX$）、q（$q = O_1Y_1/OY$）和 r（$r = O_1Z_1/OZ$）表示。

(4) 轴测图的基本性质

1) 物体上与坐标轴平行的线段，它们的轴测投影必与相应的轴测轴平行。

2) 物体上相互平行的线段，它们的轴测投影也相互平行。

(5) 轴测图的种类 轴测图有多种，按三轴的轴向伸缩系数关系可分为三种：当 $p = q = r$ 时，称为正（或斜）等轴测图；$p = r \neq q$ 时，称为正（或斜）二轴测图；$p \neq q \neq r$ 时，称为正（或斜）三轴测图。常用的有正等轴测图及斜二轴测图两种。

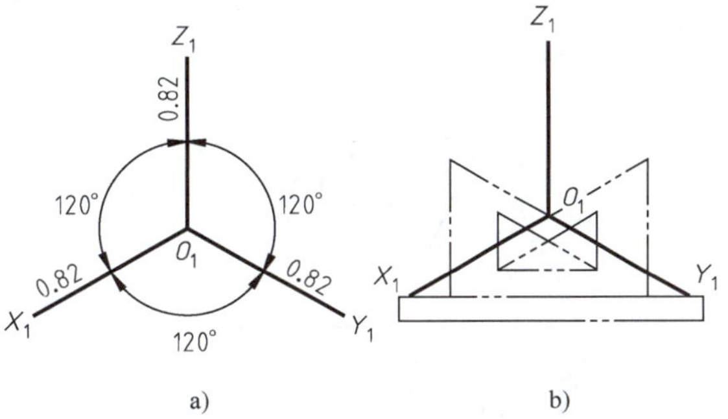

7.6.2 平面立体正等轴测图的画法

正等轴测图（简称正等测图）的轴间角为 120°，轴向伸缩系数 $p = q = r = 0.82$，如图 7-42 所示。为作图方便取 $p = q = r = 1$。这样画出的轴测图是实物的 1.22 倍。

图 7-42 正等轴测图的轴间角、轴向伸缩系数

画轴测图主要应用坐标法。在投影图或在物体自身上确定坐标系，取若干点的坐标值，然后在轴测投影面上画出对应点。

1. 坐标法

作正六棱柱的正等轴测图，作图步骤如下：

1) 在正六棱柱上确定坐标轴及原点，如图 7-43a 所示。

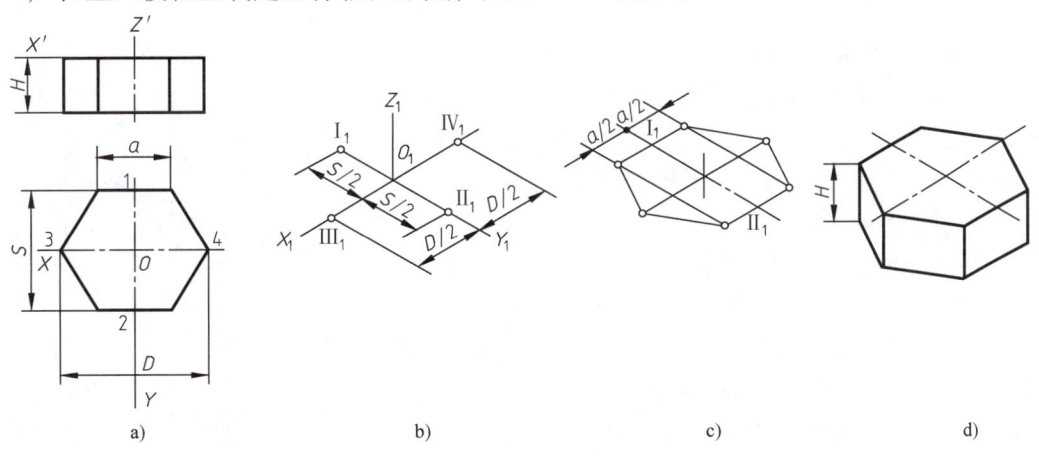

图 7-43 正六棱柱正等轴测图的作图步骤

a) 确定坐标轴及原点 b) 根据尺寸定出各点 c) 作平行线确定并连接各顶点 d) 过各顶点向下画侧棱线完成全图

2）确定轴测投影轴 O_1Z_1、O_1X_1、O_1Y_1 及正六棱柱顶面上的 4 个点 I_1、II_1、III_1、IV_1，如图 7-43b 所示。

3）过 I_1、II_1 分别作直线平行于 O_1X_1，在所作两直线上取 $a/2$ 得正六棱柱的 4 个顶点，然后连接 6 个顶点，如图 7-43c 所示。

4）过 6 个顶点向下作侧棱线，取尺寸 H；画底面各边，描深，完成全图，如图 7-43d 所示。应当指出，为图形清晰，不画虚线。

2. 举例

已知三棱锥的三视图，作它的正等轴测图。

按各点坐标作图，先作出 S、A、B、C 四点在正等轴测图上的投影 S_1、A_1、B_1、C_1，然后连接各点。作图步骤如图 7-44 所示。

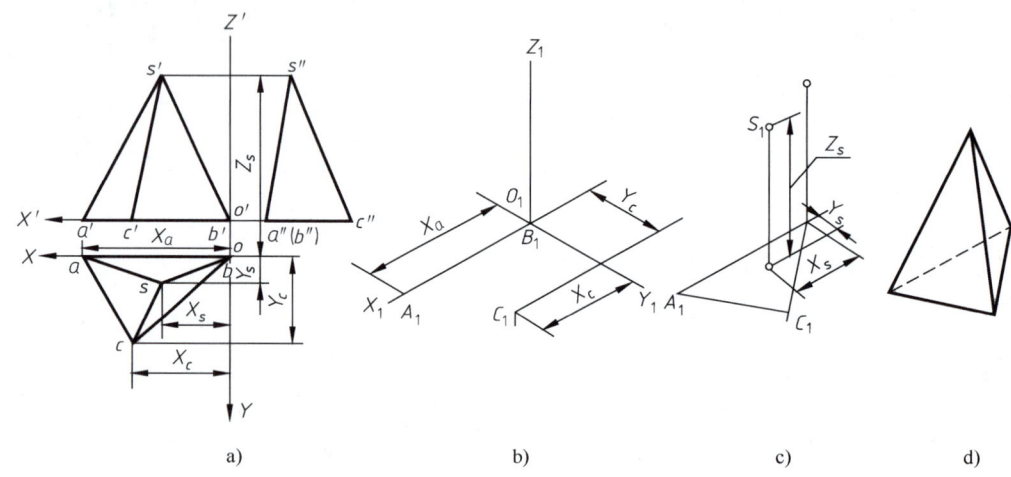

图 7-44 三棱锥正等轴测图的作图步骤
a）确定坐标轴及原点 b）按坐标画底面 $A_1B_1C_1$ c）按坐标作 S_1 d）连接各点，完成全图

7.6.3 回转立体正等轴测图画法

1. 圆的正等轴测图画法

圆在正等轴测图中都是画成椭圆。在不同的坐标面上椭圆的长短轴的方向是不同的，但画法都是一样的。图 7-45 所示为 3 种不同坐标面上圆的正等轴测图。下面介绍圆的正等测图画法。

1）用坐标法画圆的正等轴测图，如图 7-46 所示。

在图 7-46a 所示的已知图上，建立坐标 OX、OY。由于圆上、下、左、右均对称，所以只要画出圆的 1/4。在 1/4 圆弧上取点 A、B、C、D，再相应地在轴测轴上取 A_1、B_1、C_1、D_1，如图 7-46b 所示。再画出关于 O_1X_1、O_1Y_1 轴测轴的对称点，如图 7-46c 所示。最后光滑连接各点完成圆的正等轴测图，如图 7-46d 所示。

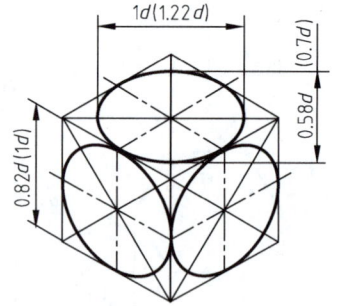

图 7-45 不同坐标面上圆的正等轴测图

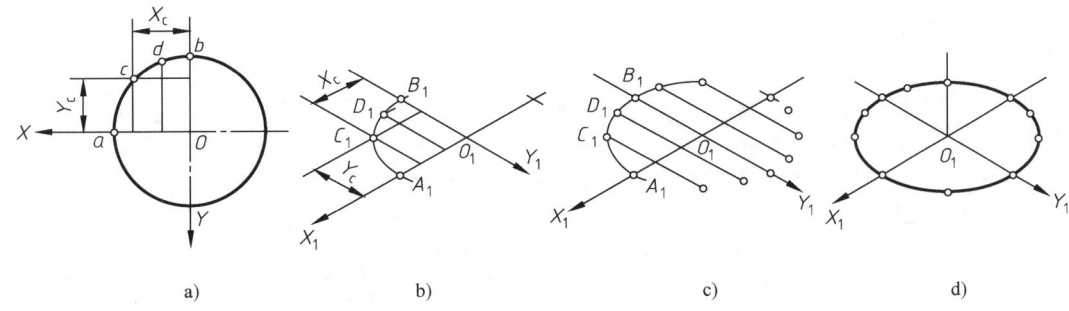

图 7-46 用坐标法画圆的正等轴测图

2) 用四段圆弧近似画圆的正等轴测图。现以水平圆为例，圆的主、俯视图如图 7-47 所示。图 7-47 中细实线正方形为圆的外切正方形。

绘图时，先作出轴测轴。然后以 O_1 为中心，在 O_1X_1、O_1Y_1 轴上取半径长度得 4 个点，过这 4 点作一菱形，如图 7-48a 所示。分别以 A、B 为圆心，以 AC 长度为半径画大圆弧，如图 7-48b 所示。连 AD、AC 交长轴于 Ⅰ、Ⅱ 两点，如图 7-48c 所示。以 Ⅰ、Ⅱ 为圆心，以 ID 长度为半径画小圆弧，于 C、D、E、F 处与大圆弧连接，即得近似椭圆，如图 7-48d 所示。

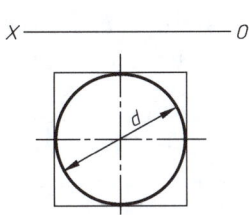

图 7-47 平行于 H 面的圆的投影

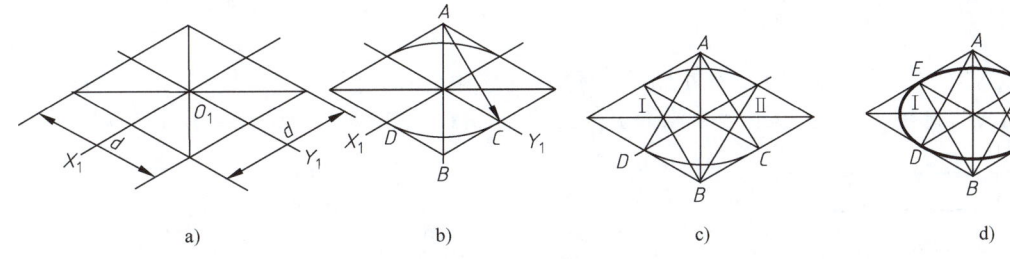

图 7-48 用四段圆弧近似画圆的正等轴测图

2. 圆柱正等轴测图的画法

首先应当明确圆柱的圆平面与哪一个坐标面平行，然后再按上述方法画椭圆。图 7-49a 所示为圆柱的主、俯视图。首先画出轴测轴，定出上下底面、中心、画上下底面椭圆，如图 7-49b 所示。然后作出两边轮廓线，如图 7-49c 所示。最后擦去作图线，看不见的线，描深完成全图，如图 7-49d 所示。

3. 圆台正等轴测图的画法

圆台正等轴测图的画法，如图 7-50 所示。

4. 圆角正等轴测图的画法

平行于坐标面的圆角，实质上是平行于坐标面的圆的一部分。因此，其轴测图是椭圆的一部分。

现以图 7-51a 中的平板为例，说明圆角正等轴测图的简化画法。其作图步骤如图 7-51b~f 所示。

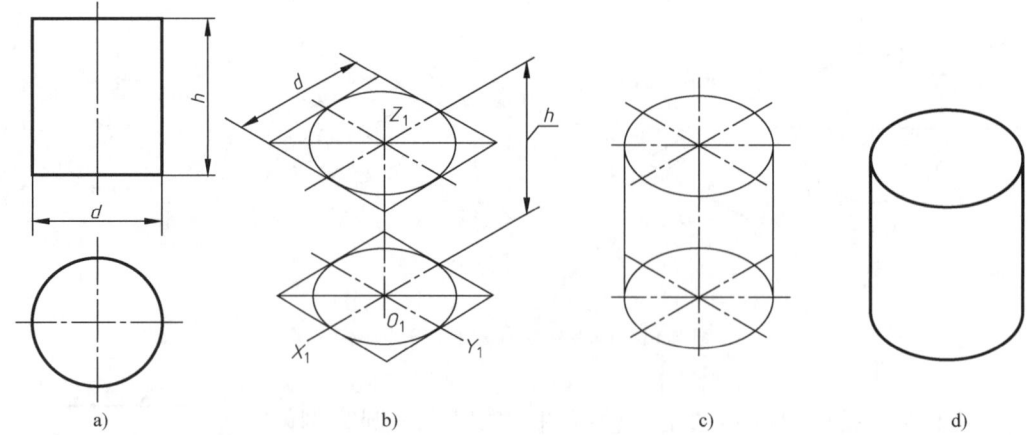

图 7-49 圆柱正等轴测图的画法

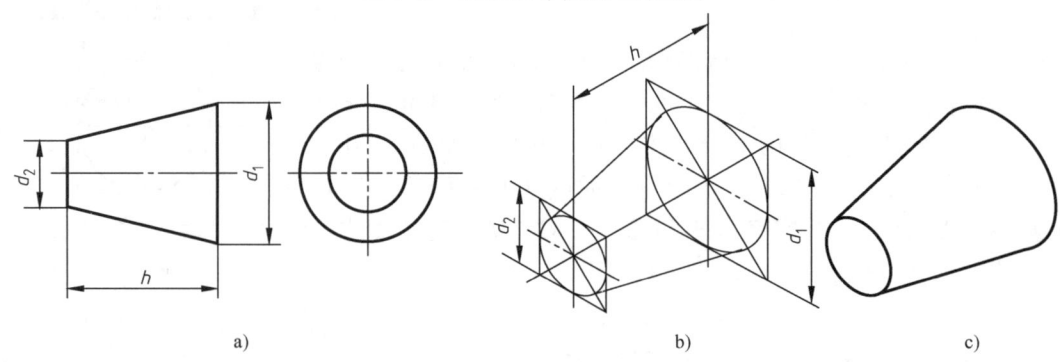

图 7-50 圆台正等轴测图的画法
a) 主、左视图 b) 画左、右两端椭圆后作它们的切线 c) 擦去作图线和看不见的线，描深，完成全图

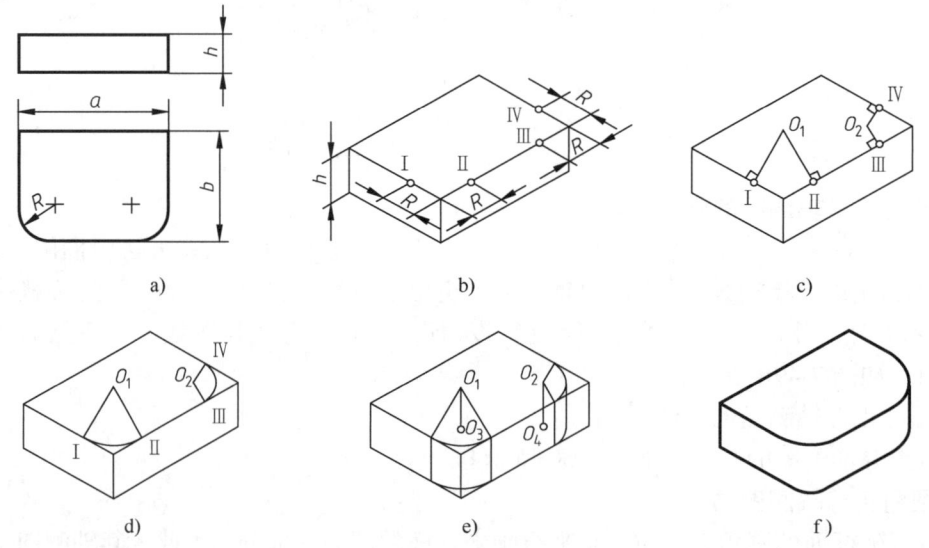

图 7-51 圆角正等轴测图的简化画法
a) 平板的视图 b) 画平板的正等轴测图；根据圆的半径 R，定出切点 Ⅰ、Ⅱ、Ⅲ、Ⅳ
c) 过切点作相应棱线的垂线，得交点 O_1、O_2 d) 分别以 O_1、O_2 为圆心 O_1Ⅰ、O_2Ⅲ 为半径画弧
e) 用移心法画底面圆角，并作右端上下圆弧的公切线 f) 擦去作图线，描深，完成全图

7.6.4 斜二轴测图

当物体上的 XOZ 坐标面与轴测投影面平行，而投射方向与投影面倾斜时，所得到的轴测图就是斜二轴测图，如图 7-52a 所示。

1. 斜二轴测图的轴间角与轴间伸缩系数

轴间角如图 7-52b 所示。轴向伸缩系数为 $p=r=1$、$q=0.5$。由此可知，凡与 XOZ 坐标面平行的图形，经轴测投影后仍为实形。所以斜二轴测图多用于同一方向上形状复杂的物体。这样，可使作图简单易行。

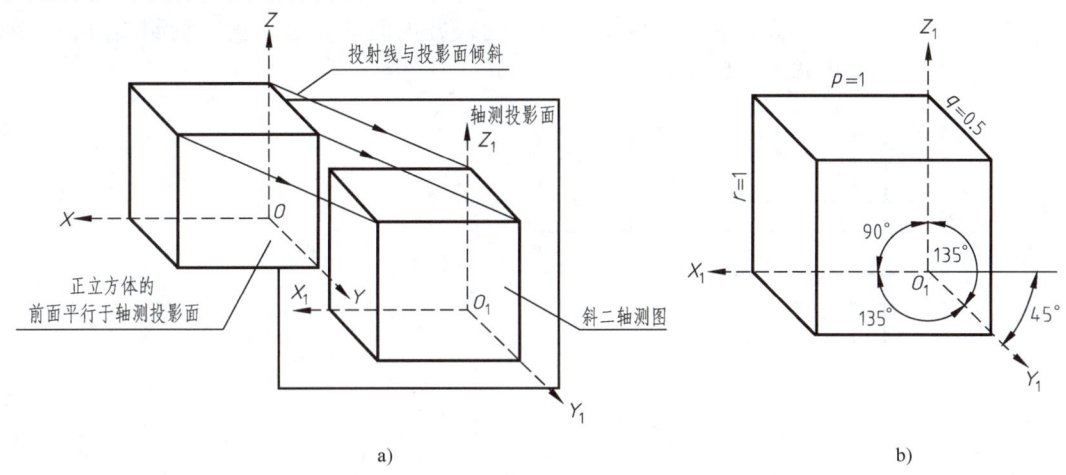

图 7-52 斜二轴测图

a）斜二轴测图的形成　b）斜二轴测图的轴间角、轴向伸缩系数

2. 斜二轴测图的画法

图 7-53a 所示为物体主、俯视图，确定 OX、OY、OZ 方向。在正面（$X_1O_1Z_1$）画出物体前面的图形，如图 7-53b 所示，其与主视图一样。按 O_1Y_1 轴方向画出 45°平行斜线，由 $0.5y$ 确定后面端面的位置，连线，将前面圆和弧的圆心沿 O_1Y_1 轴斜移至后面，由 $0.5y$ 确定圆心位置，画出圆弧，作前后圆弧的切线如图 7-53c 所示。擦去看不见的轮廓线，多余的线，描深，完成全图，如图 7-53d 所示。

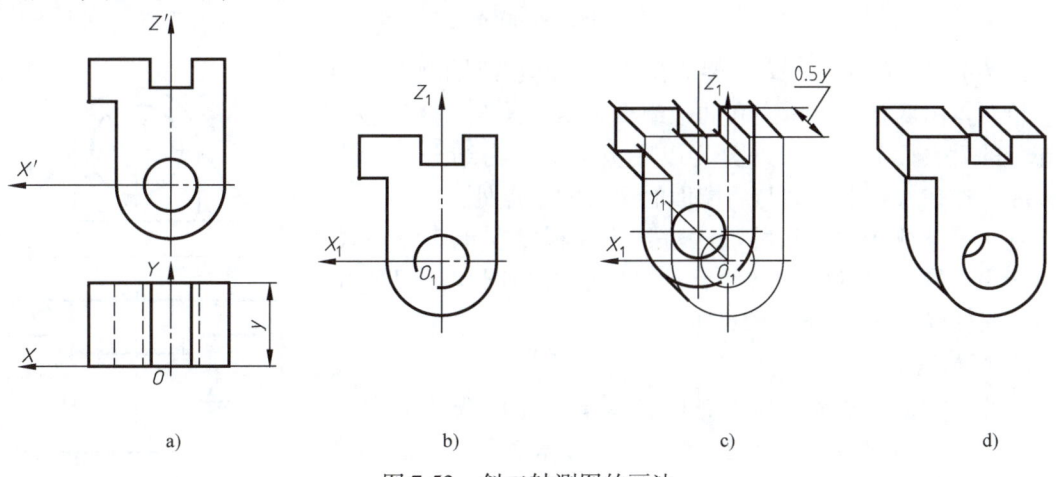

图 7-53 斜二轴测图的画法

7.6.5 组合体正等轴测图的画法

画组合体的正等轴测图时，仍应用形体分析法。对切割型组合体用切割法，对叠加型组合体用叠加法，有时也可两种方法并用。

1. 叠加法

先将组合体分解成若干个基本形体，然后按其相对位置逐个画出各基本形体的正等轴测图，进而完成组合体的正等轴测图。

例 7-3　图 7-54a 所示为组合体三视图，作其正等轴测图。

分析：该组合体由底板、立板及两个三角形肋板叠加而成。画其正等轴测图时，可采用叠加法。具体作图步骤如图 7-54b～e 所示。

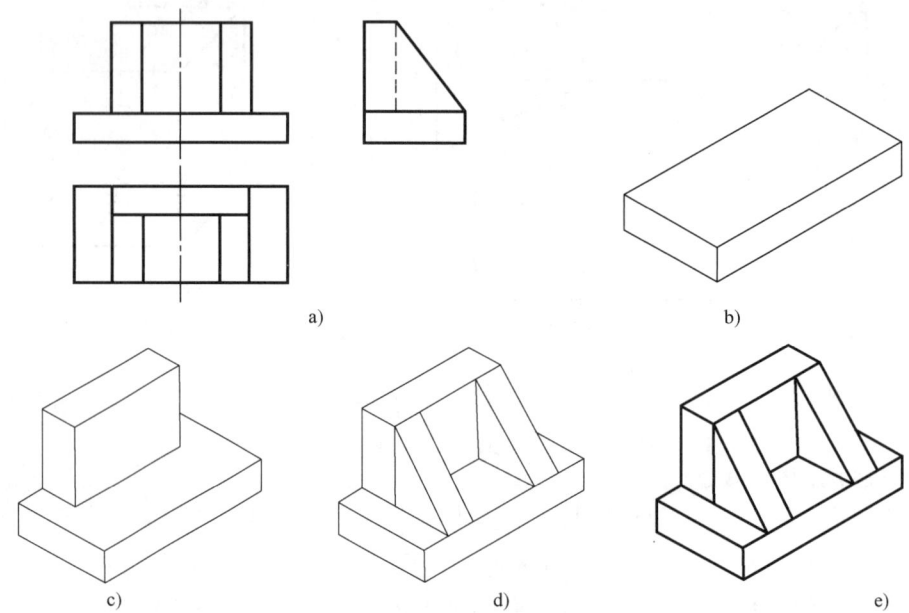

图 7-54　用叠加法画组合体的正等轴测图
a) 三视图　b) 画底板的正等轴测图　c) 画立板的正等轴测图　d) 画两块肋板的正等轴测图　e) 描深，完成全图

例 7-4　图 7-55 所示为支架的视图，作其正等轴测图。

组合体由底板、支承座和肋板组合而成。支架左右对称，三部分的后表面共面，三部分均以底板上平面为结合面。故坐标原点选在底板上平面与后端面的交线的中点处。

画正等轴测图时，按叠加法进行，底板及支承座先按长方体画出，按其相对位置尺寸叠加，然后再画圆孔、圆角等细节。具体作图步骤如图 7-56 所示。

2. 切割法

先画出完整的基本形体的正等轴测图，然后按其结构特点逐个切去多余的部分进而完成组合体的正等轴测图。图 7-57 所示为用切割法画平面立体正等轴测图的过程。

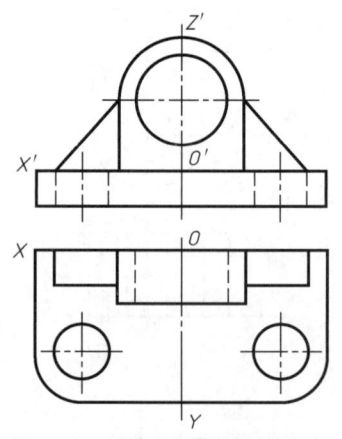

图 7-55　支架及轴测轴的确定

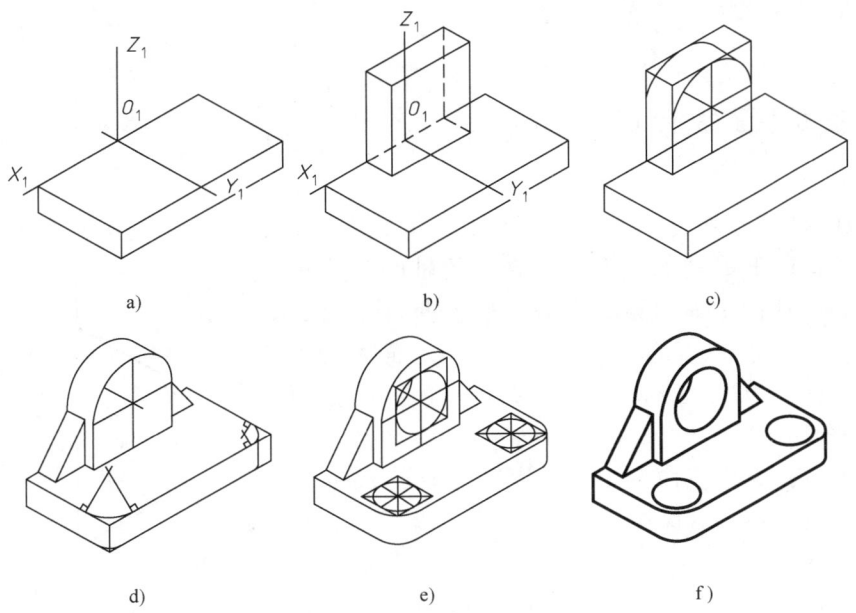

图 7-56 支架正等轴测图的画法

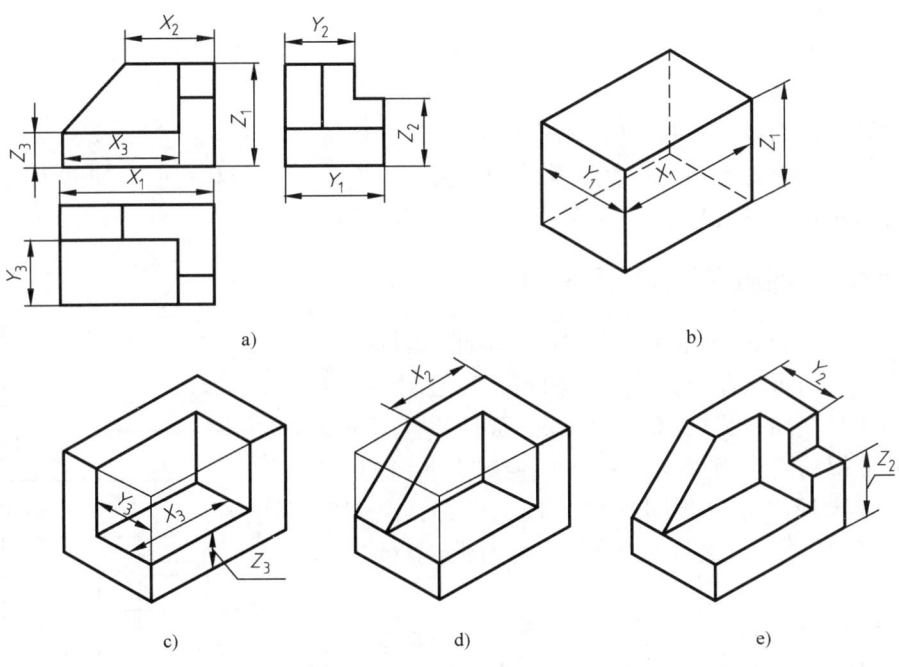

图 7-57 用切割法画平面立体的正等轴测图
a) 立体三视图　b) 画长方体　c) 切左前角　d) 切斜面　e) 切右前角

7.7 计算机绘制正等轴测图

7.7.1 等轴测平面命令（isoplane）

1. 功能

AutoCAD 提供了方便绘制正等轴测图的环境。执行命令后，直角坐标系中 3 个坐标轴 OX、OY、OZ 画在正等轴测图上时，它们的轴间角均为 120°，且 AutoCAD 把正等轴测图上与 YOZ 坐标面平行的面称为左面（Left），把与 XOY 坐标面平行的平面称为顶面（Top），把与 XOZ 坐标面平行的平面称为右面（Right），如图 7-58 所示。

应当指出，在执行该命令之前，应首先通过 snap 命令选择"等轴测"样式。操作如下：

命令：snap

指定捕捉间距或［开(ON)/关(OFF)/旋转(R)/样式(S)/类型(T)］＜10.0000＞：S✓（选择样式选项）

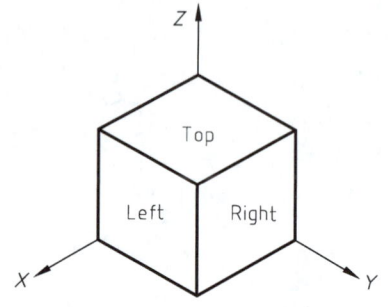

图 7-58 正等轴测图坐标系

输入捕捉栅格类型［标准(S)/等轴测(I)］＜I＞：I✓（选择等轴测样式绘图）

指定捕捉间距或［纵横向间距(A)］＜10.0000＞：✓（指定纵横向间距为 10 个单位）

2. 操作方法

命令：isoplane✓

当前等轴测平面：俯视

输入等轴测平面设置［左视(L)/俯视(T)/右视(R)］＜右视＞：

用户可以在以上各选项中选择当前绘图平面——左面、顶面和右面，如图 7-58 所示。

用户可以用快捷键【F5】在左面、顶面和右面之间切换。

7.7.2 计算机绘制正等轴测图举例

下面以图 7-59 所示立体为例介绍正等轴测图的画法。

首先应用"snap"命令，选择等轴测样式绘图；绘图时应根据图 7-59 中的尺寸绘制。绘制平面时，应用正交模式，打开捕捉功能，用直线命令绘图；绘圆时，应用画椭圆命令，并选择"等轴测圆（I）"选项绘圆；绘图时应用 F5 在左、俯、右视之间切换后，再绘图；具体操作如下：

（1）用 F5 切换成＜等轴测平面 右视＞，用直线命令画出 A 平面，如图 7-60a 所示。

（2）用 F5 切换成＜等轴测平面 左视＞，用直线命令画出 B 平面，用 F5 切换成＜等轴测平面 俯视＞，用直线命令画出 C、D 面，连接线段完成斜面，如图 7-60b 所示。

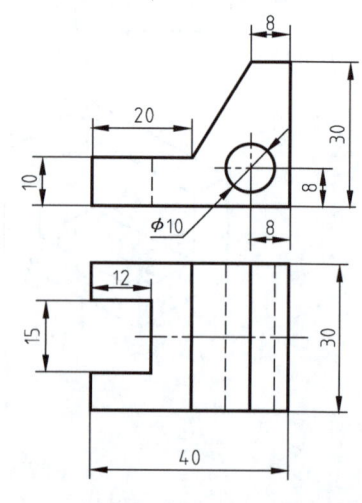

图 7-59 计算机绘制正等轴测图示例

(3) 用同样的方法完成通槽的图形，如图 7-60c 所示。
(4) 画前后通孔，先确定圆心，再作如下操作。

命令：ellipse
指定椭圆轴的端点或 [圆弧(A)/中心点(C)/等轴测圆(I)]:I↙
指定等轴测圆的圆心：（指定圆心）
指定等轴测圆的半径或 [直径(D)]：<等轴测平面 右视> 5↙（用 F5 选择右视，然后输入圆的半径）

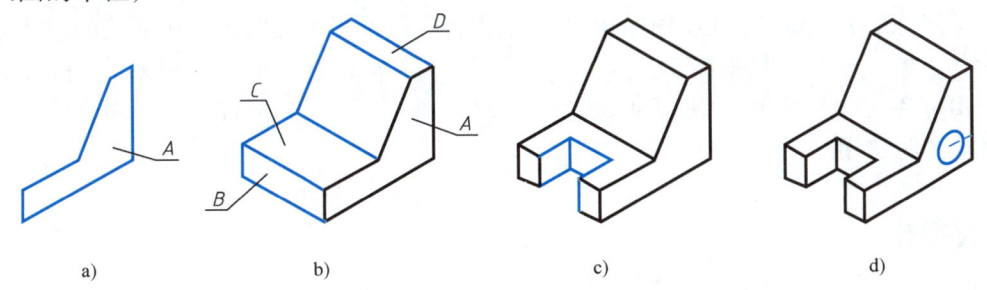

图 7-60　绘图过程
a）绘制 A 面　b）绘制 B、C、D 及斜面　c）确定槽位置绘制槽　d）确定孔的中心画圆孔

素质养成点

高凤林，35 年专注火箭发动机焊接工作，被称为焊接火箭"心脏"的人。130 多枚长征系列运载火箭在他焊接的发动机推动下顺利飞入太空，其中就有运送嫦娥卫星去月球的长征三号甲系列火箭。被评为 2018 年"大国工匠"的高凤林说过"岗位不同，作用不同，仅此而已，心中装着国家，什么岗位都光荣，有台前就有幕后"。

第 8 章　机件的表达方法

生产实际中，机件形状是多种多样的。有些简单的机件，用 1 个或 2 个视图并配合尺寸标注就可以表达清楚，而有些复杂的机件，用 3 个视图也难以表达清楚。为了正确、完整、清晰而又简练地表达机件，必须根据机件的结构特点以及复杂程度，采用适当的表达方法。

为此，国家标准《技术制图》（GB/T 17451—1998、GB/T 17452—1998）和《机械制图》（GB/T 4458.1—2002、GB/T 4458.6—2002）规定了视图、剖视图和断面图等的表达方法，供绘图时选用。

8.1　视图

视图是机件向投影面投射所得到的图形。视图主要用于表达机件的外部形状，一般只画机件的可见部分，必要时才画出其不可见部分。视图分为基本视图、向视图、局部视图和斜视图 4 种。

8.1.1　基本视图

基本视图是机件向基本投影面投射所得到的图形。国家标准规定，用正六面体的 6 个面作为基本投影面，将机件放置在正六面体中，按照观察者—机件—投影面这样的投射方向，向 6 个基本投影面作正投影，得到的 6 个视图称为基本视图，如图 8-1 所示。

基本视图的名称如下：
1）主视图——从前向后投射所得到的视图。
2）俯视图——从上向下投射所得到的视图。
3）左视图——从左向右投射所得到的视图。
4）右视图——从右向左投射所得到的视图。
5）仰视图——从下向上投射所得到的视图。
6）后视图——从后向前投射所得到的视图。

6 个基本视图的配置关系，如图 8-1b 所示。它们之间的投影关系要满足"长对正、高平齐、宽相等"的规律：主、俯、仰、后 4 个视图"长对正"；主、左、右、后 4 个视图"高平齐"；俯、左、右、仰 4 个视图"宽相等"。在同一张图纸内按图 8-1b 所示配置视图时，一律不标注视图的名称。

8.1.2　向视图

实际制图时，由于考虑到视图在图纸中的布局问题，视图可能不按照图 8-1b 所示的位置配置，此时应在视图上方标出视图名称"×"（"×"为大写拉丁字母，水平书写，后述中"×"也与此相同，不再说明），并用箭头在相应视图附近指明投射方向，注写相同的字母，如图 8-2 所示。

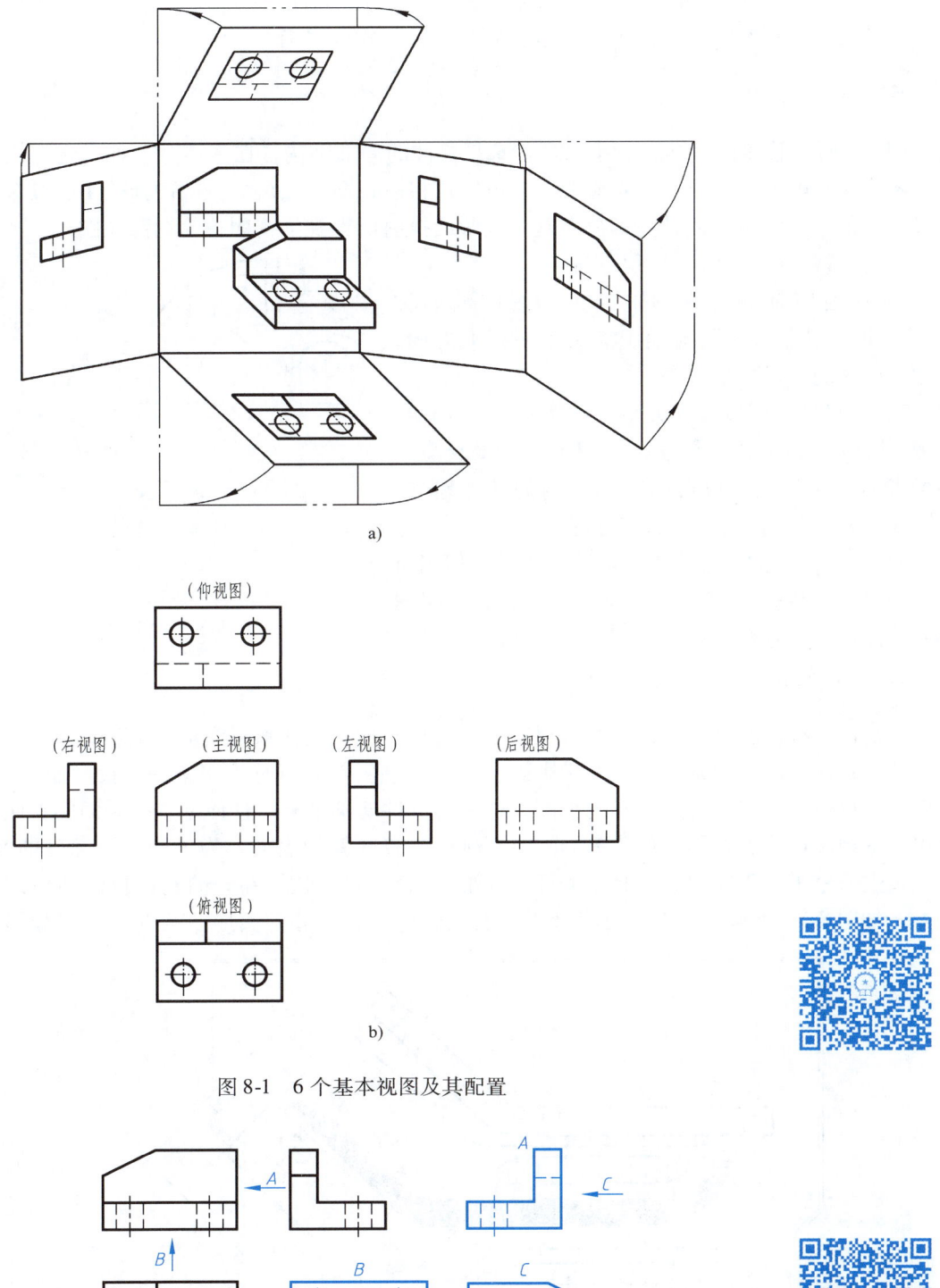

图 8-1 6 个基本视图及其配置

图 8-2 向视图的画法

同一机件，并非要同时选用六个基本视图，至于选取哪几个视图，要根据它的形状特征而定。选用基本视图时一般优先选用主、俯、左3个基本视图。

8.1.3 局部视图

图8-3所示管接头右端有一小凸台。它是机件的局部结构，在表达时，如果选用完整的右视图表达它的形状，显然是不必要的，可以仅将右视图中凸台部分的图样绘出，其余部分都省略。这种只将机件的某一部分向基本投影面投射所得到的视图称为局部视图。

画局部视图时应注意以下几点：

1）一般应在局部视图上方标出视图的名称"×"，并在相应的视图附近用箭头指明投射方向，并注上同样的字母。

2）当局部视图按投影关系配置，中间又没有其他图形隔开时，可省略标注，如图8-3中A及箭头均可省略。局部视图也可画在图纸内的其他地方，如图8-3中的B，此时不能省略标注。

3）局部视图的断裂边界用波浪线表示。但当所表示的局部结构是完整的，其外轮廓线又成封闭图形时，波浪线可省略不画，如图8-3中的B、C。

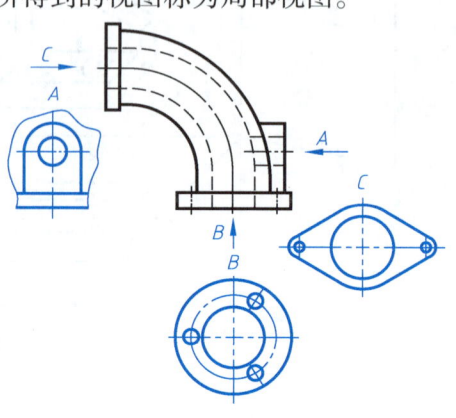

图8-3 局部视图

8.1.4 斜视图

当机件上有倾斜结构时，在基本视图上不反映实形，绘图和标注都有困难，看图也不方便。若将机件上的倾斜部分向新的投影面（平行于倾斜部分且垂直于某一个投影面的平面）投射，便可得到反映这部分实形的视图。这种将机件向不平行于任何基本投影面的平面投射所得到的视图称为斜视图。如图8-4所示，衬板具有倾斜的表面，为了表达该部分的实形，可以设立一个平行于倾斜表面且垂直于V面的投影面，将倾斜部分的结构投射到新的投影面上，如图8-5a所示。由于斜视图只要求表达机件倾斜部分的实形，所以其余部分不必全

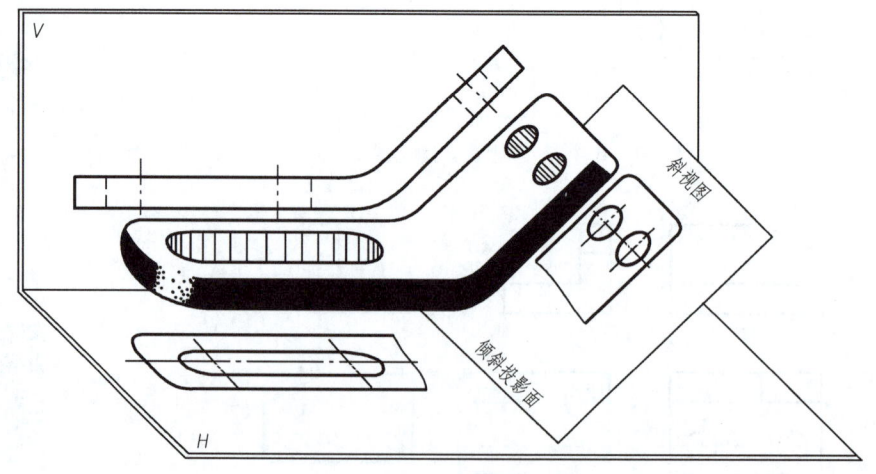

图8-4 斜视图的形成

部画出来，使用波浪线断开。

画斜视图时应注意以下几点：

1）斜视图应当标注。必须在斜视图上方标出该图的名称"×"，在相应的视图附近用箭头指明投射方向，并注上同样的字母"×"，如图 8-5 所示。

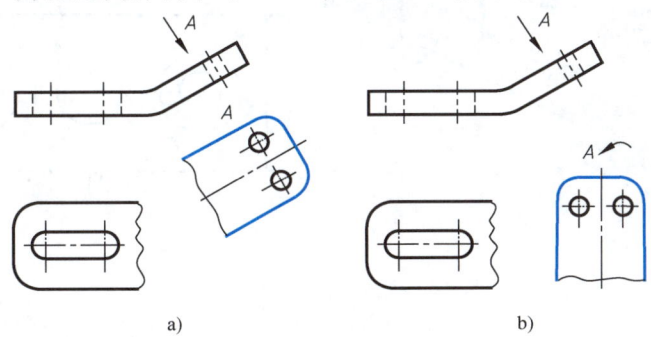

图 8-5 斜视图
a）斜视图的画法 b）斜视图旋转时的画法

2）斜视图一般按投影关系配置，以便于绘图和看图，如图 8-5a 所示，必要时也可配置在其他适当位置；在不致引起误解时，允许将图形旋转，此时标注形式应为"⌒×"、"×⌒"、"⌒A30°"等，如图 8-5b 所示。

3）画斜视图时，可将机件不反映实形的部分用波浪线断开而省略不画。同样在相应的基本视图中也可省去倾斜部分的投影，如图 8-5 所示。

此外，机件上具有回转轴线的倾斜部分可以采用将倾斜部分旋转后再向选定的基本投影面上投射。如图 8-6 所示，机件的右端与水平投影面是倾斜的，在俯视图中不能反映其实际形状。绘图时，可假想将此

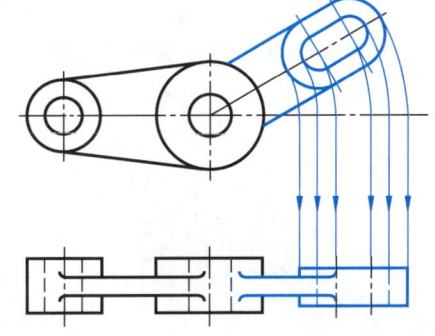

图 8-6 具有回转轴线的倾斜部分画法

部分结构绕垂直轴旋转到与基本投影面平行后再进行投射，这样就能够表达出倾斜结构的实形。

8.2 剖视图

工程中有些机件很复杂，如果采用视图来表达则不太合适，因为机件的隐藏结构在图样中用虚线表示，大量虚线的存在使图形变得繁杂，给读图带来了很大的困难。显然，要清晰地表达机件内部不可见的形状特征，就必须将机件剖开，让内部的结构成为可见，然后再投射表达，这就是下面介绍的剖视方法。

8.2.1 剖视图的概念

图 8-7 所示的压板，内部结构较为复杂，用视图表达，虚线较多，影响图形的清晰，同时也不便标注尺寸。

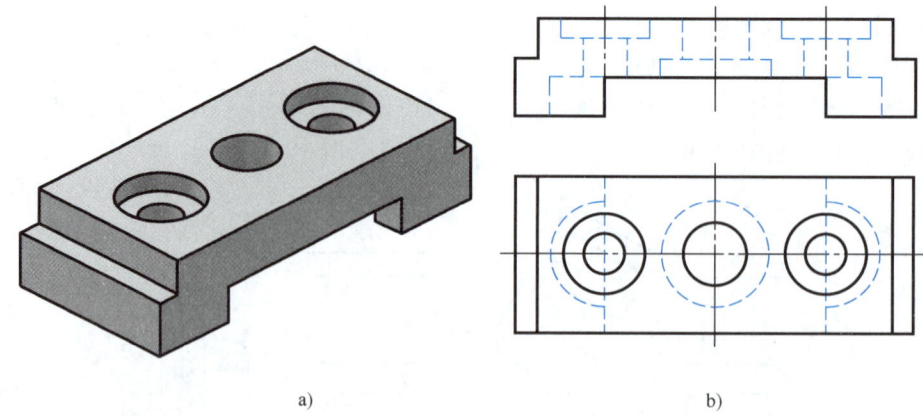

图 8-7 压板的立体图和视图
a) 立体图 b) 视图

如图 8-8 所示，假想用一正平面沿压板的前后对称位置将其剖开，将观察者与剖切面之间的部分移去，使内部的孔、槽等的轮廓显露出来，然后按正投影法画出未移去部分的图形。这种假想用剖切面把机件剖开，将处在观察者与剖切面之间的部分移去，然后把其余部分向投影面投射，所得到的图形称为剖视图，这种表达方法称为剖视。由此可见，剖视图着重用于表达机件的内形或被遮盖的结构。

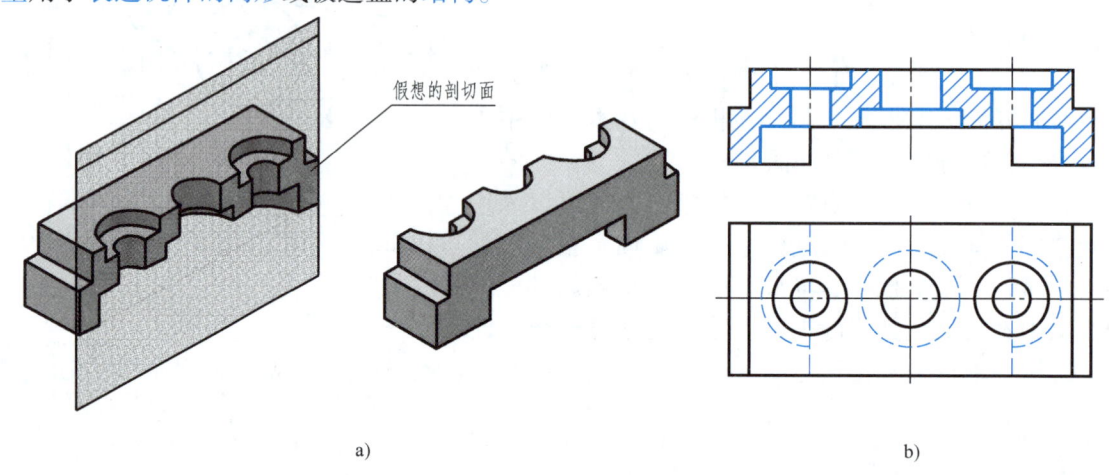

图 8-8 剖视的方法及剖视图
a) 剖视的方法 b) 剖视图

1. 画剖视图的步骤

1）确定剖切面的位置。为了能确切地表达机件内部的真实形状，所选择的剖切面一般应与某一投影面平行，并应通过机件内部孔和槽的轴线或对称面。剖切面可以是平面或圆柱面，用得最多的是平面。

2）求剖切面和立体表面的交线。立体表面包括内表面和外表面。

3）求截平面的投影，并在截平面上画上剖面符号。为了区分机件上的实体和空心部分，在机件的截断面上应按表 8-1 中的规定画出相应材料的剖面符号。

表 8-1 剖 面 符 号

材料名称	剖面符号	材料名称		剖面符号
金属材料（已有规定剖面符号者除外）	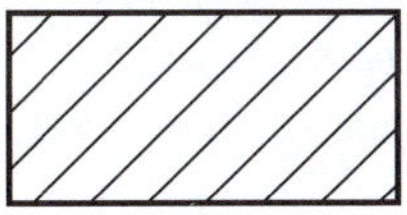	混凝土		
非金属材料（已有规定剖面符号者除外）		木材	纵剖面	
型砂、填砂、粉末冶金、砂轮、陶瓷刀片、硬质合金刀片等			横剖面	
玻璃及供观察用的其他透明材料	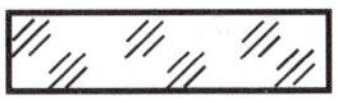	木质胶合板（不分层数）		
砖	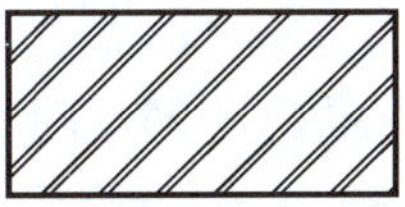	液体		

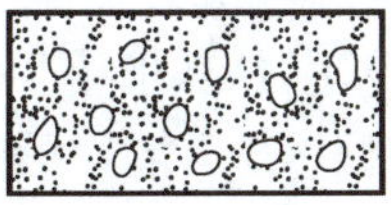

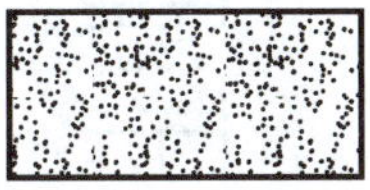

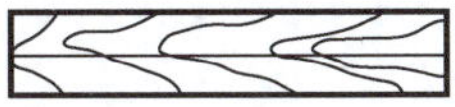

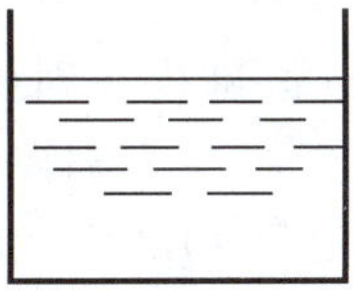

国家标准规定，表示金属材料的剖面符号应以适当角度的细实线绘制，最好与主要轮廓或剖面区域的对称线成45°，如图8-8所示。

应当注意：同一机件的各个剖面区域，其剖面线的画法应一致，即剖面线的方向与间隔相同。当图形的主要轮廓线与水平成45°时，该图形的剖面线用与水平成30°或60°的平行线画出，其倾斜方向、间隔仍要与其他图形的剖面线一致。

4）画剖切面后面的投影。剖切面后的可见轮廓线，一定要用粗实线画出，不能漏画。

2. 剖视图的标注

为了看图方便，剖视图一般需要标注，标注内容如下：

（1）剖视图名称　在剖视图的上方用一对同名的大写拉丁字母，按"×—×"形式标明，同时在剖切符号附近写上相同的字母"×"，以表示投影关系。不同剖视图上的名称不能相同，字母"×—×"和"×"应当水平书写（后述中的"×—×"和"×"书写要求与此相同，不再说明），如图8-9所示。

（2）剖切符号　指示剖切面的位置及投射方向。它是长度约为5~10mm的粗实线，线宽为（1~1.5）d，表示剖切位置；剖切符号画在剖切位置的迹线处，不能与轮廓线相交；在剖切符号的起、讫和转折处应用与剖视图名称相同的字母标出；在剖切符号的两端外侧用箭头指明剖切后的投射方向，如图8-9所示。

（3）标注的省略

1）当剖视图处于主、俯、左等基本视图的位置，按投影关系配置，中间又没有其他图形隔开时可省略箭头，如图 8-9 中的 B—B 所示的标注省略了箭头。

2）当单一剖切平面通过机件的对称平面或基本对称平面，且剖视图按投影关系配置，中间又没有其他图形隔开时，可不加任何标注，如图 8-10 所示。

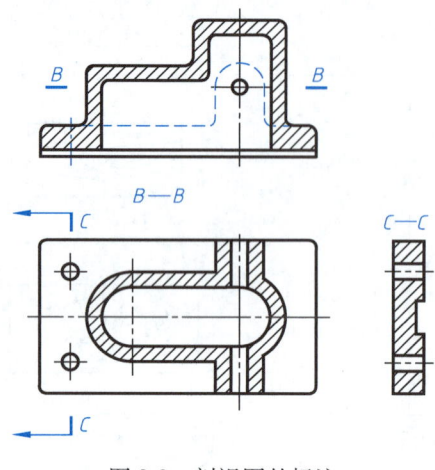

图 8-9　剖视图的标注

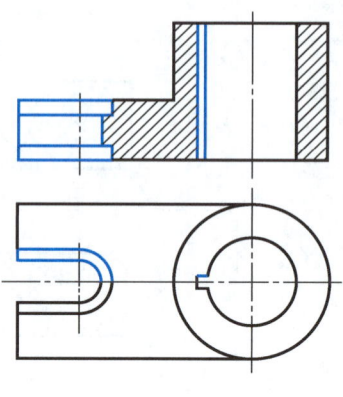

图 8-10　省略标注的剖视图

3. 画剖视图时要注意的问题

1）画几个剖视图表达同一个机件时，剖面线方向应相同，间隔要相等。

2）剖视图中，机件后面的不可见轮廓线（虚线）一般省略不画，如果尚有未表达清楚的结构或使用少量虚线可使图样更易于理解时，才将虚线画出，如图 8-9 中的虚线。

3）剖视图既可以按照基本视图的投影关系配置，也可以放置于其他适当的位置。若布置在其他位置，则一定要加以标注，如图 8-9 中 C—C 所示的标注。

4）由于剖切是假想的，因而某一视图画成剖视后，其余视图仍需按完整的机件进行投影绘制。例如，图 8-9 中的俯视图就不能只画一半。

5）位于剖切面后面的可见轮廓应全部画出，不能遗漏，如图 8-11 所示。

8.2.2　剖视图的种类

画剖视图时，根据表达的需要，既可以将机件完全切开后按照剖视绘制，也可只将它的一部分画成剖视图，而另一部分保留外形，因而得到 3 种剖视图：全剖视图、半剖视图、局部剖视图。

1. 全剖视图

如果机件的外形较简单，而内形较为复杂，可考虑将机件完全剖开，着重表达内部的结构形状。如图 8-12 所示，端盖的外形相对于内部结构来讲

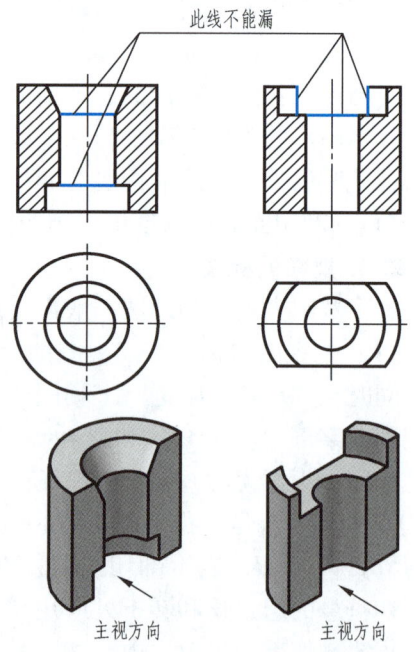

图 8-11　剖切面后面的轮廓线不能遗漏

较为简单，在主视图中，将机件全部剖开以表达其内部特征。剖切平面的位置通过机件的对称面。剖开后，端盖中间部分的大孔、小孔及边缘的槽均成为可见结构，在视图中用实线表示，图样就显得很清楚。这种用剖切平面完全地剖开机件所得到的视图称为全剖视图。全剖视图按上述原则进行标注。

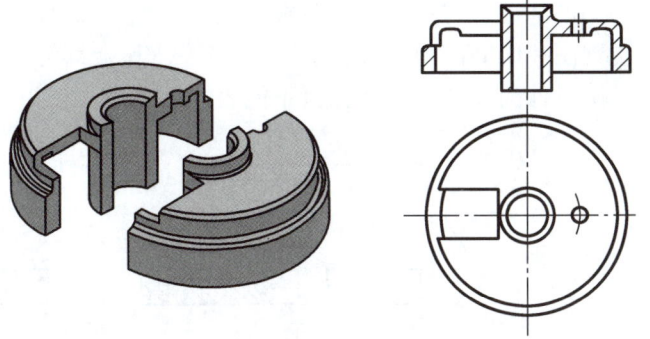

2. 半剖视图

当机件具有对称平面时，在垂直于对称平面的投影面上投射所得

图 8-12 全剖视图

到的图形，以对称线为界，一半画成剖视图，另一半画成视图，这种组合成的图形称为半剖视图。如图 8-13 所示的支座，其结构左右对称，左、右有"马蹄形"凸台，在凸台半圆的圆心处有小孔与长方形内壁相通；支座前后形状也对称，其上部前、后有半圆通孔，前、后内壁与外壁有半圆形的凸台；支座上下均有凸缘。如果将主、左视图画成全剖视图，则其一部分外形（如孔、"马蹄形"凸台等）都无法表现，因此以对称面为界，一半画成剖视，另一半画外形图。

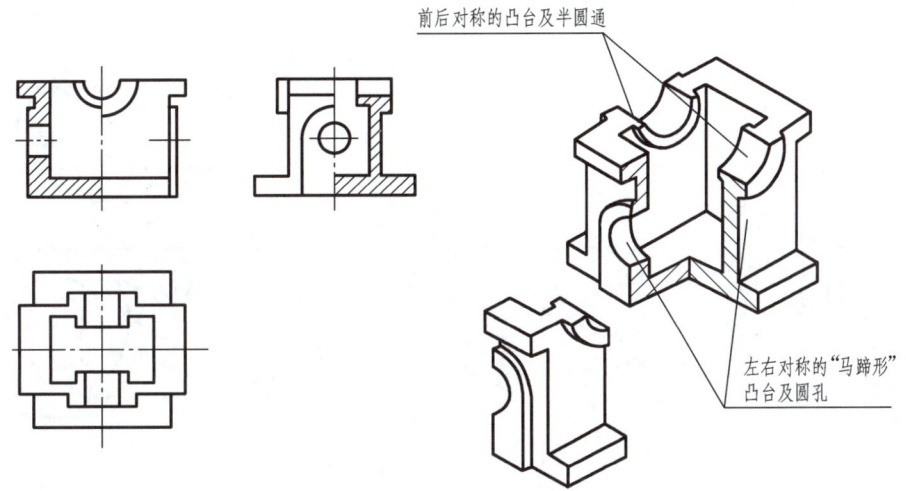

图 8-13 半剖视图（一）

画半剖视图时应注意以下几点：

1) 半剖视图是由半个外形视图和半个剖视图组成的，而不是假想将机件剖去 1/4，因此视图和剖视图之间的分界线一定是点画线而不是粗实线，也不可能为其他线型，如图 8-14b 所示。

2) 由于半剖视图的对称性，在表达外形的视图中的虚线应省略不画，如图 8-14a 所示。

3) 半剖视图的标注规则与全剖视图相同。

3. 局部剖视图

用剖切平面局部地剖开机件，所得到的剖视图称为局部剖视图。局部剖视图是一种很灵活的表达方法。在同一视图上既可以表达机件的外形，也可将机件某些局部结构剖开来表达。局部剖视图与视图以波浪线作为分界线。如图 8-15 所示的机件，为表达孔的结构，仅在主视图和俯视图中将孔剖开就可以了，其余部分全部画成外形视图。如果将机件全部剖开，则机件前面的凸台及孔就不能表达清楚了。

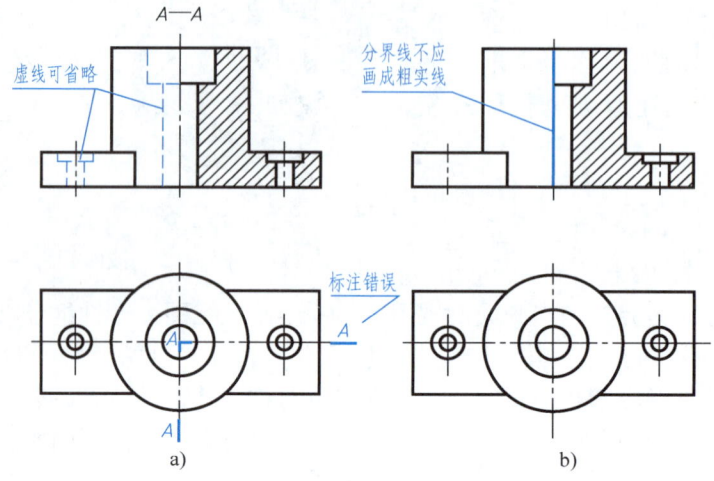

图 8-14 半剖视图（二）

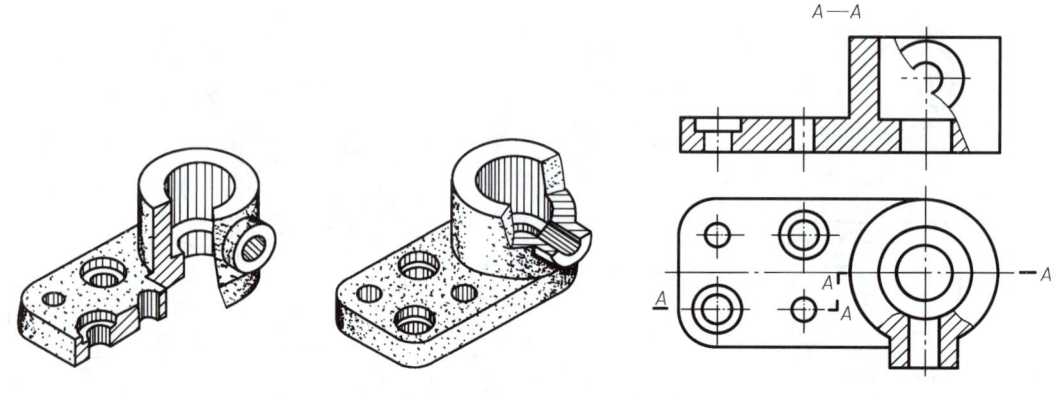

图 8-15 局部剖视图（一）

在下列四种情况下宜采用局部剖视图。

1）机件只有局部内形需要表达，而不必或不宜采用全剖视图时，可用局部剖视图表达。

2）机件内、外形状均需表达而又不对称时，可用局部剖视图表达，如图 8-15 所示。

3）机件对称，但由于轮廓线与对称线或中心线重合而不宜采用半剖视图时，可用局部剖视图表达，如图 8-16a～c 所示。当被剖切的局部结构为回转体时，允许将该结构的轴线作为剖视图与视图的分界线，如图 8-16d 所示。

4）剖中剖，即在剖视图中再作一次简单剖视图的画法，可用局部剖视图表达，如图 8-17 所示。注意，局部剖视图与原剖视图的剖面线方向和间隔要相同，但两剖面线要错开绘出。

画局部剖视图时应注意以下几点：

1)区分视图与剖视图部分的波浪线，应画在机件的实体上，不应超出图形轮廓线，不应画入孔槽之内（图8-18a），而且不能与图形上的轮廓线重合（图8-18b）。

2)局部剖视图的标注方法与全剖视图相同，对于剖切位置明显的局部剖视图，一般可省略标注。

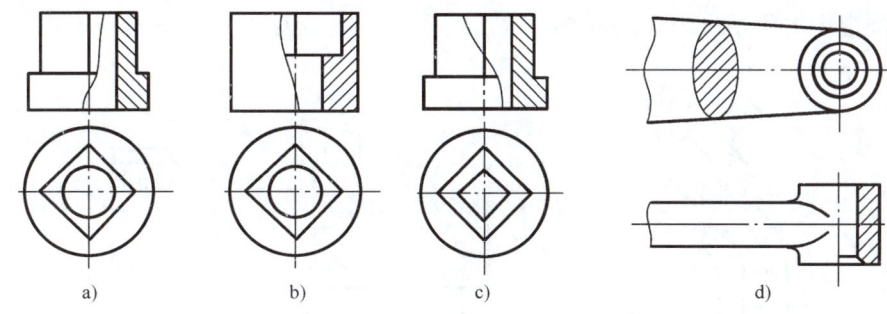

图 8-16 局部剖视图（二）

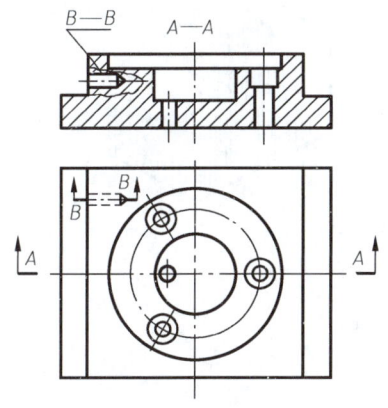

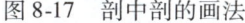

图 8-17 剖中剖的画法

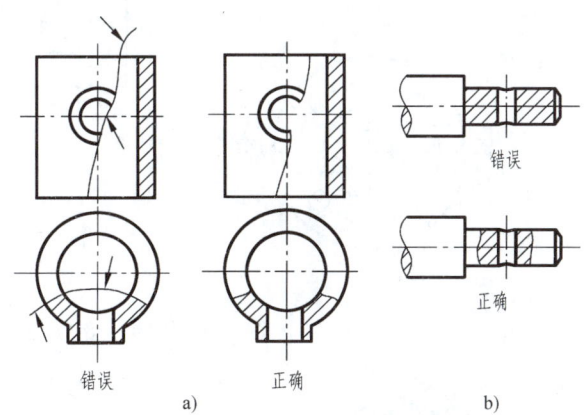

图 8-18 局部剖视图的正确与错误画法

8.2.3 常用的剖切面

有些机件结构比较复杂，因此采用的剖切面往往不是一个而是几个。它们可以相互平行、相交或是其他组合形式，现分述如下。

1. 单一剖切面

采用一个剖切面将机件剖开称为单一剖，如图8-8、图8-10、图8-12和图8-19所示。机件的外部形状不复杂，采用一个剖切面将形体全部切开，清楚地表达内部的结构形状，对尚未表达清楚的结构，也可用少量的虚线表达（图8-19b）。

当机件上具有倾斜结构时，只有选择不平行于基本投影面而与倾斜部分平行的剖切面剖开机件才可以表达倾斜结构的内部特征，如图8-20所示。机件上部倾斜结构的内部特征，采用正垂面作为剖切面进行剖切来表达。

与斜视图类似，单一垂直面作为剖切面的全剖视图一般是按照投影关系配置在剖切符号相对应的位置，必要时可将它放置于其他适当的地方。

画单一投影面垂直面作为剖切面剖切的剖视图应注意以下几点：

1)该剖视图必须注出剖切符号、投射方向和剖视图名称，注法如图 8-20a 所示。字母一律水平书写。

2)为了看图方便，剖视图最好配置在箭头所指方向上，并与基本视图保持对应的投影关系。为了合理利用图纸，也可将图形旋转画出，但必须标注"×—×⌒"，如图 8-20b 所示。

3)该剖视图主要用来表达倾斜部分内部的实形，故应避免在剖视图中表达机件上其余失真的投影。

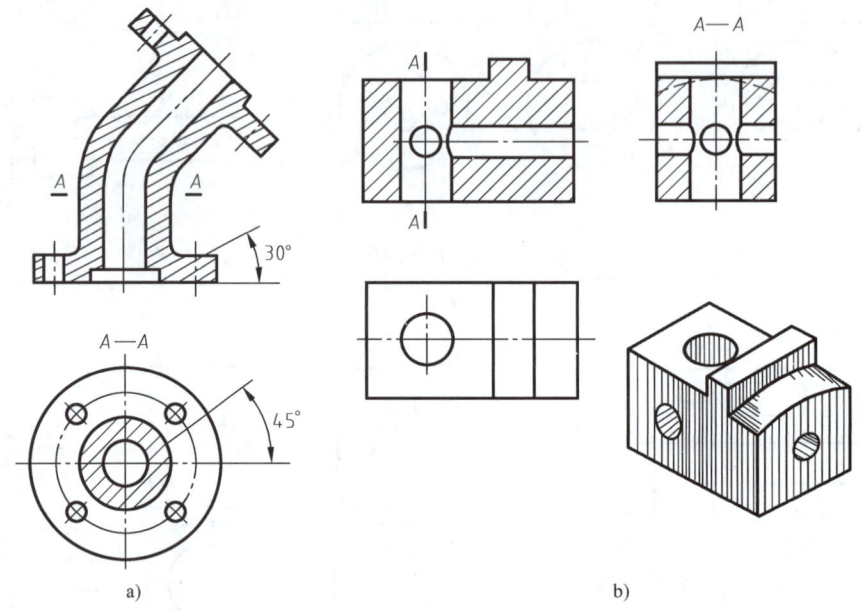

图 8-19 用单一剖切面剖切的全剖视图

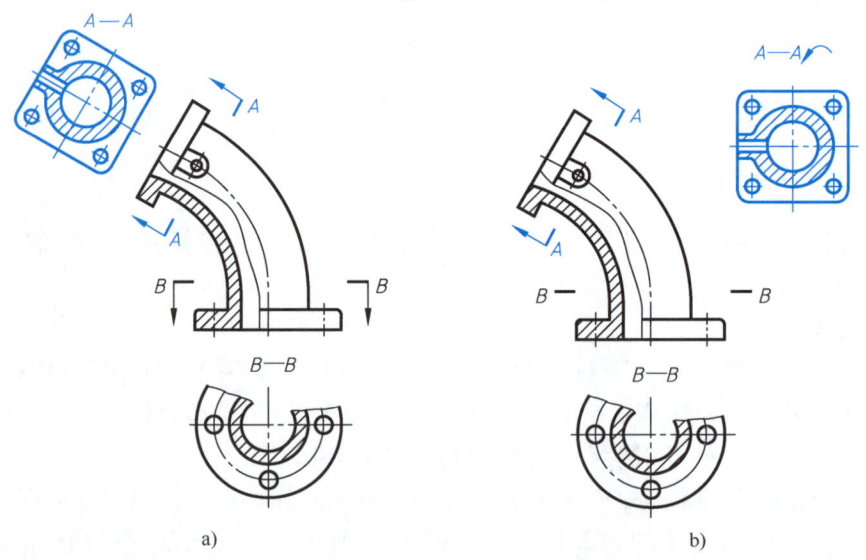

图 8-20 不平行基本投影面的单一剖切面剖切的全剖视图

2. 几个平行的剖切面

如果机件内部的结构形状较多，而它们的分布又呈现出图 8-21 所示的特点时，可用几个相互平行的剖切面将机件不同位置的内部结构剖开，这样就可以在同一个视图上表达出平行的剖切面所剖切到的所有结构。

画这种剖视图要注意以下几点：

1）这种剖视图虽然采用了两个或多个相互平行的剖切面，但在剖切面的分界处不能画出分界线，如图 8-22a 所示。

2）剖切面的转折处不应与图中的实线或虚线重合，如图 8-22a 所示。另外，一般情况下也不要在孔或槽的中间部分转折，以免孔或槽的结构仅有一部分被剖切，如图 8-22b 所示。只有当两个要素在剖视图中具有公共对称轴线时，才能各画一半，如图 8-23 所示。

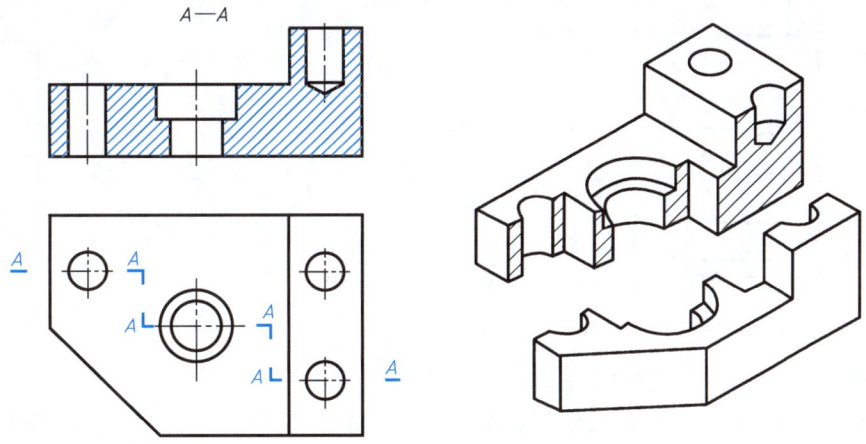

图 8-21 用几个平行剖切面剖切的全剖视图

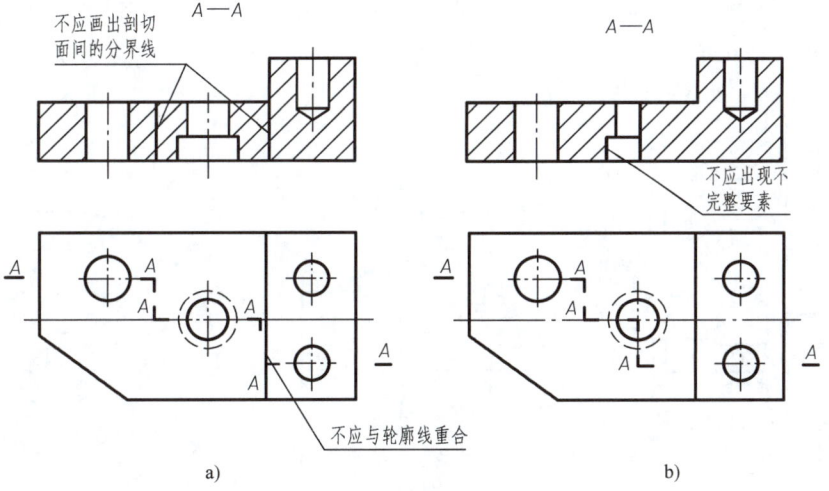

图 8-22 用几个平行剖切面剖切时注意的点

3）这种剖视图必须标注，标注方法如图 8-21 和图 8-23 所示。但应注意，剖切符号在转折处不允许与图上的轮廓线重合。当转折处位置有限，且不致引起误解时，可以不注字母。

3. 几个相交的剖切面（交线垂直于某一基本投影面）

有些机件的内部结构与基本投影面倾斜但有回转轴线，如图 8-24 所示的圆盘，可用两个相交的剖切面剖开机件。为使被剖开的倾斜结构在剖视图上反映实际尺寸，应将倾斜剖切面剖开的部分旋转到与基本投影面平行后再进行投射。

画这种剖视图时应注意以下几点：

1）必须标注出剖切位置。在它的起讫和转折处标注字母"×"，在剖切符号两端画出箭头表示剖切后的投射方向，并在剖视图上方注明剖视图的名称"×—×"。但当转折处位置有限又不致引起误解时，允许省略标注转折处的字母。

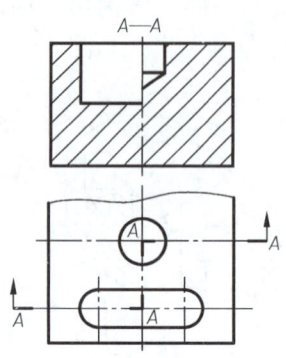
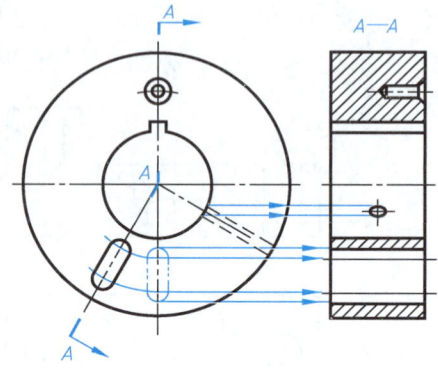

图 8-23 具有公共对称轴线的剖视图画法　　图 8-24 用相交剖切面剖切的全剖视图

2）处在剖切面后面的其他结构要素，一般仍按原来的位置投影，如图 8-24 中的油孔。

3）当剖切后机件上产生不完整的要素时，应将此部分按不剖绘制，如图 8-25 中的臂。

4）这种剖视图强调的是"先剖切后旋转"，是将要表达的结构先剖切开，然后将剖切面旋转到与投影面平行后再投射，所以图 8-24 中下面的箭头与剖切符号垂直。

如图 8-26 所示的机件，为了很好地表现它的内部结构，可将几个剖切面组合起来剖开机件。剖切面可以是几个平面的组合，也可以是平面与柱面的组合。

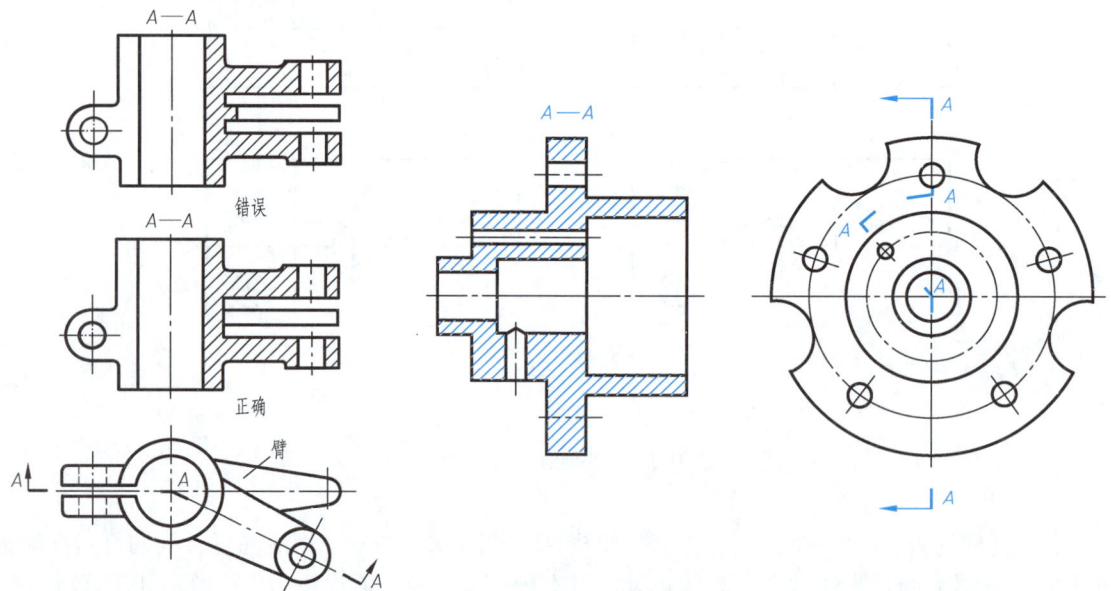

图 8-25 用相交剖切面剖切产生不完整要素的画法　　图 8-26 用组合剖切面剖切的全剖视图

采用这种方法画剖视图时，可采用展开画法，此时应标注"×—×展开"。图8-27所示为剖视图的展开画法。

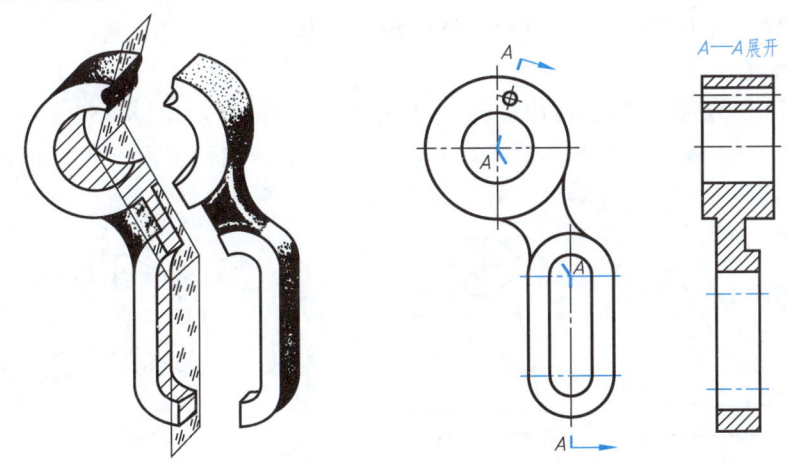

图8-27 剖视图的展开画法

8.3 断面图

8.3.1 断面图的概念

假想用剖切面将机件的某处切断，仅画出该剖切面与机件接触部分的图形，称为断面图（图8-28）。

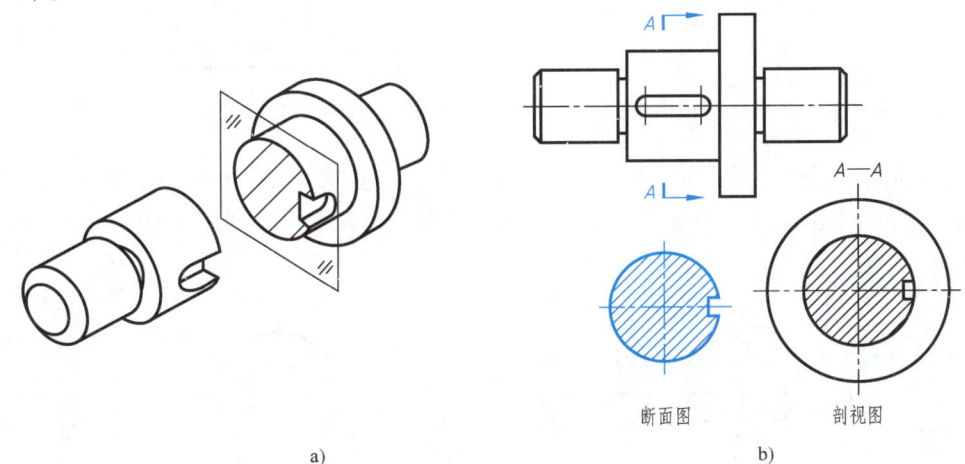

图8-28 断面图的概念
a）轴的断面 b）断面图与剖视图的区别

如图8-28所示，轴上开有键槽，如用视图来表达键槽的深度，图形不够清晰，虽然也可用剖视图来表达，但没有断面图简便。

断面图常用于表达机件上某处的断面结构形状，如肋、轮辐、键槽等（图8-29），以及各种型材的断面。

8.3.2 断面图的种类

断面图按其配置的位置不同,可分为移出断面图和重合断面图两种。

1. 移出断面图

画在视图外面的断面图称为移出断面图(图 8-29～图 8-33、图 8-35)。

移出断面图应尽量配置在剖切符号或剖切平面迹线(剖切平面与投影面的交线,用细点画线表示)的延长线上(图 8-28、图 8-29、图 8-31)。

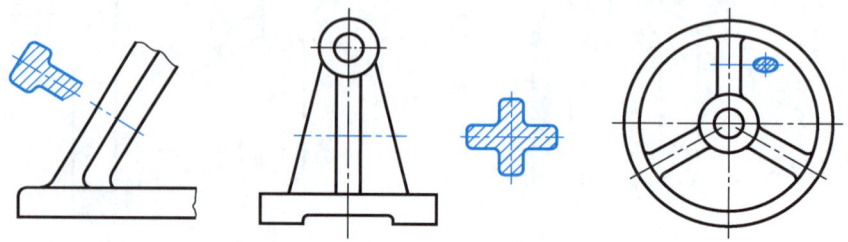

图 8-29 断面图的应用示例

当断面图形对称时,也可画在视图的中断处(图 8-30)。由两个或多个相交的剖切平面剖切得到的移出断面图,中间一般应断开(图 8-31)。

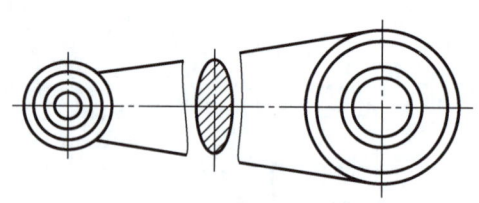

图 8-30 画在视图中断处的移出断面图

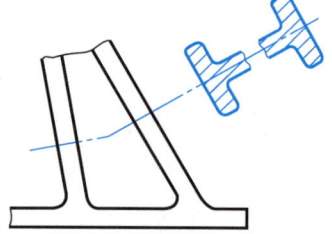

图 8-31 由两个相交剖切平面剖出的移出断面图

当剖切平面通过回转面形成的孔或凹坑的轴线时,这些结构按剖视图绘制(图 8-32)。

当剖切平面通过非圆孔会导致出现完全分离的两个断面时,则此结构应按剖视图绘制(图 8-33)。

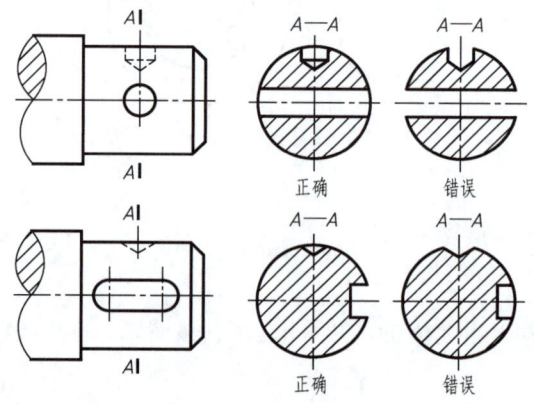

图 8-32 按剖视图绘制的断面图(一)

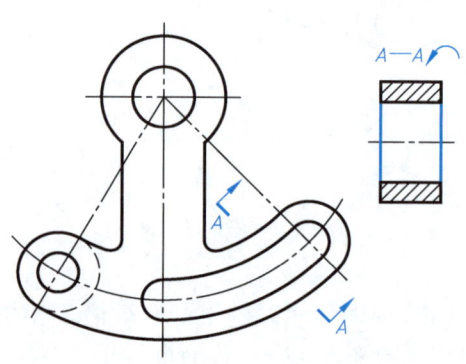

图 8-33 按剖视图绘制的断面图(二)

2. 重合断面图

画在视图轮廓线内的断面图称为重合断面图（图8-34）。

重合断面图的轮廓线规定用细实线绘制。当视图中的轮廓线与重合断面图中的图形重叠时，视图中的轮廓线仍应连续画出，不可断开（图8-34b）。

3. 断面图的标注

移出断面图一般应在上方用大写拉丁字母标出断面图的名称"×—×"，并在相应的视图上用剖切符号表示剖切平面的位置，用箭头表示投射方向并注上相同的字母（图8-35中的B—B）。

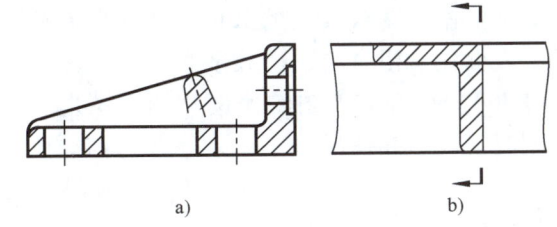

图8-34 重合断面图

配置在剖切符号延长线上的不对称移出断面图或重合断面图可省略字母（图8-34b）。按基本视图位置配置的不对称移出断面图（图8-32）或者不配置在剖切符号延长线上的对称移出断面图（图8-35中的A—A）均可省略箭头。

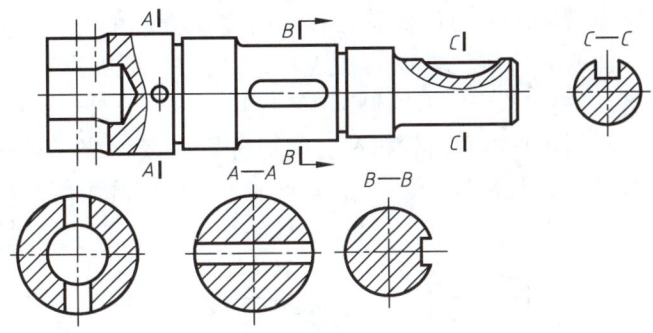

图8-35 断面图的标注

对称的重合断面图（图8-34a）、配置在剖切平面迹线延长线上的对称移出断面图（图8-29及图8-31）以及配置在视图中断处的移出断面图（图8-30），均可省略标注。

断面标注及省略小结见表8-2。

表8-2 断面标注及省略小结

断面配置		断面图形	
		对称的断面图	不对称的断面图
是否配置在迹线（剖切符号）线上或其延长线上（或配置在图形中断处）	是	全部省略（图8-29、图8-30、图8-31、图8-34a、图8-35左图）	可省略字母（图8-34b）
	否	可省略箭头（图8-35中的A—A）	不能省略（图8-35中的B—B）
按基本视图位置配置		可省略箭头（图8-32、图8-35中的C—C）	

8.4 局部放大图、简化画法及其他表达方法

8.4.1 局部放大图

将机件的部分结构用大于原图形所采用的比例绘出，这种图形称为局部放大图（图8-36）。当机件上的细小结构在视图中表达不清楚或不便于标注尺寸和技术要求时，可采用局部放大图。

局部放大图可以根据需要画成视图、剖视图和断面图，其与原图形的表达方式无关（图8-36中的放大图Ⅰ和Ⅱ）。必要时可用几个图形来表达同一个被放大部分的结构。为了

看图方便，局部放大图应尽量配置在被放大部位的附近。

局部放大图应用细实线圆圈出被放大的部位。当同一机件有几个被放大的部位时，必须用罗马数字依次标明被放大的部位，并在局部放大图的上方标注出相应的罗马数字和所采用的比例（图8-36）。局部放大图的比例为图中图形与其实物相应要素的线性尺寸之比，并非为与原图形之比。

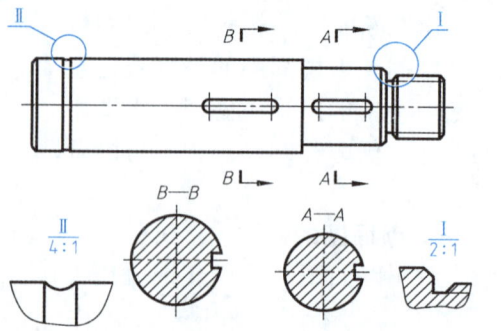

图8-36 局部放大图

8.4.2 轮辐、肋在剖视图中的规定画法

当剖切平面通过板状轮辐和肋厚度方向的对称平面或回转体状轮辐的轴线时，这些结构均不画剖面符号，而用粗实线将它们与其邻接部分分开，如图8-37所示。

当剖切平面垂直轮辐和肋的对称平面或轴线（即横向剖切）时，轮辐和肋仍要画上剖面符号。如图8-37所示的俯视图中，肋仍应画出剖面符号。

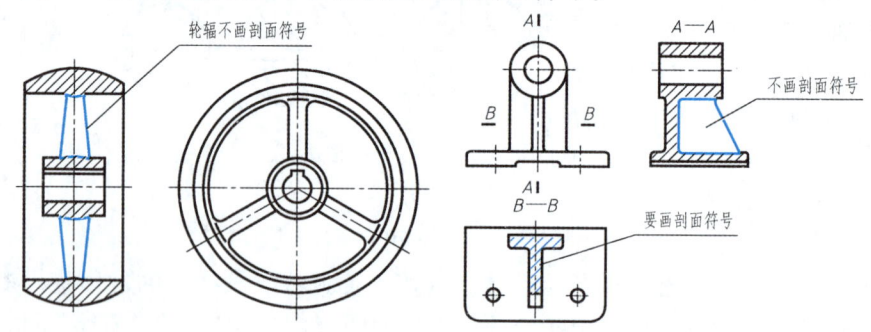

图8-37 轮辐、肋的画法
a）轮辐的画法 b）肋的画法

8.4.3 均匀分布的结构要素在剖视图中的画法

当回转体一类的机件上有成辐射状均匀分布的孔、肋、轮辐等结构且它们不处于剖切平面上时，可将这些结构旋转到剖切平面位置画出，如图8-37a、图8-38和图8-39所示。

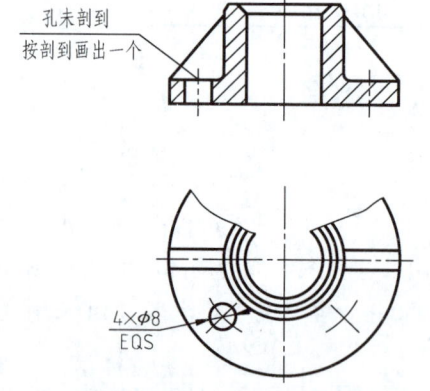

图8-38 剖视图中的规定画法

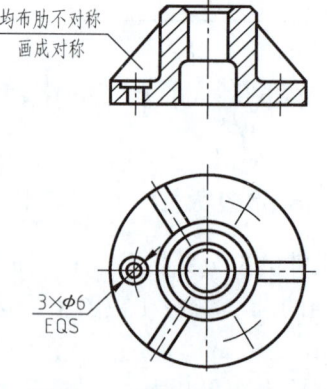

图8-39 均布肋的画法

8.4.4 简化画法

（1）相同结构　当机件具有多个按一定规律分布的相同结构（齿、槽等）时，只需画出几个完整的结构，其余用细实线连接，并注明该结构的总数，如图8-40a所示。

对于多个直径相同且成规律分布的孔（圆孔、螺孔和沉孔等），可以仅画出一个或几个孔，其余孔只需用点画线表示其位置，并注明孔的总数，如图8-40b所示。

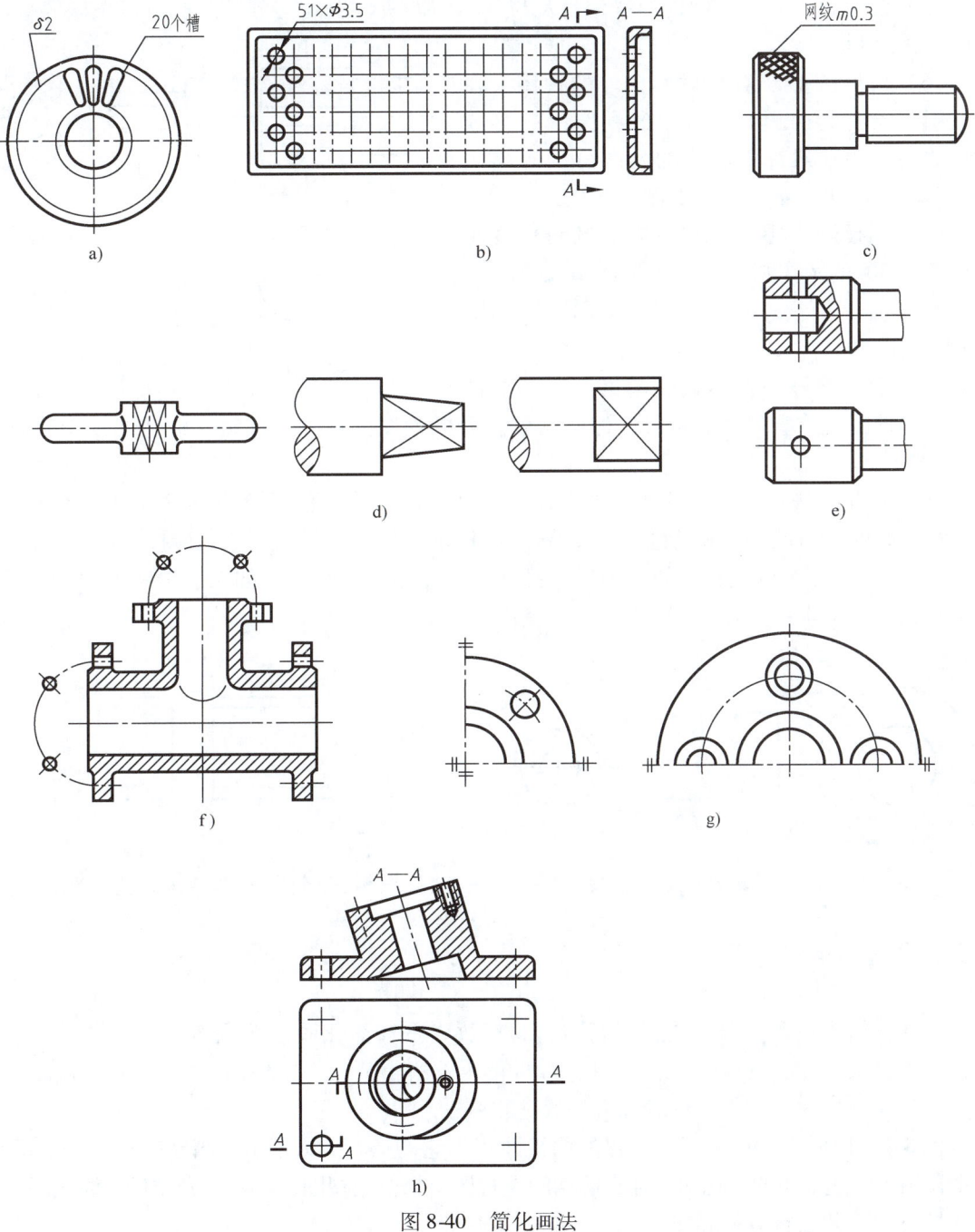

图 8-40　简化画法

（2）网状物、编织物或机件上的滚花　可在轮廓线附近用粗实线示意画出，并在零件图或技术要求中注明这些结构的具体要求，如图8-40c所示。

（3）不能充分表达的平面　当图形不能充分表达平面时，可用平面符号（相交的两条细实线）表示，如图8-40d所示。

（4）截交线及相贯线　机件上的某些截交线或相贯线，在不致引起误解时，允许简化，如图8-40e所示。

（5）法兰盘上的孔　圆柱形法兰盘及与其类似的机件上均匀分布的孔，可按图8-40f所示的方法绘制。

（6）对称图形　对于对称机件的视图，在不致引起误解的前提下，可只画视图的一半或四分之一，并在对称中心线的两端分别画出两条与其垂直的平行细实线，如图8-40g所示。

（7）圆投影为椭圆　与投影面倾斜角度小于或等于30°的圆或圆弧，可用圆或圆弧来代替其在投影面上的投影——椭圆、椭圆弧，如图8-40h所示。

（8）剖面符号　在不致引起误解时，机件的移出断面图允许省略剖面符号，但剖切位置和断面图的标注必须符合规定，如图8-41所示。

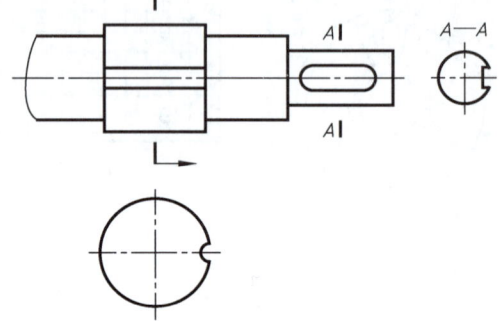

图8-41　允许省略剖面符号

（9）折断画法　较长的机件（轴、杆、型材和连杆等）沿长度方向的形状一致或按一定规律变化时，可断开后缩短绘制，如图8-42所示，但断开后的尺寸仍应按实际长度标注。

（10）斜度不大的结构的简化画法　机件上斜度不大的结构，如在一个图形中已表达清楚，在其他图形上可只按小端画出，如图8-43所示。

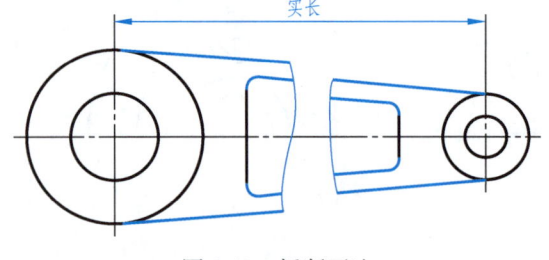

图8-42　折断画法

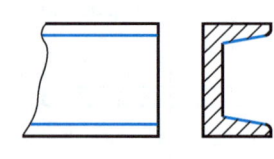

图8-43　斜度不大的结构的简化画法

8.5　综合应用举例

前面介绍了视图、剖视图、断面图、局部放大图和简化画法等内容。在表达一个机件时，就要根据机件的具体形状，选用适当的表达方法，画出一组视图，并恰当地标注尺寸，完整、清晰地把这个机件的形状和大小表达出来。

例8-1　根据图8-44所示轴承盖的两视图想出它的形状。为了更清晰地表达这个轴承盖，把主视图改画成适当的剖视图，补出适当的左视图，修改俯视图，并重新安排尺寸注法。

按下列步骤进行分析和作图。

1）由两视图（图8-44）想出轴承盖的形状。这个轴承盖是前后、左右对称，其下部与轴承座相配合。

轴承盖的主体是一个下部两侧带有缺口的 R55 的半圆柱，前后各有一个半圆凸台，主体中间挖成 φ65 的半圆柱空腔，前后两端也分别挖通 φ60 的半圆柱孔，并带有倒角。轴承盖左右侧各有一耳，两耳分别由 R20 的半圆柱以及与其相切的长方体组成，与主体相交，并有 φ13 的圆柱孔。主体的底部用沿着两耳底面的水平面和侧平面分别截切成一个小缺口。轴承盖顶部有圆柱形凸台，中央有 φ14 的加油孔，经过 120°的锥顶角，与 φ10 的孔相连，直通主体的 φ65 的半圆柱空腔。

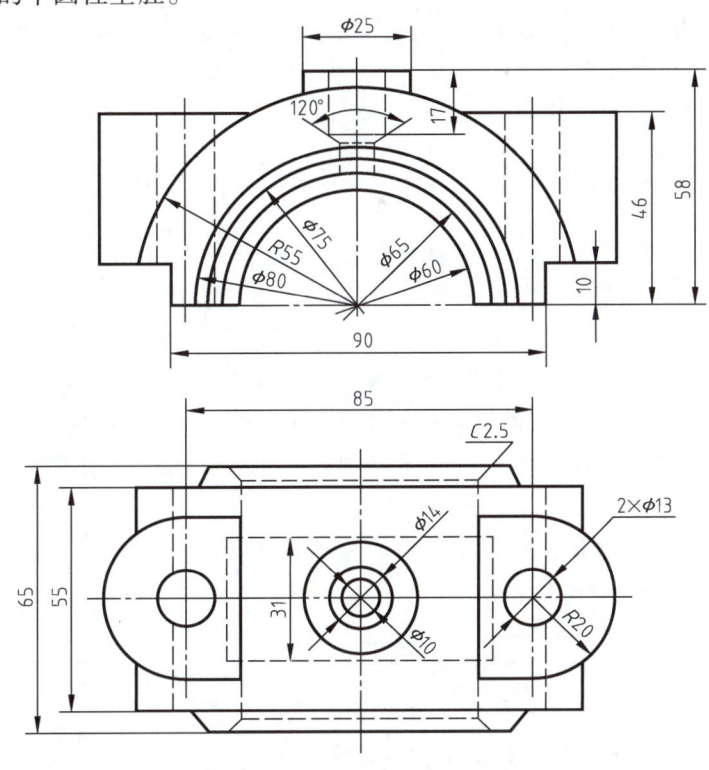

图 8-44　轴承盖的两视图

综合上述情况，就可以想出这个轴承盖的形状，如图8-45所示的轴测图。

2）选择适当的表达方法和重新安排尺寸标注方法。由于轴承盖左右对称，主视图采用半剖视图，又由于这个轴承盖前后也对称，所以左视图也采用半剖视图。用半剖视图表达的主视图和左视图，都能同时反映内外形状，因而俯视图中用虚线画出的不可见结构，由于分别在两个半剖视图中已能明显表达，便可省略不画。

按"正确、完整、清晰"的要求，调整尺寸的注法。例如，应该把图8-44中注在俯视图虚线处的尺寸 31、C2.5 移到半剖的左视图中；又如把轴承盖主体的宽度尺寸 55 和总宽 65 移到左视图上标注。

3）重画轴承盖的视图。可根据已知两视图补画左视图，然后把主、左视图改成半剖视图，擦去各个视图中不必要的虚线，就画出了3个图形的底稿。实际上，可按照上面的考虑，直接画出用半剖视图表达的主、左视图以及仅表达外形的俯视图的底稿。

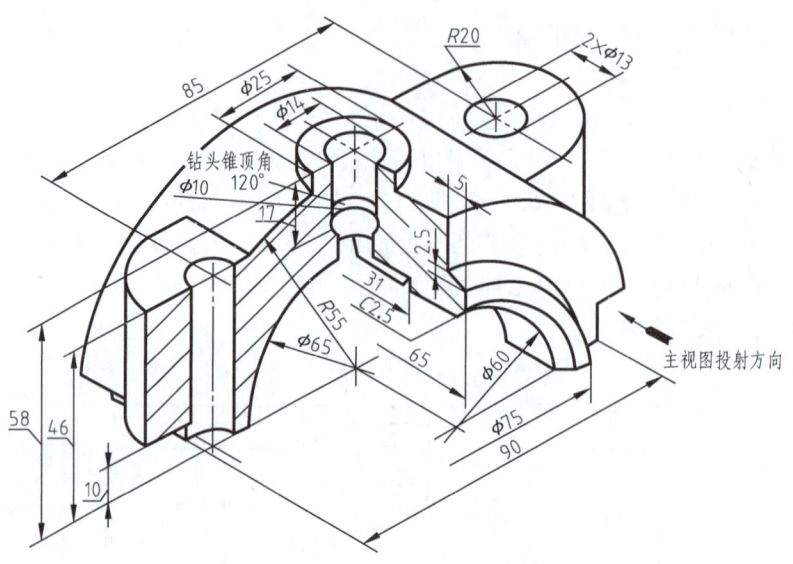

图 8-45 轴承盖的轴测图

在画底稿时，如遇到截交线、相贯线以及投影比较复杂的地方，应该按投影或规定的简化画法画出。例如，在左视图中，画成视图的一侧需要绘制相贯线和截交线的投影，凸台和轴承盖主体的相贯线的投影，可按简化画法画出，左耳下部和轴承主体的相贯线的投影，可按投影求得若干点后连出，轴承主体左下缺口的侧平面与左耳的圆柱形孔壁的截交线，也应按投影画出。而在画成剖视图的一侧，除了同轴回转面形成的孔的相贯线可按投影特性直接画出外，φ10 的加油孔壁和轴承主体 φ65 的圆柱形空腔的相贯线投影，可按简化画法画出。

底稿画好后，经校核修正，按规定线型加深，并标注尺寸。最后进行总的校核，就画出了轴承盖的三视图，如图 8-46 所示。

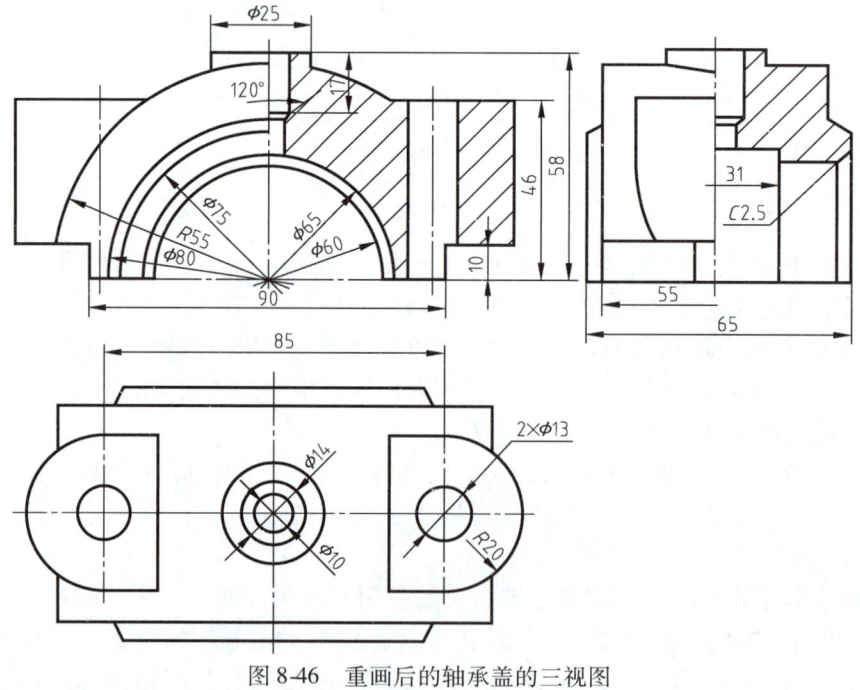

图 8-46 重画后的轴承盖的三视图

例 8-2 根据图 8-47 所示的三维立体图，选用适当的方法表达泵体。

（1）结构分析 泵体的主体是一个带空腔的长圆形柱体（两端是半圆柱，中部是与两端半圆柱相切的长方形体）。这个空腔由 3 个 φ44、深 30（尺寸如图 8-48 所示）的圆柱孔拼成。主体的前端还有一个厚度为 10 的凸缘。主体的后面有一"8"字形凸台，凸台内有 φ22、φ16 的同轴圆柱孔，φ16 的孔与主体的空腔相通，空腔的下部有一个 φ16 的不通孔。左右两侧是圆柱，分别钻有 φ12 的圆柱孔，与主体的空腔相通，底部是一块有凹槽的长方形板，并有两个 φ10 的圆柱孔。

（2）选择适当的表达方法 经过分析，确定用 4 个图形来表达，如图 8-48 所示。主视图主要反映泵体的外形。泵体虽是左右对称，但它的内形并不复杂，在主

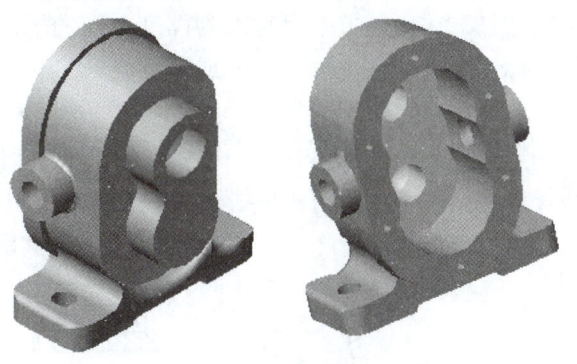

图 8-47 泵体的三维立体图

视图中，将泵体左右两侧的圆柱和孔，采用局部剖视图加以表达。对于泵体后面的"8"字形凸台，采用后视方向的局部视图表达。

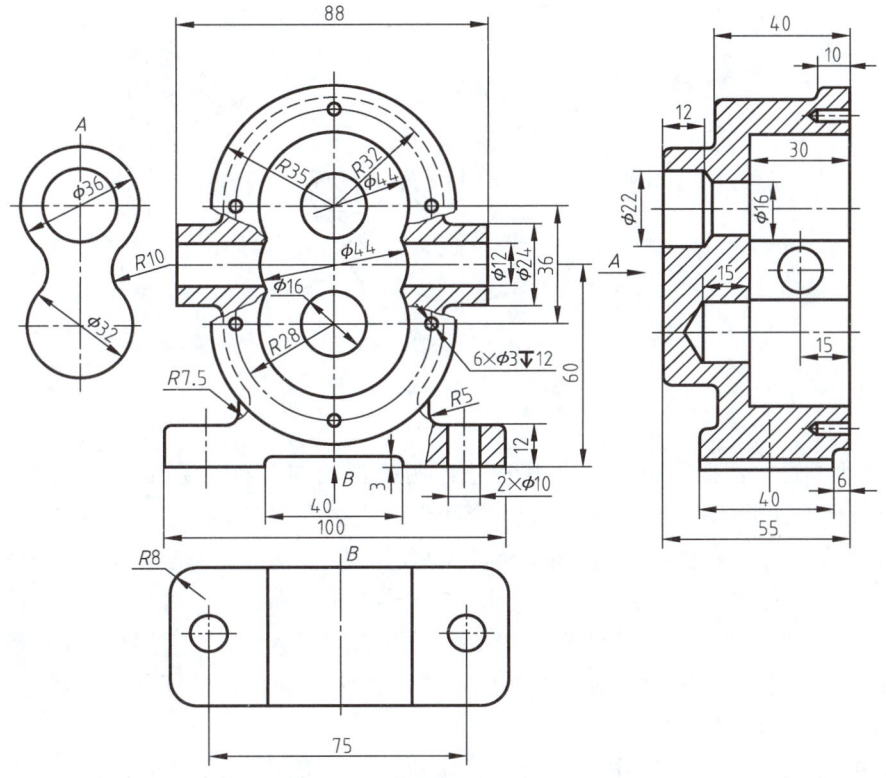

图 8-48 泵体表达方案及尺寸标注

左视图采用全剖视，剖切平面通过泵体的左右对称面。主要表达泵体的内腔、后面"8"字形凸台中的孔和端面孔等内部形状。

泵体的底板采用一个仰视方向的局部视图来表达。底板上的圆柱孔在主视图中用局部剖视来表达。

（3）标注尺寸　选择视图后，按"正确、完整、清晰"的要求，安排尺寸标注，如图8-48 所示。尺寸长度方向的主要基准选择泵体的左右对称面；高度方向的主要基准选择泵体底面，泵体内腔上下对称面为高度方向的辅助基准；宽度方向的主要基准为泵体前端面。最后标注定形、定位尺寸，完成全图。

例 8-3　读机件视图。

机件的表达不会局限于"三视图"，而是采用多种表达手段，因此读图方法也有所不同。下面以图 8-49 所示四通阀的视图为例，说明读图的方法和步骤。

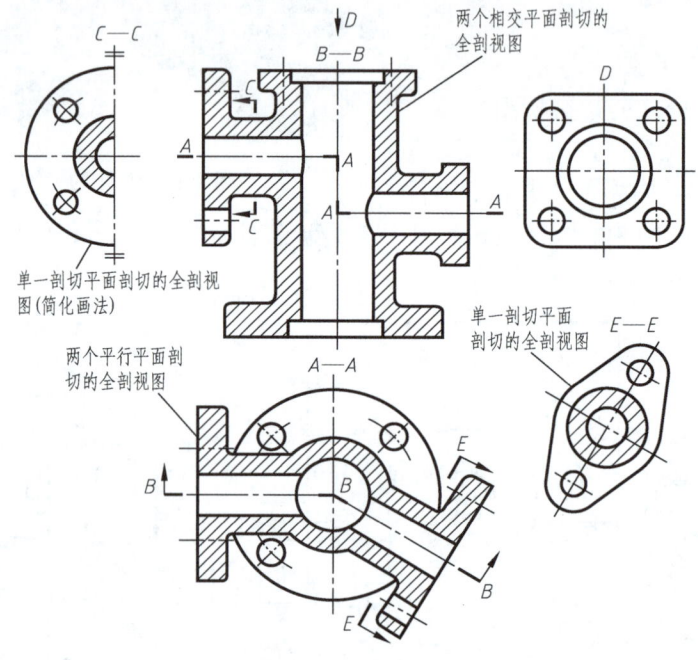

图 8-49　四通阀的视图

（1）概括了解　根据图形位置及其标注，明确视图的名称、数量及表达方法，从而对机件有一个初步认识。图 8-49 中共用了 5 个图形，主视图 B—B 是用两个相交平面剖切的全剖视图，俯视图 A—A 是用两个平行平面剖切的全剖视图，右视图是全剖视图（采用简化画法），D 是局部视图，E—E 为用铅垂面剖切的全剖视图。

（2）分析视图，想象各部分的形状　根据图形的配置和标注、剖切面的位置及种类等，将有关联的视图配合起来识读。应用形体分析法，将它分解成几个部分，先看主要部分，后看次要部分，想象出各部分的形状。

如图 8-49 所示，从 5 个视图分析可知，该机件由 5 部分组成，中间为四通管体，管内有圆柱孔，上下端部有止口（阶梯孔，装密封垫用）；在四通阀的上端、下端、左端和右前端各有一个法兰盘（即凸缘），4 个法兰盘的形状各有不同，其上均有小的通孔（管道上也有相同的法兰盘，可以用螺栓与四通阀相联接）。上端法兰盘为立方体（四角为圆角），下端和左端法兰盘为圆柱体，右前端法兰盘为"腰圆形体"。

（3）综合归纳，想象整体 以主视图为中心，环顾所有视图，将 5 个部分根据它们的位置和形式加以综合，进而想象四通阀的整体形状，如图 8-50 所示。

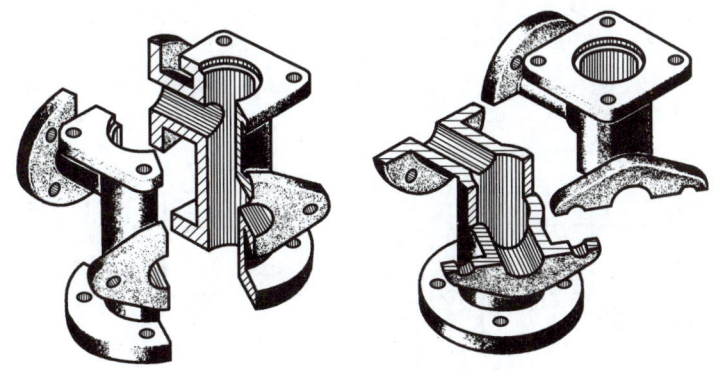

图 8-50 四通阀的轴测图

8.6 第三角画法简介

根据国家标准（GB/T 17451—1998）规定，我国工程图样按正投影绘制，并优先采用第一角投影，而美国、英国、日本、加拿大等国则采用第三角投影。为了便于国际科学技术交流，下面对第三角画法的特点进行简要介绍。

3 个相互垂直的平面将空间划分为 8 个分角，分别称为第一角、第二角、第三角……（图 8-51）。第一角画法是将物体置于第一角内，使其处于观察者与投影面之间（即保持"人、物、面"的关系）而得到正投影的方法（图 8-52）。

第三角画法是将物体置于第三角内，使投影面处于观察者与物体之间（假设投影面是透明的，并保持"人、面、物"的位置关系）而得到正投影的方法（图 8-53）。

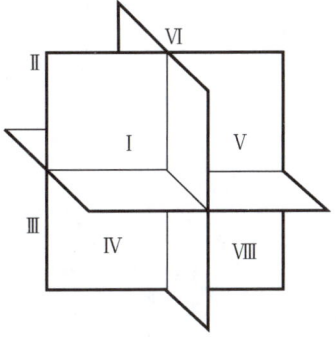

图 8-51 8 个分角

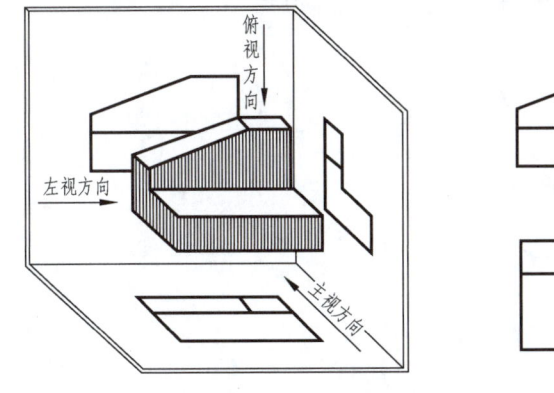

图 8-52 第一角画法

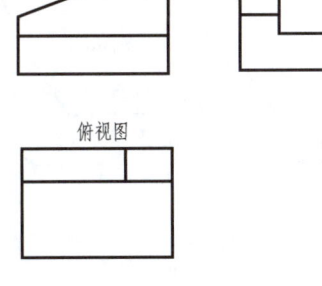

第一角画法和第三角画法都是采用正投影，各视图之间仍保持"长对正、高平齐、宽相等"的对应关系。它们的主要区别是：

（1）各视图的配置不同　第三角画法规定，投影面展开摊平时前立面不动，顶面向上旋转 90°、侧面向前旋转 90° 与前立面在一个平面上（图 8-54）。各视图的配置如图 8-55 所示。

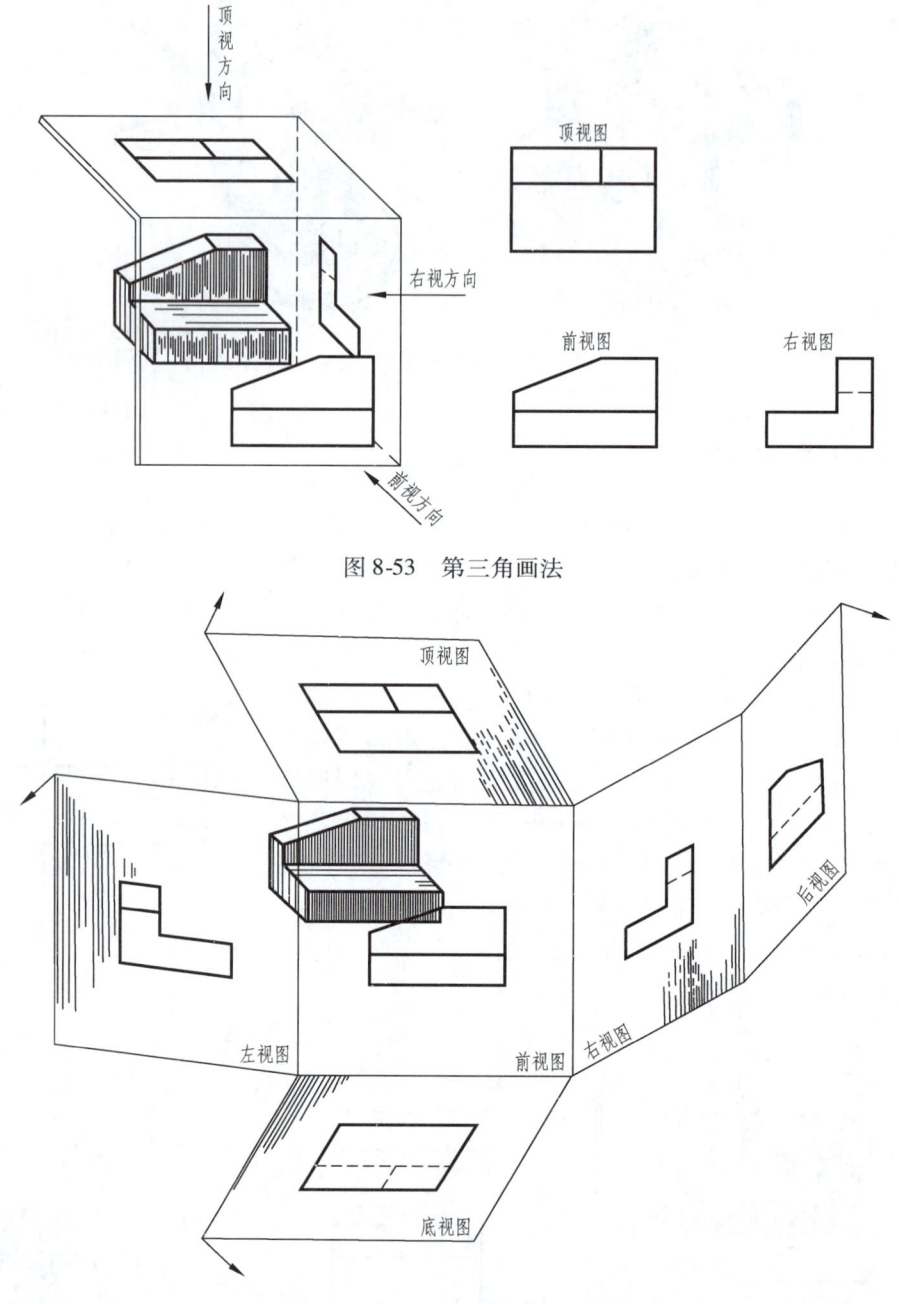

图 8-53　第三角画法

图 8-54　第三角画法投影面的展开

（2）里前外后　由于各视图的配置不同，第三角画法的顶视图、底视图、右视图、左视图，靠近前视图的一边（里边），表示物体的前面，远离前视图的一边（外边），表示物体的后面。这与第一角画法"里后外前"正好相反。

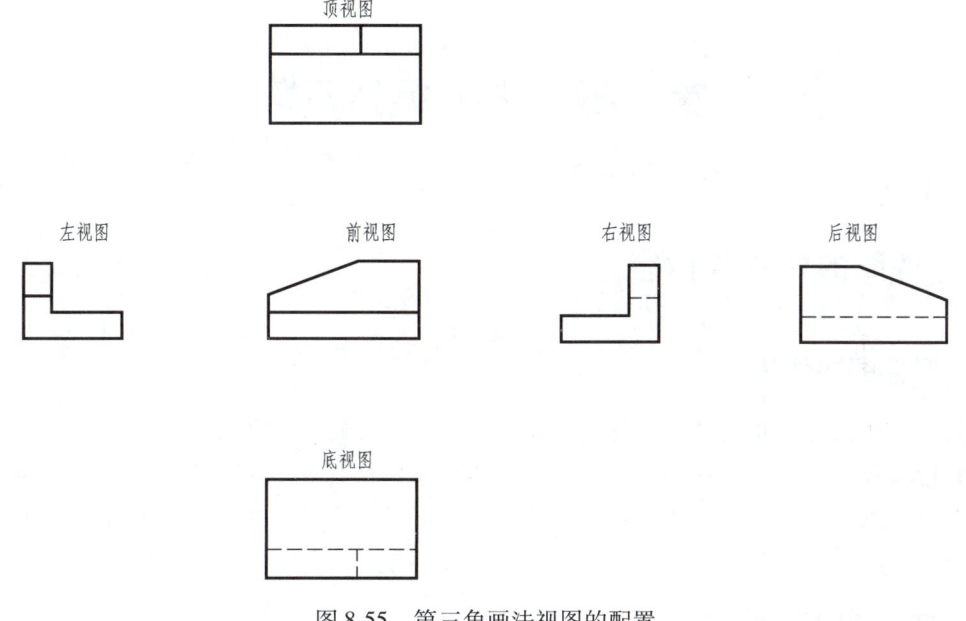

图 8-55 第三角画法视图的配置

在 ISO 国际标准中，当采用第一角画法时，用图 8-56a 所示的符号表示；当采用第三角画法时，用图 8-56b 所示的符号表示。识别符号画在标题栏中专设的格内。国家标准规定，我国采用第一角画法。因此，采用第一角画法时无需标出画法的识别符号。当采用第三角画法时，必须在图样中画出第三角画法的识别符号（图 8-56b）。

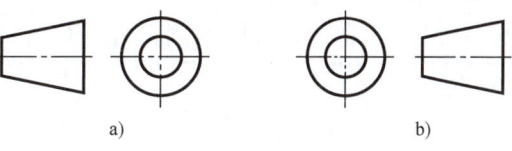

图 8-56 第一角和第三角画法的识别符号

素质养成点

张冬伟，一位 80 后蓝领精英，负责焊接我国第九条 LNG 船的内胆，需要将薄如纸的殷瓦钢板，像做衣服一样，一块一块连接起来。LNG 船也被称为"海上超级冷冻车"，一条 LNG 船，殷瓦钢焊接长度总长达 130km，虽然 90% 是自动焊，但还有 13km 的特殊位置的焊接，如果其焊缝上出现哪怕一个针眼大小的漏点，就有可能造成整船的天然气发生爆炸。而殷瓦钢极为娇贵，0.7mm 厚的殷瓦钢，空手摸一下，24h 就会锈穿，所以在焊接时要极为小心！焊接时，不能打喷嚏、不能滴汗。张冬伟能却在超薄钢板上用焊枪"绣花"。他对自己的严要求，对团队的高标准成为了全球的行业标杆，成就了中国的经济繁荣。

第 9 章　零件图概述

9.1　零件图的作用和内容

9.1.1　零件图的作用

任何机器或部件都是由若干零件按一定的设计、装配和使用等要求装配而成的。用于指导加工和检验零件，表达零件结构、大小及技术要求的图样称为零件图。零件图是制造和检验零件的主要依据，反映设计者的意图，表达机器或部件对零件的要求，是生产中最重要的技术文件之一。

9.1.2　零件图的内容

零件图不仅要把零件的内、外结构形状和大小表达清楚，还需要对零件的材料、加工、检验和测量等提出必要的技术要求。零件图必须包含制造和检验零件的全部技术资料。以图 9-1 所示法兰盘的零件图为例，可以看出，零件图应该包括以下四部分内容：

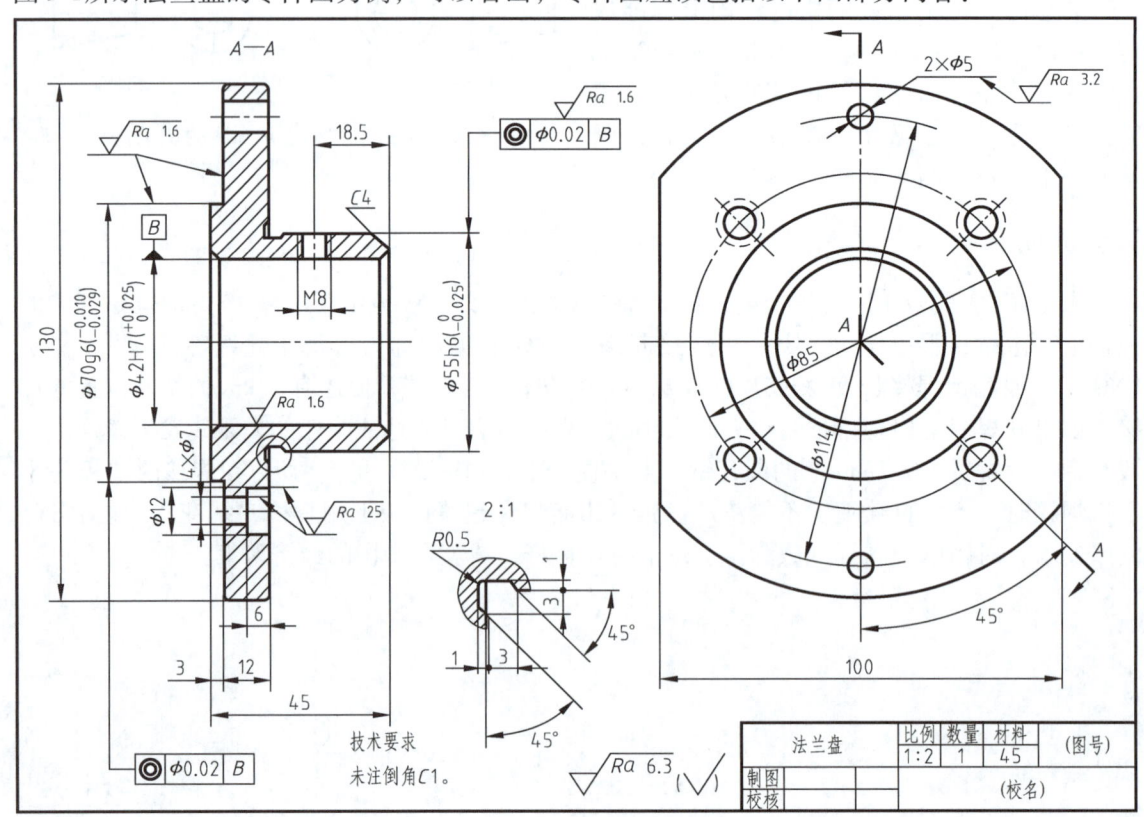

图 9-1　法兰盘的零件图

(1) 一组图形 选用适当的视图、剖视图和断面图等一组图形，将零件的内外形状正确、完整、清晰地表达出来。图 9-1 所示法兰盘的零件图，采用了主视图、左视图和局部放大图。

(2) 尺寸 应正确、完整、清晰、合理地标注出制造和检验零件所需要的全部尺寸。

(3) 技术要求 用规定的符号、代号、标记和文字说明等简明地给出零件制造和检验时所应达到的各项技术指标和要求，如表面结构要求、尺寸公差、几何公差、材料及热处理等。技术要求的标注有两种方法，一种是按国家标准规定的代号或符号注写在图上，另一种是用文字注写在图样的空白处。

(4) 标题栏 位于零件图的右下角，用于注明零件的名称、数量、材料、绘图比例、设计单位和设计人员等内容。

9.2　零件图上的技术要求

9.2.1　表面结构要求（GB/T 131—2006 和 GB/T 3505—2009）

在机械图样上，为了满足机器或部件的使用要求，需要对零件的表面质量——表面结构给出要求。表面结构包括表面粗糙度、表面波纹度、表面缺陷、表面纹理和表面几何形状等内容。表面结构在图样上的表示法在 GB/T 131—2006 中均有具体的规定。本节主要介绍表面粗糙度。

1. 基本概念及术语

(1) 表面粗糙度 零件的各个表面，不管加工得多么光滑，放在放大镜或显微镜下面观察，都可以看到许多微小的凸峰和凹谷，如图 9-2 所示。将零件表面具有的这种较小间距的峰谷所组成的微观几何形状特征称为表面粗糙度。

表面粗糙度是评定零件表面质量的一项重要技术指标，对于零件的配合性、耐磨性、抗疲劳性、耐蚀性、密封性和外观等都有显著影响。

表面粗糙度评定参数很多，常用参数有两个，一个是轮廓算术平均偏差。它是在一个取样长度内，轮廓偏距 Y 绝对值的算术平均值，用 Ra 表示（单位：μm），如图 9-3 所示。

还有一个评定参数是轮廓的最大高度。它是指在同一取样长度内，最大轮廓峰高和最大轮廓谷深之和，用 Rz 表示（单位：μm），如图 9-3 所示。本节主要介绍表面粗糙度。

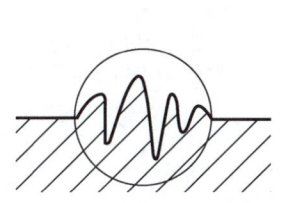

图 9-2　零件表面微小不平的情况

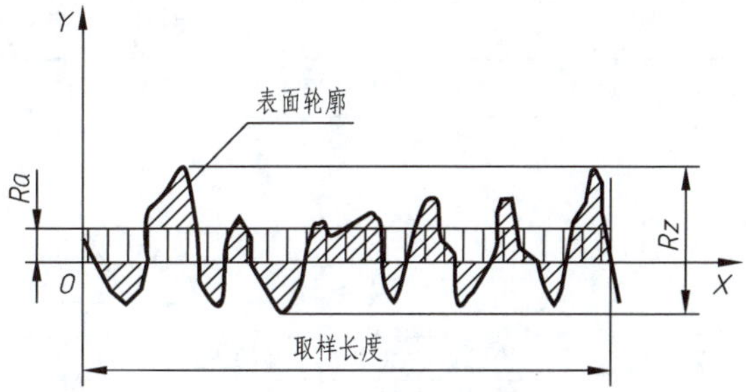

图 9-3　表面粗糙度的评定
OX—基准线　Ra—轮廓算术平均偏差
Rz—轮廓的最大高度

(2) 表面波纹度　在机械加工过程中，由于机床、刀具和工装系统的振动，在工件表面形成的间距比粗糙度大得多的表面不平度称为表面波纹度。表面波纹度会影响零件的寿命。

(3) 表面结构的有关术语、参数定义

1) 取样长度。在 X 轴方向判别被评定轮廓不规则特征的长度（图9-3）；当参数代号后未注明时，则为默认长度，评定长度默认为5个取样长度，否则应注明个数。例如：$Rz0.4$、$Ra3\ 0.8$、$Rz1\ 3.2$ 分别表示评定长度为5个（默认）、3个、1个取样长度。

2) 评定长度。用于评定被评定轮廓的 X 轴方向上的长度。它包含着一个或几个取样长度。

3) 轮廓参数。GB/T 3505—2009 标准相关的参数如下：

R 轮廓是对原始轮廓采用 λc 轮廓滤波器抑制长波成分以后形成的轮廓。

W 轮廓是对原始轮廓连续 λf 和 λc 两个轮廓滤波器以后形成的轮廓。λf 抑制长波成分，λc 抑制短波成分。

P 轮廓（原始轮廓）通过 λs 轮廓滤波器以后形成的总轮廓，它是评定轮廓参数的基础。

其中，轮廓参数是我国机械图样中目前最常用的评定参数，如上述的 R 轮廓参数 Ra 和 Rz。

4) 传输带。按滤波器的不同截止波长值，由小到大顺次分 λs（短波滤波器）、λc（长波滤波器）和 λf（波长比 λc 更长的长波滤波器）3 种。测定三类轮廓参数时，必须先进行滤波。由两个不同截止波长的滤波器分离获得的轮廓波长范围称为传输带。

5) 图形参数。与 GB/T 18618—2009 标准相关的参数，有粗糙度图形参数和波纹度图形参数。

6) 与 GB/T 18778.2—2003 和 GB/T 18778.3—2006 标准相关的支承率曲线参数代号。

7) 极限判断规则。

①16%规则。当被检表面上测得的全部参数值中，超过极限的个数不多于总个数的16%时，该表面合格。超过极限值是指大于或小于给定的上限值或下限值。此规则为默认规则。

②最大规则。被检的整个表面上测得的参数值一个也不应超过给定的极限值。

2. 表面结构的图形符号的标注、参数及选用

按 GB/T 131—2006 中的规定标注表面结构要求。表面结构的图形符号种类、名称、尺寸、画法及其含义见表9-1。

表9-1　表面结构的图形符号

符号名称	符号及画法						含义与说明
基本图形符号	由两条不等长的与标注表面成60°夹角的直线构成。基本图形符号仅适用于简化代号标注，没有补充说明时不能单独使用						
	轮廓线的线宽 b	0.35	0.5	0.7	1	1.4	2	单位为 mm d' 和 $d = h/10$ $H_1 = 1.4h$ $H_2 = 2.8h + (1 \sim 2)$
	数字和字母高度 h	2.5	3.5	5	7	10	14	
	符号线宽 d' 和字母线宽 d	0.25	0.35	0.5	0.7	1	1.4	
	高度 H_1	3.5	5	7	10	14	20	
	高度 H_2	8	11	15	21	30	42	

(续)

符号名称	符号及画法	含义与说明
扩展图形符号		在基本图形符号上加一短横,表示指定表面是用去除材料的方法获得,如车、铣、钻和磨等机械加工方法
		在基本图形符号上加一圆圈,表示指定表面是用不去除材料的方法获得,如铸、锻、冲压、热轧、冷轧和粉末冶金等
完整图形符号	a) 允许任何工艺　　b) 去除材料　　c) 不去除材料	当要求标注表面结构特征的补充信息时,应在以上3种图形符号的长边上加一横线 在报告和合同文本中用文字表达图形符号时,用 APA 表示图 a,用 MRR 表示图 b,用 NMR 表示图 c

常用的 Ra 和 Rz 值（单位：μm）有 100、50、25、12.5、6.3、3.2、1.6、0.8、0.4、0.2、0.1、0.05 等。常用表面粗糙度 Ra 值选用举例见表 9-2。

从表 9-2 中可以看出, Ra 值越小,加工成本越高。因此,在满足使用的前提下,尽量选择较大的 Ra 值。

表 9-2　常用表面粗糙度 Ra 值选用举例

表面特征		标注示例			加工方法	应用举例
加工面	粗加工面	Ra 100	Ra 50	Ra 25	粗车、刨、钻和镗等	非接触表面,如倒角和钻孔等
	半光面	Ra 12.5	Ra 6.3	Ra 3.2	粗铰、粗磨、扩孔、精镗、精车和精铣等	精度要求不高的接触表面
	光面	Ra 1.6	Ra 0.8	Ra 0.4	铰、研、刮、精车、精磨和抛光等	高精度的重要配合表面
	最光面	Ra 0.2	Ra 0.1	Ra 0.05	研磨、镜面磨和超精磨等	重要的装饰面
毛坯面					经表面清理过的铸、锻件表面和轧制件表面	不需要机械加工的表面

3. 表面结构有关要求在符号中的注写位置

为了明确表面结构要求,除了标注表面结构参数和数值外,必要时要标注补充要求。补充要求包括传输带、取样长度、加工工艺、表面纹理及方向和加工余量等。表面结构有关要求在符号中的注写位置,如图 9-4 所示。

位置 a：注写表面结构的单一要求,即标注传输带或取样长度、表面结构参数代号和极限值。为了避免误解,在参

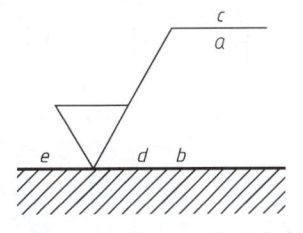

图 9-4　表面结构有关要求在符号中的注写位置（$a \sim e$）

数代号和极限值之间应插入空格。传输带或取样长度后应有一斜线"/",之后是表面结构参数代号,最后是极限值。如:0.0025-0.8/Rz6.3,其中0.0025-0.8是传输带,是两个定义的滤波器之间的波长范围(GB/T 6062、GB/T 18777)。

位置 a 和 b:a 注写第一个表面结构要求,b 注写第二个表面结构要求;如果注写第三个或更多个表面结构要求时,图形符号应在垂直方向扩大,a 和 b 的位置随之上移。

位置 c:注写加工方法、表面处理和涂层等工艺要求,如车、磨、镀等加工方法。

位置 d:注写要求的表面纹理和纹理方向;表面纹理是指完工零件表面呈现的,与切削运动有关的图案;表面纹理的标注见表9-3。

位置 e:注写加工余量,以 mm 为单位给出数值。

表9-3 表面纹理的标注

符号	解释与示例	
=	纹理平行于视图所在的投影面	
⊥	纹理垂直于视图所在的投影面	
X	纹理呈两斜向交叉且与视图所在的投影面相交	
M	纹理呈多方向	
C	纹理呈近似同心圆且圆心与表面中心有关	
R	纹理呈近似放射状且与表面圆心相关	
P	纹理呈微粒、凸起,无方向	

注:如果表面纹理不能清楚地用这些符号表示,必要时,可以在图样上加以说明。

4. 表面结构要求标注的控制元素

表面结构要求是通过几个不同的控制元素建立。控制元素可以是图样中标注的一部分或在其他文件中给出的文本标注，其位置及说明如图9-5所示。

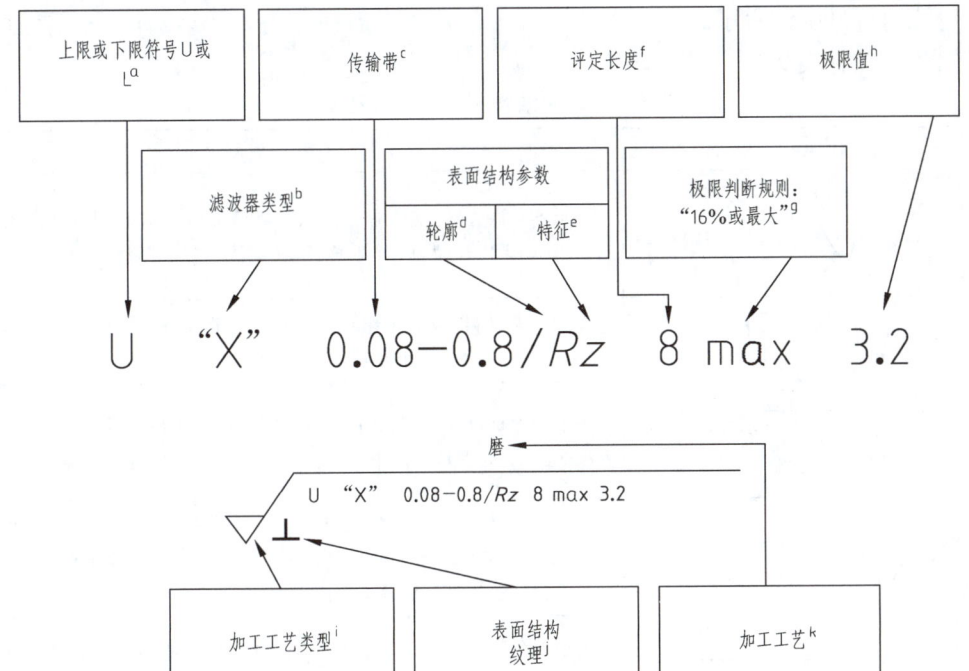

图9-5 表面结构标注

a 上限或下限符号 U 或 L。不标注时为单向上限。

b 滤波器类型"X"。在"X"处可以标注为"高斯滤波器"或"2RC"，也可以不标注。滤波器类型没有标准化，但这里标注的目的是使滤波器类型是明确的，无争议的。

c 传输带标注为短波或长波滤波器。它包括滤波器截止波长，短波滤波器在前，长波滤波器在后，中间用"-"隔开。此时标注表明，传输带 $\lambda s = 0.08 \sim 0.8$ mm。传输带应该标注在参数代号的前面，用斜线"/"隔开。当参数代号前不标注传输带时，表示表面结构要求采用默认的传输带，示例见表9-4。

d 指定的轮廓。表面结构有3种轮廓，即 R、W、P。此处为 R 轮廓（粗糙度轮廓）。

e 特征参数。此时为轮廓最大高度 Rz。

f 评定长度。它包含若干个取样长度。当使用图形参数时，评定长度在表面结构参数代号前两个斜线之间。不标注表示为默认（5个取样长度）。此时评定长度为8个取样长度。

g 极值判断规则。有两种规则，即16%规则和最大规则。不标注为默认，即16%规则。此时为最大规则。

h 以 μm 为单位的极限值。此时为单向上限值 3.2μm。

i 加工工艺类型，有允许任何工艺、去除材料和不去除材料三类。

ⓙ 表面结构纹理，见表9-3。
ⓚ 加工工艺，有车、铣、磨、刨及镀覆等。

5. 表面结构代号

表面结构符号中注写了具体参数代号及数值等要求后即称为表面结构代号。表面结构代号的示例及含义见表9-4。

表9-4　表面结构代号的示例及含义

序号	代号示例	含义/解释
1	∇ Rz 0.4	表示不允许去除材料，单向上限值，默认传输带，R轮廓，粗糙度的最大高度0.4μm，评定长度为5个取样长度（默认），"16%规则"（默认）
2	∇ Rz max 0.2	表示去除材料，单向上限值，默认传输带，R轮廓，粗糙度的最大高度0.2μm，评定长度为5个取样长度（默认），"最大规则"
3	∇ 0.008-0.8/Ra 3.2	表示去除材料，单向上限值，传输带0.008~0.8mm，R轮廓，算术平均偏差3.2μm，评定长度为5个取样长度（默认），"16%规则"（默认）
4	∇ -0.8/Ra3 3.2	表示去除材料，单向上限值，传输带：根据GB/T 6062，取样长度0.8μm（λs默认0.0025mm），R轮廓，算术平均偏差3.2μm，评定长度包含3个取样长度，"16%规则"（默认）
5	∇ U Ra max 3.2 L Ra 0.8	表示不允许去除材料，双向极限值，两极限值均使用默认传输带，R轮廓，上限值：算术平均偏差3.2μm，评定长度为5个取样长度（默认），"最大规则"。下限值：算术平均偏差0.8μm，评定长度为5个取样长度（默认），"16%规则"（默认）
6	∇ 0.8-25/Wz3 10	表示去除材料，单向上限值，传输带0.8~25mm，W轮廓，波纹度最大高度10μm，评定长度包含3个取样长度，"16%规则"（默认）

6. 表面结构要求在图样中的注法

1）表面结构要求对每一表面一般只注一次，并尽可能注在相应的尺寸及其公差的同一视图上。除非另有说明，所标注的表面结构要求是对完工零件表面的要求。

2）表面结构的注写和读取方向与尺寸的注写和读取方向一致（图9-6）。表面结构要求可标注在轮廓线上，其符号应从材料外指向并接触表面（图9-7）。必要时，表面结构符号也可用带箭头或黑点的指引线引出标注（图9-8）。

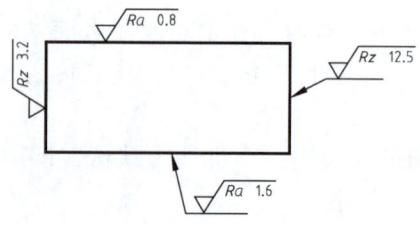

图9-6　表面结构要求的注写方向

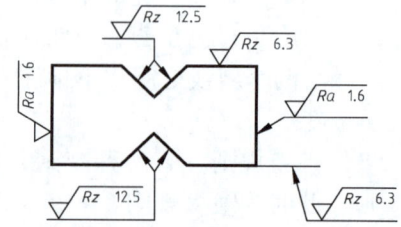

图9-7　表面结构要求在轮廓线上的标注

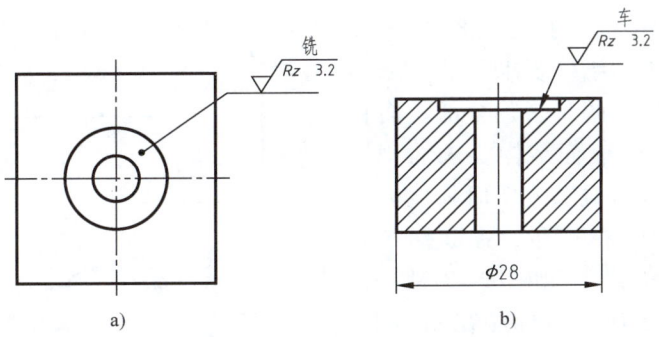

图 9-8 用指引线引出标注表面结构要求

3）在不致引起误解时，表面结构要求可以标注在给定的尺寸线上（图 9-9）。
4）表面结构要求可标注在几何公差框格的上方（图 9-10）。

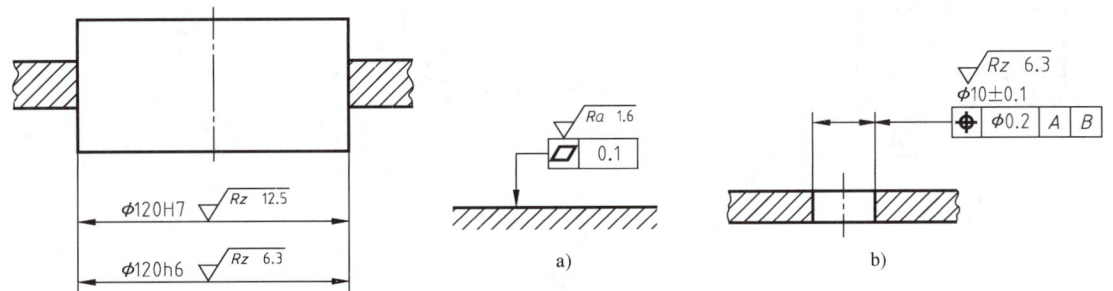

图 9-9 表面结构要求标注在尺寸线上　　图 9-10 表面结构要求标注在几何公差框格的上方

5）圆柱和棱柱表面的表面结构要求只标注一次（图 9-11）。如果每个棱柱表面有不同的表面结构要求，则应分别单独标注（图 9-12）。

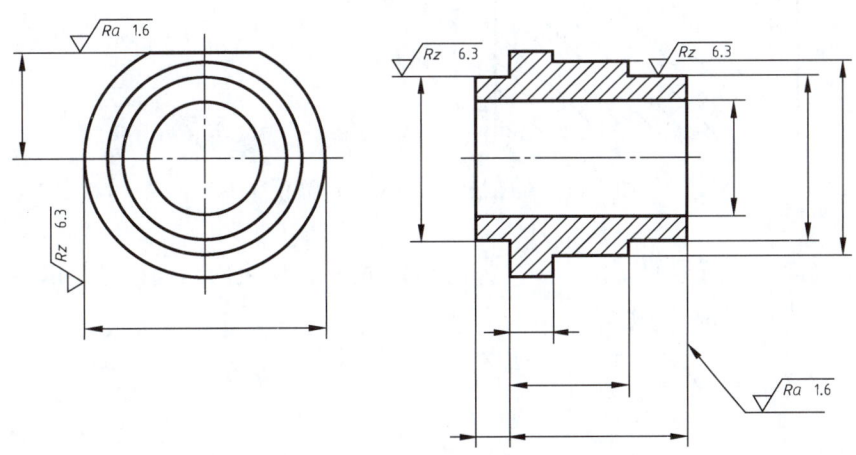

图 9-11 表面结构要求标注在圆柱特征的延长线上

7. 表面结构要求在图样中的简化注法

1) 有相同表面结构要求的简化注法。如果在工件的多数（包括全部）表面有相同的表面结构要求，则其表面结构要求可统一标注在图样的标题栏附近。此时（除全部表面有相同要求的情况外），表面结构要求的符号后面应有：在圆括号内给出无任何其他标注的基本符号，如图 9-13a 所示；在圆括号内给出不同的表面结构要求，如图 9-13b 所示。不同的表面结构要求应直接标注在图形中，如图 9-13 所示。

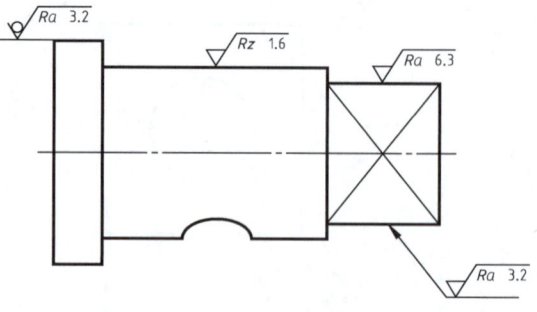

图 9-12　圆柱和棱柱的表面结构要求的注法

2) 多个表面有共同要求的注法。当多个表面具有相同的表面结构要求或者图纸空间有限时，可采用简化注法。

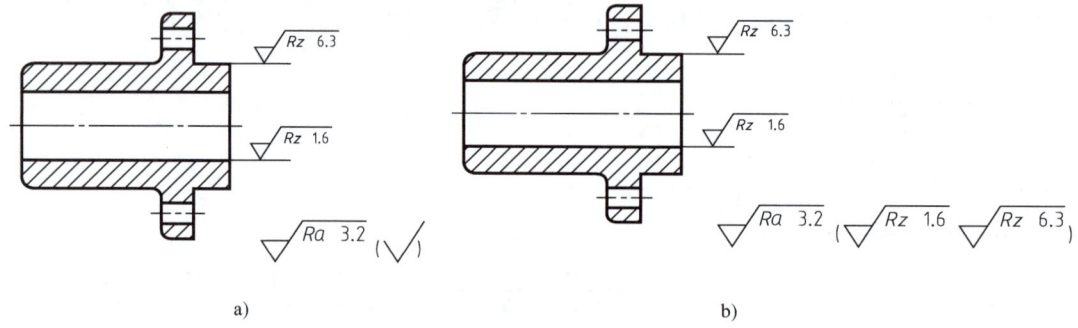

图 9-13　大多数表面有相同表面结构要求的简化注法

可用带字母的完整符号，以等式的形式，在图形或标题栏附近，对有相同表面结构要求的表面进行简化标注，如图 9-14 所示。

图 9-14　在图纸空间有限时的简化注法

3) 只用表面结构符号的简化注法。如图 9-15 所示，用表面结构符号，以等式的形式给出对多个表面共同的表面结构要求。

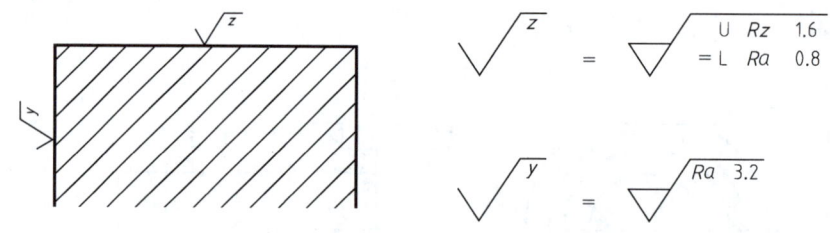

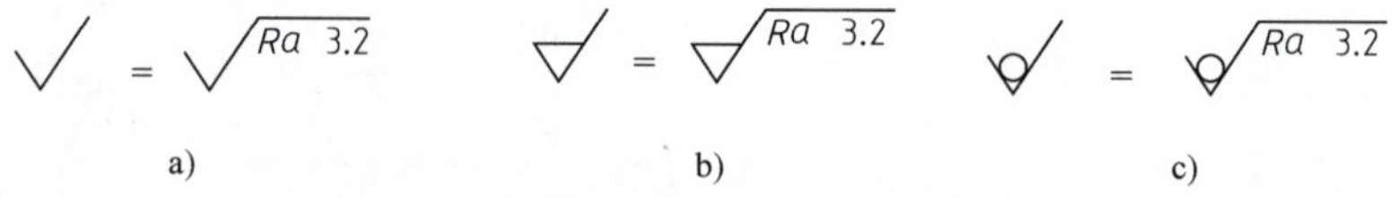

图 9-15　多个表面结构要求的简化注法
a) 未指定工艺方法　b) 要求去除材料　c) 不允许去除材料

4) 两种或多种工艺获得的同一表面的注法。由几种不同的工艺方法获得的同一表面,当需要明确每种工艺方法的表面结构要求时,可按图9-16所示进行标注。

图9-16中Fe表示基体材料为钢,Ep表示加工工艺为电镀(镀铬)。

第一道工序:单向上限值,$Rz = 1.6 \mu m$,"16%规则"(默认),默认评定长度,默认传输带,表面纹理没有要求,去除材料的加工方法。

第二道工序:单向上限值,$Ra = 0.8 \mu m$,"16%规则"(默认),默认评定长度,默认传输带,表面纹理没有要求,允许任何工艺,加工方法为表面处理——在$\phi 50h7$圆柱外表面轴向长度内进行电镀(镀铬)。

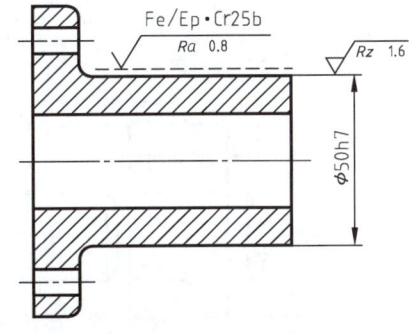

图9-16 多种工艺获得的同一表面的注法

9.2.2 极限与配合(GB/T 1800.1—2020)

1. 互换性概念

机器中相同规格的零件,不经挑选或修配就能顺利地装配到机器上,并能满足机器性能要求的性质称为互换性。

零件具有互换性,不但给机器装配和修理带来了方便,更重要的是为机器的现代化大量生产创造了条件。

2. 极限的有关术语及定义

制造零件时,零件的尺寸不可能加工得绝对准确,而是允许零件的实际尺寸在一个合理的范围内变动。图9-17所示为极限有关术语图解。下面以如图9-18a所示为例介绍极限的有关术语。

(1) 公称尺寸 由图样规范确定的理想形状要素的尺寸,如图9-18a所示的尺寸32。

(2) 极限尺寸 尺寸要素允许的尺寸的两个极端。上极限尺寸 = 公称尺寸 + 上极限偏差;下极限尺寸 = 公称尺寸 + 下极限偏差。

孔:上极限尺寸 = 32mm + (+0.039)mm = 32.039mm,下极限尺寸 = 32mm + (0) = 32mm;

轴:上极限尺寸 = 32mm + (-0.025)mm = 31.975mm,下极限尺寸 = 32mm + (-0.050)mm = 31.950mm。

(3) 极限偏差 极限尺寸减去公称尺寸的代数差。极限偏差有上极限偏差和下极限偏差。极限偏差可以为正、负和零。

上极限偏差 = 上极限尺寸 - 公称尺寸。孔的上极限偏差用 ES 表示,轴的上极限偏差用 es 表示。

下极限偏差 = 下极限尺寸 - 公称尺寸。孔的下极限偏差用 EI 表示,轴的下极限偏差用 ei 表示。

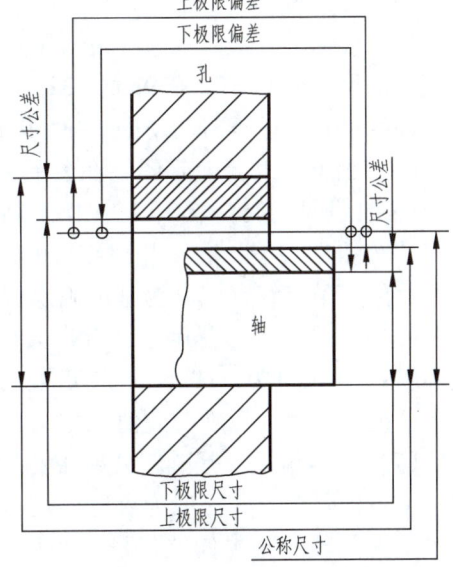

图9-17 极限有关术语图解

孔：ES = 32.039mm − 32mm = +0.039mm；EI = 32mm − 32mm = 0mm；
轴：es = 31.975mm − 32mm = −0.025mm；ei = 31.950mm − 32mm = −0.050mm。

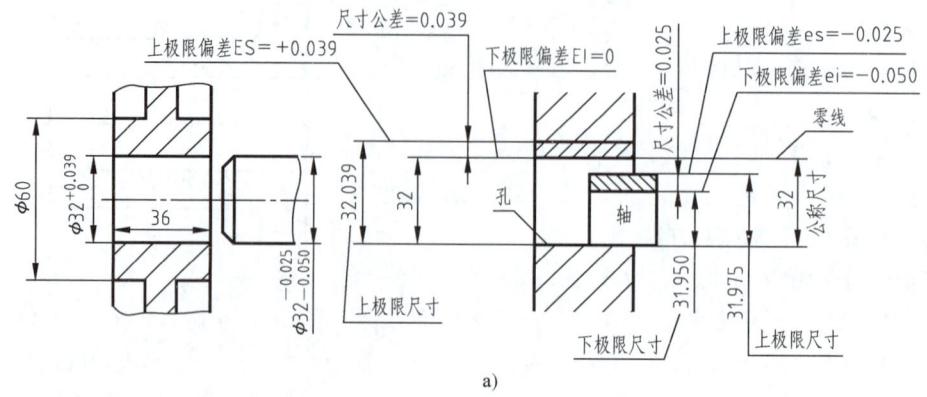

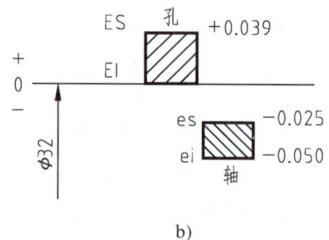

图 9-18 极限的术语及公差带图
a) 尺寸、公差、偏差的基本概念 b) 公差带图

(4) 尺寸公差　上极限尺寸减下极限尺寸之差，或上极限偏差减下极限偏差之差。它是允许尺寸的变动量。尺寸公差是一个没有符号的绝对值。尺寸公差必定为正。

检验时，测量零件的某一尺寸时，若测量值在上极限尺寸和下极限尺寸之间，零件的此尺寸即为合格尺寸。

尺寸公差 = 上极限尺寸 − 下极限尺寸 = 上极限偏差 − 下极限偏差。

孔的尺寸公差 = 32.039mm − 32mm = +0.039mm − 0 = 0.039mm；

轴的尺寸公差 = 31.975mm − 31.95mm = −0.025mm − (−0.050mm) = 0.025mm。

(5) 公差带和公差带图　在公差带图中，由代表上、下极限偏差的两条平行直线所限定的一个区域称为公差带。按比例绘制一方框简图，称为公差带图，如图 9-18b 所示。公差带由"公差带大小"和"相对零线的位置"两个要素组成。在公差带图中，零线是表示公称尺寸的一条直线，以其为基准确定偏差和公差。

(6) 标准公差　是确定公差带大小的公差值，用字母 IT 表示。标准公差共分为 20 个公差等级：IT01、IT0、IT1、…、IT18。其中 IT01 级精度最高，公差值最小；IT18 级精度最低，公差值最大。标准公差值见附录 C。

(7) 基本偏差　是确定公差带相对零线位置的那个极限偏差。基本偏差可以是上极限偏差或下极限偏差，一般为靠近零线的那个极限偏差。国家标准对孔和轴分别规定了 28 种基本偏差。轴的基本偏差代号用小写拉丁字母表示，孔的基本偏差代号用大写拉丁字母表示，如图 9-19 所示。

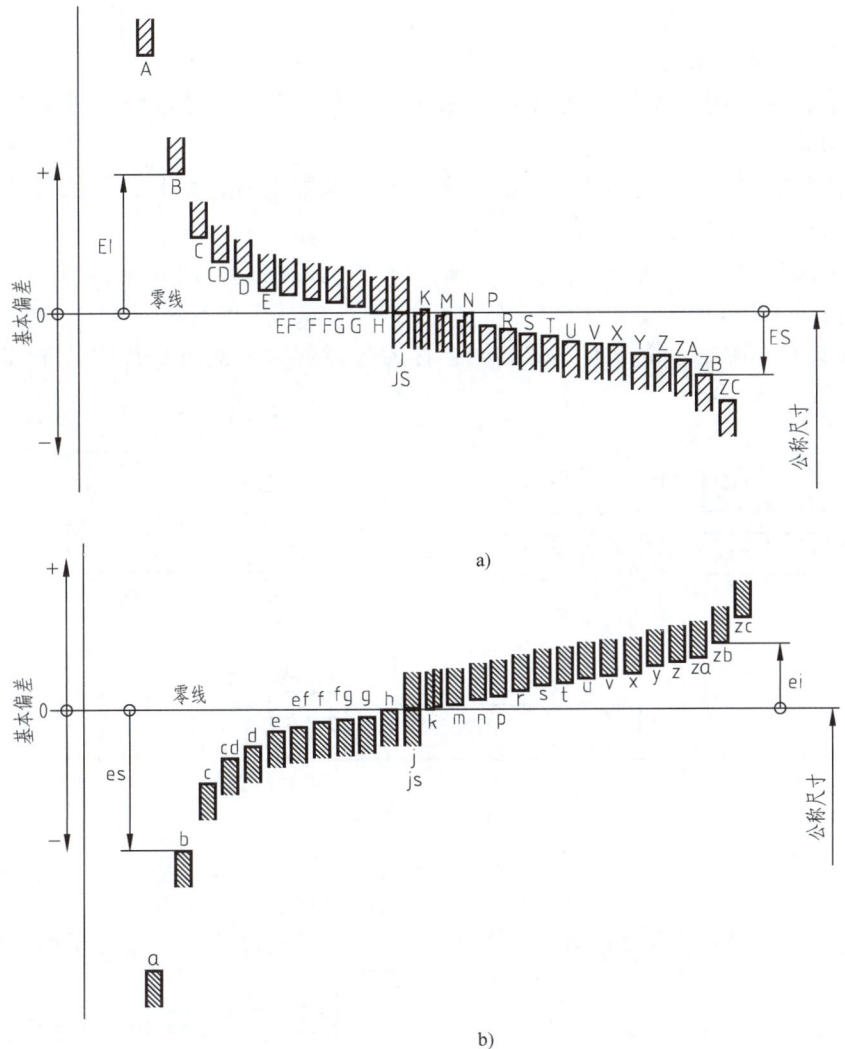

图 9-19 基本偏差系列示意图
a) 孔 b) 轴

1) 轴的基本偏差从 a~h 为上极限偏差，从 j~zc 为下极限偏差，js 的上、下极限偏差分别为 +IT/2 和 -IT/2（即上、下极限偏差对称于零线）。

2) 孔的基本偏差从 A~H 为下极限偏差，从 J~ZC 为上极限偏差，JS 的上、下极限偏差分别为 +IT/2 和 -IT/2（即上、下极限偏差对称于零线）。

基本偏差决定了公差带靠近零线的一个极限偏差，另一极限偏差由标准公差决定。孔、轴的极限偏差见附录 C。

(8) 公差带代号　孔和轴的公差带代号均由基本偏差代号（字母）与公差等级代号（数字）组成。

如：H8、F8 为孔的公差带代号；h7、n7 为轴的公差带代号。

ϕ25n6 的含义：表示公称尺寸为 ϕ25，公差等级为 IT6，基本偏差为 n 的轴的公差带。

ϕ60H8 的含义：表示公称尺寸为 ϕ60，公差等级为 IT8，基本偏差为 H 的孔的公差带。

3. 配合的有关术语

公称尺寸相同的，相互结合的孔和轴公差带之间的关系称为配合。

（1）配合种类　配合按其出现间隙或过盈可分为三类：间隙配合、过渡配合和过盈配合，如图9-20所示。

1）具有间隙的配合（包括最小间隙为零）称为间隙配合，此时，孔的公差带在轴的公差带之上，如图9-20a所示。

2）具有过盈（包括最小过盈为零）的配合称为过盈配合。此时，孔的公差带在轴的公差带之下，如图9-20b所示。

3）可能具有间隙也可能具有过盈的配合称为过渡配合。此时，孔的公差带与轴的公差带相互交叠，如图9-20c所示。

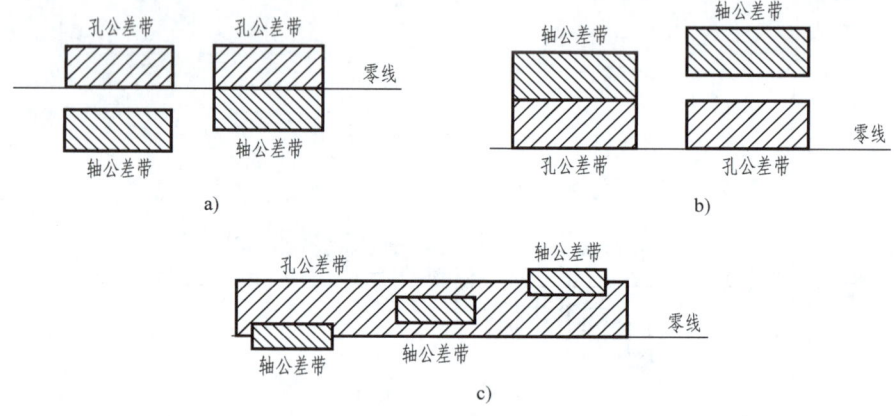

图9-20　三种配合示意图
a）间隙配合　b）过盈配合　c）过渡配合

（2）配合制　国家标准对孔与轴公差带之间的相互位置关系，规定了两种制度，即基孔制和基轴制。

1）基孔制是基本偏差为一定的孔的公差带，与不同基本偏差的轴的公差带形成各种配合的一种制度。基孔制的孔称为基准孔，其基本偏差代号为H，其下极限偏差为零，即它的下极限尺寸等于公称尺寸，如图9-21所示。

2）基轴制是基本偏差为一定的轴的公差带，与不同基本偏差的孔的公差带形成各种配合的一种制度。基轴制的轴为基准轴，其基本偏差代号为h，其上极限偏差为零，即它的上极限尺寸等于公称尺寸，如图9-22所示。

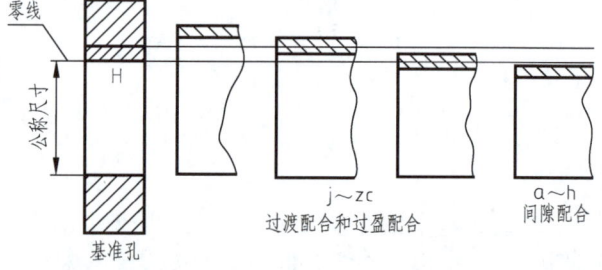

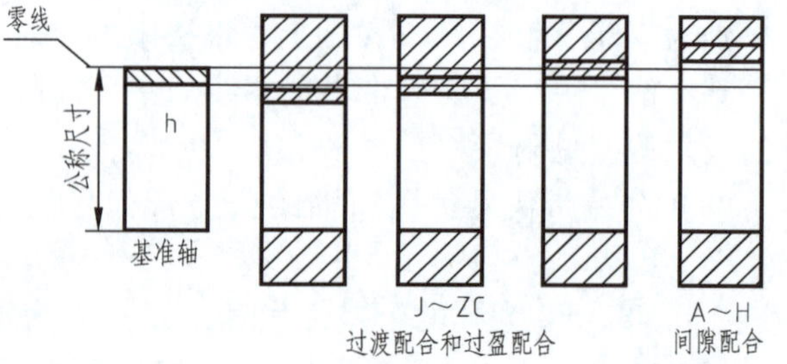

图9-21　基孔制形成的三种配合

图9-22　基轴制形成的三种配合

4. 极限与配合的选用

极限与配合的选用包括基孔制、配合类别和公差等级3项内容。

（1）优先采用基孔制　这样可以减少定值刀具和量具的规格数量。只有在具有明显经济效益和不适合采用基孔制的场合，才采用基轴制。如有特殊需要，允许将任一孔、轴公差带组成配合。

在零件与标准件配合时，应按标准件所用的基准制来确定，如滚动轴承的内圈与轴的配合为基孔制；外圈与轴承座孔的配合为基轴制。

（2）配合的类别　国家标准中规定了优先选用、常用和一般用途的孔、轴公差带，并且尽量选用优先和常用配合。当零件之间具有相对转动或移动时，须选间隙配合；当零件之间无键、销等标准件连接，依靠结合面间的过盈来实现传动时，须选过盈配合；当零件之间无相对运动，同轴度要求较高，不依靠该配合传递动力时，常选过渡配合。

基孔制常用、优先配合见表 9-5。基轴制常用、优先配合请查阅有关国家标准。

表 9-5　基孔制常用、优先配合

基准孔	轴																			
	a	b	c	d	e	f	g	h	js	k	m	n	p	r	s	t	u	v	x	y	z
	间 隙 配 合								过 渡 配 合				过 盈 配 合								
H6						H6/f5	H6/g5	H6/h5	H6/js5	H6/k5	H6/m5	H6/n5	H6/p5	H6/r5	H6/s5	H6/t5					
H7						H7/f6	H7/g6	H7/h6	H7/js6	H7/k6	H7/m6	H7/n6	H7/p6	H7/r6	H7/s6	H7/t6	H7/u6	H7/v6	H7/x6	H7/y6	H7/z6
H8					H8/e7	H8/f7	H8/g7	H8/h7	H8/js7	H8/k7	H8/m7	H8/n7	H8/p7	H8/r7	H8/s7	H8/t7	H8/u7				
				H8/d8	H8/e8	H8/f8		H8/h8													
H9			H9/c9	H9/d9	H9/e9	H9/f9		H9/h9													
H10			H10/c10	H10/d10				H10/h10													
H11	H11/a11	H11/b11	H11/c11	H11/d11				H11/h11													
H12		H12/b12						H12/h12													

注：有黑色三角标记的配合为优先配合。

（3）公差等级的选用　在保证零件使用要求的前提下，应尽量选用比较低的公差等级，以减少零件的制造成本。由于加工孔比加工轴困难，当公差等级高于 IT8 时，在公称尺寸至 500mm 的配合中，应选择孔的公差等级比轴低一级（如孔为 IT8，轴为 IT7）。公差等级低于 IT8 时，轴和孔可选择相同的公差等级。

通常 IT01～IT4 用于量块和量规；IT5～IT12 用于配合尺寸；IT13～IT18 用于非配合尺寸。

5. 极限与配合的标注

（1）在零件图上的标注方法　在零件图上标注极限有 3 种形式，如图 9-23 所示。

1）标注公差带代号，如图 9-23a 所示。这种注法适用于大量生产，采用专用量具检验零件。

2）标注偏差数值，如图 9-23b 所示。上极限偏差注在公称尺寸的右上方，下极限偏差应与公称尺寸注在同一底线上，偏差数字比公称尺寸数字小一号，上、下极限偏差的小数点应当对齐。若上、下极限偏差的数值相同符号相反时，按图9-23c所示标注。这种标注适用于单件、小批量生产。

3）公差带代号和偏差数值一起标注，如图9-23d所示。这种标注适用于产量不确定时。

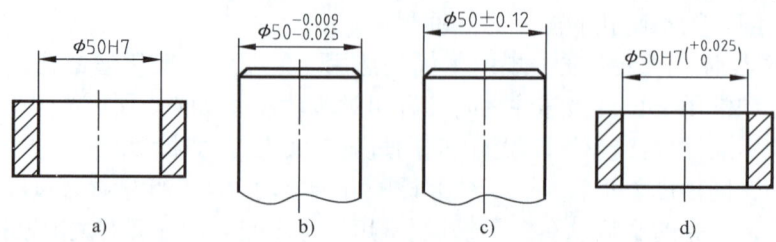

图9-23 零件图上极限的标注

（2）在装配图上的标注方法 在装配图上标注配合代号。配合代号用分数形式表示，分子为孔的公差带代号，分母为轴的公差带代号。装配图上有以下3种标注形式。

1）标注孔、轴的配合代号，如图9-24a、b所示。这种注法应用最多。

2）当需要标注孔和轴的极限偏差时，孔的公称尺寸和极限偏差注在尺寸线的上方，轴的公称尺寸和极限偏差注在尺寸线的下方，如图9-24c、d所示。

3）零件与标准件或外购件配合时，装配图中可仅标注该零件的公差带代号，如图9-24e所示。

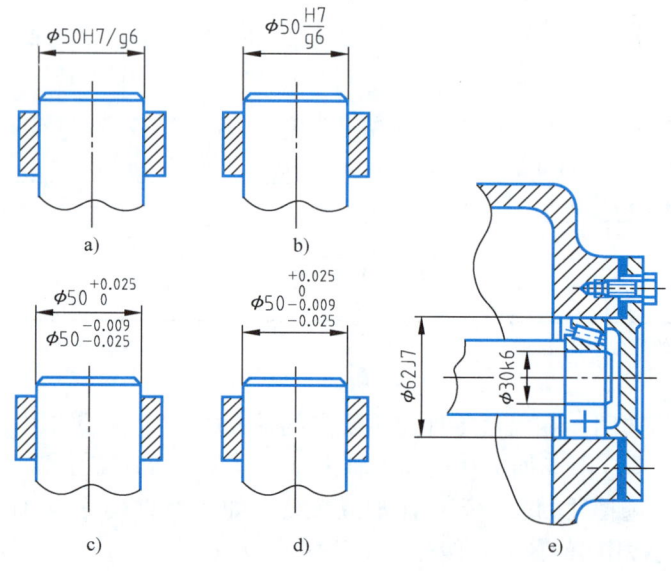

图9-24 装配图上配合的标注

9.2.3 几何公差

在零件加工过程中，不仅尺寸公差、表面结构要求需要得到保证，而且零件的几何要素（点、线、面）的相对位置的准确度也应得到保证，这样才能满足零件的使用和装配要求，保证互换性。因此零件的几何公差也是评定零件质量的一项重要指标。因此，对精度要求高的零件，除了规定尺寸公差外，还需规定几何公差。

1. 基本术语及定义

（1）几何公差　是零件的实际形状和位置对理想形状和位置所允许的最大变动量。

（2）理想要素　具有几何学意义的点、线、面。

（3）实际要素　零件上实际存在的点、线、面。

（4）被测要素　具有几何公差要求的要素，如被测机件的轮廓线、面或轴线、对称面及球心等。

（5）基准要素　用来确定被测要素的方向或（和）位置的理想要素。

2. 几何公差的几何特征符号

几何公差的几何特征符号见表9-6。

表9-6　几何公差的几何特征符号

公差类型	几何特征	符号	有无基准	公差类型	几何特征	符号	有无基准
形状公差	直线度	—	无	方向公差	面轮廓度	⌒	有
	平面度	▱	无	位置公差	位置度	⊕	有或无
	圆度	○	无		同心度（用于中心点）	◎	有
	圆柱度	⌭	无		同轴度（用于轴线）	◎	有
	线轮廓度	⌒	无		对称度	═	有
	面轮廓度	⌒	无		线轮廓度	⌒	有
方向公差	平行度	∥	有		面轮廓度	⌒	有
	垂直度	⊥	有	跳动公差	圆跳动	↗	有
	倾斜度	∠	有		全跳动	⌰	有
	线轮廓度	⌒	有		—		

3. 公差与公差带

1）形状公差是指单一实际要素对其理论要素的形状的允许变动量，如实际的点、轴线、平面、圆柱面和中心平面等的形状对其理论要素的形状所允许的变动全量（t）。

图9-25a表明圆柱体的素线被限定在距离为公差值 t（$t = 0.025\text{mm}$）的两平行线之间的区域。

图9-25b表明圆柱体的轴线被限定在直径为公差值 t（$t = 0.050\text{mm}$）的圆柱体内的区域。

形状公差特征的项目有直线度、平面度、圆度和圆柱度4个，无基准要求。

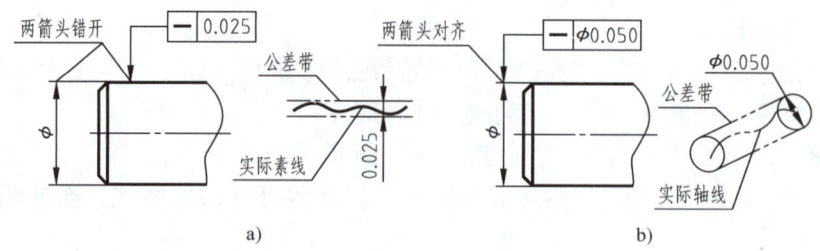

图9-25 直线度的标注及其公差带
a）圆柱素线的直线度 b）圆柱轴线的直线度

2）位置公差是关联实际要素的位置对基准所允许的变动全量。如图9-26a所示，垂直度公差是指实际轴线（被测轴线）对基准平面（A面），在给定的两个方向上所允许的变动全量（0.1，0.2）。图9-26b中被测实际轴线被限定在距离为0.1和0.2的两平行平面之内的区域。

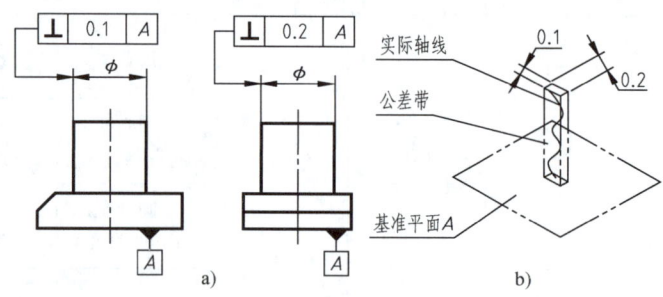

图9-26 垂直度及其公差带

位置公差项目有平行度、垂直度、倾斜度、同轴度、对称度、圆跳动和全跳动8个，有基准要求（位置度可以无基准）。

几何公差的公差带是由一个或几个理想的线或面限定的，由线性公差值表示其大小的区域，如图9-25和图9-26所示。公差带的主要形式有：一个圆内的区域；两同心圆之间的区域；两等距线或两平行直线之间的区域；一个圆柱面内的区域；两同轴圆柱面之间的区域、两等距面或两平行面之间的区域；一个圆球面内的区域。

4. 几何公差框格

几何公差一般采用框格标注在图样上。公差框格用细实线绘制，如图9-27a所示，框格高为2h，只能在图样上水平或垂直放置。指引线的箭头应指向被测要素，并垂直于被测要素的轮廓线或其延长线；公差值为以线性尺寸单位表示的量值，如图9-26a所示。

5. 基准

对有基准的几何公差要求，在图样上应注明基准。基准由基准三角形（为等边三角形，边长为字高h，空心或实心）、正方框、连线和基准字母（大写拉丁字母）组成，如

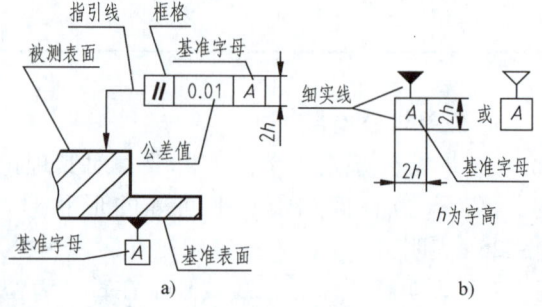

图9-27 几何公差代号和基准代号

图 9-27b 所示。正方框内填写基准字母。无论基准代号在图样上的方向如何，正方框内的字母均应水平书写；连线必须与基准要素垂直。

9.2.4 几何公差的标注方法

1）当基准要素或被测要素为线或面时，应将基准三角形（或指引线的箭头）放置在要素的轮廓线或其延长线上（但必须与尺寸线明显地分开），如图 9-28a 所示。基准三角形或指引线的箭头也可以放置在引出线的水平线上，引出线引自基准或被测表面，如图 9-28b 所示。

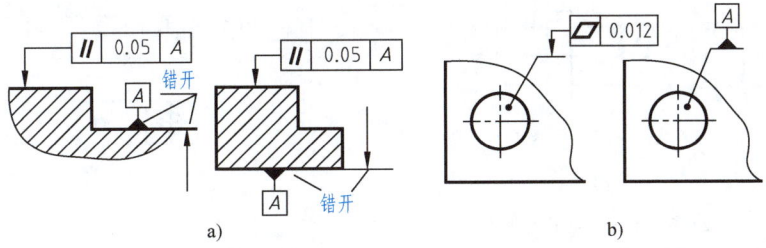

图 9-28 基准、被测要素为线或面

2）当基准要素或被测要素为轴线、中心平面或由尺寸要素确定的点时，基准三角形或指引线的箭头应与相应要素的尺寸线对齐，即基准三角形或指引线的箭头放置在尺寸线的延长线上，如图 9-29a 所示。

如果没有足够的位置标注基准要素尺寸的两个尺寸箭头时，则其中的一个箭头可以用基准三角形代替，如图 9-29b 所示。

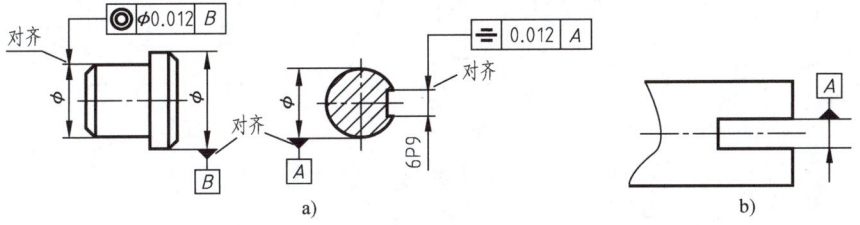

图 9-29 基准、被测要素为轴线或中心平面

3）以单个要素为基准时的标注，如图 9-30a 所示；以两个要素建立公共基准时的标注，如图 9-30b 所示；由两个或两个以上要素建立基准体系（采用多个基准）时的标注，如图 9-30c 所示。表示基准要素要用大写的拉丁字母，但字母 E、I、J、M、O、P、R、F 不采用。图 9-30d 所示为公共轴线为基准时的标注实例。

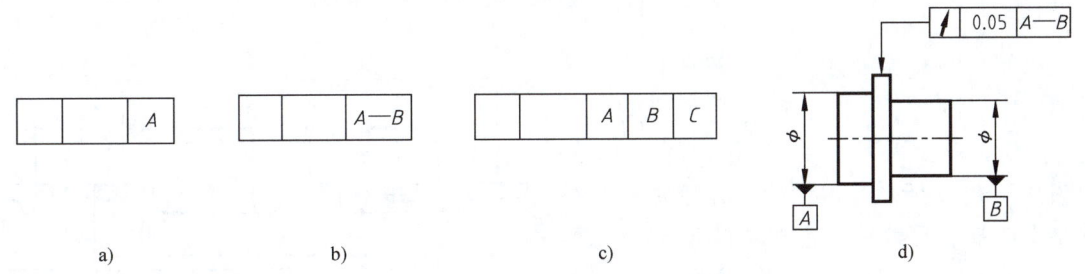

图 9-30 基准要素在框格中的标注

4) 如果需要就某个要素给出几种特征的公差，可将一个公差框格放在另一个公差框格的下面，即可以采用框格并列标注，如图9-31a所示。一个公差框格可以用于具有相同几何特征和公差值的若干个分离要素，即在框格指引线上绘制多个箭头，如图9-31b和图9-34所示。

5) 当给定的公差带为圆、圆柱或圆球时，应在公差数值前加注 ϕ 或 $S\phi$，如图9-32所示。

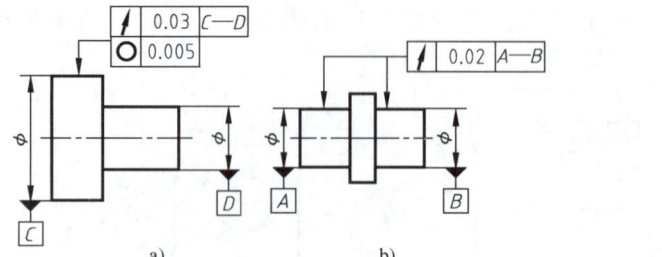

图9-31 一处多项、一项多处的标注
a) 同一要素多项要求　b) 多个要素同一要求

图9-32 公差带为圆、圆柱或圆球的标注

6) 如果给出的公差仅适用于基准要素或被测要素的某一指定局部，应采用粗点画线示出该局部的范围并加注尺寸，如图9-33所示。

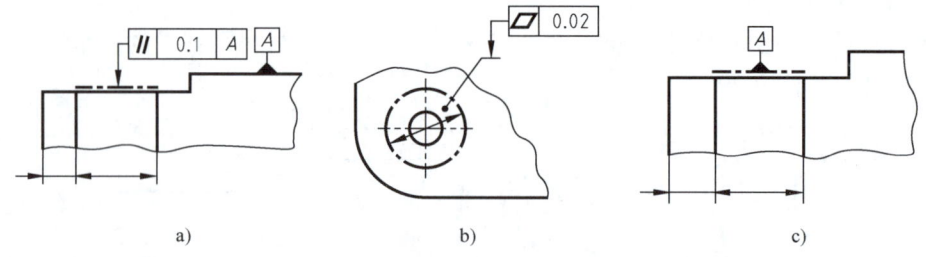

图9-33 指定要素的某一局部的标注方法

7) 若干个分离的要素给出单一公差带时，可按图9-34所示在公差框格中公差值的后面加注公共公差带的符号CZ。

8) 当某项公差应用于几个相同要素时，应在公差框格的上方被测要素的尺寸之前注明要素的个数，并在两者之间加上符号"×"，如图9-35a、b所示。

如果需要限制被测要素在公差带内的形状，应在公差框格的下方注明，如图9-35c所示，NC表示"不凸起"。

以螺纹轴线为被测要素或基准时，默认为螺纹中径圆柱轴线，否则应另加说明，如用"MD"表示大径，用"LD"表示小径，如图9-35d、e所示。以齿轮、花键轴线为被测要素或基准要素时，需要说明所指的要素，如用"PD"表示节径，用"MD"表示大径，用"LD"表示小径。

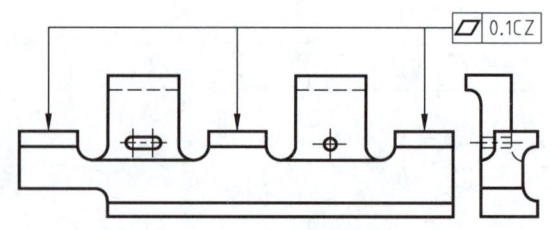

图9-34 加注公共公差带的符号CZ

延伸公差带用规范的<u>延伸符号</u>Ⓟ表示，如图9-35f所示。

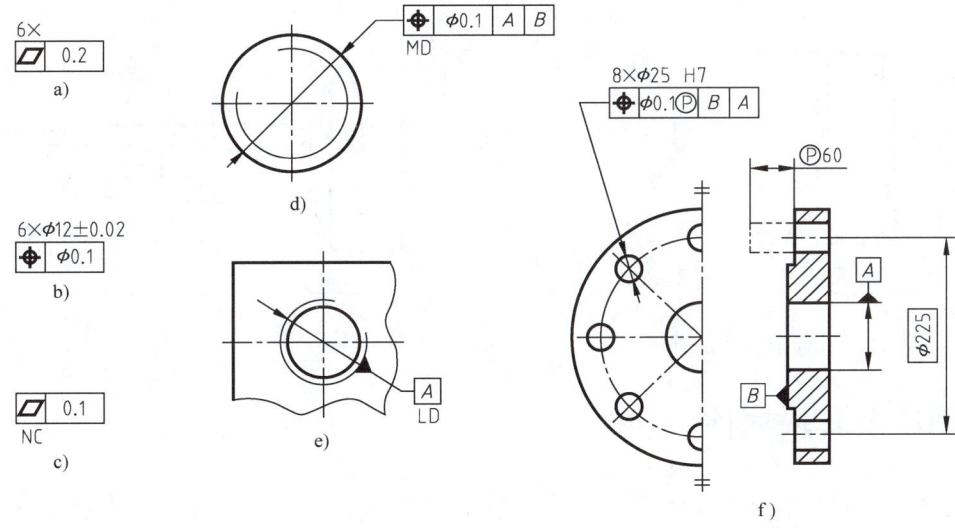

图9-35 附加符号的标注

9）当给出一个或一组要素的位置、方向或轮廓度公差时，分别用来确定理论正确位置、方向或轮廓的尺寸称为<u>理论正确尺寸</u>（TED）。TED也用于确定基准体系中各基准之间的方向、位置关系。<u>TED没有公差，并标注在一方框中</u>，如图9-36所示。

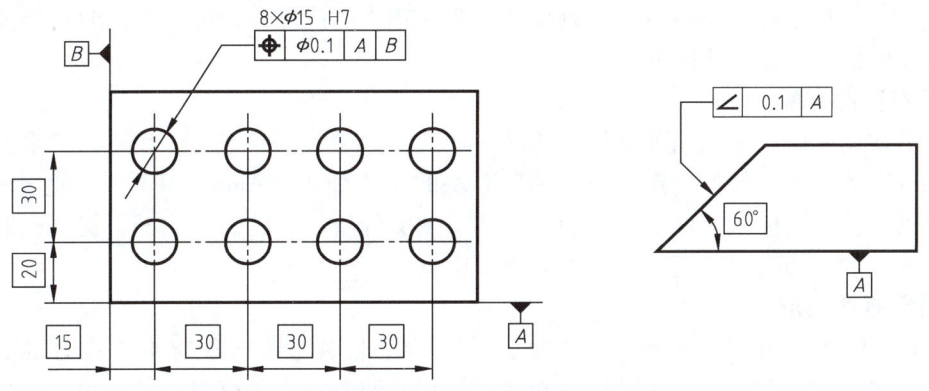

图9-36 理论正确尺寸的概念、标注

9.2.5 几何公差在图样上的标注示例

（1）示例一 图9-37中所注<u>几何公差的含义</u>是：
1）φ100h6 外圆对 φ45P7 孔的<u>轴线</u>的<u>圆跳动公差</u>为 0.025mm。
2）φ100h6 外圆的<u>圆度公差</u>为 0.004mm。
3）零件<u>右端面对左端面</u>的<u>平行度公差</u>为 0.01mm。

（2）示例二 图9-38中所注几何公差含义是：
1）M8×1 轴线<u>对</u> φ16f7 轴线的<u>同轴度公差为</u> φ0.1mm。
2）φ16f7 圆柱体的圆柱度公差为 0.005mm。
3）SR75 球面<u>对</u> φ16f7 轴线的<u>径向圆跳动公差为</u> 0.03mm。

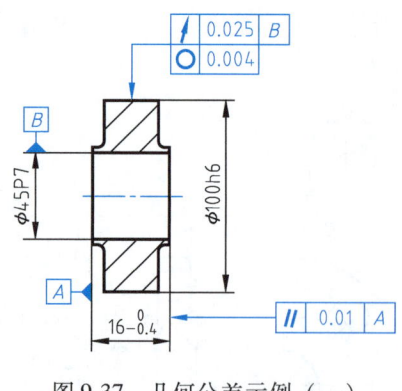
图 9-37 几何公差示例（一）

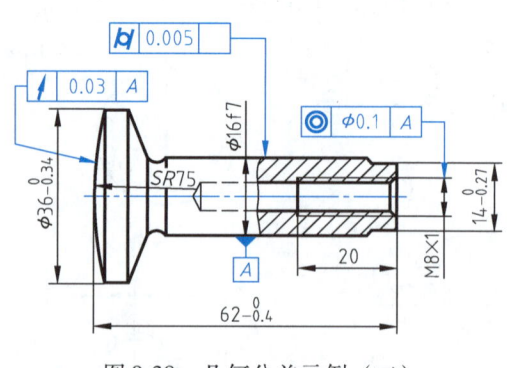
图 9-38 几何公差示例（二）

9.3 图块及其块属性

图块是一个或多个对象（图形及样式等信息）形成的集合。它常用于绘制复杂、重复的图形。用户可根据作图的需要，将块插入图形中的任意指定位置，并可以指定按一定的比例和旋转角度进行插入。在 AutoCAD 中，使用块可以提高绘图速度、节省存储空间、便于修改图形并能够为其附加属性。

1. 提高效率

不同行业在使用 AutoCAD 设计的过程中，常常会遇到一些重复出现的图形，如螺栓等标准件，用户可根据行业或企业产品设计的需要，建立自己的图形库，绘图时直接插入相应的块，这样可提高设计与绘图效率。

2. 节省存储空间

在图形数据库中，插入当前图形中的同名块只存储为一个块定义，而不记录重复的构造信息，如对象的位置、类型、定义坐标等。对块的每次插入，AutoCAD 仅记录这个块对象，如块名、插入坐标、插入比例等，从而大大地减少文件所占用的磁盘空间，提高机器运行速度。图形越复杂，插入次数越多，越能体现其优越性。

3. 便于修改图形

在 AutoCAD 中，图块是作为单一对象来处理的，常用的编辑命令如"移动、复制"等都适用于图块。如果对某一图块进行重新定义，则能使图样中所有引用的图块自动更新。

4. 可以加入属性

AutoCAD 允许为块建立属性，即图块中加入文本信息。可在图块插入时带入或者改变这些文本信息，而且可以从图中提取这些信息并将其传入数据库中。

9.3.1 创建块（Block）

首先要绘制需要建块的图形对象和设置等，再调用对话框创建块。

1. 调用方法

下拉菜单：绘图→块→创建；工具栏：绘制→块→创建；命令：Block（或 B）。

执行命令后，AutoCAD 弹出"块定义"对话框，如图 9-39 所示。

2. 对话框的操作方法

1）在"名称"文本框中输入块名。块名中可以包括字母、数字和特殊字符，如图 9-39

中输入"深沟球轴承6308"。单击该文本框右侧的下三角按钮，可弹出块名的下拉列表框，供用户查看。

2）单击"对象"选项组中的【选择对象】按钮，AutoCAD回到绘图屏幕，用户可以从当前图形中选取新建块所需要的图形对象，然后按【Enter】键，AutoCAD返回对话框。如果用户选择"在屏幕上指定"则【选择对象】按钮不能使用，单击【确定】按钮后，AutoCAD回到绘图屏幕，用户可以绘图屏幕中选择图形创建图块。

此选项组中，有3个选项用于处理"建块对象"，可任选其中一项：单击【保留】按钮，表示创建块后仍在当前图形中保留"建块对象"；单击【转换为块】按钮，表示创建块后将"建块对象"保留并把它们转换为块；单击【删除】按钮，表示创建块后在当前图形中删除"建块对象"。

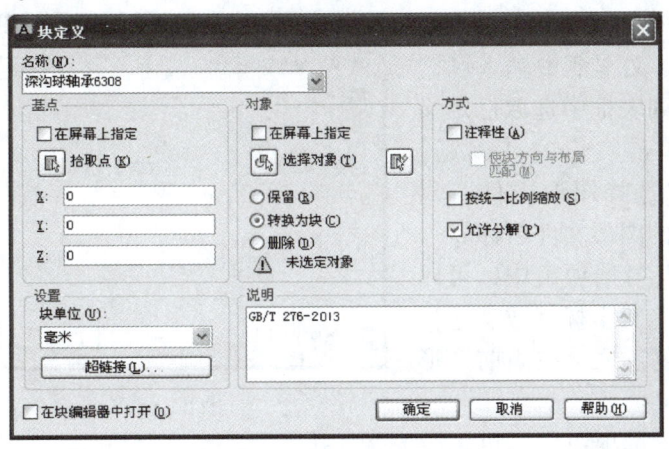

图 9-39 "块定义"对话框

3）单击"基点"选项组中的【拾取点】按钮，AutoCAD回到绘图屏幕。用户可以选择"建块对象"中的特殊点作为基点（也可以选择其他点），如图9-40中的K点；还可以在X、Y和Z栏中直接输入基点K的坐标值。如果用户选择"在屏幕上指定"则【拾取点】按钮不能使用，单击【确定】按钮后，AutoCAD回到绘图屏幕，用户可以绘图屏幕中选择建块图形中的特殊点作为基点。

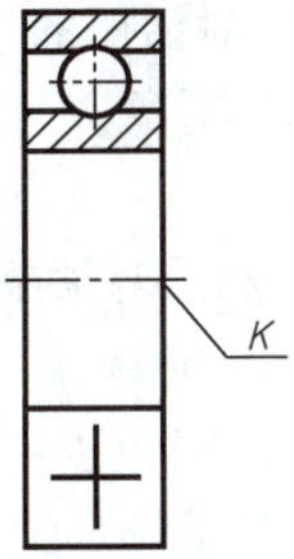

4）在"方式"选项组有4个复选框，用户可以根据需要选取，一般选用默认值。

5）在"设置"选项组中，用户可以在"块单位"下拉列表框中选择插入图块时的单位，一般选用默认值（毫米）。

6）说明文本框中，可以描述块的特征，如 GB/T 276—2013。
完成上述各项定义之后，单击【确定】按钮即可。

3. 利用对话框定义块的操作要点

以图9-40为例说明。下拉菜单→绘图→块→创建（或输入Block命令）→输入块名"深沟球轴承6308"→单击【选择对象】按钮→选择"建块对象"（图9-40所示的深沟球轴承图形）→单击【拾取点】按钮→用捕捉拾取块中的特殊点（如K点）→选择【转换为块】按钮→选取块单位"毫米"→输入说明内容→单击【确定】按钮完成块定义。

图 9-40 创建图块——深沟球轴承

4. 说明

用 Bmake 或 Block 命令建立的图块，只能插入当前图形之中。

9.3.2 插入块（Insert）

1. 功能

将已定义的图块或其他图形文件到插入当前图形中。插入时可以改变块的比例和旋转角度。

2. 调用方法

下拉菜单：插入→块；工具栏：绘图→插入块；命令：Insert 或 DDInsert 或 I。

执行命令后，弹出图 9-41 所示的"插入"对话框。

3. 对话框的操作方法

1) 在"名称"文本框中输入已定义的块名或在下拉列表框中选取已定义的块名。也可以单击右边的【浏览】按钮，在弹出中"选择图形文件"对话框中选取要插入的图形文件名称。

2) 在"插入点"选项组中，可以直接输入插入点的绝对坐标。或者选择"在屏幕上指定"复选框，在当前图形中选择图块的插入点。

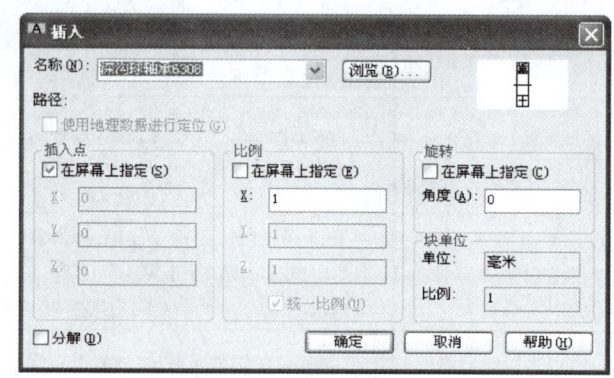

图 9-41 "插入"对话框

3) 在"比例"选项组中，可以分别输入 X、Y、Z 方向的比例。若选择该选项组下面的"统一比例"复选框，则表明 X、Y、Z 三个方向的比例一致，此时只需要输入一个比例数字即可。或者选择上面的"在屏幕上指定"复选框，在绘图屏幕上直接指定比例。

4) 在"旋转"选项组中，可以直接输入图块插入时的旋转角度。或者选择"在屏幕上指定"复选框，在绘图屏幕上直接指定旋转角度。

5) 对话框的左下角为"分解"复选框，选择则表示图块插入后，块会被分解为组成块的各基本对象，否则表示块插入后仍为一个整体对象。最后，单击【确定】按钮，完成图块插入。

4. 利用对话框插入块的操作要点

输入 Insert 命令→输入块名→选择"插入点"选项组中的"在屏幕上指定"复选框→输入 X、Y、Z 方向的比例→输入旋转角度→确定是否分解→单击【确定】按钮→在屏幕上指定在当前图形上的插入点，完成图块插入。

9.3.3 分解块（Explode）

块是作为一个整体对象插入到图形中的，需要时可以用 Explode 命令将块分解为组成块的各基本对象，然后可以对每个单个对象进行修改、删除等操作。但定义的块仍然存在，可以继续引用。

可以用 3 种方法执行此命令，即下拉菜单：修改→分解；工具栏：修改→分解；命令：

Explode。点取块后按【Enter】键完成块的分解。

9.3.4 存储块（Wblock）

在 AutoCAD 中，使用 Wblock 命令可以将块以文件的形式写入磁盘，以便在其他图形文件中也能使用该块。

1. 调用方法

命令：Wblock。执行命令后，弹出图 9-42 所示的"写块"对话框。

2. 对话框的操作方法

在"源"选项组中有3个选项，选择不同选项的有效内容是不同的。

1）在"源"选项组中，单击【块】按钮，下面的"基点"和"对象"选项组呈灰色显示，不能操作。在"目标"选项组中的"文件名和路径"文本框中输入路径和文件名或从下拉列表框中选择路径和文件名。也可以单击右边的【…】浏览按钮，查找其保存位置。在"插入单位"文本框中，选择单位如"毫米"，作为该（*.DWG）图形文件插入时的单位。然后单击【确定】按钮。

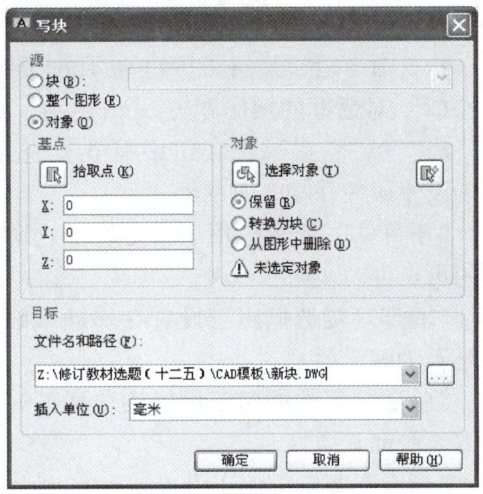

图 9-42 "写块"对话框

2）在"源"选项组中，单击【整个图形】按钮，AutoCAD 把当前整个图形作为块建立一个图形文件（*.DWG）。下面的"基点"和"对象"选项组呈灰色显示，不能操作。在"目标"选项组中的操作同上述过程。

3）在"源"选项组中，单击【对象】按钮，其下面的"基点"和"对象"选项组呈正常亮度显示，其操作与"块定义"对话框中的操作相同。"目标"选项组中的操作也与上述操作过程相同。

3. 操作要点

1）输入 Wblock 命令→块→输入或选取文件位置和文件名→选择单位→确定。

2）输入 Wblock 命令→整个图形→输入文件位置和文件名→选择单位→确定。

3）输入 Wblock 命令→单击【选择对象】按钮→选取构造块的图形对象→单击【拾取点】按钮→选取块插入时的基点→输入文件位置和文件名→选择单位→确定。

9.3.5 块属性

1. 块属性的概念

块属性是附属于块的非图形信息，是块的组成部分，是特定的可包含在块定义中的文字对象。块可以有多个属性。

块属性由属性标记和属性值两部分组成。如将 RA 定义为"表面结构参数"块属性标记名，则具体的表面结构参数值如"$Ra3.2$"（包括其中的空格）就是属性值，即属性。

定义块前，应先定义块中的每个属性；定义块时，应将图形对象和属性标记名一起定义块对象。

插入有属性的块时，系统将提示用户输入需要的属性值。插入后，属性用它的值表示。

使用 Attett 命令能够将属性提取成文本文件。AutoCAD 允许用户用 Ddedit 命令对属性值进行编辑。

2. 创建带属性的块

先进行属性定义，然后创建带属性的块。属性定义实际上是描述属性的特征，指定插入块时的显示提示。

（1）"属性定义"对话框调用方法　下拉菜单：绘图→块→定义属性；命令：Ddattdef。

执行命令后，弹出图 9-43 所示的"属性定义"对话框。

（2）对话框的操作方法

1）在"模式"选项组中有 6 个选项，用于设置属性在插入时的模式。

"不可见"复选框用于指定块插入时属性的可见性。

"固定"复选框用于设置在块插入时属性是否为固定值。

"验证"复选框用于设置在块插入时是否需要验证其属性。

"预设"复选框用于设置预置方式。

"锁定位置"复选框用于是否锁定块参照中属性的位置。

"多行"复选框用于指定属性值可以包含多行文字。

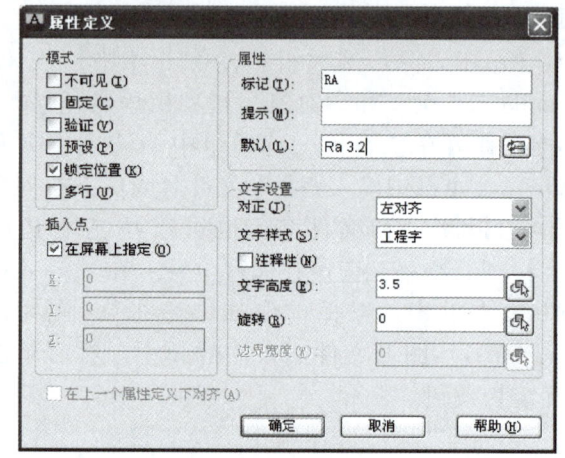

图 9-43　"属性定义"对话框

该模式在插入块时，自动填写默认值，一般接受默认模式。

2）在"属性"选项组中有 3 个文本框。

"标记"文本框用于输入属性标记如 RA，以区别不同属性。

"提示"文本框用于输入插入块时系统显示的提示信息，此栏可以不填，AutoCAD 自动填写标记值作为提示。

"默认"文本框用于指定属性的默认值，如 $Ra3.2$。

3）"插入点"选项组。指定属性在块中的位置，可以在 X、Y、Z 中分别输入插入点的坐标值，或者选择"在屏幕上指定"复选框然后在图形中拾取一点作为属性的位置。

4）"文字设置"选项组。在"对正"下拉列表框中选择文字对齐方式；在"文字样式"下拉列表框中选择已设置的文字样式；如果选择"注释性"复选框，则指定属性为注释性，如果块是注释性，则属性将与块的方向相匹配；在"文字高度"文本框中输入文字高度；在"旋转"文本框中输入文本行的旋转角度"边界宽度"是换行至下一行前，指定多行文字属性中一行文字的最大长度。

若上一次已定义属性，则对话框左下角的复选框可以选择，表示此次属性与在上一个属性定义下对齐。

完成上述步骤后，单击【确定】按钮完成属性定义。

(3)"属性定义"对话框操作要点 命令：Ddattdef→"模式"选项组中选择默认值→"属性"选项组中输入标记、属性值→插入点（确定属性位置）→选择文字对齐方式、文字样式、文字高度和文本旋转角度→确定属性定义后，应当把属性与组成块的对象一起用 Wblock 命令定义成块，才可以在块插入时引用属性。

3. 利用对话框编辑属性值

调用方法：

下拉菜单：修改→对象→文字→编辑；
工具栏：文字→文字编辑；命令：Ddedit。

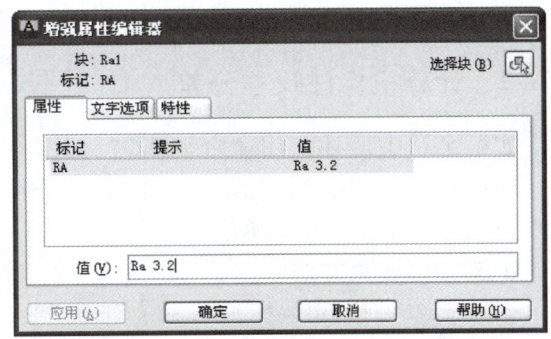

图 9-44 "增强属性编辑器"对话框

选择要编辑的属性对象，按【Enter】键后弹出图 9-44 所示对话框。在对话框中，用户可以修改属性值、文字特征及图层、线型和颜色等。

9.4 计算机标注技术要求

9.4.1 计算机标注表面结构参数

1. 绘制表面结构代号

按国家标准规定，用"直线、偏移复制和修剪"等命令绘制表面结构代号。

先进行属性定义，再创建块。创建带属性的"表面结构代号"图块的具体操作要点如下：

输入命令 Ddattdef→打开"属性定义"对话框（图9-43）→在"模式"选项组中选择默认值→在"属性"选项组中，标记文本框输入"RA"、提示文本框（不填）、默认文本框输入"Ra 3.2"（包括空格）→在"插入点"选项组中，选择"在屏幕上指定"复选框→在"文字设置"选项组中，对正下拉列表框选择"左对齐"、文字样式下拉列表框选择"工程字"、文字高度文本框（不填）、旋转文本框输入"0"→确定。此时，AutoCAD 返回绘

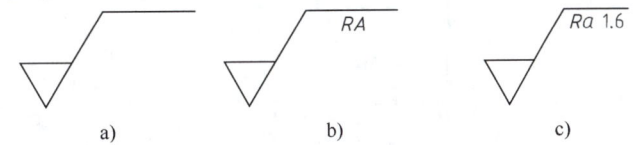

图 9-45 创建带属性的"表面结构代号"图块
a) 表面结构代号 b) 确定属性 RA 在结构代号的位置
c) 用 Wblock 命令定义成块后，插入图样中

图窗口，用户将属性"RA"在表面结构代号上确定合适的位置，如图 9-45 所示。

参照前述方法，在属性定义后，把属性"RA"与事先绘制好的"表面结构代号"一起用 Wblock 命令定义成块。

2. 插入"表面结构代号"图块

下拉菜单"插入→块"，调出图 9-41 所示的"插入"对话框。

对话框操作要点：单击【浏览】按钮弹出"选择图形文件"对话框，从中选择插入文件名称→在"插入点"选项组中选择"在屏幕上指定"复选框→在"比例"选项组中选择"统一比例"复选框并输入 1→在"旋转"选项组中，根据需要输入角度→确定。最后将表

面结构代号插入到需要的位置，如图 9-46 所示。在插入块时，AutoCAD 会在命令行中提示插入时是否需要改变属性值，用户根据需要在命令行中输入表面结构参数值。

9.4.2 计算机标注尺寸公差

如第 5 章中所述，用命令调出"标注样式管理器"对话框进行设置，便可标注各种尺寸公差。具体操作如下所述。

1. 对话框调用方法

下拉菜单：格式→标注样式；工具栏：标注尺寸→样式；命令：Dimstyle。

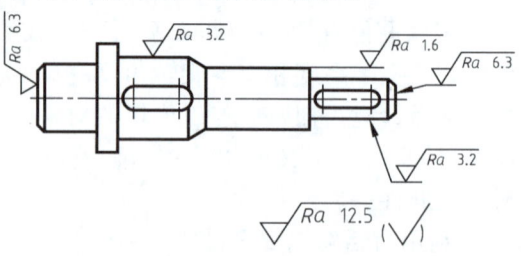

图 9-46 计算机标注表面结构参数示例

执行命令后，弹出图 5-13 所示的"标注样式管理器"对话框，操作方式如下：

新建→"创建新标注样式"对话框→输入"尺寸公差"→继续→选择"公差"选项卡，AutoCAD 弹出图 9-47 所示的对话框。

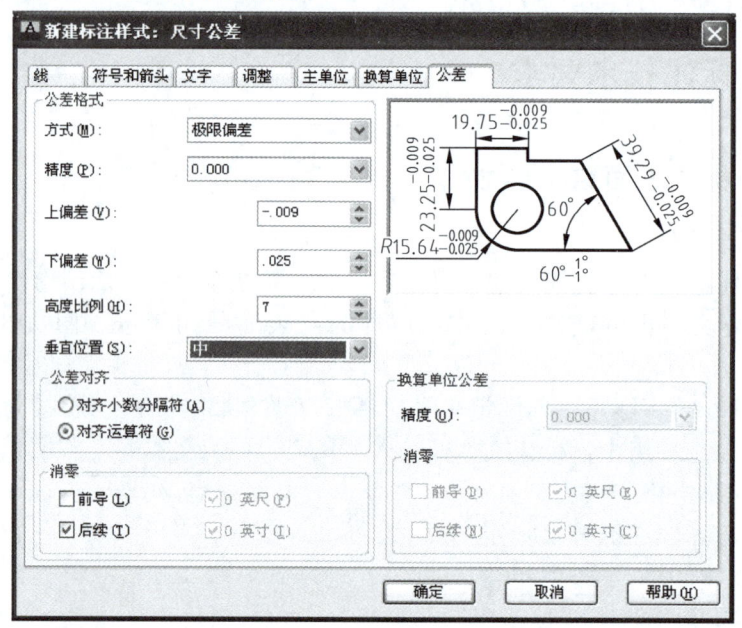

图 9-47 "新建标注样式"对话框——"公差"选项卡

2. 举例

下面以标注 $\phi 32_{-0.025}^{-0.009}$ 为例进行说明，设置方法如下所述。

（1）公差格式选项组　控制公差格式

1）在图 9-47 所示公差格式选项组中的"方式"下拉列表框中设置公差表示形式，其中有 5 种选项："无"，标注结果如图 9-48a 所示；"对称"，标注结果如图 9-48b 所示；"极限偏差"，即上、下极限偏差数值不相等，符号为正或负，标注结果如

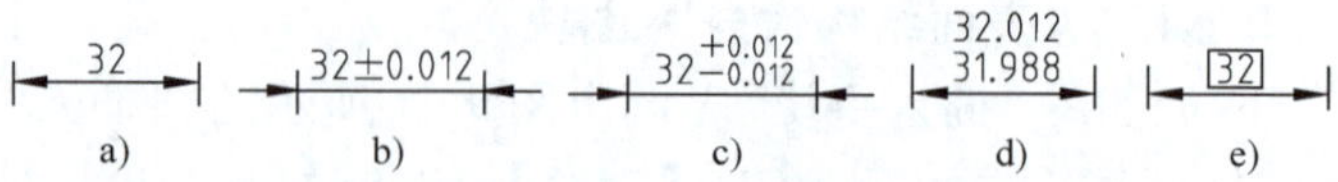

图 9-48 尺寸公差格式示意图
a) 无　b) 对称　c) 极限偏差　d) 极限尺寸　e) 基本尺寸

图 9-48c 所示;"极限尺寸",标注结果如图 9-48d 所示;"基本尺寸",标注结果如图 9-48e 所示。此例选择"极限偏差"。

2) 在"精度"下拉列表框中选择公差的精度。此例选择 0.000。
3) 在"上偏差[一]"文本框中输入上极限偏差值。此例输入 -0.009。
4) 在"下偏差[二]"文本框中输入下极限偏差值。此例输入 0.025。

注意:"上偏差"文本框中带有"+"号,"下偏差"文本框中带有"-"号,输入时应按"负×负"为正,"负×正"为负的原则确定上、下极限偏差的符号。

5) 在"高度比例"文本框中输入公差文本的比例。此例选择 0.7。
6) 在"垂直位置"下拉列表框中确定上、下极限偏差与公称尺寸数字的对齐方式。"上"为上极限偏差与公称尺寸对齐,"中"是上、下极限偏差的中间与公称尺寸对齐,"下"为下极限偏差与公称尺寸对齐。此例选择"下"。

(2) 消零选项组 控制如何显示公差中小数点前面的零和尾数后面的零。此例选择默认项。

设置好后单击【确定】按钮完成设置。标注的尺寸公差如图 9-49 所示。

3. 用编辑文字命令标注尺寸公差

在调用命令前,先标注出尺寸,如图 9-49 所示的尺寸"φ32"。

(1) 调用方法 下拉菜单:修改→对象→文字→编辑;工具栏:文字→编辑文字;命令:Ddedit。

(2) 操作方法 执行 Ddedit 命令后,AutoCAD 提示:

选择注释对象或 [放弃(U)]:(选择尺寸"φ32")

AutoCAD 会弹出图 5-4 所示的文字格式工具栏和文字输入窗口。在文字输入窗口中,在 φ32 后面输入 -0.009^-0.025,并用鼠标选中,如图 9-50 所示。单击文字格式工具栏上的【堆叠/非堆叠】按钮,最后单击【确定】按钮,标注结果如图 9-49 所示。

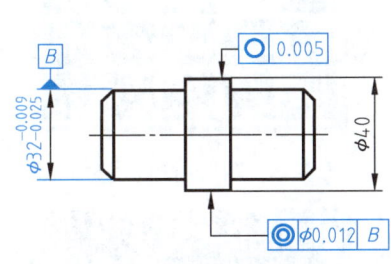

图 9-49 计算机标注尺寸公差和
　　　　 形位公差示例

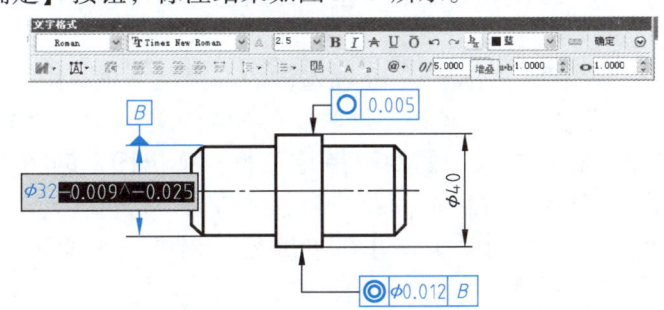

图 9-50 用编辑文字命令标注尺寸公差

9.4.3 计算机标注形位公差[三]

1. 方法一

用快速引线命令标注形位公差。

[一] 按国家标准,应用上极限偏差,但软件中仍用的是上偏差。
[二] 按国家标准,应用下极限偏差,但软件中仍用的是下偏差。
[三] 按国家标准,应用几何公差,但为了与软件一致,本节仍用形位公差一词。

（1）调用方法　下拉菜单：标注→引线；工具栏：标注→快速引线；命令：Qleader。
执行命令后，AutoCAD 提示：

命令：qleader

指定第一个引线点或［设置(S)］＜设置＞：

选择"设置"后按【Enter】键，弹出如图 9-51 所示的"引线设置"对话框。

（2）对话框的操作方法　对话框有"注释"、"引线和箭头"和"附着"3 个选项卡。单击"注释"选项卡下的【公差】单选按钮（此时"附着"标签会隐藏），然后单击【确定】按钮。AutoCAD 返回绘图屏幕，用户用鼠标点取 3 个点（被测要素上的一个点、形位公差引线上的两个点）后，弹出图 9-52 所示的"形位公差"对话框。

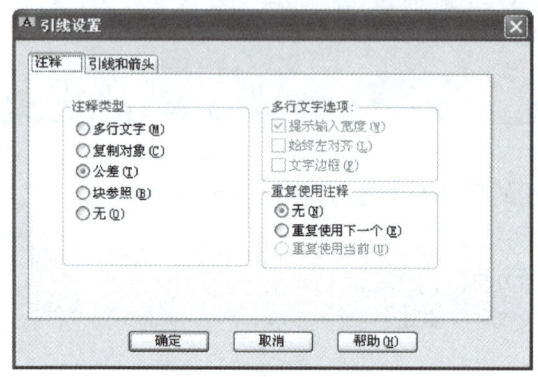

图 9-51　"引线设置"对话框

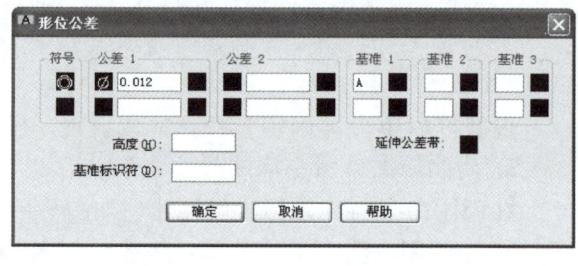

图 9-52　"形位公差"对话框

1）在对话框中，点取"符号"下的"黑色"框，AutoCAD 弹出图 9-53 所示的"特征符号"对话框。选取所需的形位公差符号后，AutoCAD 返回"形位公差"对话框，并在"黑色"框中显示所选形位公差符号。

2）点取"公差 1"下面左侧的"黑色"框，则会显示 ϕ，不需要 ϕ 时，可以不拾取；在右侧的文本框中，输入形位公差值；拾取右侧的"黑色"框，弹出图 9-54 所示的"附加符号"对话框，选择所需符号后 AutoCAD 又返回"形位公差"对话框，并在"黑色"框中显示所选符号，若不需要可跳过此步。

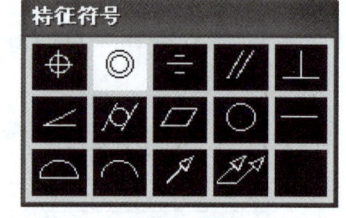

图 9-53　"特征符号"对话框

3）"公差 2"及第 2 排的"公差 1 与公差 2"的操作方法同上述。对两排公差设置可用于同一要素多项形位公差要求时的标注。

图 9-54　"附加符号"对话框

4）在"基准 1"下的文本框中输入公差基准字母，如 A、B、…。右侧的"黑色"框的操作与"公差 1"中的"黑色"框相同。

5）基准 2 和基准 3 使用方法与基准 1 相同。

用户作了上述选择后，单击【确定】按钮即可完成形位公差的标注。

2. 标注示例

标注图 9-49 所示的形位公差，操作要点如下所述。

1）单击工具栏中的"快速引线"命令，回车后弹出图 9-51 所示的对话框，单击"注释"选项卡下的【公差】按钮，然后单击【确定】按钮。

2）用户在绘图屏幕上用鼠标点取 3 个点（被测要素上的一个点、形位公差引线上的两个点）后，弹出图 9-52 所示的"形位公差"对话框。

3）标注同轴度操作要点。点取"符号"下的"黑色"框→选择同轴度符号→点取"公差 1"下面的黑色框，以显示 φ→在文本框中输入 0.012→在"基准 1"下的文本框中输入 B→确定。

4）标注圆度操作要点。点取"符号"下的"黑色"框→选取圆度符号→在"公差 1"下面的文本中输入 0.005→确定。

执行结果如图 9-49 所示。

3. 方法二

利用命令 Tolerance 标注形位公差。

先调出"形位公差"对话框，调用方法如下：

下拉菜单：标注→公差；工具栏：标注→公差；命令：tolerance。

执行命令后，弹出图 9-52 所示的"形位公差"对话框，其操作同上述。

创建形位公差标注框后，再用"快速引线"命令画出箭头和引线。

9.5 零件的工艺结构

零件的结构形状，不仅要满足零件在机器中的使用要求，而且在制造零件时还要符合加工工艺的要求，如铸造和机械加工工艺的要求。零件上为了满足工艺要求而设计的结构称为零件的工艺结构。下面介绍一些零件常见的工艺结构。

9.5.1 铸造工艺对零件结构的要求

1. 铸造圆角

为了便于起模和避免砂型转角处落砂，防止铸件转角处产生裂纹和缩孔等铸造缺陷，往往将铸件转角处做成圆角，如图 9-55b、c 所示。铸造圆角半径一般取 $R3 \sim R5\text{mm}$，或取壁厚的 $0.2 \sim 0.4$ 倍。

铸件某些表面经机械加工后，铸造圆角被切除，产生清角或倒角，如图 9-55c 所示。

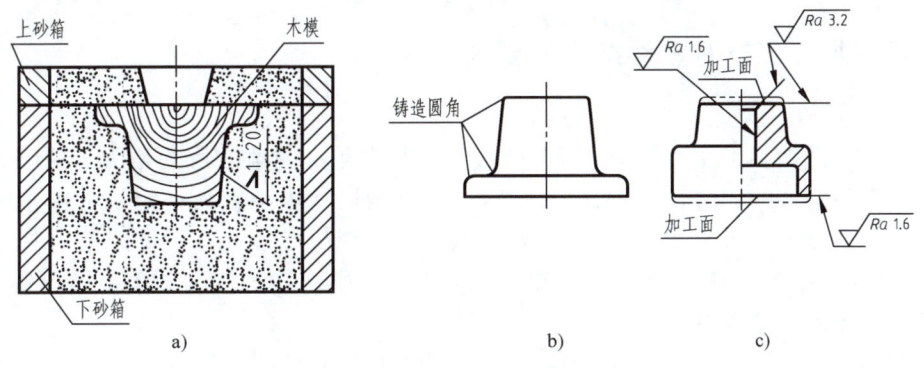

图 9-55 起模斜度和铸造圆角

2. 起模斜度

造型时，为了便于从砂型中顺利取出木模，常在木模的内、外壁沿起模方向设计出 1∶20 的斜度，这个斜度称为起模斜度，如图 9-55a 所示。起模斜度在零件图上一般不画、不标。如有特殊要求可在技术要求中说明。

3. 铸件壁厚应均匀

铸件壁厚设计得是否合理，对铸件质量有很大影响。壁厚不均匀，冷却结晶的速度就不同。壁厚处冷却速度慢，易产生缩孔，壁厚突变处易产生裂纹，所以，壁厚应尽量均匀或者采用逐渐过渡的结构，如图 9-56 所示。

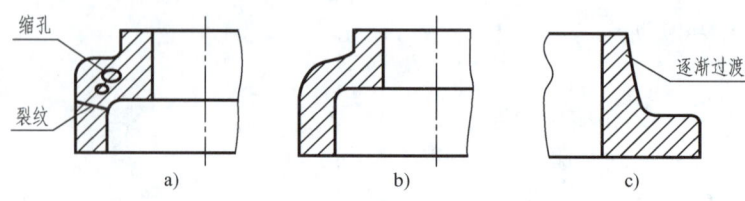

图 9-56　铸件壁厚要均匀或逐渐变化
a）壁厚不均匀　b）壁厚均匀　c）逐渐过渡

4. 铸件各部分形状应尽量简化

为了便于铸造和机械加工，铸件形状应尽量简化，外形应尽量平直，内壁应减少凹凸结构，如图 9-57 所示。

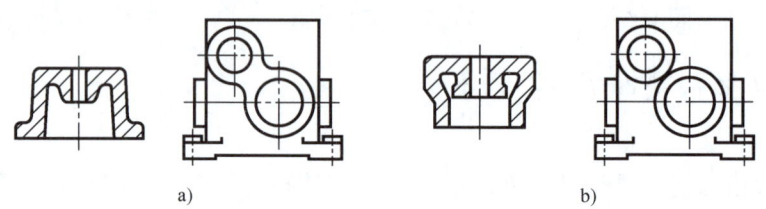

图 9-57　铸件各部分形状应尽量简化
a）合理　b）不合理

9.5.2　机械加工工艺对零件结构的要求

1. 倒角、圆角

在孔、轴端部加工出 45°或 30°、60°的锥台称为倒角。倒角的目的是为了便于孔、轴装配和除去加工后形成的锐边，如图 9-58 所示。当倒角尺寸很小或无一定尺寸要求时，图样上不画出，可在技术要求中注明，如"锐边倒钝"等字样。

在阶梯轴或孔中，直径不等的交接处，常加工成环面过渡，称为圆角，如图 9-58 所示。

2. 退刀槽和砂轮越程槽

在车削和磨削加工中，为了保证加工质量，便于退出刀具或使砂轮能稍微越过加工部位，常在轴肩处预先加工出退刀槽或砂轮越程槽，如图 9-59 所示。

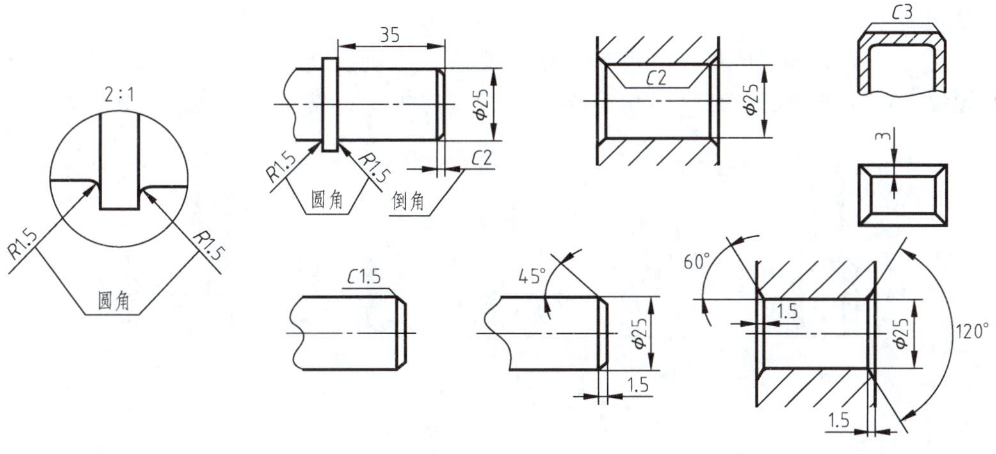

图 9-58 倒角、圆角

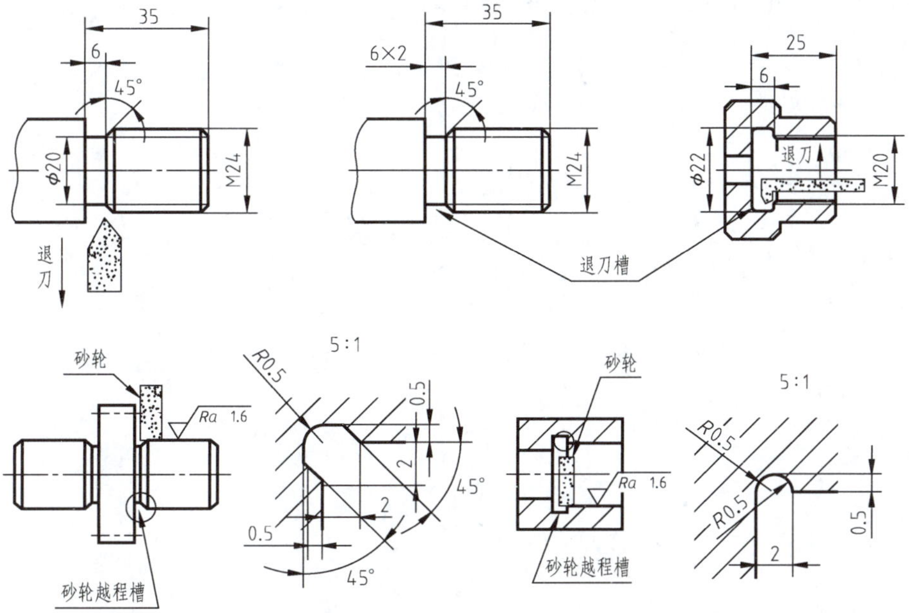

图 9-59 退刀槽和砂轮越程槽

3. 凸台和凹坑

为了保证配合面接触良好，减少切削加工面积，常将零件的接触处设置成凸台或凹坑的结构，如图 9-60 所示。

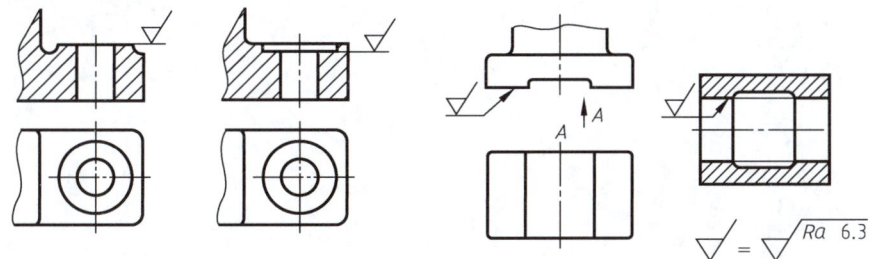

图 9-60 凸台和凹坑

4. 钻孔结构

钻孔时，钻头的轴线应尽量与被加工表面垂直，否则会使钻头弯曲，甚至折断。对于零件上的倾斜面，可设置凸台或凹坑。应尽量避免单边加工，常见的钻孔结构及分析如图9-61所示。

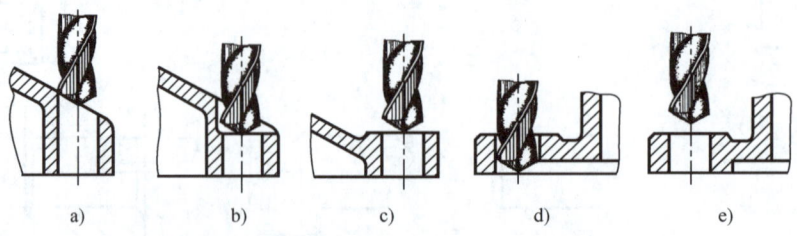

图9-61 常见的钻孔结构及分析

a）钻头轴线与被钻表面不垂直，钻头易折断 b）在倾斜面上设置凹坑
c）在倾斜面上设置凸台 d）钻头单边受力易折断 e）设置凸台使钻孔完整

第 10 章　标准件和常用件

在机器和设备上，除了一般零件外，还经常大量使用螺钉、螺栓、螺母、垫圈、键、销和滚动轴承等零件。为了便于专业化批量生产，提高产品质量，降低生产成本，对这些零件的结构和尺寸实行了标准化，故称它们为标准件。另有一些常用的零件，国家标准只对其部分结构、尺寸和参数作了规定，如齿轮和弹簧等，称这类零件为常用件。

绘制标准件和常用件的图样时，对这些零件的某些形状和结构不必按真实投影画出，只要按国家标准规定的画法、代号和标记进行绘图和标注即可，其具体尺寸可从有关标准中查阅。

本章主要介绍标准件及常用件的有关基本知识、规定画法、代号及标注方法，以及几个零件联接后的装配画法。

10.1　螺纹和螺纹紧固件

螺纹是零件中常见的一种结构。螺栓、螺钉和螺母等均是在圆柱或圆锥表面制有螺纹而起联接或传动作用的零件。

10.1.1　螺纹的形成及其要素

螺纹是指在圆柱或圆锥表面上，沿着螺旋线所形成的具有相同断面的连续凸起和沟槽（凸起是指螺纹两侧面间的实体部分，又称为牙）。

在圆柱（圆锥）的外表面上形成的螺纹称为外螺纹。在圆柱（圆锥）的内表面上形成的螺纹称为内螺纹。内、外螺纹一般成对使用。

螺纹的加工方法很多。图 10-1a、b 所示为在车床上车制内外螺纹的情况。外螺纹也可

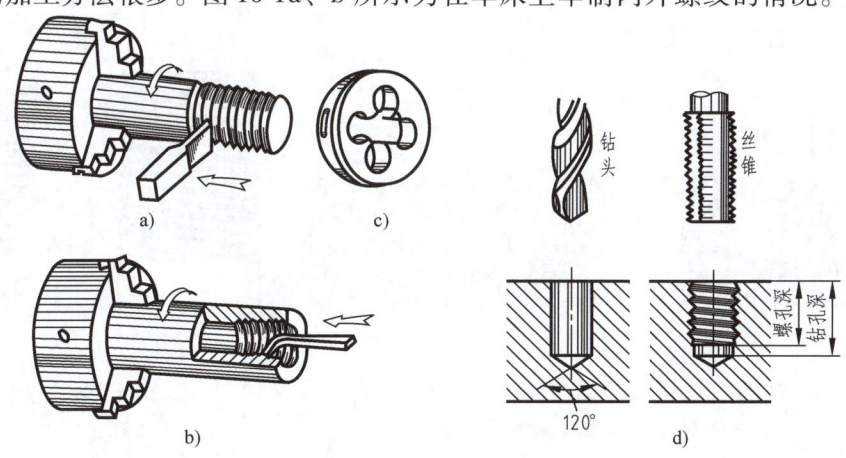

图 10-1　螺纹加工示例
a）车外螺纹　b）车内螺纹　c）铰外螺纹的板牙　d）内螺纹的加工

用板牙铰出，如图 10-1c 所示。直径较小的螺孔，可先用钻头钻出光孔，再用丝锥攻螺纹，如图 10-1d 所示。

螺纹有牙型、直径、线数、螺距和导程、旋向五要素。螺纹的螺距、牙型和直径如图 10-2 所示。

（1）牙型　在通过螺纹轴线的剖面上，螺纹的轮廓形状称为牙型。它包括牙顶、牙底和牙侧，如图 10-2 所示。常用的牙型有三角形、梯形和锯齿形等。

（2）直径　直径分为大径、中径和小径，如图 10-2 所示。

大径是指与外螺纹牙顶或内螺纹牙底相切的假想圆柱（圆锥）的直径。内、外螺纹的大径分别用 D、d 表示。

小径是指与外螺纹牙底或内螺纹牙顶相切的假想圆柱（圆锥）的直径。内、外螺纹的小径用 D_1、d_1 表示。

中径是指一个假想圆柱（圆锥）的直径。该圆柱（圆锥）的母线通过牙型上的沟槽和凸起宽度相等的地方。内、外螺纹的中径分别用 D_2、d_2 表示。

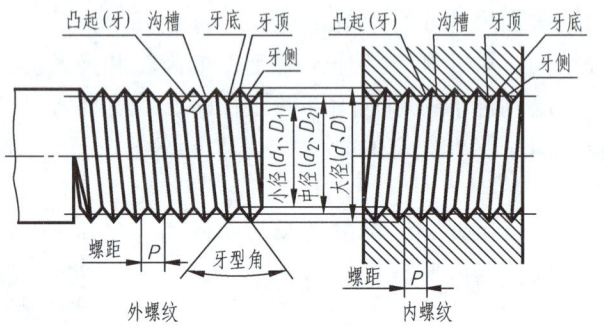

图 10-2　螺纹的螺距、牙型和直径

螺纹大径的基本尺寸称为公称直径，是代表螺纹尺寸的直径（管螺纹用尺寸代号表示）。外螺纹大径和内螺纹小径也称顶径。

（3）线数（n）　螺纹有单线和多线之分。沿一条螺旋线形成的螺纹称为单线螺纹；沿两条或两条以上螺旋线形成的螺纹称为多线螺纹，如图 10-3 所示。螺纹的线数用 n 表示。

（4）螺距（P）和导程（P_h）　螺纹上相邻两牙在中径线上对应点间的轴向距离称为螺距，用 P 表示；同一条螺旋线上的相邻两牙在中径线上对应点间的轴向距离称为导程，用 P_h 表示。单线螺纹的螺距等于导程，多线螺纹的螺距 $P = P_h/n$，如图 10-3 所示。

（5）旋向　内、外螺纹旋合时的旋转方向称为旋向。螺纹的旋向有左、右之分。旋向可按图 10-4 所示的方法判定。将外螺纹轴线垂直放置，螺纹的可见部分右高左低者为右旋螺纹；左高右低者为左旋螺纹。

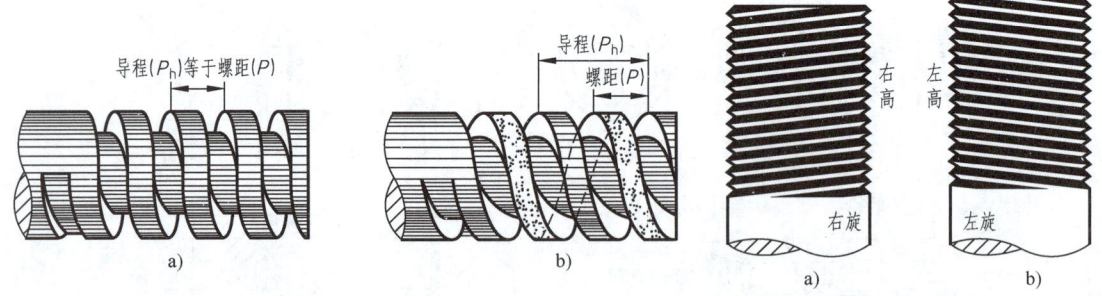

图 10-3　螺纹的螺距、导程和线数
a）单线螺纹　b）多线螺纹

图 10-4　螺纹的旋向
a）右旋螺纹　b）左旋螺纹

螺纹牙型、大径和螺距是决定螺纹结构规格的最基本的要素，常称为螺纹三要素。凡螺纹三要素符合国家标准的称为标准螺纹；仅螺纹牙型符合标准，而大径和螺距不符合标准的称为特殊螺纹；若螺纹牙型不符合标准，则称为非标准螺纹。内、外螺纹总是成对地使用，只有当5个要素相同时，内、外螺纹才能旋合在一起。

10.1.2 螺纹的规定画法

绘制螺纹时，不必按其真实投影画出，而应采用国家标准 GB/T 4459.1—1995《机械制图螺纹及螺纹紧固件表示法》中螺纹的规定画法绘制。

1. 外螺纹的画法

如图 10-5 所示，外螺纹的大径和螺纹终止线用粗实线表示，小径用细实线表示，在倒角或倒圆部分处的细实线也应画出。在垂直于螺纹轴线的投影面的视图中，表示小径的细实线圆只画约 3/4 圈，轴端倒角圆不画出。

在剖视图中，螺纹终止线只画出和小径之间的部分，剖面线应画到粗实线处。螺尾部分一般不必画出。当需要表示螺尾时，该部分用与轴线成 30°的细实线画出。绘图时，小径 d 可按 0.85d 画出。

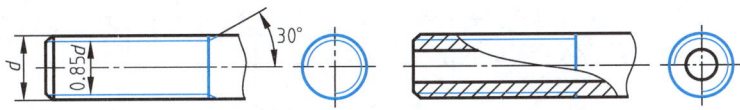

图 10-5 外螺纹的画法

2. 内螺纹的画法

如图 10-6 所示，内螺纹一般要剖开表示，其大径用细实线表示，小径和螺纹终止线用粗实线表示，剖面线画到粗实线处。表示大径的细实线圆只画约 3/4 圈，孔口倒角圆不画出。绘制不穿通的螺孔时，一般应将钻孔深度与螺纹部分的深度分别画出。不可见螺纹的所有图线均用虚线绘制。

图 10-7 所示为圆锥内、外螺纹的画法。

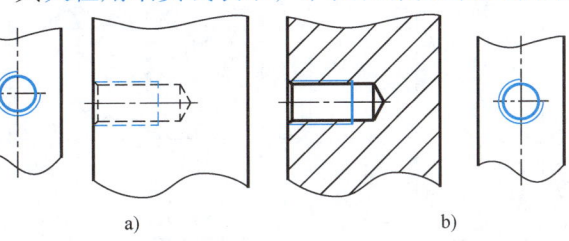

图 10-6 内螺纹的画法

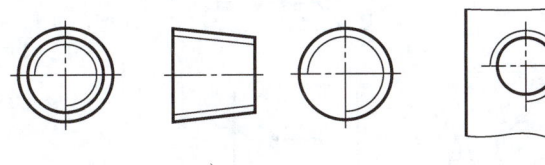

图 10-7 圆锥内、外螺纹的画法
a）圆锥外螺纹　b）圆锥内螺纹

3. 螺纹联接的画法

在剖视图中，内外螺纹旋合部分应按外螺纹的画法绘制，其余部分仍按各自的画法绘制，如图 10-8 所示。应当注意，表示内、外螺纹大径的细实线和粗实线，以及表示内、外螺纹小径的粗实线和细实线必须分别对齐。

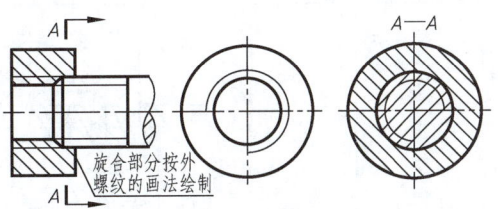

图 10-8 螺纹联接的画法

10.1.3 螺纹的标注

由于不同种类的螺纹画法相同，不能表示螺纹的种类和螺纹的牙型、螺距和旋向等要素，因此绘制螺纹图样时，必须按照国家标准的规定和相应的格式进行标注。

常用标准螺纹的种类和标注方法见表 10-1。

表 10-1 常用标准螺纹的种类和标注方法

螺纹类别		特征代号	牙型略图	标注示例	说　明
联接紧固用螺纹	粗牙普通螺纹	M		M16-6g	粗牙普通螺纹，公称直径16mm，右旋，中径公差带和顶径公差带均为6g，中等旋合长度
	细牙普通螺纹			M16×1-6H	细牙普通螺纹，公称直径16mm，螺距1mm，右旋，中径公差带和顶径公差带均为6H，中等旋合长度
管螺纹	55°非密封管螺纹	G		G1A / G1	55°非密封圆柱管螺纹 G—螺纹特征代号 1—尺寸代号 A—外螺纹的公差等级代号
	55°密封管螺纹 圆锥内螺纹	Rc		Rc 1 1/2	55°密封管螺纹 Rc—圆锥内螺纹 Rp—圆柱内螺纹 R_1—与圆柱内螺纹相配合的圆锥外螺纹 R_2—与圆锥内螺纹相配合的圆锥外螺纹 1½—尺寸代号
	55°密封管螺纹 圆柱内螺纹	Rp			
	55°密封管螺纹 圆锥外螺纹	R_1，R_2		R_2 1 1/2	
传动螺纹	梯形螺纹	Tr		Tr36×12(P6)-7H	梯形螺纹，公称直径36mm，双线螺纹，导程12mm，螺距6mm，右旋，中径公差带为7H，中等旋合长度
	锯齿形螺纹	B		B70×10LH-7e	锯齿形螺纹，公称直径70mm，单线螺纹，螺距10mm，左旋，中径公差带7e，中等旋合长度

1. 普通螺纹的标注

在大径处按尺寸标注的形式进行标注（见表10-1），其完整的标记由螺纹特征代号、尺寸代号、公差带代号和有必要做进一步说明的其他信息组成。

单线时，普通螺纹的一般标注的格式为

特征代号　公称直径×螺距　-公差带代号-旋合长度代号-旋向代号

多线时，普通螺纹的一般标注格式为

特征代号　公称直径×Ph 导程 P 螺距-公差带代号-旋合长度代号-旋向代号

1）螺纹特征代号用字母"M"表示。

2）粗牙普通螺纹不标注螺距。LH 代表左旋螺纹，右旋螺纹不标注旋向代号。

3）公差带代号由中径公差带代号和顶径公差带代号组成。每组公差带代号又由表示公差等级的数值和表示公差带位置的字母组成。大写字母代表内螺纹，小写字母代表外螺纹。若两组公差带代号相同，则只标注一个公差带代号。

4）旋合长度分为短（S）、中等（N）、长（L）3 组。一般情况下应采用中等旋合长度。若属于中等旋合长度时，不标注旋合长度代号。

由内、外螺纹相互旋合而形成的联接称为螺纹副。螺纹副的标记如下：

M10-6H/6g
内螺纹公差带代号┘└外螺纹公差带代号

2. 管螺纹的标注

管螺纹的标注一律注在引出线上。引出线应由大径处或对称中心处引出（见表10-1）。管螺纹的标注格式为

螺纹特征代号　尺寸代号　公差等级代号-旋向代号

有关的标注规则如下：

(1) 特征代号　各种管螺纹的特征代号见表10-1。

(2) 尺寸代号　管螺纹的尺寸代号不是指螺纹的大径，而是指管子的内径。

(3) 公差等级代号　对 55°非螺纹密封管螺纹，其外螺纹的中径公差等级分 A、B 两种，A 为精密级，B 为普通级，其余管螺纹的公差等级只有一种，故不注此项。

3. 梯形螺纹和锯齿形螺纹的标注

(1) 单线梯形螺纹

螺纹特征代号　公称直径×螺距　旋向代号-中径公差带代号-旋合长度代号

(2) 多线梯形螺纹

螺纹特征代号　公称直径×导程（P 螺距）　旋向-中径公差带代号-旋合长度代号

(3) 锯齿形螺纹　其标记及标注方法与梯形螺纹类似，只是特征代号为"B"。

对于特殊螺纹，应在螺纹特征代号前加注"特"字，并标出大径和螺距（图10-9a）；而非标准螺纹应画出牙型并注出所需尺寸及有关要求（图10-9b）。

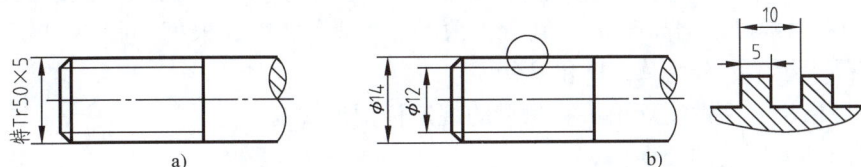

图 10-9　特殊螺纹和非标准螺纹的标注

10.1.4 常见螺纹紧固件及其标记

螺纹紧固件的种类很多，常见的螺纹紧固件有螺栓、双头螺柱、螺母、垫圈和螺钉等，其结构形状如图 10-10 所示。在工程设计中，可以从相应标准中查到所需的结构尺寸，一般不必绘制其零件图。在机器上常见的螺纹联接方式有螺栓联接、双头螺柱联接和螺钉联接等。

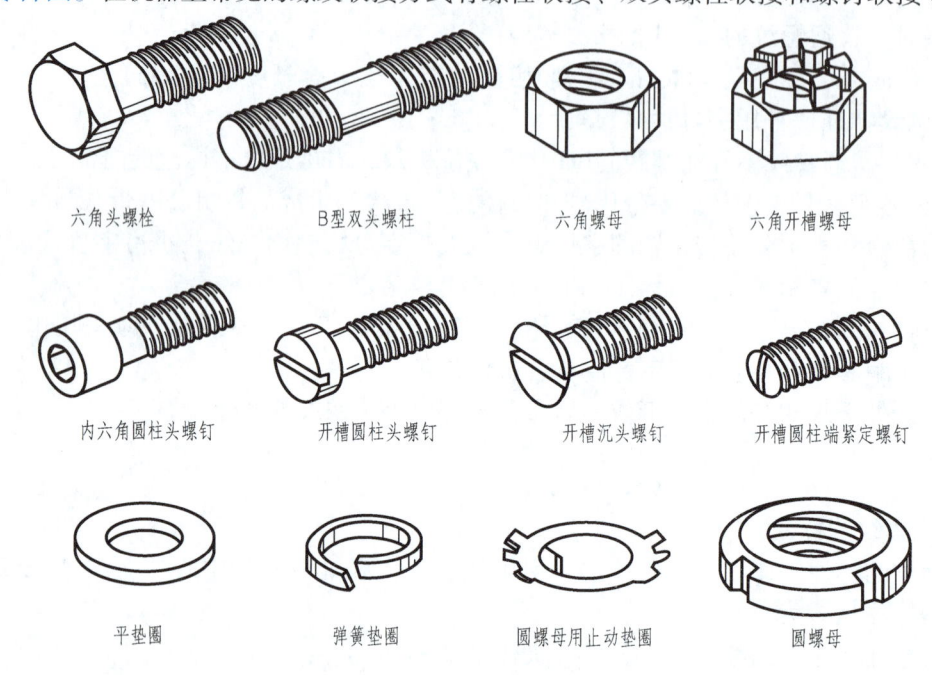

图 10-10　常见的螺纹紧固件

1. 螺栓

螺栓由头部和杆部组成。常用头部形状为六角形的六角头螺栓，如图 10-11 所示。根据螺栓的作用与用途，螺栓有"全螺纹"、"部分螺纹"、"粗牙"和"细牙"等多种规格。螺栓的规格尺寸是指螺纹规格 d 和公称长度 l。

螺栓的规定标记形式为

　　名称　标准编号　螺纹规格×公称长度

　　例如：螺栓　GB/T 5782　M10×40

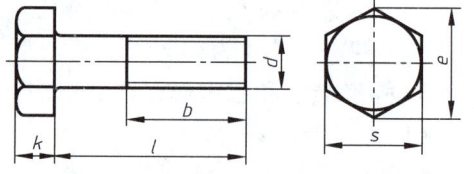

图 10-11　六角头螺栓

根据标记可知：粗牙普通螺纹、螺纹规格 d = M10、公称长度 l = 40mm、性能等级为 4.8 级、不经表面处理、杆身半螺纹、产品等级为 A 级的六角头螺栓。

2. 螺母

螺母与螺栓等外螺纹零件配合使用，起联接作用，其中以六角螺母应用最为广泛，如图 10-12 所示。六角螺母根据高度 m 不同分为薄型、1 型和 2 型，根据螺距不同分为粗牙和细牙，根据产品等级不同分为 A、B 和 C 级。

螺母的规格尺寸为螺纹规格 D。螺母的规定标记形式为

　　名称　标准编号　螺纹规格

　　例如：螺母　GB/T 6170　M10

根据标记可知：粗牙普通螺纹、螺纹规格 D = M10、性能等级为 8 级、不经表面处理、产品等级为 A 级的 1 型六角螺母。

3. 垫圈

垫圈一般放在螺母与被联接零件之间，用于保护被联接零件的表面，以免拧紧螺母时刮伤零件表面；同时又可增加螺母与被联接零件之间的接触面积。垫圈有平垫圈和弹簧垫圈之分。弹簧垫圈可以防止因振动而引起螺母松动的现象发生。

平垫圈有 A 级和 C 级两个标准系列。在 A 级标准系列平垫圈中，又分为带倒角和不带倒角两种类型，如图 10-13 所示。垫圈的公称规格是用与其配合使用的螺纹紧固件的螺纹规格 d 来表示。垫圈的规定标记为

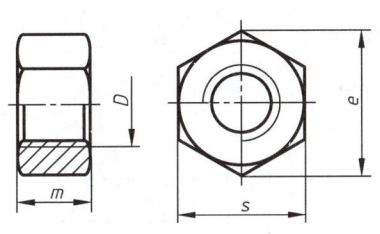

图 10-12　六角螺母

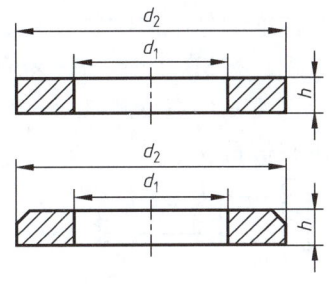

图 10-13　垫圈

名称　　标准编号　　公称规格

例如：垫圈　GB/T 97.1　10

根据标记可知：标准系列、公称规格（螺纹规格 d）10mm、由钢制造的硬度等级为 200HV 级、产品等级为 A 级，不经表面处理的平垫圈。

4. 双头螺柱

图 10-14 所示为双头螺柱，其两端都有螺纹，其中用来旋入被联接零件螺孔的一端，称为旋入端；用来旋紧螺母的一端，称为紧固端。根据双头螺柱的结构分为 A 型和 B 型两种。

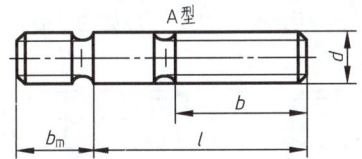 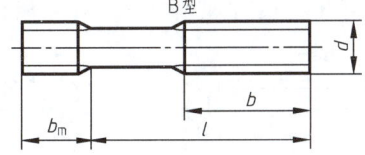

图 10-14　双头螺柱

根据螺孔材料不同，旋入端长度有 4 种规格，每一种规格对应一个标准编号，见表 10-2。

表 10-2　旋入端长度

螺孔材料	旋入端长度 b_m	标准编号	螺孔材料	旋入端长度 b_m	标准编号
钢与青铜	$b_m = d$	GB/T 897—1988	铸铁或铝合金	$b_m = 1.5d$	GB 899—1988
铸铁	$b_m = 1.25d$	GB 898—1988	铝合金	$b_m = 2d$	GB/T 900—1988

双头螺柱的规格尺寸为螺纹规格 d 和公称长度 l。双头螺柱的规定标记为

名称　　标准编号　　螺纹规格×公称长度

例如：螺柱　GB 899　M10×40

根据标记可知：两端均为粗牙普通螺纹、$d=10$mm、$l=40$mm、性能等级为4.8级、不经表面处理、B型（B省略不标）、$b_m=1.5d$的双头螺柱。

5. 螺钉

螺钉按照其用途分为联接螺钉和紧定螺钉两种。

（1）联接螺钉　联接螺钉用来联接两个零件。它的一端为螺纹，用来旋入被联接零件的螺孔中；另一端为头部，用来压紧被联接零件。螺钉按其头部形状可分为开槽圆柱头螺钉、十字槽圆柱头螺钉、开槽盘头螺钉、十字槽沉头螺钉和内六角圆柱头螺钉等，如图10-15所示。联接螺钉的规格尺寸为螺纹规格d和公称长度l。螺钉的规定标记为

名称　标准编号　螺纹规格×公称长度

例如：螺钉　GB/T 68　M8×30

根据标记可知：螺纹规格$d=$M8、公称长度$l=30$mm、性能等级为4.8级、不经表面处理的开槽沉头螺钉。

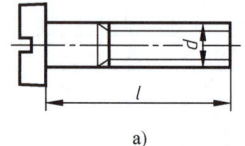 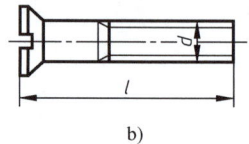 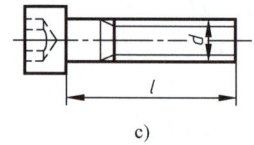

a)　　　　　　　　　b)　　　　　　　　　c)

图10-15　不同头部的联接螺钉

a）开槽盘头螺钉　b）开槽沉头螺钉　c）内六角圆柱头螺钉

（2）紧定螺钉　紧定螺钉用来防止或限制两个相配合零件间的相对运动。紧定螺钉的头部有开槽和内六角两种形式，端部有锥端、平端、圆柱端、凹端等。图10-16所示为不同端部的紧定螺钉。紧定螺钉的规格尺寸为螺纹规格d和公称长度l。紧定螺钉的规定标记为

名称　标准编号　螺纹规格×公称长度

例如：螺钉 GB/T 73　M6×10

根据标记可知：螺纹规格$d=$M6、公称长度$l=10$mm、性能等级为14H级、表面氧化的开槽平端紧定螺钉。

 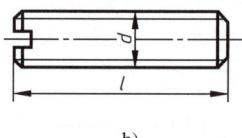 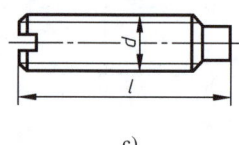

a)　　　　　　　　　b)　　　　　　　　　c)

图10-16　不同端部的紧定螺钉

a）锥端　b）平端　c）圆柱端

6. 螺纹紧固件的画法

螺纹紧固件有两种画法。

（1）按标准数据画图　根据标记，从国家标准中查出有关的尺寸并画出。有关国家标准见附录。

（2）按比例画图　螺纹紧固件各部分的尺寸（有效长度除外）都可以按螺纹的公称直径d或D的一定比例关系画图。为了提高画图效率，工程上一般采用比例画法。常用的螺纹紧固件的比例画法如图10-17所示。

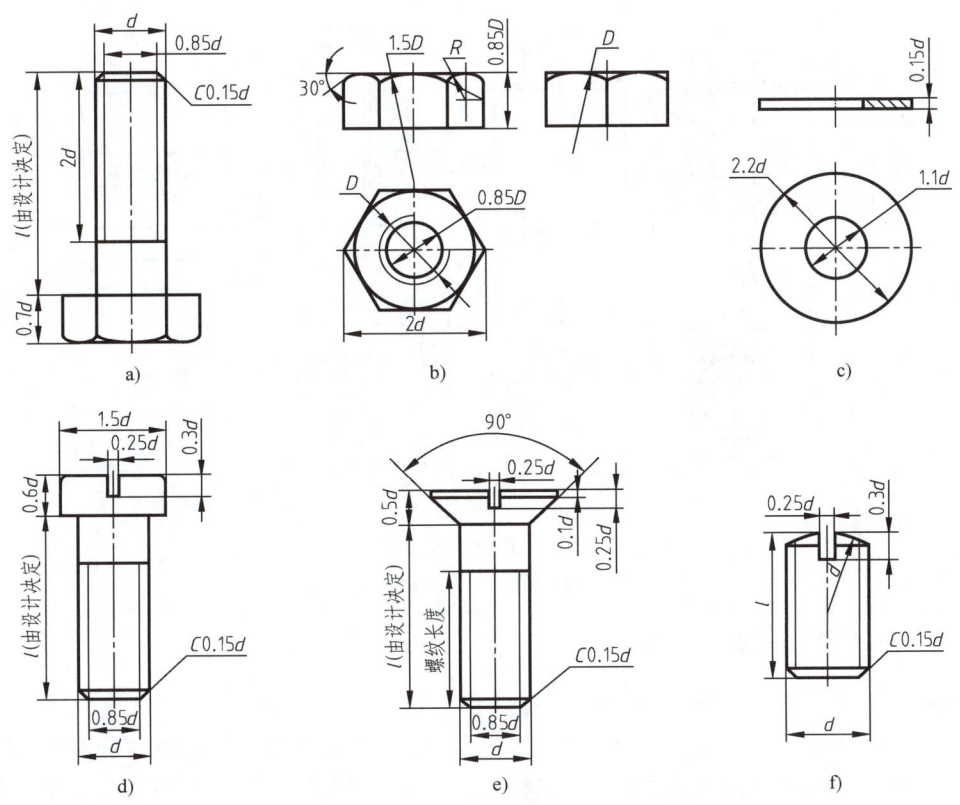

图 10-17 常用的螺纹紧固件的比例画法

10.1.5 螺栓联接

螺栓联接是将螺栓穿过两被联接零件的通孔，套上垫圈，再用螺母拧紧，使两个零件联接在一起的一种可拆卸联接方式。

在装配图中，螺栓联接常用近似画法（图 10-18a）或简化画法（图 10-18b）。螺纹紧固件的装配画法应遵守下列基本规定。

1）当剖切平面通过螺栓、螺母和垫圈等标准件的轴线时，应按未剖切绘制，即只画出其外形。

2）两零件的接触面应只画一条线，而不得画成两条线或特意加粗。凡不接触的表面，不论间隙多小，都必须画两条线，如螺栓杆部与零件孔之间就应画两条线以表示出间隙。

3）在剖视图中，两相邻零件的剖面线方向应相反。但同一零件在各个剖视图中，其剖面线的方向和间距均应相同。

画图时，需要知道螺栓的形式、大径和被联接两零件的厚度。

螺栓的长度 l，由图 10-18 可知：

$$螺栓长度\ l = \delta_1 + \delta_2 + h + m + a$$

式中，a 是螺栓伸出螺母的长度，$a \approx (0.2 \sim 0.3)d$；$\delta_1$、$\delta_2$ 是两零件的厚度；h 是垫圈厚，$h = 0.15d$；m 是螺母的厚，$m = 0.85d$。计算出 l 后，还需从螺栓的标准长度系列中选取与 l 相近的标准值。例如算出 $l = 48$，可选 $l = 50$。

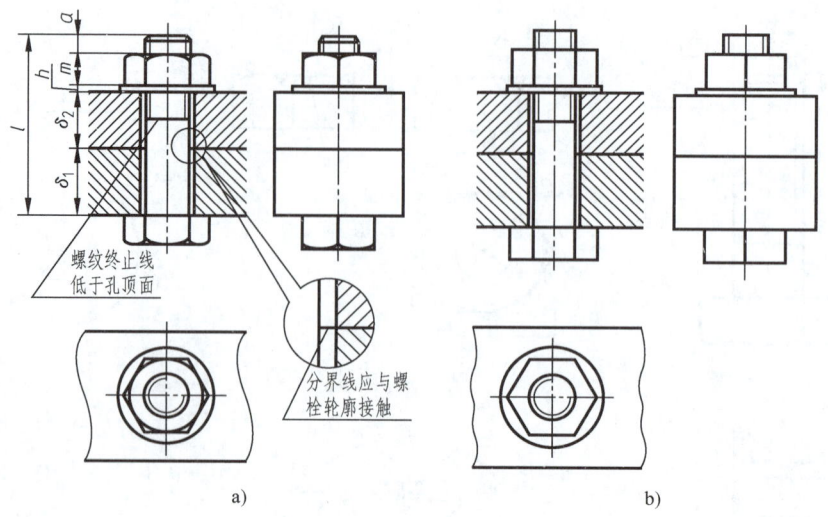

图 10-18 螺栓联接的画法
a）近似画法　b）简化画法

10.1.6 双头螺柱联接

双头螺柱的联接件有双头螺柱、六角螺母和垫圈。

当被联接的零件之一较厚而不宜采用螺栓联接时，通常将较薄零件制成通孔，较厚零件制成不通的螺孔，用双头螺柱联接。双头螺柱的两端都制有螺纹，装配时，先将螺纹较短的一端（旋入端）旋入较厚零件的螺孔，再将通孔零件穿过螺纹的另一端（紧固端），套上垫圈，用螺母拧紧，将两个零件联接起来，如图 10-19 所示。

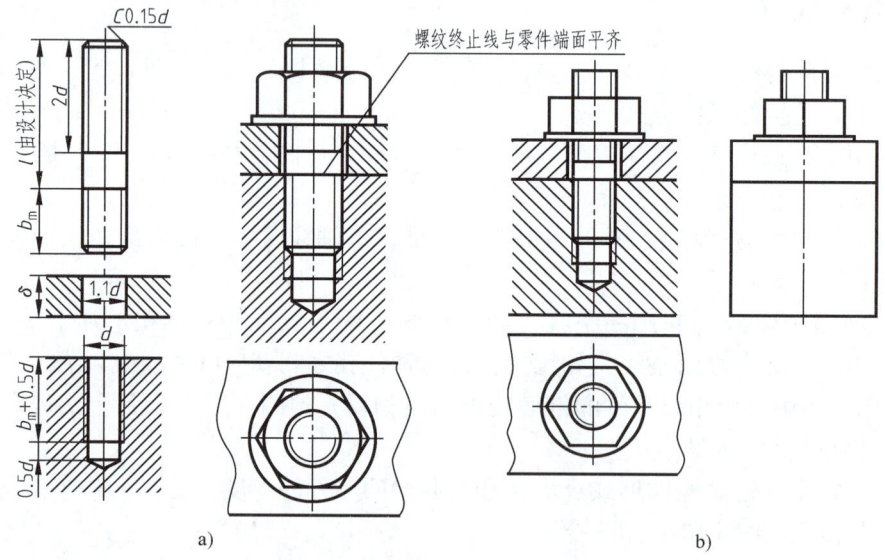

图 10-19 双头螺柱联接的画法
a）近似画法　b）简化画法

在装配图中，双头螺柱联接常采用近似画法（图 10-19a）或简化画法（图 10-19b）。因为双头螺柱旋入端的螺纹全部旋入螺孔内，所以螺纹终止线与两被联接件接触面在同一条直线上。其他部位的画法与螺栓联接的画法相同。

画图时，应根据螺柱的大径和制有螺孔的较厚零件的材料确定旋入端的长度 b_m（见表 10-2），然后计算出螺柱的长度 l，即

$$l = \delta + h + m + a$$

式中，δ 是上部零件（较薄零件）的厚度；h 是垫圈厚，$h = 0.15d$；m 是螺母的厚，$m = 0.85d$；a 是螺柱伸出螺母的长度，$a \approx (0.2 \sim 0.3)d$。

计算出 l 后，还需从相应标准（见附录 B）中选取与 l 相近的标准值。

10.1.7 螺钉联接

当被联接件之一较厚，而装配后联接件受轴向力又不大时，通常采用螺钉联接，即螺钉穿过一个零件的通孔而旋入另一零件的螺孔，螺钉头部压紧被联接件，如图 10-20 所示。

螺纹的旋入深度 b_m 参照表 10-2 确定；常用的开槽圆柱头螺钉、开槽沉头螺钉和开槽紧定螺钉的头部部分画图尺寸参看图 10-17；螺钉长度 l 可按下式计算，即

$$l = \delta + b_m$$

式中，δ 是通孔零件（较薄零件）的厚度。

计算出长度 l 后，在标准中（见附录 B）查阅螺钉的长度系列，选择与其接近的标准长度 l。

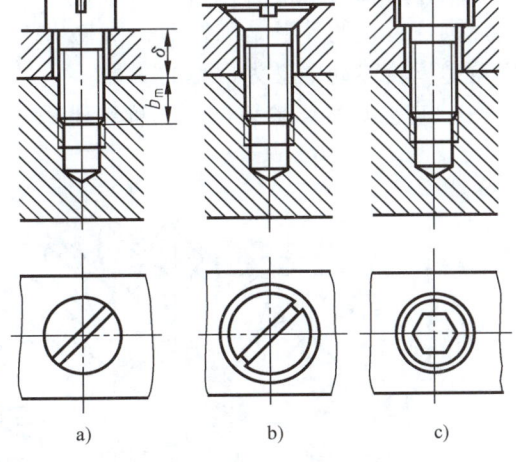

图 10-20　螺钉联接的画法
a）开槽盘头螺钉联接　b）开槽沉头螺钉联接
c）内六角圆柱头螺钉联接

10.2　齿轮

齿轮在机器中用来传递动力和运动。由一对啮合的齿轮组成的基本机构，称为齿轮副。常用的齿轮副按两轴的相对位置不同，可分成以下 3 种，如图 10-21 所示。

1）平行轴齿轮副（圆柱齿轮啮合），用于平行两轴之间的传动。
2）相交轴齿轮副（锥齿轮啮合），用于相交两轴之间的传动。
3）交错轴齿轮副（蜗杆与蜗轮啮合），用于交叉两轴之间的传动。

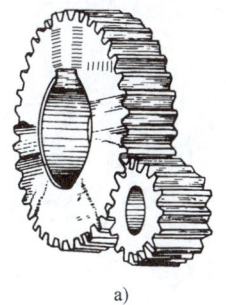 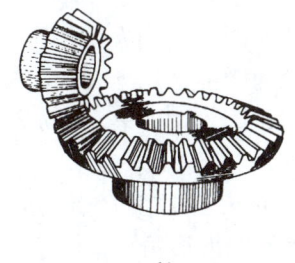 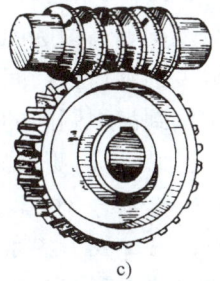 

图 10-21　常用的齿轮副
a）平行轴齿轮副　b）相交轴齿轮副　c）交错轴齿轮副

10.2.1 圆柱齿轮

圆柱齿轮的轮齿有直齿、斜齿和人字齿等。

圆柱齿轮的外形是圆柱形,由轮齿、齿盘、辐板(或辐条)和轮毂等组成。直齿圆柱齿轮是齿轮传动中最为常见的一种。

1. 直齿圆柱齿轮各部分名称和代号(图10-22)

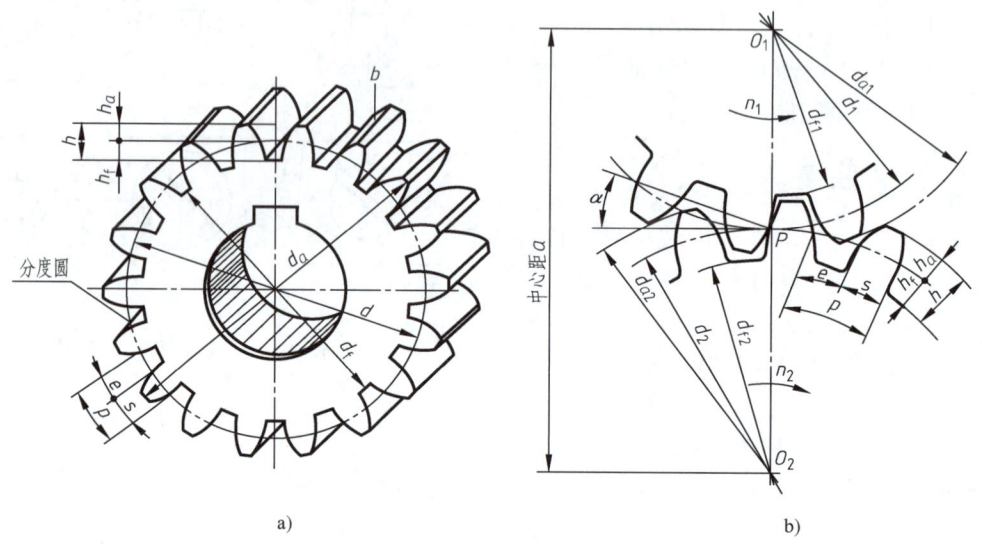

图 10-22 直齿圆柱齿轮各部分代号
a) 直齿圆柱齿轮各部分代号 b) 两齿轮啮合图

(1) 齿顶圆 通过轮齿顶端的圆,其直径以 d_a 表示。

(2) 齿根圆 通过轮齿根部的圆,其直径以 d_f 表示。

(3) 分度圆 齿顶圆与齿根圆之间的定圆,是齿轮尺寸计算的基准,其直径用 d 表示。在一对标准齿轮互相啮合时,两齿轮的分度圆应相切(图10-22)。

(4) 齿距 在分度圆周上,相邻两齿同侧齿廓间的弧长,用 p 表示。

(5) 齿厚 一个轮齿在分度圆上的弧长,用 s 表示。

(6) 槽宽 一个齿槽在分度圆上的弧长,用 e 表示。在标准齿轮中,齿厚与槽宽各为齿距的一半,即 $s = e = p/2$,$p = s + e$。

(7) 齿顶高 从分度圆到齿顶圆间的径向距离,用 h_a 表示。

(8) 齿根高 从分度圆到齿根圆间的径向距离,用 h_f 表示。

(9) 齿高 从齿顶圆到齿根圆间的径向距离,用 h 表示,$h = h_a + h_f$。

(10) 齿宽 沿齿轮轴线方向测量的轮齿宽度,用 b 表示。

(11) 齿形角(压力角) 一对互相啮合轮齿齿廓在 P 点的公法线与两分度圆的公切线所夹的锐角称为齿形角,用 α 表示。标准齿轮的齿形角为20°。

2. 直齿圆柱齿轮的基本参数与齿轮各部分的基本尺寸

(1) 模数 齿距被圆周率 π 除所得的商称为齿轮的模数,即 $m = p/\pi$,单位为毫米(mm)。当表示齿轮的齿数为 z 时,其分度圆周长 $= \pi d = zp$。令 $m = p/\pi$,则 $d = mz$,即分度圆直径等于模数与齿数之积。一对互相啮合的齿轮，其齿距 p 应相等，因此它们的模数也应相等。

模数是设计、制造齿轮的一个重要参数。模数越大，轮齿越厚，齿轮的承受能力也越大。不同模数的齿轮要用不同模数的刀具来加工制造。为了便于设计和加工，国家标准规定了齿轮模数的标准数值，见表 10-3。

表 10-3 标准模数（圆柱齿轮摘自 GB/T 1357—2008；锥齿轮摘自 GB 12368—1990）

（单位：mm）

圆柱齿轮	第一系列	1,1.25,1.5,2,2.5,3,4,5,6,8,10,12,16,20,25,32,40,50
	第二系列	1.125,1.375,1.75,2.25,2.75,3.5,4.5,5.5,(6.5),7,9,11,14,18,22,28,35,45
锥齿轮 （大端端面模数）		0.1,0.12,0.15,0.2,0.25,0.3,0.35,0.4,0.5,0.6,0.7,0.8,0.9,1,1.125,1.25,1.375,1.5,1.75,2,2.25,2.5,2.75,3,3.25,3.5,3.75,4,4.5,5,5.5,6,6.5,7,8,9,10,11,12,14,16,18,20,22,25,28,30,32,36,40,45,50

注：选取时，优先采用第一系列，括号内的模数尽可能不用。

（2）齿轮各部分的基本尺寸 齿轮的模数 m 确定后，按照与 m 的比例关系，可算出轮齿各部分的基本尺寸，见表 10-4。

表 10-4 直齿圆柱齿轮各部分的基本尺寸计算公式 （单位：mm）

名称及代号	公 式	名称及代号	公 式
模数 m	$m = p/\pi = d/z$	齿根圆直径 d_f	$d_f = m(z - 2.5)$
齿顶高 h_a	$h_a = m$	齿形角 α	$\alpha = 20°$
齿根高 h_f	$h_f = 1.25m$	齿距 p	$p = \pi m$
齿高 h	$h = h_a + h_f = 2.25m$	齿厚 s	$s = p/2 = \pi m/2$
分度圆直径 d	$d = mz$	槽宽 e	$e = p/2 = \pi m/2$
齿顶圆直径 d_a	$d_a = m(z + 2)$	中心距 a	$a = (d_1 + d_2)/2 = m(z_1 + z_2)/2$

3. 圆柱齿轮的规定画法

（1）单个圆柱齿轮的画法 图 10-23 所示为单个圆柱齿轮的规定画法。在端面视图中，齿顶圆用粗实线画出，齿根圆用细实线画出或省略不画，分度圆用点画线画出。另一视图一般是画成全剖视图，而轮齿规定按不剖处理，用粗实线表示齿顶线和齿根线，用点画线表示分度线；若不画成剖视图，则齿根线可省略不画。当需要表示轮齿为斜齿和人字齿的齿线形状时，在外形视图上画出三条与齿线方向一致的细实线（图 10-23b、c）。

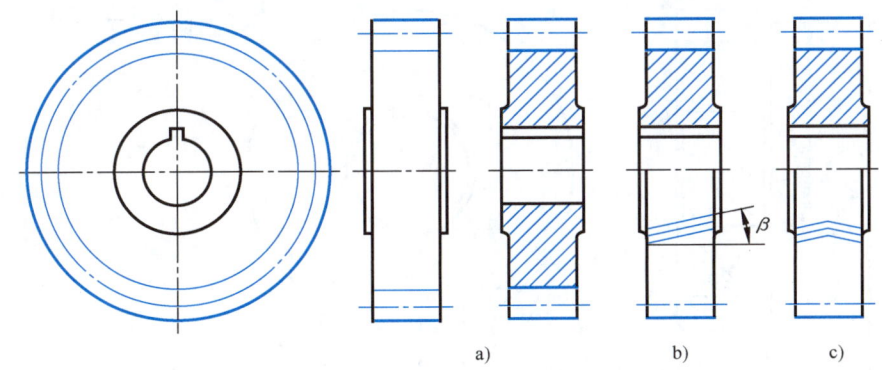

图 10-23 单个圆柱齿轮的规定画法
a）直齿 b）斜齿 c）人字齿

（2）圆柱齿轮的啮合画法 图 10-24 所示为圆柱齿轮的啮合画法。在端面视图中，啮合区内的齿顶圆均用粗实线画出（图 10-24a），也可省略不画（图 10-24b），相切的两分度圆用点画线画出，两齿根圆省略不画。若不作剖视，则啮合区内的齿顶线不必画出，此时分度线用粗实线画出，如图10-24c所示。

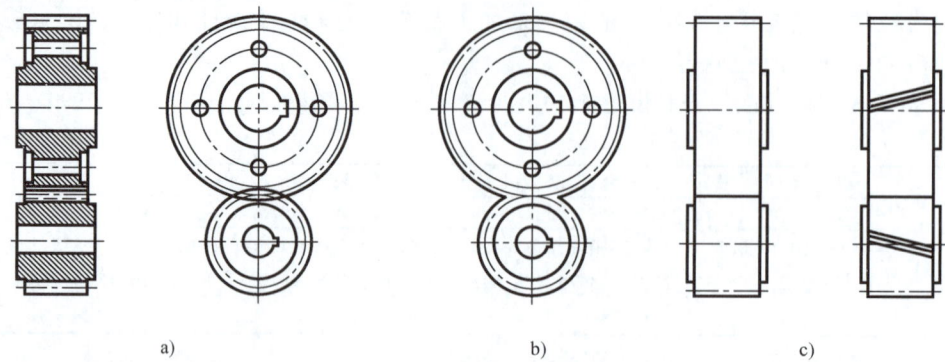

图 10-24　圆柱齿轮的啮合画法

在剖视图上，啮合区的投影如图 10-25 所示。一个齿轮的齿顶线与另一个齿轮的齿根线之间有 $0.25m$（m 为模数）的间隙。将一个齿轮的轮齿用粗实线画出，另一个齿轮的轮齿被遮挡的部分用虚线画出，也可省略不画。图 10-26 所示为直齿圆柱齿轮的零件图。

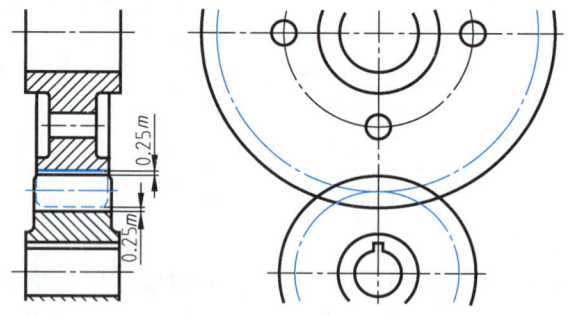

图 10-25　轮齿啮合区在剖视图上的画法

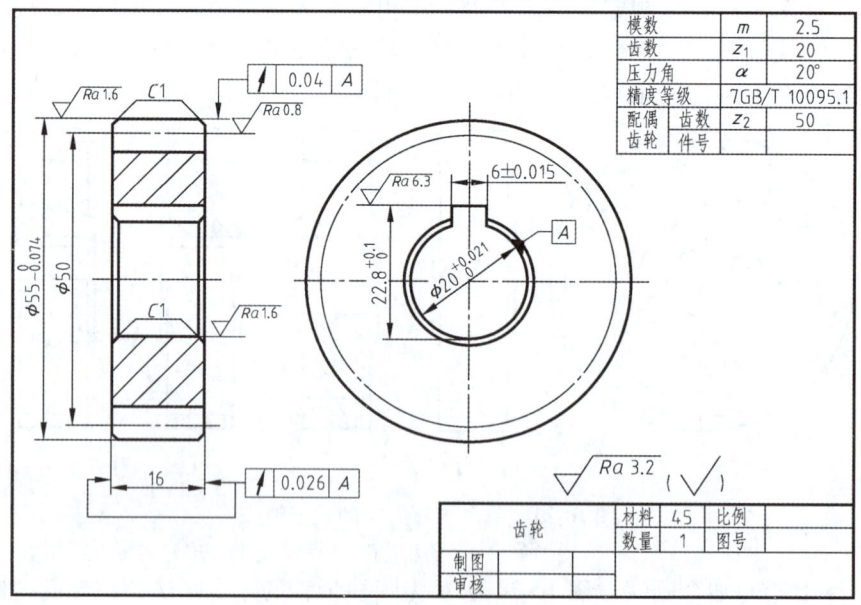

图 10-26　直齿圆柱齿轮的零件图

10.2.2 锥齿轮

锥齿轮是在圆锥面上加工出轮齿，因而轮齿沿圆锥素线方向一端大，一端小，齿厚、齿高和模数也随之变化。为了设计与制造的方便，国家标准规定以大端的模数和齿形角来决定其他各部分的尺寸。国家标准规定的锥齿轮模数标准数值见表10-3。

1. 直齿锥齿轮各部分名称和尺寸

直齿锥齿轮各部分名称及代号如图10-27所示。各部分的尺寸计算公式见表10-5。

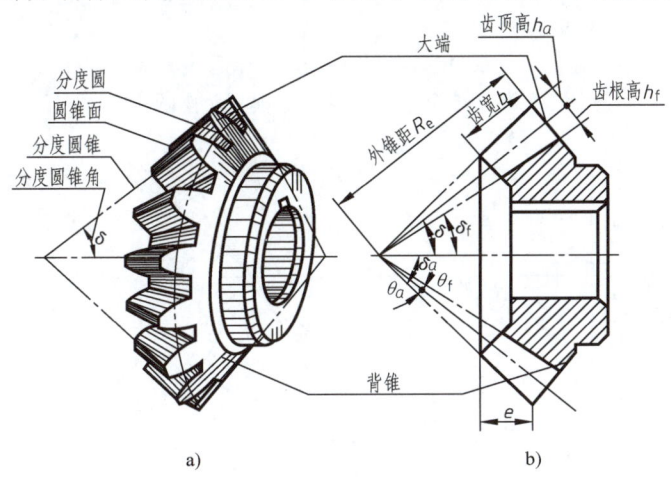

图10-27 直齿锥齿轮各部分名称及代号
a) 各部分名称 b) 代号

表10-5 直齿锥齿轮各部分的尺寸计算公式

名称及代号	公　式	名称及代号	公　式
分度圆锥角（节锥角）δ		大端齿高 h	$h = h_a + h_f = 2.2m$
δ_1（小齿轮）	$\tan\delta_1 = z_1/z_2$	外锥距（节锥长）R_e	$R_e = m_e z / 2\sin\delta$
δ_2（大齿轮）	$\tan\delta_2 = z_2/z_1$（当 $\delta_1 + \delta_2 = 90°$）	齿顶角 θ_a	$\tan\theta_a = 2\sin\delta/z$
		齿根角 θ_f	$\tan\theta_f = 2.4\sin\delta/z$
大端分度圆直径 d_e	$d_e = m_e z$	顶锥角 δ_a	$\delta_a = \delta + \theta_a$
大端齿顶圆直径 d_a	$d_a = m_e(z + 2\cos\delta)$	根锥角 δ_f	$\delta_f = \delta - \theta_f$
大端齿顶高 h_a	$h_a = m_e$	齿宽 b	$b \leqslant R_e/3$
大端齿根高 h_f	$h_f = 1.2 m_e$		

2. 锥齿轮的规定画法

（1）单个锥齿轮的规定画法　如图10-28所示，锥齿轮一般用两个视图表达，齿轮轴线呈水平位置。主视图采用剖视图，轮齿部分按不剖处理，用粗实线画出齿顶线和齿根线，用点画线画出分度线；再按投影关系画出投影为圆的左视图，规定用点画线画出大端分度圆，用粗实线画出大、小端齿顶圆，齿根圆不必画出。齿轮上其余部分按投影关系绘制。

（2）锥齿轮的啮合画法　锥齿轮的正确啮合条件为一对锥齿轮的模数和齿形角分别相等，分度锥相切，一般为分度锥顶点交于一点，轴线相交为90°，如图10-29所示。锥齿轮的啮合图通常在主视图上作全剖视，左视图上只画外形，小齿轮分度线与大齿轮分度圆应相切。

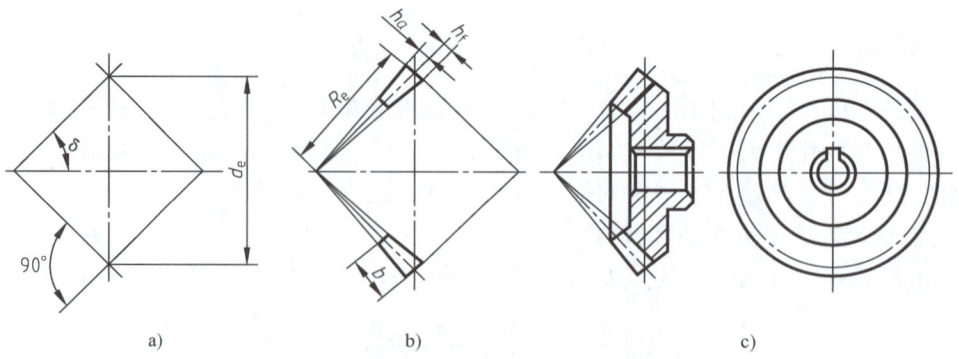

图 10-28　单个锥齿轮的规定画法及作图步骤

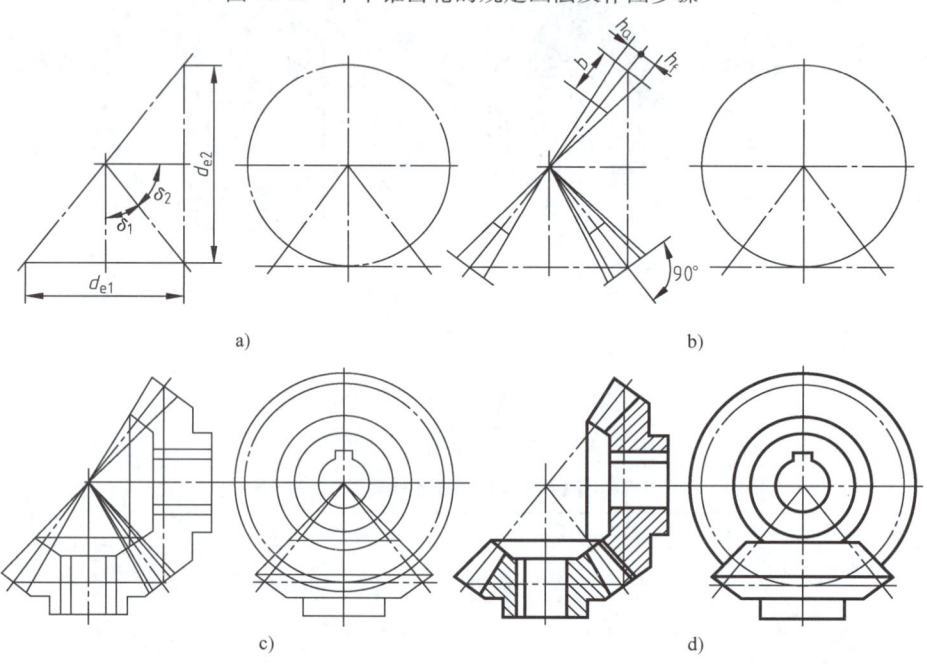

图 10-29　锥齿轮的啮合画法及作图步骤

10.3　键和销

10.3.1　键

1. 常用键的形式和标注

为了使齿轮和带轮等零件和轴一起转动，通常在轮孔和轴上分别切制出键槽，用键将轴、轮联结起来进行传动，如图 10-30 所示。

键的种类很多，常用的有普通型平键、普通型半圆键和钩头型楔键，如图 10-31 所示。

普通型平键应用最广，按轴槽结构可分为普通 A 型平键、普通 B 型平键和普通 C 型平键三种形式。

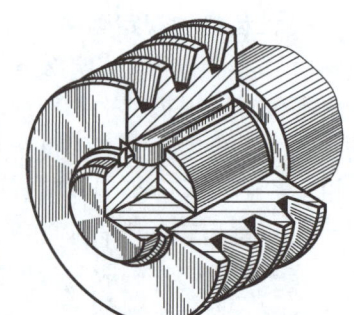

图 10-30　键联结

键已标准化，其结构形式和尺寸都有相应的规定。表 10-6 列举了常用键的形式和标记示例。

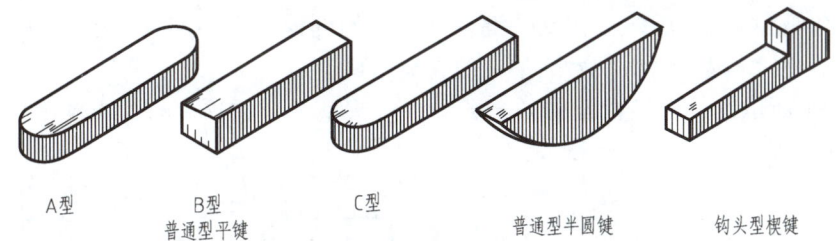

图 10-31　常用的几种键

表 10-6　常用键的形式和标记示例

名　称	标准编号	图　　例	标　记　示　例
普通型平键	GB/T 1096—2003		宽度 $b = 18$mm、高度 $h = 11$mm、长度 $L = 100$mm 普通 B 型平键 GB/T 1096　键　B　$18 \times 11 \times 100$ ［图示普通 A 型平键可不标出 A］ s—倒角或倒圆，下同
普通型半圆键	GB/T 1099.1—2003		宽度 $b = 6$mm、高度 $h = 10$mm、直径 $D = 25$mm 普通型半圆键 GB/T 1099.1　键　$6 \times 10 \times 25$
钩头型楔键	GB/T 1565—2003		宽度 $b = 18$mm、高度 $h = 10$mm、长度 $L = 100$mm 钩头型楔键 GB/T 1565　键　18×100

2. 键联结的画法

平键和半圆键在装配图上的画法如图 10-32 和图 10-33 所示。画图时，根据联接轴的直径 d、键的形式和长度，选取键和键槽的剖面尺寸（见附录 B）。

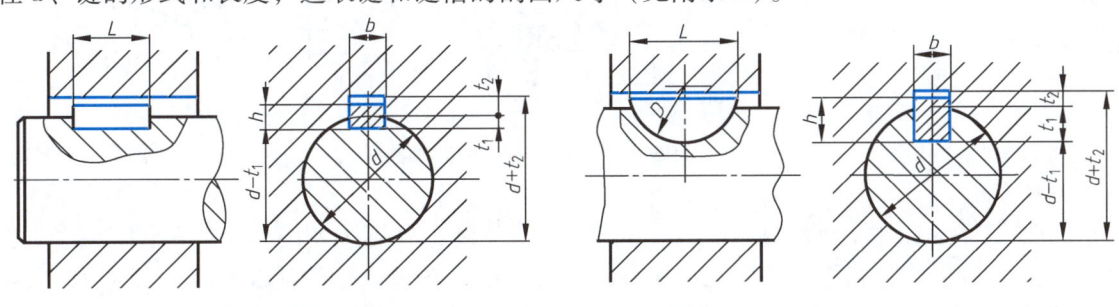

图 10-32　平键联结的画法　　　　　　　　图 10-33　半圆键联结的画法

在图 10-32 和图 10-33 所示的平键与半圆键联结图中，键的两侧面是工作面（即键的两侧面与被联结零件接触），接触面的投影处只画一条轮廓线；键的顶面与轮毂上键槽顶面间留有间隙，必须画两条轮廓线。在反映键长度方向的剖视图中，轴采用局部剖视，键按不剖处理。在联结图中，键的倒角或小圆角一般省略不画。

在图 10-34 所示的钩头型楔键的联结图中，钩头型楔键的顶面有 1:100 的斜度，键的顶面与轮毂接触、底面与轴接触，故钩头型楔键的顶面和底面为工作面。钩头型楔键用敲击法装配，装配后接触表面间产生很大的预紧力，工作时依靠接触表面间的摩擦力传递转矩。但在绘制钩头型楔键的联结图时，侧面不留间隙，这是钩头楔键联结画法与平键联结和半圆键联结画法的不同之处。

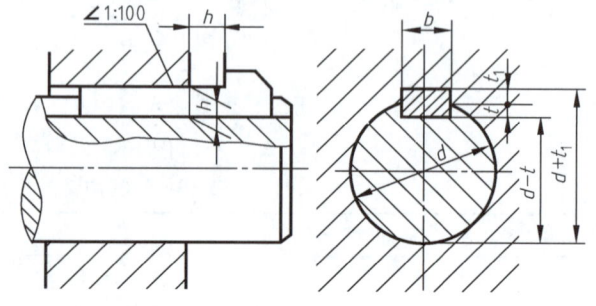

图 10-34　钩头楔键联结的画法

3. 花键的规定画法与标注

花键通常与轴制成一体，能传递较大的动力且联结可靠。被联结的花键与内花键间的同轴度和导向性较好。花键的齿形有矩形、三角形和渐开线形等。矩形花键应用最为广泛，其结构尺寸均已标准化，主要有 3 个基本参数，即大径 D、小径 d 和键（槽）宽 B。设计时可按 GB/T 1144—2001 选用。

外花键和内花键的画法如图 10-35 所示。

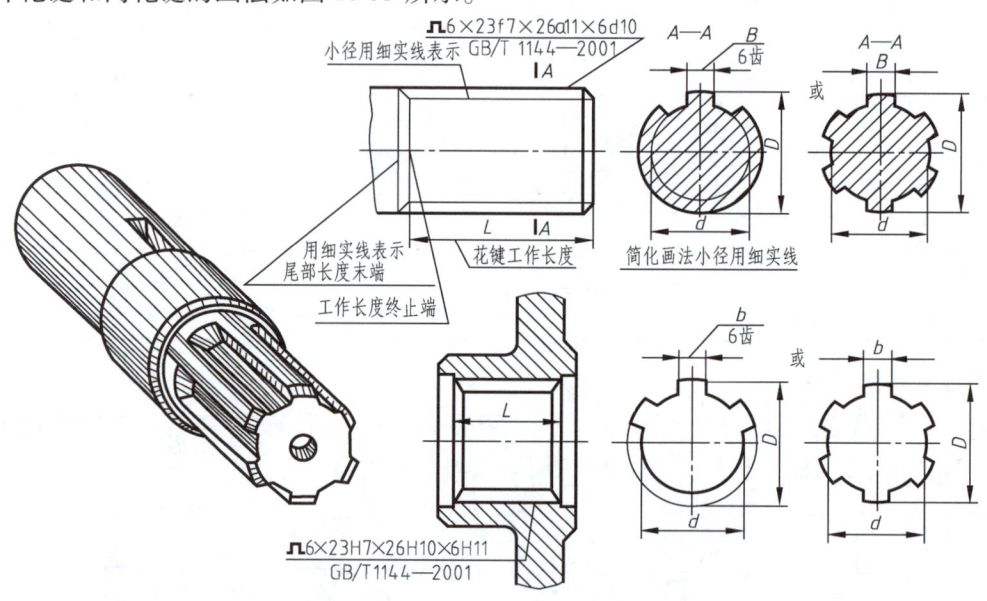

图 10-35　外花键与内花键的画法

矩形花键的标注：对键数 N、小径 d、大径 D 及键宽 B 可采用图 10-35 所示的标注；也可采用从大径上引出指引线注出花键代号的方法标注。花键代号包括键数 N，小径 d，大径 D，键宽 B，基本尺寸及配合公差带代号和标准编号。标记示例如下：

花键规格：$N \times d \times D \times B$，如花键规格为 $6 \times 23 \times 26 \times 6$

内花键：$6 \times 23\text{H}7 \times 26\text{H}10 \times 6\text{H}11$　GB/T 1144—2001

外花键：$6 \times 23\text{f}7 \times 26\text{a}11 \times 6\text{d}10$　GB/T 1144—2001

花键副：$6 \times 23 \dfrac{\text{H}7}{\text{f}7} \times 26 \dfrac{\text{H}10}{\text{a}11} \times 6 \dfrac{\text{H}11}{\text{d}10}$　GB/T 1144—2001（图 10-36）

矩形花键联结用剖视表示时，其联结部分按外花键的画法绘制，如图 10-36 所示。需要时，可在花键联结图中标注相应的花键联结代号，具体注法是在花键联结的剖视图上，从外花键大径处引出指引线并标注花键联结代号，如图 10-36 所示。

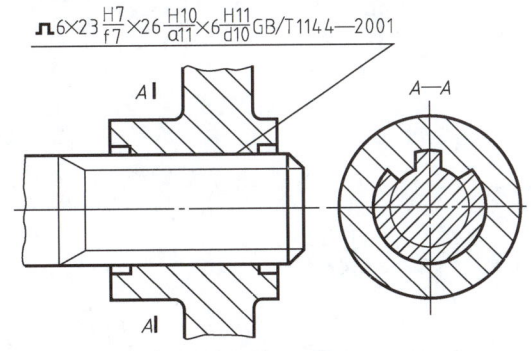

图 10-36　矩形花键联结的画法

10.3.2　销

销在机器中主要用于零件之间的<u>联接、定位或防松</u>。常见的销有<u>圆柱销、圆锥销和开口销</u>等。表 10-7 给出了销的形式和标记示例。开口销常与槽形螺母配合使用，其穿过螺母上的槽和螺杆上的孔起到防止螺母松动的作用，如图 10-37c 所示。

表 10-7　销的形式和标注示例

名称	标准号	图　　例	标　记　示　例
圆锥销	GB/T 117 —2000		公称直径 $d = 10$mm，公称长度 $l = 100$mm，材料为 35 钢，热处理硬度 28～38HRC，表面氧化处理的 A 型圆锥销 　销　GB/T 117　10×100 圆锥销的公称直径是指小端直径
圆柱销	GB/T 119.1 —2000		公称直径 $d = 10$mm，公差为 m6，公称长度 $l = 80$mm，材料为钢，不经淬火，不经表面处理的圆柱销 　销　GB/T 119.1　10 m6 $\times 80$ 公称直径 $d = 12$mm，公差为 m6，公称长度 $l = 60$mm，材料为 A1 组奥氏体不锈钢，表面简单处理的圆柱销 　销　GB/T 119.1　12 m6 $\times 60$-A1
开口销	GB/T 91 —2000		公称规格为 4mm（指销孔直径），$l = 20$mm，材料为低碳钢，不经表面处理的开口销 　销　GB/T 91　4×20

在销联接中，两零件上的孔是在零件装配时一起配钻的。因此，<u>在零件图上标注销孔的尺寸时，应注明"配作"</u>。

销为标准件，绘图时，销的有关尺寸查阅标准选用。<u>在剖视图中，当剖切平面通过销的轴线时，销按不剖处理</u>，如图 10-37 所示。

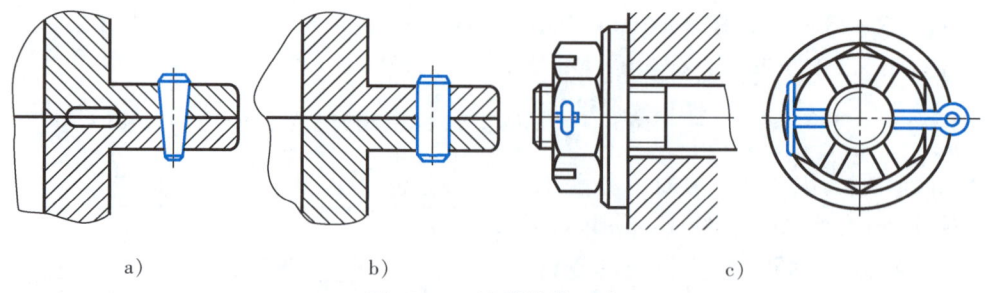

图 10-37 销联接的画法
a）圆锥销联接的画法　b）圆柱销联接的画法　c）开口销联接的画法

10.4 滚动轴承

10.4.1 滚动轴承的构造与种类

滚动轴承是用来支承旋转轴的组件。由于它具有摩擦阻力小、动能损耗小、结构紧凑等优点，所以已为现代工业广泛使用，其结构形式和尺寸也已标准化。滚动轴承的形式和规格很多，由专门的工厂生产，设计时可根据设计要求进行选择。

本节以深沟球轴承、推力球轴承和圆锥滚子轴承为例，简要介绍滚动轴承的结构、代号及画法。

滚动轴承的种类虽多，但它们的结构大致相似，一般由外圈、内圈、滚动体和保持架组成，如图 10-38 所示。

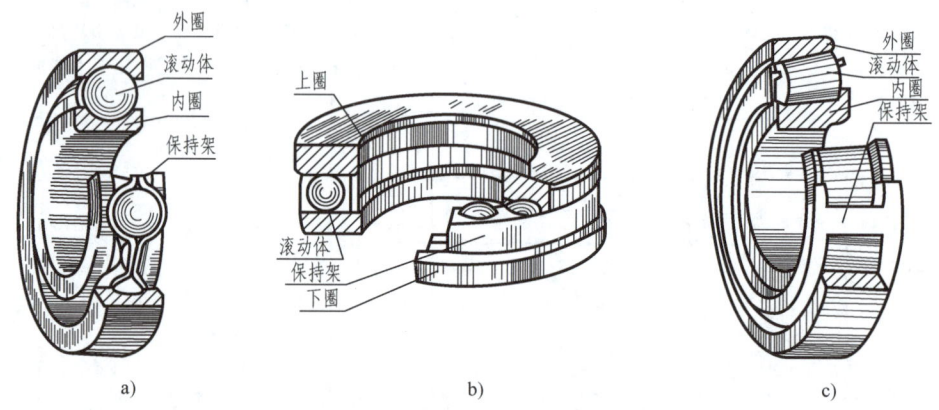

图 10-38 常用的滚动轴承及各部分名称
a）深沟球轴承　b）推力球轴承　c）圆锥滚子轴承

滚动轴承按承受载荷的方向可分为三类：

1）向心轴承主要承受径向载荷，如深沟球轴承（图 10-38a）。

2）推力轴承仅能承受轴向载荷，如推力球轴承（图 10-38b）。

3）向心推力轴承能同时承受径向载荷和轴向载荷，如圆锥滚子轴承（图 10-38c）。

10.4.2 滚动轴承的代号

滚动轴承的类型和规格较多，为了便于生产和选用，国家标准《滚动轴承代号方法》

(GB/T 272—1993)规定了滚动轴承代号。它用字母加数字来表示滚动轴承的结构、尺寸、公差等级、技术性能等特征。滚动轴承代号由基本代号、前置代号和后置代号构成，排列如下：

前置代号　　基本代号　　后置代号

1. 基本代号

基本代号表示轴承的基本类型、结构和尺寸，是轴承代号的基础。一般常用的轴承代号仅用基本代号表示。

基本代号由轴承类型代号、尺寸系列代号和内径代号构成。

（1）轴承类型代号　用数字或字母表示，见表10-8。

（2）尺寸系列代号　由轴承的宽（高）度系列代号和直径系列代号组合而成，一般用两位数字表示（有时省略其中一位）。它的主要作用是区别内径（d）相同而宽度和外径不同的轴承。具体代号需查阅相关标准。

（3）内径代号　表示轴承的公称内径，一般用两位数字表示。

1）代号数字为00，01，02，03时，分别表示公称内径d = 10mm，12mm，15mm，17mm。

2）代号数字为04～96时，代号数字乘5即为轴承公称内径。

3）轴承公称内径为1～9mm、22mm、28mm、32mm、500mm或大于500mm时，用公称内径毫米数直接表示，但应与尺寸系列代号之间用"/"隔开。

表10-8　轴承类型代号（GB/T 272—1993）

代号	0	1	2	3	4	5	6	7	8	N	U	QJ
轴承类型	双列角接触球轴承	调心球轴承	调心滚子轴承	推力调心滚子轴承	圆锥滚子轴承	双列深沟球轴承	推力球轴承	深沟球轴承	角接触球轴承	推力圆柱滚子轴承	圆柱滚子轴承	外球面球轴承	四点接触球轴承

轴承基本代号举例：

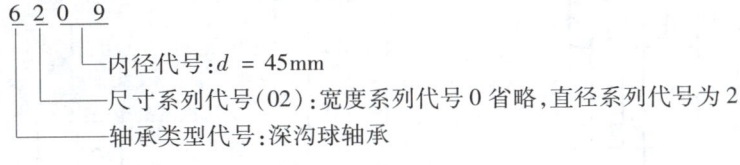

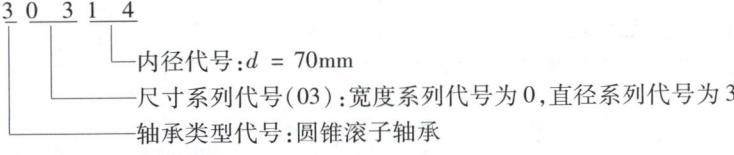

2. 前置、后置代号

前置、后置代号是轴承在结构形状、尺寸、公差、技术要求等有改变时，在其基本代号左、右添加的补充代号。

前置代号用字母表示；后置代号用字母（或加数字）表示。详细数据请查阅有关标准。

10.4.3 滚动轴承的画法

滚动轴承是标准组件，使用时必须按要求选用。当需要画滚动轴承的图形时，则应按国家标准（GB/T 4459.7—1998）中的规定绘制，即在装配图中可采用特征画法和规定画法绘制，见表10-9。

表10-9 滚动轴承的装配画法、特征画法和规定画法（GB/T 4459.7—1998）

名称	主要尺寸数据	规定画法	特征画法	装配画法
深沟球轴承6000型	D d B	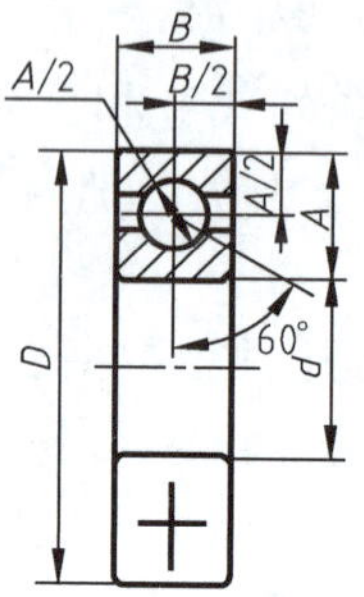	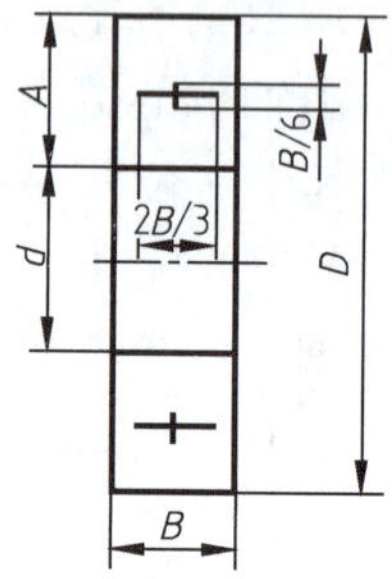	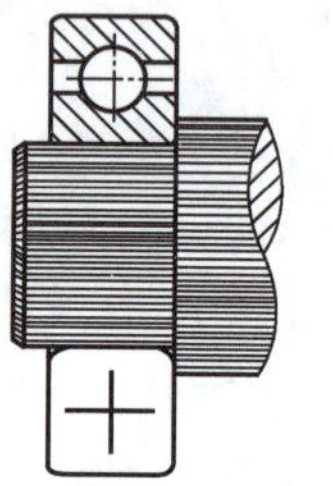
圆锥滚子轴承3000型	D d B T C	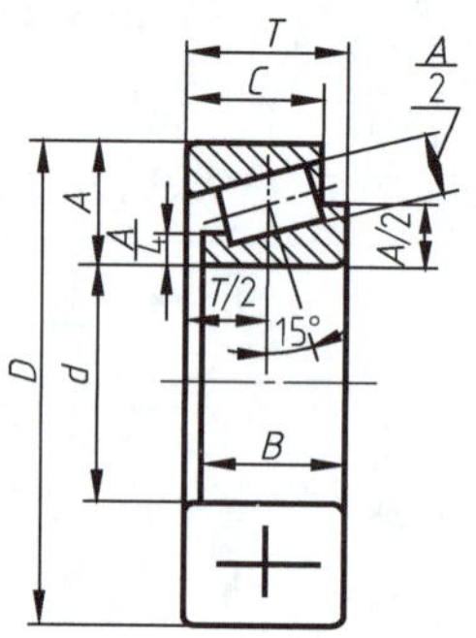	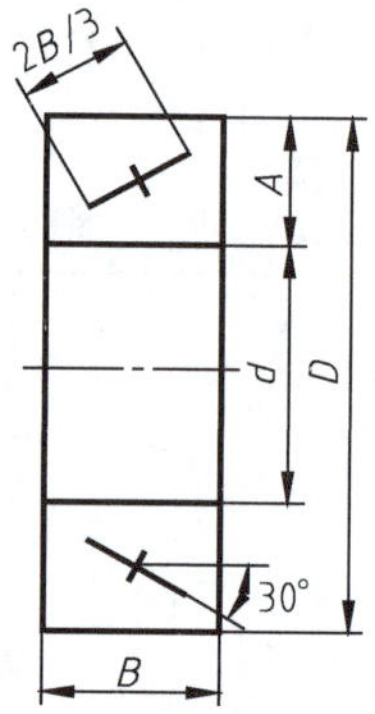	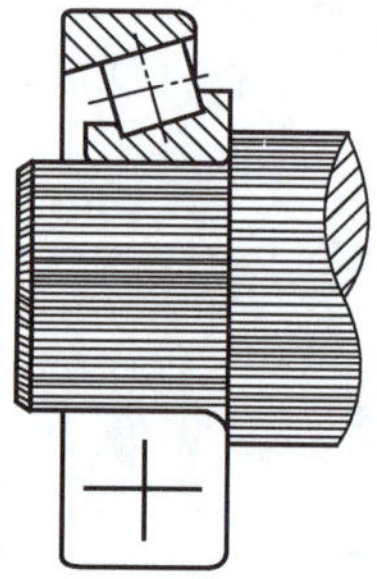
推力球轴承5000型	D d T	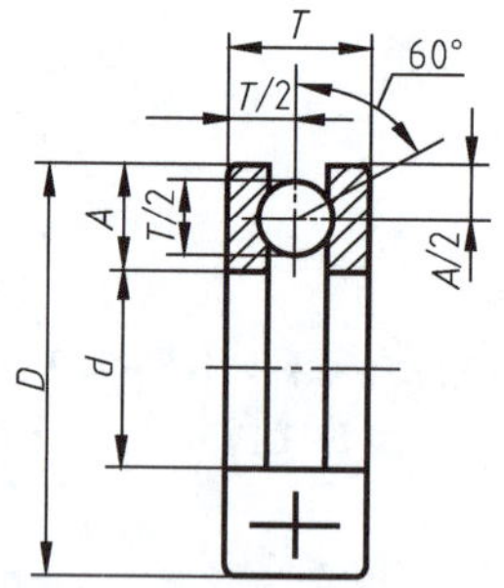	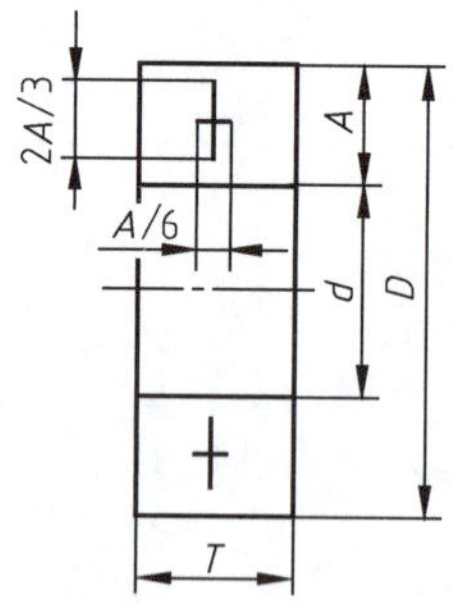	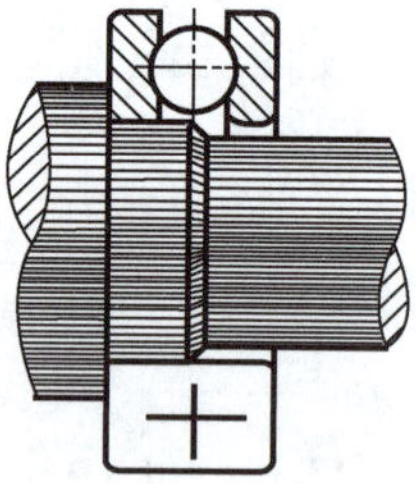

10.5 弹簧

10.5.1 弹簧各部分名称及尺寸计算

弹簧是一种在机械中广泛地用来减振、夹紧、储存能量和测力的零件。它的种类很多，常见的有螺旋弹簧、涡卷弹簧、板弹簧和片弹簧等。螺旋弹簧又分为压缩弹簧、拉伸弹簧和扭转弹簧,如图 10-39 所示。本节仅介绍圆柱螺旋压缩弹簧的各部分名称、尺寸计算及其画法。

圆柱螺旋压缩弹簧的各部分名称代号,如图 10-40 所示。

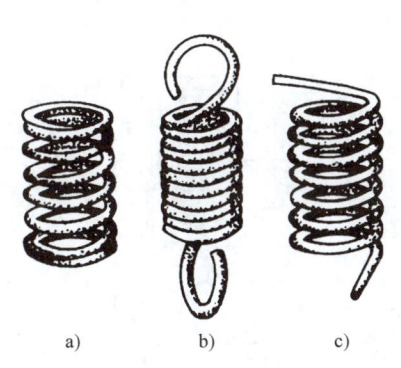

图 10-39 螺旋弹簧
a) 压缩弹簧 b) 拉伸弹簧 c) 扭转弹簧

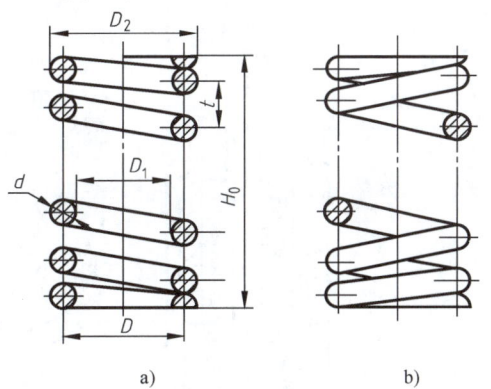

图 10-40 圆柱螺旋压缩弹簧的各部分名称代号
a) 剖视图 b) 视图

(1) 簧丝直径 d
(2) 弹簧直径
1) 弹簧中径 D。弹簧的平均直径。
2) 弹簧外径 D_2。弹簧的最大直径,$D_2 = D + d$。
3) 弹簧内径 D_1。弹簧的最小直径,$D_1 = D - d$。
(3) 节距 t 相邻两有效圈对应点之间的轴向距离。
(4) 弹簧圈数
1) 弹簧支承圈数 n_2。为了使弹簧工作时受力均匀,保证中心线垂直于支承面,制造时必须将两端并紧且磨平。弹簧两端并紧磨平的各圈起支承作用,称为支承圈。多数情况下,支承圈数为 2.5 圈,两端各并紧 0.5 圈,磨平 0.75 圈。
2) 弹簧有效圈数 n。参与变形并具有相同节距的圈数。
3) 弹簧总圈数 n_1。支承圈数与有效圈数之和($n_1 = n_2 + n$)。
(5) 弹簧的自由高度 H_0 弹簧不受外力时的高度。$H_0 = nt + (n_2 - 0.5)d$。
(6) 弹簧的材料展开长度 L 制造弹簧时钢丝的落料长度。$L \approx \pi D n_1$。

10.5.2 圆柱螺旋压缩弹簧的规定画法

圆柱螺旋压缩弹簧可画成视图、剖视图或示意图。画图时,应注意以下几点:
1) 圆柱螺旋压缩弹簧在平行于轴线的投影面上的图形,其各圈的外形轮廓应画成直线。
2) 有效圈数在 4 圈以上的螺旋压缩弹簧,允许每端只画 2 圈(不包括支承圈),中间各圈可省略不画,只画通过簧丝剖面中心的两条点画线。当中间部分省略后,也可适当地缩短图形的长度。

3）在装配图中，弹簧中间各圈采取省略画法后，弹簧后面被挡住的零件轮廓不必画出，如图10-41a所示。

4）当簧丝直径在图上小于或等于2mm时，断面可以涂黑表示，且不画各圈轮廓线如图10-41b所示。也可采用示意画法，如图10-41c所示。

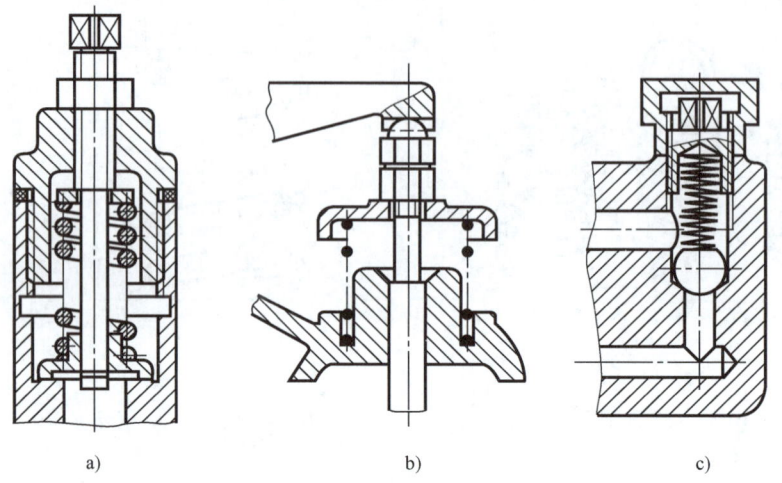

图10-41 圆柱螺旋压缩弹簧在装配图中的画法

5）右旋弹簧或旋向不作规定的圆柱螺旋压缩弹簧，在图上画成右旋。左旋弹簧允许画成右旋，但左旋弹簧不论画成左旋还是右旋一律要加注"LH"。

10.5.3 圆柱螺旋压缩弹簧的作图步骤

已知：圆柱螺旋压缩弹簧簧丝直径 $d=5\mathrm{mm}$，弹簧外径 $D_2=42\mathrm{mm}$，节距 $t=11\mathrm{mm}$，有效圈数 $n=8$，支承圈 $n_2=2.5$。试画出圆柱螺旋压缩弹簧的剖视图。

总圈数　　$n_1 = n + n_2 = 8 + 2.5 = 10.5$

自由高度　$H_0 = nt + 2d = 8 \times 11\mathrm{mm} + 2 \times 5\mathrm{mm} = 98\mathrm{mm}$

中径　　　$D = D_2 - d = 42\mathrm{mm} - 5\mathrm{mm} = 37\mathrm{mm}$

展开长度　$L \approx \pi D n_1 = 3.14 \times 37\mathrm{mm} \times 10.5 = 1220\mathrm{mm}$

作图步骤如图10-42所示。图10-43所示为圆柱螺旋压缩弹簧的工作图。

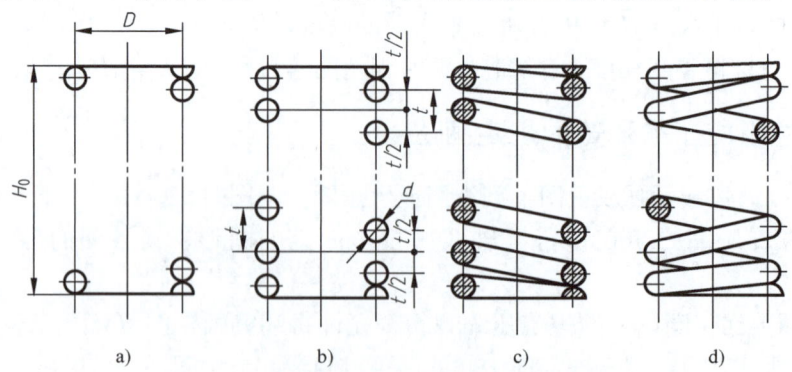

图10-42 圆柱螺旋压缩弹簧的作图步骤

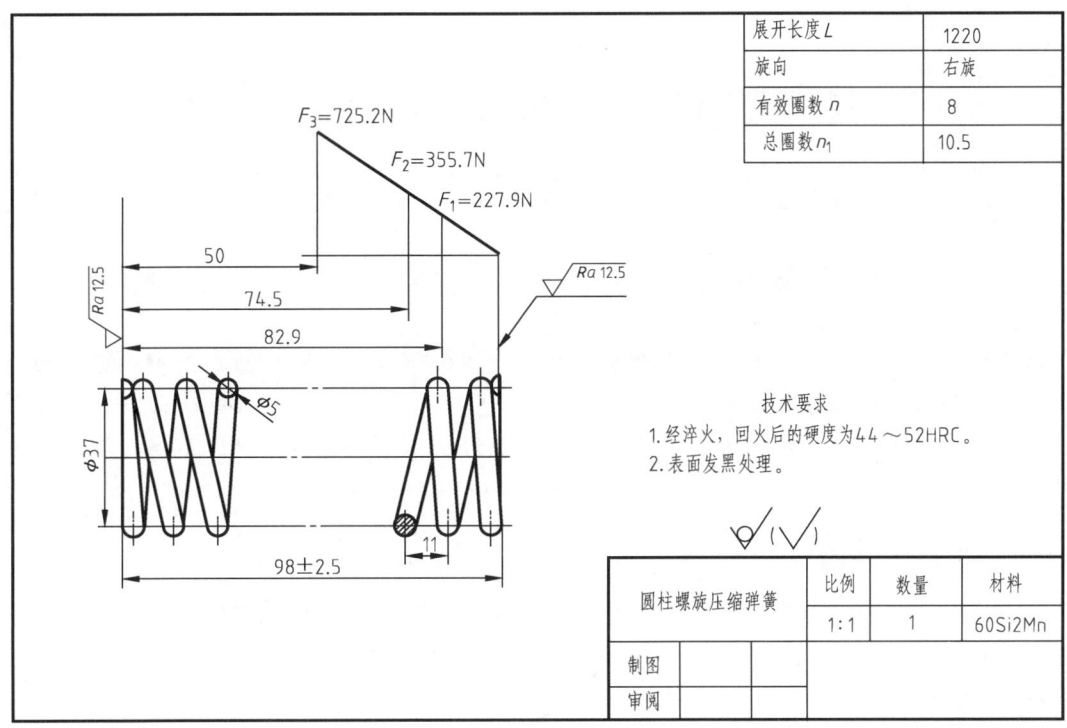

图 10-43　圆柱螺旋压缩弹簧的工作图

素质养成点

齿轮传动系统是高铁动力传输的关键设备，此前从技术到工艺都长期被国外公司垄断，是高铁列车最"卡脖子"的零部件之一。2007 年起，中车戚墅堰所开始攻坚高铁齿轮传动系统。一套齿轮传动系统包括箱体、齿轮、联轴节等 10 大部件，460 多个小零件。先后建设 8 个试验台，进行上千次实验，试制了 5 代样机，又经 5 年改进和大范围推广，产品全面覆盖了时速 160～350km/h 等级全部车型和全部高铁线路。产品的最新试验速度已突破 500km/h。目前，中车戚墅堰所是国内唯一的高速动车组齿轮传动系统开发供应商，其齿轮传动系统寿命达 30 年，在"复兴号"中国标准动车组占比 90%。高铁齿轮传动系统研制成功助力中国高端装备崛起，使高铁列车成为中国制造的一张"黄金名片"。

第 11 章 零 件 图

11.1 零件表达方案的选择

零件的形状多种多样,其表达方案各不相同,应根据零件的结构特点,选用适当的表达方案,以最少数量的视图,正确、完整、清晰地表达零件的全部结构形状。此外,还应当考虑读图和绘图简便。一个较好的表达方案,包括零件主视图的选择和视图数量、表达方法的选择。

11.1.1 主视图的选择

主视图是零件表达方案的核心。主视图选择是否合理,将直接关系到能否把零件全部结构形状表达清楚,也直接影响画图和读图是否方便。选择主视图,应考虑以下两方面问题。

1. 主视图的投射方向

一般应将最能显示零件结构形状和相互位置关系的方向作为主视图的投射方向。图 11-1 所示的车床尾座体和图 11-2 所示的轴,A 所指的方向作为主视图的投射方向较好。图 11-3 所示为车床尾座体和轴的主视图。

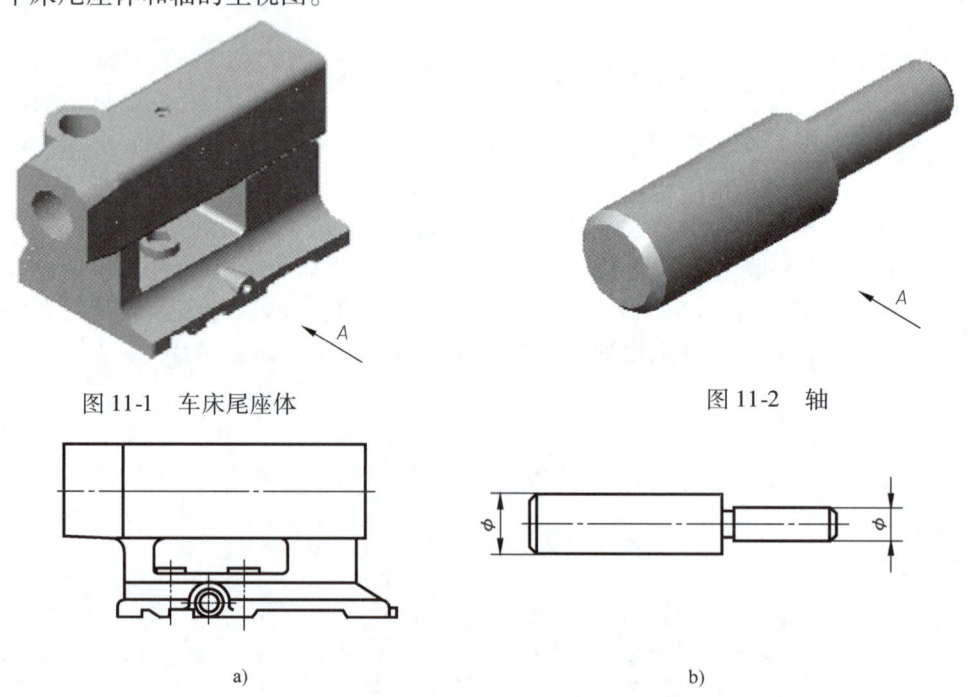

图 11-1 车床尾座体　　　　图 11-2 轴

a)　　　　　　　　　　b)

图 11-3 主视图应能反映出零件的形状特征
a) 车床尾座体的主视图　b) 轴的主视图

2. 零件的安放位置

零件在主视图上所表现的位置，一般应考虑以下几个方面。

（1）零件的工作位置　零件的安放位置应尽量与零件在机器或部件中的工作位置一致。如图11-1所示的尾座体是在车床中所处的位置，与图11-3a中尾座体在主视图上的位置是一致的。

（2）零件的加工位置　零件在制造过程中，要把它装夹在机床上进行机械加工。应尽量按零件在主要加工工序中的装夹位置选择主视图。如以回转体为主要结构的轴、套类和轮、盘类零件，主要工序为车削和磨削加工，为了方便看图，应将这类零件按轴线水平放置，如图11-3b所示。

（3）零件自然安放平稳的位置　对于工作位置不固定的零件或零件为运动件，或零件的加工工序较多、加工位置又不尽相同时，可按零件自然安放平稳的位置作为零件的安放位置。

此外，还应兼顾其他视图的选择，以方便绘图和合理布图。

11.1.2　其他视图的选择

其他视图的选择原则是：以主视图为基础，在完整、清晰、唯一地确定零件的结构形状的前提下，应使视图数量尽量少。

选择其他视图时，首先应用形体分析法对零件内外结构进行分析，按结构形状的特点选择视图及其表达方法。一般地说，零件的主要结构和形状，应选用基本视图或在基本视图上取剖视来表达。对零件上尚未表达或表达不够清楚的局部结构、细小结构和次要结构等，可采用局部视图、局部放大图和断面图等方法表达。

在零件的一组视图中，主视图和其他有关视图应尽可能按投影关系配置。每个视图应有表达的重点，具有独立存在的意义，各个视图应相互配合、相互补充。

11.1.3　零件表达方案的选择

零件表达方案的选择，是一个既有原则性，又有灵活性的问题。在选择时，应当考虑将几种表达方案加以比较，从中选择较好的方案表达零件。

图11-4所示支架，从结构上看，主要由上部的支承套筒、下部的底板和中间的支承板组成，其表达方案如图11-5所示。主视图明显地表达了主要结构的形状及它们的相互位置关系，底面水平放置，与其工作位置相符，满足主视图的要求；左视图采用阶梯全剖视图，表达了支架的内外结构形状，主要表达支承套筒孔、底板开口槽及支承板的结构，用移出断面图表达肋板断面实形；俯视图采用 D—D 剖视图，主要表达支承板和底板形状；另用 C 向局部视图表达支承套筒顶部凸台的形状。该表达方案用主视图、全剖的左视图及俯视图表达了支架的主要结构，用 C 向局部视图和移出断面图表达了次要结构，表达方案完整、清晰，同时也有利于绘图、看图，有利于图纸的利用。

图11-4　支架的立体图

11.1.4　典型零件的表达方案

1. 轴、套类零件

这类零件主要是由同轴回转体，如圆柱体、圆锥体构成。轴在机械中一般由轴承支承，轴上装有回转零件如齿轮等，具有传递运动和转矩的作用。所以，轴上常常带有键槽、轴肩、螺纹、退刀槽和中心孔等结构，如图11-6所示。

选择主视图时，常按加工位置将轴线水平放置，以垂直于轴线、较多地反映轴的结构特点的方向作为主视图的投射方向。通常采用断面图、局部放大图和局部剖视图等表达键槽和细小结构，如较小的圆角、退刀槽及中心孔等。

图11-6所示的输出轴零件图，主视图采取轴线水平放置的加工位置，主视图投射方向取垂直于轴线正对着键槽的方向。主视图反映了轴的结构特点，键槽的形状和倒角等。采用移出断面图表达键槽的深度。

图11-7所示的柱塞套零件图，主视图采用全剖视图，表达内部左右通孔的结构和上下通孔的位置。全剖的 D—D 左视图表达上下通孔及气孔结构。局部放大图表达细小的倒圆角。

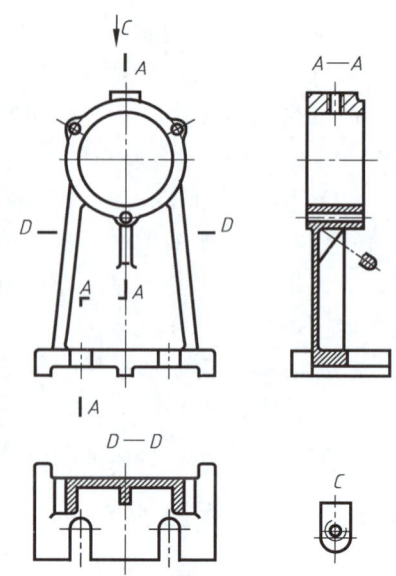

图11-5 支架表达方案

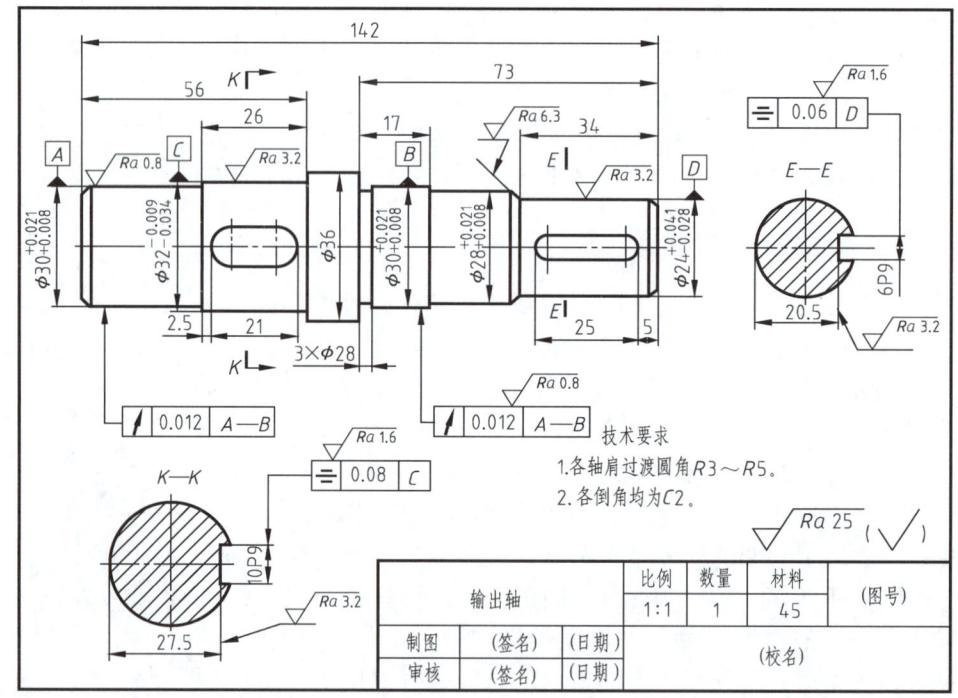

图11-6 输出轴零件图

2. 轮、盘类零件

这类零件主要由同轴回转体或其他平板形构成，其厚度方向的尺寸比其他两个方向的尺寸要小。它包括各种端盖（图11-8所示的透盖）、盘状结构的零件（图9-1所示的法兰盘）以及各种手轮和带轮等零件。它们在机器中通常起着密封和支承轴承等作用。一般有凸台、凹坑、螺孔、销孔、轮辐和键槽等结构。从表达方法上看，通常采用主、左视图或主、俯视图为基本视图。主视图采用以轴线为水平的加工或工作位置安放零件，将反映厚度的方向作为主视图投射方向。常用剖视图反映内部结构和相对位置。可用断面图、局部剖视图和局部放大图等表达细小结构。

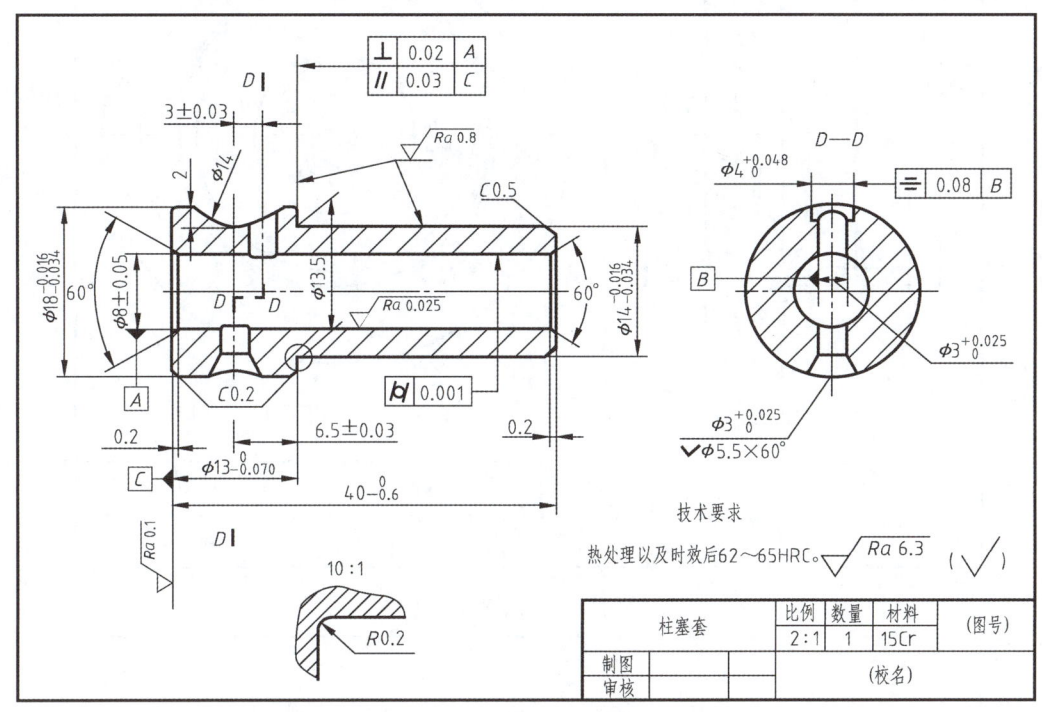

图 11-7　柱塞套零件图

图 11-8 所示的透盖零件图，采用全剖的主视图，主要表达透盖的密封槽、安装孔及凸缘结构。左视图主要反映 4×φ9 安装孔的分布、透盖的外形及凸缘结构。

3. 叉、架类零件

这类零件结构较复杂，形状差异较大，通常由轴座、拨叉口（架类零件通常为支承套筒）和支承连接它们的肋板构成。一般在机器中起支承、操纵调节和连接作用，多为铸造毛坯加工而成，常带有倾斜结构和凸台、凹坑、铸造圆角等结构。图 11-5 所示的支架和图 11-9 所示的拨叉均属于这类零件。

由于叉、架类零件的加工位置不固定，结构形状多变，因此，主视图常与零件的工作位置或自然位置一致，并根据零件的结构特点选择主视图投射方向。常用 1~2 个主要视图表达零件的主要结构。用斜视图或斜剖视图表达倾斜结构。用断面图表达支承板结构。用局部剖视图表达安装孔、轴座和孔等内部结构，保留其他外形。

图 11-9 所示的拨叉，主视图反映了拨叉的外形及上部的内花键、下部的拨叉口及支承板之间的位置关系。主视图采用拨叉的工作位置，符合主视图的要求。左视图采用 A—A 旋转剖视图，主要表达了内花键左上方的槽口及支承板的结构形状。用重合断面图表达了肋板形状。

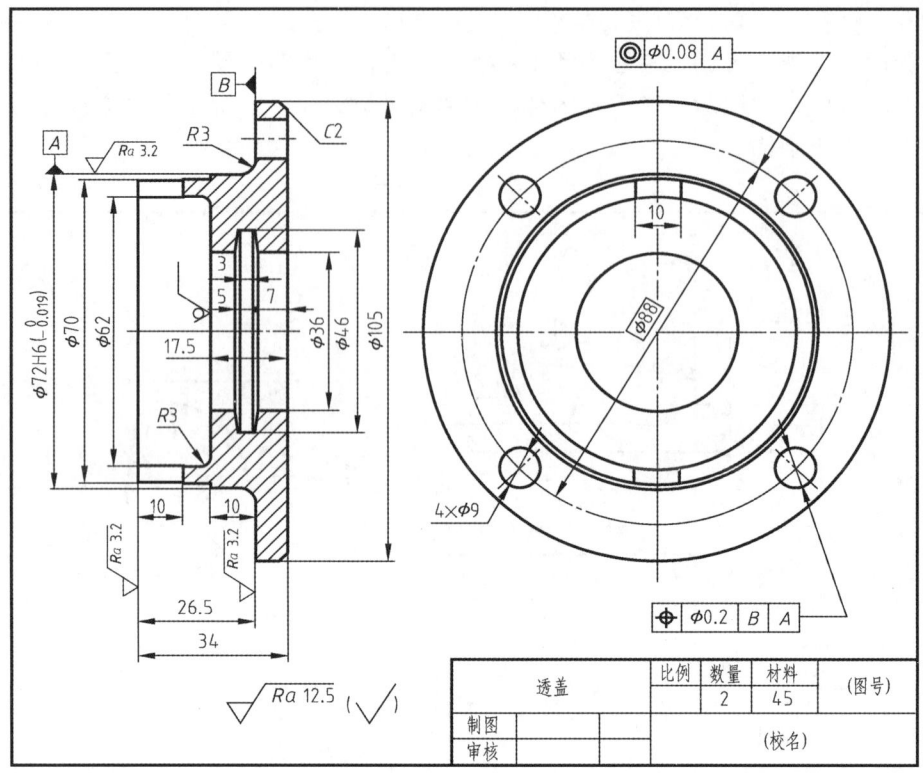

图 11-8 透盖零件图

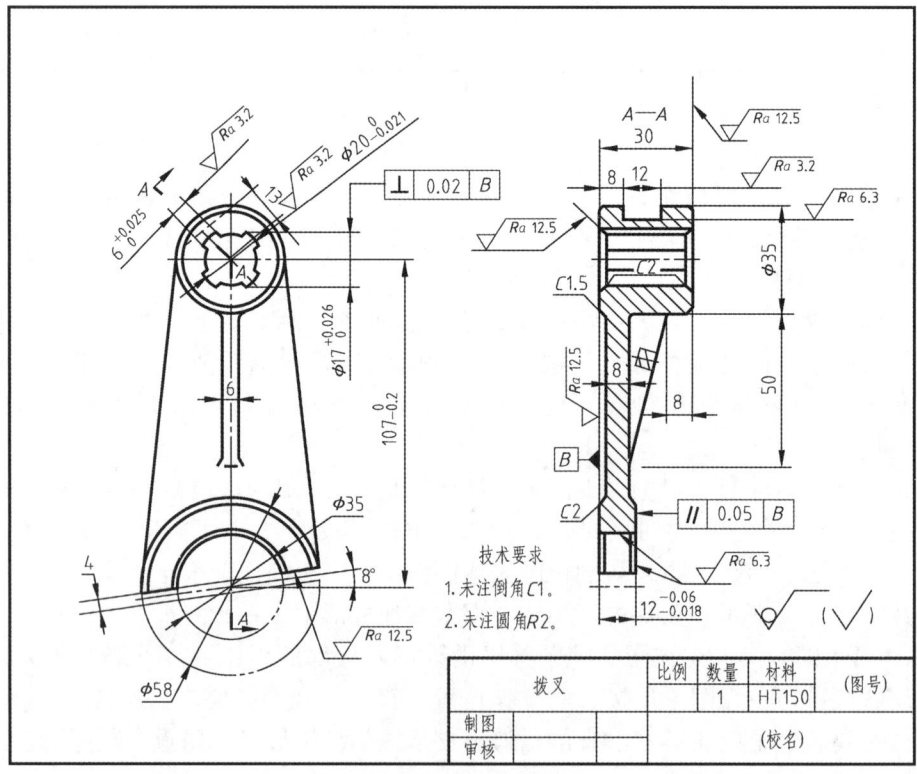

图 11-9 拨叉零件图

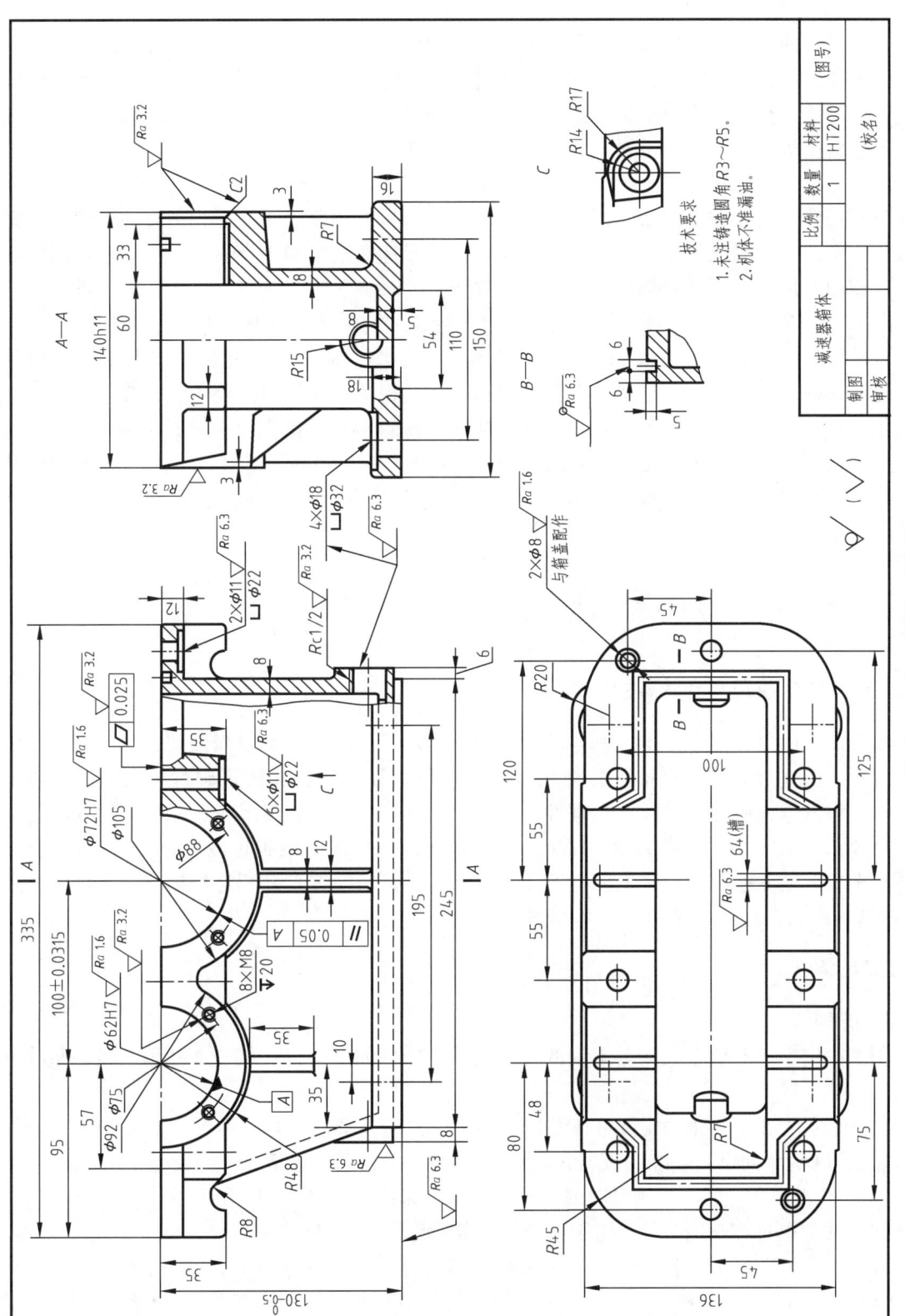

图11-10 减速器箱体零件图

4. 箱体、壳体类零件

这类零件的内、外结构都很复杂，常用薄壁围成不同的空腔、常有支承孔、凸台、螺纹孔、注油孔、放油孔和安装板。箱体、壳体类零件是机器的主要零件之一，一般起支承、容纳、零件定位的作用。由于形状复杂，它们多为铸件，故具有许多铸造工艺结构，如铸造圆角和起模斜度等。

从表达方案上分析，由于箱体、壳体结构形状复杂，加工位置不尽相同，因而零件常以工作位置或自然安放位置安放，以箱体、壳体的形状特点来确定主视图投射方向。表达方案一般用3个或3个以上的基本视图，并根据具体情况选择适当的剖视。根据需要还可用断面图、斜视图、局部视图和局部放大图等表达方法。

图 11-10 所示为减速器箱体零件图，主视图的位置与箱体的工作位置相同。主视图主要表达了箱体的形状与位置特征，采用了两处局部剖视图，一处表达箱体壁厚及下边的放油孔；另一处则表达箱体上下连接凸台及连接通孔。俯视图主要表达了箱体的凸缘、内腔及安装底板的外形，同时也表达了连接孔、安装孔和销孔的相互位置，油沟的形状及位置。左视图采用半剖视图，主要表达箱体前后凸台上的轴承孔与内腔相通的内部形状和外形，箱体凸缘、吊钩、放油孔凸台和肋板等外形。此外，还用了 C 向局部视图表达上下连接凸台的端面形状，用 B—B 剖视图表达油沟的深度及位置。

11.2 零件尺寸的合理标注

11.2.1 零件图尺寸的标注要求

零件图上的尺寸是零件加工和检验的重要依据。标注尺寸时，应当做到正确、完整、清晰和合理。前述章节已经介绍了标注尺寸的基本规定和标注尺寸的正确性、完整性和清晰性。本节将重点介绍标注尺寸的合理性。所谓尺寸的合理性，就是要求所标注的尺寸既能满足设计要求，又能符合生产实际，便于加工制造及检验。但要做到标注尺寸的合理性要求，需要具有相关的专业知识和丰富的生产实践经验。本节只简要地介绍零件标注合理性的基本知识。

11.2.2 基准

1. 基准

用来确定生产对象上几何要素间的几何关系所依据的那些点、线和面称为基准。基准可分为：

(1) 设计基准　用来确定零件在部件中准确位置的基准称为设计基准。如图 11-11 所示，输出轴端面 I 为轴向设计基准（长度方向），中心轴线为径向设计基准（高度与宽度方向）。

(2) 工艺基准　加工、测量时的基准称为工艺基准，如图 11-11 所示。

(3) 主要基准和辅助基准　由于基准是每个方向尺寸的起点，所以在3个方向（长、宽、高）都应该有基准，这种基准称为主要基准。当某个方向有几个基准时，可以选择一个基准作为主要基准，如图 11-12 所示输出轴的右端面。其余的基准为辅助基准。主要基准与辅助基准之间应当有尺寸联系，如图 11-12 所示的输出轴中的尺寸 160 将两个基准联系起来。

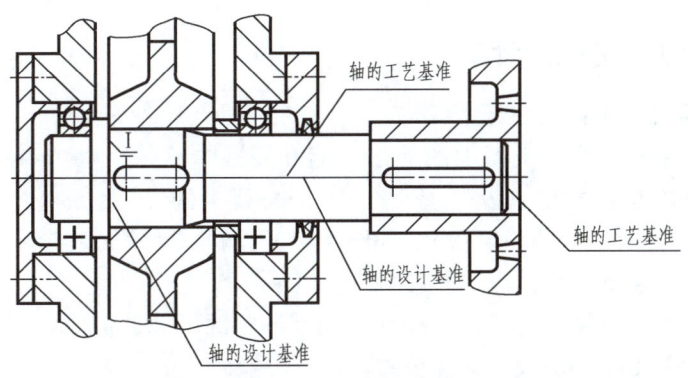

图 11-11 输出轴的设计基准与工艺基准

2. 基准的选择

基准的选择是选择从设计基准出发标注尺寸，还是从工艺基准出发标注尺寸。

选择设计基准标注尺寸，其优点是尺寸标注反映了设计要求，能保证设计的零件在机器上的工作性能。

选择工艺基准标注尺寸，其优点是尺寸标注反映了零件的工艺要求，使零件便于加工和测量。

显然，在标注尺寸时应尽可能地将设计基准与工艺基准统一起来，这样既满足设计要求又满足工艺要求。如两者不统一或不能选择设计基准标注尺寸时，则应选择工艺基准标注尺寸，但应当满足设计要求。

图 11-12 所示为输出轴根据尺寸基准标注的过程：选择轴线为径向（高度与宽度方向）的主要尺寸基准，选择右端面为长度方向的主要尺寸基准，选择 G 面为长度方向的辅助尺寸基准。

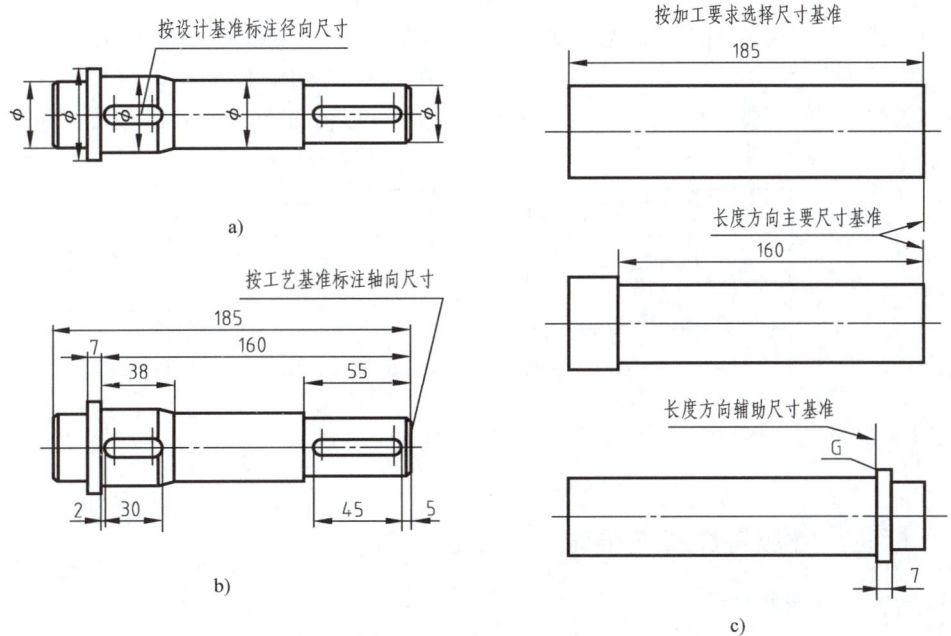

图 11-12 输出轴根据尺寸基准标注的过程

11.2.3 标注尺寸应考虑设计要求

1. 零件的主要尺寸应直接注出

主要尺寸是指影响零件在机器中的使用性能和安装精度的尺寸，一般为零件的规格尺寸、确定该零件与其他零件相互位置的尺寸、有配合要求的尺寸、连接尺寸和安装尺寸等。主要尺寸通常注有公差，应当直接标出。如图 11-13 所示，尺寸 a 是影响中间滑轮与支架装配的尺寸，所以 a 为主要尺寸，应当直接标注。

除主要尺寸外，其他尺寸为非主要尺寸，如外形轮廓尺寸、壁厚、退刀槽、凸台、凹坑和倒角等尺寸。非主要尺寸一般不标注公差。

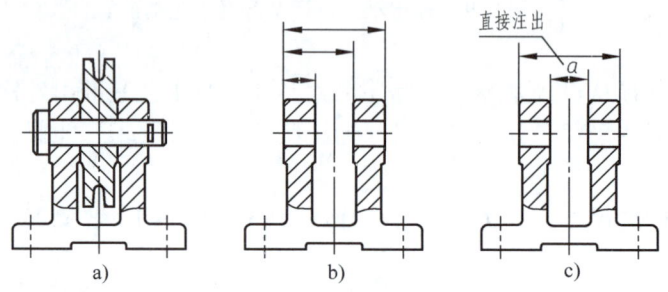

图 11-13　主要尺寸的确定与标注
a）滑轮与支架装配图　b）不好　c）好

2. 避免注成封闭的尺寸链

一组首尾相连的链状尺寸称为尺寸链，如图 11-14a 所示。组成尺寸链的各个尺寸称为尺寸链的环。从加工的角度来看，在一个尺寸链中，总有一个尺寸是在加工完其他尺寸后自然形成的尺寸，这个尺寸称为封闭环，其他尺寸称为组成环。显然，所有组成环的加工误差都会累积在封闭环上。所以在标注尺寸时，应避免注成封闭的尺寸链，如图 11-14b 所示。通常是将尺寸链中最不重要的尺寸作为封闭环，这样可以保证重要尺寸的精度，使零件符合设计要求。

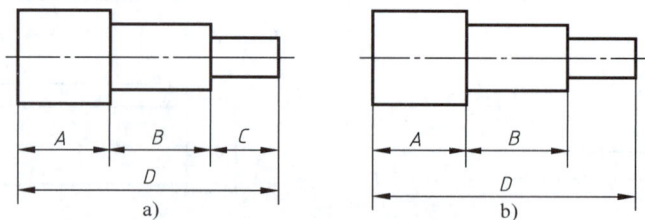

图 11-14　尺寸链的封闭与开口
a）错误　b）正确

11.2.4 标注尺寸应考虑工艺要求

1. 按加工顺序标注尺寸

在满足零件设计要求的前提下，尽量按加工顺序标注尺寸。如图 11-12 所示，输出轴的尺寸 185、160 和 55 等是按车加工顺序安排的。

标注尺寸也要尽量方便测量，同一工序的加工尺寸应尽量集中，如图 11-12b 所示输出轴键槽的定形尺寸和定位尺寸。

2. 加工面（指去除材料所获得的面）**与非加工面**（指不去除材料所获得的面）**的尺寸标注**

加工面与非加工面应按两组尺寸分别标注，但每一个方向要有一个尺寸将它们联系起来。如图 11-15a 所示的铸件，在高度方向上，全部非加工面用一组尺寸标注（a、b、c、d、e），用 B 尺寸将该组尺寸与底面（加工面）联系起来。这样标注的优点是保持了非加工面精度和相互位置关系，有利于保证底面的加工精度。图 11-15b 中标注的尺寸不合理。

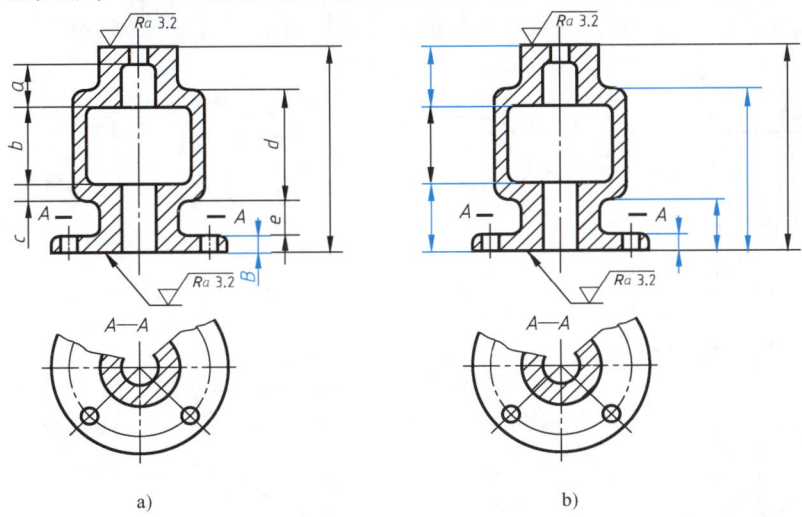

图 11-15　加工面与非加工面的尺寸标注
a）合理　b）不合理

3. 零件上常见典型结构的尺寸注法

在标注零件上的典型结构如螺纹、退刀槽和沉孔等时，应当根据有关国家标准中规定的标注方法进行标注。常见孔的尺寸注法，见表 11-1。

表 11-1　常见孔的尺寸注法

类型		标注方法		说　明
		旁注法	普通注法	
螺孔	通孔	3×M6-6H	3×M6-6H	3×M6-6H	3×M6 表示螺纹大径为 6mm，均匀分布的 3 个螺孔
	不通孔	3×M6-6H▼10	3×M6-6H▼10	3×M6-6H　10	螺孔深度可以与螺孔直径连注，也可以分开注出

(续)

类型		标注方法		说明
		旁注法	普通注法	
螺孔	不通孔	3×M6-6H ▼10 / 孔▼12	3×M6-6H ▼10 / 孔▼12	3×M6-6H	需要注出钻孔深度时，应明确注出孔深尺寸
光孔	一般孔	4×φ5▼10	4×φ5▼10	4×φ5	4×φ5 表示直径为 5mm 均匀分布的 4 个光孔。孔深可与孔径连注，也可以分开注出
	精加工孔	4×φ5⁺⁰·⁰¹²₀ ▼10 / 孔▼12	4×φ5⁺⁰·⁰¹²₀ ▼10 / 孔▼12	4×φ5$^{+0.012}_{0}$	光孔深为 12mm，钻孔后需精加工至 φ5$^{+0.012}_{0}$ mm，深 10mm
	柱形沉孔	4×φ6 / ⊔φ10▼3.5	4×φ6 / ⊔φ10▼3.5	φ10 / 4×φ6	柱形沉孔的小直径 φ6mm、大直径 φ10mm 和深度 3.5mm 均需注出
	锪平面	4×φ7 / ⊔φ16	4×φ7 / ⊔φ16	⊔φ16 / 4×φ7	锪平面 φ16mm 的深度不需标注，一般锪平到不出现毛面为止
	锥形沉孔	6×φ7 / ∨φ13×90°	6×φ7 / ∨φ13×90°	90° / φ13 / 6×φ7	6×φ7 表示直径为 7mm 均匀分布的 6 个孔，锥形部分的尺寸可以旁注，也可以直接注出

11.3 零件测绘

零件测绘就是依据实际零件绘制草图，测量并标注出尺寸，制定出技术要求，然后根据零件草图和有关资料用仪器或计算机绘制出零件工作图。

零件测绘对推广先进技术、交流革新成果、改造和维修现有设备都有重要作用。它是工程技术应用型人才必备的制图技能之一。

11.3.1 零件草图的绘制方法和步骤

（1）分析零件　为了把被测零件正确、完整地表达出来，应先对零件进行详细分析，了解零件的名称、类型、材料及其在机器中的作用；分析零件的结构、形状及加工方法。

（2）选择零件的最佳表达方案　按 11.1 节所述，选择零件的最佳表达方案。

（3）徒手目测绘出零件草图

1）布局定位。根据零件的大小、视图数量，在图纸上定出作图基准线、中心线，注意留出标注尺寸的位置。

2）用徒手目测详细地画出零件的内外结构和形状，各部分之间的比例应协调。对零件上的缺陷，如破旧、磨损、铸件砂眼、气孔和其他缺陷等，不应画出。

3）测量和标注尺寸。根据零件尺寸标注要求，先画出所有的尺寸线、尺寸界线和箭头，然后集中测量各个尺寸，逐个填上相应的尺寸数值。

4）制定技术要求。根据零件在机器中的作用、功能或实践经验，确定表面粗糙度、尺寸公差、几何公差及热处理要求等。

5）检查、校对、完成草图，如图 11-16 所示。

11.3.2 零件尺寸的测量

在测绘零件中，用钢直尺、内卡尺和外卡尺测量非加工尺寸、未注公差要求的尺寸，用游标卡尺、千分尺和深度游标尺等测量精度要求高的尺寸，用螺纹样板测量螺距，用半径样板测量圆角，用曲线尺、铅丝和印泥等用具测量曲面和曲线。图 11-17 和图 11-18 所示为测量壁厚和曲线、曲面的方法。

11.3.3 画零件工作图

绘制草图一般是在现场进行，受到场地和时间的限制，有些问题不可能处理得很完美。因此，在画零件工作图时，还需要对零件草图的视图表达和尺寸标注等进行仔细审核。对技术要求还需要查阅有关资料进行核对。最后，根据零件草图用仪器或计算机画出零件工作图。

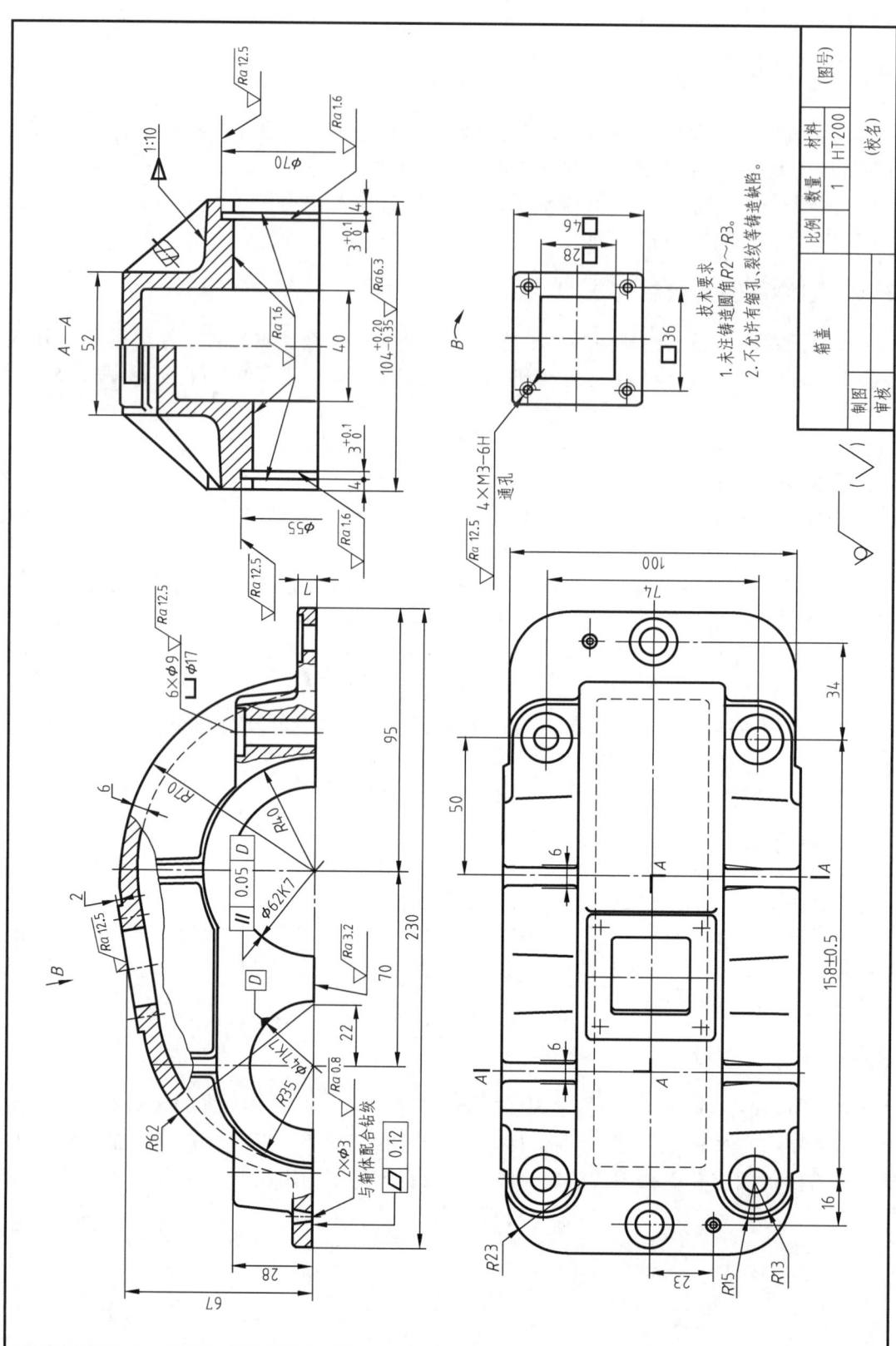

图11-16 减速器箱盖零件草图

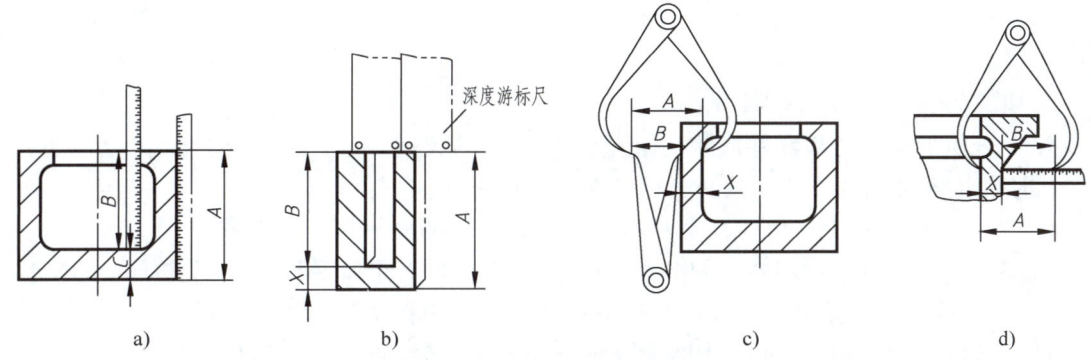

图 11-17 测量壁厚

a）用钢直尺测量壁厚 b）用深度游标尺测量壁厚 c）用内、外卡钳测量壁厚 d）用外卡钳和钢直尺测量壁厚

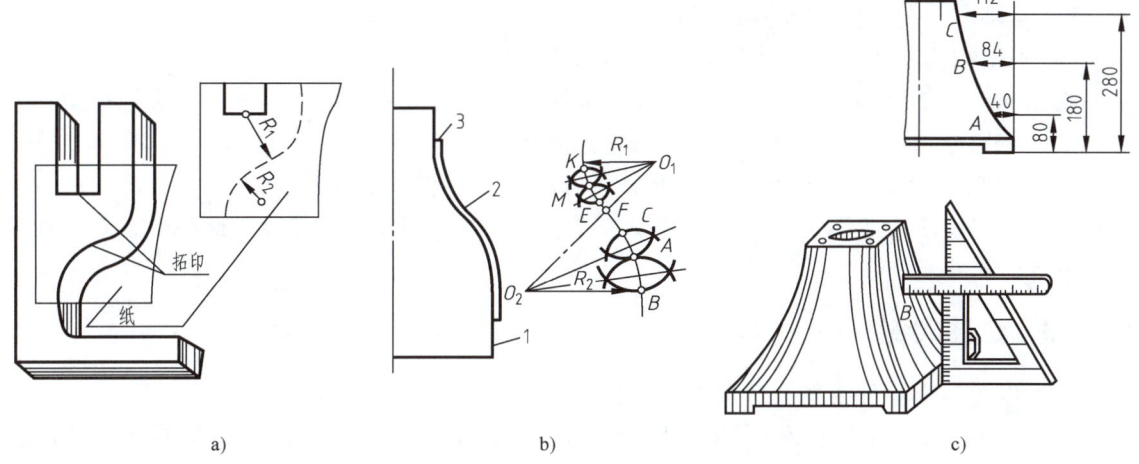

图 11-18 测量曲线及曲面

a）用拓印方法测量曲面 b）用铅丝测量曲线 c）用坐标法测量曲面

11.4 读零件图

11.4.1 读零件图的要求

1）了解零件的名称、材料和用途。
2）分析零件图形，弄清零件的结构形状、相互位置及功用。
3）了解零件的制造方法和技术要求。

11.4.2 读零件图的方法和步骤

（1）看标题栏 从中可以了解零件的名称、材料和比例等内容。初步了解零件在机器或部件中的用途和形体概貌。

（2）分析视图 表达零件结构形状的一组视图是按一定的投影关系配置的。分析视图时，一般可按以下顺序进行。

1）首先找到主视图，再看有多少视图、剖视图和断面图。

2) 弄清各视图、剖视图和断面图的名称，剖切位置、剖切方法及目的，各视图之间的投影关系。

3) 看有无局部放大图和简化画法。

(3) 分析形体，想象零件形状　这是读零件图的关键环节之一。运用形体分析法、线面分析法和读剖视图的方法，认真分析视图。具体做法如下：

1) 先把零件假想地分解成几个基本部分，然后一部分一部分地读懂。

2) 利用"长对正、高平齐、宽相等"的投影规律，在各个视图上找出有关该部分的图形。

3) 把这些图形联系起来，运用结构分析和投影分析得出它的空间形状。

4) 一般先看主体形状部分，再结合细节部分，弄清零件的结构形状。

(4) 分析尺寸　分析尺寸可按下列顺序进行：

1) 先分析长、宽、高 3 个方向的尺寸基准。

2) 从基准出发，找出哪些是主要尺寸。

3) 根据结构形状，找出定形尺寸、定位尺寸和总体尺寸。

视图和尺寸是以形状和大小两个不同方面来共同表达同一零件的，读图时应把视图、尺寸和形体结构分析三者结合起来，不应分项孤立地进行。

(5) 分析技术要求　分析技术要求时，可以根据零件的表面结构、尺寸公差、几何公差和热处理等要求，弄清主要加工面的技术要求。在加工和检验零件时对这些要求高的加工面予以充分重视。

11.4.3　读图实例

下面以箱体类零件为例进行识读和分析。

(1) 看标题栏　图 11-19 所示为蜗杆减速箱零件图，由此可联想箱体类零件的结构特点。该箱体是减速器部件中的主要零件，结构复杂，要容纳和支承蜗轮、蜗杆以及轴、轴承等零件，箱内还要装润滑油等介质。因此它主要由薄壁围成与蜗轮、蜗杆外形相吻合的内空腔。此外箱体还需要支承轴和轴承等运动零件，所以箱体设有安装轴承的圆筒及凸台等结构。箱体还有安装部分的底板，肋板、凸台和凹坑等结构。箱体材料为铸铁 HT200，自然具有铸件的结构特点。箱体要经过多道工序的机械加工。比例为 1∶2。

(2) 分析视图　由图 11-19 可知，设计者采用了主、左视图和 3 个局部视图来表达箱体的内外结构形状。主视图反映了蜗杆减速箱的主要结构特征，且与它的工作位置一致。主视图采用了半剖视图，其目的是既要表达内腔形状，又要保留外形。左视图采用了全剖视图，重点表达内部结构形状。K 向视图重点表达支承凸缘的外形及加强肋板的位置和厚度。C 向视图则表达安装板底的结构形状和底板上凹坑的形状。D 向视图表达了安装蜗杆的圆柱端面的形状和端面上螺孔的分布位置。

(3) 分析形体结构　应用形体分析法，可将图 11-19 所示的蜗杆减速箱的外形分为三部分，即上、下两轴线互相垂直交叉相贯的圆柱体和最下部的矩形底板，如图 11-20 所示。

从图 11-19 中的主、左视图可知，为了支承蜗轮和蜗杆并保证它们之间正确的啮合关系，箱体后面、左右两侧都有相应的轴孔，以便安装滚动轴承。从主视图未剖部分和左视图可以看出，大圆腔部分的边缘上有 6 个螺纹孔。从主视图剖部分和 D 向局部视图可以知道，小圆腔两端面各有 3 个螺纹孔，用来安装箱盖和轴承盖。箱体上、下两螺纹孔用来注

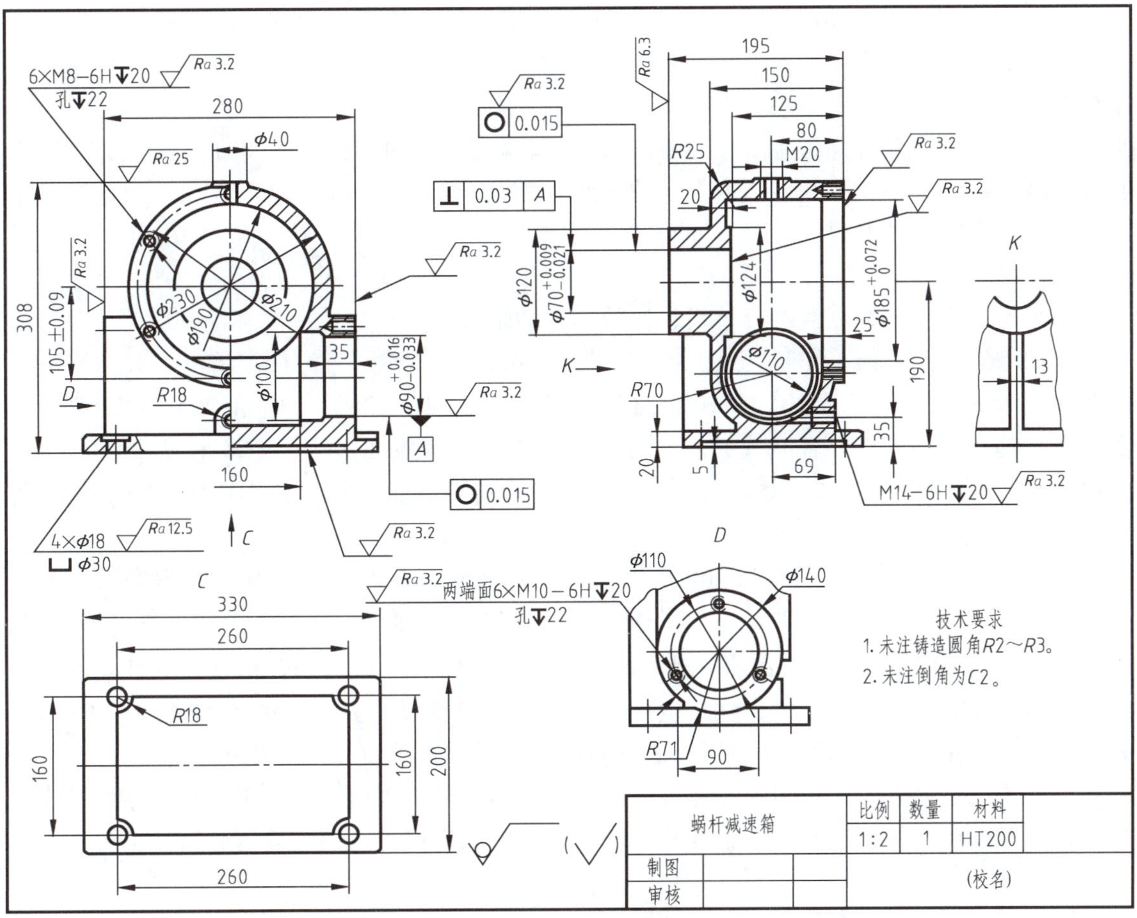

图 11-19 蜗杆减速箱零件图

油、放油和安装螺塞。

从 C 向局部视图和主、左视图中可以看出，底板的形状为四棱柱，为了减少接触面，底板下面挖了一个凹槽。底板上有 4 个安装用的孔。从 K 向视图和左视图可知，箱体后面凸缘为圆柱体，凸缘下部有加强肋板。结合视图，综上所述可以想象出蜗杆减速箱的形状。图 11-21 所示为蜗杆减速箱的立体图。

图 11-20 蜗杆减速箱形体分析

图 11-21 蜗杆减速箱的立体图

(4) 分析尺寸 箱体类零件尺寸标注较为复杂，尺寸数量也很多。在分析尺寸时，首先要弄清长、宽、高 3 个方向的尺寸基准，抓住主要尺寸。然后按形体分析法，逐一弄清各部分结构的定形尺寸和定位尺寸。

蜗杆减速箱高度方向的主要尺寸基准为底面。箱体机械加工时，首先加工底面，然后以底面为基准再加工各孔和其他高度方向的平面。所以，箱体底面既是设计基准，又是工艺基准，也是箱体的安装基准。高度方向的很多重要尺寸，如 308、190、35、5 和 20，均由此基准注出。

为了保证蜗轮与蜗杆的啮合关系，蜗轮轴孔的轴线又为高度方向的辅助基准，由此注出尺寸 105，确定蜗杆轴线高度。通过蜗轮轴孔中心的左右对称平面为长度方向的主要基准，由此注出 $\phi 230$、$\phi 190$、$\phi 210$、$\phi 120$ 和 $\phi 70$ 等直径尺寸以及 280、330 和 260 等长度尺寸。通过蜗杆轴孔中心的正平面为宽度方向的主要基准，由此注出 $R70$、$\phi 90$ 和 $\phi 100$ 等尺寸。由尺寸 80 确定前端面，并以此端面作为宽度方向的辅助基准，由此注出 195、150 和 125 等尺寸。

(5) 分析技术要求 箱体结构的重要部分是后面和左右两侧的轴孔，孔内安装支承蜗杆轴和蜗轮轴的滚动轴承或轴套。为了保证配合性质，各轴孔均有尺寸公差，如 $\phi 70^{+0.009}_{-0.021}$、$\phi 90^{+0.016}_{-0.033}$。轴孔的表面结构参数值也较小。为了保证蜗轮和蜗杆的啮合精度，两轴孔的轴心线距离是箱体的主要设计尺寸，除直接标注外，还规定有尺寸公差，如图 11-19 中尺寸 105 ±0.09。两轴孔还注出圆度公差 0.015，$\phi 70$ 轴孔轴线注有垂直度公差 0.03。

综上所述，初学者在识图时，首先应做到：正确地分析表达方案，善于分析零件结构形状，理解标注尺寸的正确性、完整性及合理性，正确剖析设计意图，理解分析技术要求。

11.5 计算机绘制零件图

在设计或测绘零件时，一般是徒手绘制零件草图，经校核无误后，再用计算机进行绘制。分析零件、选择零件的表达方案、标注尺寸及技术要求的方法，已在前述章节阐明。

11.5.1 AutoCAD 绘制零件图的方法与步骤

1）绘图设置。按第 5 章所述，调出合适的模板图，进行必要的设置与修改，然后开始画图。为了使画图方便，比例应采用 1:1。输出图形时，再确定图形的比例。

2）绘制零件的各个视图。绘图时，应充分利用绘图工具、编辑功能与显示功能，保证绘图的准确性。各视图间应符合投影关系。

3）标注尺寸。标注尺寸前应先定义零件图所需的尺寸样式，然后再标注尺寸。尺寸注法应符合国家标准。

4）标注技术要求。根据零件的技术要求定义有关的块及属性，如表面结构块等，然后再进行标注。标注文字说明的技术要求还应定义必要的文本样式。标注的技术要求应符合国家标准。

5）检查、校核、修改，完成零件图。

6）打印输出。

11.5.2 举例

以图 11-16 所示的减速器箱盖为例介绍 AutoCAD 绘制零件图的方法。

（1）启动 AutoCAD 2013

（2）调用模板图　根据所需图幅，调出对应的模板图，进行必要的设置及修改，保存文件名为"减速器箱盖零件图.dwg"，保存路径：自选。

（3）绘制箱盖零件图（以主视图为例，按实际尺寸绘制）

1）绘制箱盖底面及两轴承孔中心线。在粗实线图层中采用"直线"命令绘制一条 230mm 的长水平基准线，表示箱盖底面在主视图上的积聚投影；在中心线图层中采用"直线"命令距离水平线右端 95mm 处绘制右轴承孔竖直中心线；采用"复制"命令复制上述中心线至左移 70mm 处。

2）绘制两轴承孔内外壁半圆。在粗实线图层中采用"圆"命令分别以 $R35$、$\phi 47$ 和 $R40$、$\phi 62$ 尺寸在两中心处绘圆；采用"修剪"命令剪除水平线下方半圆；水平线连接两孔外壁并修剪。

执行结果如图 11-22a 所示。

3）绘制箱盖壳体。以左轴承孔圆心向右平移 22 处为圆心，采用"圆"命令以 $R62$ 为半径绘箱盖左轮廓，以右轴承孔圆心处为圆心，采用"圆"命令以 $R70$ 为半径绘箱盖右轮廓；采用"直线"命令，利用对象捕捉中的"捕捉到切点"作出两圆的公切线；采用"偏移"命令将此公切线向上偏移 2mm；采用"偏移"命令将水平基准线向上偏移 67mm，确定窥视孔中心位置；新建 UCS→三点，拾取偏移后的公切线上两点及线外一点，确定新坐标系；正交模式下绘制窥视孔中心线；采用"偏移"命令于中心线两侧分别偏移 14mm、23mm 绘制窥视孔内腔及凸台外形；修剪外形轮廓线；壳体外形向内偏移 6mm，确定壳体内腔轮廓。

执行结果如图 11-22b 所示。

4）绘制凸缘。采用"复制"命令将水平基准线竖直向上平移 7mm，确定凸缘厚度；完成凸缘左右两侧轮廓线。

5）绘制轴承旁凸台。采用"偏移"命令将水平基准线竖直向上偏移 28mm，确定凸台平面；根据俯视图中凸台积聚投影象限点位置，采用"构造线"命令作出凸台在主视图上长度方向两直线。

执行结果如图 11-22c 所示。

6）整理图形。采用"修剪"、"圆角"、"打断于点"、"特性匹配"和"拉长"等命令，按绘图规范修剪整理图形。

7）绘制锥孔、锪平孔。

8）绘制局部剖视图的波浪线。

9）绘制肋板轮廓。

执行结果如图 11-22d 所示。

（4）标注尺寸、技术要求　为了避免尺寸数字、表面结构代号等被其他图线穿过，必要时可采用"分解"命令分解已有尺寸标注，采用"打断"命令中断相应线。

（5）绘制剖面线　采用"图案填充"命令绘制各局部剖位置的剖面线。

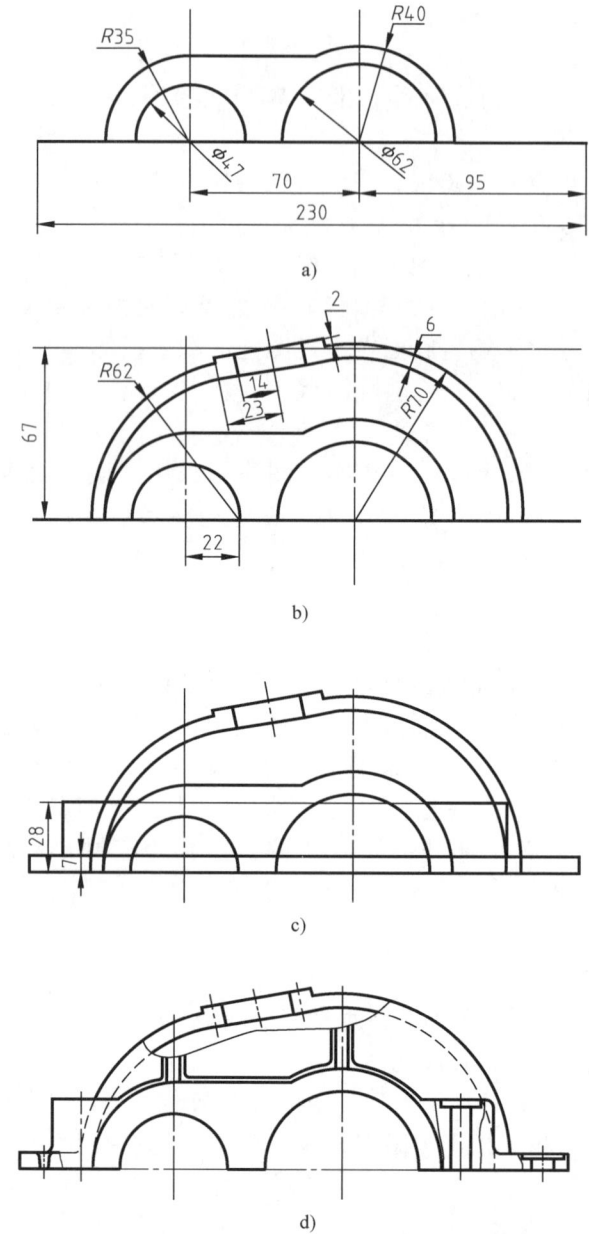

图 11-22 CAD 绘制减速器箱盖主视图的过程
a）绘制箱盖底面及两轴承孔　b）绘制箱盖壳体
c）绘制凸缘和轴承旁凸台　d）绘制锥孔、锪平孔和肋板

执行结果如图 11-23 中主视图所示。

绘制左、俯视图的方法与绘制主视图相类似，不再赘述。

（6）检查、校核、修改、完成零件图　检查视图的投影关系和尺寸标注的正确性等。

（7）打印输出　打印前应将图形进行合理布局，移动视图时应注意应用垂直模式，保持视图间的方位关系，然后进行页面设置，打印出图。图 11-23 所示为减速器箱盖零件图。

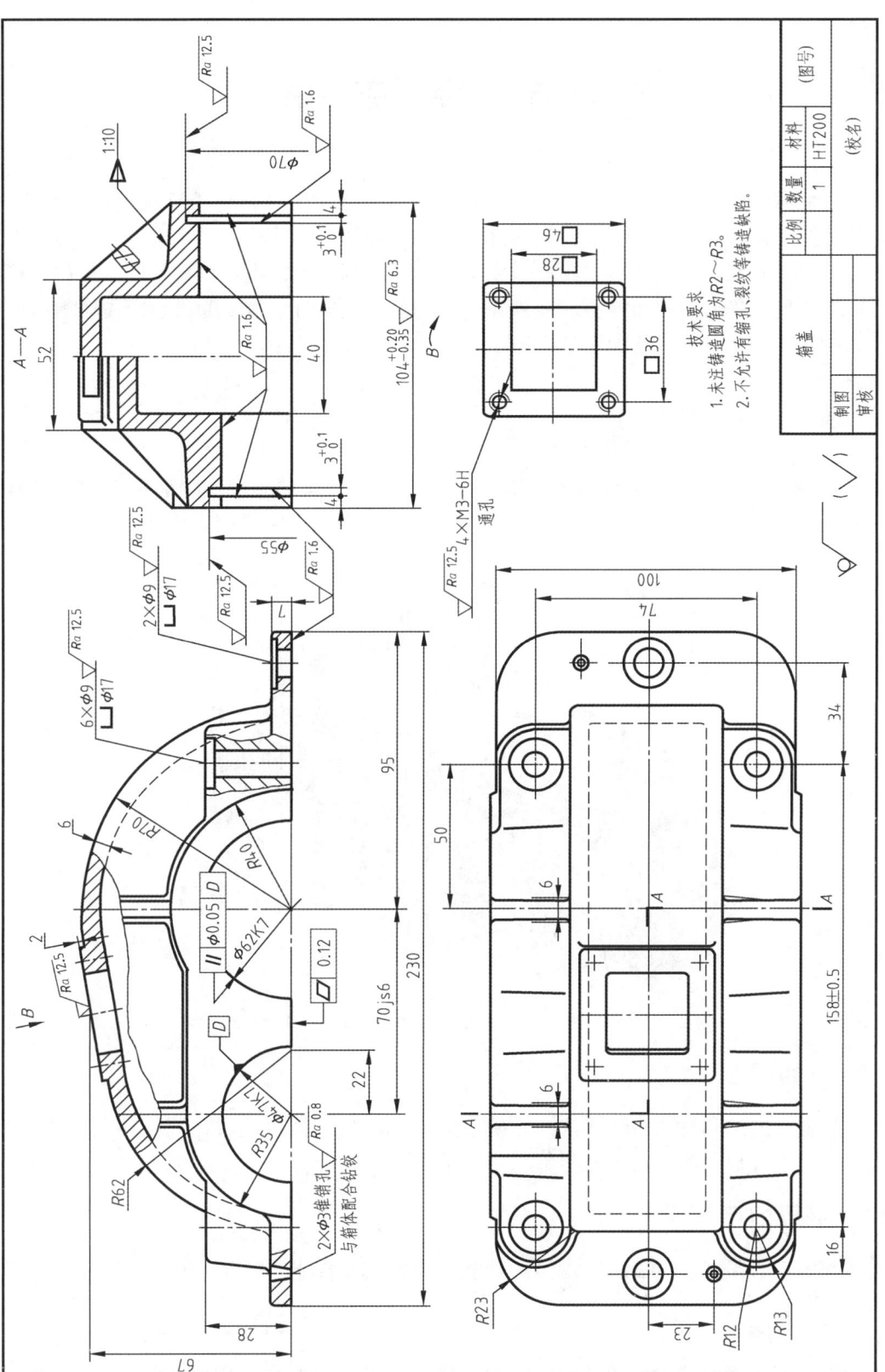

图11-23 减速器箱盖零件图

第 12 章 装 配 图

表达装配体（指机器或部件）整体结构的图样称为装配图。装配图反映设计者的意图，表达装配体的工作原理、性能要求、各零件间的装配关系和零件的主要结构形状；以及在装配、检验、安装时所需的尺寸数据和技术要求。在产品制造中，先根据零件图生产出合格零件，再根据装配图进行装配和检验。此外在安装和维修机器时，也要通过装配图了解装配体的结构和性能。由此可见，装配图是生产中重要的技术文件之一。

12.1 装配图的内容

图 12-1 所示为铣刀头三维立体图。图 12-2 所示为铣刀头的装配图。装配图包括的具体内容如下：

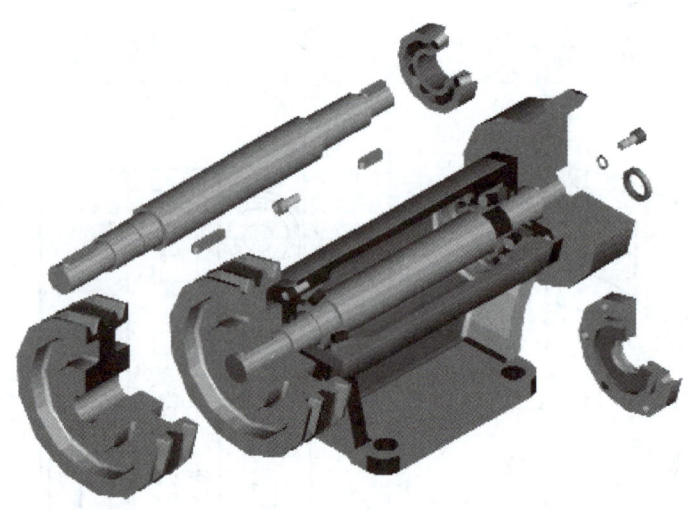

图 12-1 铣刀头三维立体图

12.1.1 一组图形

用一般表达方法和特殊表达方法，正确、完整、清晰和简便地表达装配体的工作原理，零件之间的装配关系、连接关系和零件的主要结构形状。

12.1.2 必要的尺寸

在装配图上必须标注出表示装配体的性能、规格以及装配、检验、安装时所需的尺寸。

12.1.3 技术要求

用文字或符号说明装配体的性能、装配、检验、调试和使用等方面的要求。

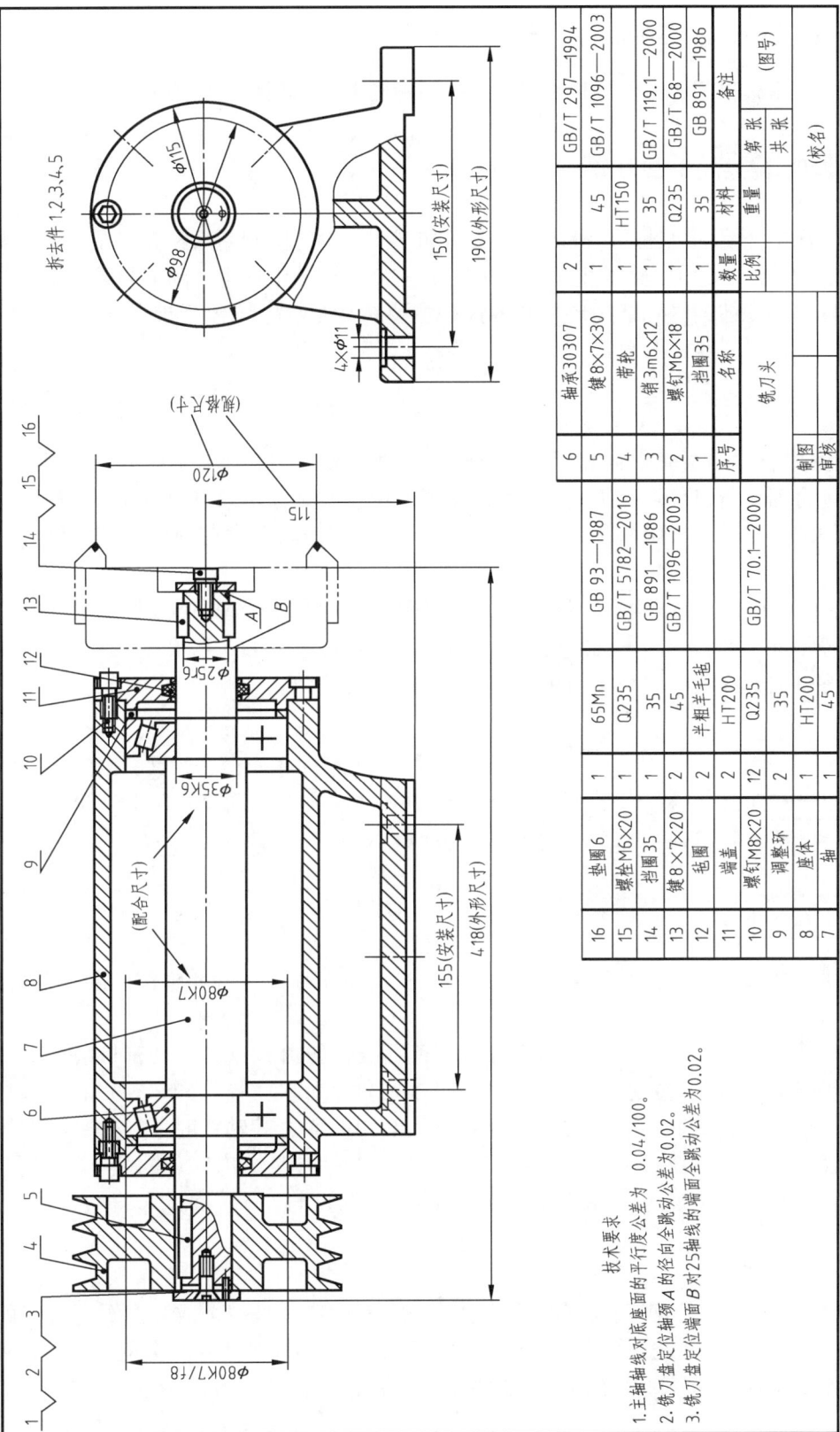

图12-2 铣刀头的装配图

12.1.4　标题栏，明细栏和零、部件的序号

按一定的格式将零、部件进行编号，并填写标题栏和明细栏，以便读图。

12.2　装配体的表达方法

在第 8 章中介绍的机件的各种表达方法，如视图、剖视图和断面图等，在装配图中同样适用。但装配图的表达方法有它自身的特点，其重点表达若干个零件间的装配关系、装配体的工作原理、装配体的内外结构形状和零件的主要结构形状。国家标准《机械制图》对装配体的表达方法作了相应的规定。

12.2.1　规定画法

1）相邻两个零件的接触面和配合面，规定只画一条。在图 12-3 中，键的两侧与轴的键槽两侧为配合面，所以仅画一条线。相邻两个零件的基本尺寸不同，两表面不接触时，无论它们之间间隙多小，均应画两条。在图 12-3 中，键的上面与孔键槽的底面不接触，所以应画两条线。

2）在剖视图中，相邻两个零件的剖面线应相反。3 个或 3 个以上零件相接触时，可用剖面线间隔不同，倾斜方向不同或错开等方法加以区别，如图 12-4 所示。但在同一张图样上，同一零件的剖面线方向和间隔在各视图中必须保持一致。

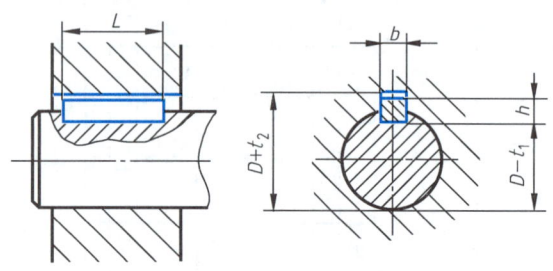
图 12-3　接触面与非接触面

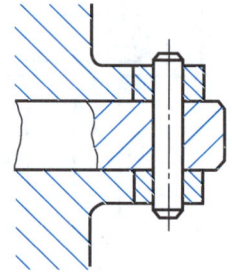
图 12-4　几个相邻零件的剖面线画法

断面厚度小于 2mm 时，允许以涂黑来代替剖面线，如图 12-7 所示的密封垫圈。

3）为了简化作图，在剖视图中，对于一些实心件（如轴、连杆和球等）和一些标准件（如螺母、螺栓、键和销等），若按纵向剖切，且剖切面通过其轴线时，则这些零件按不剖绘制，如图 12-5 所示的件 27（从动轴）。如果实心件上有些结构和装配关系需要表达时，可采用局部剖视图加以表达，如图 12-2 所示的件 7（轴）与件 5（键）。

12.2.2　特殊画法

（1）拆卸画法　在装配图的某一视图中，若要表达某些被一个或几个零件遮挡的装配关系或其他零件时，可假想拆去一个或几个遮挡零件，只画出所表达部分的视图，这种画法称为拆卸画法。应用拆卸画法绘图，应在视图上方标注"拆去件 ×"字样，如图 12-2 所示的左视图。

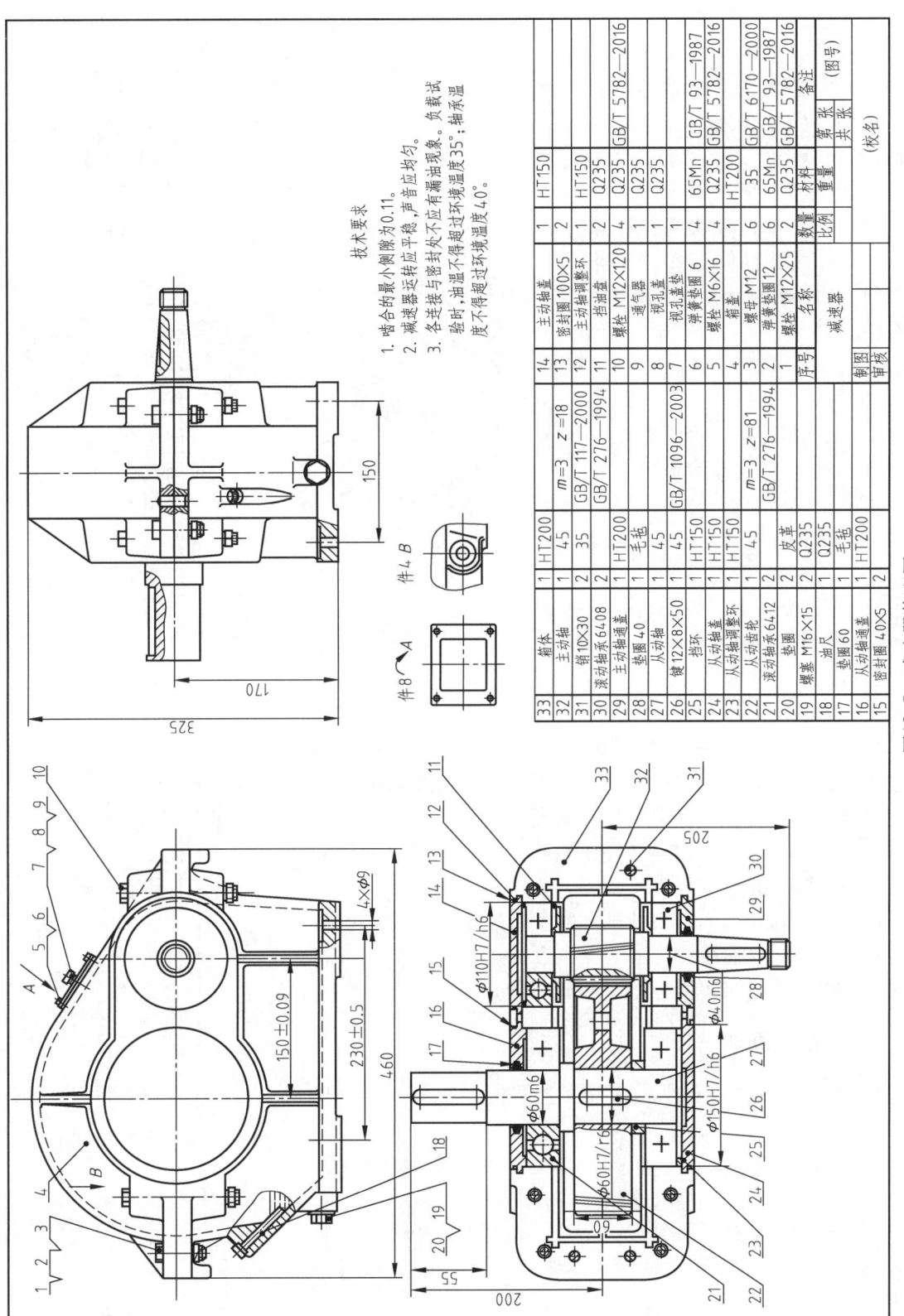

图 12-5 减速器装配图

（2）沿结合面剖切画法　为了表达内部结构，可采用沿结合面剖切画法，如图12-5所示的俯视图。

（3）单独表示某个零件　在装配图中，如需要表达某个零件的形状时，可单独画出该零件的某一视图。但必须在该视图上方注出"件×"字样和大写拉丁字母，在相应视图的附近用箭头指明投射方向，并注明相同的字母。如在图12-5中，单独画出了件8（视孔盖）的斜视图。

（4）假想画法

1）在装配图中，当需要表示运动零件的运动范围或极限位置时，可采用细双点画线画出零件在极限位置上的外形图，如图12-6所示。

2）在装配图中，当需要表示与本装配体有装配关系，但又不属于本装配体的其他零件或部件时，可采用细双点画线画出该零件或部件的轮廓，如图12-2所示的铣刀和图12-6所示的主轴箱。

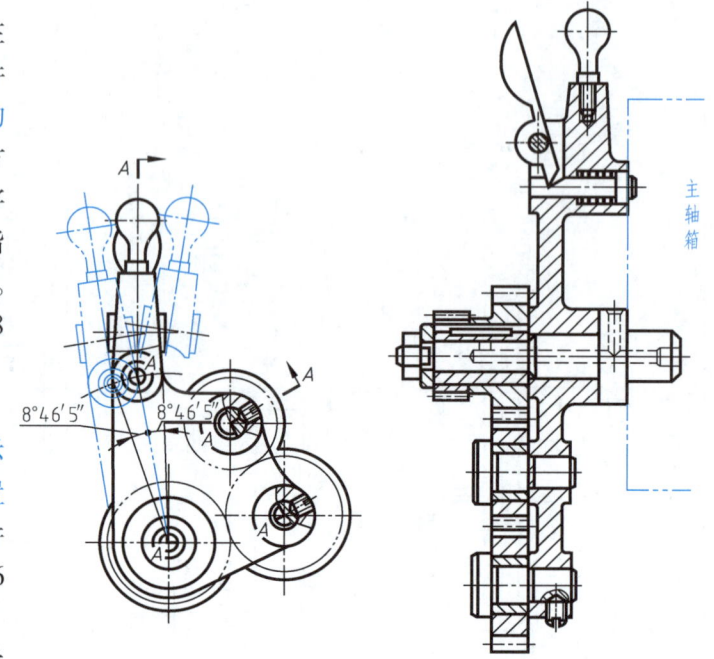

图12-6　三星轮系展开画法

（5）夸大画法　在装配图中，对很薄的垫片、细金属丝、小间隙、小锥度和小斜度等无法按其实际尺寸画出或不能明显表达其结构（如小锥度和小斜度）时，均可采用夸大画法。如图12-3所示，键与齿轮上键槽之间的间隙，就是采用夸大画法画出的。

（6）展开画法　为了表达某些重叠的装配关系及传动路线，可假想将空间轴系按传动顺序展开在同一平面上，再画出其剖视图，如图12-6所示的三星轮系展开画法。

12.2.3　简化画法

1）在装配图中，零件的部分工艺结构如倒角、圆角和退刀槽等允许不画。

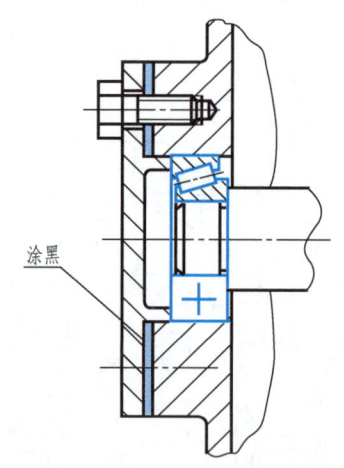

图12-7　滚动轴承的规定画法

2）在装配图中，螺母和螺栓头部允许采用简化画法。若有相同的零件组（如螺纹联接件等）时，允许较详细地画出一处或几处，其余可只用点画线表示其中心位置，如图12-2所示的螺钉组的画法。

3）在剖视图中，滚动轴承被剖切时，允许按第10章中滚动轴承的规定画法画出，如图12-7所示。

12.3 装配图中的尺寸和技术要求的标注

12.3.1 尺寸标注

装配图中应标注出必要的尺寸，以表明装配体的性能、装配、检验、安装或调试等要求。装配图上应标注以下几种尺寸。

（1）性能尺寸（规格尺寸） 它是表示装配体的性能或规格的尺寸，如图12-2所示铣刀头的中心高尺寸115及铣刀直径尺寸$\phi120$。

（2）装配尺寸

1）配合尺寸。它是表示两个零件之间配合性质的尺寸，如图12-2所示轴承内、外圈上所注的尺寸$\phi80K7$、$\phi35K6$和图12-5所示齿轮（件22）的孔与从动轴（件27）的配合尺寸$\phi60H7/r6$。

2）相对位置尺寸。它是表示零件装配时，需要保证的零件相对位置尺寸，如图12-5所示的两齿轮中心距尺寸$150±0.09$。

（3）外形尺寸 它是表示装配体外形轮廓的尺寸，也就是总长、总宽和总高。这些是装配体在包装、运输和安装时需要考虑的尺寸，如图12-2所示的尺寸418、190和图12-5所示的尺寸460、325。

（4）安装尺寸 装配体安装时，与地基或其他装配体相连接时所需要的尺寸，如图12-2所示的尺寸$4×\phi11$、155和150。

（5）其他重要尺寸 设计中经过计算或选定的尺寸，如图12-5所示的从动齿轮宽度尺寸60。

12.3.2 技术要求的注写

装配图中的技术要求用文字书写，说明装配体的性能、装配和检验等方面的技术指标。它一般包括以下几方面内容：

1）装配体装配后应达到的精确度，如准确度和装配间隙等。

2）对装配体维护、保养的要求，以及操作时的注意事项等。

以上内容应根据装配体的具体情况而定。技术要求书写在图样空白处，如图12-2所示。

12.4 装配图中零、部件的序号及明细栏

装配图中的所有零件或部件都必须编号，并填写明细栏，以便统计零件数量，进行生产的准备工作。

12.4.1 零、部件序号及编排方法

序号应注在图形轮廓线的外边，并填写在指引线的横线上、圆内或非零（部）件端的附近，但在同一装配图中形式要一致。

1. 指引线

1）指引线用细实线绘制，应从所指部分的可见轮廓线内引出，并在末端画出圆点，如图 12-8 所示。若所指部分很薄或为涂黑断面时，可在指引线末端画出箭头，并指向该部分的轮廓，如图 12-9 所示。

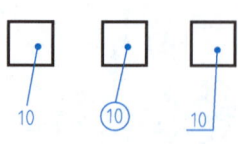

图 12-8　指引线画法

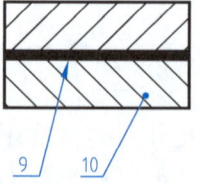

图 12-9　指引线末端为箭头的情况

2）指引线的另一端可弯折成水平横线，或为细实线圆，或为直线段终端，如图 12-8 所示。

3）指引线互相不能相交。当通过剖面线的区域时，指引线不应与剖面线平行。必要时，指引线可以画成折线，但只可曲折一次。

4）一组紧固件以及装配关系清楚的零件组，可以采用公共指引线，如图 12-10 所示。

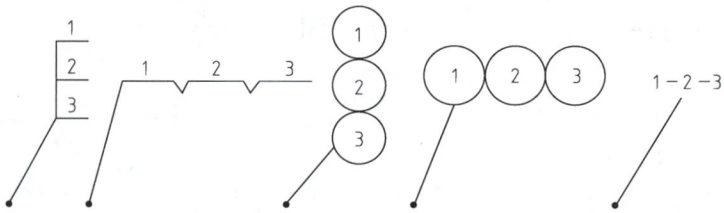

图 12-10　公共指引线画法

2. 序号

1）序号字号应比图中所注尺寸数字的字号大一号或两号，但在同一装配图中序号的字号应一致。

2）相同的零件、部件用一个序号，一般只标注一次。多处出现的相同零件、部件，必要时也可以重复标注。

3. 序号的排列

装配图中的序号应按水平或垂直方向排列整齐，应按顺时针或逆时针方向顺序排列，也可只在每个水平或垂直方向顺次排列。

12.4.2　明细栏

明细栏一般绘制在标题栏上方，若地方不够时，可将余下部分移至标题栏左方。明细栏的格式及内容见 GB/T 10609.2—2009。学生练习时可按图 12-11 所示绘制。用 AutoCAD 绘图时，可按第 5 章所述，建立 A0、A1、A2 装配样板图，图中的标题

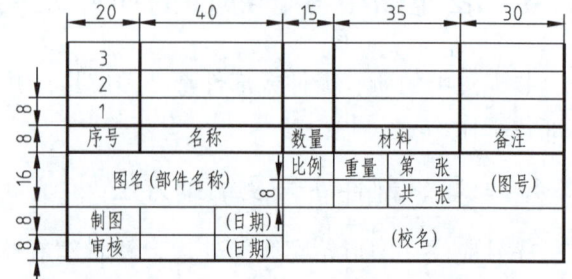

图 12-11　教学用装配图的标题栏和明细栏

栏与明细栏按图 12-11 所示绘制，其他设置与零件样板图一样，但要增加"序号"标注样式。画装配图时，直接调用样板图。

12.5 装配结构

为了保证装配体能达到应有的性能要求，又要考虑安装与拆卸方便，设计装配体时，应注意装配结构的合理性。

12.5.1 接触面与配合面的结构

1）两零件接触时，同一方向上应只有一对接触面，如图 12-12a 所示，$B>A$。这样，既保证两零件接触良好，又给加工带来方便。

2）对于孔与轴之间的配合，如图 12-12b 所示，ϕA 为配合面，那么 ϕB 与 ϕC 之间就不应再形成配合，即必须 $\phi C > \phi B$。

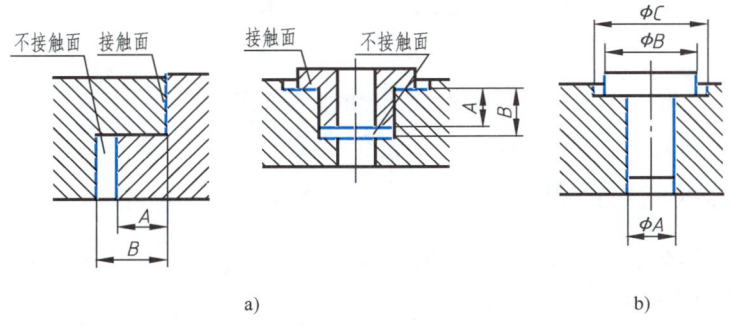

图 12-12 接触面与配合面的结构
a) $B>A$ b) $\phi C > \phi B$

12.5.2 考虑拆卸方便

1）在用孔肩或轴肩定位滚动轴承时，应考虑维修时拆卸的方便与可能，即孔肩高度必须小于轴承外圈厚度；轴肩高度必须小于轴承内圈厚度，如图 12-13 所示。

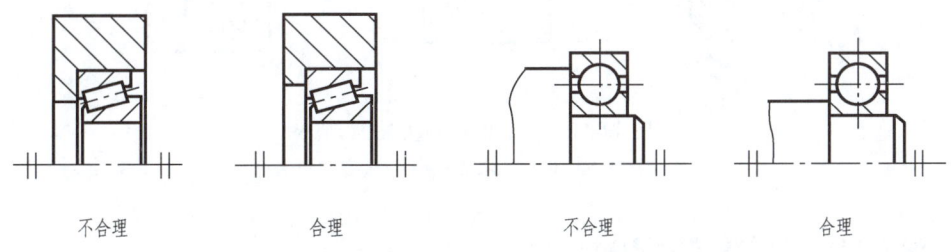

图 12-13 滚动轴承用孔肩或轴肩定位的结构

2）当用紧固件连接零件时，应考虑足够的安装和拆卸紧固件的空间，如图 12-14、图 12-15 和图 12-16 所示。

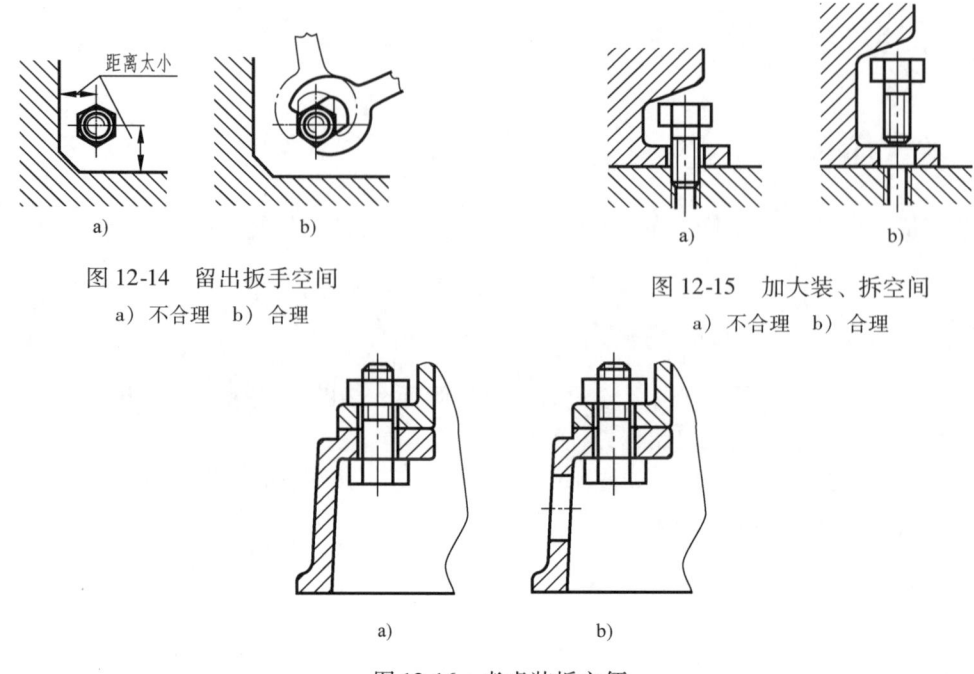

图 12-14 留出扳手空间
a）不合理 b）合理

图 12-15 加大装、拆空间
a）不合理 b）合理

图 12-16 考虑装拆方便
a）不合理 b）合理

12.5.3 装配体的密封装置

装配体的密封装置，主要是为了防止外部灰尘、水分进入装配体和防止润滑油剂渗漏。常见的密封方法及画法如图 12-17 所示。

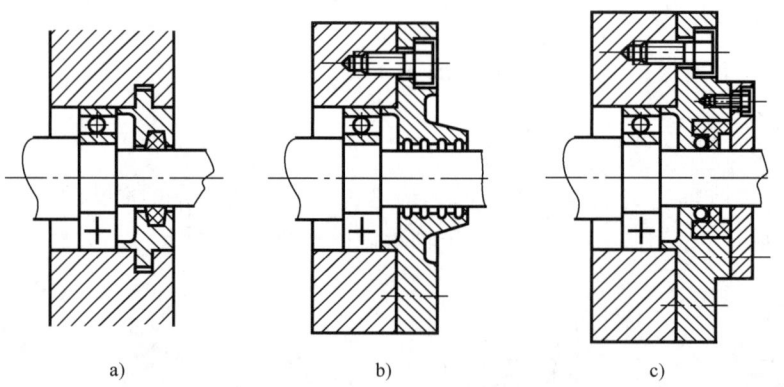

图 12-17 常见的密封方法及画法
a）毡圈密封 b）油沟式密封 c）密封圈密封

12.6 装配体测绘和装配图画法

对装配体进行测量，画出零件草图，绘制装配体装配图及零件图的过程称为装配体测绘。它对推广先进技术、交流生产经验、改造或维修设备均有重要意义。测绘工作是工程技术人员必须掌握的基本技能。

12.6.1 装配体测绘的步骤

1. 对装配体全面了解和分析

1) 明确测绘装配体的任务及目的。若为了设计新产品提供参考图样而进行测绘时,可以对装配体进行完善、修改;若为维修和制作备件,测绘时必须正确、准确、不能修改。

2) 通过查阅有关技术文件、资料以及向有关人员调查,了解所测绘的装配体的用途、性能、工作原理、结构特点,各零件间的装配关系,以及主要零件的作用和加工方法等。

图 12-5 所示的减速器是通过一对齿数不同的齿轮啮合来传递转矩和运动,实现减速的一个部件。其工作原理是:动力从主动齿轮轴伸出端传入,通过互相啮合的一对齿轮,将运动和转矩传递给从动轴,通过从动轴的伸出端带动机械转动。由于主动齿轮的齿数比从动齿轮的齿数少,所以从动轴的转速变慢,达到减速的目的。

2. 拆卸装配体和画装配示意图

1) 首先确定拆卸顺序,再按顺序逐个拆卸零件,用打钢号、扎标签或编写件号等方法对每一个零件编上件号,分组存放。

2) 要正确拆卸零件,对不可拆卸连接和过盈配合的零件尽量不拆,以免损坏零件。拆卸零件应保证原装配体的完整性、精度及密封性。

3) 为了便于在拆卸后重装,可绘制部件装配示意图。该图可以在拆卸前绘制初稿,然后一边拆卸,一边补充完善,最后画出装配示意图。装配示意图用简单线条,画出大致轮廓表示零件间的相对位置和装配关系。它是绘制装配图和重新装配的依据。图 12-18 所示为减速器的装配示意图。

3. 画零件草图

测绘零件往往受到时间和工作场地的限制,因此,必须徒手画出每个零件草图。画零件草图时,应注意以下几点:

1) 标准件可以不画草图,但要测出主要参数,如螺纹的大径 d、螺距 P 等,然后查找有关的标准,确定其标记代号,并详细记录。

2) 应注意零件间的尺寸。相互关联的零件,应考虑其联系尺寸。如图 12-5 所示,箱体与箱盖是用螺栓联接的,两者的孔距应保持一致。

3) 零件的配合及尺寸公差。应根据零件在装配中的功用,判断零件间的配合性质。先确定零件尺寸的公差代号及公差等级,然后再查有关标准,确定上、下极限偏差。如图 12-5 中,件 27 从动轴与件 22 齿轮孔的配合,件 14 主动轴盖与箱体、箱盖的配合等。

12.6.2 装配图表达方案的选择

(1) 拟订表达方案 包括选择主视图,确定其他视图和表达方法。

1) 选择主视图。一般将装配体的工作位置作为主视图的位置,以最能反映装配体的装配关系、传动路线、工作原理及结构形状的方向作为主视图投射方向,如图 12-2 所示。

2) 选择其他视图和表达方法:根据装配体的结构特点,对主视图未能表达清楚的装配关系及传动路线,选择相应的视图来加以表达。根据表达的需要,选用适当的表达方法。但所选视图表达的内容应有所侧重。

(2) 实例分析　以图 12-5 为例介绍表达方案的拟订。

图 12-5 所示减速器的主视图表达了整个减速器的外形、某些次要装配干线的装配关系，以及零件间的相对位置。俯视图采用沿结合面的剖切画法，表达了减速器的主要装配干线的装配关系。左视图主要表达了减速器外形及吊钩、放油孔凸台的结构形状。A 向视图表达了件 8 视孔盖的形状。B 向视图则表达了件 4 箱盖上凸台的形状。

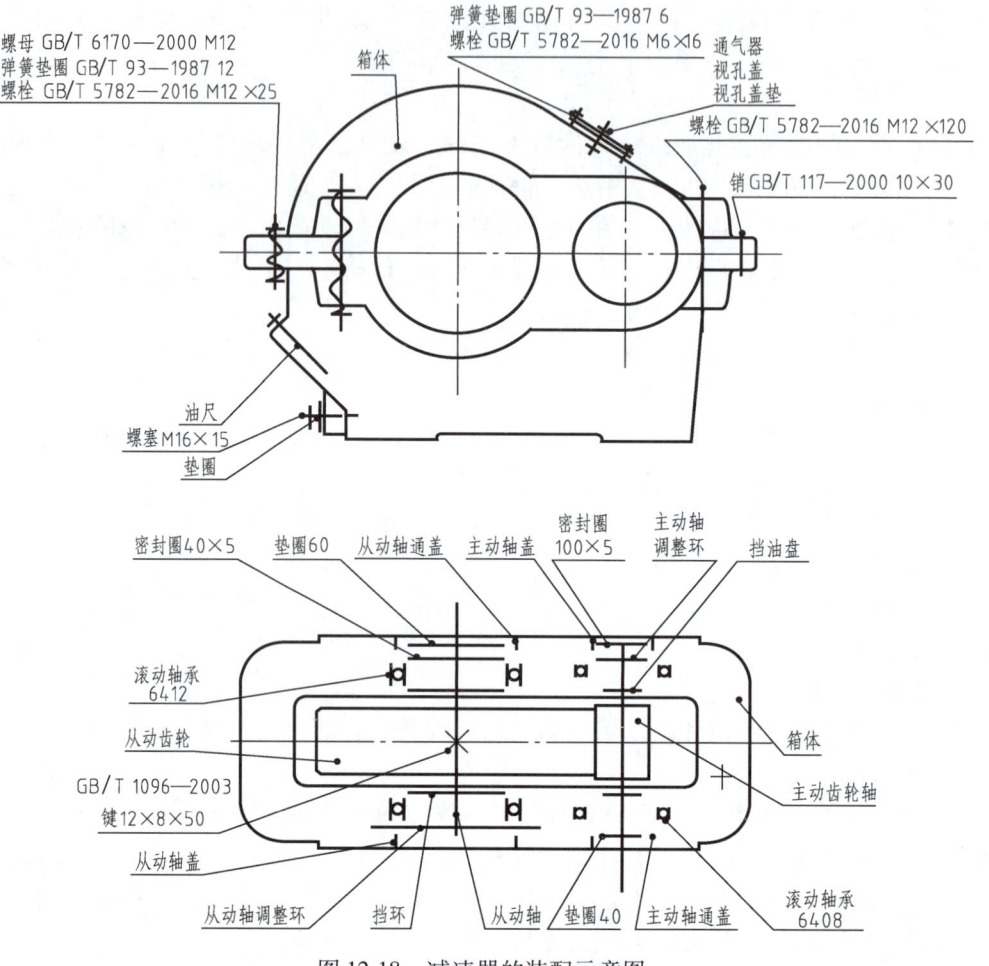

图 12-18　减速器的装配示意图

12.6.3　画装配图的方法与步骤

1. 用仪器画装配图的一般步骤

1）确定装配体表达方案后，选定图幅和比例，画出标题栏和明细栏框格。

2）合理布图，画出各视图的基准线、中心线、轴线、重要端面、大的平面或底面，此时应注意留出标注尺寸、序号等的空白位置。

3）画主要装配干线上的零件。如果从里向外画，则一般画运动中的核心零件，其装配轴承的端面常常是定位面，画出轴、轴承等，由里向外装配，逐个画出零件。如果从外向里画，则往往画箱壳、支架类的零件，由外轮廓中的端面或装有轴承的孔槽作为基准，由外向内装配，逐个画出零件。

4）画次要装配干线上的零件。在机器中，润滑系统、冷却系统虽是次要装配干线，但只是在画图的步骤上有前、后区别，作为机器的一部分，次要装配干线仍需在某些视图上重点表达清楚。

就机械连接方式而言，用螺纹联接是很普遍的。每种螺纹联接及其所在装配体中的部位一定要表达清楚。对不同种类的螺纹联接以及键联结、销联接、齿轮啮合、铆接等都应作局部剖视，清楚表达装配体上各种连接形式。这些表达将有助于看图装配、拆卸维修。

5）标注尺寸。标注尺寸可见前面所述。初学者应注意不能将零件图上的尺寸全部搬到装配图上。

6）编序号、填写标题栏和明细栏、注写技术要求。

7）完成全图后应仔细审核，然后签名，填上时间。

2．用仪器画装配图举例

画减速器装配图，选择由里向外画。

1）根据两齿轮的中心距、中心高以及减速器的对称面，画出中心线。选择主动齿轮轴上齿宽对称面、从动齿轮齿宽对称面和减速器前后对称面（三面重合）作为宽度基准，画出主动齿轮轴和从动齿轮。由于左视图主要表达减速器的外形，所以图中仅画出主动齿轮轴的外伸部分，如图 12-19 所示。

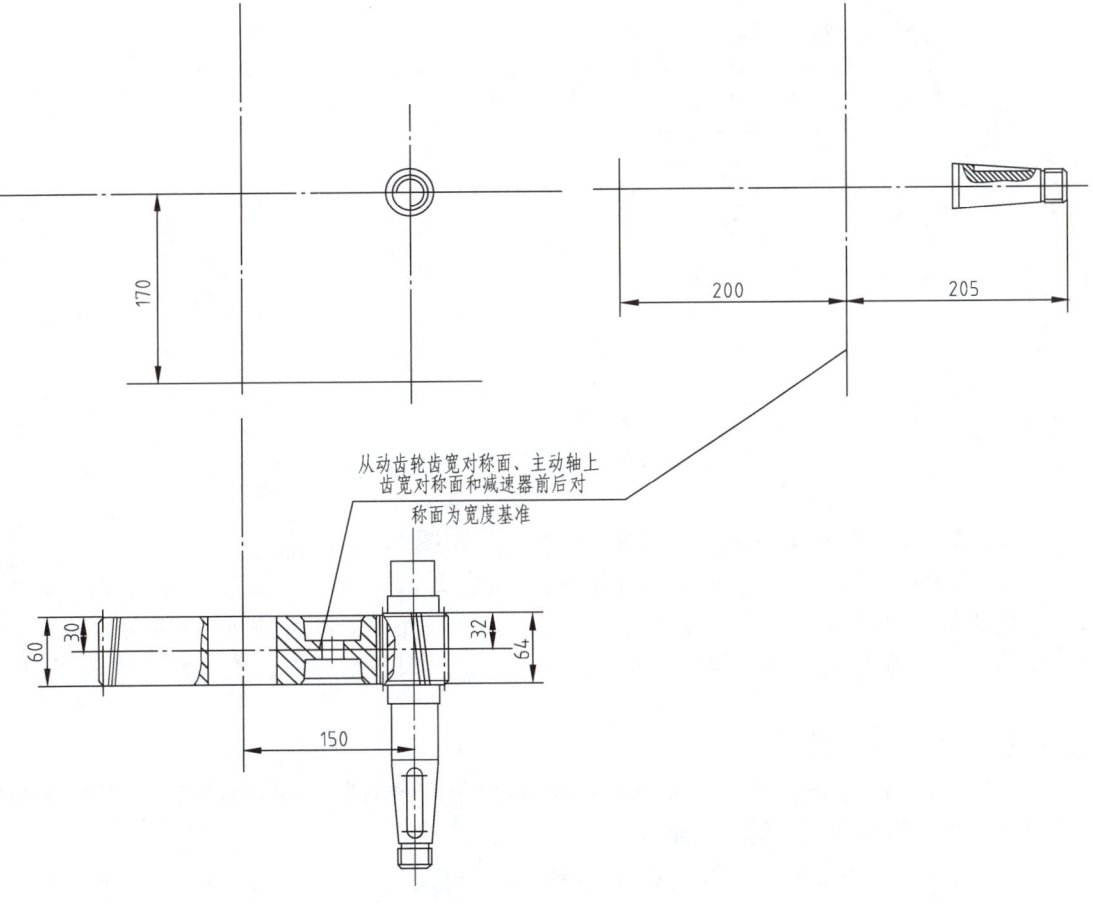

图 12-19　减速器装配图画图步骤（一）

2)画出从动轴,并以两轴为主要装配干线,画出轴上的零件,如图 12-20 所示。注意主动齿轮与从动齿轮啮合的画法。

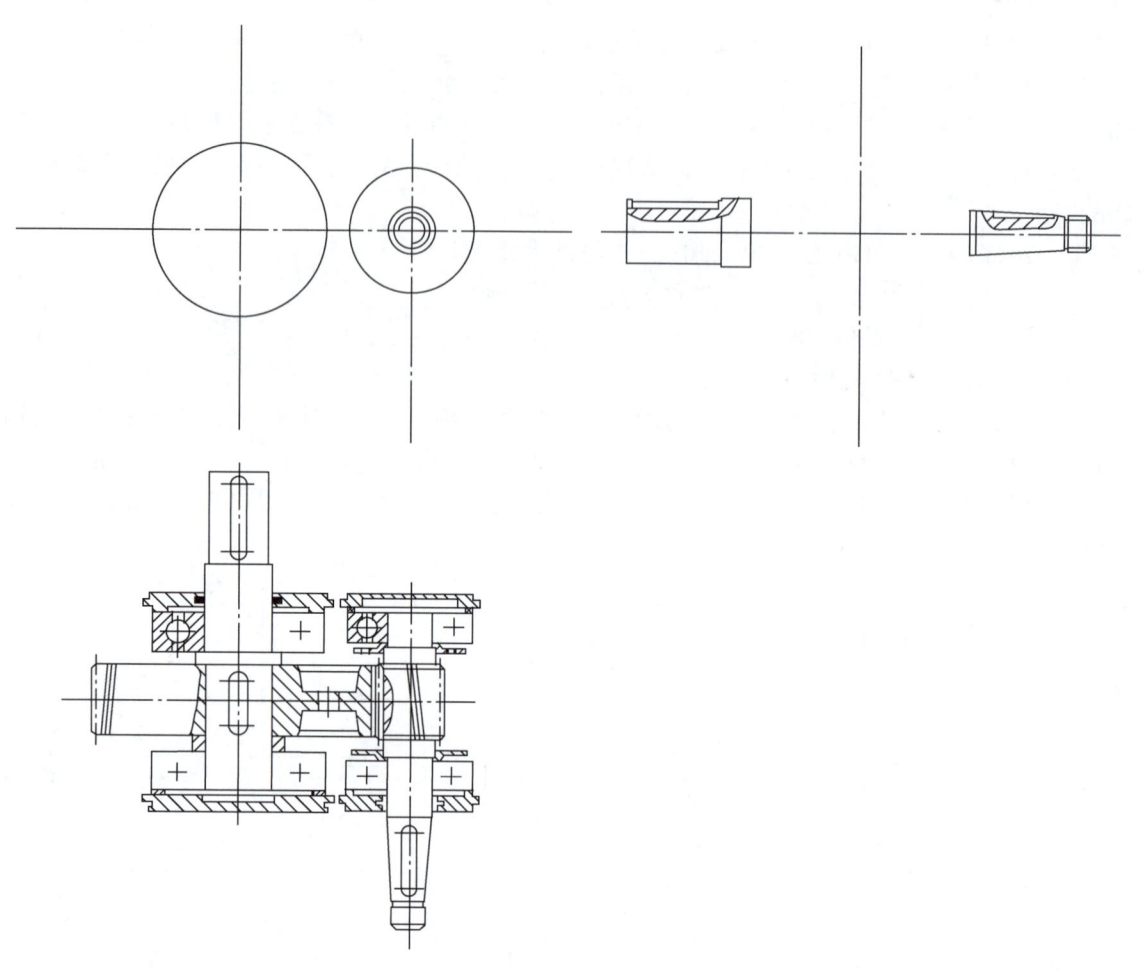

图 12-20 减速器装配图画图步骤(二)

3)以减速器对称面为基准,画出箱体和箱盖,如图 12-21 所示。

4)画出螺栓、销、油尺、视孔盖等零件,如图 12-22 所示。为了表达视孔盖的倾斜结构,采用 A 向斜视图表达,为了表达零件 4 箱盖凸台的形状,采用 B 向局部视图表达,如图 12-5 所示。最后描粗图线、编写序号、标注尺寸、注写技术要求、填写标题栏和明细栏,完成全图,如图 12-5 所示。

3. 计算机画装配图

根据零件草图,装配示意图,用 AutoCAD 画出装配图时,应注意检验、校正零件的形状和尺寸。纠正零件草图中的不妥或错误之处。

1)绘图前应当确定图幅。为了绘图方便,比例选择为 1:1。启动 AutoCAD 后,调入相应图幅的样板图,如 A0 样板图,然后绘制装配图。样板图的有关设置与绘制参见第 5 章。

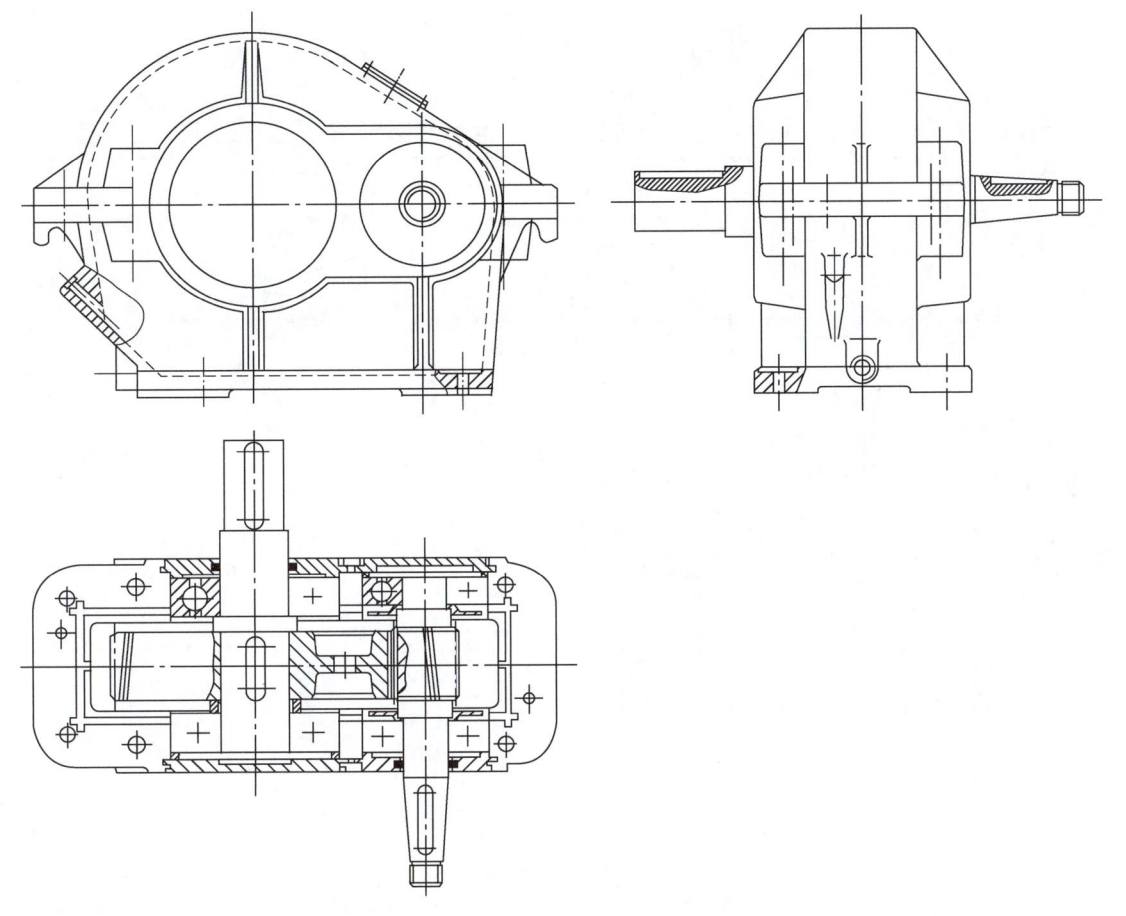

图 12-21 减速器装配图画图步骤(三)

2) 绘图步骤。

①根据零件草图绘制零件图。各零件图的比例选择为1:1。零件尺寸必须准确。尺寸和技术要求标注在"尺寸与技术要求"层上。冻结"尺寸与技术要求"层,将每个零件的图形部分用 Wblock 命令定义为".DWG"文件。定义时,必须选好插入点,插入点应当是零件间相互有装配关系的重合点。

②确定画装配图的基准,调入装配干线上的主要零件,如轴。然后沿装配干线展开,逐个插入相关零件。插入后,若需要修剪不可见的线段,应当用"分解"命令分解插入块,然后修剪。插入块时,应当注意确定它的轴向和径向定位。图 12-23 所示为铣刀头装配图的部分绘制过程。

③根据零件之间的装配关系,检查各零件的尺寸是否有干涉现象。

④根据需要对图形缩放或移动,进行布局排版。应用尺寸样式,标注尺寸及公差;应用文字样式,注写技术要求、填写标题栏和明细栏,完成装配图。

⑤标注序号。在装配图中标注序号,需要针对标注序号的国家标准要求,设置新的标注样式"序号"。设置步骤及标注方法如下所述。

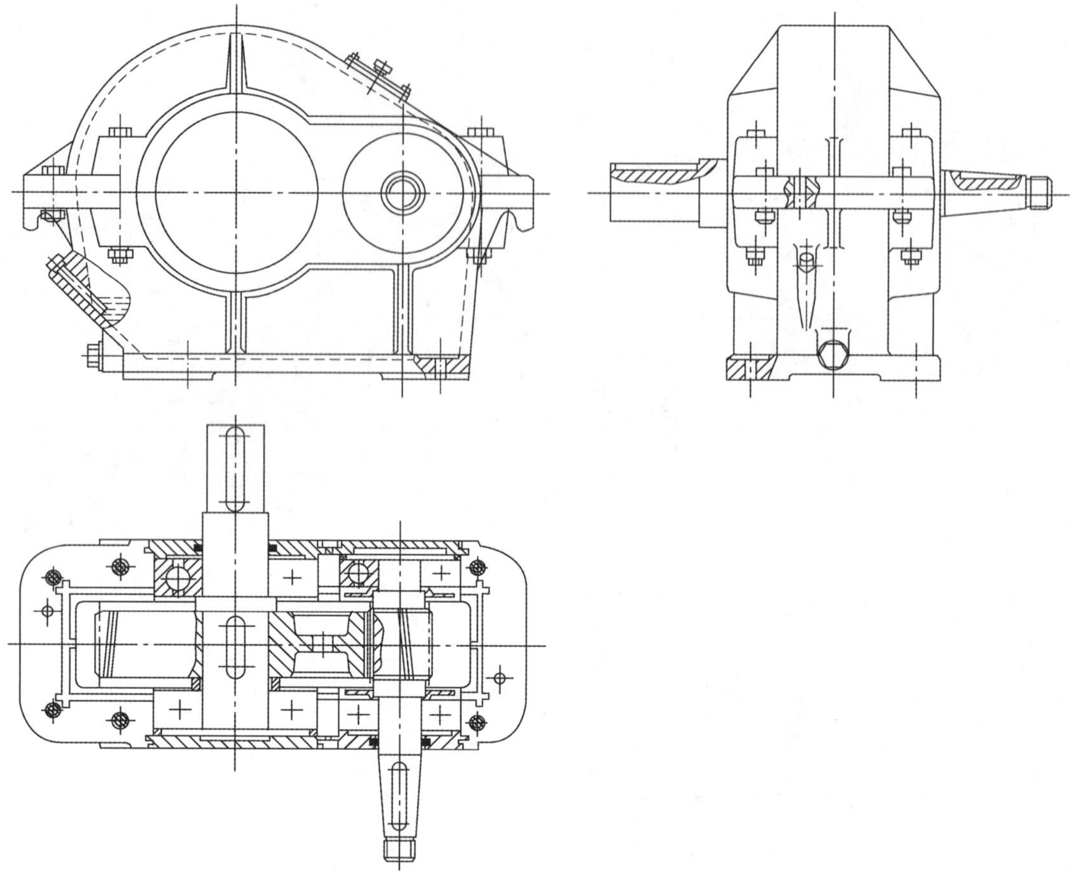

图 12-22 减速器装配图画图步骤（四）

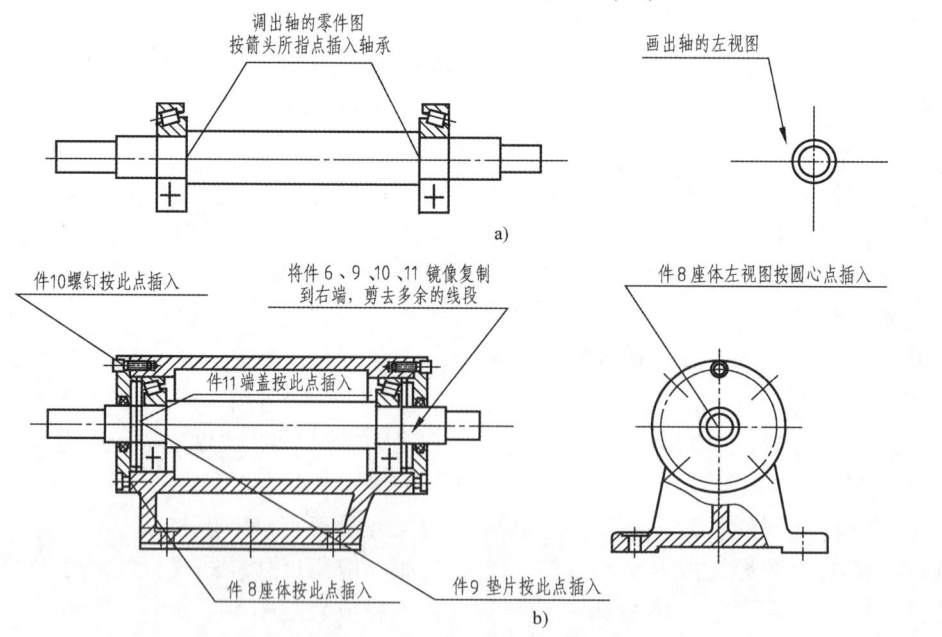

图 12-23 铣刀头装配图的部分绘制过程
a) 调入主要零件 b) 逐一将其他零件插入

a. 单击格式下拉菜单→标注样式→CAD 会弹出"标注样式管理器"对话框，如图 12-24 所示→单击"线性尺寸"→单击【新建】按钮→CAD 会弹出"创建新标注样式"对话框，如图 12-25 所示→在"新样式名"文本框中，输入"序号"后单击【继续】按钮→CAD 会弹出"新建标注样式：序号"对话框→单击"符号与箭头"选项卡，在"引线"下拉列表框中，拾取"小点"选项，如图 12-26 所示→单击"文字"选项卡，如图 12-27 所示→在"文字高度"文本框中输入"5"（注：尺寸数值的字高为 3.5）→完成"序号"标注样式的创建。

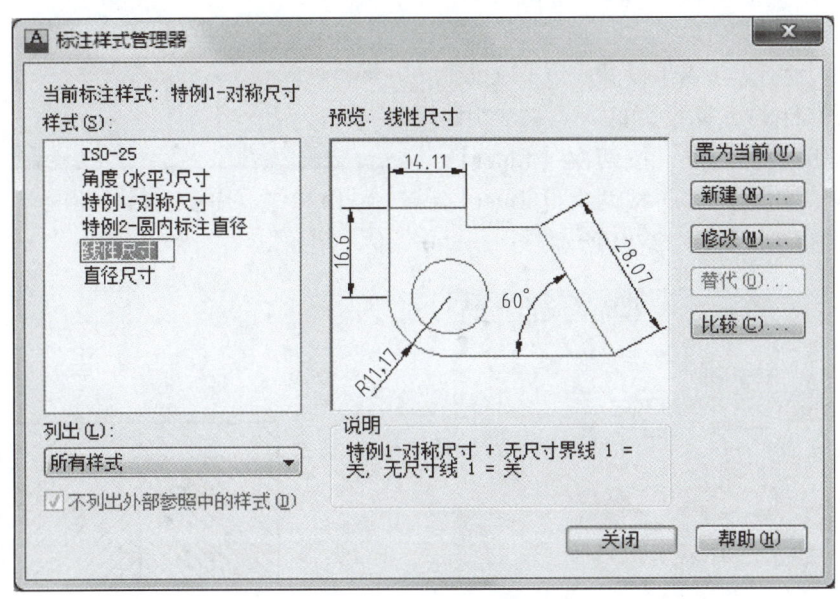

图 12-24　序号标注样式创建（一）

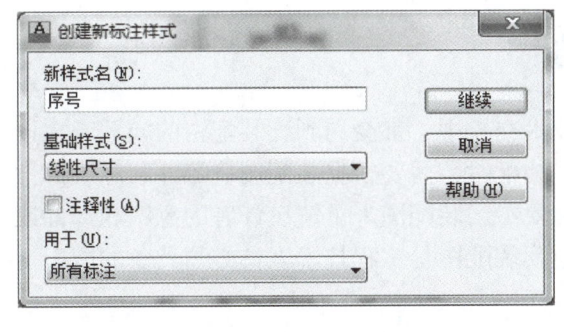

图 12-25　序号标注样式创建（二）　　　图 12-26　序号标注样式创建（三）

b. 标注序号时，先画出"水平或垂直"的辅助线，将"序号"标注样式在"标注工具栏"中置为当前（单击标注工具栏中的下拉列表框，再单击"序号"），将"尺寸与技术要求层"置为当前。

c. 标注序号的操作如下：

命令：qleader（快速引线命令）

指定第一个引线点或［设置（S）］＜设置＞：✓

按【Enter】键后，CAD 会弹出"引线设置"对话框，单击"附着"选项卡，并拾取"最后一行加下划线"，最后单击【确定】按钮，如图 12-28 所示。

指定第一个引线点或［设置（S）］＜设置＞：［点取零件的可见投影区，点取（用捕捉功能）辅助线上的点，按两次【Enter】键，输入序号，如"1"，再按两次【Enter】键完成序号的标注，如图 12-29 所示］

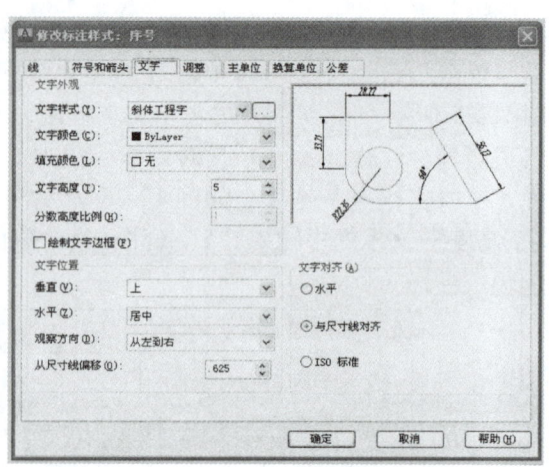

图 12-27　序号标注样式创建（四）

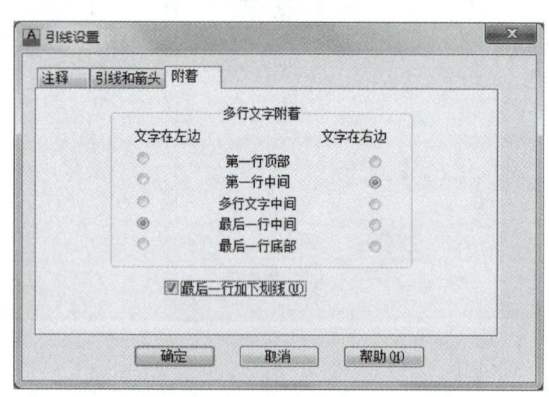

图 12-28　序号标注样式创建（五）

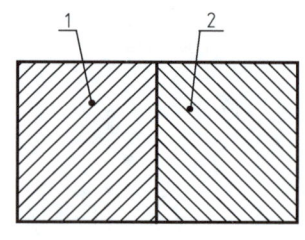

图 12-29　序号标注样式应用示例

12.7　读装配图和由装配图拆画零件图

在设计产品、装配、使用和维修机器以及技术交流中，都会遇到读装配图的问题。在设计时，需依据装配图设计零件并画出零件图；在装配时，需要根据装配图将零件装配成部件和机器；在使用、维修以及技术交流时，也常常要参阅装配图来了解设计者的意图和部件或机器的结构特点以及正确的操作方法等。熟练地读装配图是工程技术人员必须具备的能力。

12.7.1　读装配图应达到的基本要求

1）了解装配体的名称、性能、用途及工作原理。
2）弄清零件间的装配关系及连接关系。
3）看懂零件的结构形状及作用。

12.7.2　读装配图的方法和步骤

（1）概括了解　从装配图的标题栏中可知装配体的名称，结合生产知识可略知它的用途，由比例、尺寸就可知装配体的大小，由明细栏可知组成装配体的零件的名称、数量，从而可推测装配体的复杂程度。

图 12-30 所示为齿轮泵的装配图。由标题栏与明细栏中可知齿轮泵由 16 种零件组成，是机器供油系统中的一个主要部件。由尺寸可知泵体体积不大。齿轮泵共用了 5 个视图表达，是中等复杂程度的部件。

齿轮泵是液压传动和润滑系统中的常用部件，其工作原理如图 12-31 所示。当主动齿轮按逆时针方向旋转时，带动从动齿轮按顺时针方向旋转。这时，齿轮啮合区左边的压力降低，产生局部真空，油池中的润滑油在大气压力的作用下，由进油口进入齿轮泵的低压区，随着齿轮的旋转，齿槽中的油不断地沿着箭头方向送至右边，把油经出油口压出去，送至机器的各润滑部位。

（2）分析视图　弄清每个视图的名称和表达方法，各视图之间的剖切位置、投影关系。了解各个视图的表达重点。从图 12-30 中可以看出，装配图主要是由主视图、俯视图、右视图、左视图及泵盖的右视图组成。

主视图是按泵的工作位置选取，采用了局部剖视图，主要表达泵的主要装配关系和结构形状。右视图采用了 C—C 全剖视图，主要说明泵的工作原理和进出油口的结构，与主视图配合表达泵体的结构形状。

俯视图是通过两个齿轮轴线剖切的全剖视图，主要表达主动齿轮轴与从动齿轮、泵盖与泵体的装配关系，并表达了泵体底板的形状。

左视图采用拆卸画法，主要表达件 6 压盖的外形和泵体的外形。

件 1（泵盖）D 视图主要表达泵盖的外形及联接螺孔、定位销孔的位置。

（3）分析零件　分析零件结构形状，深入了解零件间的装配关系以及装配体的工作原理，这是读图的关键。

利用件号和零件剖面线的不同方向和间隔，根据投影关系，把一个个零件的视图范围划分出来。从主视图入手，根据各装配干线，对照零件在各视图中的投影关系，弄清各零件的结构形状，各零件间的装配关系和连接形式，了解它们的作用进而分析装配体的工作原理。

在图 12-30 中，首先将熟悉的标准件从装配图中"分离"出去；然后分析简单的零件如件 1 泵盖、件 6 压盖和件 7 带轮，看懂后也将它们"剔除"；最后分析复杂的件 3 泵体。在主、俯、右、左视图中找出泵体的对应投影关系，分离出的泵体视图，如图 12-32 所示。应用形体分析法、线面分析法和分析零件视图的方法，弄清泵体的结构形状，如图 12-33 所示。

（4）综合归纳　在对装配体零件间的装配关系和主要零件的结构进行分析的基础上，还要对尺寸、技术要求进行全面综合，进一步明确机器的工作原理，对零件的形状，动作过程有一个全面的认识。

通过图 12-30 中的主、俯视图中 $\phi16H7/h6$、$\phi22H7/h6$ 配合的标注，可以看出件 10 主动齿轮轴、件 11 轴与泵体、泵盖上的孔是间隙配合。件 11 轴与件 12 从动齿轮孔采用 $\phi16H7/r6$ 的过盈配合。两个零件靠过盈配合连接在一起。

通过分析，不难看出齿轮泵的工作原理。当动力通过件 7 带轮、件 8 键传给件 10 主动齿轮轴，主动齿轮轴带动件 12 从动齿轮一起旋转。两个齿轮旋转方向如图 12-30 的右视图所示。液体从泵体上面的孔进入件 3 泵体中，充满各个齿间，并被齿轮沿着泵体的内壁送到另一侧，当齿轮啮合时，液体被挤压而从出口处以一定的压力排出。

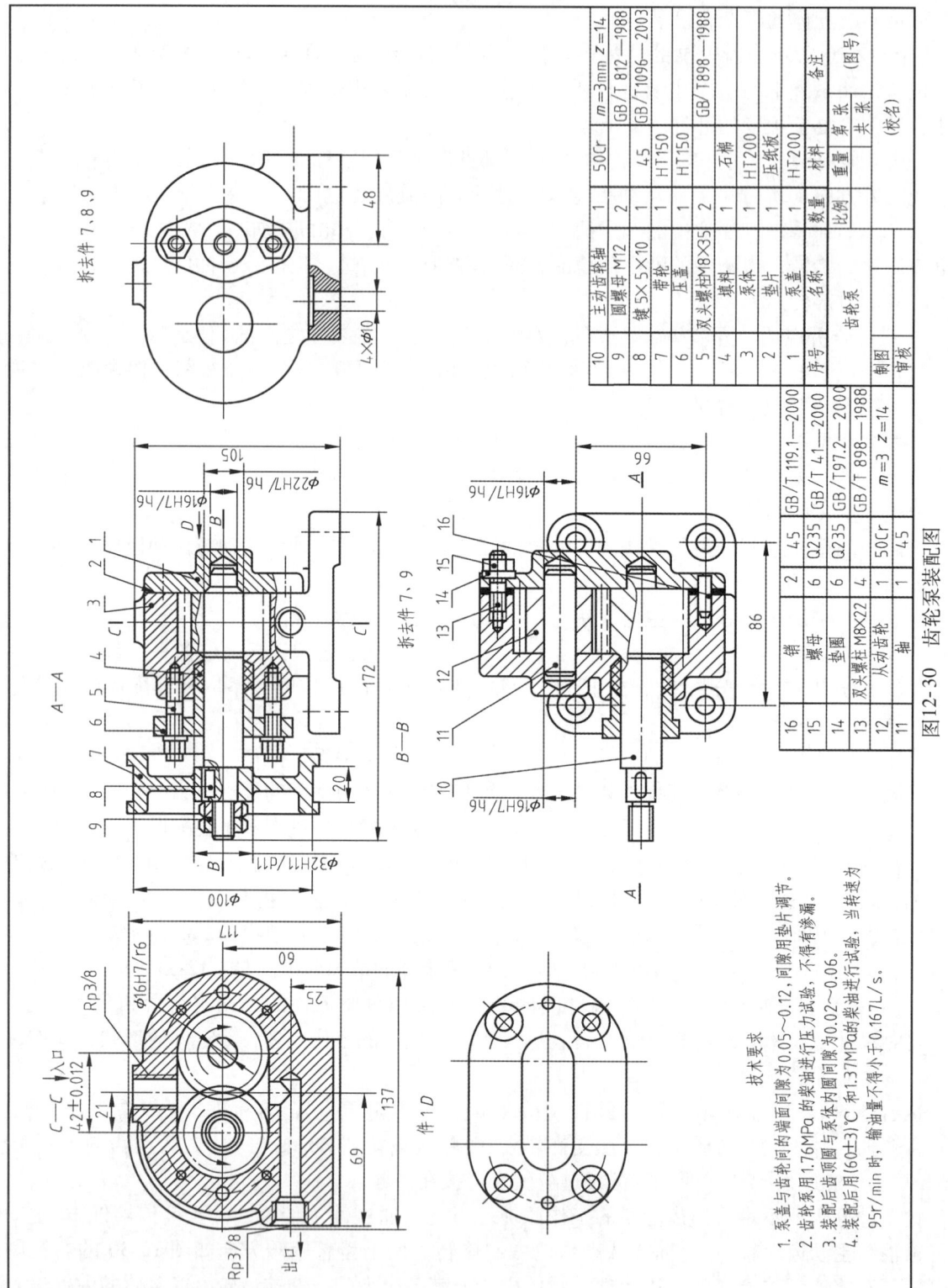

图12-30 齿轮泵装配图

另外，装配图中还表达了密封装置，如件2垫片、件4填料，以及件9圆螺母的防松装置。

12.7.3 由装配图拆画零件图

根据装配图拆画零件工作图，应在看懂装配图的基础上进行。在第11章中对零件的结构、画法均作了介绍，这里，仅就由装配图拆画零件图，提出需要注意的问题。

(1) 确定零件的形状　装配图主要表达零件间的装配关系，往往对某些零件结构形状的表达难以兼顾，对个别零件的某些局部结构未完全表达；零件上某些标准的工艺结构（如倒角、倒圆和退刀槽等）进行了省略。因此，在由装配图拆画零件图时，应根据零件的作用和要求予以完善，补画出这些结构。图12-34所示的螺纹堵头头部的形状在装配图中未表达清楚，在画零件图时，应当补画A向视图加以表达。

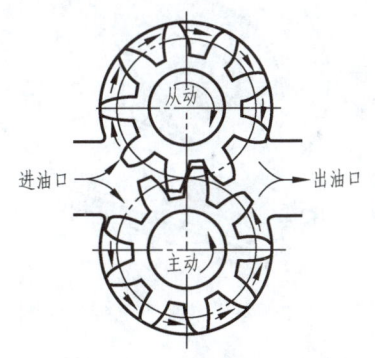

图 12-31　齿轮泵工作原理

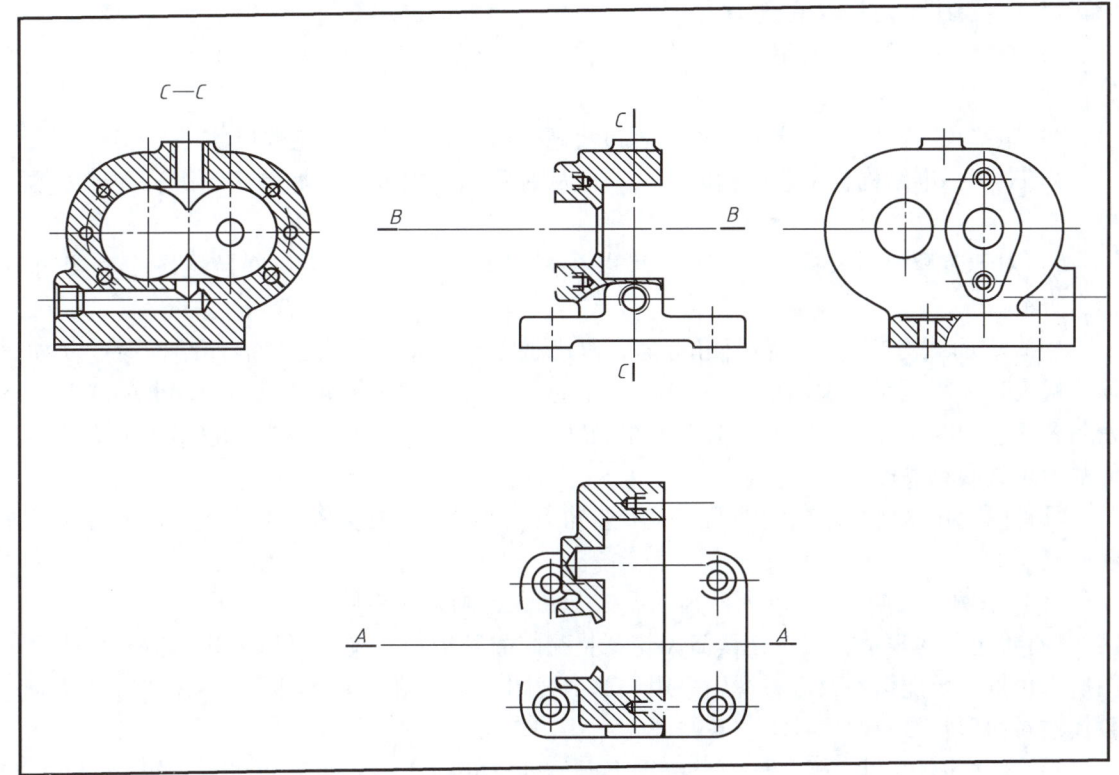

图 12-32　泵体分离图

(2) 确定表达方案　装配图的表达方案是从整个装配体来考虑的。在拆画零件图时，零件的表达方案应根据零件的结构特点来考虑，不能强求与装配图一致。一般地讲，壳体、箱体类零件主视图所选的位置可以与装配图一致，这样便于装配时对照。而对于轴类零件，一般按加工位置选取主视图。

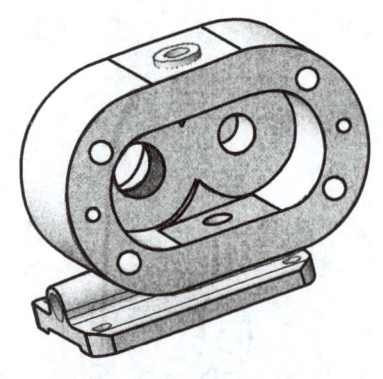

图 12-33 泵体三维立体图

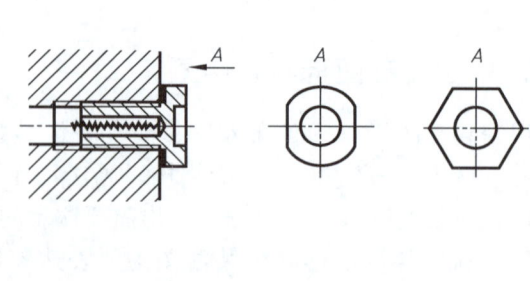

图 12-34 螺纹堵头头部的形状

（3）零件图上尺寸的处理 零件图上尺寸的注法可按第 11 章讨论的方法标注。零件尺寸的大小，应根据装配图来确定。

1）装配图中已注出的尺寸，必须直接标注在有关零件图上。对于配合尺寸，某些相对位置尺寸，要注出偏差数值。

2）与标准件相配合或相联接的有关尺寸，要从相应标准中查取，如螺纹、销孔和键槽等尺寸。

3）某些尺寸需要根据装配图给出的参数进行计算而定，如齿轮的尺寸。

4）对于标准结构或工艺结构的尺寸，应从有关标准中查出，如倒角、沉孔和退刀槽等尺寸。

5）对于装配图中未标注的尺寸，可以在装配图上量取，也可以在装配图中直接用 DI 命令查询。

（4）表面结构参数（如表面粗糙度）和其他技术要求 零件上各表面结构参数（如表面粗糙度）应根据零件表面的作用和要求确定。一般地讲，有相对运动和配合的表面，有密封要求、耐腐蚀要求的表面，其表面粗糙度数值应小些；其他表面粗糙度数值应大些，具体数值可查阅有关标准。

零件图上技术要求的确定涉及有关专业知识，可以参照有关资料和同类产品零件用类比法确定。

（5）举例 根据图 12-30 所示齿轮泵装配图，拆画泵体零件图。

1）确定泵体表达方案。在读懂齿轮泵装配图的基础上，确定泵体表达方案。泵体主视图所选位置与装配图一致，右视图采用局部剖视图；俯视图采用全剖视图；用局部视图表达泵体左端面形状。

2）标注泵体尺寸。按齿轮泵装配图上已给的尺寸标注，如孔尺寸 $\phi 16$，中心距尺寸 42 等；量取装配图上未注尺寸，如底板长度尺寸 113、宽度尺寸 96 等；查阅有关标准，如螺纹孔尺寸等。

3）确定泵体表面粗糙度。按上述方法与原则查阅有关标准，确定表面粗糙度数值。

4）确定技术要求。

①根据齿轮泵装配图上的要求确定，如孔 $\phi 16H7$ 等。

②根据齿轮泵的工作情况和泵体加工要求确定，如两个孔的中心距的上下极限偏差及两

个孔的平行度要求等。

图 12-35 所示为泵体零件图。

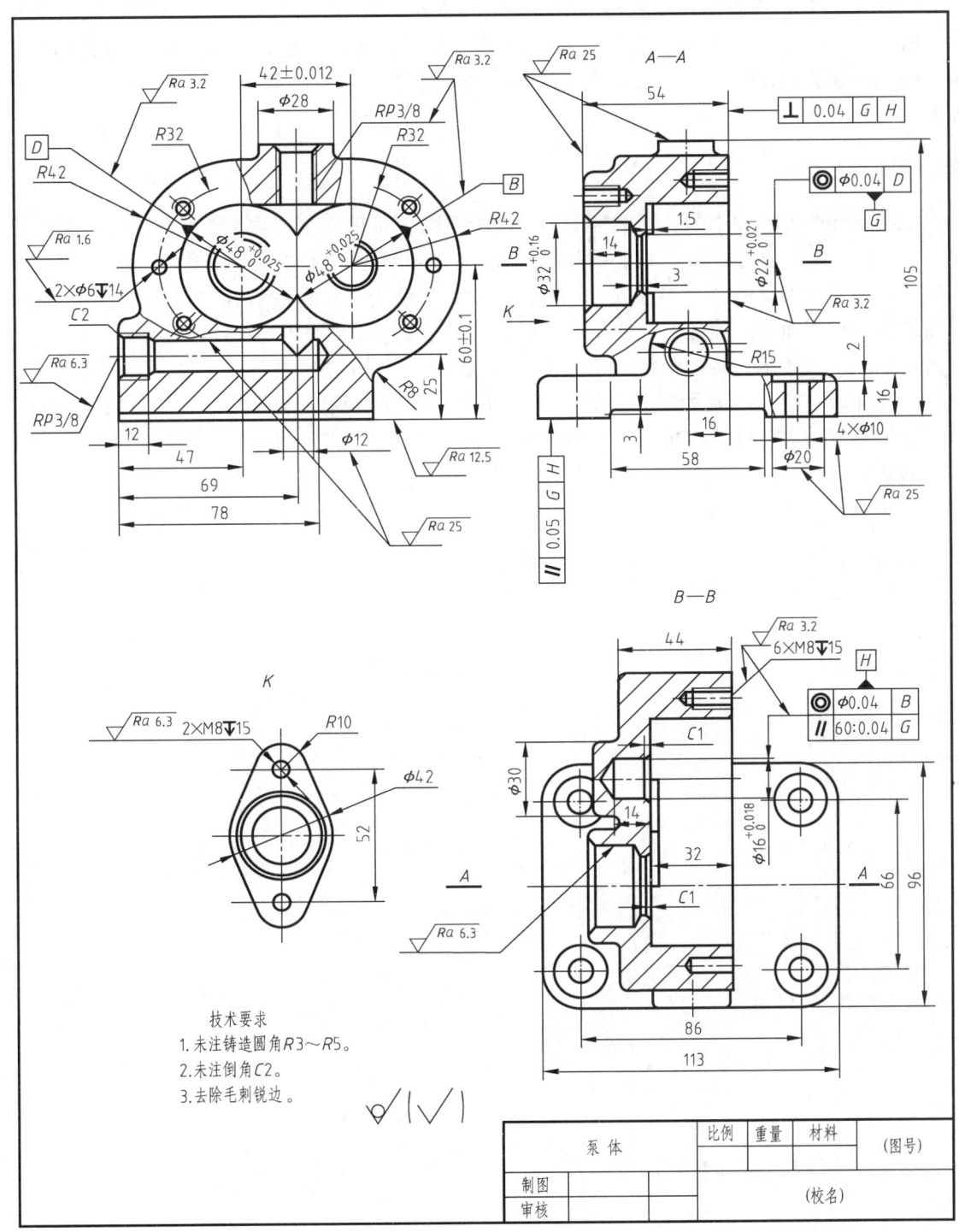

图 12-35　泵体零件图

（6）计算机拆画零件图　确定泵体表达方案、确定尺寸及技术要求与上述相同，计算机拆画泵体零件图，其过程简述如下：

用 New 命令建立新图→插入齿轮泵装配图（下拉菜单→插入）→分解装配图（下拉菜单→分解）→删除其他零件图线（删除）→补全泵体被其他零件遮挡的图线→根据零件图要求重新确定表达方案，按表达方案完成泵体零件图→标注尺寸和技术要求→完成泵体零件图，如图 12-35 所示。

素质养成点

工匠榜样李万君，中国工匠的风骨，"技能报国"是他终生夙愿，"大国工匠"是他至尊荣光。他从一名普通焊工成长为我国高铁焊接专家，是"中国第一代高铁工人"中的杰出代表，是高铁战线的"杰出工匠"，被誉为"工人院士""高铁焊接大师"。在外国对我国高铁技术封锁面前，他凭着一股不服输的钻劲儿、韧劲儿，积极参与填补国内空白的几十种高速车、铁路客车、城铁车转向架焊接规范及操作方法，先后进行技术攻关 100 余项，其中 21 项获国家专利，《氩弧半自动管管焊操作法》填补了我国氩弧焊焊接转向架环口的空白，他培养带动出一批技能精湛、职业操守优良的技能人才，为打造"大国工匠"储备了坚实的新生力量。

第 13 章　展开图和焊接图

13.1　立体表面的展开

在工业生产中，经常遇到金属板材制成的容器、管道和接头等制件。制造这类产品时需要先画出各个部分的表面展开图，下料成形，再用咬缝或焊缝连接。

将立体表面按其实际大小，依次摊平在同一平面上，称为立体表面的展开。展开后所得的图形称为展开图。展开图在造船、机械、电子、化工和建筑等行业中，都得到广泛应用。图 13-1 所示的就是圆柱管展开的示意图。画立体表面的展开图就是通过图解法或计算法画出立体表面摊平后的图形。

立体表面分为可展与不可展两种。平面立体的表面都是平面，是可展表面；曲面立体中的圆柱面、圆锥面属可展表面，而球面、环面等都是不可展表面。不可展的立体表面常采用近似展开的方法画出其展开图。

13.1.1　平面立体表面的展开

平面立体的各个表面都是多边形，分别求出组成平面立体表面的各个平面的实形，将各个表面的实形依次排列在一个平面上，就可求出展开图。

1. 棱柱表面的展开

图 13-2 所示为一个斜口直四棱柱管的表面展开图。四棱柱管的两个正平面为梯形，反映实形，另两个表面为侧平面，形状为矩形，此矩形的边长在主视图中可直接量取。展开图的作图过程如图 13-2b 所示。

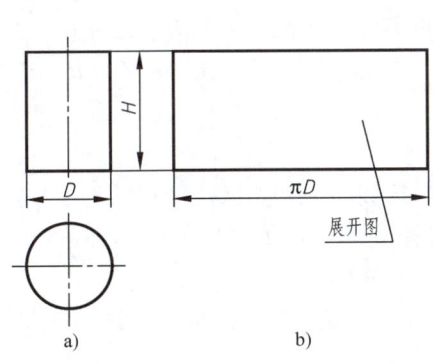

图 13-1　圆柱管的展开
a）两面投影图　b）展开图

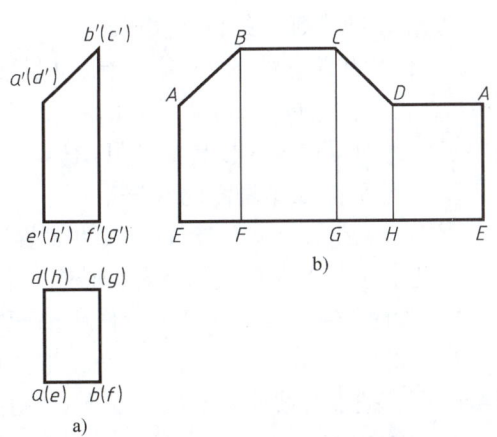

图 13-2　斜口直四棱柱管的展开
a）两面投影图　b）展开图

1）按各底边的实长展成一条水平线，标出 E、F、G、H、E 各点。

2）由这些点作垂线，在其上量取各棱线的实长，即得端点 A、B、C、D、A。

3）顺次连接这些端点，就画出了这个斜口直四棱柱管的展开图。

2. 棱锥表面的展开

图 13-3a 所示为四棱台的主、俯视图。棱线延长后交于一点 S，形成一个四棱锥。可以看出四棱台的 4 个棱面都是梯形，但它们在主视图和俯视图上都不能反映实形，所以必须先求出四棱锥棱线的实长，然后按已知边长作三角形的方法，顺次求出各三角形棱面的真形，拼得四棱锥的展开图，再截去延长的上段棱锥的各棱面，就是四棱台的展开图。求作展开图的过程如下：

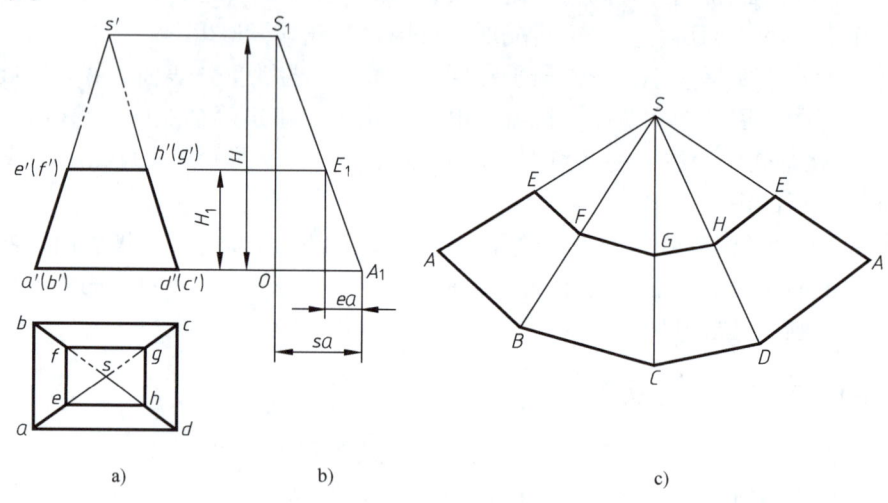

图 13-3　四棱台的展开
a）两面投影图　b）求实长　c）展开图

1）求棱线实长。如图 13-3b 所示，以 sa 之长作水平线 OA_1，作垂线 OS_1 等于四棱锥之高 H，S_1A_1 即为棱线 SA 的实长。在 OS_1 上，量取四棱台的高 H_1，并作水平线，与 S_1A_1 交于 E_1，则 S_1E_1 即为延长的棱线实长。

2）作展开图。如图 13-3c 所示，以棱线和底边的实长依次画出 △SAB、△SBC、△SCD、△SDA，得四棱锥的展开图。再在各棱线上截取延长的棱线实长，得 E、F、G、H、E 各点，顺次连接，即得这个四棱台的展开图。

3. 其他平面立体表面的展开

图 13-4a 所示为矩形吸气罩的两面投影。它的 4 条棱线长度相等，但延长后不交于一点，因此，这个矩形吸气罩不是四棱台，但也属于平面立体。作展开图的过程如下：

1）如图 13-4a 所示，把俯视图中前面和右面的梯形分成两个三角形。

2）如图 13-4b 所示，用直角三角形法求出 BD、BC、BE 的实长。为了图形清晰且节省图纸幅面，把求各线段实长的实长图，集中画在一起。

3）如图 13-4c 所示，按已知边长拼画三角形，画出前面和右面两个梯形。由于后面和左面两个梯形分别是它们的全等图形，便可同样画出，这样，即得这个矩形吸气罩的展开图。

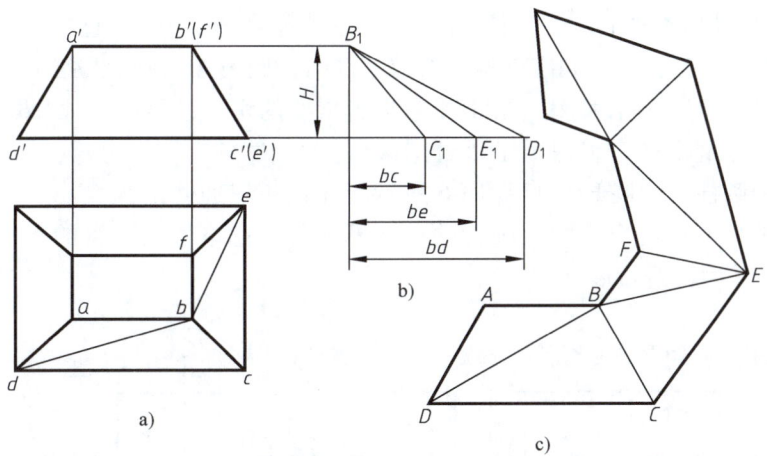

图 13-4 平面立体表面展开
a) 两面投影图　b) 求实长　c) 展开图

13.1.2 可展曲面的展开

由圆柱面、圆锥面组成的各种管件、接头在工程中广泛应用。由于圆柱面的相邻素线互相平行，圆锥面的相邻素线相交，因此它们都是可展曲面。

1. 圆柱面的展开

（1）圆柱管的展开　不带斜截口的圆柱管的展开图为一矩形，高为管高 H，长为 πD，如图 13-1 所示。

（2）斜口圆柱管的展开　图 13-5 所示的斜口圆柱管的展开，与展开平口圆管基本相同，只是斜口展成曲线，作图过程为：

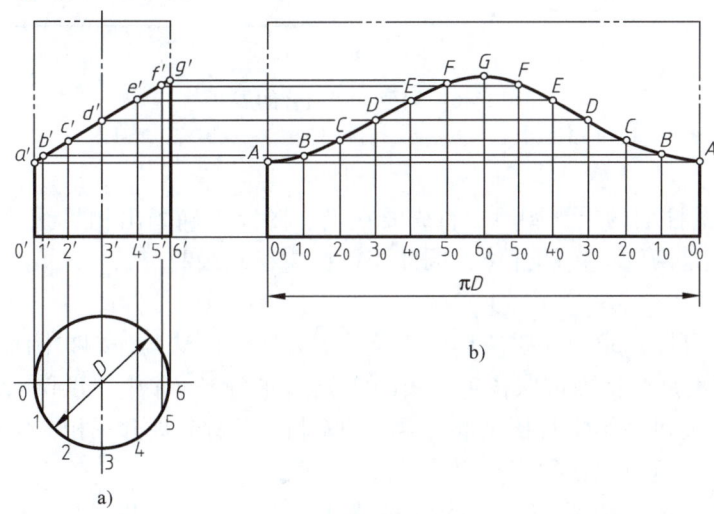

图 13-5 斜口圆柱管的展开
a) 两面投影图　b) 展开图

1) 把底圆分为若干等份（例如 12 等份），并求出相应素线的正面投影，如 $1'b'$、$2'c'$、…。

2）展开底圆得一条水平线，其长度为 πD。在水平线上，从 0_0 起按分段数目计算各分段的长度，量得 1_0、2_0、$\cdots$。如准确程度要求不高时，则可按底圆分段各弧的弦长量取。

3）由各点 0_0、1_0、$\cdots$ 作垂线，在其上量取各素线的实长，得端点 A、B、$\cdots$，以光滑曲线连接 A、B、$\cdots$，即得斜口圆柱管的展开图。

（3）相贯两圆柱面的展开　如图 13-6 所示，异径正三通管的大、小两个圆管的轴线是垂直相交的。图 13-6 中画出了两个圆管的正面投影，但省略了大圆管的下半部。先要准确地求出相贯线，然后再进行展开。

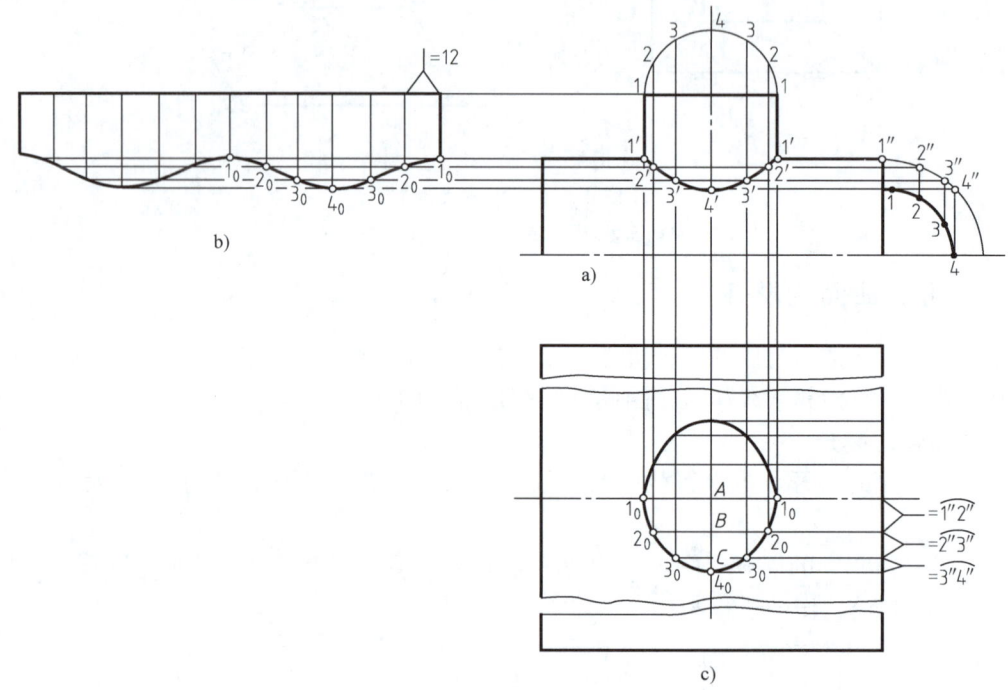

图 13-6　异径正三通管的展开
a) 正面投影图　b) 小圆管的展开图　c) 大圆管的展开图

1）作相贯两圆柱面的展开图时，首先要在投影图上正确画出相贯线，由于相贯线为两圆柱的分界线，也是两管连接的部位，因此相贯线应精确绘制。

2）作展开图

① 作小圆管展开图。求出相贯线后，小圆管展开图的画法与作斜口圆柱管展开图方法相同（图 13-5），关键是要正确量取各条素线的实长。在图 13-6a 中，两圆管的素线在正面投影上反映实长，因而可在图中直接量取各素线的实长，并画到展开图相应位置上，如图 13-6b 中的各点，光滑连接这些点便得到相贯线的展开曲线。

② 作大圆管展开图。如图 13-6c 所示，先求出整个大圆管的展开图——矩形。然后，在矩形的对称线上，由点 A 分别按弧长 $\widehat{1''2''}$、$\widehat{2''3''}$、$\widehat{3''4''}$ 量得 B、C、4_0 各点，由这些点作水平的素线，相应地从正面投影 $1'$、$2'$、$3'$、$4'$ 各点引垂线，与相应的素线相交，得 1_0、2_0、3_0、4_0 各点。同样地可求出后面对称部分的各点。光滑连接这些点，就得到相贯线的展开图。

在实际工作中，也常常只将小圆管放样，弯成圆管后，凑在大圆管上划线开口，最后把两个圆管焊接起来。

（4）等径直角弯管表面的展开　在通风管道设计中，经常用等径直角弯管来改变风道的方向。这种管道通常由若干节等径的斜截圆柱管连成。图 13-7a 所示的等径直角弯管是由 4 节斜截圆柱管组成的，中间两节为全节，两端为两个半节，这样共用 3 个全节组成该弯管。

已知 4 节等径直角弯管的管径 D、弯曲半径 R、作弯管的正面投影。如图 13-7a 所示：

1）过任意点 O 作水平线和铅垂线，以 O 为圆心、R 为半径、在这两直线间作圆弧。

2）分别以 $R-D/2$ 和 $R+D/2$ 为半径画内、外两圆弧。

3）由于整个弯管由 2 个全节和 2 个半节组成，因此，半节的中心角 $\alpha = 90°/6 = 15°$，按 15°将直角分成 6 等份，画出弯管各节的分界线。

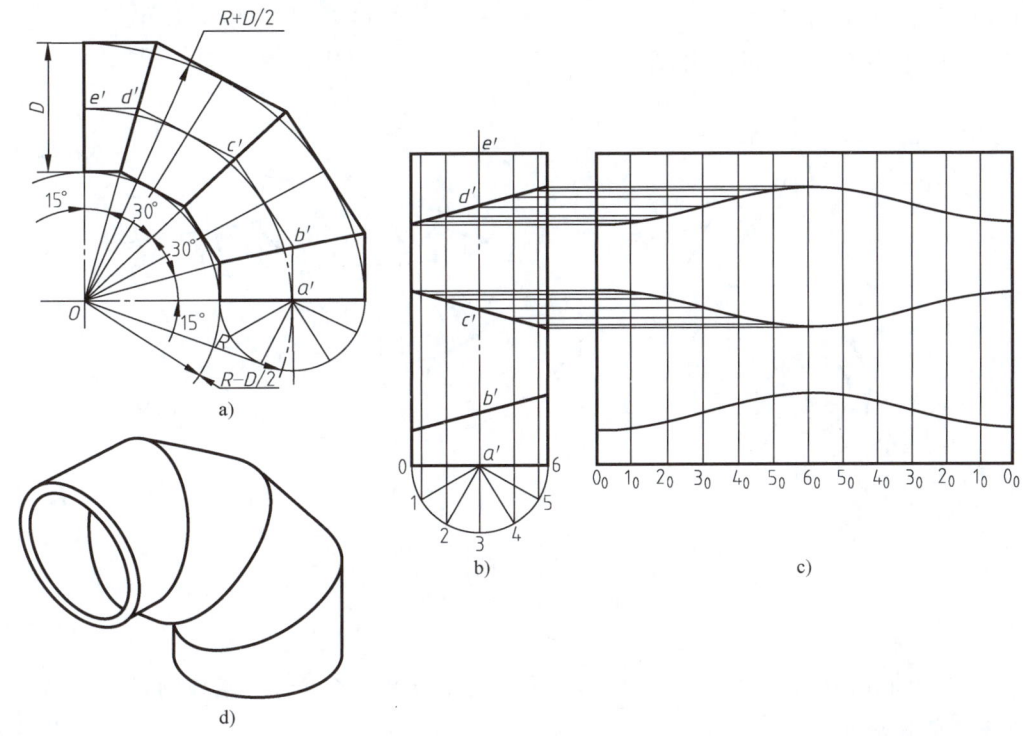

图 13-7　等径直角弯管的展开
a）投影图　b）弯管变形图　c）展开图　d）立体图

4）求出外切于各弧段的切线，即完成等径直角弯管的正面投影。

把弯管的 BC、DE 两节分别绕其轴线转 180°，各节就可以拼成一个圆柱管，如图 13-7b 所示。因此，也可将现成的圆柱管截割成所需节数，再焊接成所要的弯管。若用钢板制作弯管，只要按照斜口弯管展开的方法展开半节，并把半节的展开图作为样板，在钢板上画线下料，不但放样简捷，而且还能充分利用材料，如图 13-7c 所示。

在实际工作中，不必画出完整的弯管正面投影，只要求出半节的中心角，并求出半节的正面投影，即可进行展开。

2. 圆锥管件的展开

完整的正圆锥面展开图为扇形，其半径即为圆锥素线长 L，圆心角 $\alpha = 360° \pi D/2\pi L =$

180°D/L（这时弧长等于 πD），如图 13-8 所示。若准确程度要求不高时，把底圆周分为若干等份，并在圆锥面上作一系列素线。展开时分别用弦长近似地代替底圆周上的分段弧长，依次量在以 S 为圆心、L 为半径的圆弧上，将首尾两点与 S 相连，即得正圆锥面的展开图。

斜截圆锥管的展开图是在正圆锥管展开图的基础上，求出若干条被截断的素线的实长，并光滑连接各点得到的，如图 13-9 所示。作图步骤如下：

1）先画出完整圆锥面的展开图。

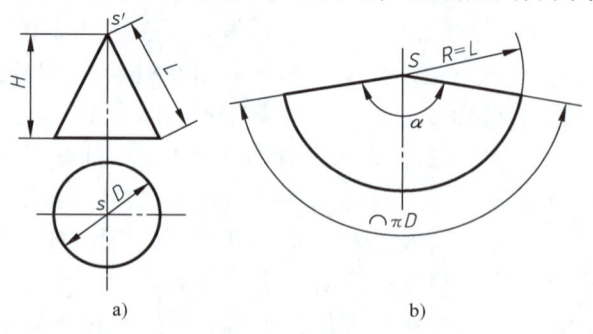

图 13-8　正圆锥管的展开
a）两面投影图　b）展开图

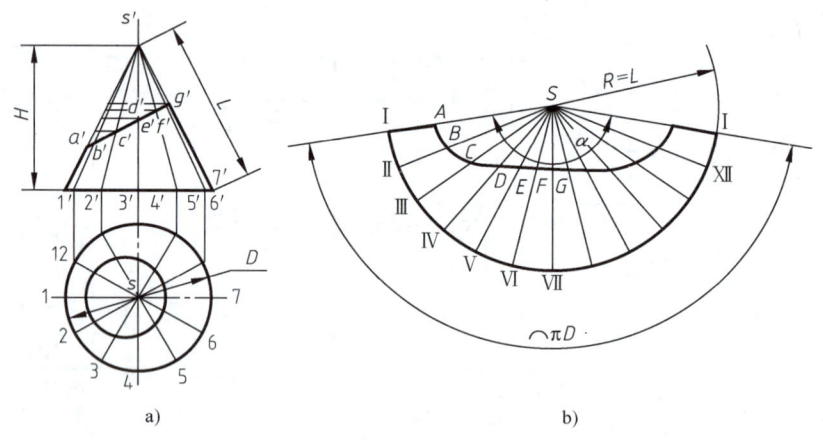

图 13-9　斜截圆锥管的展开
a）两面投影图　b）展开图

2）将圆锥底面分成 n 等份（这里取 n = 12），并画出过各等分点素线的投影，标出截平面与各素线的交点 a′、b′、…。

3）求出每条素线被截去部分的实长，即在主视图中，过 b′、c′、…各点作水平线与最左素线相交，交点到锥顶 S 的长度为素线被截去部分的实长。

4）在展开图上把扇形的圆弧也分成 n 等份，标出等分点 Ⅰ、Ⅱ、Ⅲ、…、Ⅻ、Ⅰ，画出 n 条素线。

5）在素线 SⅠ 上量取 SA = s′a′，求出截交线上 A 点在展开图上的位置，同样，以实长 SB、SC、…在相应素线上截取，得 B、C、D…在展开图上的位置，然后光滑连接这些点，即可求出斜截圆锥管的表面展开图。

3. 变形接头的展开

变形接头是连接两个不同形状管道的接头管件。这类制件通常由平面、柱面、锥面共同组成，因此一般属于可展表面。图 13-10a 所示为上圆下方变形接管的两面投影图。此变形接头由 4 个等腰三角形和 4 个部分斜圆锥面所组成。等腰三角形的两腰为一般位置直线，需求出实长。对于斜圆锥面，可等分上圆周，并求出过等分点的素线，然后求出素线的实长，以上圆的弦长代替弧长，用几个三角形近似地代替这个斜圆锥面进行展开。具体作图步骤如图 13-10 所示。

1) 在投影图上，按上述分析画出平面与锥面之间的分界线，如图 13-10a 所示。

2) 将每个锥面分成若干个小三角形，图 13-10a 中分为 3 个小三角形。为了作图方便，将圆口分为相应等份，图 13-10a 中为 12 等份。

3) 用直角三角形法，求出大小三角形各边实长。图 13-10b 中给出 M 与 N 线段实长的示例，由于它们有相同 Z 坐标，只需依次在水平线上量取各条线段水平投影 $a4$、$a3$，便可方便求出它们的实长 $M=A\text{IV}$、$N=A\text{III}$。4 个大三角形底边实长可直接在水平投影中量取，12 个小三角形短边的实长可用水平投影中圆周上相邻两个等分点之间的距离来近似表示。

4) 依次画出各三角形实形，并将圆口光滑连成曲线，即可得到"天圆地方"接头的展开图。

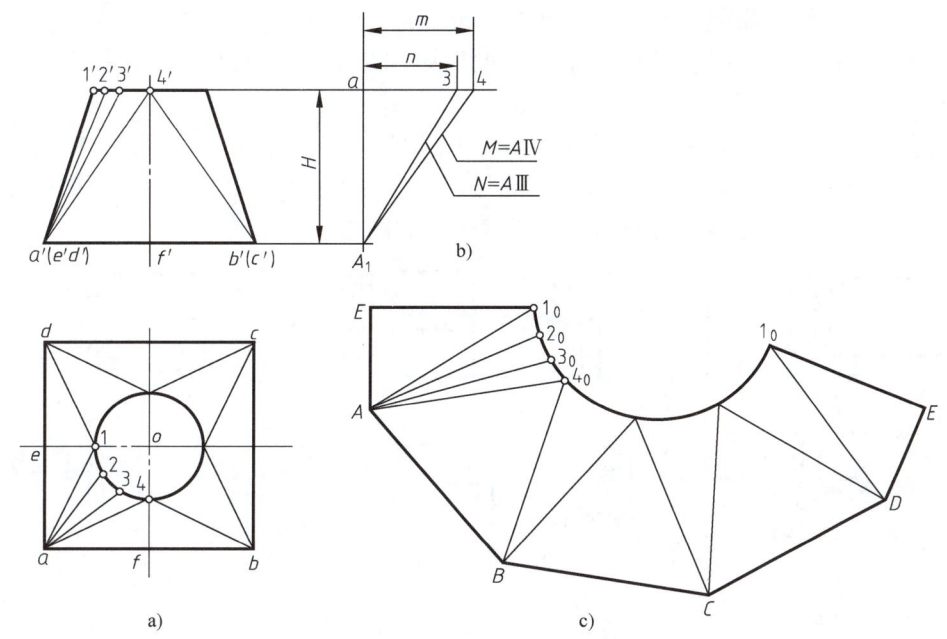

图 13-10 上圆下方变形接头的展开
a) 两面投影图 b) 实长图 c) 展开图

由曲母线形成或直母线形成，但相邻素线为异面直线的曲面属于不可展曲面。在工程实践中，不可展曲面的展开只能采用近似展开的方法。可假想把它划分成若干与它接近的可展曲面的小块（例如柱面、锥面等），按可展曲面进行近似展开；或者假想把它分成若干与它接近的小块平面，从而进行近似展开。有关方面的知识请参阅有关书籍，在此不再详述。

13.2 焊接图

焊接图是焊接件进行焊接加工时所用的图样。焊接是一种不可拆连接，在造船、机械、化工、建筑等行业中被广泛应用。

13.2.1 焊缝的规定画法

常见的焊接接头有对接接头、搭接接头、T形接头和角接接头等。工件被焊接后所形成的接缝称为焊缝。焊缝形式主要有对接焊缝、点焊缝和角焊缝等，如图 13-11 所示。

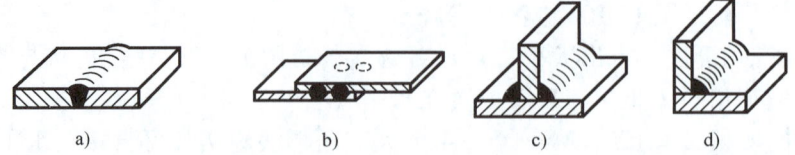

图 13-11 常见焊接接头和焊缝形式
a) 对接接头、对接焊缝　b) 搭接接头、点焊缝　c) T形接头、角焊缝　d) 角接接头、角焊缝

焊缝画法在 GB/T 324—2008《焊缝符号表示法》和 GB/T 12212—2012《技术制图 焊缝符号的尺寸、比例及简化表示法》中已作规定，其画法如下：

在垂直于焊缝的剖视图或断面图中，一般应画出焊缝的形式并涂黑，如图 13-12a～c、e、f 所示。

在视图中，可用栅线表示可见焊缝，如图 13-12b、c、d 所示；也可用加粗线（线宽为 $2d \sim 3d$）表示可见焊缝，如图 13-12a、e、f、g 所示。但在同一图样中，只允许采用一种画法。必要时可用细实线画出焊接前的坡口形状等，如图 13-12h 所示。

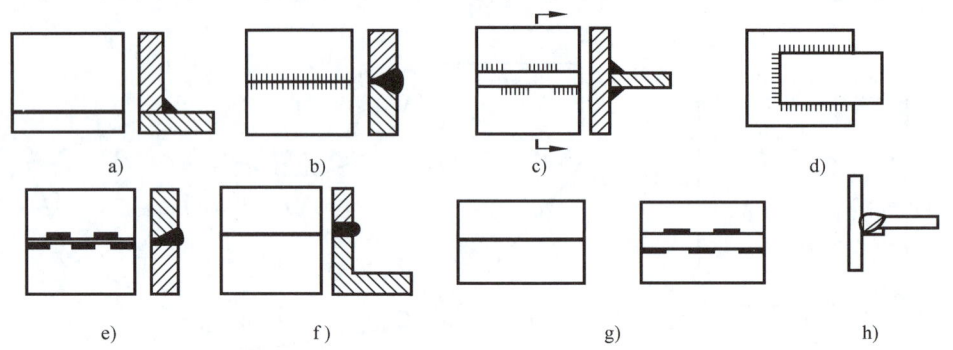

图 13-12 焊缝的画法示例

用轴测图示意地表示焊缝的画法，如图 13-13a 所示。必要时可将焊缝部位用局部放大图表示并标注尺寸，如图 13-13b 所示。

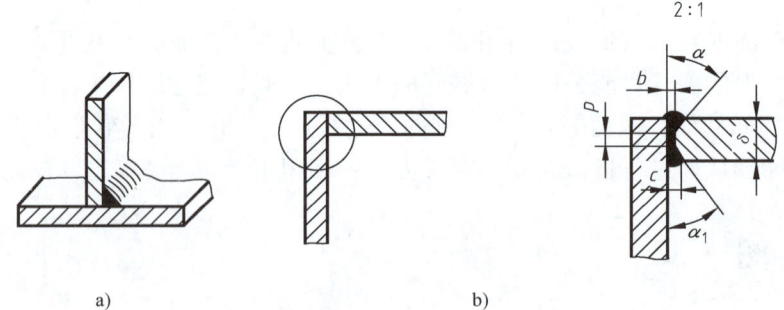

图 13-13 用轴测图和局部放大图表示焊缝
a) 轴测图　b) 局部放大图

当在图样中采用图示法绘出焊缝时，通常应同时标注焊缝符号，如图 13-14 所示。

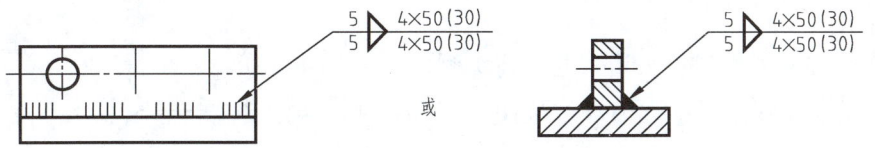

图 13-14 采用图示法绘出焊缝与标注焊缝符号

13.2.2 焊缝符号及标注

在 GB/T 324—2008《焊缝符号表示法》中，对焊缝符号作了规定。焊缝符号一般由基本符号与指引线组成，必要时还可以加上补充符号、尺寸符号及数据等。现分述如下：

1. 基本符号

基本符号是表示焊缝横截面形状和特征的符号。它采用近似于焊缝横截面形状的符号来表示。基本符号用粗实线绘制。常用焊缝的基本符号、图示法及标注方法示例，见表 13-1。其他焊缝的基本符号可查阅 GB/T 324—2008。

表 13-1 常用焊缝的基本符号、图示法及标注方法示例

名 称	符号	示 意 图	图 示 法		标 注 方 法	
I 形焊缝	‖					
V 形焊缝	V					
角焊缝	△					

2. 指引线

指引线采用细实线绘制，一般由箭头线和两条基准线（一条为细实线，一条为细虚线）组成。箭头线用来将整个焊缝符号指到图样上的有关焊缝处，必要时允许弯折一次。基准线应与图样标题栏长边平行。基准线的上面和下面用来标注各种符号和尺寸，基准线的细虚线可画在基准线的细实线上侧或下侧。必要时，可在横线末端加一尾部，作为其他说明之用，如焊接方法等。指引线的画法，如图 13-15 所示。

箭头直接指向的接头侧为"接头的箭头侧",与之相对的侧为"接头的非箭头侧",如图 13-16 所示。

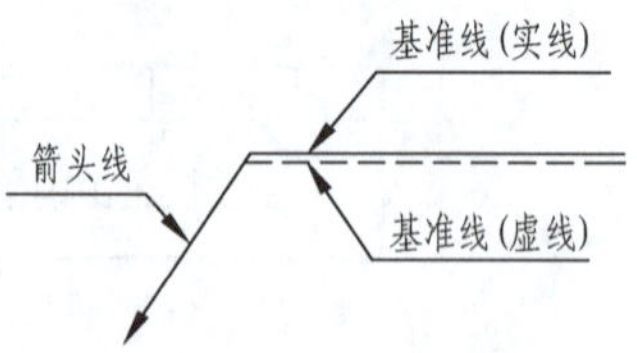

基本符号在实线侧时,表示焊缝在箭头侧,如图 13-17a 所示;基本符号在虚线侧时,表示焊缝在非箭头侧,如图 13-17b 所示。

3. 补充符号

补充符号是补充说明有关焊缝或接头某些特征的符号,用粗实线绘制。常用的补充符号及标注示例见表 13-2。

图 13-15 指引线的画法

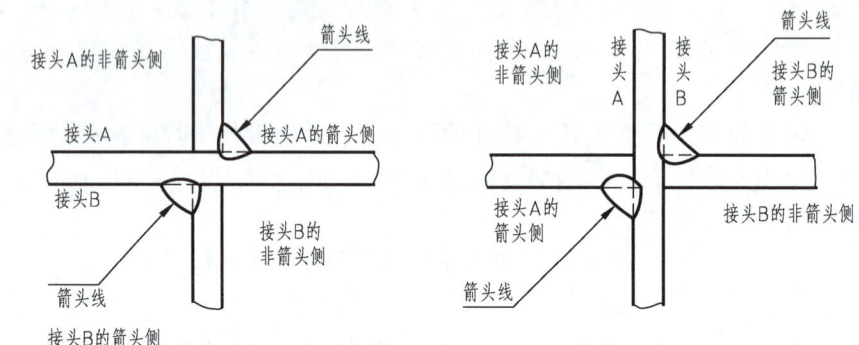

图 13-16 接头的"箭头侧"与"非箭头侧"示例

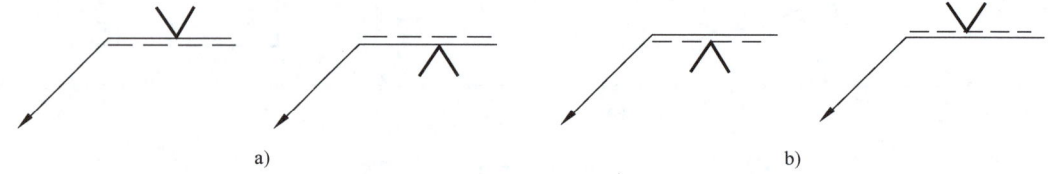

图 13-17 基本符号与基准线的相对位置
a)焊缝在"箭头侧"　b)焊缝在"非箭头侧"

表 13-2 常用的补充符号及标注示例

名　称	符　号	示　意　图	形式及标注示例	说　明
平面符号	—		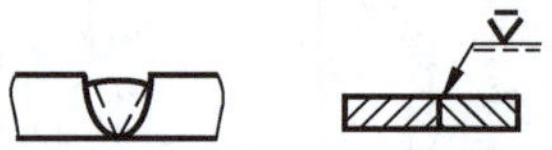	表示 V 形对接焊缝表面齐平
凹面符号	⌣			表示角焊缝表面凹陷
凸面符号	⌢		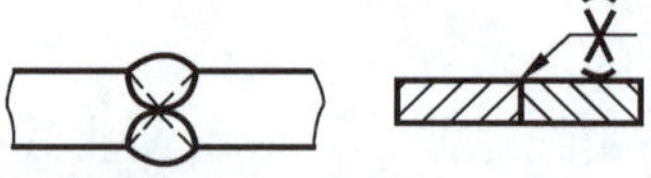	表示双面 V 形对接焊缝表面凸起
三面焊缝符号	⊐	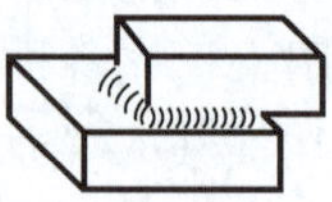	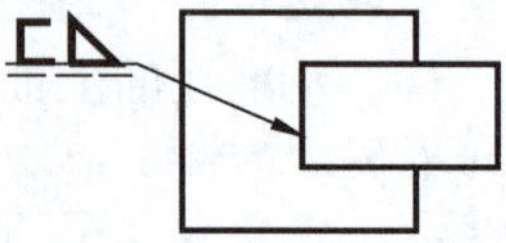	工件三面施焊,开口方向与实际方向一致

(续)

名　称	符　号	示　意　图	形式及标注示例	说　明
周围焊缝符号	○			表示在现场沿工件周围施焊
现场符号	▐			
尾部符号	<			表示焊条电弧焊

4. 焊缝尺寸符号

焊缝尺寸一般不标注。如设计或生产需要注明焊缝尺寸时，可按 GB/T 324—2008 中的规定标注。常用的焊缝尺寸符号见表 13-3。

表 13-3　常用的焊缝尺寸符号

名　称	符号	示　意　图	名　称	符号	示　意　图
工件厚度	δ		焊缝间距	e	
坡口角度	α		焊脚尺寸	K	
根部间隙	b		焊点:熔核直径 塞焊:孔径	d	
钝边	p		焊缝宽度	c	
焊缝长度	l		余高	h	

13.2.3　焊接方法的数字代号

焊接的方法很多，常用的有电弧焊、电阻焊、电渣焊、点焊和钎焊等，其中以电弧焊应用最为广泛。焊接方法可用文字在技术要求中注明，也可用数字代号直接注写在引线的尾部。常用焊接方法的数字代号见表 13-4。

表 13-4　常用焊接方法的数字代号

焊接方法	数字代号	焊接方法	数字代号
焊条电弧焊	111	激光焊	52
埋弧焊	12	气焊	3
电渣焊	72	硬钎焊	91
电子束焊	51	点焊	21

13.2.4　焊接图示例

图 13-18 所示为挂架焊接图。该件由立板、横板、肋板和圆筒 4 部分组成。从图 13-18 中可知，在主视图上，立板与圆筒之间、立板与肋板之间两处焊缝符号表示角焊缝，焊脚高为 4mm，立板与圆筒之间要环绕圆筒周围进行焊接。在左视图上，立板与横板间的焊缝是单边 V 形带根焊缝，坡口为 45°，根部间隙为 2mm，焊缝高度为 4mm，焊缝表面与水平横板上表面平齐；立板与水平横板下面采用角焊缝，焊脚高为 4mm。另一焊缝符号表明横板与肋板间、肋板与圆筒间为双面角焊缝，焊脚高为 5mm。

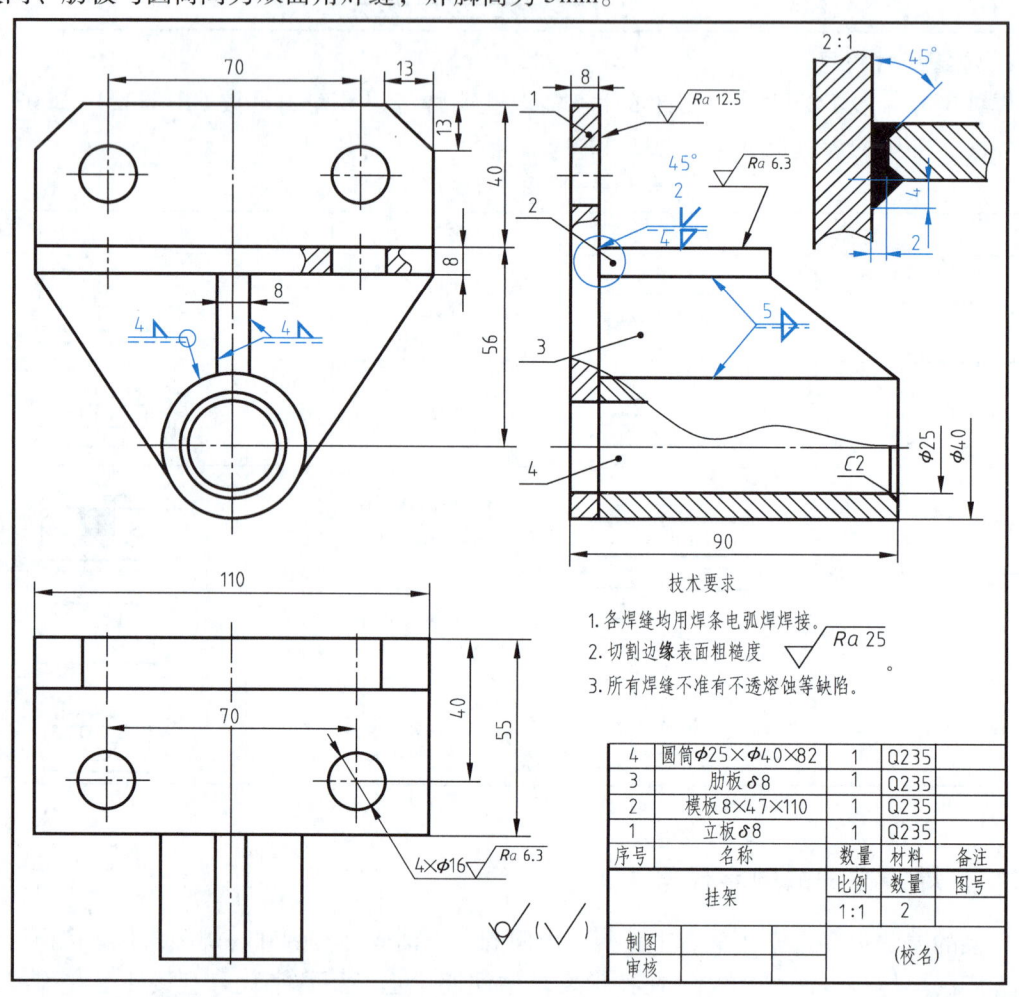

图 13-18　挂架焊接图

由此可见，焊接图中除了一般零件图应具有的内容外，还有焊接有关的技术要求、说明、标注和每个构件的明细栏。明细栏格式与装配图中的零件明细栏基本相同，但名称栏内应注明构件的规格大小。

附　　录

附录A　螺　　纹

表 A-1　普通螺纹（GB/T 192、193、196、197—2003）　　　　（单位：mm）

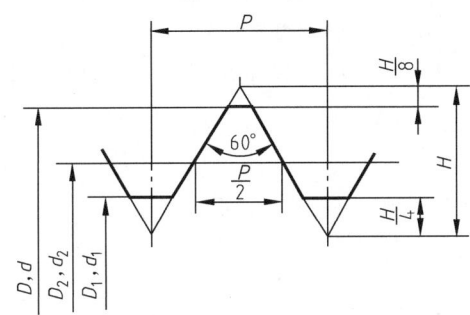

$D、d$——内、外螺纹的基本大径（公称直径）
$D_2、d_2$——内、外螺纹的基本中径
$D_1、d_1$——内、外螺纹的基本小径
P——螺距
H——原始三角形高度，$H = \dfrac{\sqrt{3}}{2}P$

标记示例：
M10-6g（公称直径 $d = 10$mm、右旋、中径及大径公差带均为6g、中等旋合长度的粗牙普通外螺纹）
M10×1-6H（公称直径 $D = 10$mm、螺距 $P = 1$mm、右旋、中径及小径公差带均为6H、中等旋合长度的细牙普通内螺纹）

公称直径 $D、d$			螺距 P		粗牙螺纹小径 $D_1、d_1$
第一系列	第二系列	第三系列	粗牙	细牙	
4			0.7	0.5	3.242
5			0.8		4.134
6			1	0.75	4.917
	7				5.917
8			1.25	1、0.75	6.647
10			1.5	1.25、1、0.75	8.376
12			1.75	1.25、1	10.106
	14		2	1.5、1.25、1	11.835
		15		1.5、1	11.376
16			2	1.5、1	13.835
	18				15.294
20			2.5	2、1.5、1	17.294
	22				19.294
24			3	2、1.5、1	20.752
		25		2、1.5、1	22.835
	27		3	2、1.5、1	23.752
30			3.5	（3）、2、1.5、1	26.211
	33			（3）、2、1.5	29.211
		35		1.5	33.376
36			4	3、2、1.5	31.670
	39				34.670

注：1. 优先选用第一系列，其次是第二系列，第三系列尽可能不用。
　　2. 括号内尺寸尽可能不用。
　　3. M14×1.25仅用于火花塞；M35×1.5仅用于轴承的锁紧螺母。

表 A-2　梯形螺纹（GB/T 5796.1~5796.4—2005）　　　　（单位：mm）

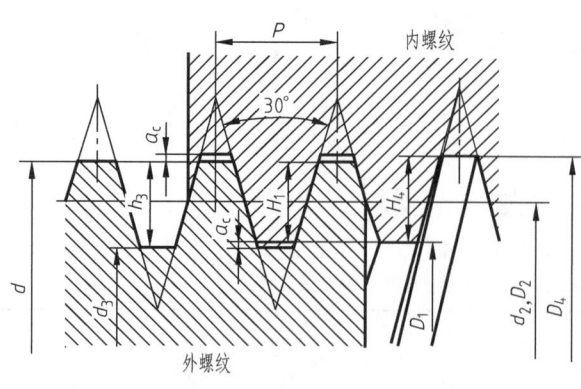

d——设计牙型上的外螺纹大径（公称直径）
d_3——设计牙型上的外螺纹小径
D_4——设计牙型上的内螺纹大径
D_1——设计牙型上的内螺纹小径
d_2——设计牙型上的外螺纹中径
D_2——设计牙型上的内螺纹中径
P——螺距
a_c——牙顶间隙
h_3——设计牙型上的外螺纹牙高
H_1——基本牙型牙高
H_4——设计牙型上的内螺纹牙高

标记示例：

Tr40×7-7H（公称直径 d=40mm、螺距 P=7mm、右旋、中径公差带为 7H、中等旋合长度的单线梯形螺纹）

Tr60×18(P9)LH-8e-L（公称直径 d=60mm、导程 P_h=18mm、螺距 P=9mm、左旋、中径公差带为 8e、长旋合长度的双线梯形螺纹）

梯形螺纹的基本尺寸											
公称直径 d		螺距 P	中径 $d_2=D_2$	大径 D_4	小径		公称直径 d		螺距 P	中径 $d_2=D_2$	大径 D_4	小径	
第一系列	第二系列				d_3	D_1	第一系列	第二系列				d_3	D_1
8		1.5	7.25	8.3	6.2	6.5	32		6	29.0	33	25	26
	9	2	8.0	9.5	6.5	7		34		31.0	35	27	28
10		2	9.0	10.5	7.5	8	36			33.0	37	29	30
	11	2	10.0	11.5	8.5	9		38	7	34.5	39	30	31
12		3	10.5	12.5	8.5	9	40		7	36.5	41	32	33
	14	3	12.5	14.5	10.5	11		42	7	38.5	43	34	35
16		4	14.0	16.5	11.5	12	44		7	40.5	45	36	37
	18	4	16.0	18.5	13.5	14		46	8	42.0	47	37	38
20		4	18.0	20.5	15.5	16	48		8	44.0	49	39	40
	22	5	19.5	22.5	16.5	17		50	8	46.0	51	41	42
24		5	21.5	24.5	18.5	19	52		8	48.0	53	43	44
	26	5	23.5	26.5	20.5	21		55	9	50.5	56	45	46
28		5	25.5	28.5	22.5	23	60		9	55.5	61	50	51
	30	6	27.0	31.0	23.0	24		65	10	60.0	66	54	55

注：1. 优先选用第一系列的直径。

　　2. 表中所列的螺距和直径，是优先选择的螺距及与之对应的直径。

表 A-3　55°密封管螺纹

第 1 部分　圆柱内螺纹与圆锥外螺纹（GB/T 7306.1—2000）
第 2 部分　圆锥内螺纹与圆锥外螺纹（GB/T 7306.2—2000）

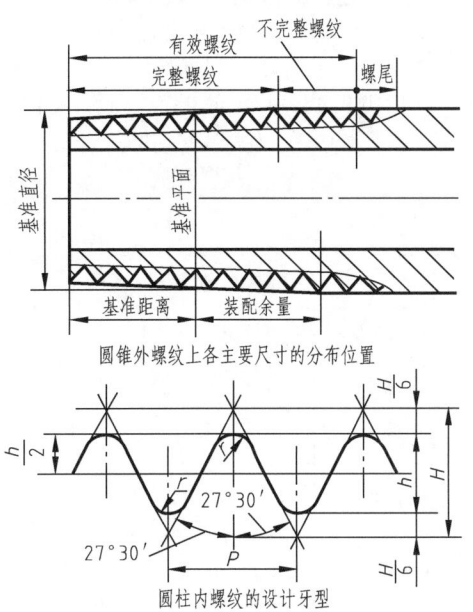

圆锥外螺纹上各主要尺寸的分布位置

圆柱内螺纹的设计牙型

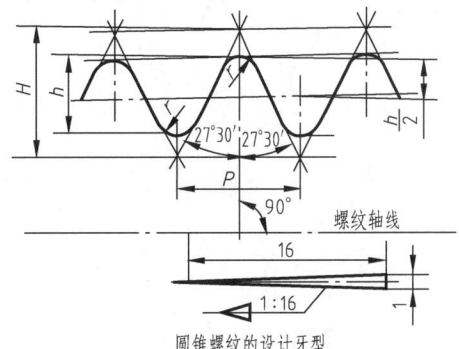

圆锥螺纹的设计牙型

标注示例：
GB/T 7306.1—2000
Rp3/4（尺寸代号为 3/4 的右旋圆柱内螺纹）
R_13（尺寸代号为 3 的右旋圆锥外螺纹）
Rp3/4LH（尺寸代号为 3/4 的左旋圆柱内螺纹）
Rp/$R_1$3（由尺寸代号为 3 的右旋圆锥外螺纹与圆柱内螺纹所组成的螺纹副）

GB/T 7306.2—2000
Rc3/4（尺寸代号为 3/4 的右旋圆锥内螺纹）　　$R_2$3（尺寸代号为 3 的右旋圆锥外螺纹）
Rc3/4LH（尺寸代号为 3/4 的左旋圆锥内螺纹）　Rc/$R_2$3（由尺寸代号为 3 的右旋圆锥内螺纹与圆锥外螺纹所组成的螺纹副）

尺寸代号	每25.4mm内所含的牙数 n	螺距 P /mm	牙高 h /mm	基准平面内的基本直径			基准距离（基本）/mm	外螺纹的有效螺纹不小于/mm
				大径（基准直径）$d=D$ /mm	中径 $d_2=D_2$ /mm	小径 $d_1=D_1$ /mm		
1/16	28	0.907	0.581	7.723	7.142	6.561	4	6.5
1/8	28	0.907	0.581	9.728	9.147	8.566	4	6.5
1/4	19	1.337	0.856	13.157	12.301	11.445	6	9.7
3/8	19	1.337	0.856	16.662	15.806	14.950	6.4	10.1
1/2	14	1.814	1.162	20.955	19.793	18.631	8.2	13.2
3/4	14	1.814	1.162	26.441	25.279	24.117	9.5	14.5
1	11	2.309	1.479	33.249	31.770	30.291	10.4	16.8
$1\frac{1}{4}$	11	2.309	1.479	41.910	40.431	38.952	12.7	19.1
$1\frac{1}{2}$	11	2.309	1.479	47.803	46.324	44.845	12.7	19.1
2	11	2.309	1.479	59.614	58.135	56.656	15.9	23.4
$2\frac{1}{2}$	11	2.309	1.479	75.184	73.705	72.226	17.5	26.7
3	11	2.309	1.479	87.884	86.405	84.926	20.6	29.8
4	11	2.309	1.479	113.030	111.551	110.072	25.4	35.8
5	11	2.309	1.479	138.430	136.951	135.472	28.6	40.1
6	11	2.309	1.479	163.830	162.351	160.872	28.6	40.1

表 A-4　55°非密封管螺纹（GB/T 7307—2001）

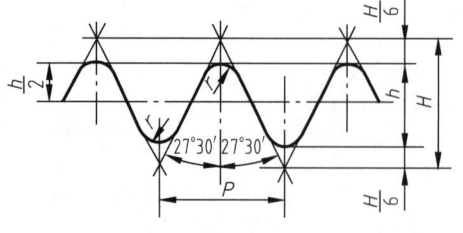

螺纹的设计牙型

标注示例：
G2（尺寸代号为 2 的右旋圆柱内螺纹）
G3A（尺寸代号为 3 的 A 级右旋圆柱外螺纹）
G2-LH（尺寸代号为 2 的左旋圆柱内螺纹）
G4B-LH（尺寸代号为 4 的 B 级左旋圆柱外螺纹）
$P = 25.4/n$
$H = 0.960401P$

尺寸代号	每 25.4mm 内所含的牙数 n	螺距 P/mm	牙高 h/mm	基本直径 大径 $d = D$ /mm	基本直径 中径 $d_2 = D_2$ /mm	基本直径 小径 $d_1 = D_1$ /mm
1/16	28	0.907	0.581	7.723	7.142	6.561
1/8	28	0.907	0.581	9.728	9.147	8.566
1/4	19	1.337	0.856	13.157	12.301	11.445
3/8	19	1.337	0.856	16.662	15.806	14.950
1/2	14	1.814	1.162	20.955	19.793	18.631
3/4	14	1.814	1.162	26.441	25.279	24.117
1	11	2.309	1.479	33.249	31.770	30.291
$1^1/_4$	11	2.309	1.479	41.910	40.431	38.952
$1^1/_2$	11	2.309	1.479	47.803	46.324	44.845
2	11	2.309	1.479	59.614	58.135	56.656
$2^1/_2$	11	2.309	1.479	75.184	73.705	72.226
3	11	2.309	1.479	87.884	86.405	84.926
4	11	2.309	1.479	113.030	111.551	110.072
5	11	2.309	1.479	138.430	136.951	135.472
6	11	2.309	1.479	163.830	162.351	160.872

附表B 常用的标准件

表B-1 六角头螺栓（一） （单位：mm）

六角头螺栓—A 和 B 级（GB/T 5782—2016）
六角头螺栓—细牙—A 和 B 级（GB/T 5785—2016）

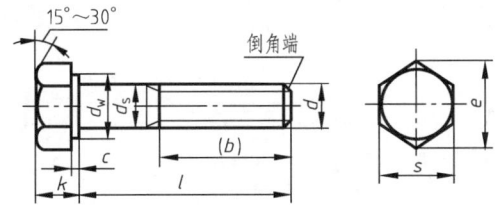

标记示例：
螺栓 GB/T 5782 M12×100
（螺纹规格 d = M12、公称长度 l = 100mm、性能等级为 8.8 级、表面氧化、产品等级为 A 级的六角头螺栓）

六角头螺栓—全螺纹—A 和 B 级（GB/T 5783—2016）
六角头螺栓—细牙—全螺纹—A 和 B 级（GB/T 5786—2016）

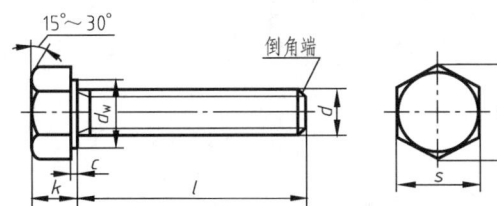

标记示例：
螺栓 GB/T 5786 M30×2×80
（螺纹规格 d = M30×2、公称长度 l = 80mm、性能等级为 8.8 级、表面氧化、全螺纹、产品等级为 B 级的细牙六角头螺栓）

螺纹规格	d	M4	M5	M6	M8	M10	M12	M16	M20	M24	M30	M36	M42	M48
	$d \times P$	—	—	—	M8×1	M10×1	M12×1.5	M16×1.5	M20×1.5	M24×2	M30×2	M36×3	M42×3	M48×3
b 参考	$l \leq 125$	14	16	18	22	26	30	38	46	54	66	—	—	—
	$125 < l \leq 200$	20	22	24	28	32	36	44	52	60	72	84	96	108
	$l > 200$	33	35	37	41	45	49	57	65	73	85	97	109	121
c_{max}		0.4	0.5			0.6				0.8				1
k 公称		2.8	3.5	4	5.3	6.4	7.5	10	12.5	15	18.7	22.5	26	30
d_{smax}		4	5	6	8	10	12	16	20	24	30	36	42	48
s_{max} = 公称		7	8	10	13	16	18	24	30	36	46	55	65	75
e_{min}	A	7.66	8.79	11.05	14.38	17.77	20.03	26.75	33.53	39.98	—	—	—	—
	B	7.50	8.63	10.89	14.2	17.59	19.85	26.17	32.95	39.55	50.85	60.79	71.3	82.6
d_{wmin}	A	5.88	6.88	8.88	11.63	14.63	16.63	22.49	28.19	33.61	—	—	—	—
	B	5.74	6.74	8.74	11.47	14.47	16.47	22	27.7	33.25	42.75	51.11	59.95	69.4
l 范围	GB/T 5782—2000	25~40	25~50	30~60	35~80	40~100	45~120	65~160	80~200	90~240	110~300	140~360	160~440	80~480
	GB/T 5785—2000	—	—	—	40~80	45~100	50~120			100~240	110~300			200~480
	GB/T 5783—2000	8~40	10~50	12~60	16~80	20~100	25~120	30~150	40~150	50~150	60~200	70~200	80~200	100~200
	GB/T 5786—2000	—	—	—				35~160	40~200				90~420	100~480
l 系列	GB/T 5782—2000 GB/T 5785—2000	20~65（5 进位）、70~160（10 进位）、180~480（20 进位）											
	GB/T 5783—2000 GB/T 5786—2000	6、8、10、12、16、18、20~65（5 进位）、70~160（10 进位）、180~480（20 进位）											

注：1. P——螺距。末端应倒角，对螺纹规格≤M4 可为辗制末端（GB/T 2）。
2. 螺纹公差：6g；性能等级：5.6、8.8、9.8、10.9、A2-70、A4-70、A2-50、A4-50、CU2、CU3、AL4。
3. 产品等级：A 级用于 $d \leq 24$mm 和 $l \leq 10d$ 或 ≤150mm（按较小值）；B 级用于 $d > 24$mm 和 $l > 10d$ 或 >150mm（按较小值）。

表 B-2　六角头螺栓（二）　　　　　　　　　　　（单位：mm）

六角头螺栓—C 级（GB/T 5780—2016）

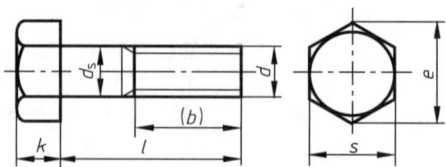

标记示例：

螺栓　GB/T 5780　M20×100

（螺纹规格 d = M20、公称长度 l = 100mm、性能等级为 4.8 级、不经表面处理、产品等级为 C 级的六角头螺栓）

六角头螺栓—全螺纹—C 级（GB/T 5781—2016）

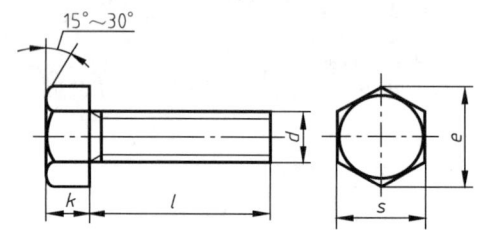

标记示例：

螺栓　GB/T 5781　M12×80

（螺纹规格 d = M12、公称长度 l = 80mm、性能等级为 4.8 级、不经表面处理、全螺纹、产品等级为 C 级的六角头螺栓）

螺纹规格 d		M5	M6	M8	M10	M12	M16	M20	M24	M30	M36	M42	M48
$b_{参考}$	$l \leq 125$	16	18	22	26	30	38	46	54	66	—	—	—
	$125 < l \leq 200$	22	24	28	32	36	44	52	60	72	84	96	108
	$l > 200$	35	37	41	45	49	57	65	73	85	97	109	121
$k_{公称}$		3.5	4.0	5.3	6.4	7.5	10	12.5	15	18.7	22.5	26	30
s_{max}		8	10	13	16	18	24	30	36	46	55	65	75
e_{min}		8.63	10.89	14.2	17.59	19.85	26.17	32.95	39.55	50.85	60.79	71.3	82.6
$d_{s max}$		5.48	6.48	8.58	10.58	12.7	16.7	20.84	24.84	30.84	37	43	49
$l_{范围}$	GB/T 5780—2000	25~50	30~60	40~80	45~100	55~120	65~160	80~200	100~240	120~300	140~360	180~420	200~480
	GB/T 5781—2000	10~50	12~60	16~80	20~100	25~120	30~160	40~200	50~240	60~300	70~360	80~420	100~480
$l_{系列}$		10、12、16、20~65（5 进位）、70~160（10 进位）、180~500（20 进位）											

注：1. 末端无特殊要求。

　　2. 螺纹公差：8g；性能等级：3.6、4.6、4.8；产品等级：C。

表 B-3　1 型六角螺母　　　　　　　　　　　　　　（单位：mm）

1 型六角螺母—A 和 B 级（GB/T 6170—2015）
1 型六角螺母—细牙—A 和 B 级（GB/T 6171—2016）
1 型六角螺母—C 级（GB/T 41—2016）

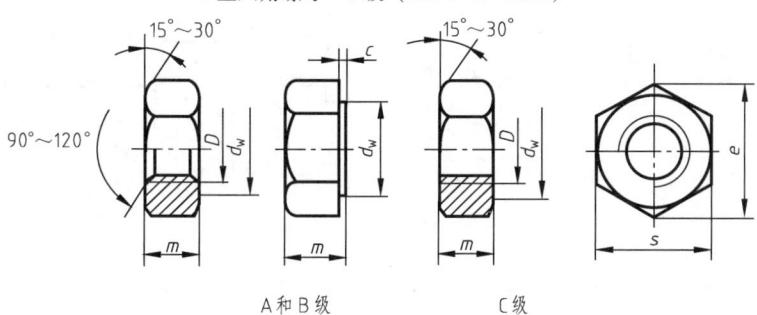

标记示例：

螺母　GB/T 41　M12

（螺纹规格 D = M12、性能等级为 5 级、不经表面处理、产品等级为 C 级的 1 型六角螺母）

螺母　GB/T 6171　M24×2

（螺纹规格 D = M24、螺距 P = 2mm、性能等级为 8 级、不经表面处理、产品等级为 B 级的 1 型细牙六角螺母）

螺纹规格	D	M4	M5	M6	M8	M10	M12	M16	M20	M24	M30	M36	M42	M48
	$D \times P$	—	—	—	M8×1	M10×1	M12×1.5	M16×1.5	M20×1.5	M24×2	M30×2	M36×3	M42×3	M48×3
c_{max}		0.4	0.5	0.5	0.5	0.6	0.6	0.6	0.8	0.8	0.8	0.8	1	1
s_{max}		7	8	10	13	16	18	24	30	36	46	55	65	75
e_{min}	A、B 级	7.66	8.79	11.05	14.38	17.77	20.03	26.75	32.95	39.55	50.85	60.79	71.3	82.6
	C 级	—	8.63	10.89	14.2	17.59	19.85	26.17	32.95	39.55	50.85	60.79	71.3	82.6
m_{max}	A、B 级	3.2	4.7	5.2	6.8	8.4	10.8	14.8	18	21.5	25.6	31	34	38
	C 级	—	5.6	6.4	7.9	9.5	12.2	15.9	19	22.3	26.4	31.9	34.9	38.9
d_{wmin}	A、B 级 GB/T 6170—2015	5.9	6.9	8.9	11.6	14.6	16.6	22.5	27.7	33.3	42.8	51.1	60	69.5
	A、B 级 GB/T 6171—2016	5.9	6.9	8.9	11.6	14.6	16.6	22.5	27.7	33.25	42.75	51.11	59.95	69.45
	C 级	—	6.7	8.7	11.5	14.5	16.5	22	27.7	33.3	42.8	51.1	60	69.5

注：1. P——螺距。

2. A 级用于 $D \leqslant 16$mm 的 1 型六角螺母；B 级用于 $D > 16$mm 的 1 型六角螺母；C 级用于 M5～M64 的六角螺母。

3. 螺纹公差：A、B 级为 6H，C 级为 7H；性能等级：A、B 级为 6、8、10、A2-50、A2-70、A4-50、A4-70、CU2、CU3 和 AL4 级，C 级为 4 和 5 级。

表 B-4　双头螺柱　（单位：mm）

$b_m = 1d$（GB/T 897—1988）　　$b_m = 1.25d$（GB 898—1988）　　$b_m = 1.5d$（GB 899—1988）
$b_m = 2d$（GB/T 900—1988）

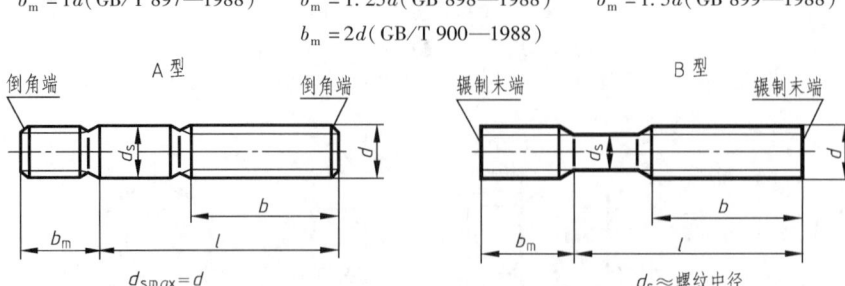

标记示例：
螺柱　GB/T 900　M10×50
（两端均为粗牙普通螺纹、$d=10$mm、$l=50$mm 性能等级为4.8级、不经表面处理、B型、$b_m=2d$ 的双头螺柱）
螺柱　GB/T 900　AM10-M10×1×50
（旋入机体一端为粗牙普通螺纹、旋螺母一端为螺距 $P=1$mm 的细牙普通螺纹、$d=10$mm、$l=50$mm、性能等级为4.8级、不经表面处理、A型、$b_m=2d$ 的双头螺柱）

螺纹规格 d	b_m（旋入机体端长度）				l/b（螺柱长度/旋螺母一端长度）
	GB/T 897	GB 898	GB 899	GB/T 900	
M4	—	—	6	8	$\dfrac{16\sim22}{8}$、$\dfrac{25\sim40}{14}$
M5	5	6	8	10	$\dfrac{16\sim22}{10}$、$\dfrac{25\sim50}{16}$
M6	6	8	10	12	$\dfrac{20\sim22}{10}$、$\dfrac{25\sim30}{14}$、$\dfrac{32\sim75}{18}$
M8	8	10	12	16	$\dfrac{20\sim22}{12}$、$\dfrac{25\sim30}{16}$、$\dfrac{32\sim90}{22}$
M10	10	12	15	20	$\dfrac{25\sim28}{14}$、$\dfrac{30\sim38}{16}$、$\dfrac{40\sim120}{26}$、$\dfrac{130}{32}$
M12	12	15	18	24	$\dfrac{25\sim30}{14}$、$\dfrac{32\sim40}{16}$、$\dfrac{45\sim120}{26}$、$\dfrac{130\sim180}{36}$
M16	16	20	24	32	$\dfrac{30\sim38}{20}$、$\dfrac{40\sim55}{30}$、$\dfrac{60\sim120}{38}$、$\dfrac{130\sim200}{44}$
M20	20	25	30	40	$\dfrac{35\sim40}{25}$、$\dfrac{45\sim65}{35}$、$\dfrac{70\sim120}{46}$、$\dfrac{130\sim200}{52}$
(M24)	24	30	36	48	$\dfrac{45\sim50}{30}$、$\dfrac{55\sim75}{45}$、$\dfrac{80\sim120}{54}$、$\dfrac{130\sim200}{60}$
(M30)	30	38	45	60	$\dfrac{60\sim65}{40}$、$\dfrac{70\sim90}{50}$、$\dfrac{95\sim120}{66}$、$\dfrac{130\sim200}{72}$、$\dfrac{210\sim250}{85}$
M36	36	45	54	72	$\dfrac{65\sim75}{45}$、$\dfrac{80\sim110}{60}$、$\dfrac{120}{78}$、$\dfrac{130\sim200}{84}$、$\dfrac{210\sim300}{97}$
M42	42	52	63	84	$\dfrac{70\sim80}{50}$、$\dfrac{85\sim110}{70}$、$\dfrac{120}{90}$、$\dfrac{130\sim200}{96}$、$\dfrac{210\sim300}{109}$
M48	48	60	72	96	$\dfrac{80\sim90}{60}$、$\dfrac{95\sim110}{80}$、$\dfrac{120}{102}$、$\dfrac{130\sim200}{108}$、$\dfrac{210\sim300}{121}$
l 系列	12、(14)、16、(18)、20、(22)、25、(28)、30、(32)、35、(38)、40、45、50、(55)、60、(65)、70、75、80、(85)、90、(95)、100～260（10 进位）、280、300				

注：1. 尽可能不采用括号内的规格。末端按 GB/T 2—2016 规定。
2. $b_m=1d$，一般用于钢对钢；$b_m=(1.25\sim1.5)d$，一般用于钢对铸铁；$b_m=2d$，一般用于钢对铝合金。

表 B-5　螺钉（一）　　　　　　　　　　　　　　　（单位：mm）

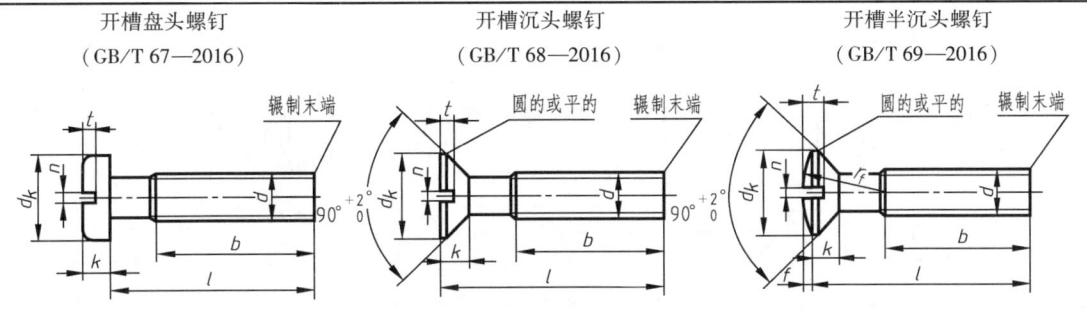

开槽盘头螺钉（GB/T 67—2016）　　开槽沉头螺钉（GB/T 68—2016）　　开槽半沉头螺钉（GB/T 69—2016）

（无螺纹部分杆径约等于中径或允许等于螺纹大径）

标记示例：
螺钉 GB/T 67 M5×60
（螺纹规格 d = M5、l = 60mm、性能等级为 4.8 级、不经表面处理的 A 级开槽盘头螺钉）

螺纹规格 d	P	b_{min}	n 公称	r_f	f	k_{max}		d_{kmax}		t_{min}			l 范围	
				GB/T 69	GB/T 69	GB/T 67	GB/T 68 GB/T 69	GB/T 67	GB/T 68 GB/T 69	GB/T 67	GB/T 68	GB/T 69	GB/T 67	GB/T 68 GB/T 69
M2	0.4	25	0.5	4	0.5	1.3	1.2	4	3.8	0.5	0.4	0.8	2.5~20	3~20
M3	0.5		0.8	6	0.7	1.8	1.65	5.6	5.5	0.7	0.6	1.2	4~30	5~30
M4	0.7		1.2	9.5	1	2.4	2.7	8	8.4	1	1	1.6	5~40	6~40
M5	0.8	38			1.2	3		9.5	9.3	1.2	1.1	2	6~50	8~50
M6	1		1.6	12	1.4	3.6	3.3	12	11.3	1.4	1.2	2.4	8~60	8~60
M8	1.25		2	16.5	2	4.8	4.65	16	15.8	1.9	1.8	3.2	10~80	
M10	1.5		2.5	19.5	2.3	6	5	20	18.3	2.4	2	3.8	12~80	
l 系列	2、2.5、3、4、5、6、8、10、12、(14)、16、20~50(5 进位)、(55)、60、(65)、70、(75)、80													

注：螺纹公差：6g；性能等级：4.8、5.8、A2-50、A2-70、CU2、CU3、AL4；产品等级：A。

表 B-6　螺钉（二）　　　　　　　　　　　　　　　（单位：mm）

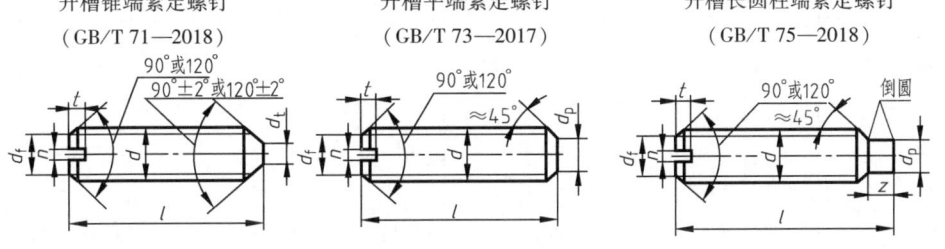

开槽锥端紧定螺钉（GB/T 71—2018）　　开槽平端紧定螺钉（GB/T 73—2017）　　开槽长圆柱端紧定螺钉（GB/T 75—2018）

标记示例：
螺钉 GB/T 71 M5×20
（螺纹规格 d = M5、公称长度 l = 20mm、性能等级为 14H 级、表面氧化的开槽锥端紧定螺钉）

螺纹规格 d	P	d_f	d_{tmax}	d_{pmax}	n 公称	t_{max}	z_{max}	l 范围		
								GB/T 71	GB/T 73	GB/T 75
M2	0.4	螺纹小径	0.2	1	0.25	0.84	1.25	3~10	2~10	3~10
M3	0.5		0.3	2	0.4	1.05	1.75	4~16	3~16	5~16
M4	0.7		0.4	2.5	0.6	1.42	2.25	6~20	4~20	6~20
M5	0.8		0.5	3.5	0.8	1.63	2.75	8~25	5~25	8~25
M6	1		1.5	4	1	2	3.25	8~30	6~30	8~30
M8	1.25		2	5.5	1.2	2.5	4.3	10~40	8~40	10~40
M10	1.5		2.5	7	1.6	3	5.3	12~50	10~50	12~50
M12	1.75		3	8.5	2	3.6	6.3	14~60	12~60	14~60
l 系列	2、2.5、3、4、5、6、8、10、12、(14)、16、20、25、30、35、40、45、50、(55)、60										

注：螺纹公差：6g；性能等级：14H、22H、A1-50；产品等级：A。

表 B-7　内六角圆柱头螺钉（GB/T 70.1—2008）　（单位：mm）

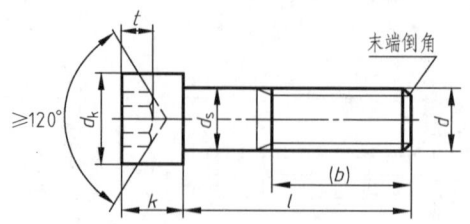
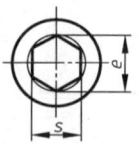

标记示例：

螺钉　GB/T 70.1　M5×20

（螺纹规格 d = M5、公称长度 l = 20mm、力学性能等级为 8.8 级、表面氧化的内六角圆柱头螺钉）

螺纹规格 d		M4	M5	M6	M8	M10	M12	(M14)	M16	M20	M24	M30	M36
螺距 P		0.7	0.8	1	1.25	1.5	1.75	2	2	2.5	3	3.5	4
b 参考		20	22	24	28	32	36	40	44	52	60	72	84
d_{kmax}	光滑头部	7	8.5	10	13	16	18	21	24	30	36	45	54
	滚花头部	7.22	8.72	10.22	13.27	16.27	18.27	21.33	24.33	30.33	36.39	45.39	54.46
k_{max}		4	5	6	8	10	12	14	16	20	24	30	36
t_{min}		2	2.5	3	4	5	6	7	8	10	12	15.5	19
s 公称		3	4	5	6	8	10	12	14	17	19	22	27
e_{min}		3.44	4.58	5.72	6.68	9.15	11.43	13.72	16	19.44	21.73	25.15	30.85
d_{smax}		4	5	6	8	10	12	14	16	20	24	30	36
l 范围		6~40	8~50	10~60	12~80	16~100	20~120	25~140	25~160	30~200	40~200	45~200	55~200
l 系列		6、8、10、12、16、20~50（5 进位）、55、60、65、70~160（10 进位）、180、200											

注：1. 括号内的规格尽可能不用。末端倒角，$d \leqslant$ M4 的为辗制末端，见 GB/T 2—2016。
    2. 性能等级：8.8、10.9、12.9、A2-50、A2-70、A3-50、A3-70、A4-50、A4-70、A5-50、A5-70、CU2、CU3。
    3. 螺纹公差：性能等级为 12.9 级时为 5g6g，其他等级时为 6g。
    4. 产品等级：A。

表 B-8 垫圈　　　　　　　　　　　　　　　　　　　　　　（单位：mm）

小垫圈—A 级（GB/T 848—2002）
平垫圈—A 级（GB/T 97.1—2002）
平垫圈—倒角型—A 级（GB/T 97.2—2002）
标注示例：
垫圈 GB/T 97.1　8
（标准系列、公称规格 8mm、由钢制造的硬度等级为 200HV 级、不经表面处理、产品等级为 A 级的平垫圈）

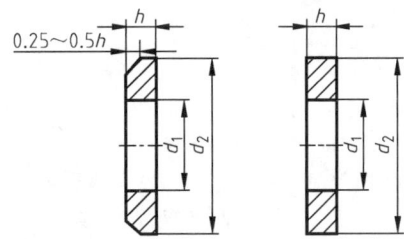

公称规格（螺纹大径 d）		1.6	2	2.5	3	4	5	6	8	10	12	16	20	24	30	36
d_1	GB/T 848	1.7	2.2	2.7	3.2	4.3	5.3	6.4	8.4	10.5	13	17	21	25	31	37
	GB/T 97.1															
	GB/T 97.2	—	—	—	—	—										
d_2	GB/T 848	3.5	4.5	5	6	8	9	11	15	18	20	28	34	39	50	60
	GB/T 97.1	4	5	6	7	9	10	12	16	20	24	30	37	44	56	66
	GB/T 97.2	—	—	—	—	—	10	12	16	20	24	30	37	44	56	66
h	GB/T 848	0.3	0.3	0.5	0.5	0.5	1	1.6	1.6	1.6	2	2.5	3	4	4	5
	GB/T 97.1					0.8	1	1.6	1.6	2	2.5	3	3	4	4	5
	GB/T 97.2	—	—	—	—	—										

表 B-9 标准型弹簧垫圈（GB 93—1987）　　　　　　　　　　（单位：mm）

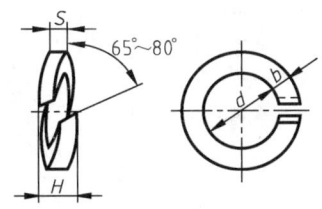 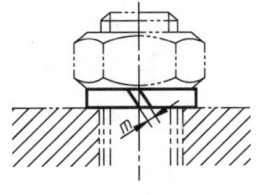

标记示例：
垫圈　GB 93　10
（规格 10mm、材料为 65Mn、表面氧化的标准型弹簧垫圈）

规格（螺纹大径）	4	5	6	8	10	12	16	20	24	30	36	42	48
d_{min}	4.1	5.1	6.1	8.1	10.2	12.2	16.2	20.2	24.5	30.5	36.5	42.5	48.5
$S=b_{公称}$	1.1	1.3	1.6	2.1	2.6	3.1	4.1	5	6	7.5	9	10.5	12
$m\leqslant$	0.55	0.65	0.8	1.05	1.3	1.55	2.05	2.5	3	3.75	4.5	5.25	6
H_{max}	2.75	3.25	4	5.25	6.5	7.75	10.25	12.5	15	18.75	22.5	26.25	30

注：m 应大于零。

表 B-10　圆柱销（GB/T 119.1—2000）　　　　（单位：mm）

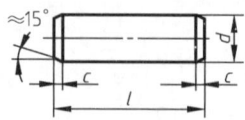

标记示例：

销　GB/T 119.1　6 m6×30

（公称直径 d = 6mm、公差为 m6、公称长度 l = 30mm、材料为钢、不经淬火、不经表面处理的圆柱销）

销　GB/T 119.1　6 m6×30-A1

（公称直径 d = 6mm、公差为 m6、公称长度 l = 30mm、材料为 A1 组奥氏体不锈钢、表面简单处理的圆柱销）

d　m6/h8	2	3	4	5	6	8	10	12	16	20	25
$c\approx$	0.35	0.5	0.63	0.8	1.2	1.6	2	2.5	3	3.5	4
$l_{范围}$	6~20	8~30	8~40	10~50	12~60	14~80	18~95	22~140	26~180	35~200	50~200
$l_{系列}$	2、3、4、5、6~32（2 进位）、35~100（5 进位）、120~≥200（按 20 递增）										

表 B-11　圆锥销（摘自 GB/T 117—2000）　　　　（单位：mm）

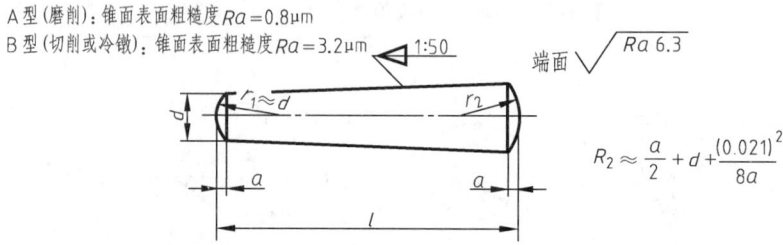

A 型（磨削）：锥面表面粗糙度 Ra = 0.8μm

B 型（切削或冷镦）：锥面表面粗糙度 Ra = 3.2μm

$$R_2 \approx \frac{a}{2} + d + \frac{(0.021)^2}{8a}$$

标记示例：

销　GB/T 117　10×60

（公称直径 d = 10mm、公称长度 l = 60mm、材料为 35 钢、热处理硬度 28~38HRC、表面氧化处理的 A 型圆锥销）

d　h10	2	2.5	3	4	5	6	8	10	12	16	20	25
$a\approx$	0.25	0.3	0.4	0.5	0.63	0.8	1.0	1.2	1.6	2.0	2.5	3.0
$l_{范围}$	10~35	10~35	12~45	14~55	18~60	22~90	22~120	26~160	32~180	40~200	45~200	50~200
$l_{系列}$	2、3、4、5、6~32（2 进位）、35~100（5 进位）、120~200（20 进位）											

表 **B-12** 普通型平键键槽的尺寸及公差（GB/T 1095—2003）　　　（单位：mm）

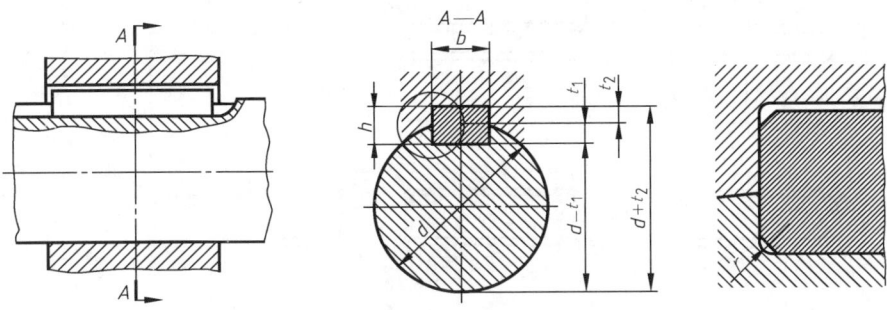

注：在工作图中，轴槽深用 t_1 或（$d-t_1$）标注，轮毂槽深用（$d+t_2$）标注。

轴的直径 d	键尺寸 $b \times h$	键槽										
		宽度 b					深度				半径 r	
		基本尺寸	极限偏差				轴 t_1		毂 t_2			
			正常联结		紧密联结	松联结						
			轴 N9	毂 JS9	轴和毂 P9	轴 H9	毂 D10	基本尺寸	极限偏差	基本尺寸	极限偏差	min	max
自 6~8	2×2	2	-0.004	±0.0125	-0.006	+0.025	+0.060	1.2	+0.1 0	1	+0.1 0	0.08	0.16
>8~10	3×3	3	-0.029		-0.031	0	+0.020	1.8		1.4			
>10~12	4×4	4	0 -0.030	±0.015	-0.012 -0.042	+0.030 0	+0.078 +0.030	2.5		1.8			
>12~17	5×5	5						3.0		2.3			
>17~22	6×6	6						3.5		2.8		0.16	0.25
>22~30	8×7	8	0 -0.036	±0.018	-0.015 -0.051	+0.036 0	+0.098 +0.040	4.0		3.3			
>30~38	10×8	10						5.0		3.3			
>38~44	12×8	12	0 -0.043	±0.0215	-0.018 -0.061	+0.043 0	+0.120 +0.050	5.0	+0.2 0	3.3	+0.2 0	0.25	0.40
>44~50	14×9	14						5.5		3.8			
>50~58	16×10	16						6.0		4.3			
>58~65	18×11	18						7.0		4.4			
>65~75	20×12	20	0 -0.052	±0.026	-0.022 -0.074	+0.052 0	+0.149 +0.065	7.5		4.9		0.40	0.60
>75~85	22×14	22						9.0		5.4			
>85~95	25×14	25						9.0		5.4			
>95~110	28×16	28						10.0		6.4			
>110~130	32×18	32						11.0		7.4			
>130~150	36×20	36	0 -0.062	±0.031	-0.026 -0.088	+0.062 0	+0.180 +0.080	12.0	+0.3 0	8.4	+0.3 0	0.70	1.0
>150~170	40×22	40						13.0		9.4			
>170~200	45×25	45						15.0		10.4			

注：1.（$d-t_1$）和（$d+t_2$）两个组合尺寸的极限偏差按相应的 t_1 和 t_2 的极限偏差选取，但（$d-t_1$）极限偏差应取负号（-）。

2. 轴的直径不在本标准所列，仅供参考。

表 B-13　普通型平键的尺寸及公差（GB/T 1096—2003）　　（单位：mm）

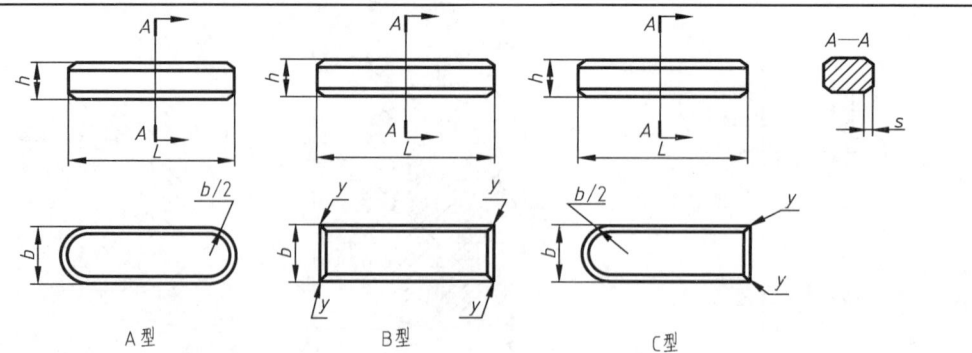

标记示例：
普通 A 型平键、$b=18\text{mm}$、$h=11\text{mm}$、$L=100\text{mm}$；GB/T 1096　键 $18 \times 11 \times 100$
普通 B 型平键、$b=18\text{mm}$、$h=11\text{mm}$、$L=100\text{mm}$；GB/T 1096　键 B $18 \times 11 \times 100$
普通 C 型平键、$b=18\text{mm}$、$h=11\text{mm}$、$L=100\text{mm}$；GB/T 1096　键 C $18 \times 11 \times 100$

宽度 b	基本尺寸		2	3	4	5	6	8	10	12	14	16	18	20	22
	极限偏差（h8）		0 −0.014			0 −0.018		0 −0.022		0 −0.027			0 −0.033		
高度 h	基本尺寸		2	3	4	5	6	7	8	8	9	10	11	12	14
	极限偏差	矩形（h11）	—	—	—	—	—	—	—	0 −0.090			0 −0.010		
		方形（h8）	0 −0.014		0 −0.018		—	—	—	—	—	—	—	—	—
倒角或倒圆 s			0.16 ~ 0.25		0.25 ~ 0.40			0.40 ~ 0.60				0.60 ~ 0.80			

| 长度 L | | 2 | 3 | 4 | 5 | 6 | 8 | 10 | 12 | 14 | 16 | 18 | 20 | 22 |
基本尺寸	极限偏差（h14）													
6	0 −0.36				—	—	—	—	—	—	—	—	—	—
8				—	—	—	—	—	—	—	—	—	—	—
10					—	—	—	—	—	—	—	—	—	—
12	0 −0.43					—	—	—	—	—	—	—	—	—
14						—	—	—	—	—	—	—	—	—
16							—	—	—	—	—	—	—	—
18							—	—	—	—	—	—	—	—
20							—	—	—	—	—	—	—	—
22	0 −0.52	—			标准				—	—	—	—	—	—
25		—							—	—	—	—	—	—
28		—								—	—	—	—	—
32		—								—	—	—	—	—
36	0 −0.62	—	—								—	—	—	—
40		—	—								—	—	—	—
45		—	—	—			长度					—	—	—
50		—	—	—								—	—	—
56		—	—	—	—								—	—
63	0 −0.74	—	—	—	—									—
70		—	—	—	—	—								
80		—	—	—	—	—								
90	0 −0.87	—	—	—	—	—	—			范围				
100		—	—	—	—	—	—							
110		—	—	—	—	—	—	—						
125	0 −1.00	—	—	—	—	—	—	—	—					
140		—	—	—	—	—	—	—	—					
160		—	—	—	—	—	—	—	—	—				
180		—	—	—	—	—	—	—	—	—	—			
200	0 −1.15	—	—	—	—	—	—	—	—	—	—	—		
220		—	—	—	—	—	—	—	—	—	—	—		
250		—	—	—	—	—	—	—	—	—	—	—	—	

表 B-14　普通型半圆键及键槽各部尺寸和公差（GB/T 1098—2003、GB/T 1099.1—2003）

（单位：mm）

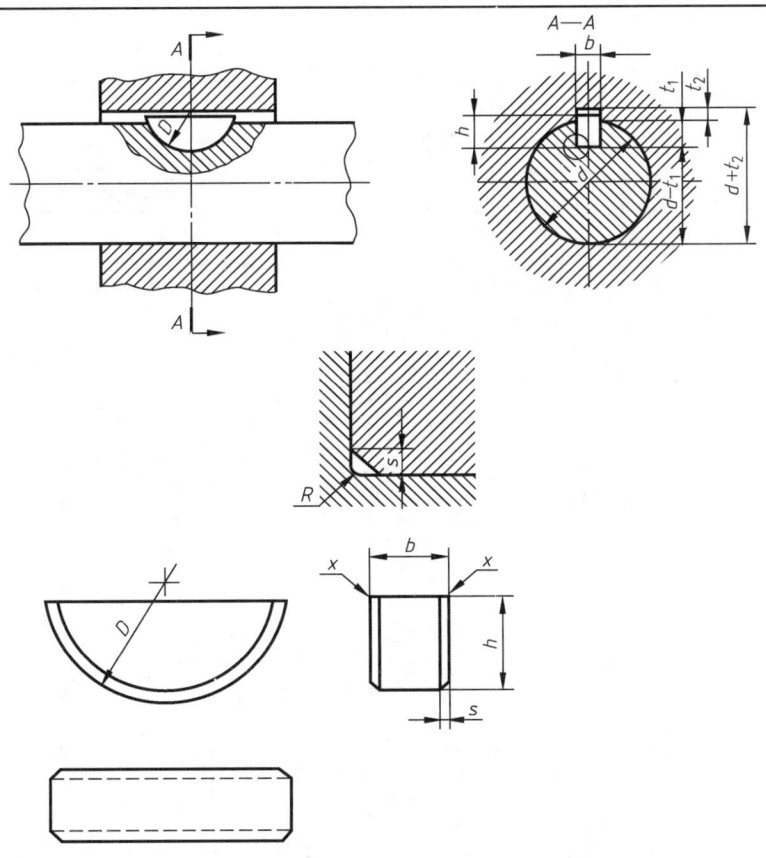

标注示例：

宽度 $b=6$mm、高度 $h=10$mm、直径 $D=25$mm 普通型半圆键：GB/T 1099.1　键 $6\times10\times25$

轴径 d		键 尺 寸				键 槽								
键传递转矩用	键定位用	b (h9)	h (h11)	D (h12)	s	宽度 b			松联结		深 度			半径 r
						极限偏差					轴 t_1		毂 t_2	
						正常联结		紧密联结	轴 H9	毂 D10	t_1	极限偏差	t_2	极限偏差	
						轴 N9	毂 JS9	轴和毂 P9							
>12~14	>18~20	4.0	6.5	16	0.25~0.40	0 -0.030	±0.015	-0.012 -0.042	+0.030 0	+0.028 +0.030	5.0	+0.2 0	1.8	+0.1 0	0.16~0.25
>14~16	>20~22	4.0	7.5	19							6.0		1.8		
>16~18	>22~25	5.0	6.5	16							4.5		2.3		
>18~20	>25~28	5.0	7.5	19							5.5		2.3		
>20~22	>28~32	5.0	9.0	22							7.0		2.3		
>22~25	>32~36	6.0	9.0	22							6.5	+0.3 0	2.8		
>25~28	>36~40	6.0	10.0	25							7.5		2.8	+0.2 0	0.25~0.40
>28~32	40	8.0	11.0	28	0.40~0.60	0 -0.036	±0.018	-0.015 -0.051	+0.036 0	+0.098 +0.040	8.0		3.3		
>32~38	—	10.0	13.0	32							10.0		3.3		

注：1. 在图样中，轴槽深用 t_1 或 $(d-t_1)$ 标注，轮毂槽深用 $(d+t_2)$ 标注。$(d-t_1)$ 和 $(d+t_2)$ 两个组合尺寸的极限偏差按相应 t_1 和 t_2 的极限偏差选取，但 $(d-t_1)$ 的极限偏差应为负值。

2. 键宽 b 的下极限偏差统一为"-0.025"。

表 B-15 滚 动 轴 承　　　　　　　　　　　　　　　　　　　（单位：mm）

深沟球轴承（摘自 GB/T 276—2013）　　圆锥滚子轴承（摘自 GB/T 297—2015）　　单向调心推力球轴承（摘自 GB/T 28697—2012）

标记示例：
滚动轴承 6012 GB/T 276—2013

标记示例：
滚动轴承 30209

标记示例：
滚动轴承 51205 GB/T 28697—2012

轴承型号	d	D	B	轴承型号	d	D	B	C	T	轴承型号	d	D_{1min}	D/d_1	T_{max}	A	R
(0)2 系列				02 系列						单向轴承——直系系列 2						
6202	15	35	11	30203	17	40	12	11	13.25	51202	15	17	32	11.8	12	28
6203	17	40	12	30204	20	47	14	12	15.25	51203	17	19	35	13.2	16	32
6204	20	47	14	30205	25	52	15	13	16.25	51204	20	22	40	14.7	18	36
6205	25	52	15	30206	30	62	16	14	17.25	51205	25	27	47	16.7	19	40
6206	30	62	16	30207	35	72	17	15	18.25	51206	30	32	52	17.8	22	45
6207	35	72	17	30208	40	80	18	16	19.75	51207	35	37	62	18.9	24	50
6208	40	80	18	30209	45	85	19	16	20.75	51208	40	42	68	20.3	28.5	56
6209	45	85	19	30210	50	90	20	17	21.75	51209	45	47	73	21.3	28	56
6210	50	90	20	30211	55	100	21	18	22.75	51210	50	52	78	23.5	32.5	64
6211	55	100	21	30212	60	110	22	19	23.75	51211	55	57	90	27.3	35	72
6212	60	110	22	30213	65	120	23	20	24.75	51212	60	62	95	28	32.5	72
(0)3 系列				03 系列						单向轴承——直系系列 3						
6302	15	42	13	30302	15	42	13	11	14.25	51305	25	27	52	19.8	21	45
6303	17	47	14	30303	17	47	14	12	15.25	51306	30	32	60	22.6	22	50
6304	20	52	15	30304	20	52	15	13	16.25	51307	35	37	68	25.6	24	56
6305	25	62	17	30305	25	62	17	15	18.25	51308	40	42	78	28.5	28	64
6306	30	72	19	30306	30	72	19	16	20.75	51309	45	47	85	30.1	26	64
6307	35	80	21	30307	35	80	21	18	22.75	51310	50	52	95	34.3	28	72
6308	40	90	23	30308	40	90	23	20	25.25	51311	55	57	105	39.3	30	80
6309	45	100	25	30309	45	100	25	22	27.25	51312	60	62	110	38.3	41	90
6310	50	110	27	30310	50	110	27	23	29.25	51313	65	67	115	39.4	38.5	90
6311	55	120	29	30311	55	120	29	25	31.50	51314	70	72	125	44.2	43	100
6312	60	130	31	30312	60	130	31	26	33.50	51315	75	77	135	48.1	37	100

注：圆括号中的尺寸系列代号在轴承代号中省略。

附录 C 极限与配合

表 C-1 公称尺寸至 500mm 的标准公差数值（GB/T 1800.1—2020）　　（单位：μm）

公称尺寸/mm		公差等级																		
大于	至	IT01	IT0	IT1	IT2	IT3	IT4	IT5	IT6	IT7	IT8	IT9	IT10	IT11	IT12	IT13	IT14	IT15	IT16	IT17	IT18
—	3	0.3	0.5	0.8	1.2	2	3	4	6	10	14	25	40	60	100	140	250	400	600	1000	1400
3	6	0.4	0.6	1	1.5	2.5	4	5	8	12	18	30	48	75	120	180	300	480	750	1200	1800
6	10	0.4	0.6	1	1.5	2.5	4	6	9	15	22	36	58	90	150	220	360	580	900	1500	2200
10	18	0.5	0.8	1.2	2	3	5	8	11	18	27	43	70	110	180	270	430	700	1100	1800	2700
18	30	0.6	1	1.5	2.5	4	6	9	13	21	33	52	84	130	210	330	520	840	1300	2100	3300
30	50	0.7	1	1.5	2.5	4	7	11	16	25	39	62	100	160	250	390	620	1000	1600	2500	3900
50	80	0.8	1.2	2	3	5	8	13	19	30	46	74	120	190	300	460	740	1200	1900	3000	4600
80	120	1	1.5	2.5	4	6	10	15	22	35	54	87	140	220	350	540	870	1400	2200	3500	5400
120	180	1.2	2	3.5	5	8	12	18	25	40	63	100	160	250	400	630	1000	1600	2500	4000	6300
180	250	2	3	4.5	7	10	14	20	29	46	72	115	185	290	460	720	1150	1850	2900	4600	7200
250	315	2.5	4	6	8	12	16	23	32	52	81	130	210	320	520	810	1300	2100	3200	5200	8100
315	400	3	5	7	9	13	18	25	36	57	89	140	230	360	570	890	1400	2300	3600	5700	8900
400	500	4	6	8	10	15	20	27	40	68	97	155	250	400	630	970	1550	2500	4000	6300	9700

表 C-2 轴的极限偏差（摘自 GB/T 1800.2—2020）　　　　　　　　（单位：μm）

公称尺寸/mm		常用及优先公差带（带圈者为优先公差带）												
		a	b		c			d				e		
大于	至	11	11	12	9	10	⑪	8	⑨	10	11	7	8	9
—	3	-270 -330	-140 -200	-140 -240	-60 -85	-60 -100	-60 -120	-20 -34	-20 -45	-20 -60	-20 -80	-14 -24	-14 -28	-14 -39
3	6	-270 -345	-140 -215	-140 -260	-70 -100	-70 -118	-70 -145	-30 -48	-30 -60	-30 -78	-30 -105	-20 -32	-20 -38	-20 -50
6	10	-280 -370	-150 -240	-150 -300	-80 -116	-80 -138	-80 -170	-40 -62	-40 -76	-40 -98	-40 -130	-25 -40	-25 -47	-25 -61
10	14	-290 -400	-150 -260	-150 -330	-95 -138	-95 -165	-95 -205	-50 -77	-50 -93	-50 -120	-50 -160	-32 -50	-32 -59	-32 -75
14	18													
18	24	-300 -430	-160 -290	-160 -370	-110 -162	-110 -194	-110 -240	-65 -98	-65 -117	-65 -149	-65 -195	-40 -61	-40 -73	-40 -92
24	30													
30	40	-310 -470	-170 -330	-170 -420	-120 -182	-120 -220	-120 -280	-80 -119	-80 -142	-80 -180	-80 -240	-50 -75	-50 -89	-50 -112
40	50	-320 -480	-180 -340	-180 -430	-130 -192	-130 -230	-130 -290							
50	65	-340 -530	-190 -380	-190 -490	-140 -214	-140 -260	-140 -330	-100 -146	-100 -174	-100 -220	-100 -290	-60 -90	-60 -106	-60 -134
65	80	-360 -550	-200 -390	-200 -500	-150 -224	-150 -270	-150 -340							
80	100	-380 -600	-220 -440	-220 -570	-170 -257	-170 -310	-170 -390	-120 -174	-120 -207	-120 -260	-120 -340	-72 -109	-72 -126	-72 -159
100	120	-410 -630	-240 -460	-240 -590	-180 -267	-180 -320	-180 -400							
120	140	-460 -710	-260 -510	-260 -660	-200 -300	-200 -360	-200 -450	-145 -208	-145 -245	-145 -305	-145 -395	-85 -125	-85 -148	-85 -185
140	160	-520 -770	-280 -530	-280 -680	-210 -310	-210 -370	-210 -460							
160	180	-580 -830	-310 -560	-310 -710	-230 -330	-230 -390	-230 -480							
180	200	-660 -950	-340 -630	-340 -800	-240 -355	-240 -425	-240 -530	-170 -242	-170 -285	-170 -355	-170 -460	-100 -146	-100 -172	-100 -215
200	225	-740 -1030	-380 -670	-380 -840	-260 -375	-260 -445	-260 -550							
225	250	-820 -1110	-420 -710	-420 -880	-280 -395	-280 -465	-280 -570							
250	280	-920 -1240	-480 -800	-480 -1000	-300 -430	-300 -510	-300 -620	-190 -271	-190 -320	-190 -400	-190 -510	-110 -162	-110 -191	-110 -240
280	315	-1050 -1370	-540 -860	-540 -1060	-330 -460	-330 -540	-330 -650							
315	355	-1200 -1560	-600 -960	-600 -1170	-360 -500	-360 -590	-360 -720	-210 -299	-210 -350	-210 -440	-210 -570	-125 -182	-125 -214	-125 -265
355	400	-1350 -1710	-680 -1040	-680 -1250	-400 -540	-400 -630	-400 -760							
400	450	-1500 -1900	-760 -1160	-760 -1390	-440 -595	-440 -690	-440 -840	-230 -327	-230 -385	-230 -480	-230 -630	-135 -198	-135 -232	-135 -290
450	500	-1650 -2050	-840 -1240	-840 -1470	-480 -635	-480 -730	-480 -880							

(续)

公称尺寸/mm		常用及优先公差带(带圈者为优先公差带)													
		f					g			h					
大于	至	5	6	⑦	8	9	5	⑥	7	5	⑥	⑦	8	⑨	10	⑪	12
—	3	-6 -10	-6 -12	-6 -16	-6 -20	-6 -31	-2 -6	-2 -8	-2 -12	0 -4	0 -6	0 -10	0 -14	0 -25	0 -40	0 -60	0 -100
3	6	-10 -15	-10 -18	-10 -22	-10 -28	-10 -40	-4 -9	-4 -12	-4 -16	0 -5	0 -8	0 -12	0 -18	0 -30	0 -48	0 -75	0 -120
6	10	-13 -19	-13 -22	-13 -28	-13 -35	-13 -49	-5 -11	-5 -14	-5 -20	0 -6	0 -9	0 -15	0 -22	0 -36	0 -58	0 -90	0 -150
10	14	-16 -24	-16 -27	-16 -34	-16 -43	-16 -59	-6 -14	-6 -17	-6 -24	0 -8	0 -11	0 -18	0 -27	0 -43	0 -70	0 -110	0 -180
14	18																
18	24	-20 -29	-20 -33	-20 -41	-20 -53	-20 -72	-7 -16	-7 -20	-7 -28	0 -9	0 -13	0 -21	0 -33	0 -52	0 -84	0 -130	0 -210
24	30																
30	40	-25 -36	-25 -41	-25 -50	-25 -64	-25 -87	-9 -20	-9 -25	-9 -34	0 -11	0 -16	0 -25	0 -39	0 -62	0 -100	0 -160	0 -250
40	50																
50	65	-30 -43	-30 -49	-30 -60	-30 -76	-30 -104	-10 -23	-10 -29	-10 -40	0 -13	0 -19	0 -30	0 -46	0 -74	0 -120	0 -190	0 -300
65	80																
80	100	-36 -51	-36 -58	-36 -71	-36 -90	-36 -123	-12 -27	-12 -34	-12 -47	0 -15	0 -22	0 -35	0 -54	0 -87	0 -140	0 -220	0 -350
100	120																
120	140	-43 -61	-43 -68	-43 -83	-43 -106	-43 -143	-14 -32	-14 -39	-14 -54	0 -18	0 -25	0 -40	0 -63	0 -100	0 -160	0 -250	0 -400
140	160																
160	180																
180	200	-50 -70	-50 -79	-50 -96	-50 -122	-50 -165	-15 -35	-15 -44	-15 -61	0 -20	0 -29	0 -46	0 -72	0 -115	0 -185	0 -290	0 -460
200	225																
225	250																
250	280	-56 -79	-56 -88	-56 -108	-56 -137	-56 -186	-17 -40	-17 -49	-17 -69	0 -23	0 -32	0 -52	0 -81	0 -130	0 -210	0 -320	0 -520
280	315																
315	355	-62 -87	-62 -98	-62 -119	-62 -151	-62 -202	-18 -43	-18 -54	-18 -75	0 -25	0 -36	0 -57	0 -89	0 -140	0 -230	0 -360	0 -570
355	400																
400	450	-68 -95	-68 -108	-68 -131	-68 -165	-68 -223	-20 -47	-20 -60	-20 -83	0 -27	0 -40	0 -63	0 -97	0 -155	0 -250	0 -400	0 -630
450	500																

(续)

公称尺寸 /mm		常用及优先公差带（带圈者为优先公差带）													
		js			k			m			n			p		
大于	至	5	⑥	7	5	⑥	7	5	6	7	5	⑥	7	5	⑥	7
—	3	±2	±3	±5	+4 0	+6 0	+10 0	+6 +2	+8 +2	+12 +2	+8 +4	+10 +4	+14 +4	+10 +6	+12 +6	+16 +6
3	6	±2.5	±4	±6	+6 +1	+9 +1	+13 +1	+9 +4	+12 +4	+16 +4	+13 +8	+16 +8	+20 +8	+17 +12	+20 +12	+24 +12
6	10	±3	±4.5	±7	+7 +1	+10 +1	+16 +1	+12 +6	+15 +6	+21 +6	+16 +10	+19 +10	+25 +10	+21 +15	+24 +15	+30 +15
10	14	±4	±5.5	±9	+9 +1	+12 +1	+19 +1	+15 +7	+18 +7	+25 +7	+20 +12	+23 +12	+30 +12	+26 +18	+29 +18	+36 +18
14	18															
18	24	±4.5	±6.5	±10	+11 +2	+15 +2	+23 +2	+17 +8	+21 +8	+29 +8	+24 +15	+28 +15	+36 +15	+31 +22	+35 +22	+43 +22
24	30															
30	40	±5.5	±8	±12	+13 +2	+18 +2	+27 +2	+20 +9	+25 +9	+34 +9	+28 +17	+33 +17	+42 +17	+37 +26	+42 +26	+51 +26
40	50															
50	65	±6.5	±9.5	±15	+15 +2	+21 +2	+32 +2	+24 +11	+30 +11	+41 +11	+33 +20	+39 +20	+50 +20	+45 +32	+51 +32	+62 +32
65	80															
80	100	±7.5	±11	±17	+18 +3	+25 +3	+38 +3	+28 +13	+35 +13	+48 +13	+38 +23	+45 +23	+58 +23	+52 +37	+59 +37	+72 +37
100	120															
120	140	±9	±12.5	±20	+21 +3	+28 +3	+43 +3	+33 +15	+40 +15	+55 +15	+45 +27	+52 +27	+67 +27	+61 +43	+68 +43	+83 +43
140	160															
160	180															
180	200	±10	±14.5	±23	+24 +4	+33 +4	+50 +4	+37 +17	+46 +17	+63 +17	+51 +31	+60 +31	+77 +31	+70 +50	+79 +50	+96 +50
200	225															
225	250															
250	280	±11.5	±16	±26	+27 +4	+36 +4	+56 +4	+43 +20	+52 +20	+72 +20	+57 +34	+66 +34	+86 +34	+79 +56	+88 +56	+108 +56
280	315															
315	355	±12.5	±18	±28	+29 +4	+40 +4	+61 +4	+46 +21	+57 +21	+78 +21	+62 +37	+73 +37	+94 +37	+87 +62	+98 +62	+119 +62
355	400															
400	450	±13.5	±20	±31	+32 +5	+45 +5	+68 +5	+50 +23	+63 +23	+86 +23	+67 +40	+80 +40	+103 +40	+95 +68	+108 +68	+131 +68
450	500															

(续)

公称尺寸 /mm		常用及优先公差带(带圈者为优先公差带)														
		r			s			t			u		v	x	y	z
大于	至	5	6	7	5	⑥	7	5	6	7	⑥	7	6	6	6	6
—	3	+14 +10	+16 +10	+20 +10	+18 +14	+20 +14	+24 +14	—	—	—	+24 +18	+28 +18	—	+26 +20	—	+32 +26
3	6	+20 +15	+23 +15	+27 +15	+24 +19	+27 +19	+31 +19	—	—	—	+31 +23	+35 +23	—	+36 +28	—	+43 +35
6	10	+25 +19	+28 +19	+34 +19	+29 +23	+32 +23	+38 +23	—	—	—	+37 +28	+43 +28	—	+43 +34	—	+51 +42
10	14	+31 +23	+34 +23	+41 +23	+36 +28	+39 +28	+46 +28	—	—	—	+44 +33	+51 +33	—	+51 +40	—	+61 +50
14	18												+50 +39	+56 +45	—	+71 +60
18	24	+37 +28	+41 +28	+49 +28	+44 +35	+48 +35	+56 +35	—	—	—	+54 +41	+62 +41	+60 +47	+67 +54	+76 +63	+86 +73
24	30							+50 +41	+54 +41	+62 +41	+61 +48	+69 +48	+68 +55	+77 +64	+88 +75	+101 +88
30	40	+45 +34	+50 +34	+59 +34	+54 +43	+59 +43	+68 +43	+59 +48	+64 +48	+73 +48	+76 +60	+85 +60	+84 +68	+96 +80	+110 +94	+128 +112
40	50							+65 +54	+70 +54	+79 +54	+86 +70	+95 +70	+97 +81	+113 +97	+130 +114	+152 +136
50	65	+54 +41	+60 +41	+71 +41	+66 +53	+72 +53	+83 +53	+79 +66	+85 +66	+96 +66	+106 +87	+117 +87	+121 +102	+141 +122	+163 +144	+191 +172
65	80	+56 +43	+62 +43	+73 +43	+72 +59	+78 +59	+89 +59	+88 +75	+94 +75	+105 +75	+121 +102	+132 +102	+139 +120	+165 +146	+193 +174	+229 +210
80	100	+66 +51	+73 +51	+86 +51	+86 +71	+93 +71	+106 +71	+106 +91	+113 +91	+126 +91	+146 +124	+159 +124	+168 +146	+200 +178	+236 +214	+280 +258
100	120	+69 +54	+76 +54	+89 +54	+94 +79	+101 +79	+114 +79	+110 +104	+126 +104	+136 +104	+166 +144	+179 +144	+194 +172	+232 +210	+276 +254	+332 +310
120	140	+81 +63	+88 +63	+103 +63	+110 +92	+117 +92	+132 +92	+140 +122	+147 +122	+162 +122	+195 +170	+210 +170	+227 +202	+273 +248	+325 +300	+390 +365
140	160	+83 +65	+90 +65	+105 +65	+118 +100	+125 +100	+140 +100	+152 +134	+159 +134	+174 +134	+215 +190	+230 +190	+253 +228	+305 +280	+365 +340	+440 +415
160	180	+86 +68	+93 +68	+108 +68	+126 +108	+133 +108	+148 +108	+164 +146	+171 +146	+186 +146	+235 +210	+250 +210	+277 +252	+335 +310	+405 +380	+490 +465
180	200	+97 +77	+106 +77	+123 +77	+142 +122	+151 +122	+168 +122	+186 +166	+195 +166	+212 +166	+265 +236	+282 +236	+313 +284	+379 +350	+454<>+425	+549 +520
200	225	+100 +80	+109 +80	+126 +80	+150 +130	+159 +130	+176 +130	+200 +180	+209 +180	+226 +180	+287 +258	+304 +258	+339 +310	+414 +385	+499 +470	+604 +575
225	250	+104 +84	+113 +84	+130 +84	+160 +140	+169 +140	+186 +140	+216 +196	+225 +196	+242 +196	+313 +284	+330 +284	+369 +340	+454 +425	+549 +520	+669 +640
250	280	+117 +94	+126 +94	+146 +94	+181 +158	+290 +158	+210 +158	+241 +218	+250 +218	+270 +218	+347 +315	+367 +315	+417 +385	+507 +475	+612 +580	+742 +710
280	315	+121 +98	+130 +98	+150 +98	+193 +170	+202 +170	+222 +170	+263 +240	+272 +240	+292 +240	+382 +350	+402 +350	+457 +425	+557 +525	+682 +650	+822 +790
315	355	+133 +108	+144 +108	+165 +108	+215 +190	+226 +190	+247 +190	+293 +268	+304 +268	+325 +268	+426 +390	+447 +390	+511 +475	+626 +590	+766 +730	+936 +900
355	400	+139 +114	+150 +114	+171 +114	+233 +208	+244 +208	+265 +208	+319 +294	+330 +294	+351 +294	+471 +435	+492 +435	+566 +530	+696 +660	+856 +820	+1036 +1000
400	450	+153 +126	+166 +126	+189 +126	+259 +232	+272 +232	+295 +232	+357 +330	+370 +330	+393 +330	+530 +490	+553 +490	+635 +595	+780 +740	+960 +920	+1140 +1100
450	500	+159 +132	+172 +132	+195 +132	+279 +252	+292 +252	+315 +252	+387 +360	+400 +360	+423 +360	+580 +540	+603 +540	+700 +660	+860 +820	+1040 +1000	+1290 +1250

注：公称尺寸小于1mm时，各级的 a 和 b 均不采用。

表 C-3 孔的极限偏差（GB/T 1800.2—2020） （单位：μm）

公称尺寸/mm		常用及优先公差带（带圈者为优先公差带）												
		A	B		C	D				E		F		
大于	至	11	11	12	⑪	8	⑨	10	11	8	9	6	7	⑧	9
—	3	+330 +270	+200 +140	+240 +140	+120 +60	+34 +20	+45 +20	+60 +20	+80 +20	+28 +14	+39 +14	+12 +6	+16 +6	+20 +6	+31 +6
3	6	+345 +270	+215 +140	+260 +140	+145 +70	+48 +30	+60 +30	+78 +30	+105 +30	+38 +20	+50 +20	+18 +10	+22 +10	+28 +10	+40 +10
6	10	+370 +280	+240 +150	+300 +150	+170 +80	+62 +40	+76 +40	+98 +40	+130 +40	+47 +25	+61 +25	+22 +13	+28 +13	+35 +13	+49 +13
10	14	+400 +290	+260 +150	+330 +150	+205 +95	+77 +50	+93 +50	+120 +50	+160 +50	+59 +32	+75 +32	+27 +16	+34 +16	+43 +16	+59 +16
14	18														
18	24	+430 +300	+290 +160	+370 +160	+240 +110	+98 +65	+117 +65	+149 +65	+195 +65	+73 +40	+92 +40	+33 +20	+41 +20	+53 +20	+72 +20
24	30														
30	40	+470 +310	+330 +170	+420 +170	+280 +170	+119 +80	+142 +80	+180 +80	+240 +80	+89 +50	+112 +50	+41 +25	+50 +25	+64 +25	+87 +25
40	50	+480 +320	+340 +180	+430 +180	+290 +180										
50	65	+530 +340	+380 +190	+490 +190	+330 +140	+146 +100	+170 +100	+220 +100	+290 +100	+106 +6	+134 +80	+49 +30	+60 +30	+76 +30	+104 +30
65	80	+550 +360	+390 +200	+500 +200	+340 +150										
80	100	+600 +380	+440 +220	+570 +220	+390 +170	+174 +120	+207 +120	+260 +120	+340 +120	+126 +72	+159 +72	+58 +36	+71 +36	+90 +36	+123 +36
100	120	+630 +410	+460 +240	+590 +240	+400 +180										
120	140	+710 +460	+510 +260	+660 +260	+450 +200	+208 +145	+245 +145	+305 +145	+395 +145	+148 +85	+135 +85	+68 +43	+83 +43	+106 +43	+143 ±43
140	160	+770 +520	+530 +280	+680 +280	+460 +210										
160	180	+830 +580	+560 +310	+710 +310	+480 +230										
180	200	+950 +660	+630 +340	+800 +340	+530 +240	+242 +170	+285 +170	+355 +170	+460 +170	+172 +100	+215 +100	+79 +50	+96 +50	+122 +50	+165 +50
200	225	+1030 +740	+670 +380	+840 +380	+550 +260										
225	250	+1110 +820	+710 +420	+880 +420	+570 +280										
250	280	+1240 +920	+800 +480	+1000 +480	+620 +300	+271 +190	+320 +190	+400 +190	+510 +190	+191 +110	+240 +110	+88 +56	+108 +56	+137 +56	+186 +56
280	315	+1370 +1050	+860 +540	+1060 +540	+650 +330										
315	355	+1560 +1200	+960 +600	+1170 +600	+720 +360	+299 +210	+350 +210	+440 +210	+570 +210	+214 +125	+265 +125	+98 +62	+119 +62	+151 +62	+202 +62
355	400	+1710 +1350	+1040 +680	+1250 +680	+760 +400										
400	450	+1900 +1500	+1160 +760	+1390 +760	+840 +440	+327 +230	+385 +230	+480 +230	+630 +230	+232 +135	+290 +135	+108 +68	+131<>+68	+165 +68	+223 +68
450	500	+2050 +1650	+1240 +840	+1470 +840	+880 +480										

(续)

公称尺寸/mm		常用及优先公差带（带圈者为优先公差带）																	
		G		H							JS			K			M		
大于	至	6	⑦	6	⑦	⑧	⑨	10	⑪	12	6	7	8	6	⑦	8	6	7	8
—	3	+8 +2	+12 +2	+6 0	+10 0	+14 0	+25 0	+40 0	+60 0	+100 0	±3	±5	±7	0 −6	0 −10	0 −14	−2 −8	−2 −12	−2 −16
3	6	+12 +4	+16 +4	+8 0	+12 0	+18 0	+30 0	+48 0	+75 0	+120 0	±4	±6	±9	+2 −6	+3 −9	+5 −13	−1 −9	0 −12	+2 −16
6	10	+14 +5	+20 +5	+9 0	+15 0	+22 0	+36 0	+58 0	+90 0	+150 0	±4.5	±7	±11	+2 −7	+5 −10	+6 −16	−3 −12	0 −15	+1 −21
10	14	+17 +6	+24 +6	+11 0	+18 0	+27 0	+43 0	+70 0	+110 0	+180 0	±5.5	±9	±13	+2 −9	+6 −12	+8 −19	−4 −15	0 −18	+2 −25
14	18																		
18	24	+20 +7	+28 +7	+13 0	+21 0	+33 0	+52 0	+84 0	+130 0	+210 0	±6.5	±10	±16	+2 −11	+6 −15	+10 −23	−4 −17	0 −21	+4 −29
24	30																		
30	40	+25 +9	+34 +9	+16 0	+25 0	+39 0	+62 0	+100 0	+160 0	+250 0	±8	±12	±19	+3 −13	+7 −18	+12 −27	−4 −20	0 −25	+5 −34
40	50																		
50	65	+29 +10	+40 +10	+19 0	+30 0	+46 0	+74 0	+120 0	+190 0	+300 0	±9.5	±15	±23	+4 −15	+9 −21	+14 −32	−5 −24	0 −30	+5 −41
65	80																		
80	100	+34 +12	+47 +12	+22 0	+35 0	+54 0	+87 0	+140 0	+220 0	+350 0	±11	±17	±27	+4 −18	+10 −25	+16 −38	−6 −28	0 −35	+6 −48
100	120																		
120	140	+39 +14	+54 +14	+25 0	+40 0	+63 0	+100 0	+160 0	+250 0	+400 0	±12.5	±20	±31	+4 −21	+12 −28	+20 −43	−8 −33	0 −40	+8 −55
140	160																		
160	180																		
180	200	+44 +15	+61 +15	+29 0	+46 0	+72 0	+115 0	+185 0	+290 0	+460 0	±14.5	±23	±36	+5 −24	+13 −33	+22 −50	−8 −37	0 −46	+9 −63
200	225																		
225	250																		
250	280	+49 +17	+69 +17	+32 0	+52 0	+81 0	+130 0	+210 0	+320 0	+520 0	±16	±26	±40	+5 −27	+16 −36	+25 −56	−9 −41	0 −52	+9 −72
280	315																		
315	355	+54 +18	+75 +18	+36 0	+57 0	+89 0	+140 0	+230 0	+360 0	+570 0	±18	±28	±44	+7 −29	+17 −40	+28 −61	−10 −46	0 −57	+11 −78
355	400																		
400	450	+60 +20	+83 +20	+40 0	+63 0	+97 0	+155 0	+250 0	+400 0	+630 0	±20	±31	±48	+8 −32	+18 −45	+29 −68	−10 −50	0 −63	+11 −86
450	500																		

(续)

公称尺寸/mm		常用及优先公差带（带圈者为优先公差带）										
		N			P		R		S		T		U
大于	至	6	⑦	8	6	⑦	6	7	6	⑦	6	7	⑦
—	3	-4 -10	-4 -14	-4 -18	-6 -12	-6 -16	-10 -16	-10 -20	-14 -20	-14 -24	—	—	-18 -28
3	6	-5 -13	-4 -16	-2 -20	-9 -17	-8 -20	-12 -20	-11 -23	-16 -24	-15 -27	—	—	-19 -31
6	10	-7 -16	-4 -19	-3 -25	-12 -21	-9 -24	-16 -25	-13 -28	-20 -29	-17 -32	—	—	-22 -37
10	14	-9 -20	-5 -23	-3 -30	-15 -26	-11 -29	-20 -31	-16 -34	-25 -36	-21 -39	—	—	-26 -44
14	18												
18	24	-11 -24	-7 -28	-3 -36	-18 -31	-14 -35	-24 -37	-20 -41	-31 -44	-27 -48	—	—	-33 -54
24	30										-37 -50	-33 -54	-40 -61
30	40	-12 -28	-8 -33	-3 -42	-21 -37	-17 -42	-29 -45	-25 -50	-38 -54	-34 -59	-43 -59	-39 -64	-51 -76
40	50										-49 -65	-45 -70	-61 -86
50	65	-14 -33	-9 -39	-4 -50	-26 -45	-21 -51	-35 -54	-30 -60	-47 -66	-42 -72	-60 -79	-55 -85	-76 -106
65	80						-37 -56	-32 -62	-53 -72	-48 -78	-69 -88	-64 -94	-91 -121
80	100	-16 -38	-10 -45	-4 -58	-30 -52	-24 -59	-44 -66	-38 -73	-64 -86	-58 -93	-84 -106	-78 -113	-111 -146
100	120						-47 -69	-41 -76	-72 -94	-66 -101	-97 -119	-91 -126	-131 -166
120	140	-20 -45	-12 -52	-4 -67	-36 -61	-28 -68	-56 -81	-48 -88	-85 -110	-77 -117	-115 -140	-107 -147	-155 -195
140	160						-58 -83	-50 -90	-93 -118	-85 -125	-127 -152	-119 -159	-175 -215
160	180						-61 -86	-53 -93	-101 -126	-93 -133	-139 -164	-131 -171	-195 -235
180	200	-22 -51	-14 -60	-5 -77	-41 -70	-33 -79	-68 -97	-60 -106	-113 -142	-105 -151	-157 -186	-149 -195	-219 -265
200	225						-71 -100	-63 -109	-121 -150	-113 -159	-171 -200	-163 -209	-241 -287
225	250						-75 -104	-67 -113	-131 -160	-123 -169	-187 -216	-179 -225	-267 -313
250	280	-25 -57	-14 -66	-5 -86	-47 -79	-36 -88	-85 -117	-74 -126	-149 -181	-138 -190	-209 -241	-198 -250	-295 -347
280	315						-89 -121	-78 -130	-161 -193	-150 -202	-231 -263	-220 -272	-330 -382
315	355	-26 -62	-16 -73	-5 -94	-51 -87	-41 -98	-97 -133	-87 -144	-179 -215	-169 -226	-257 -293	-247 -304	-369 -426
355	400						-103 -139	-93 -150	-197 -233	-187 -244	-283 -319	-273 -330	-414 -471
400	450	-27 -67	-17 -80	-6 -103	-55 -95	-45 -108	-113 -153	-103 -166	-219 -259	-209 -272	-317 -357	-307 -370	-467 -530
450	500						-119 -159	-109 -172	-239 -279	-229 -279	-347 -387	-337 -400	-517 -580

注：公称尺寸小于 1mm 时，各级的 A 和 B 均不采用。

表 C-4　几何公差的公差数值(GB/T 1184—1996)　　　　　　（单位:μm）

公差项目	主参数 L/mm	公差等级											
		1	2	3	4	5	6	7	8	9	10	11	12
直线度、平面度	≤10	0.2	0.4	0.8	1.2	2	3	5	8	12	20	30	60
	>10~16	0.25	0.5	1	1.5	2.5	4	6	10	15	25	40	80
	>16~25	0.3	0.6	1.2	2	3	5	8	12	20	30	50	100
	>25~40	0.4	0.8	1.5	2.5	4	6	10	15	25	40	60	120
	>40~63	0.5	1	2	3	5	8	12	20	30	50	80	150
	>63~100	0.6	1.2	2.5	4	6	10	15	25	40	60	100	200
	>100~160	0.8	1.5	3	5	8	12	20	30	50	80	120	250
	>160~250	1	2	4	6	10	15	25	40	60	100	150	300

公差项目	主参数 $d(D)$/mm	公差等级											
		1	2	3	4	5	6	7	8	9	10	11	12
圆度、圆柱度	≤3	0.2	0.3	0.5	0.8	1.2	2	3	4	6	10	14	25
	>3~6	0.2	0.4	0.6	1	1.5	2.5	4	5	8	12	18	30
	>6~10	0.25	0.4	0.6	1	1.5	2.5	4	6	9	15	22	36
	>10~18	0.25	0.5	0.8	1.2	2	3	5	8	11	18	27	43
	>18~30	0.3	0.6	1	1.5	2.5	4	6	9	13	21	33	52
	>30~50	0.4	0.6	1	1.5	2.5	4	7	11	16	25	39	62
	>50~80	0.5	0.8	1.2	2	3	5	8	13	19	30	46	74
	>80~120	0.6	1	1.5	2.5	4	6	10	15	22	35	54	87
	>120~180	1	1.2	2	3.5	5	8	12	18	25	40	63	100
	>180~250	1.2	2	3	4.5	7	10	14	20	29	46	72	115

公差项目	主参数 $L,d(D)$/mm	公差等级											
		1	2	3	4	5	6	7	8	9	10	11	12
平行度、垂直度、倾斜度	≤10	0.4	0.8	1.5	3	5	8	12	20	30	50	80	120
	>10~16	0.5	1	2	4	6	10	15	25	40	60	100	150
	>16~25	0.6	1.2	2.5	5	8	12	20	30	50	80	120	200
	>25~40	0.8	1.5	3	6	10	15	25	40	60	100	150	250
	>40~63	1	2	4	8	12	20	30	50	80	120	200	300
	>63~100	1.2	2.5	5	10	15	25	40	60	100	150	250	400
	>100~160	1.5	3	6	12	20	30	50	80	120	200	300	500
	>160~250	2	4	8	15	25	40	60	100	150	250	400	600

公差项目	主参数 $d(D),B,L$/mm	公差等级											
		1	2	3	4	5	6	7	8	9	10	11	12
同轴度、对称度、圆跳动、全跳动	≤1	0.4	0.6	1.0	1.5	2.5	4	6	10	15	25	40	60
	>1~3	0.4	0.6	1.0	1.5	2.5	4	6	10	20	40	60	120
	>3~6	0.5	0.8	1.2	2	3	5	8	12	25	50	80	150
	>6~10	0.6	1	1.5	2.5	4	6	10	15	30	60	100	200
	>10~18	0.8	1.2	2	3	5	8	12	20	40	80	120	250
	>18~30	1	1.5	2.5	4	6	10	15	25	50	100	150	300
	>30~50	1.2	2	3	5	8	12	20	30	60	120	200	400
	>50~120	1.5	2.5	4	6	10	15	25	40	80	150	250	500
	>120~250	2	3	5	8	12	20	30	50	100	200	300	600

附录 D 标准结构

表 D-1 中心孔表示法（GB/T 4459.5—1999）　　　　　　　　（单位：mm）

型式及标记示例	R 型	A 型	B 型	C 型
标记示例	GB/T 4459.5-R3.15/6.7 （$D=3.15$　$D_1=6.7$）	GB/T 4459.5-A4/8.5 （$D=4$　$D_1=8.5$）	GB/T 4459.5-B2.5/8 （$D=2.5$　$D_1=8$）	GB/T 4459.5-CM10L30/16.3 （$D=M10$　$L=30$　$D_2=16.3$）
用途	通常用于需要提高加工精度的场合	通常用于加工后可以保留的场合（此种情况占绝大多数）	通常用于加工后必需要保留的场合	通常用于一些需要带压紧装置的零件

要求	规定表示法	简化表示法	说明
在完工的零件上要求保留中心孔	GB/T 4459.5-B4/12.5	B4/12.5	采用 B 型中心孔 $D\approx 4$，$D_1=12.5$
在完工的零件上可以保留中心孔（是否保留都可以，多数情况如此）	GB/T 4459.5-A2/4.25	A2/4.25	采用 A 型中心孔 $D\approx 2$　$D_1=4.25$ 一般情况下，均采用这种方式
	2×A4/8.5　GB/T 4459.5	2×A4/8.5	采用 A 型中心孔 $D\approx 4$　$D_1=8.5$ 轴的两端中心孔相同，可只在一端注出
在完工的零件上不允许保留中心孔	GB/T 4459.5-A1.6/3.35	A1.6/3.35	采用 A 型中心孔 $D\approx 1.6$　$D_1=3.35$

注：1. 对标准中心孔，在图样中可不绘制其详细结构；2. 简化标注时，可省略标准编号；3. 尺寸 L 取决于零件的功能要求

中心孔的尺寸参数

导向孔直径 D （公称尺寸）	R 型 锥孔直径 D_1	A 型 锥孔直径 D_1	A 型 参考尺寸 t	B 型 锥孔直径 D_1	B 型 参考尺寸 t	C 型 公称尺寸 D	C 型 锥孔直径 D_2
1	2.12	2.12	0.9	3.15	0.9	M3	5.8
1.6	3.35	3.35	1.4	5	1.4	M4	7.4
2	4.25	4.25	1.8	6.3	1.8	M5	8.8
2.5	5.3	5.3	2.2	8	2.2	M6	10.5
3.15	6.7	6.7	2.8	10	2.8	M8	13.2
4	8.5	8.5	3.5	12.5	3.5	M10	16.3
(5)	10.6	10.6	4.4	16	4.4	M12	19.8
6.3	13.2	13.2	5.5	18	5.5	M16	25.3
(8)	17	17	7	22.4	7	M20	31.3
10	21.2	21.2	8.7	28	8.7	M24	38

注：尽量避免选用括号中的尺寸。

参 考 文 献

[1] 赵大兴. 工程制图 [M]. 2 版. 北京：高等教育出版社，2009.
[2] 朱冬梅，胥北澜，何建英. 画法几何及机械制图 [M]. 6 版. 北京：高等教育出版社，2008.
[3] 孙晓娟，王慧敏. 机械制图 [M]. 2 版. 北京：北京大学出版社，2011.
[4] 张锋，古乐. 机械设计课程设计手册 [M]. 北京：高等教育出版社，2010.
[5] 王成刚，张佑林，赵奇平. 工程图学简明教程 [M]. 3 版. 武汉：武汉理工大学出版社，2009.
[6] 程耀楠，姜志鹏，李媛. Autocad2013 机械设计标准教程 [M]. 北京：中国铁道出版社，2013.
[7] 杨柳，AutoCAD 2013 中文版基础教程 [M]. 北京：中国青年出版社，2012.
[8] 崔洪斌. AutoCAD2013 中文版实用教程 [M]. 北京：人民邮电出版社，2012.
[9] 金大鹰. 机械制图 [M]. 3 版. 北京：机械工业出版社，2011.
[10] 叶贵清. 化工零部件构形与识图 [M]. 北京：化学工业出版社，2011.
[11] 李澄，吴天生，闻百桥. 机械制图 [M]. 3 版. 北京：高等教育出版社，2008.
[12] 周鹏翔，何文平. 工程制图 [M]. 3 版. 北京：高等教育出版社，2008.
[13] 李丽. 现代工程制图 [M]. 2 版. 北京：高等教育出版社，2010.
[14] 金莹，程联社. 机械制图项目教程 [M]. 西安：西安电子科技大学出版社，2011.
[15] 冯秋官. 机械制图与计算机绘图 [M]. 4 版. 北京：机械工业出版社，2015.
[16] 钱可强. 机械制图 [M]. 北京：机械工业出版社，2010.
[17] 吕守祥. 机械制图 [M]. 北京：机械工业出版社，2007.
[18] 沈凌等. 工程制图及 CAD [M]. 北京：高等教育出版社，2020.
[19] 孙根正，王永平. 工程制图基础 [M]. 4 版. 西安：西北工业大学出版社，2019.